大学物理

主　编　徐送宁　石爱民　王雅红
副主编　孙丽媛　赵　星　马学军
　　　　金惠强　王　莉
主　审　耿　平

北京理工大学出版社
BEIJING INSTITUTE OF TECHNOLOGY PRESS

内 容 简 介

本书根据最新大学物理课程教学基本要求，由辽宁省10所高校联合编写而成，是作者多年教学经验和教学改革成果的结晶。本书在保持传统教材基础性的前提下，注重物理思想、物理图像以及与科学技术和生活的结合。

本书共16章，涵盖了“基本要求”中的A类内容，精选部分B类内容，具有较强的教学适应性。采用双色印刷增强图文表现力，提升了阅读效果。

本书适用于普通高等学校理工类专业大学物理教学，适应培养高素质应用型人才的需要。

图书在版编目（CIP）数据

大学物理 / 徐送宁，石爱民，王雅红主编．—北京：北京理工大学出版社，2014.1（2021.8 重印）

ISBN 978-7-5640-8820-0

Ⅰ.①大…　Ⅱ.①徐…②石…③王…　Ⅲ.①物理学-高等学校-教材　Ⅳ.①O4

中国版本图书馆CIP数据核字（2014）第017041号

出版发行 / 北京理工大学出版社有限责任公司
社　　址 / 北京市海淀区中关村南大街5号
邮　　编 / 100081
电　　话 /（010）68914775（总编室）
82562903（教材售后服务热线）
68948351（其他图书服务热线）
网　　址 / http：//www.bitpress.com.cn
经　　销 / 全国各地新华书店
印　　刷 / 三河市天利华印刷装订有限公司
开　　本 / 787毫米×1092毫米　1/16
印　　张 / 26
字　　数 / 610千字
版　　次 / 2014年1月第1版　2021年8月第10次印刷
定　　价 / 58.00元

责任编辑 / 张慧峰
文案编辑 / 张慧峰
责任校对 / 周瑞红
责任印制 / 李志强

编委会名单

主任委员：苏晓明　何希勤　徐送宁

副主任委员：赵　星　赵德平　聂　宏
孙丽媛　阎慧臻　石爱民
蔡　敏　宋岱才　霍满臣

编写说明

根据《教育部关于“十二五”普通高等教育本科教材建设的若干意见》（教高〔2011〕5号）精神和《辽宁省教育厅办公室关于组织开展“十二五”普通高等学校本科规划教材首批推荐遴选工作的通知》（辽教办发〔2011〕249号）的要求，沈阳工业大学、辽宁科技大学、辽宁石油化工大学、辽宁工业大学、大连交通大学、大连工业大学、沈阳航空航天大学、沈阳理工大学、沈阳建筑大学和沈阳工程学院等辽宁省内10所理工科院校理学院（数理系）发起组织了普通高等教育本科基础课高等数学（理工类）、高等数学（经管类）、概率论与数理统计、线性代数、工程数学、大学物理、大学物理实验、高等数学（英文·双语教材）、大学物理（英文·双语教材）等九门课程教材的编写工作。

为做好本套教材的编写工作，确保优质教材进课堂，辽宁省10所理工科院校的理学院院长（数理系主任）及基础课相关学科负责人组建了学科建设和教材编写专委会和编委会。专委会工作的目标是通过创新、融合，整合各院校优质教学教研资源，广泛吸收10所理工科院校在工科基础课课程教学理念、学科建设和体系搭建等方面的教学教研建设成果，按照当今最新的教材理念和立体化教材开发技术，通过不断的教材修订、立体化体系建设打造“工科基础课”教材品牌。

本套书力求结构严谨、逻辑清晰、叙述详细、通俗易懂。全书有较多的例题，便于读者自学，同时注意尽量多给出一些应用实例。

本书可供高等院校理工科类各专业学生使用，也可供广大教师、工程技术人员参考。

辽宁省10所理工科院校理学院（数理系）
基础课学科建设和教材编写专委会和编委会
2013年6月6日

前　言

物理学是研究物质的基本结构、基本运动形式、相互作用及其转化规律的自然科学。它的基本理论渗透在自然科学的各个领域，应用于生产技术的各个方面，是一切其他自然科学和工程技术的基础。

以物理学基础为内容的大学物理课程是高等学校理工科各专业学生一门重要的通识性必修基础课。课程所包含的基本概念、基本理论和基本方法是大学生科学素养的重要组成部分，是科学工作者和工程技术人员必备的基本素质。

本教材是为适应当前大学物理教学改革的需要，根据教育部大学物理课程指导委员会制订的最新大学物理课程教学基本要求，由沈阳理工大学、大连交通大学、大连工业大学、沈阳航空航天大学、沈阳工业大学、辽宁科技大学、沈阳建筑大学、辽宁石油化工大学、辽宁工业大学和辽宁工程学院 10 所辽宁省高校组建编委会，以创新、融合、优化院校优质资源为先导，结合辽宁省 10 所理工科院校对工科基础课课程教学理念、学科建设和体系搭建等研究建设成果，在参编教师充分研讨的基础上，按照当今最新的教材理念和立体化教材开发技术联合编写而成的，是编者多年教学经验和教学改革成果的结晶，同时汲取了国内外一些优秀物理教材的优点。

全书共有 16 章，涵盖了大学物理课程基本要求中的 A 类内容 69 条，精选 B 类内容 9 条。其中力学部分（包括狭义相对论）共有 4 章，涵盖基本要求中的经典力学中全部 A 类内容的 7 条，以及狭义相对论全部 A 类内容 4 条和 B 类内容 2 条；振动与波部分 2 章，包括全部 A 类要求的 9 条；热学部分 2 章，涵盖全部 A 类内容的 10 条和 B 类内容 1 条；电磁学部分 3 章，包括 A 类内容的 19 条和 B 类内容 1 条；光学部分 3 章，包括了几何光学以外的 A 类要求的 10 条和 B 类要求 4 条；量子物理基础部分 2 章，包括了全部的 A 类要求的 10 条和 B 类要求 1 条。

本教材在保持传统教材基础性的前提下，注重物理思想、物理图像以及与科学技术和生活的结合，具有较强的教学适应性。本书适用于普通高等学校理工类专业大学物理教学，适应培养高素质应用型人才的需要，具有如下特点：

1. 在每一章的开篇设置了“学习目标”和“实践活动”部分。列举每章的学习目标，明确指出掌握、理解和了解的内容，使学生在学习时明确学习任务。“实践活动”是在介绍理论知识之前，导入几个贴近实际工作的实践活动，引发学生的学习兴趣。

2. 对于经典物理内容，特别是高中物理涉猎较多的力学与电磁学部分，注重与中学物理的衔接，适度提高起点，避免在内容上与中学内容重复。注重物理思想和科学思维方法，启发学生的创新思维，培养学生的创新意识。强调物理基本知识及运用知识的综合能力，避免繁琐的数学推导，理论与实践紧密相连，增加了知识在生产实践中的具体应用，以提高学生对知识的实际运用能力。

3. 淡化经典与近代物理的界限，将狭义相对论内容归入力学，放在质点力学之后，在研究宏观低速运动基础上，讨论宏观高速运动问题，有利于学生对狭义相对论问题的理解，消除对其产生的陌生感和神秘感。

4. 在光学与近代物理部分，从光的波动性和量子性直接引入实物粒子的波粒二象性，使学生充分认识波粒二象性是光和自然界一切实物粒子的共同属性。在量子物理基础中以专题形式介绍了氢原子研究的实验方法和不同阶段的理论方法，使学生能够切实了解氢原子问题的多种科学研究方法，体会各自的特点、成功与缺陷。有利于活跃学生的科学思维，激发求知欲望，培养学生的创新意识。

5. 精选例题、习题。例题求解过程注意引导、培养学生科学的思维方法和分析问题、解决问题的能力；习题与理论知识很好地配合，难易结合，数量适中。

6. 采用双色印刷增强图文表现力，提升了视觉冲击力，提高了阅读效果。

本书由沈阳理工大学徐送宁、大连交通大学石爱民、大连工业大学王雅红、沈阳航空航天大学孙丽媛、辽宁工业大学赵星和辽宁石油化工大学王莉负责全书的提纲设计，组织协调；书稿整理、统稿由沈阳理工大学徐送宁负责；执笔分工如下：第一、二、三、四章由大连交通大学石爱民编写，第五、六章由沈阳航空航天大学孙丽媛编写，第七、八章由沈阳理工大学金惠强编写，第九、十、十一章由大连工业大学王雅红编写，第十二、十三、十四、十五、十六章由沈阳理工大学徐送宁、马学军编写，本书由东北大学耿平教授主审。

由于编者水平有限，书中难免有疏漏与不妥之处，欢迎老师和同学们在使用过程中提出宝贵意见。

编　者

2013 年 8 月

目　录

第1章　质点运动学

【学习目标】 掌握位矢、位移、速度、加速度、角速度、角加速度等描述质点运动和运动变化的物理量。能借助于直角坐标系计算质点在平面内运动的速度、加速度。能计算质点作圆周运动时的角速度、角加速度、切向加速度和法向加速度。

【实践活动】 分别平抛和斜抛出一个物体，若抛出物体的初速度相同，什么情况下物体飞得最远呢？你能用运动学的知识解决它吗？

1.1　描述质点运动的物理量

力学研究的是机械运动规律及其应用。所谓机械运动，是一个物体相对于另一个物体，或一个物体内部的一部分相对于其他部分的位置随时间的变化过程。宇宙中天体的运行、导弹弹道的计算、人造地球卫星轨道的设计，以及气泡室中显示粒子径迹的分析等，都属于力学的范围。

如何描述物体的运动是本章要讨论的内容。为此必须定义表征质点运动的物理量，如位置矢量、位移、速度和加速度等，为此还需要选择参考系，建立坐标系。

1.1.1　质点与参考系

1. 质点

力学中的质点，是没有体积和形状，只具有一定质量的理想物体。质点是力学中一个十分重要的概念。我们知道，任何实际物体，大至宇宙中的天体，小至原子、原子核、电子以及其他微观粒子，都具有一定的体积和形状。如果在所研究的问题中，物体的体积和形状是无关紧要的，我们就可以把它看作为质点。例如，地球相对于太阳的运动，由于地球既公转又自转，地球上各点相对于太阳的运动是各不相同的。但是，考虑到地球到太阳的距离约为地球直径的一万多倍，以致在研究地球公转时可以忽略地球的大小和形状对这种运动的影响，认为地球上各点的运动情形基本相同。这时可以把地球看成为一个质点。

另外，对于同一个物体，由于研究的问题不同，有时可以把它看作一个质点，有时则不能。不过，在不能将物体看作质点的时候，却总可以把这个物体看作是由许多质点组成的，对其中的每一个质点都可以运用质点运动的结论，叠加起来就可以得到整个物体的运动规律。可见，质点力学是整个力学的基础。

2. 参考系

在力学范围内所说的运动，是指物体位置的变更。宇宙中的一切物体都处于永恒的运动之中，绝对静止的物体是不存在的。显然，一个物体的位置及其变更，总是相对于其他物体而言的，否则就没有意义，这便是机械运动的相对性。因此，为了描述一个物体的运动情形，必须选择另一个运动物体或几个相互间保持静止的物体群作为参考物。只有先确定了参考物，才能明确地表示被研究物体的运动情形。研究物体运动时被选作参考物的物体或物体群，称为参考系。例如，研究地球相对于太阳的运动，常选择太阳作参考系；研究人造地球卫星的运动，常选择地球作参考系；研究河水的流动，常选择地面作参考系等。

在描述质点如何运动的问题中，也仅仅在这样的问题中，参考系原则上是可以任意选择的。对于物体的同一个运动，选择不同的参考系，对运动的描述是不同的。例如，人造地球卫星的运动，若以地球为参考系，运动轨道是圆或椭圆；若以太阳为参考系，运动轨道是以地球公转轨道为轴线的螺旋线。那么，在研究物体运动时，究竟应该选择哪个物体或物体群作为参考系呢？这要根据问题的性质、计算和处理上的方便来决定。在上述人造地球卫星的例子中，显然选择地球中心作参考系比选择太阳作参考系要方便得多，结论也要简洁得多。在题意和问题性质允许的情况下，可选择使问题的处理尽量简化的参考系。

为了把运动物体在每一时刻相对于参考系的位置定量地表示出来，就要在参考系上建立适当的坐标系，坐标系的原点可取在参考系的一个固定点上。常用的坐标系有直角坐标系、平面极坐标系、自然坐标系等。

1.1.2 位置矢量

图 1-1 中的点 P 代表我们所讨论的质点，点 O 代表参考系上的一个固定点，以后建立坐标系时坐标原点就取在这里。点 P 在任意时刻的位置，可用从点 O 到点 P 所引的有向线段 $\overrightarrow{OP}$ 来表示，$\overrightarrow{OP}$ 可用一个矢量 $\boldsymbol{r}$ 来代表，这个矢量 $\boldsymbol{r}$ 就称为质点 P 的位置矢量，简称位矢。位置矢量既然是矢量，就一定包含了质点位置的两方面的信息，一是质点 P 相对参考系固定点 O 的方位，二是质点 P 相对参考系固定点 O 的距离大小。这正是矢量所具有的两个基本特征。以后我们都用黑体字母代表矢量。

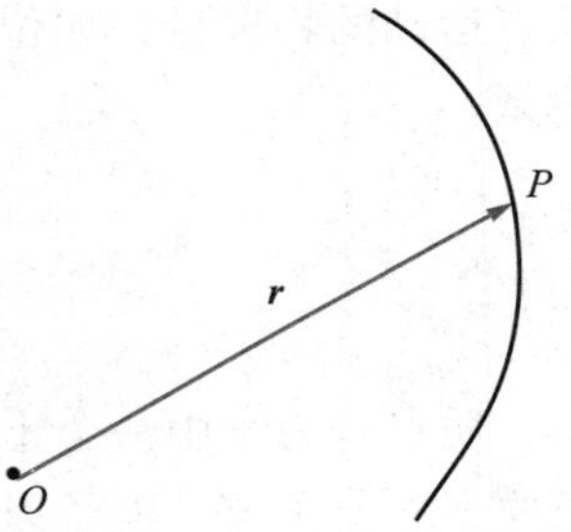

图 1-1　位置矢量

质点在运动，位置在变化，则表示质点位置的位置矢量 $\boldsymbol{r}$ 必定随时间在改变。也就是说，位置矢量 $\boldsymbol{r}$ 是时间 t 的函数，即

$$\boldsymbol{r}=\boldsymbol{r}(t) \tag{1.1}$$

上式称为质点运动的轨道参量方程，即质点的运动学方程，它不仅给出了质点运动的轨迹，也给出了质点在任意时刻所处的位置。

1.1.3 位移和路程

设质点沿图 1-2 所示的任意曲线 L 在运动。质点在 t 时刻处于点 A，其位置矢量为 $\boldsymbol{r}_A$，经过 Δt 时间，质点到达点 B，位置矢量为 $\boldsymbol{r}_B$。在此过程中，质点位置的变更可以用从点 A 到点 B 的有向线段 $\overrightarrow{AB}$ 来表示，或写成 $\Delta\boldsymbol{r}$，这称为质点由 A 到 B 的位移。位移 $\Delta\boldsymbol{r}$ 是矢量，它既表示质点位置变更的大小(点 A 与点 B 之间的距离)，又表示这种变更的方向(点 B 相对于点 A 的方位)。由图 1-2 可以看出

$$\Delta\boldsymbol{r}=\boldsymbol{r}_B-\boldsymbol{r}_A \tag{1.2}$$

上式表示，质点从点 A 到点 B 所完成的位移 $\Delta\boldsymbol{r}$，等于点 B 的位置矢量 $\boldsymbol{r}_B$ 与点 A 的位置矢量 $\boldsymbol{r}_A$ 之差。

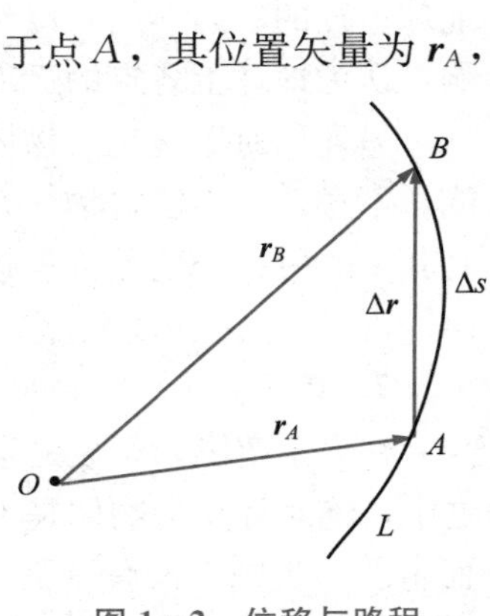

图 1-2　位移与路程

质点在 Δt 时间内所经过的路程，是曲线 AB 的长度，写作 Δs，是标量。显然，路程 Δs 与位移 $\Delta \boldsymbol{r}$ 是不同的。在一般情况下，位移矢量的模 $|\Delta \boldsymbol{r}|$ 是不等于路程 Δs 的，只有在质点作单方向直线运动时，它们才相等。如果发生位移和路程的时间 Δt 无限地缩短，$|\Delta \boldsymbol{r}|$ 和 Δs 将逐渐接近，在极限情况下，下式成立：

$$\lim_{\Delta t \to 0} |\Delta \boldsymbol{r}| = \lim_{\Delta t \to 0} \Delta s \tag{1.3}$$

尽管如此，质点的位移和路程毕竟是两个不同的物理量。位移 $\Delta \boldsymbol{r}$ 的运算遵从矢量运算的法则，也就是平行四边形法则。如果质点沿着任意闭合曲线从点 A 出发，经过点 B、C、D 到达点 E，如图 1－3 所示，那么质点运动的位移 $\Delta \boldsymbol{r}$ 可表示为

$$\Delta \boldsymbol{r} = \boldsymbol{r}_E - \boldsymbol{r}_A = \Delta \boldsymbol{r}_1 + \Delta \boldsymbol{r}_2 + \Delta \boldsymbol{r}_3 + \Delta \boldsymbol{r}_4$$

而质点运动的路程 Δs 则应表示为

$$\Delta s = AB + BC + CD + DE$$

如果质点沿上述曲线继续运动，从点 E 又回到了点 A，如图 1－4 所示，则在这整个过程中，质点运动的位移显然为零，即

$$\Delta \boldsymbol{r} = \Delta \boldsymbol{r}_1 + \Delta \boldsymbol{r}_2 + \Delta \boldsymbol{r}_3 + \Delta \boldsymbol{r}_4 + \Delta \boldsymbol{r}_5 = 0$$

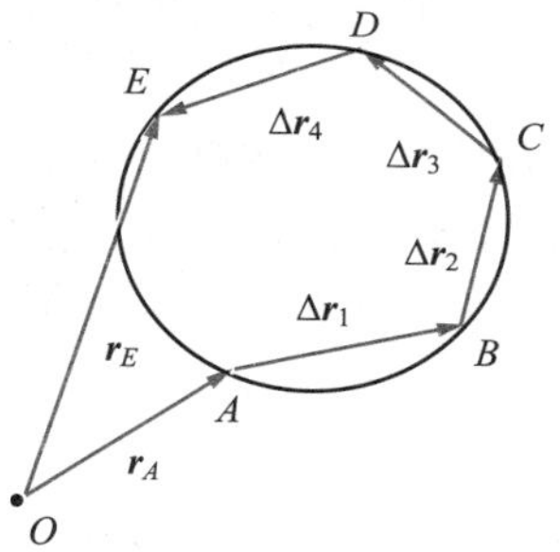

图 1－3　位移不等于零的运动

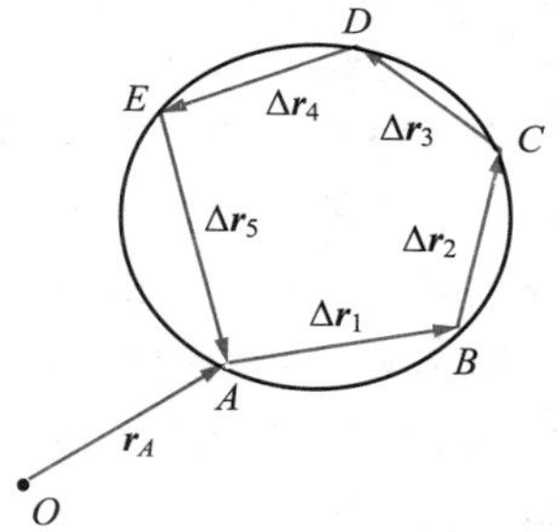

图 1－4　位移等于零的运动

而与此相应的路程，显然等于整个闭合曲线的周长，即

$$\Delta s = AB + BC + CD + DE + EA$$

位移和路程的单位相同，在国际单位制中为 m(米)。

1.1.4　速度和速率

1. 平均速度和平均速率

在一般情况下，质点运动的方向和运动的快慢在各个时刻或者在各个位置上是不同的。为了大致地描述质点运动的方向和运动的快慢，我们首先引入平均速度。

如果质点在 Δt 时间内的位移为 $\Delta \boldsymbol{r}$，则质点的平均速度 $\bar{\boldsymbol{v}}$ 定义为

$$\bar{\boldsymbol{v}} = \frac{\Delta \boldsymbol{r}}{\Delta t} \tag{1.4}$$

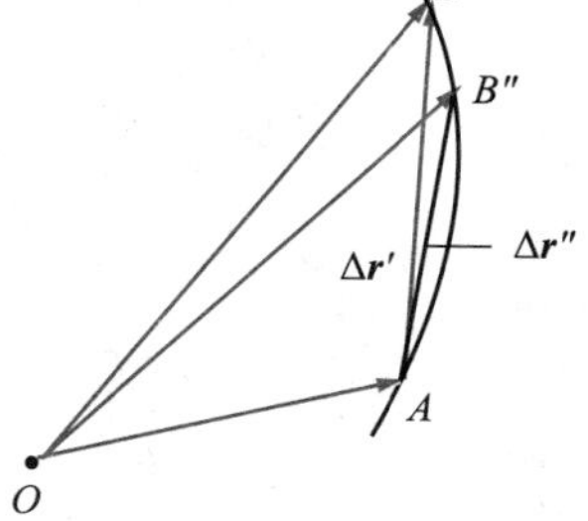

图 1－5　平均速度

平均速度是矢量，这个矢量的大小决定于位移的模 $|\Delta \boldsymbol{r}|$ 与所取时间间隔 Δt 的比值；这个矢量的方向与位移矢量 $\Delta \boldsymbol{r}$ 的方向相同。由图 1－5 可以看出，位移 $\Delta \boldsymbol{r}$ 的方向与所取时间间隔 Δt 的大

小有密切关系。在 t 时刻，质点处于点 A，如果经过的时间间隔为 $\Delta t'$，质点到达点 B'，位移为 $\Delta r'$，在图 1－5 中由有向线段 $\overrightarrow{AB'}$ 表示。在这段时间内质点运动的平均速度为

$$\bar{\boldsymbol{v}}'=\frac{\Delta \boldsymbol{r}'}{\Delta t'} \tag{1.5}$$

如果经过的时间间隔为 $\Delta t''$，质点从点 A 到达点 B''，位移为 $\Delta \boldsymbol{r}''$，在图 1－5 中由有向线段 $\overrightarrow{AB''}$ 表示。那么在这段时间内，质点运动的平均速度为

$$\bar{\boldsymbol{v}}''=\frac{\Delta \boldsymbol{r}''}{\Delta t''} \tag{1.6}$$

显然，$\bar{\boldsymbol{v}}'$ 和 $\bar{\boldsymbol{v}}''$ 这两个平均速度，不但大小不同，方向也不同。

由此可见，平均速度的大小和方向在很大程度上依赖于所取时间间隔的大小。但是，时间间隔应该取多大，平均速度概念本身并没有加以限定。所以，当使用平均速度来表征质点运动时，总要指明相应的时间间隔。

我们把质点所经过的路程 Δs 与所需时间 Δt 的比值

$$\bar{v}=\frac{\Delta s}{\Delta t} \tag{1.7}$$

称为质点在 Δt 时间内的平均速率。平均速率是标量，它等于质点在单位时间内所通过的路程，而不考虑运动方向如何。

平均速率和平均速度是两个不同的概念。前者是标量，后者是矢量。另外，它们在数值上也不一定相等，因为当质点沿曲线运动时 $\Delta s \neq |\Delta \boldsymbol{r}|$。如果在 Δt 时间内，质点沿闭合曲线运行一周，则在这段时间内质点的平均速度等于零，而相应的平均速率却不等于零。所以，平均速率与平均速度的关系，和路程与位移的关系颇相似。

2. 瞬时速度和瞬时速率

用平均速度来描述质点的运动是比较粗略的，因为它只反映在某段时间内或某段路程中质点位置的平均变化。只有当质点以恒定速度运动时，平均速度才是质点在某一时刻的真正速度。

从上所述我们已经知道，平均速度与所取的时间间隔有关，时间间隔越短，在这段时间内运动的变化就越不明显，平均速度就越接近于真实速度。如果所取时间间隔 Δt 趋近零，平均速度的极限就表示质点在某一时刻的真实速度，这个极限就是质点运动的瞬时速度。瞬时速度就是质点的真实速度。数学上可以表示为

$$\boldsymbol{v}=\lim_{\Delta t \to 0}\frac{\Delta \boldsymbol{r}}{\Delta t}=\frac{\mathrm{d}\boldsymbol{r}}{\mathrm{d}t} \tag{1.8}$$

式(1.8)表明，质点运动的瞬时速度等于质点的位置矢量对时间的一阶导数。我们所说的物体运动速度，通常是指它的瞬时速度。

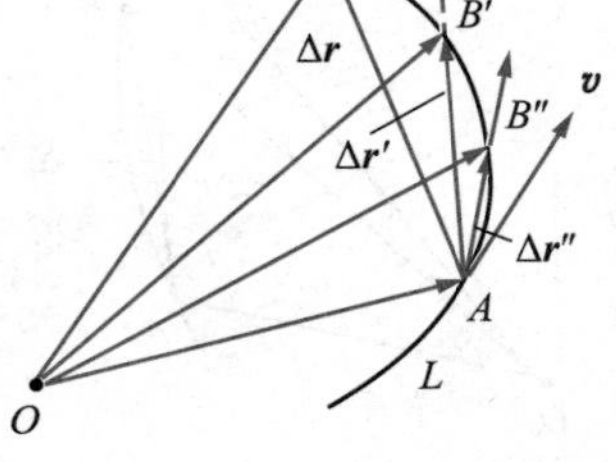

图 1－6　速度的方向

速度是矢量，它的方向是当 Δt 趋于零时，平均速度或位移的极限方向。如果质点沿着图 1－6 所示的曲线 L 运动，在 Δt 时间内，质点从点 A 到达点 B，位移为 $\Delta \boldsymbol{r}$，由有向线段 $\overrightarrow{AB}$ 表示。随着所取时间间隔 Δt 的逐渐缩短，点 B 也逐渐向点 A 靠近，如图 1－6 中的 B'、B'' 等，位移分别变为 $\Delta \boldsymbol{r}'$、$\Delta \boldsymbol{r}''$ 等。当 Δt 趋于零时，点 B 趋于点 A，位移的方向趋于曲线在点 A 的切线方向。所以，当质点沿任意曲线运动时，质点在曲线某点的速度方向，就是曲线在该点的切线方向。

我们把 Δt 趋于零时平均速率的极限，定义为质点运动的瞬时速率，或称速率，即

$$v=\lim_{\Delta t\to 0}\frac{\Delta s}{\Delta t}=\frac{\mathrm{d}s}{\mathrm{d}t} \tag{1.9}$$

因为当 Δt 趋于零时，路程的极限等于质点位移矢量的模的极限，所以

$$v=\frac{\mathrm{d}s}{\mathrm{d}t}=\left|\frac{\mathrm{d}\boldsymbol{r}}{\mathrm{d}t}\right|=|\boldsymbol{v}| \tag{1.10}$$

既然速率等于速度的模，即等于速度的大小，所以速率总是正值。

速度和速率具有相同的单位，在国际单位制中为 m/s(米/秒)。

根据速度的定义式(1.8)，可得

$$\mathrm{d}\boldsymbol{r}=\boldsymbol{v}(t)\mathrm{d}t$$

若求质点在从 t_0 到 t 时间内完成的位移，可对上式在此时间内积分，即

$$\Delta\boldsymbol{r}=\boldsymbol{r}-\boldsymbol{r}_0=\int_{r_0}^{r}\mathrm{d}\boldsymbol{r}=\int_{t_0}^{t}\boldsymbol{v}(t)\mathrm{d}t \tag{1.11}$$

上式称为位移公式。如果已知质点运动速度与时间的函数关系，代入上式积分可算得位移。

1.1.5 加速度

在很多情况下，质点运动的速度是在变化的。速度的变化一般包括速度大小的变化(即速率的变化)和速度方向的变化两部分。在有的运动中，速度的大小随时间在变化，而速度的方向不变，这是变速直线运动的情形；在有的运动中，速度的方向在不断变化，而速度的大小恒定，这是匀速曲线运动的情形；还有的运动，速度的大小和方向都随时间在变化，这是任意的曲线运动情形。在上述这些运动中，都存在速度随时间变化的问题。为了描述速度随时间的变化，我们引入加速度这个物理量。

设质点沿着图 1-7(a)所示的任意曲线 L 运动，在 t 时刻，质点处于点 A，速度为$\boldsymbol{v}_A$，在 $t+\Delta t$ 时刻，质点到达点 B，速度为$\boldsymbol{v}_B$。在 Δt 时间内，速度的增量为

$$\Delta\boldsymbol{v}=\boldsymbol{v}_B-\boldsymbol{v}_A \tag{1.12}$$

式中 $\Delta\boldsymbol{v}$ 可用平行四边形定则求得[见图 1-7(b)]。显然，矢量 $\Delta\boldsymbol{v}$ 是速度大小的变化和速度方向的变化共同引起的。质点运动的加速度定义为

$$\boldsymbol{a}=\lim_{\Delta t\to 0}\frac{\Delta\boldsymbol{v}}{\Delta t}=\frac{\mathrm{d}\boldsymbol{v}}{\mathrm{d}t}=\frac{\mathrm{d}^2\boldsymbol{r}}{\mathrm{d}t^2} \tag{1.13}$$

上式表示，加速度等于速度对时间的一阶导数，或等于位置矢量对时间的二阶导数。

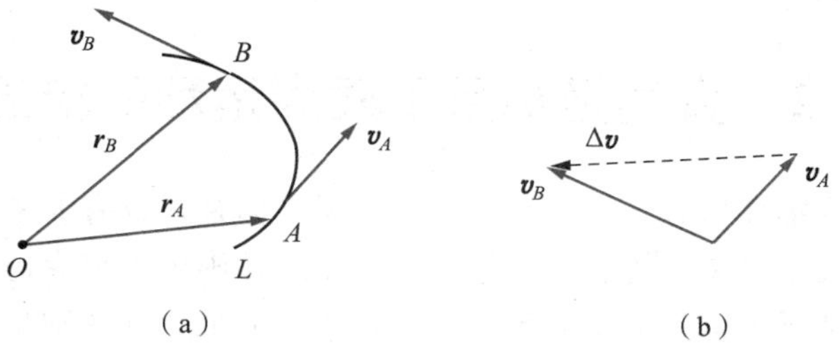

图 1-7 平均加速度

加速度的方向与 Δt 趋于零时 $\Delta\boldsymbol{v}$ 的极限方向一致。当质点沿直线运动时，$\Delta\boldsymbol{v}$ 的极限方向也一定沿着该直线：如果质点作加速运动，$\boldsymbol{v}$ 的数值不断增大，$\Delta\boldsymbol{v}$ 的方向必定与$\boldsymbol{v}$ 的方向

相同，加速度 $\boldsymbol{a}$ 的方向也必定与速度$\boldsymbol{v}$ 的方向相同；如果质点作减速运动，$\boldsymbol{v}$ 的数值不断减小，$\Delta\boldsymbol{v}$ 的方向必定与$\boldsymbol{v}$ 的方向相反，加速度 $\boldsymbol{a}$ 的方向也必定与$\boldsymbol{v}$ 的方向相反。当质点沿曲线运动时，$\Delta\boldsymbol{v}$ 的极限方向不但决定于质点是作加速运动还是作减速运动，而且还与曲线的弯曲形状有关。在图 1－8 中，质点在任意两个非常靠近的位置 A 和 B 的速度分别为$\boldsymbol{v}_A$和$\boldsymbol{v}_B$，将矢量$\boldsymbol{v}_B$平移到点 A，根据平行四边形定则可立即得到 $\Delta\boldsymbol{v}$，于是可以清楚地看到，$\Delta\boldsymbol{v}$ 的极限方向始终指向曲线的凹侧。既然加速度 $\boldsymbol{a}$ 的方向与 $\Delta\boldsymbol{v}$ 的极限方向一致，那么加速度 $\boldsymbol{a}$ 的方向也必定指向曲线的凹侧。质点在任一位置上的加速度与速度之间的夹角 θ 存在下面的规律：当 $v_A > v_B$ 时，$\theta > \pi/2$，如图 1－8(a)所示；当 $v_A < v_B$ 时，$\theta < \pi/2$，如图 1－8(b)所示。这表明，当质点作减速运动时，加速度方向与速度方向成钝角；当质点作加速运动时，加速度方向与速度方向成锐角。由此可以推断，当$\boldsymbol{v}_A = \boldsymbol{v}_B$时，必定有 $\theta = \pi/2$，即当质点作匀速率曲线运动时，加速度的方向与速度的方向相垂直。

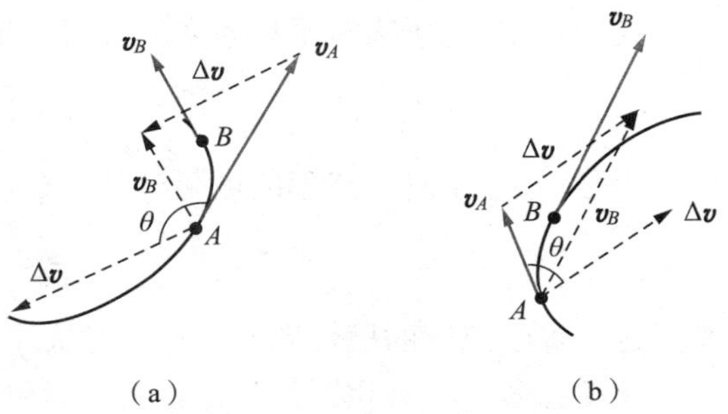

图 1－8　加速度的方向

在国际单位制中，加速度的单位是 m/s^2（米/秒^2）。

根据加速度的定义式(1.13)，可得

$$d\boldsymbol{v} = \boldsymbol{a}(t)dt$$

若求质点在从 t_0 到 t 时间内速度的变化，可对上式积分。如果在时刻 t_0，质点的速度为$\boldsymbol{v}_0$，在时刻 t，质点的速度为$\boldsymbol{v}$，那么速度的变化可写为

$$\boldsymbol{v} - \boldsymbol{v}_0 = \int_{t_0}^{t} \boldsymbol{a}(t)dt$$

或写为

$$\boldsymbol{v} = \boldsymbol{v}_0 + \int_{t_0}^{t} \boldsymbol{a}(t)dt \tag{1.14}$$

这称为速度公式。将式(1.14)代入式(1.11)，可以得到位矢的一般表达式

$$\boldsymbol{r} = \boldsymbol{r}_0 + \int_{t_0}^{t} \left[\boldsymbol{v}_0 + \int_{t_0}^{t} \boldsymbol{a}(t)dt\right]dt \tag{1.15}$$

如果知道质点运动加速度与时间的函数关系，代入上式积分就可以求得位置矢量。

1.2　直角坐标系下质点运动的描述

前面我们已经阐明描述质点运动必须选择参考系。但是，仅有参考系还不能把质点运动时的确切位置定量地表示出来，再在参考系上建立坐标系则可以解决这个问题。另外，物理学中的方程式在很多情况下都是矢量方程，而矢量方程的求解，特别是矢量的积分，必须先化为分量式才可以进行。可见，建立坐标系是十分重要的。

在参考系上取一固定点作为坐标原点 O，过点 O 画三条相互垂直的带有刻度的坐标轴，即 x 轴、y 轴和 z 轴，就构成了直角坐标系 $O-xyz$。通常采用的直角坐标系属右旋系，即当右手四指由 x 轴方向转向 y 轴方向时，伸直的拇指则指向 z 轴的正方向。

如果图 1－9 中的点 P(其坐标为 x、y 和 z)代表我们所讨论质点在某时刻的位置，那么从坐标原点 O 向点 P 所引的有向线段就是质点在该时刻的位置矢量 $\boldsymbol{r}$。显然，位置矢量 $\boldsymbol{r}$ 可以表示为

$$\boldsymbol{r}=x\boldsymbol{i}+y\boldsymbol{j}+z\boldsymbol{k} \tag{1.16}$$

式中，$\boldsymbol{i}$、$\boldsymbol{j}$ 和 $\boldsymbol{k}$ 分别是 x、y 和 z 方向的单位矢量。位置矢量 $\boldsymbol{r}$ 的大小可由下式决定

$$r=|\boldsymbol{r}|=\sqrt{x^2+y^2+z^2} \tag{1.17}$$

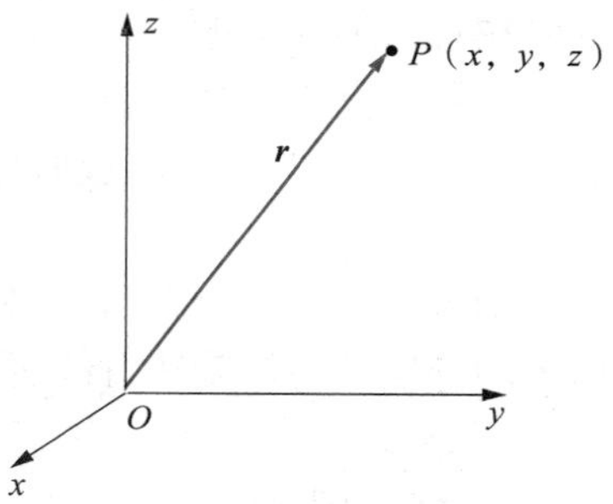

图 1－9　直角坐标系中的位置

位置矢量 $\boldsymbol{r}$ 的方向可用它的方向余弦来表示

$$\cos\alpha=\frac{x}{r},\quad \cos\beta=\frac{y}{r},\quad \cos\gamma=\frac{z}{r} \tag{1.18}$$

这三个方向余弦存在下面的关系

$$\cos^2\alpha+\cos^2\beta+\cos^2\gamma=1 \tag{1.19}$$

质点运动的轨道参量方程式(1.1)可以写成分量形式

$$\left.\begin{array}{l} x=x(t)\\ y=y(t)\\ z=z(t)\end{array}\right\} \tag{1.20}$$

原则上，从上式消去参变量 t，可以得到质点运动的轨道方程(也称轨迹方程)。

将位置矢量的表达式(1.16)代入速度的定义式(1.8)，可得

$$\boldsymbol{v}=\frac{\mathrm{d}\boldsymbol{r}}{\mathrm{d}t}=\frac{\mathrm{d}x}{\mathrm{d}t}\boldsymbol{i}+\frac{\mathrm{d}y}{\mathrm{d}t}\boldsymbol{j}+\frac{\mathrm{d}z}{\mathrm{d}t}\boldsymbol{k}=v_x\boldsymbol{i}+v_y\boldsymbol{j}+v_z\boldsymbol{k} \tag{1.21}$$

式中，v_x、v_y 和 v_z 分别是速度 v 的三个分量

$$v_x=\frac{\mathrm{d}x}{\mathrm{d}t},\quad v_y=\frac{\mathrm{d}y}{\mathrm{d}t},\quad v_z=\frac{\mathrm{d}z}{\mathrm{d}t} \tag{1.22}$$

速度的大小可以表示为

$$v=|\boldsymbol{v}|=\sqrt{v_x^2+v_y^2+v_z^2} \tag{1.23}$$

将速度矢量和位置矢量的表达式代入加速度的定义式(1.13)，可得

$$\begin{aligned}\boldsymbol{a}&=\frac{\mathrm{d}v_x}{\mathrm{d}t}\boldsymbol{i}+\frac{\mathrm{d}v_y}{\mathrm{d}t}\boldsymbol{j}+\frac{\mathrm{d}v_z}{\mathrm{d}t}\boldsymbol{k}=\frac{\mathrm{d}^2x}{\mathrm{d}t^2}\boldsymbol{i}+\frac{\mathrm{d}^2y}{\mathrm{d}t^2}\boldsymbol{j}+\frac{\mathrm{d}z}{\mathrm{d}t^2}\boldsymbol{k}\\&=a_x\boldsymbol{i}+a_y\boldsymbol{j}+a_z\boldsymbol{k},\end{aligned} \tag{1.24}$$

式中，a_x、a_y 和 a_z 为加速度矢量 $\boldsymbol{a}$ 的三个分量，它们分别表示如下

$$a_x=\frac{\mathrm{d}v_x}{\mathrm{d}t}=\frac{\mathrm{d}^2x}{\mathrm{d}t^2},\quad a_y=\frac{\mathrm{d}v_y}{\mathrm{d}t}=\frac{\mathrm{d}^2y}{\mathrm{d}t^2},\quad a_z=\frac{\mathrm{d}v_z}{\mathrm{d}t}=\frac{\mathrm{d}^2z}{\mathrm{d}t^2} \tag{1.25}$$

加速度的大小为

$$a=|\boldsymbol{a}|=\sqrt{a_x^2+a_y^2+a_z^2} \tag{1.26}$$

由式(1.21)和式(1.24)可以看到，任何一个方向的速度和加速度都只与该方向的位置矢量的分量有关，而与其他方向的分量无关。于是就得到一个十分重要的结论，即质点的任意运动都可以看作是，由在三个坐标轴方向上各自独立进行的直线运动所合成的。或者说，质点的任意运动都可以分解为在三个坐标轴方向上各自独立进行的直线运动。这便是运动叠加

原理在直角坐标系中的表现。

如果质点在某个方向(例如 x 方向)上的速度不随时间变化，也就是说，质点在该方向上的分运动为匀速直线运动，那么在 x 方向上的位移可根据位移公式(1.11)求得

$$\Delta x = x - x_0 = v_x(t - t_0) \tag{1.27}$$

如果质点在某个方向(例如 x 方向)上的加速度不随时间变化，也就是说，质点在该方向上的分运动为匀变速直线运动，那么在 x 方向的速度变化可根据速度公式(1.14)求得

$$v_x - v_{x_0} = a_x(t - t_0)$$

若取 $t_0 = 0$，则上式变为

$$v_x - v_{x_0} = a_x t$$

或改写为

$$v_x = v_{x_0} + a_x t \tag{1.28}$$

同时还可以根据公式(1.15)，求得在该方向上的位移

$$x - x_0 = v_{x_0} t + \frac{1}{2} a_x t^2 \tag{1.29}$$

由式(1.28)解出 t，代入式(1.29)，可以得到另一个关系

$$v_x^2 = v_{x_0}^2 + 2a_x(x - x_0) \tag{1.30}$$

由式(1.30)和式(1.28)可以得到

$$x - x_0 = \frac{v_{x_0} + v_x}{2} t \tag{1.31}$$

式(1.28)、式(1.29)、式(1.30)和式(1.31)都是我们在中学物理中已经熟悉的描述匀变速直线运动规律的方程式，这里我们用高等数学方法一一得出来了。

例 1.1　通过岸崖上的绞车拉动纤绳将湖中的小船拉向岸边，如图 1-10(a)所示。如果绞车以恒定的速率 u 拉动纤绳，绞车定滑轮离水面的高度为 h，求小船向岸边移动的速度 v 和加速度 a。

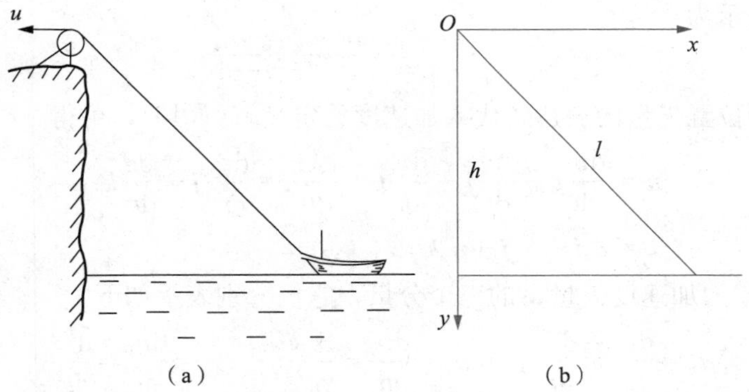

图 1-10　例 1.1 的示意图

解　以绞车定滑轮处为坐标原点，x 轴水平向右，y 轴竖直向下，如图 1-10(b)所示。设小船到坐标原点的距离为 l，显然，任意时刻小船到岸边的距离 x 总满足

$$x^2 = l^2 - h^2$$

上式两边同时对时间 t 求导数，得

$$2x\frac{\mathrm{d}x}{\mathrm{d}t}=2l\frac{\mathrm{d}l}{\mathrm{d}t}$$

式中，$\frac{\mathrm{d}l}{\mathrm{d}t}=-u$ 是绞车拉动纤绳的速率，因为纤绳随时间在缩短，故$\frac{\mathrm{d}l}{\mathrm{d}t}<0$；$\frac{\mathrm{d}x}{\mathrm{d}t}=v$ 则是小船向岸边移动的速率，正是需要求的量。由上式可得

$$v=-\frac{l}{x}u=-\frac{\sqrt{x^2+h^2}}{x}u \tag{1}$$

式中负号表示小船的速度沿 x 轴的反方向。小船向岸边移动的加速度为

$$a=\frac{\mathrm{d}^2x}{\mathrm{d}t^2}=\frac{\mathrm{d}v}{\mathrm{d}t}=-\frac{u^2h^2}{x^3} \tag{2}$$

负号的意义与速度的相同。

由上面的结果可以看到，小船的移动速率 v 总是比绞车拉动纤绳的速率 u 大，并且绞车的位置离水面越高，v 比 u 就越大。由式(2)可见，小船的加速度随着到岸边距离的减小而急剧增大。

例 1.2　抛体运动是发生在竖直平面内的二维空间的运动。在抛体运动中的加速度就是重力加速度 g，它大小恒定，方向向下。现假设物体以初速度 v_0 沿与水平方向成 θ_0 角的方向被抛出，忽略空气的影响，求物体运动的轨道方程、射程、飞行时间和物体所能到达的最大高度。

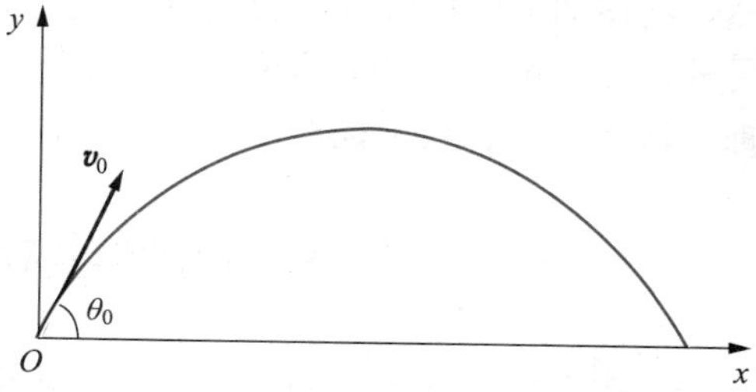

图 1-11　例 1.2 的示意图

解　首先必须建立坐标系，取抛射点为坐标原点 O，x 轴水平向右，y 轴竖直向上，如图 1-11 所示。于是物体的抛体运动可以看作为 x 方向的匀速直线运动和 y 方向的匀变速直线运动相叠加。

在 x 方向上

$$a_x=0,\qquad v_x=v_0\cos\theta_0,\qquad x=(v_0\cos\theta_0)t$$

在 y 方向上

$$a_y=-g$$
$$v_y=v_0\sin\theta_0-gt$$
$$y=(v_0\sin\theta_0)t=\frac{1}{2}gt^2$$

从 x 和 y 的表达式中消去参变量 t，就可得出抛体运动的轨道方程

$$y=(\tan\theta_0)x-\frac{g}{2(v_0\cos\theta_0)^2}x^2$$

这是抛物线方程。所以，忽略空气阻力的抛体运动的轨迹是抛物线。

在轨道方程中，令 $y=0$，得

$$(\tan\theta_0)x-\frac{g}{2(v_0\cos\theta_0)^2}x^2=0$$

这个方程有两个解，一个是 $x_1=0$，这是抛射点的位置，另一个是

$$x_2=\frac{v_0^2}{g}\sin 2\theta_0$$

这就是射程。由射程的表达式可以看到，当抛射角 $\theta_0=\pi/4$ 时，射程为最大。将射程代入 x 与 t 的关系式，就可以求得物体的飞行时间

$$T=\frac{x_2}{v_0\cos\theta_0}=\frac{2v_0}{g}\sin\theta_0$$

当物体到达最大高度时，必定有 $v_y=0$，于是可求得物体到达最大高度的时间

$$t_1=\frac{v_0}{g}\sin\theta_0$$

将此式代入 y 与 t 的关系式，就可以求得物体所能到达的最大高度

$$H=\frac{v_0^2}{2g}\sin^2\theta_0$$

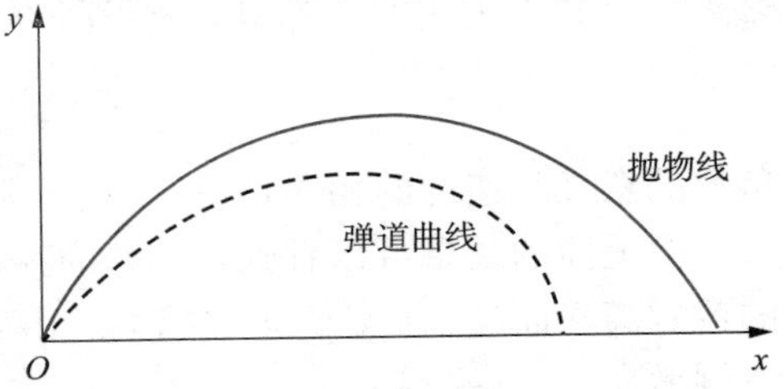

图 1-12　考虑与不考虑空气阻力时运动曲线

在以上的讨论中，我们忽略了空气的影响。实际上，由于空气的影响，物体的运动轨道并不是抛物线，而是图 1-12 中虚线所示的弹道曲线。显然，物体的实际射程和最大高度都比上述值要小。另外，在求解过程中，我们使用了运动的叠加原理。特别是在直角坐标系中，这一原理是求解复杂运动的强有力工具。

1.3　自然坐标系下质点运动的描述

牛顿力学中，质点的运动大多是轨道运动，沿着质点的运动轨道所建立的坐标系称为自然坐标系。取轨道上一固定点为坐标原点，同时规定两个随质点位置的变化而改变方向的单位矢量，一个是指向质点运动方向的切向单位矢量，用 $\boldsymbol{\tau}$ 表示，另一个是垂直于切向并指向轨道凹侧的法向单位矢量，用 $\boldsymbol{n}$ 表示。

1.3.1　自然坐标系下的速度与加速度

因为质点运动的速度总是沿着轨道的切向的，所以在自然坐标系中，速度矢量可以表示为

$$\boldsymbol{v}(t)=v(t)\boldsymbol{\tau}(t)=\frac{\mathrm{d}s}{\mathrm{d}t}\boldsymbol{\tau}(t) \tag{1.32}$$

而加速度矢量应由下式表示

$$\boldsymbol{a}=\frac{\mathrm{d}\boldsymbol{v}}{\mathrm{d}t}=\frac{\mathrm{d}}{\mathrm{d}t}(v\boldsymbol{\tau})=\frac{\mathrm{d}v}{\mathrm{d}t}\boldsymbol{\tau}+v\frac{\mathrm{d}\boldsymbol{\tau}}{\mathrm{d}t} \tag{1.33}$$

上式中的第一项 $\frac{\mathrm{d}v}{\mathrm{d}t}\boldsymbol{\tau}$ 显然是表示由于速度大小变化所引起的加速度分量，大小等于速率的变化率，方向沿轨道的切向，故称切向加速度，用 $\boldsymbol{a}_\tau$ 表示可写为

$$\boldsymbol{a}_\tau=\frac{\mathrm{d}v}{\mathrm{d}t}\boldsymbol{\tau} \tag{1.34}$$

第二项 $v\frac{\mathrm{d}\boldsymbol{\tau}}{\mathrm{d}t}$ 是由速度方向变化所引起的加速度分量，其大小和方向有待于进一步探讨。

在图 1－13 中表示质点在 t 时刻处于轨道 L 的点 A，此处的切向单位矢量为 $\boldsymbol{\tau}(t)$，经过 Δt 时间质点到达点 B，此处的切向单位矢量为 $\boldsymbol{\tau}(t+\Delta t)$。将单位矢量 $\boldsymbol{\tau}(t)$ 和 $\boldsymbol{\tau}(t+\Delta t)$ 平移到点 O'，矢端分别为 A' 和 B'。由点 A' 向点 B' 所引的有向线段 $\overline{A'B'}$ 就是单位矢量的增量 $\Delta\boldsymbol{\tau}$。当 $\Delta t\to 0$ 时，点 B 趋近于点 A，与此相应，等腰三角形 $O'A'B'$ 的顶角 $\Delta\theta\to 0$。可见 $\Delta\boldsymbol{\tau}$ 的极限方向必定垂直于 $\boldsymbol{\tau}(t)$，指向轨道的凹侧，即与法向单位矢量 $\boldsymbol{n}$ 一致，并且下面的关系成立

$$\lim_{\Delta t\to 0}\frac{|\Delta\tau|}{\Delta t}=\lim_{\Delta t\to 0}\frac{\Delta\theta}{\Delta t}=\frac{\mathrm{d}\theta}{\mathrm{d}t}$$

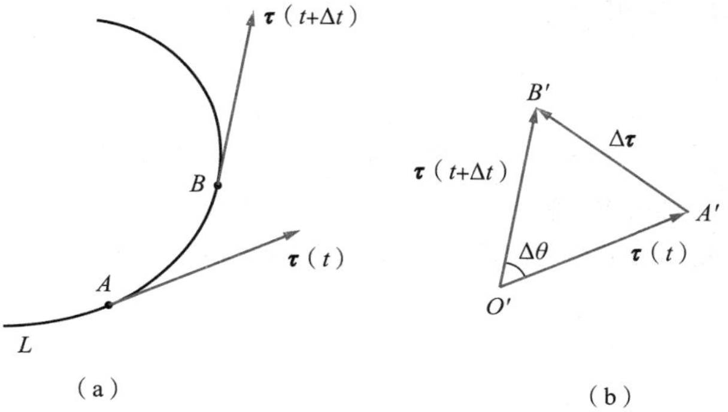

图 1－13　切向加速度、法向加速度的方向

故式(1.33)的第二项得名为法向加速度，并记为

$$\boldsymbol{a}_n=v\frac{\mathrm{d}\theta}{\mathrm{d}t}\boldsymbol{n} \tag{1.35}$$

如果轨道在点 A 的内切圆的曲率半径为 ρ，那么

$$\boldsymbol{a}_n=v\frac{\mathrm{d}\theta}{\mathrm{d}t}\boldsymbol{n}=\frac{v}{\rho}\frac{\rho\mathrm{d}\theta}{\mathrm{d}t}\boldsymbol{n}=\frac{v^2}{\rho}\boldsymbol{n} \tag{1.36}$$

所以，在一般情况下，质点的加速度矢量应表示为

$$\boldsymbol{a}=a_\tau\boldsymbol{\tau}+a_n\boldsymbol{n}=\frac{\mathrm{d}v}{\mathrm{d}t}\boldsymbol{\tau}+\frac{v^2}{\rho}\boldsymbol{n} \tag{1.37}$$

1.3.2　圆周运动的角量表示

当质点做半径为 R 的圆周运动时，自然坐标 s 表示圆周上的一段圆弧的长度，若该段圆弧所张的圆心角为 θ，θ 亦能表示质点在圆周上的位置，θ 称为角位置。质点位置的变化可以用 $\Delta\theta$ 来表示，$\Delta\theta$ 称为角位移，而且

$$s=R\theta\qquad \Delta s=R\Delta\theta \tag{1.38}$$

质点运动的速率通常叫线速度，

$$v=\frac{\mathrm{d}s}{\mathrm{d}t}=R\frac{\mathrm{d}\theta}{\mathrm{d}t} \tag{1.39}$$

式中 $\mathrm{d}\theta/\mathrm{d}t$ 表示角度的时间变化率，称为质点运动的角速度，它的 SI 单位是 rad/s，常以 $\boldsymbol{\omega}$ 表示角速度，即

$$\omega=\frac{\mathrm{d}\theta}{\mathrm{d}t} \tag{1.40}$$

这样就有

$$v=R\omega \tag{1.41}$$

角速度也是一个矢量，它的方向沿着转动的轴线，指向用右手螺旋法则判定：右手握住轴线，并让四指旋向转动方向，这时拇指沿轴线的指向即为角速度的方向。

角速度的时间变化率称为角加速度，用 $\boldsymbol{\beta}$ 表示，

$$\beta=\frac{\mathrm{d}\omega}{\mathrm{d}t}=\frac{\mathrm{d}^2\theta}{\mathrm{d}t^2} \tag{1.42}$$

角加速度也是一个矢量，它的方向也沿转动的轴线，与角速度的方向相一致或相反。因此，圆周运动的切向加速度和法相加速度可表示为

$$a_n=R\omega^2 \tag{1.43}$$

$$a_\tau=R\beta \tag{1.44}$$

例 1.3 质点以初速 v_0 沿半径为 R 的圆周运动，已知其加速度方向与速度方向的夹角 α 为恒量，求质点速率与时间的关系。

解 根据公式(1.34)和(1.36)，质点的切向加速度和法向加速度分别为

$$a_\tau=\frac{\mathrm{d}v}{\mathrm{d}t},\quad a_n=\frac{v^2}{R}$$

故有

$$\tan\alpha=\frac{a_n}{a_\tau}=\frac{v^2}{R}\frac{\mathrm{d}t}{\mathrm{d}v}$$

分离变量

$$\frac{\mathrm{d}v}{v^2}=\frac{\mathrm{d}t}{R\tan\alpha}$$

并积分

$$\int_{v_0}^{v}\frac{\mathrm{d}v}{v^2}=\int_0^t\frac{\mathrm{d}t}{R\tan\alpha}$$

于是就得到下面的关系

$$\frac{1}{v}=\frac{1}{v_0}=-\frac{t}{R\tan\alpha}$$

这就是所要求的速率与时间的关系。

1.4 相对运动

设有两个参考系 $S(O-xyz)$ 和 $S'(O'-x'y'z')$，其中 S 是绝对静止的，S' 系相对于 S 系以速度 $\boldsymbol{u}$ 运动，如图 1-14 所示。在长度测量的绝对性和同时性测量的绝对性的假定下，即认为时间和空间是相互独立的，绝对不变的，并与物体的运动无关。设某质点 t 时刻处于空间的 P 点，此时，该质点在 S 系与 S' 系中的位置矢量分别为 $\boldsymbol{r}$ 和 $\boldsymbol{r}'$，S' 系的坐标原点 O' 在 S 系中的位置矢量为 $\boldsymbol{r}_0$，由矢量合成法则可得

$$\boldsymbol{r}=\boldsymbol{r}'+\boldsymbol{r}_0 \tag{1.45}$$

式(1.45)表明，质点的

绝对位置＝相对位置＋牵连位置

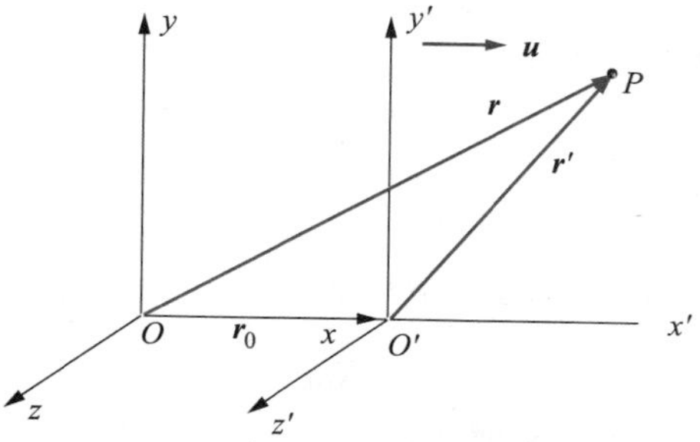

图 1-14　相对运动的两个坐标系

将式(1.45)对时间 t 求导，得到

$$\frac{\mathrm{d}\boldsymbol{r}}{\mathrm{d}t}=\frac{\mathrm{d}\boldsymbol{r}'}{\mathrm{d}t}+\frac{\mathrm{d}\boldsymbol{r}_0}{\mathrm{d}t}$$

即

$$\boldsymbol{v}=\boldsymbol{v}'+\boldsymbol{u} \tag{1.46}$$

式(1.46)表明，质点的

绝对运动＝相对运动＋牵连运动

将式(1.46)对时间求一阶导数，可得

$$\boldsymbol{a}=\boldsymbol{a}'+\frac{\mathrm{d}\boldsymbol{u}}{\mathrm{d}t} \tag{1.47}$$

其中，$\frac{\mathrm{d}\boldsymbol{u}}{\mathrm{d}t}$是 S'系相对 S 系的加速度。式(1.47)表明，质点的

绝对加速度＝相对加速度＋牵连加速度

当 $\boldsymbol{u}$＝常矢量，即 S'系相对 S 系做匀速直线运动时

$$\boldsymbol{a}=\boldsymbol{a}'$$

在 S 系和 S'系中观察到同一质点的加速度是相同的。我们称绝对静止参照系或相对绝对静止参照系做匀速直线运动的参照系为惯性系。在不同的惯性系中，观测同一质点的加速度是完全相同的。

1.5　小　　结

1. 描述质点运动的四个基本量

位置矢量　$\boldsymbol{r}=x\boldsymbol{i}+y\boldsymbol{j}+z\boldsymbol{k}$

位移矢量　$\Delta\boldsymbol{r}=\boldsymbol{r}_2-\boldsymbol{r}_1=\Delta x\boldsymbol{i}+\Delta y\boldsymbol{j}+\Delta z\boldsymbol{k}$

速度　$\boldsymbol{v}=\frac{\mathrm{d}\boldsymbol{r}}{\mathrm{d}t}=\frac{\mathrm{d}x}{\mathrm{d}t}\boldsymbol{i}+\frac{\mathrm{d}y}{\mathrm{d}t}\boldsymbol{j}+\frac{\mathrm{d}z}{\mathrm{d}t}\boldsymbol{k}$

加速度　$\boldsymbol{a}=\frac{\mathrm{d}\boldsymbol{v}}{\mathrm{d}t}=\frac{\mathrm{d}^2\boldsymbol{r}}{\mathrm{d}t^2}=\frac{\mathrm{d}^2x}{\mathrm{d}t^2}\boldsymbol{i}+\frac{\mathrm{d}^2y}{\mathrm{d}t^2}\boldsymbol{j}+\frac{\mathrm{d}^2z}{\mathrm{d}t^2}\boldsymbol{k}$

2. 自然坐标系下的速度与加速度

速度　$\boldsymbol{v}=\frac{\mathrm{d}s}{\mathrm{d}t}\boldsymbol{\tau}$

加速度 $\boldsymbol{a}=a_t\boldsymbol{\tau}+a_n\boldsymbol{n}=\frac{\mathrm{d}v}{\mathrm{d}t}\boldsymbol{\tau}+\frac{v^2}{\rho}\boldsymbol{n}$

圆周运动的角量表示 角速度 $\omega=\frac{\mathrm{d}\theta}{\mathrm{d}t}$

角加速度 $\beta=\frac{\mathrm{d}\omega}{\mathrm{d}t}=\frac{\mathrm{d}^2\theta}{\mathrm{d}t^2}$

线速度 $v=R\omega$

切向加速度 $a_\tau=R\beta$

法向加速度 $a_n=R\omega^2$

3. 相对运动

$$\boldsymbol{r}=\boldsymbol{r}'+\boldsymbol{r}_0,\ \boldsymbol{v}=\boldsymbol{v}'+\boldsymbol{u},\ \boldsymbol{a}=\boldsymbol{a}'+\frac{\mathrm{d}\boldsymbol{u}}{\mathrm{d}t}$$

绝对运动＝相对运动＋牵连运动

1.6 习 题

1.1 什么是运动的“绝对性”？什么是运动的“相对性”？分别说明之。

1.2 说明选取参考系、建立坐标系的必要性；仅就描述质点运动而言，参考系应该如何选择？

1.3 如习题 1.3 图所示，汽车从 A 地出发，向北行驶 60 km 到达 B 地，然后向东行驶 60 km 到达 C 地，最后向东北行驶 50 km 到达 D 地。求汽车行驶的总路程和总位移。

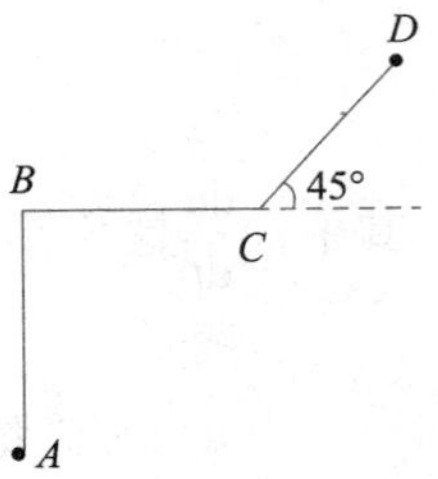

习题 1.3 图

1.4 现有一矢量 $\boldsymbol{R}$ 是时间 t 的函数，问 $\frac{\mathrm{d}|\boldsymbol{R}|}{\mathrm{d}t}$ 与 $\left|\frac{\mathrm{d}\boldsymbol{R}}{\mathrm{d}t}\right|$ 在一般情况下是否相等？为什么？

1.5 一质点沿直线 L 运动，其位置与时间的关系为 $r=6t^2-2t^3$，r 和 t 的单位分别是米和秒。求：

(1)第二秒内的平均速度；

(2)第三秒末和第四秒末的速度；

(3)第三秒末和第四秒末的加速度。

1.6 一质点做直线运动，速度和加速度的大小分别为 $v=\frac{\mathrm{d}s}{\mathrm{d}t}$ 和 $a=\frac{\mathrm{d}v}{\mathrm{d}t}$，试证明：

(1) $v\mathrm{d}v=a\mathrm{d}s$；

(2)当 a 为常量时，式 $v^2=v_0^2+2a(s-s_0)$ 成立。

1.7 质点沿直线运动，在 t 秒钟后它离该直线上某定点 O 的距离 s 满足关系式：$s=(t-1)^2\times(t-2)$，s 和 t 的单位分别是米和秒。求：

(1)当质点经过 O 点时的速度和加速度；

(2)当质点的速度为零时它离开 O 点的距离；

(3)当质点的加速度为零时它离开 O 点的距离；

(4)当质点的速度为 12 m/s 时它的加速度。

1.8 一质点沿某直线作减速运动，其加速度为 $a=-Cv^2$，C 是常量。若 $t=0$ 时质点的速度为 v_0，并处于 s_0 的位置上，求任意时刻 t 质点的速度和位置。

1.9 质点做直线运动，初速度为零，初始加速度为 a_0，质点出发后每经过 τ 时间，加速度均匀增加 b。求经过 t 时间后质点的速度和加速度。

1.10 质点沿直线 $y=2x+1$ 运动，某时刻位于 $x_1=1.51$ m 处，经过了 1.20 s 到达 $x_2=3.15$ m 处。求质点在此过程中的平均速度。

1.11 质点运动的位置与时间的关系为 $x=5+t^2$，$y=3+5t-t^2$，$z=1+2t^2$，求第二秒末质点的速度和加速度，长度和时间的单位分别是米和秒。

1.12 设质点的位置与时间的关系为 $x=x(t)$，$y=y(t)$，在计算质点的速度和加速度时，如果先求出 $r=\sqrt{x^2+y^2}$，然后根据 $v=\frac{\mathrm{d}r}{\mathrm{d}t}$ 和 $a=\frac{\mathrm{d}^2r}{\mathrm{d}t^2}$ 求得结果；还可以用另一种方法计算：先算出速度和加速度分量，再合成，得到的结果为 $v=\sqrt{\left(\frac{\mathrm{d}x}{\mathrm{d}t}\right)^2+\left(\frac{\mathrm{d}y}{\mathrm{d}t}\right)^2}$ 和 $a=\sqrt{\left(\frac{\mathrm{d}^2x}{\mathrm{d}t^2}\right)^2+\left(\frac{\mathrm{d}^2y}{\mathrm{d}t^2}\right)^2}$。你认为哪一组结果正确？为什么？

1.13 火车以匀加速运动驶离站台。当火车刚开动时，站在第一节车厢前端相对应的站台位置上的静止观察者发现，第一节车厢从其身边驶过的时间是 5.0 s。问第九节车厢驶过此观察者身边需要多少时间？

1.14 一架开始静止的升降机以加速度 1.22 m/s² 上升，当上升速度达到 2.44 m/s 时，有一螺帽自升降机的天花板上落下，天花板与升降机的底面相距 2.74 m。计算：
(1)螺帽从天花板落到升降机的底面所需要的时间；
(2)螺帽相对升降机外固定柱子的下降距离。

1.15 设火箭引信的燃烧时间为 6.0 s，今在与水平面成 45°角的方向将火箭发射出去，欲使火箭在弹道的最高点爆炸，问必须以多大的初速度发射火箭？

1.16 倾斜上抛一小球，抛出时初速度与水平面成 60°角，1.00 秒钟后小球仍然斜向上升，但飞行方向与水平面成 45°角。试求：
(1)小球到达最高点的时间；
(2)小球在最高点的速度。

1.17 质点按照 $s=bt-\frac{1}{2}ct^2$ 的规律沿半径为 R 的圆周运动，其中 s 是质点运动的路程，b、c 是大于零的常量，并且 $b^2>cR$。问当切向加速度与法向加速度大小相等时，质点运动了多少时间？

1.18 质点从倾角为 $\alpha=30°$ 的斜面上的 O 点被抛出，初速度的方向与水平线的夹角为 $\theta=30°$，如习题 1.18 图所示，初速度的大小为 $v_0=9.8$ m/s。若忽略空气的阻力，试求：
(1)质点落在斜面上的 B 点离开 O 点的距离；
(2)在 $t=1.5$ s 时，质点的速度、切向加速度和法向加速度。

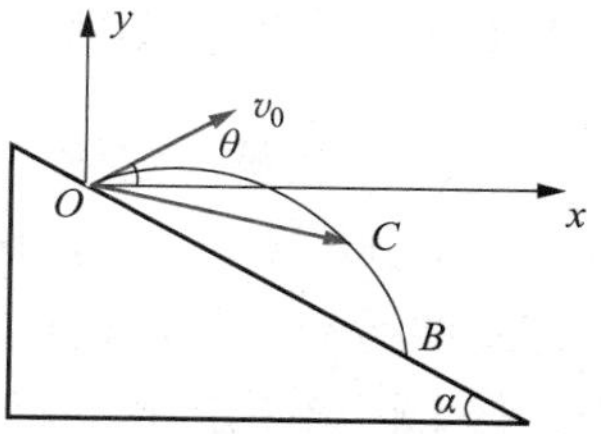

习题 1.18 图

1.19 什么是惯性参考系？说明惯性参考系在物理学中的意义。

第 2 章　质点动力学

【学习目标】（1）掌握牛顿三定律及其适用条件。能用牛顿第二定律求质点的加速度。

（2）掌握功的概念，能计算直线运动情况下变力的功。理解保守力做功的特点及势能的概念，会计算重力、弹性力和万有引力势能。

（3）掌握质点的动能定理和动量定理，通过质点在平面内的运动情况理解角动量定理和角动量守恒定律，并能用它们分析、解决质点在平面内运动时的简单力学问题。掌握机械能守恒定律、动量守恒定律，掌握运用守恒定律分析问题的思想和方法，能分析简单系统在平面内运动的力学问题。

【实践活动】 中国的神舟飞船是如何进入其预定轨道的呢？在发射过程中，是由哪些力学规律来支配呢？

2.1　牛顿运动定律

运动是如何发生和如何变化的呢？原因在于物体之间的相互作用。本章将首先研究力学范围内常见的物体之间的相互作用，以及由这种相互作用所引起的质点运动状态变化的规律。牛顿运动定律概括和总结了质点运动的基本规律。但是，近代物理学告诉我们，牛顿运动定律只适用于描述宏观物体的低速运动。因为微观物体的运动遵从量子力学的规律；而当物体的运动速率接近光速时，应由狭义相对论的规律来描述。这些将在以后分别加以讨论。

尽管牛顿运动定律是描述质点运动的基本规律，通常被认为是经典力学的基础，力学中的其他规律都可由牛顿运动定律得出，或者说都是牛顿运动定律的必然结果。然而，人们在长期的实验观察中发现，能量守恒定律、动量守恒定律和角动量守恒定律这三个守恒定律具有比牛顿运动定律更加深刻的物理含义，是更具根本意义的物理学规律，它们既适用于经典力学，也适用于相对论力学和量子力学。并且在经典力学范围内，由这三个守恒定律出发，可以导出包括牛顿运动定律在内的所有力学规律。所以，把这三个守恒定律看作为经典力学的基础，认为所有力学规律都是物质机械运动遵从这三个守恒定律的必然结果，是更为合理的见解。

2.1.1　牛顿三定律

1. 牛顿第一定律

牛顿（I. Newton，1643—1727）第一定律表述如下：任何物体都要保持其静止状态或匀速直线运动状态，直到其他物体所作用的力迫使它改变为止。

牛顿第一定律表明，静止状态和匀速直线运动状态是物体在不受外界影响时必定维持的运动状态。这就是说，保持静止状态或匀速直线运动状态，是物体所具有的一种固有特性。这种固有特性称为惯性。所以牛顿第一定律也称为惯性定律。由于物体具有惯性，要改变物体所处的静止状态或匀速直线运动状态，外界必须对物体施加影响或作用，这种影响或作用就是力。

根据牛顿第一定律，当一物体受到其他物体的作用力时，该物体所处的静止状态或匀速直线运动状态必定被改变。我们已经知道，无论是静止状态还是匀速直线运动状态，物体的加速度都等于零，而处于除此以外的其他任何形式的运动状态，物体都必定具有加速度。因此，物体由静止状态或匀速直线运动状态向其他任何形式的运动状态的转变，都必定要获得加速度。这样看来，在牛顿第一定律中包含了一个重要结论：物体在力的作用下所发生的运动状态的任何变化，都要使它获得加速度。所以我们可以说，牛顿第一定律确认力的作用是物体获得加速度的原因。

在伽利略以前的时代，人们把力的作用认为是维持速度的原因，牛顿第一定律的确立，改变了人们的这种错误认识。日常生活中的事例可以帮助我们理解牛顿第一定律的含义。行驶在水平路面上的汽车同时受到两个力的作用，一个是与运动方向一致的动力，另一个是与运动方向相反的阻力。当这两个力大小相等时，它们互相抵消，其效果与汽车不受力作用的情形相同，汽车做匀速直线运动；当汽车加大油门，产生的动力大于阻力时，其效果与汽车受到一个沿运动方向的力的作用相同，汽车获得加速度。

牛顿第一定律给出了关于力的科学含义，认为物体所受的力是外界对它的作用，作用的效果是使该物体改变运动状态，产生加速度。牛顿运动定律的确立，是与对力的这种认识联系在一起的。因此，正确理解力的概念也是学习和掌握牛顿运动定律的关键。

在 1.1 节中我们曾说过，为描述物体的运动，参考系原则上是可以任意选择的。在这里，让我们看一下运用牛顿第一定律时参考系是否也可以任意选择。在车厢的水平桌面上放置了一些小球，观察者注视着这小球，发现当车辆静止时，这些小球也静止不动。忽然观察者看到这些小球纷纷向车尾方向滚动，连自己的身体也向车尾方向倾斜，要不是倒退了几步真会摔倒了。他打开车窗这才发现原来车辆开动了。这表明，在由静止开始运动的车辆上，人和物体都会自动地改变其运动状态。也就是说，以由静止开始运动的车辆为参考系，牛顿第一定律不成立。可见，牛顿第一定律并非适用于一切参考系。于是我们把牛顿第一定律能成立的参考系称为惯性系，不能成立的参考系称为非惯性系。所以，可以把牛顿第一定律作为判断一个参考系是惯性系还是非惯性系的理论依据。

实验表明，在以太阳中心为坐标原点、以指向任一恒星的直线为坐标轴建立的坐标系中，牛顿运动定律精确成立，所以这是一个比较精确的惯性系。但是由于太阳在随银河系旋转，所以上述参考系不是严格的惯性系。目前最好的实用惯性系，是以选定的数以千计颗恒星的平均静止位形为基准的参考系，称为 FK_5 系。地球虽然不是严格的惯性系，但在处理较短时间内发生的力学问题时，可以近似地把它当为惯性系，直接应用牛顿运动定律。

牛顿第一定律表明任何物体都具有惯性，不过那里所说的物体惯性，是物体在不受外力作用时惯性的表现。现在我们来讨论物体受到外力作用时惯性是如何表现的。

我们取体积相等的一块木块和一块铅块，将它们放在光滑的水平桌面上，观察它们在大小相等的外力作用下的运动情形。为了使作用于两个物体上的力的大小相等，我们可以将弹簧的一端系于物体上，另一端用手握住，沿水平方向拉动，手的拉力转变为弹簧的弹性力，并作用于物体上，如图 2-1 所示。只要在拉动物体的过程中，保持弹簧的伸长量不变，物体所受弹性力的大小也就相等并且保持不变。

实验表明，在拉动木块和拉动铅块的过程中，若使弹簧保持相同的伸长量，木块所获得的加速度远大于铅块所获得的加速度。在大小相等的外力作用下，若物体获得的加速度大，表示它的运动状态容易改变，说明它的惯性小；而若物体获得的加速度小，表示它的运动状态不容易改变，说明它的惯性大。实验中的两个物体，木块惯性小，而铅块惯性大。

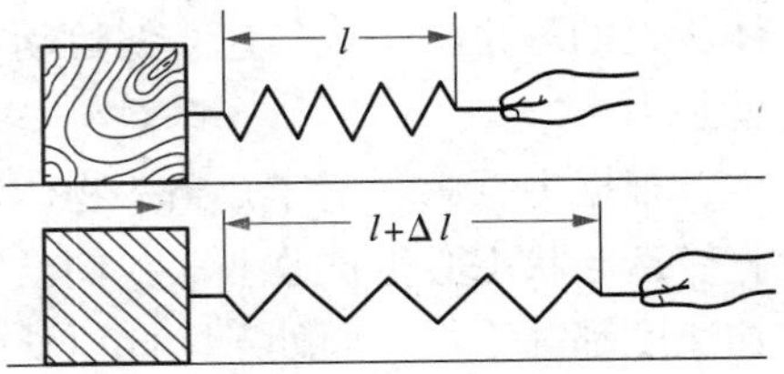

图 2-1　惯性与质量的关系

为了量度物体惯性的大小，我们引入质量这个物理量。物体质量的大小是这样规定的：各物体的质量，与它们在大小相等的外力作用下所获得的加速度的大小成反比。若用 m 表示物体的质量，用 a 表示它所获得的加速度的大小，则有

$$m \propto 1/a \tag{2.1}$$

用 m_1 和 m_2 分别表示上述实验中木块的质量和铅块的质量，用 a_1 和 a_2 分别表示木块和铅块在大小相等的外力作用下所获得的加速度值。按照式(2.1)所表示的质量的定义，应有

$$\frac{m_1}{m_2}=\frac{a_2}{a_1}, \tag{2.2}$$

此式表示，任何两个物体，在大小相等的外力作用下所获得的加速度值之比为常量，该常量与作用力的大小无关，只决定于物体自身的特性，即质量。如果选择其中一个物体为标准物体，它的质量为 1 kg，则另一个物体的质量 m_2 可由测得的加速度之比来确定

$$m_2=m_1\frac{a_1}{a_2}=\frac{a_1}{a_2}\ (\mathrm{kg}) \tag{2.3}$$

这里，质量是作为物体惯性的量度而引入的，故称为惯性质量(以后在讨论万有引力时，我们还将引入另一个质量，称为引力质量)。

质量是标量，是国际单位制中的七个基本物理量之一，它的单位是 kg(千克)。微观物体的质量是用碳同位素 $^{12}_{6}\mathrm{C}$ 原子量的十二分之一为单位来量度的，这个单位称为原子质量单位，用 u 表示，它与千克的关系是

$$1\mathrm{u}=1.660\ 540\ 2\times10^{-27}\ \mathrm{kg}$$

2. 牛顿第二定律

质点所获得的加速度 $\boldsymbol{a}$ 的大小与它所受合力 $\boldsymbol{F}$ 的大小成正比，与质点自身的质量 m 成反比；加速度 $\boldsymbol{a}$ 的方向与合力 F 的方向相同。这就是牛顿第二定律。在国际单位制中，牛顿第二定律的数学形式为

$$\boldsymbol{F}=m\boldsymbol{a} \tag{2.4}$$

式中取比例系数为 1，这与力、质量和加速度采用国际单位制有关。上式是质点动力学的基本方程式。不过上述牛顿第二定律的表达式只适用于物体的质量不发生变化的情况，当物体的质量发生变化时，牛顿第二定律的数学形式应表示为

$$\boldsymbol{F}=\frac{\mathrm{d}(m\boldsymbol{v})}{\mathrm{d}t} \tag{2.5}$$

在牛顿第二定律中，$\boldsymbol{F}$ 是作用于质点的合力。如果作用于质点的力有 n 个，$\boldsymbol{F}_1$，$\boldsymbol{F}_2$，…，$\boldsymbol{F}_n$，则合力 $\boldsymbol{F}$ 可以表示为

$$\boldsymbol{F}=\boldsymbol{F}_1+\boldsymbol{F}_2+\cdots+\boldsymbol{F}_n=\sum_{i=1}^{n}\boldsymbol{F}_i \tag{2.6}$$

牛顿第二定律所表达的规律是质点所受合力、自身质量以及它所获得的加速度三者之间的瞬时关系。质点的加速度只在它受力作用时才产生，如果在某一瞬间质点失去了力的作用，则就在这一瞬间质点也失去了加速度。此后，质点将以该瞬间的速度做匀速直线运动。

牛顿第二定律定量地描述了力的效果，即确定了质点所受合力与它所获得的加速度之间的量值关系，从而对质点运动状态变化的原因作出了定量的解释和分析。无论质点做直线运动还是做曲线运动，无论质点作加速运动还是作减速运动，甚至静止不动，我们都可以根据牛顿第二定律，由力对质点作用的具体情形得出定量的结论。

在求解具体问题时，总是将牛顿第二定律的矢量式写成分量式

$$F_x = ma_x,\ F_y = ma_y,\ F_z = ma_z \tag{2.7}$$

我们可以根据题意适当选择坐标轴的取向，使以上三式尽可能得到简化。

3. 牛顿第三定律

这个定律可以表达为：当物体 A 以力 $\boldsymbol{F}_{AB}$ 作用于物体 B 时，物体 B 也必定同时以力 $\boldsymbol{F}_{BA}$ 作用于物体 A，$\boldsymbol{F}_{AB}$ 与 $\boldsymbol{F}_{BA}$ 大小相等，方向相反，并处于同一条直线上，即

$$\boldsymbol{F}_{AB} = -\boldsymbol{F}_{BA} \tag{2.8}$$

牛顿第三定律告诉我们，物体之间的作用总是相互的，我们常把其中的一个力称为作用力，而把另一个力称为反作用力。作用力和反作用力总是成对出现的，并且同时产生，同时消失。它们中的任何一个都不可能离开对方而独立存在，任何单个力仅是两个物体间相互作用的一个方面。

牛顿第三定律表明，作用力和反作用力处于同一条直线上，但它们是作用于不同的物体上，因而不可能互相抵消。两个大小相等、方向相反，并处于同一条直线上的力，如果作用点相重合，即作用于同一个质点上，那么它们的合力将等于零，这两个力必定互相抵消。但是，这样的两个力绝不是作用力和反作用力的关系。

作用力和反作用力通常都是性质相同的力。明确这一点，可以帮助我们分析成对的作用力和反作用力。

在国际单位制中，力的单位是 N(牛顿)：

$$1\ \mathrm{N} = 1\ \mathrm{kg \cdot m/s^2}$$

2.1.2　力学中常见的力

牛顿运动定律是质点动力学的基本规律，而其中的核心问题则是力。所以，正确分析物体受力就成了解决力学问题的关键。在力学中常见的力有三种，即万有引力、弹性力和摩擦力。这里，我们将分析这三种力的产生、规律和性质。

1. 万有引力

宇宙中的一切物体都在相互吸引着。地球和其他行星绕太阳的运动；月亮和人造地球卫星绕地球的运动；上抛的物体若没有别的物体托住，总要落回地面。这些现象都是物体之间存在吸引力的表现，这种吸引力就是万有引力。万有引力是自然界的基本力之一，有万有引力的空间内存在着一种物质，称为引力场，物体之间的(万有)引力相互作用是通过引力场传递的。粒子物理学进一步认为，引力相互作用是通过引力子传递的。引力子是目前正在探索但尚未观测到的一种微观粒子。

万有引力遵从万有引力定律：任何两个质点之间都存在互相作用的引力，力的方向沿着

两质点的连线；力的大小与两质点质量 m_1 和 m_2 的乘积成正比，与两质点之间的距离 r_{12} 的平方成反比，即

$$F_{12}=G\frac{m_1m_2}{r_{12}^2} \tag{2.9}$$

式中，$G=6.672\ 59\times10^{-11}\ \text{N}\cdot\text{m}^2/\text{kg}^2$，称为引力常量。若写成矢量形式，则质点 m_1 对质点 m_2 的万有引力 $\boldsymbol{F}_{12}$ 应表示为

$$\boldsymbol{F}_{12}=-G\frac{m_1m_2}{r_{12}^2}\left(\frac{\boldsymbol{r}_{12}}{r_{12}}\right) \tag{2.10}$$

其中 $\boldsymbol{r}_{12}$ 表示从质点 m_1 到质点 m_2 所引的有向线段，负号表示 $\boldsymbol{F}_{12}$ 的方向与 $\boldsymbol{r}_{12}$ 的方向相反。

关于具有一定大小的物体之间的万有引力，若物体的线度与它们之间的距离相比很小时，则可把它们看为质点，式(2.9)和式(2.10)近似适用。如果这个条件不满足，那么它们之间的万有引力不能直接用这两个公式来表示。这时应根据公式(2.10)计算出第一个物体内每个质点对第二个物体内所有质点之间的作用力的合力，然后求出所有这些合力的矢量和，才是这两个物体之间的万有引力。如果这两个物体是质量分布均匀的球体，或质量按同心球壳方式分层分布的球体，则它们之间的万有引力具有与式(2.9)和式(2.10)相同的形式。不过这时的 $\boldsymbol{r}_{12}$ 表示从球体 m_1 的球心到球体 m_2 的球心的有向线段。

在万有引力定律中引入的物体质量，称为引力质量。引力质量与在牛顿运动定律中引入的惯性质量一样，也是物体自身的一种属性的量度，它表征了物体之间引力作用的强度。虽然引力质量和惯性质量代表了物体的两种不同的属性，然而精确的实验研究和理论分析表明，对于任一物体来说，这两个质量都是相等的。这一重要结论正是爱因斯坦创立广义相对论的实验基础。

若把地球近似看作各层质量均匀分布的、半径为 R、质量为 M 的球体，则地面上一个质量为 m 的物体与地球之间的万有引力的大小可以表示为

$$F=G\frac{Mm}{R^2}$$

这个物体因受到地球的引力而获得加速度，这个加速度就是重力加速度 g，根据牛顿第二定律，应有

$$F=mg$$

由以上两式可得

$$g=\frac{GM}{R^2} \tag{2.11}$$

由上式可以得到这样两个重要结论：(1)物体的重力加速度 g 的数值与其本身的质量无关；(2)重力加速度 g 的数值随着离开地面的高度的增加而减小。

由于地球的半径 R 很大(约为 6.37×10^6 m)，所以当高度不太大时，g 的数值变化甚微，可以忽略。由于地球的自转，地面各处的 g 值有明显差异。根据近代大地测量的结果，重力加速度与纬度 ϕ 的关系可用下面的经验公式表示

$$g=9.78030\times(1+0.0053025\sin^2\phi+0.000007\sin^2 2\phi)\ \text{m/s}^2$$

重力加速度的标准值为 $9.80665\ \text{m/s}^2$，北京地区的重力加速度为 $9.8011\ \text{m/s}^2$。

例 2.1 应以多大速度发射，才能使人造地球卫星绕地球作匀速圆周运动?

解 近似认为地球是一个半径为 R 的均匀球体，人造地球卫星离地面的高度为 h，它绕

地球作匀速圆周运动所需要的向心力为

$$F_1=m\frac{v^2}{r}=\frac{mv^2}{R+h}$$

式中 m 是人造地球卫星的质量，v 是运行速率，r 是轨道半径。若认为卫星只受地球引力的作用，地球的引力就是人造地球卫星作匀速圆周运动的向心力。地球的引力可根据万有引力定律求得

$$F_2=G\frac{Mm}{r^2}=G\frac{Mm}{(R+h)^2}$$

由 $F_1=F_2$ 得

$$v=\sqrt{\frac{GM}{R+h}}$$

在半径等于地球半径的圆形轨道上运行的人造地球卫星所需要的速度，也就是发射这样的卫星所需要的速度，称为第一宇宙速度。在上式中令 $h=0$，并将式(2.11)代入，即得第一宇宙速度为

$$v_1=\sqrt{Rg}$$

因为地球的半径为 $R=6.37\times10^6\,\mathrm{m}$，重力加速度为 $g=9.8\ \mathrm{m/s^2}$，所以

$$v_1=7.9\times10^3\ \mathrm{m/s}$$

例 2.2　开普勒定律表明，行星都是沿椭圆轨道绕太阳旋转的，太阳位于椭圆的一个焦点上。试求行星绕太阳运行的运动方程，并证明行星相对太阳的极径在相等的时间内扫过相等的面积。

解　设太阳和行星的质量分别为 M 和 m，并且都可认为是质点。行星与太阳之间的万有引力为行星绕太阳旋转提供了向心力。采用太阳位于极点的极坐标系，行星所受太阳的万有引力可以表示为

$$\boldsymbol{F}=-G\frac{Mm}{\rho^2}\hat{\boldsymbol{\rho}}$$

根据牛顿第二定律和加速度在极坐标中的表示，行星的运动方程可以写为

$$\boldsymbol{F}=ma_\rho\hat{\boldsymbol{\rho}}+ma_\theta\hat{\boldsymbol{\theta}}=-G\frac{Mm}{\rho^2}\hat{\boldsymbol{\rho}}$$

将极坐标中径向加速度和横向加速度代入上式，得

$$\left.\begin{aligned}&\frac{\mathrm{d}^2\rho}{\mathrm{d}t^2}-\rho\left(\frac{\mathrm{d}\theta}{\mathrm{d}t}\right)^2=-G\frac{M}{\rho^2}\\&\rho\frac{\mathrm{d}^2\theta}{\mathrm{d}t^2}+2\frac{\mathrm{d}\rho}{\mathrm{d}t}\frac{\mathrm{d}\theta}{\mathrm{d}t}=0.\end{aligned}\right.\qquad(1)$$

这就是行星的运动方程。

由图 2-2 可见，行星相对太阳的极径 ρ 在 $\mathrm{d}t$ 时间内扫过的极角为 $\mathrm{d}\theta$，扫过的面积(阴影部分)应表示为

$$\mathrm{d}S=\frac{1}{2}\rho(\rho\mathrm{d}\theta)=\frac{1}{2}\rho^2\mathrm{d}\theta$$

单位时间内扫过的面积为

$$\frac{dS}{dt}=\frac{1}{2}\rho^2\frac{d\theta}{dt}$$

如果极径在相等的时间内扫过相等的面积，就是在单位时间内扫过的面积都相等，也就是$\frac{dS}{dt}$=恒量，即

$$\rho^2\frac{d\theta}{dt}=\text{恒量} \tag{2}$$

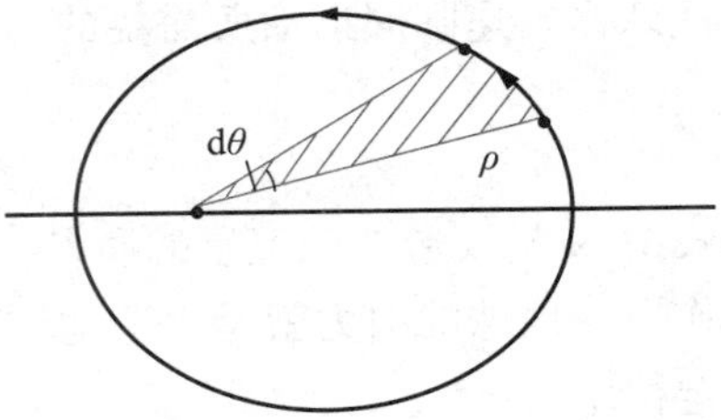

图 2-2 行星运动示意图

那么下式必定成立

$$\frac{d}{dt}\left(\rho^2\frac{d\theta}{dt}\right)=0$$

即

$$\rho^2\frac{d^2\theta}{dt^2}+2\rho\frac{d\rho}{dt}\frac{d\theta}{dt}=0$$

用极径ρ除以方程两边，就是上面所得到的行星运动方程(1)的第二式。所以式(2)必定成立。这就证明了行星极径在相等的时间扫过相等的面积。

这个例题实际上是开普勒定律的一部分内容，这个定律的完整表述应为：(1)每一行星都沿椭圆轨道绕太阳运行，太阳位于椭圆轨道的一个焦点上；(2)行星运行时，太阳到行星的极径在相等的时间内扫过相等的面积；(3)行星绕太阳公转周期的平方正比于轨道半长轴的立方，两者的比值为一恒量。以上这些内容，都可以根据牛顿运动定律和万有引力定律加以证明。

2. 弹性力

拉伸或压缩的弹簧作用于物体的力，桌面作用于放在其上的物体的力，绳子作用于系在其末端的物体的力等，都属于弹性力。实际上，当两个物体直接接触时，只要物体发生形变，物体之间就产生一种相互作用力，并且在一定限度内，形变越大，力也越大，形变消失，力也随之消失。这种与物体形变量有关的力，就称为弹性力。弹性力是一种接触力，其方向永远垂直于过两物体接触点的切面。

物体受力要发生形变，当把力撤除后，物体若完全恢复到原来的形状，这种形变称为弹性形变。当两个物体相接触并发生弹性形变时，由于物体都力图恢复其原来的形状，必定互施力于对方，这便产生了弹性力。如果作用于物体的力超过一定限度，物体就不能完全恢复原状了，这个限度称为弹性限度。

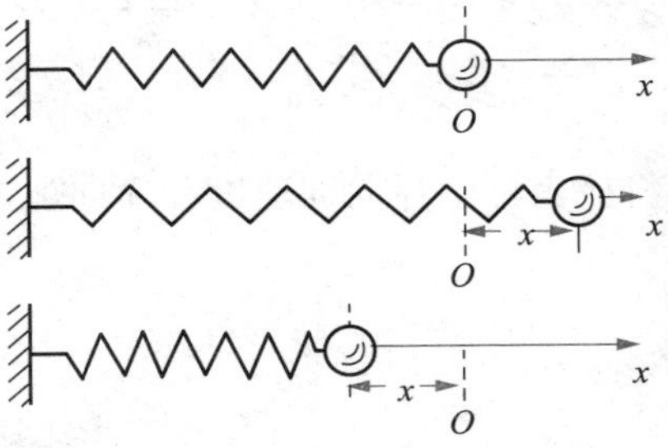

图 2-3 弹簧的弹力

按图 2-3 将弹簧水平放置，其一端固定，另一端连接物体。点O表示弹簧未形变时物体的位置，称为平衡位置。在水平力作用下，弹簧将被拉伸或压缩。实验表明，在弹性限度内，弹簧产生的弹性力与弹簧的形变量(拉伸量或压缩量)成正比，即

$$F=-kx \tag{2.12}$$

式中k是弹簧的弹性系数，或称劲度系数，表示使弹簧产生单位长度形变所需施加的力的大小，它与弹簧的材料和形状有关。式(2.12)中的负号，表示作用于物体的弹性力的方向与形变方向相反：当弹簧被拉伸时，$x>0$，则$F<0$，表示弹性力F的方向沿着x轴的负方向；

当弹簧被压缩时，$x<0$，则 $F>0$，表示弹性力 F 的方向沿着 x 轴的正方向。

物体放在桌面上，桌面发生形变，因而产生作用于物体的弹性力，这个弹性力的方向垂直于桌面向上，称为支撑力；物体悬挂在绳子末端，绳子发生形变，因而产生作用于物体的弹性力，这个弹性力的方向沿着绳子向上，称为张力。

弹簧的作用力，桌面的支撑力，以及绳子的张力，都是常见的弹性力。从物质的微观结构看，弹性力起源于构成物质的微粒之间的电磁力。而电磁力也是自然界的一种基本力。

例 2.3　在光滑的水平桌面上有一根质量均匀分布的细绳，质量为 m、长度为 l，其一端系一质量为 M 的物体，另一端施加一水平拉力 $\boldsymbol{F}$，如图 2－4 所示。试求(1)细绳作用于物体上的力，(2)绳上各处的张力。

解　(1)根据题意，本题的研究对象是物体和绳子，分别取它们为隔离体，分析其受力情况并画出受力图，如图 2－5 所示。物体所受的力中有重力 Mg、桌面的支撑力 $\boldsymbol{N}$ 和绳子的拉力 $\boldsymbol{T}_0$，在这些力的作用下产生加速度 $\boldsymbol{a}$。绳子所受的力中有重力 mg，桌面的支撑力 $\boldsymbol{N}_s$、物体对它的拉力 $\boldsymbol{T}_0'$ 和外力 $\boldsymbol{F}$，在这些力的作用下产生加速度 $\boldsymbol{a}'$。由于 $\boldsymbol{T}_0$ 和 $\boldsymbol{T}_0'$ 是一对作用力和反作用力，所以应有 $\boldsymbol{T}_0=-\boldsymbol{T}_0'$；同时由于绳子不可伸长，物体的加速度 $\boldsymbol{a}$ 必定等于绳子的加速度 a'。

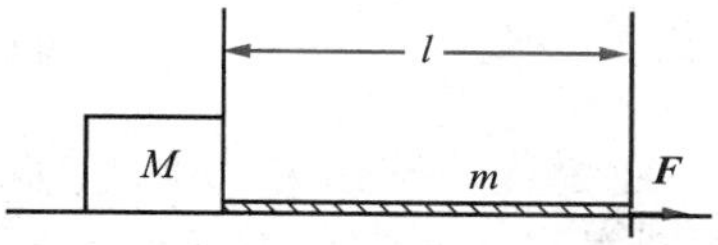

图 2－4　例 2.3 示意图

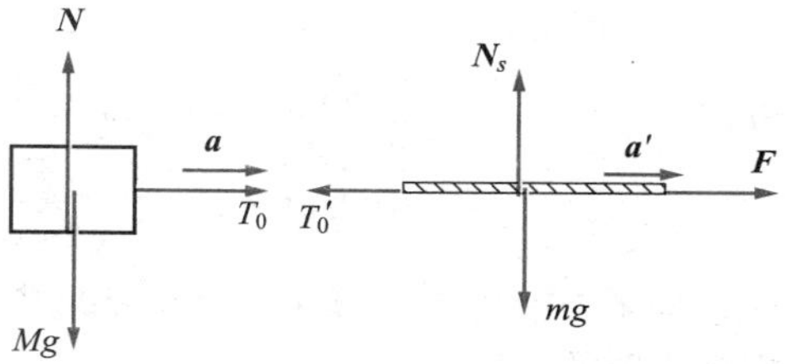

图 2－5　例 2.3 的受力分析图

建立坐标系，取绳子与物体的接触点为坐标原点 O，x 轴沿绳子水平向右，y 轴竖直向上。在 x 方向和 y 方向分别列出物体和绳子的运动方程

x 方向

$$T_0=Ma \tag{1}$$

$$F-T_0=ma \tag{2}$$

y 方向

$$N-Mg=0$$

$$N_s-mg=0$$

由式(1)和式(2)解得物体和绳子的加速度为

$$a=\frac{F}{M+m} \tag{3}$$

绳子作用于物体的拉力为

$$T_0=\frac{M}{M+m}F \tag{4}$$

由上式可见，在一般情况下物体所受绳子的拉力 T_0 总小于外力 F，只有当绳子的质量可以忽略时，它们才近似相等。

(2)在 x 处取绳元 $\mathrm{d}x$(其质量为 $\mathrm{d}m$)作为隔离体，它的受力情况由图 2－6 表示。根据已

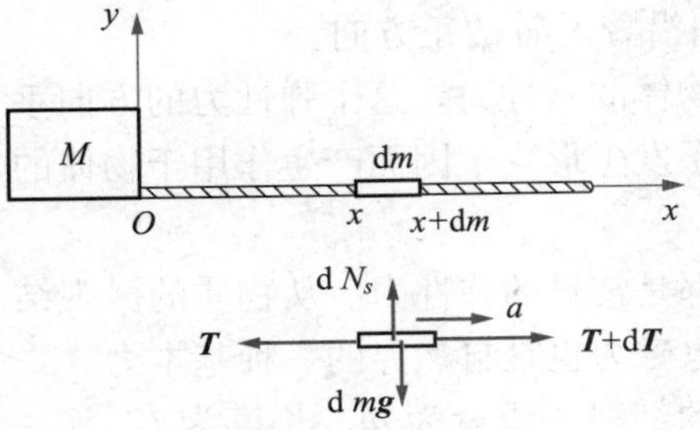

图 2-6 线元 dx 的受力分析图

建立的坐标系列出其运动方程

x 方向

$$(T+\mathrm{d}T)-T=a\mathrm{d}m \tag{5}$$

y 方向

$$\mathrm{d}N_s-\mathrm{d}mg=0$$

将 $\mathrm{d}m=\dfrac{m}{l}\mathrm{d}x$ 和 $a=\dfrac{F}{M+m}$ 代入式(5)，可得

$$(T+\mathrm{d}T)-T=\frac{mF}{l(M+m)}\mathrm{d}x$$

式中 T 和 $T+\mathrm{d}T$ 分别是绳元 dx 左、右两边的绳子对 dx 的拉力的大小，而绳元 dx 也必定以同样大小的力拉其左、右两边的绳子。所以，T 和 $T+\mathrm{d}T$ 分别是 x 处和 $x+\mathrm{d}x$ 处绳子的张力的大小。dT 则是与位置增量 dx 相对应的张力的增量。于是上式可简化为

$$\mathrm{d}T=\frac{mF}{l(M+m)}\mathrm{d}x$$

对上式两边积分

$$\int_T^F \mathrm{d}T=\int_x^l \frac{mF}{l(M+m)}\mathrm{d}x$$

可得

$$T=F-\frac{mF}{l(M+m)}(l-x)=\left(M+m\frac{x}{l}\right)\frac{F}{M+m} \tag{6}$$

这就是张力沿绳子的分布。这个结果告诉我们，在一般情况下，绳子各处的张力是不同的，应是位置的函数。只有当绳子的质量可以忽略时，才可以认为各处的张力相等，并近似等于外力。

3. 摩擦力

摩擦力也是普遍存在的，并在我们的生活和技术中产生重要作用。在桌面上滑动的物体，由于摩擦力的存在，其运动速度会逐渐减小；机床和车轮的转轴，由于摩擦力的作用，会逐渐损坏。在现代交通工具中，有 10%～30%的功率消耗于克服摩擦力。但是，如果没有摩擦力，我们的一举一动都会变得不可思议了。人无法行走，车子无法行驶，即使将车子开动起来也无法使它停止，连吃饭都变得十分困难了。

当一个物体在另一个物体表面上滑动或有滑动趋势时，在这两个物体的接触面上就会产生阻碍物体间作相对滑动的力，这种力就是摩擦力。当物体有滑动趋势但尚未滑动时，作用在物体上的摩擦力称为静摩擦力。静摩擦力的大小与外力的大小相等，而方向相反。当我们用力推一个放在水平桌面上的物体时，物体并没有沿桌面滑动，仅有滑动的趋势。物体不滑动，是由于在水平方向上，物体除了受到推力以外，还受到一个与推力大小相等、方向相反的静摩擦力 $\boldsymbol{f}$ 的作用，如图 2-7 所示，这两个力的合力为零，所以物体保持静止。当推力增大时，静摩擦力也随着增大，直到静摩擦力增大到最大值，若再继续增大推力，物体就开始在桌面上滑动了。实验证明，最大静摩擦力 $f_{\max}$ 的大小与支撑力 $\boldsymbol{N}$ 的大小存在下面的关系

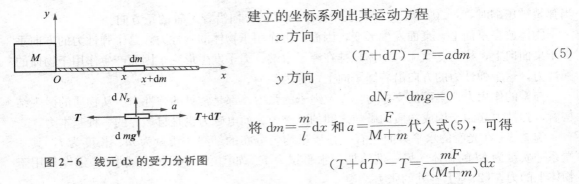

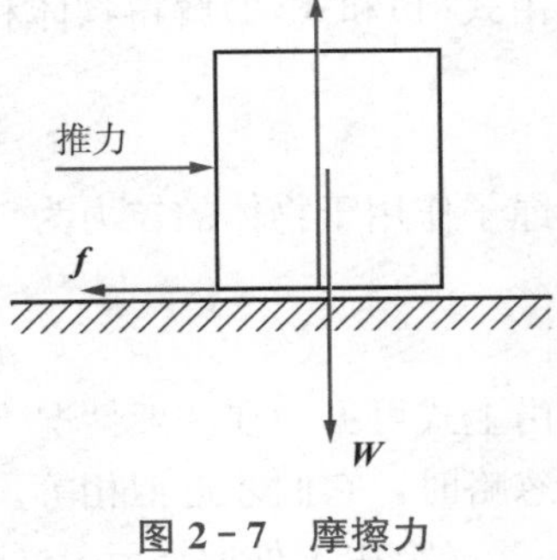

图 2-7 摩擦力

$$f_{max}=\mu_0 N \tag{2.13}$$

式中，μ_0 称为静摩擦系数，是由两个物体表面状况和材料性质等因素所决定的，通常由实验测得。所以，静摩擦力的大小由外力的大小决定，可以取从零至 f_{max} 之间的任何值。

当一个物体在另一个物体的表面上滑动时，在接触面上所产生的摩擦力，称为滑动摩擦力。实验表明，滑动摩擦力的大小也与支撑力 N 的大小成正比，即

$$f=\mu N \tag{2.14}$$

式中，μ 称为滑动摩擦系数，其数值主要由接触面的状况和材料性质所决定。对于给定的两个物体，其滑动摩擦系数 μ 要比其静摩擦系数 μ_0 略小，当相对滑动速率不太大时，滑动摩擦力小于最大静摩擦力。实验还表明，当两个物体的接触面不是很大或很小时，摩擦系数几乎与接触面积无关。作为一种粗糙模型，在计算时可以认为滑动摩擦系数等于静摩擦系数。

上面所说的摩擦现象都是在两个物体之间发生的，故称外摩擦现象。在物体内部各部分之间，若有相对移动，也会发生摩擦现象，这种摩擦现象称为内摩擦。在流体(液体或气体)中这种现象很明显。关于流体中的内摩擦现象，我们将在以后讨论。

润滑剂是一种黏性液体，将它涂敷在两个发生相对滑动的固体表面上，就在固体表面之间形成一层薄液体层，将固体的接触面隔开。于是外摩擦现象就转变为液体层内部的内摩擦现象，使摩擦力大为减小。这种方法在技术上经常采用。

摩擦力产生的原因非常复杂，除了两个接触面凹凸不平而互相嵌合外，还与分子之间的引力作用和静电作用有关。

例 2.4　质量分别为 m_A 和 m_B 的两个物体 A 和 B 叠摞在水平桌面上，如图 2－8 所示。A 与 B 之间的最大静摩擦系数为 μ_1，B 与桌面的滑动摩擦系数为 μ_2，现用水平向右的力 $\boldsymbol{F}$ 拉物体 B，试求当 A、B 之间无相对滑动并以共同的加速度向右运动时，$\boldsymbol{F}$ 的最大值。

解　分别取 A 和 B 为研究对象。物体 A 受三个力作用[图2－9(a)]：重力 $m_A g$，竖直向下；物体 B 对它的支撑力 $\boldsymbol{N}_1$，竖直向上；使物体 A 获得向右加速度的力，是 B 作用于 A 的静摩擦力 $\boldsymbol{f}_0$，方向与 A 相对于 B 的运动趋势的方向相反，即向右。

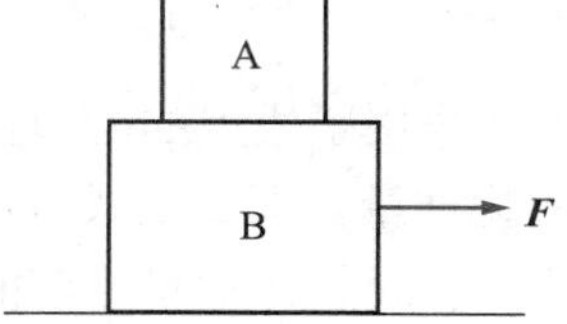

图 2－8　例 2.4 示意图

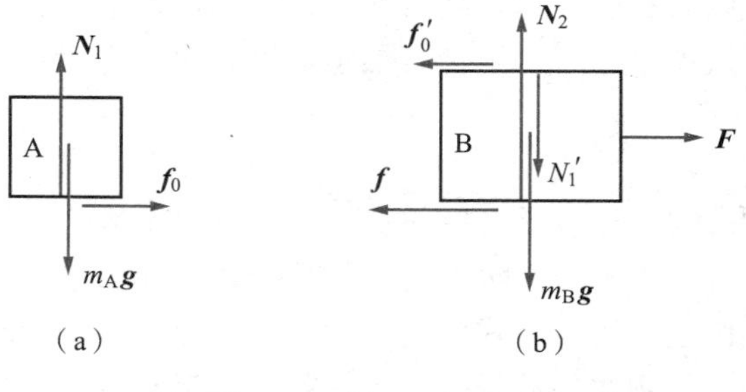

图 2－9　例 2.4 受力图

物体 B 受六个力作用[图 2－9(b)]：重力 $m_B g$，竖直向下；桌面的支撑力 $\boldsymbol{N}_2$，竖直向上；A 对 B 的正压力 $\boldsymbol{N}_1'$，它与作用于 A 的支撑力 $\boldsymbol{N}_1$ 大小相等，方向相反，即竖直向下；有相对于 A 向右运动的趋势，因而受到 A 给予的向左的摩擦力 $\boldsymbol{f}_0'$，它与作用于 A 的 $\boldsymbol{f}_0$ 大小相等，方向相反；B 相对于桌面向右滑动，因而受到桌面给予的向左的滑动摩擦力 $\boldsymbol{f}$；外力 $\boldsymbol{F}$，水平向右。

建立坐标系 $O—xy$，取 x 轴水平向右，取 y 轴竖直向上。沿 x 轴的力，向右为正，向左为负；沿 y 轴的力，向上为正，向下为负。根据牛顿第二定律和摩擦力的规律可以列出下

面的方程式：

对物体 A

$$f_0=m_A a$$
$$N_1-m_A g=0$$
$$f_0=\mu_1 N_1$$

对物体 B

$$F-f_0-f=m_B a$$
$$N_2-N_1-m_B g=0$$
$$f=\mu_2 N_2$$

由以上方程式可以解得

$$F=(\mu_1+\mu_2)(m_A+m_B)g$$

由于在考虑 A、B 之间的摩擦力时，使用的是最大静摩擦力 f_0 和 f_0'，所以上面求得的 F 值是使 A、B 之间无相对滑动且共同向右运动时的最大值。若 $F>(\mu_1+\mu_2)(m_A+m_B)g$，则 A、B 之间必定出现相对滑动。

2.2 力的时间累积效应——动量定理 动量守恒定律

2.2.1 质点的动量定理

在经典力学中物体的质量是恒定的，所以可以将牛顿第二定律作下面的演化

$$\boldsymbol{F}=m\boldsymbol{a}=m\frac{\mathrm{d}\boldsymbol{v}}{\mathrm{d}t}=\frac{\mathrm{d}}{\mathrm{d}t}(m\boldsymbol{v})$$

我们把质点的质量 m 与它的速度 $\boldsymbol{v}$ 的乘积 $m\boldsymbol{v}$ 定义为该质点的动量，并用 $\boldsymbol{p}$ 表示，可写为

$$\boldsymbol{p}=m\boldsymbol{v} \tag{2.15}$$

以后我们会越来越清楚地认识到，动量是表征物体运动状态的最主要、最基本的物理量。引入动量之后，牛顿第二定律可以表示为

$$\boldsymbol{F}=\frac{\mathrm{d}\boldsymbol{p}}{\mathrm{d}t} \tag{2.16}$$

式(2.16)表示，在任一瞬间，质点动量的时间变化率等于同一瞬间作用于质点的合力，其方向与合力的方向一致。如果把动量作为描述物体运动的最基本的物理量，那么上式就可以看作是力的定义式，它表示，力是使物体动量改变的原因，或者说，引起物体动量改变的就是力。物体的动量改变了，就是其运动状态发生了变化。

动量是矢量，它的方向与质点运动速度的方向一致。在国际单位制中，动量的单位是 kg·m/s(千克·米/秒)。

在经典力学范围内，$\boldsymbol{F}=\frac{\mathrm{d}\boldsymbol{p}}{\mathrm{d}t}$与牛顿第二定律的常用形式 $\boldsymbol{F}=m\boldsymbol{a}$ 是一致的。但当物体的运动速率达到可与光速相比拟时，根据相对论原理，其质量会显著增大，后一种形式不再正确，而式 $\boldsymbol{F}=\frac{\mathrm{d}\boldsymbol{p}}{\mathrm{d}t}$却仍然有效。

由式(2.16)可以得出

$$\boldsymbol{F}\mathrm{d}t=\mathrm{d}\boldsymbol{p}$$

此式表示，力 $\boldsymbol{F}$ 在 $\mathrm{d}t$ 时间内的积累效应等于质点动量的增量。如果在 t_0 到 t 的时间内质点的动量从 $\boldsymbol{p}_0$ 变为 $\boldsymbol{p}$，那么力在这段时间内的积累效应为

$$\int_{t_0}^{t}\boldsymbol{F}\mathrm{d}t=\int_{p_0}^{p}\mathrm{d}\boldsymbol{p}=\boldsymbol{p}-\boldsymbol{p}_0 \tag{2.17}$$

我们把 $\int_{t_0}^{t}\boldsymbol{F}\mathrm{d}t$ 称为力 $\boldsymbol{F}$ 在时间 t_0 至 t 的冲量，用 $\boldsymbol{I}$ 表示，即

$$\boldsymbol{I}=\int_{t_0}^{t}\boldsymbol{F}\mathrm{d}t \tag{2.18}$$

由式(2.17)和式(2.18)得

$$\boldsymbol{I}=\boldsymbol{p}-\boldsymbol{p}_0=m\boldsymbol{v}-m\boldsymbol{v}_0$$

上式表示，在运动过程中，作用于质点的合力在一段时间内的冲量等于质点动量的增量。这个结论称为动量定理。

虽然动量定理与牛顿第二定律一样，都反映了质点运动状态的变化与力的作用的关系，但是它们是有差别的，牛顿第二定律所表示的是在力的作用下质点动量的瞬时变化规律，而动量定理则表示在力的作用下质点动量的持续变化情形，即在一段时间内力对质点作用的积累效果。

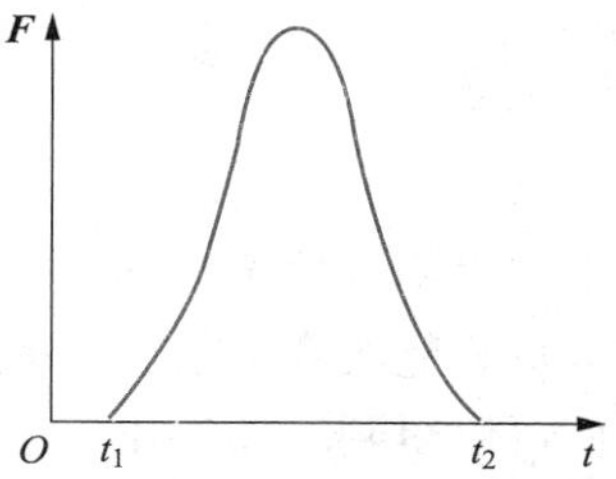

图 2-10　力与时间的函数关系

动量定理在处理像碰撞和冲击一类问题时很方便。因为在这类问题中，作用于物体上的力是作用时间极短、数值很大而且变化很快的一种力，称为冲力，这种力的大小与时间的关系大致可以表示为图 2-10 的情形。要确定冲力随时间变化的细节是困难的，因此无法或很难应用牛顿第二定律去处理这类问题。但我们可以从实验中测定物体在碰撞或冲击前后的动量，借助于动量定理来确定物体所受的冲量。而且还可以根据测定冲力作用于物体的时间，来估计冲力的平均值。尽管这个平均值不是冲力的确切描述，但在不少实际问题中，这样估计就足够了。于是可以得到下面的关系

$$\overline{\boldsymbol{F}}(t-t_0)=m\boldsymbol{v}-m\boldsymbol{v}_0 \tag{2.19}$$

其中平均冲力 $\overline{\boldsymbol{F}}$ 定义为

$$\overline{\boldsymbol{F}}=\frac{\int_{t_0}^{t}\boldsymbol{F}\mathrm{d}t}{t-t_0} \tag{2.20}$$

在动量定理中引入的冲量是矢量，是质点在力的持续作用下在一段时间内的积累效应的量度。其量值取决于合力的大小及其持续作用时间的长短这两个因素。如果 $\boldsymbol{F}$ 是恒力，式(2.18)的积分容易计算，为

$$\boldsymbol{I}=\boldsymbol{F}(t-t_0) \tag{2.21}$$

这表示，恒力冲量的方向与恒力的方向一致。如果力 $\boldsymbol{F}$ 是方向不变而大小在改变的力，那么冲量 $\boldsymbol{I}$ 的方向仍与力 $\boldsymbol{F}$ 的方向一致。如果力 $\boldsymbol{F}$ 不论大小还是方向都在随时间变化，这时冲量 $\boldsymbol{I}$ 的方向不能由某一瞬间 $\boldsymbol{F}$ 的方向来决定，而必须根据质点动量增量的方向确定。在这种情况下，式(2.18)的积分表示无限多个无限小的矢量的叠加，一般情况下直接进行矢量叠加的计算是困难的。通常的方法是投影到一定的坐标轴上，把矢量叠加变成代数求和。在直角坐标系中式(2.18)的分量式为

$$I_x = \int_{t_0}^{t} F_x \mathrm{d}t, \quad I_y = \int_{t_0}^{t} F_y \mathrm{d}t, \quad I_z = \int_{t_0}^{t} F_z \mathrm{d}t \tag{2.22}$$

分别积分，求出 I_x、I_y 和 I_z，从而得出 I。

如果有 n 个力 $\boldsymbol{F}_1$，$\boldsymbol{F}_2$，…，$\boldsymbol{F}_n$ 同时作用于一个质点上，其合力为

$$\boldsymbol{F}=\boldsymbol{F}_1+\boldsymbol{F}_2+\cdots+\boldsymbol{F}_n$$

那么该质点所受冲量为

$$\begin{aligned}\boldsymbol{I} &= \int_{t_0}^{t} \boldsymbol{F}\mathrm{d}t = \int_{t_0}^{t} \boldsymbol{F}_1\mathrm{d}t + \int_{t_0}^{t} \boldsymbol{F}_2\mathrm{d}t + \cdots + \int_{t_0}^{t} \boldsymbol{F}_n\mathrm{d}t \\ &= \boldsymbol{I}_1+\boldsymbol{I}_2+\cdots+\boldsymbol{I}_n\end{aligned} \tag{2.23}$$

式中，$\boldsymbol{I}_1$、$\boldsymbol{I}_2$，…，$\boldsymbol{I}_n$ 分别表示各分力在 t_0 到 t 时间内对质点的冲量。式(2.23)表明，合力在一段时间内的冲量等于各分力在同一段时间内冲量的矢量和。

因为动量和冲量都是矢量，式(2.19)是矢量方程。在处理具体问题时，常使用它的分量式

$$\left.\begin{aligned}I_x&=mv_x-mv_{0x}\\I_y&=mv_y-mv_{0y}\\I_z&=mv_z-mv_{0z}\end{aligned}\right\} \tag{2.24}$$

上式表明，冲量在某个方向的分量等于在该方向上质点动量分量的增量，冲量在任一方向的分量只能改变自己方向的动量分量，而不能改变与它相垂直的其他方向的动量分量。由此我们可以得到，如果作用于质点的冲量在某个方向上的分量等于零，尽管质点的总动量在改变，但在这个方向的动量分量却保持不变。

例 2.5　质量为 $M=5.0\times10^2$ kg 的重锤从高度为 $h=2.0$ m 处自由下落打在工件上，经 $\Delta t=1.0\times10^{-2}$ s 时间速度变为零。若忽略重锤自身的重量，求重锤对工件的平均冲力。

解　取重锤为研究对象，并视为质点。在打击工件时，重锤受到两个力作用(见图 2-11)：一是工件对重锤的冲力 F，竖直向上；另一个是重锤自身的重力 Mg，竖直向下，按题意后者可以忽略。

取 y 轴竖直向上。当重锤与工件接触时，重锤的动量向下，大小为 $M\sqrt{2gh}$，经过 Δt 时间动量变为零。根据质点动量定理的分量式可写出下面的方程

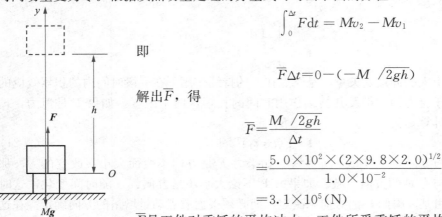

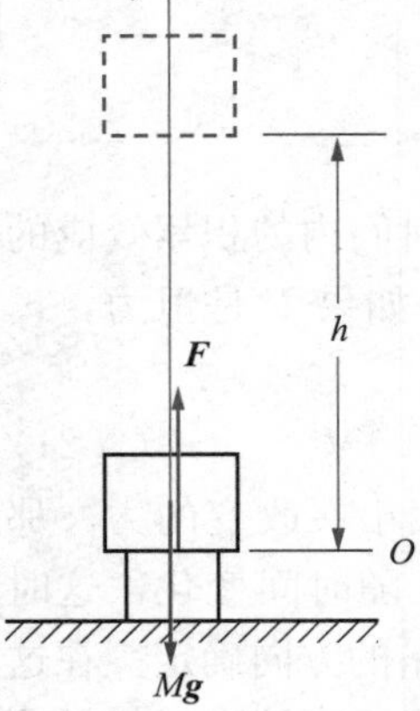

图 2-11　例 2.5 示意图

$$\int_0^{\Delta t} F\mathrm{d}t = Mv_2 - Mv_1$$

即

$$\overline{F}\Delta t=0-(-M\sqrt{2gh})$$

解出$\overline{F}$，得

$$\begin{aligned}\overline{F}&=\frac{M\sqrt{2gh}}{\Delta t}\\&=\frac{5.0\times10^2\times(2\times9.8\times2.0)^{1/2}}{1.0\times10^{-2}}\\&=3.1\times10^5(\mathrm{N})\end{aligned}$$

$\overline{F}$是工件对重锤的平均冲力，工件所受重锤的平均冲力则是$\overline{F}$的反作用力，它们大小相等，方向相反。

重锤的重量为 $Mg=5.0\times10^2\times9.8=4\ 900$ (N)，上面算得的平

均冲力约是它的 63 倍。可见，只要作用时间足够短，忽略重力作用是合理的。

2.2.2　质点系动量定理

前面讨论的动量定理是描述一个质点在运动中动量的变化规律。而在很多实际情形中，所涉及的是彼此相互作用的多个质点的运动，即质点系的运动问题。那么一个质点系在力的作用下动量的变化遵从怎样的规律呢?

一个由 n 个质点组成的质点系，在一般情况下每个质点既受外力作用，也受内力作用。假设质点系内第 i 个质点在初始时刻 t_0 的动量为 $m_i\boldsymbol{v}_{i0}$，所受来自系统以外的合外力为 $\boldsymbol{F}_i$，同时也受到系统内其他质点的作用力 $\boldsymbol{f}_{ij}$，到时刻 t，动量变为 $m_i\boldsymbol{v}_i$，

$$\boldsymbol{F}_i+\sum_{j\neq i}^{n}\boldsymbol{f}_{ij}=\frac{\mathrm{d}}{\mathrm{d}t}(m_i\boldsymbol{v}_i)$$

将以上 n 个方程相加，得到

$$\sum_{i=1}^{n}\boldsymbol{F}_i+\sum_{i}^{n}\sum_{j\neq i}^{n}\boldsymbol{f}_{ij}=\frac{\mathrm{d}}{\mathrm{d}t}\left(\sum_{i=1}^{n}m_i\boldsymbol{v}_i\right)\tag{2.25}$$

式中，求和号 $\sum\limits_{i}^{n}\sum\limits_{j\neq i}^{n}\boldsymbol{f}_{ij}$ 表示 i 和 j 都从 1 到 n 变化所得的各项相加，但除去 $i=j$ 的那些项，即除去 $\boldsymbol{f}_{11}\boldsymbol{f}_{22}\cdots\boldsymbol{f}_{nn}$ 各项。根据牛顿第三定律，作用力 $\boldsymbol{f}_{ij}$ 与反作用力 $\boldsymbol{f}_{ji}$ 大小相等、方向相反，所以

$$\boldsymbol{f}_{ij}+\boldsymbol{f}_{ji}=0\quad(i\neq j)$$

由此可见，式(2.25)中等号左边的第二项实际上等于零，故有

$$\sum_{i=1}^{n}\boldsymbol{F}_i=\frac{\mathrm{d}}{\mathrm{d}t}\left(\sum_{i=1}^{n}m_i\boldsymbol{v}_i\right)\tag{2.26}$$

如果外力的作用时间从 t_0 到 t，则可对上式积分，得

$$\int_{t_0}^{t}\sum_{i=1}^{n}\boldsymbol{F}_i\mathrm{d}t=\sum_{i=1}^{n}m_i\boldsymbol{v}_i-\sum_{i=1}^{n}m_i\boldsymbol{v}_{i0}\tag{2.27}$$

式中，$\sum\limits_{i=1}^{n}m_i\boldsymbol{v}_{i0}$ 和 $\sum\limits_{i=1}^{n}m_i\boldsymbol{v}_i$ 分别表示质点系在初状态和末状态的总动量。式(2.27)表明，在一段时间内，作用于质点系的外力矢量和的冲量等于质点系动量的增量。这个结论称为质点系动量定理，式(2.26)可以称作质点系动量定理的微分形式。

质点系动量定理还向我们表达了这样一个事实：系统总动量随时间的变化完全是外力作用的结果，系统的内力不会引起系统总动量的改变。不论是万有引力、弹性力还是摩擦力，只要它们是作为内力出现的，都不会改变质点系的总动量。

式(2.27)是矢量式，在处理具体问题时，常使用其分量形式

$$\left.\begin{aligned}\int_{t_0}^{t}\sum F_{ix}\mathrm{d}t&=\sum m_iv_{ix}-\sum m_iv_{i0x}\\\int_{t_0}^{t}\sum F_{iy}\mathrm{d}t&=\sum m_iv_{iy}-\sum m_iv_{i0y}\\\int_{t_0}^{t}\sum F_{iz}\mathrm{d}t&=\sum m_iv_{iz}-\sum m_iv_{i0z}\end{aligned}\right\}\tag{2.28}$$

上式表明，外力矢量和在某一方向的冲量等于在该方向上质点系动量分量的增量。

2.2.3 质心及质心运动定理

当我们把一段绳子团起来，然后斜抛出去时，不难想象，绳子上各点的运动轨迹是十分复杂的，但必定存在这样一个特殊点，它的运动轨迹是抛物线。这个特殊点就是我们将要讨论的质心。

设由 n 个质点组成的质点系，m_1，m_2，…，m_n 分别是各质点的质量，$\boldsymbol{r}_1$，$\boldsymbol{r}_2$，…，$\boldsymbol{r}_n$ 分别是各质点的位置矢量，则

$$\boldsymbol{r}_C=\frac{m_1\boldsymbol{r}_1+m_2\boldsymbol{r}_2+\cdots+m_n\boldsymbol{r}_n}{m_1+m_2+\cdots+m_n}=\frac{\sum\limits_{i=1}^{n}m_i\boldsymbol{r}_i}{\sum\limits_{i=1}^{n}m_i}=\frac{\sum\limits_{i=1}^{n}m_i\boldsymbol{r}_i}{m} \tag{2.29}$$

就定义为这个质点系质心的位置矢量。式中 $m=\sum\limits_{i=1}^{n}m_i$ 是质点系的总质量。质点系质心的位置矢量在直角坐标系的分量式可以表示为

$$x_C=\frac{\sum\limits_{i=1}^{n}m_ix_i}{m},\quad y_C=\frac{\sum\limits_{i=1}^{n}m_iy_i}{m},\quad z_C=\frac{\sum\limits_{i=1}^{n}m_iz_i}{m} \tag{2.30}$$

如果质量是连续分布的，式中求和可以用积分代替，那么质心位置矢量的分量式应表示为

$$x_C=\frac{\int x\mathrm{d}m}{\int\mathrm{d}m},\quad y_C=\frac{\int y\mathrm{d}m}{\int\mathrm{d}m},\quad z_C=\frac{\int z\mathrm{d}m}{\int\mathrm{d}m} \tag{2.31}$$

从以上质心位置矢量的表达式可以看到，选择不同的坐标系，质心的坐标值是不同的。但是质心相对于质点系的位置是不变的，它完全取决于质点系的质量分布。对于质量分布均匀、形状又对称的实物，质心位于其几何中心处。对于不太大的实物，质心与重力作用点(重心)相重合。

例 2.6　求半径为 R、顶角为 2α 的均匀圆弧的质心。

解　选择 x 轴沿圆弧的对称轴，圆心 O 为坐标原点，如图 2-12 所示。在这种情形下，质心应处于 x 轴上。设圆弧的线密度(单位长度的质量)为 ρ，则长度为 $\mathrm{d}l$ 的元段的质量为 $\mathrm{d}m=\rho R\mathrm{d}\theta$，元段 $\mathrm{d}l$ 的坐标为 $x=R\cos\theta$。根据式(2.30)，圆弧质心的坐标为

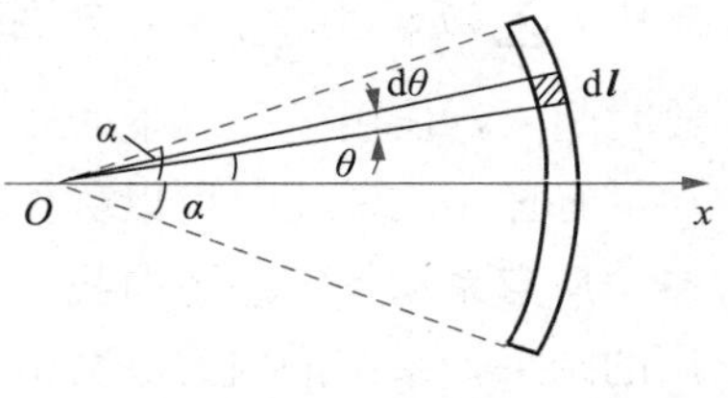

图 2-12　例 2.6 示意图

$$x_C=\frac{\int x\mathrm{d}m}{\int\mathrm{d}m}=\frac{\int_{-\alpha}^{\alpha}x\rho R\,\mathrm{d}\theta}{\int_{-\alpha}^{\alpha}\rho R\,\mathrm{d}\theta}=\frac{\rho R^2\int_{-\alpha}^{\alpha}\cos\theta\mathrm{d}\theta}{\rho R\int_{-\alpha}^{\alpha}\mathrm{d}\theta}=\frac{R\sin\alpha}{\alpha}$$

当质点系的各质点在空间运动时，其质心的运动遵从一定的规律。现在我们就从上面得到的质点系动量定理来探讨这种规律。将质点系动量定理的微分形式，即式(2.26)

$$\sum_{i=1}^{n}\boldsymbol{F}_i=\frac{\mathrm{d}}{\mathrm{d}t}\left(\sum_{i=1}^{n}m_i\boldsymbol{v}_i\right)$$

的等号右边，根据质心位置矢量的定义化为

$$\frac{\mathrm{d}}{\mathrm{d}t}\left(\sum_{i=1}^{n} m_i \boldsymbol{v}_i\right) = \sum_{i=1}^{n} m_i \frac{\mathrm{d}^2}{\mathrm{d}t^2}\left(\frac{\sum_{i=1}^{n} m_i \boldsymbol{r}_i}{\sum_{i=1}^{n} m_i}\right) = \sum_{i=1}^{n} m_i \frac{\mathrm{d}^2}{\mathrm{d}t^2}\boldsymbol{r}_C \tag{2.32}$$

式中，$\frac{\mathrm{d}^2\boldsymbol{r}_C}{\mathrm{d}t^2}$显然就是质点系质心的加速度，若用 $\boldsymbol{a}_C$ 表示，由式(2.26)和式(2.32)，可以得到

$$\sum_{i=1}^{n} \boldsymbol{F}_i = m\boldsymbol{a}_C \tag{2.33}$$

上式与牛顿第二定律形式相同，它表示，质点系质心的运动与这样一个质点的运动具有相同的规律：该质点的质量等于质点系的总质量，作用于该质点的力等于作用于质点系的外力矢量和。这一结论称为质心运动定理。

质心运动定理向我们表示了质点系作为一个整体的运动规律，这一规律是由质心的运动状况来表述的。但是它不能给出各质点围绕质心的运动和系统内部的相对运动。

2.2.4　动量守恒定律

如果质点系所受外力的矢量和为零，即

$$\sum_{i=1}^{n} \boldsymbol{F}_i = 0 \tag{2.34}$$

则由质点系动量定理的微分形式(2.26)可以得到

$$\sum_{i=1}^{n} m_i \boldsymbol{v}_i = \text{恒矢量} \tag{2.35}$$

此式表示，在外力的矢量和为零的情况下，质点系的总动量不随时间变化。这一结论称为动量守恒定律。它是物理学中另一个具有最普遍意义的规律，迄今为止，还未发现任何例外。

在理解动量守恒定律时，一定要注意动量的矢量性。我们所说的质点系的总动量，是指系统中所有质点动量的矢量和。系统的总动量保持不变，既不是指系统中每个质点动量的大小保持不变，更不是指系统中各质点动量大小之和保持不变。

在处理具体问题时通常使用式(2.35)在直角坐标系的分量式

$$\begin{aligned} &\sum_{i=1}^{n} m_i v_{ix} = \text{恒量} \quad \left(\text{当}\sum_{i=1}^{n} F_{ix} = 0\,\text{时}\right) \\ &\sum_{i=1}^{n} m_i v_{iy} = \text{恒量} \quad \left(\text{当}\sum_{i=1}^{n} F_{iy} = 0\,\text{时}\right) \\ &\sum_{i=1}^{n} m_i v_{iz} = \text{恒量} \quad \left(\text{当}\sum_{i=1}^{n} F_{iz} = 0\,\text{时}\right) \end{aligned} \tag{2.36}$$

由上式可以看出，有时虽然质点系所受外力的矢量和不等于零，但可以适当选择坐标轴的取向，使 $\sum F_x$、$\sum F_y$ 和 $\sum F_z$ 中有一个或两个等于零，那么在这一个或两个方向上，质点系总动量的分量保持恒定，即动量守恒定律成立，从而使问题简化。

动量守恒定律成立的条件是系统所受外力的矢量和等于零，不过在一些具体问题中，这个条件往往得不到严格满足。如果系统中质点间的相互作用(内力)比它们所受的外力大得多(如：爆炸、碰撞、绳突然绷紧等)，以至系统中各质点动量的变化主要是内力引起的，这时

可使用动量守恒定律对问题作近似处理。

应用动量守恒定律时，只要求作用于系统的外力矢量和等于零，而不必知道系统内部质点间相互作用的细节。这是应用这个定律比应用牛顿运动定律的方便之处。

将动量守恒定律应用于力学以外的领域，不仅导致一系列重大发现，而且使定律自身的概念得以发展和完善。

例如，原子核在衰变中，放射出一个电子后自身转变为一个新原子核。如果衰变前原子核是静止的，根据动量守恒定律，新原子核必定在射出电子相反方向上反冲，以使衰变后总动量为零。但在云室照片上发现，两者的径迹不在一条直线上。是动量守恒定律不适用于微观粒子呢，还是有什么别的原因？泡利为解释这种现象，于 1930 年提出中微子存在的假说，即在衰变中除了放射出电子以外还产生一个中微子，它与新原子核和电子共同保证了动量守恒定律的成立。26 年后终于在实验中找到了中微子，动量守恒定律也经受了一次重大的考验。

如果只考虑电磁相互作用，两个运动带电粒子的总动量并不守恒。若把动量的概念推广到电磁场，即认为电磁场具有动量，运动带电粒子在运动时要激发电磁场，当把这部分由电磁场所携带的动量考虑在内，运动带电粒子的总动量仍然是守恒的。动量的概念也已扩展到了光学领域。从光的电磁本性看，光属于电磁波，电磁波就是电磁场的交替激发和传播，电磁场具有动量，光自然具有动量。从光的粒子性看，光是光子流，每个光子都具有确定的动量。所以，涉及光的过程都必定伴随动量的传递，并服从动量守恒定律。

例 2.7　如图 2－13 所示，大炮在发射时炮身会发生反冲现象。设炮身的仰角为 θ，炮弹和炮身的质量分别为 m 和 M，炮弹在离开炮口时的速率为 v，若忽略炮身反冲时与地面的摩擦力，求炮身的反冲速率。

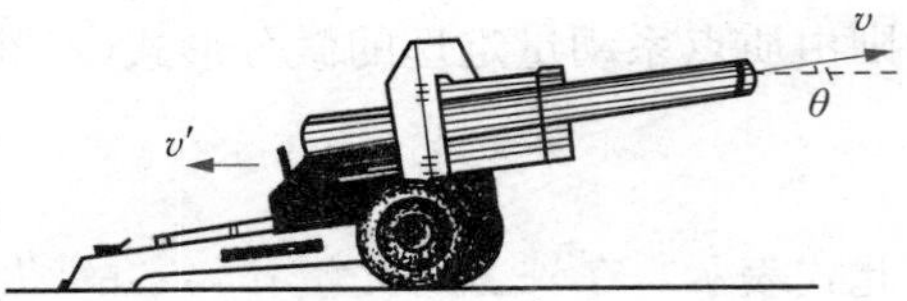

图 2－13　例 2.7 示意图

解　忽略了炮身与地面的摩擦力，在水平方向上可以运用动量守恒定律。设 x 轴沿水平向右。炮弹发射前系统的总动量为零。发射时，炮弹以速度 $\boldsymbol{v}$ 沿与 x 轴成 θ 角的方向离开炮口，炮身则以速度 $\boldsymbol{v}'$ 沿 x 轴负方向运动，应有

$$Mv'+mv\cos\theta=0$$

所以炮身的反冲速率为

$$v'=-\frac{mv}{M}\cos\theta$$

例 2.8　一原先静止的装置炸裂为质量相等的三块，已知其中两块在水平面内各以 80 m/s 和 60 m/s 的速率沿互相垂直的两个方向飞开。求第三块的飞行速度。

解　设碎块的质量都为 m，速度分别为 $\boldsymbol{v}_1$、$\boldsymbol{v}_2$ 和 $\boldsymbol{v}_3$，根据题意，$\boldsymbol{v}_1 \perp \boldsymbol{v}_2$，并处于水平面内，取水平面为 xy 平面，并设 $\boldsymbol{v}_1$ 和 $\boldsymbol{v}_2$ 分别沿 x 轴负方向和 y 轴负方向，如图 2－14 所示。

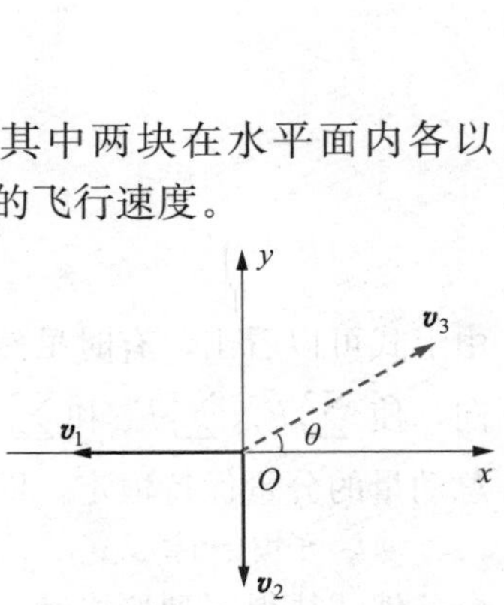

图 2－14　例 2.8 示意图

将整个装置视为一个系统，在炸裂过程中内力远大于外力，可以用动量守恒定律来处理。炸裂前动量为零，炸裂后总动量也必定为零，即

$$m_1\boldsymbol{v}_1+m_2\boldsymbol{v}_2+m_3\boldsymbol{v}_3=0$$

因为三碎块质量相等，所以

$$\boldsymbol{v}_1+\boldsymbol{v}_2+\boldsymbol{v}_3=0 \tag{1}$$

题意已示明，两个碎块的动量都处于 xy 平面内，第三个碎块的动量也必定处于 xy 平面内，设其方向与 x 轴成 θ 角，于是可将式(1)写成两个分量方程

$$-v_1+v_3\cos\theta=0 \tag{2}$$

$$-v_2+v_3\sin\theta=0 \tag{3}$$

两式联立可解得

$$\tan\theta=\frac{v_2}{v_1}=\frac{60}{80}=0.75$$

所以

$$\theta=37°$$

将 θ 值代入式(2)，求得

$$v_3=\frac{v_1}{\cos\theta}=\frac{80}{\cos37°}=1.0\times10^2(\mathrm{m/s})$$

2.3　力的空间累积效应——功　动能　动能定理

2.3.1　功与功率

作用于质点的力与质点沿力的方向所作位移的乘积，定义为力对质点所做的功。如果质点在恒定力 $\boldsymbol{F}$ 的作用下，沿力的方向运动，从点 P 到达点 Q，位移为 $\Delta\boldsymbol{r}$，如图 2－15 所示，那么在此过程中力 $\boldsymbol{F}$ 对质点所做的功可表示为

$$\Delta A=\boldsymbol{F}\Delta\boldsymbol{r} \tag{2.37}$$

若恒定力 $\boldsymbol{F}$ 的方向与质点的运动方向不一致，而有一恒定的夹角 ϕ，如图 2－16 所示，这时质点将在力 $\boldsymbol{F}$ 的一个分力 $F\cos\phi$ 的作用下运动。当质点从点 P 到达点 Q 时，位移为 $\Delta\boldsymbol{r}$，根据式(2.37)，力 $\boldsymbol{F}$ 对质点所做的功应为

$$\Delta A=F\Delta r\cos\phi \tag{2.38}$$

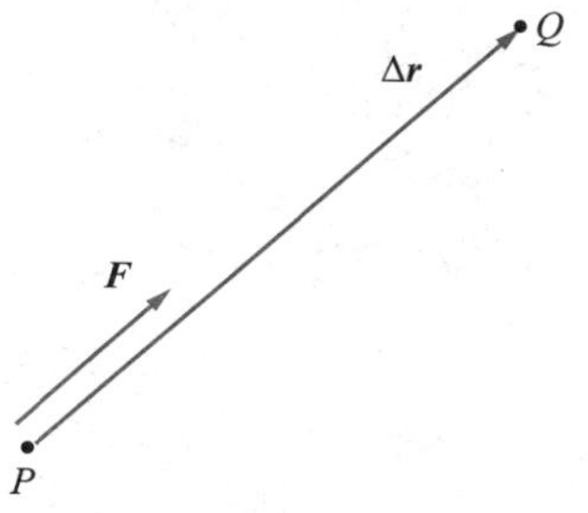

图 2－15　力的方向与位移方向相同

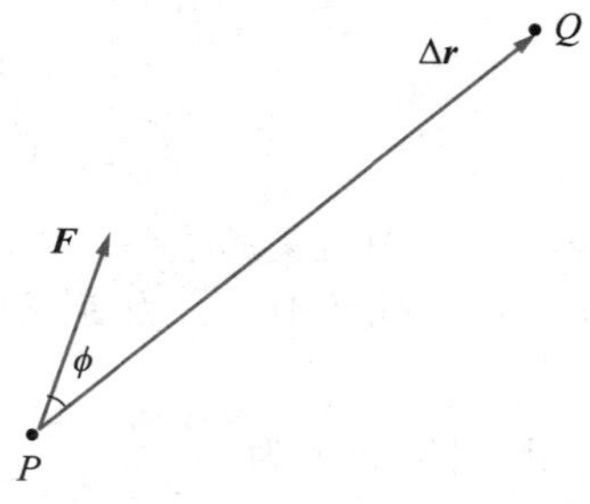

图 2－16　力与位移夹 ϕ 角

功是标量，即只有大小和正负，而不具方向性。由上式可见，若力为零，或虽有力的作用但质点没有位移，功都等于零。另外，若力和位移虽然都不为零，但力的方向与位移的方向相垂直，即 $\phi=\pi/2$，力的功也为零。例如，沿水平方向运动的物体，重力不做功，做曲线运动的物体，向心力或法向力不做功。

由式(2.38)我们可以得到正功和负功的概念。当 $\phi<\pi/2$ 时，$\Delta A>0$，表示力 $\boldsymbol{F}$ 对质点做正功，或力对质点做功；当 $\phi>\pi/2$ 时，$\Delta A<0$，表示力 $\boldsymbol{F}$ 对质点做负功，或质点反抗力

$\boldsymbol{F}$ 而做功。

在功的表达式中，两个物理量——力和位移都是矢量，用两个矢量的乘积表示一个标量，可利用矢量运算中的标积的概念。于是，式(2.37)可以改写为

$$\Delta A=\boldsymbol{F}\cdot\Delta\boldsymbol{r} \tag{2.39}$$

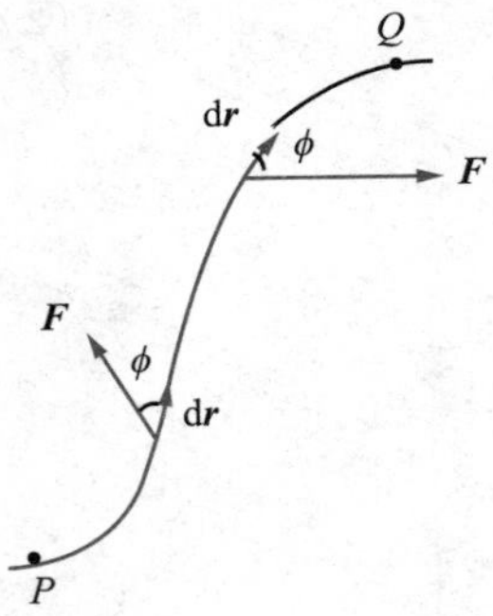

图 2-17　曲线运动情况下变力的功

利用式(2.39)，我们可以得到功的一般表达式。在一般情况下，作用于质点的力 $\boldsymbol{F}$ 的大小和方向都在随时间变化，而质点在这个力的作用下沿任意曲线从点 P 运动到点 Q，如图2-17所示。这时我们可以将总位移 $\Delta\boldsymbol{r}$ 分解成很多微小的位移元，总位移矢量 $\Delta\boldsymbol{r}$ 等于所有位移元矢量 $\mathrm{d}\boldsymbol{r}$ 的矢量和，即

$$\Delta\boldsymbol{r}=\sum\mathrm{d}\boldsymbol{r}$$

在每个位移元内，可认为 $\boldsymbol{F}$ 是恒定的，所以 $\boldsymbol{F}$ 所做的元功可以表示为

$$\mathrm{d}A=\boldsymbol{F}\cdot\mathrm{d}\boldsymbol{r}=F\cos\phi\mathrm{d}s$$

式中 ϕ 是 $\mathrm{d}\boldsymbol{r}$ 与 $\boldsymbol{F}$ 之间的夹角，$\mathrm{d}s$ 是与 $\mathrm{d}\boldsymbol{r}$ 相对应的路程元。当位移元 $\mathrm{d}\boldsymbol{r}$ 取得无限小时，它的模与 $\mathrm{d}s$ 相等。在质点从点 P 到达点 Q 的过程中，力 $\boldsymbol{F}$ 对质点所做的总功则可表示为

$$A=\int_P^Q\mathrm{d}A=\int_P^Q\boldsymbol{F}\cdot\mathrm{d}\boldsymbol{r}=\int_P^QF\cos\phi\mathrm{d}s \tag{2.40}$$

上式的积分，数学上称为线积分。要计算上面的积分，必须知道 F 和 ϕ 随路程变化的函数关系。

在一般情况下 $\boldsymbol{F}$ 是作用于同一个质点的诸力的合力，即

$$\boldsymbol{F}=\boldsymbol{F}_1+\boldsymbol{F}_2+\cdots+\boldsymbol{F}_n=\sum_{i=1}^n\boldsymbol{F}_i$$

将上式代入功的表达式(2.40)，得

$$\begin{aligned}A&=\int_P^Q\boldsymbol{F}\cdot\mathrm{d}\boldsymbol{r}=\int_P^Q(\boldsymbol{F}_1+\boldsymbol{F}_2+\cdots\boldsymbol{F}_n)\cdot\mathrm{d}\boldsymbol{r}\\&=\int_P^Q\boldsymbol{F}_1\cdot\mathrm{d}\boldsymbol{r}+\int_P^Q\boldsymbol{F}_2\cdot\mathrm{d}\boldsymbol{r}+\cdots+\int_P^Q\boldsymbol{F}_n\cdot\mathrm{d}\boldsymbol{r}\\&=A_1+A_2+\cdots+A_n\end{aligned} \tag{2.41}$$

上式表示，合力对某质点所做的功，等于在同一过程中各分力所做功的代数和。

在直角坐标系中，合力 $\boldsymbol{F}$ 可以写为

$$\boldsymbol{F}=F_x\boldsymbol{i}+F_y\boldsymbol{j}+F_z\boldsymbol{k}$$

位移元 $\mathrm{d}\boldsymbol{r}$ 可以表示为

$$\mathrm{d}\boldsymbol{r}=\mathrm{d}x\,\boldsymbol{i}+\mathrm{d}y\,\boldsymbol{j}+\mathrm{d}z\,\boldsymbol{k}$$

将以上两式同时代入式(2.41)，得

$$A=\int_P^Q(F_x\mathrm{d}x+F_y\mathrm{d}y+F_z\mathrm{d}z) \tag{2.42}$$

此式表示，合力所做的功等于其直角分量所做功的代数和。

式(2.41)和式(2.42)都为我们在具体问题中计算功提供了方便。

在实际工作中，不仅要考虑功，而且还需要知道完成一定功所花费的时间。对于一个做功的机械而言，完成一定功的快慢，是这个机械做功性能的重要标志，用功率来表示。功率

定义为单位时间内所完成的功，用 P 表示可写为

$$P=\frac{\mathrm{d}A}{\mathrm{d}t} \tag{2.43}$$

功率还可以表示为另一种形式。因为

$$\mathrm{d}A=\boldsymbol{F}\cdot \mathrm{d}\boldsymbol{r}$$

所以

$$P=\boldsymbol{F}\cdot\frac{\mathrm{d}\boldsymbol{r}}{\mathrm{d}t}=\boldsymbol{F}\cdot\boldsymbol{v} \tag{2.44}$$

这表示，功率等于力在运动方向的分量与速率的乘积，或者等于力的大小与速度在力的方向上的分量的乘积。式(2.44)还表明，对于一定功率的机械，当速率小时，力就大；当速率大时，力必定小。例如，当汽车发挥最大功率行驶时，在平坦的路上所需要的牵引力较小，可高速行驶；在上坡时所需要的牵引力较大，必须放慢速度。

在国际单位制中，功的单位是 J(焦耳，简称焦)

$$1\ \mathrm{J}=1\ \mathrm{N}\cdot\mathrm{m}$$

功率的单位是 J/s(焦耳/秒)，这个单位又称为 W(瓦特，简称瓦)。在工程上常用 kW(千瓦)做功率的单位

$$1\ \mathrm{kW}=1000\ \mathrm{W}$$

有时功也用功率与时间的乘积 kW · h(千瓦小时)为单位。1 kW · h 表示以 1 千瓦的恒定功率做功的机械，在 1 小时内所完成的功，它与焦耳的关系为

$$1\ \mathrm{kW}\cdot\mathrm{h}=3.6\times10^6\ \mathrm{J}$$

例 2.9　质量为 m 的小球系于长度为 R 的细绳的末端，细绳的另一端固定在点 A，将小球悬挂在空间。现小球在水平推力 $\boldsymbol{F}$ 的作用下，缓慢地从竖直位置移到细绳与竖直方向成 α 角的位置。求水平推力 $\boldsymbol{F}$ 所做的功(不考虑空气阻力)。

解　由于小球是缓慢移动的，所以在它经过的任一位置上，推力 $\boldsymbol{F}$、细绳的张力 $\boldsymbol{T}$ 和小球所受重力 $m\boldsymbol{g}$ 三个力始终是平衡的，即

$$\boldsymbol{F}+\boldsymbol{T}+m\boldsymbol{g}=0 \tag{1}$$

图 2-18画出了在偏离竖直方向为 θ 角时的情形。取 y 轴竖直向上，x 轴水平向右，则可写出上式的分量式

在 x 方向有

$$T\sin\theta=F$$

在 y 方向有

$$T\cos\theta=mg$$

两式相除，整理后可得水平推力 $\boldsymbol{F}$ 的大小与偏角 θ 的关系

$$F=mg\tan\theta \tag{2}$$

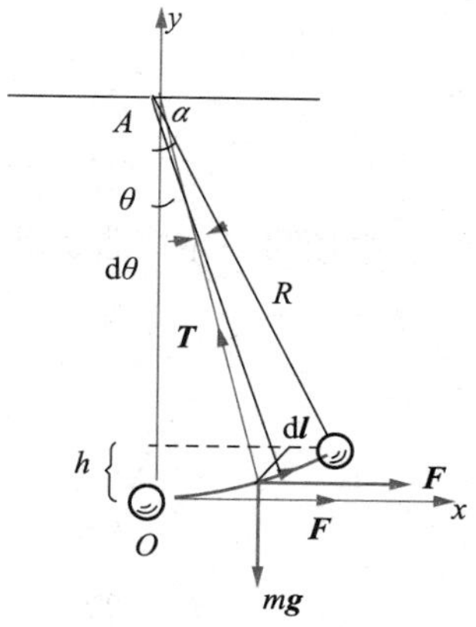

图 2-18　例 2.9 示意图

由式(2)可见，水平推力 $\boldsymbol{F}$ 的大小不是恒定的，而是随偏角的变化而变化，所以在小球移动的过程中，是变力做功。设小球在偏离竖直方向 θ 角的位置上作微小位移 $\mathrm{d}\boldsymbol{l}$，变力 $\boldsymbol{F}$ 所做的元功为

$$\mathrm{d}A=\boldsymbol{F}\cdot\mathrm{d}\boldsymbol{l}=F\cos\theta\mathrm{d}s=F\cos\theta R\mathrm{d}\theta,$$

式中 $\mathrm{d}s$ 是位移 $\mathrm{d}\boldsymbol{l}$ 所对应的路程。由竖直位置到偏角为 α 的过程中，变力 $\boldsymbol{F}$ 所作的总功为

$$A=\int \mathrm{d}A=\int_0^{\alpha} FR\cos\theta \mathrm{d}\theta=\int_0^{\alpha} mgR\tan\theta\cos\theta \mathrm{d}\theta$$

$$=mgR\int_0^{\alpha}\sin\theta \mathrm{d}\theta=mgR(1-\cos\alpha)$$

例 2.10 已知弹簧的劲度系数 $k=200$ N/m，若忽略弹簧的质量和摩擦力，求将弹簧压缩 10 cm，弹性力所做的功和外力所做的功。

解 这也是变力做功的例子。取弹簧未被压缩时自由端的位置为坐标原点，建立坐标系，如图 2-19 所示。

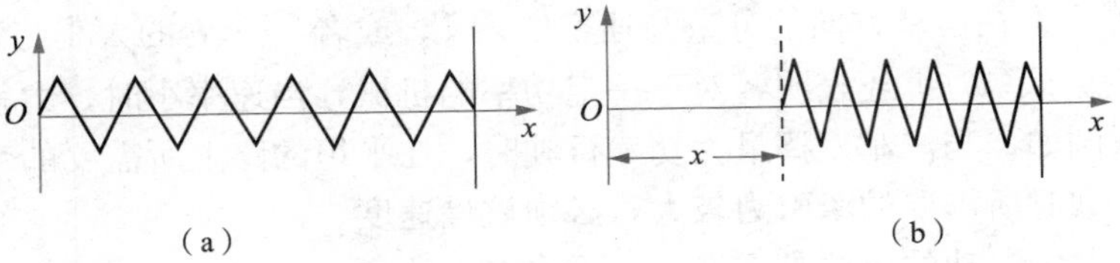

图 2-19 例 2.10 示意图

弹簧的弹性力可表示为

$$\boldsymbol{F}=-kx\boldsymbol{i}$$

式中，负号表示弹性力的方向与端点位移的方向相反。现将弹簧的自由端压缩到 x 处，若继续使自由端作位移 $\mathrm{d}x$，弹性力所做的元功则为

$$\mathrm{d}A=\boldsymbol{F}\cdot \mathrm{d}x\boldsymbol{i}=-kx\boldsymbol{i}\cdot \mathrm{d}x\boldsymbol{i}=-kx\mathrm{d}x$$

将弹簧压缩 10 cm，弹性力所做的总功为

$$A=\int \mathrm{d}A=\int_0^{0.1}-kx\mathrm{d}x=-1.0\ \mathrm{J}$$

负号表示在这种情况下弹性力做负功，也就是外力克服弹簧的弹性力而做功。外力当然做正功，即

$$A'=-A=1.0\ \mathrm{J}$$

2.3.2 动能与动能定理

牛顿第一定律告诉我们，力的作用是物体运动状态变化的原因；上节的讨论表明，当力的作用引起物体位移时，力要做功。由此我们可以推断，外力对物体做功与物体运动状态的变更之间必定存在某种联系。探讨这种联系是本节的内容。

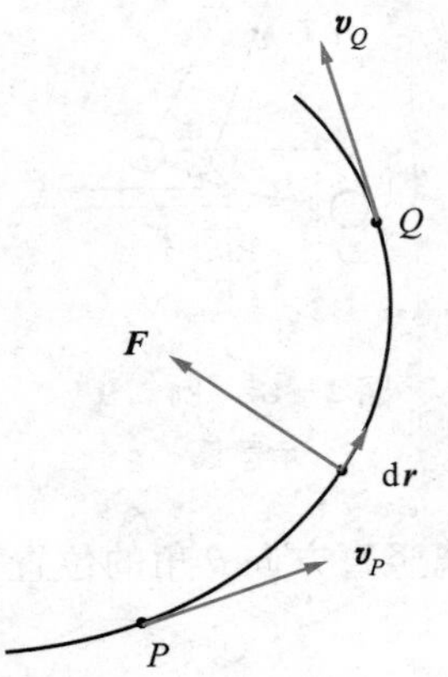

图 2-20 曲线运动

设质点在变力 $\boldsymbol{F}$ 的作用下，沿任意曲线由点 P 运动到点 Q，质点在点 P 和点 Q 的速度分别为 $\boldsymbol{v}_P$ 和 $\boldsymbol{v}_Q$，如图 2-20 所示。根据式(2.40)，合力 $\boldsymbol{F}$ 对质点所做的功应表示为

$$A=\int_P^Q \boldsymbol{F}\cdot \mathrm{d}\boldsymbol{r}=\int_P^Q m\boldsymbol{a}\cdot \mathrm{d}\boldsymbol{r} \tag{2.45}$$

式中，m 是质点的质量。质点在力 $\boldsymbol{F}$ 的作用下获得的加速度 $\boldsymbol{a}$ 和位移元 $\mathrm{d}\boldsymbol{r}$ 可分别表示为

$$\boldsymbol{a}=\frac{\mathrm{d}\boldsymbol{v}}{\mathrm{d}t},\quad \mathrm{d}\boldsymbol{r}=\boldsymbol{v}\,\mathrm{d}t$$

将以上两式代入式(2.45)，得

$$A=\int_P^Q m\frac{d\boldsymbol{v}}{dt}\cdot\boldsymbol{v}\,dt=\int_P^Q m\boldsymbol{v}\cdot d\boldsymbol{v} \tag{2.46}$$

因为

$$d(\boldsymbol{v}\cdot\boldsymbol{v})=2\boldsymbol{v}\cdot d\boldsymbol{v}$$

所以

$$\boldsymbol{v}\cdot d\boldsymbol{v}=\frac{1}{2}d(\boldsymbol{v}\cdot\boldsymbol{v})=\frac{1}{2}dv^2$$

将上式代入式(2.46)，得

$$A=\int_P^Q\frac{1}{2}m dv^2=\int_P^Q d\left(\frac{1}{2}mv^2\right)=\frac{1}{2}mv_Q^2-\frac{1}{2}mv_P^2 \tag{2.47}$$

为赋予式(2.47)以更鲜明的物理意义，我们引入一个物理量，其定义为，质点的质量与其运动速率平方的乘积的一半，用 E_k 表示，即

$$E_k=\frac{1}{2}mv^2 \tag{2.48}$$

这个物理量称为质点的动能。这样，式(2.47)可以改写为

$$A=E_{kQ}-E_{kP} \tag{2.49}$$

式中，E_{kP}和E_{kQ}分别是质点在点 P 和点 Q 的动能。式(2.49)所表示的结果是在一般情况下得出的，所以是一个普遍结论。这个结论可以表述为：作用于质点的合力所做的功，等于质点动能的增量。这个结论称为动能定理。

由动能定理可知，当质点运动的速率恒定时，质点的动能不变，合力不做功。对于做直线运动的质点来说，速率恒定，表示质点做匀速直线运动。做匀速直线运动的质点所受合力必定为零，因此也就谈不上力对质点做功。对于做曲线运动的质点，速率恒定，表示质点运动的切向加速度为零，这意味着合力沿质点运动方向的分量为零。质点运动只存在法向加速度和法向力，而法向力始终与质点运动方向相垂直，因而不做功。可见，由动能定理所得的结论与功的定义是一致的。

式(2.40)可以帮助我们深入理解正功和负功的意义。$A>0$，表示合力 $\boldsymbol{F}$ 对质点做正功，并有

$$\frac{1}{2}mv_Q^2-\frac{1}{2}mv_P^2>0$$

即质点末状态的动能大于初状态的动能，这说明合力 $\boldsymbol{F}$ 对质点做功使质点的动能增大。$A<0$，表示合力 $\boldsymbol{F}$ 对质点做负功，或质点反抗合力 $\boldsymbol{F}$ 而做功，并有

$$\frac{1}{2}mv_Q^2-\frac{1}{2}mv_P^2<0$$

即质点末状态的动能小于初状态的动能，这说明质点以自身动能的减小而对外做功。由此可见，对于一个运动质点，合力所做的功(正值或负值)，在数值上等于该质点动能的改变(增大或减小)。动能是质点以自身的运动速率所决定的对外做功的能力，是质点能量的一种形式。既然合力所做的功在数值上等于能量的改变，所以说，功是质点能量改变的量度。

例 2.11　小球以初速率$\boldsymbol{v}_A$沿光滑曲面向下滚动，如图 2－21 所示。问当小球滚到距出发点 A 的垂直距离为 h 的 B 处时，速率为多大?

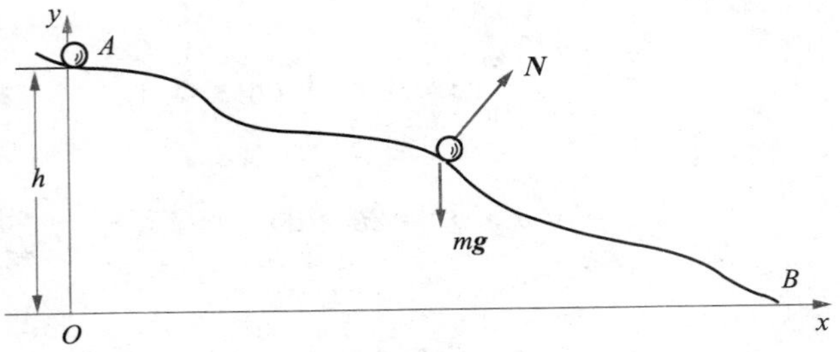

图 2-21 例 2.11 示意图

解 过小球的末位置 B 作水平线，取小球的初位置 A 到该水平线的垂足 O 为坐标原点，建立如图 2-21 所示的坐标系 $O-xy$。小球在沿曲面滚动的过程中，受到两个力的作用：重力 $m\boldsymbol{g}$，竖直向下；曲面的支撑力 $\boldsymbol{N}$，处处与曲面垂直并指向上方。这两个力的合力为

$$\boldsymbol{F}=m\boldsymbol{g}+\boldsymbol{N} \tag{1}$$

设小球的末速率为 v_B，则根据动能定理应有

$$\int_A^B \boldsymbol{F}\cdot \mathrm{d}\boldsymbol{r}=\frac{1}{2}mv_B^2-\frac{1}{2}mv_A^2 \tag{2}$$

即

$$\int_A^B m\boldsymbol{g}\cdot \mathrm{d}\boldsymbol{r}+\int_A^B \boldsymbol{N}\cdot \mathrm{d}\boldsymbol{r}=\frac{1}{2}mv_B^2-\frac{1}{2}mv_A^2$$

因为 $\boldsymbol{N}$ 始终垂直于 $\mathrm{d}\boldsymbol{r}$，所以上式等号左边第二项为零，于是有

$$\int_A^B m\boldsymbol{g}\cdot \mathrm{d}\boldsymbol{r}=\frac{1}{2}mv_B^2-\frac{1}{2}mv_A^2 \tag{3}$$

根据式(2.42)，上式等号左边项可以进行分解

$$\int_A^B m\boldsymbol{g}\cdot \mathrm{d}\boldsymbol{r}=\int_A^B mg_x\mathrm{d}x+\int_A^B mg_y\mathrm{d}y \tag{4}$$

重力加速度沿 y 轴负方向，$g_y=-g$，$g_x=0$，所以

$$\int_A^B m\boldsymbol{g}\cdot \mathrm{d}\boldsymbol{r}=\int_A^B -mg\,\mathrm{d}y=\int_h^0 -mg\,\mathrm{d}y=mgh$$

将这个结果代入式(2)，得

$$mgh=\frac{1}{2}mv_B^2-\frac{1}{2}mv_A^2 \tag{5}$$

解得末速率为

$$v_B=\sqrt{v_A^2+2gh}$$

这个结果与小球的质量无关，与曲面弯曲细节无关，而与竖直下落的情况相一致。

2.4 功能原理 机械能守恒定律 碰撞

2.4.1 势能

在力学范围内，能量包括动能和势能。我们已经知道，动能是物体以自身的运动速率所决定的做功的本领。而势能是由物体之间的相互作用和相对位置决定的能量。动能可以属于

某个物体所有，也可以属于某个系统共有，但势能却只能属于相互作用着的物体构成的系统共有。常见的势能形式有引力势能、重力势能和弹力势能。

1. 引力势能和重力势能

一切物体之间都存在万有引力相互作用，所以一切物体之间都存在与这种相互作用相对应的万有引力势能，简称引力势能。重力势能是处于地球附近的物体与地球之间万有引力作用的结果，是万有引力势能的一种简单而重要的特例。下面我们根据万有引力定律分析地球与一个任意物体之间引力势能的一般规律，然后得出重力势能的表示式。

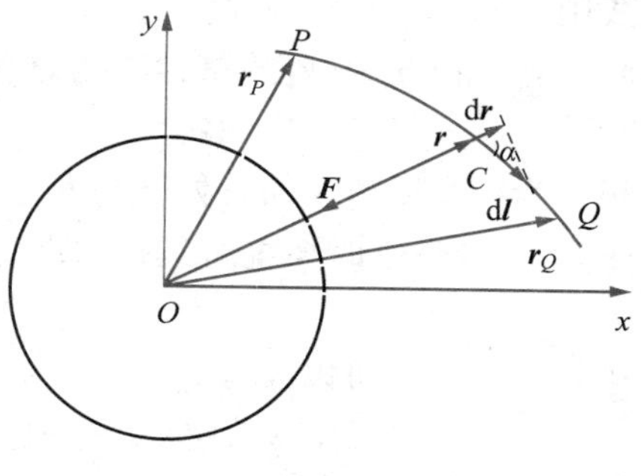

图 2－22　万有引力做功

设地球是质量为 M、半径为 R 的均匀球体，在地球引力场中有一个质量为 m 的物体，它在地球引力作用下沿任意曲线从点 P 到达点 Q，如图 2－22 所示。P、Q 两点到地心的距离分别为r_P 和r_Q(都大于地球的半径 R)。如果选择地心 O 为坐标原点，则点 P 和点 Q 的位置矢量分别为 $\boldsymbol{r}_P$ 和 $\boldsymbol{r}_Q$。当物体到达曲线上任意一点 C(位置矢量为 $\boldsymbol{r}$)时，所受地球引力为

$$\boldsymbol{F}=-G\frac{mM}{r^2}\left(\frac{\boldsymbol{r}}{r}\right)$$

物体在 C 点附近的位移元 d$\boldsymbol{l}$ 与位置矢量 $\boldsymbol{r}$ 之间的夹角为 α，由图 2－22 可见

$$\mathrm{d}l\cos\alpha=\mathrm{d}r$$

物体移过位移元 d$\boldsymbol{l}$，引力 $\boldsymbol{F}$ 所做的元功为

$$\begin{aligned}\mathrm{d}A&=\boldsymbol{F}\cdot\mathrm{d}\boldsymbol{l}=-G\frac{mM}{r^2}\left(\frac{\boldsymbol{r}}{r}\cdot\mathrm{d}\boldsymbol{l}\right)=-G\frac{mM}{r^2}\cos\alpha\mathrm{d}l\\&=-G\frac{mM}{r^2}\mathrm{d}r\end{aligned}$$

所以，物体从点 P 到点 Q 的整个运动过程中，引力 $\boldsymbol{F}$ 所作的总功为

$$A=\int\mathrm{d}A=\int_{r_P}^{r_Q}-G\frac{mM}{r^2}\mathrm{d}r=G\frac{mM}{r_Q}-G\frac{mM}{r_P}\tag{2.50}$$

若选择两个以万有引力相互作用的质点相距无限远时的引力势能为零，则可以把

$$E_\mathrm{p}=-G\frac{mM}{r}\tag{2.51}$$

规定为一个质量为 m、处于与地心相距 $r(>R)$的质点与地球所组成的系统的引力势能。这个公式适用于描述任何两个以万有引力相互作用的质点系统的引力势能。质点处于图 2－22 的点 P 和点 Q 的引力势能分别为

$$E_{\mathrm{p}P}=-G\frac{mM}{r_P},\quad E_{\mathrm{p}Q}=-G\frac{mM}{r_Q}$$

这样，式(2.50)可以改写为

$$A=G\frac{mM}{r_Q}-G\frac{mM}{r_P}=-(E_{\mathrm{p}Q}-E_{\mathrm{p}P})\tag{2.52}$$

上式表示，万有引力所做的功等于系统引力势能增量的负值，即引力势能的降低。

下面在上述引力势能的基础上讨论重力势能。这时，上述质点 m 应处于地球表面附近，

点 P 和点 Q 应距离地球表面不远，于是可近似地认为 $r_P r_Q = R^2$。由此可得

$$A = -mGM\left(\frac{r_Q - r_P}{r_P r_Q}\right) = -mgR^2\left(\frac{r_Q - r_P}{R^2}\right)$$
$$= -mg(r_Q - r_P) = -mg(h_Q - h_P) \tag{2.53}$$

式中，$h_P = r_P - R$，$h_Q = r_Q - R$，分别为点 P 和点 Q 距地面的高度。

若选择 $h=0$ 处的重力势能为零，则可以把

$$E_p = mgh \tag{2.54}$$

规定为一个质量为 m、处于高度为 h 处的质点与地球组成的系统所具有的重力势能。质点处于点 P 和点 Q 时系统所具有的重力势能分别为

$$E_{pP} = mgh_P, \quad E_{pQ} = mgh_Q$$

于是式(2.53)可以改写为

$$A = -mg(h_Q - h_P) = -(E_{pQ} - E_{pP}) \tag{2.55}$$

上式表示，重力所做的功等于系统重力势能增量的负值，即重力势能的降低。由式(2.55)可以得出如下结论：如果重力做正功($A>0$)，即系统以重力对外界做功，系统的重力势能将降低；如果重力做负功($A<0$)，即外界反抗重力而对系统做功，系统的重力势能将增加。

由式(2.52)和式(2.55)可见，万有引力和重力所做的功，决定于质点的始、末位置，而与质点运动的路径无关，因为我们在讨论中未涉及图 2－22 所示曲线 PCQ 的具体形状，并且在最后结果中也未出现与曲线形状有关的量。所以，质点在万有引力或重力作用下沿任何路径从点 P 运动到点 Q，万有引力所做的功或重力所做的功都应相等。

2. 弹力势能

要了解弹力势能的性质，必须分析弹力所做的功。图 2－23 所表示的弹簧，一端被固定，另一端连接一个物体，构成了我们所研究的弹簧系统。弹簧既无拉伸也无压缩时物体的位置为平衡位置，取作坐标原点 O。当弹簧被拉伸或压缩时，物体将受到弹簧所产生的弹性力的作用，这个弹性力可以表示为

$$\boldsymbol{F} = -kx\boldsymbol{i}$$

现在我们来讨论物体从点 P 移到点 Q 的过程中，弹性力所做的功。物体在点 P 和点 Q 所对应的弹簧的伸长量分别为 x_P 和 x_Q，物体到达点 C 时弹簧的伸长量为 x。在点 C 附近，物体在弹性力 F 的作用下位移 $\mathrm{d}\boldsymbol{x}$，弹性力所做的元功为

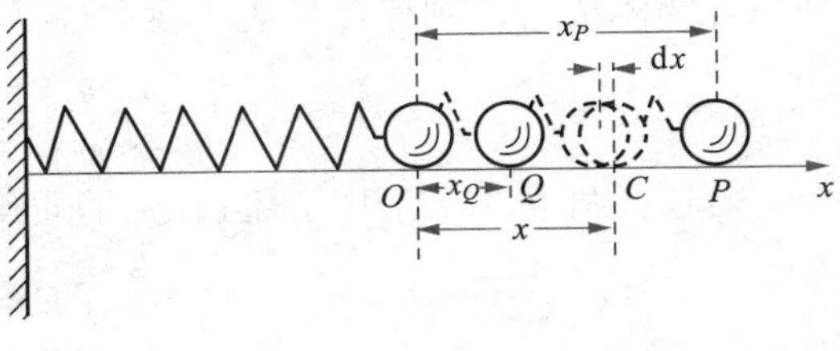

图 2－23　弹力做功

$$\mathrm{d}A = \boldsymbol{F} \cdot \mathrm{d}\boldsymbol{x} = -kx\mathrm{d}x$$

物体由点 P 移到点 Q 弹性力所作的总功为

$$A = \int \mathrm{d}A = \int_{x_P}^{x_Q} -kx\,\mathrm{d}x = \frac{1}{2}kx_P^2 - \frac{1}{2}kx_Q^2 \tag{2.56}$$

由式(2.56)可见，弹性力做功与万有引力做功、重力做功一样，只决定于物体始、末两点的位置 x_P 和 x_Q，而与中间过程无关。

若选择物体处于平衡位置时系统的弹力势能为零，则可把 $kx^2/2$ 规定为弹簧形变量为 $\pm x$(正值表示弹簧被拉伸了 x，负值表示弹簧被压缩了 x)时，弹簧系统所具有的弹力势能，并记为 E_p，即

$$E_p=\frac{1}{2}kx^2 \tag{2.57}$$

如果用 E_{pP} 和 E_{pQ} 分别表示弹簧形变量为 $\pm x_P$ 和 $\pm x_Q$ 时弹簧系统的弹力势能，则式(2.56)可以改写为

$$A=-(E_{pQ}-E_{pP}) \tag{2.58}$$

式(2.58)表示，弹性力所做的功等于弹簧系统弹力势能增量的负值，即弹力势能的减小量。由式(2.58)可以得出如下结论：如果弹性力做正功($A>0$)，即弹簧系统以弹性力对外界做功，则系统的弹力势能将降低；如果弹性力做负功($A<0$)，即外界反抗弹性力而对系统做功，则系统的弹力势能将增加。

3. 保守力

以上我们讨论了引力势能、重力势能和弹力势能，它们分别与万有引力、重力和弹性力相对应。物体之间还可能存在其他类型的相互作用，如带电体之间的静电力，直接接触的物体之间相对运动时的摩擦力，炸弹爆炸时弹体各部分受到的爆破力等，是否处于任何一种相互作用的物体之间都存在对应的势能呢？不是的，只有具有某种特性的力才存在对应的势能。这种特性是：物体在这种力的作用下，沿任意闭合路径绕行一周所做的功恒等于零，即

$$\oint \boldsymbol{F}\cdot \mathrm{d}\boldsymbol{l}\equiv 0 \tag{2.59}$$

上式就是力 $\boldsymbol{F}$ 所做的功只决定于物体的始、末两点的位置，而与中间过程无关的数学表述。具有这种特性的力，称为保守力；不具有这种特性的力，称为非保守力。重力、弹性力、万有引力和静电力都是保守力；摩擦力、空气阻力、磁场力和爆破力都是非保守力。

非保守力为什么不存在相应的势能呢？这是因为非保守力对物体所做的功不仅与物体的始、末位置有关，而且还与物体运行的路径有关，我们无法用唯一数值的功来确定该力场中某点的势能。让我们看一下摩擦力做功的情形。图 2-24 表示，处于水平桌面上的物体可以沿不同路径由点 P 到达点 Q。由于路径 PFQ 较长，外力克服摩擦力所做的功(即摩擦力所作的负功)较大；由于路径 PDQ 较短，外力克服摩擦力所做的功较小。如果我们也仿照对万有引力、重力和弹性力所采取的做法，定义一个与位置有关的势能函数，将物体由点 P 到点 Q 摩擦力所做的功表示为点 P 与点 Q 的"摩擦力势能"之差，那么，由于从点 P 到点 Q 有无限多条路径可供选择，沿不同的路径运行，摩擦力所做的功也不同，点 P 与点 Q 的"摩擦力势能"之差也有无限多个值。所以，在这种情况下定义的势能函数不具唯一性，因而也就没有意义。

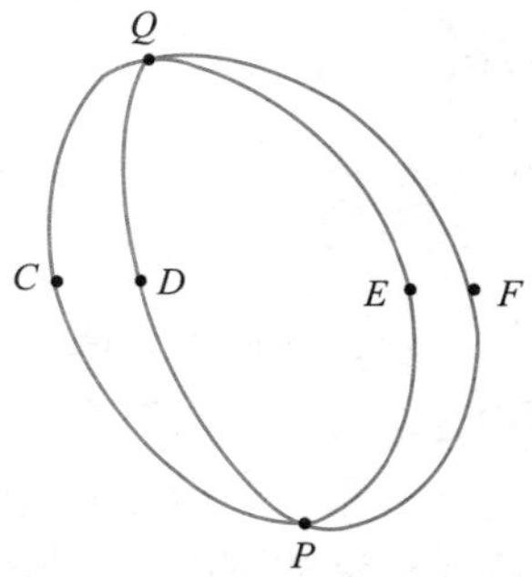

图 2-24　质点沿闭合曲线运动

以上的讨论，不仅使我们认识到势能总是与保守力的存在相联系，这种能量总是属于参与保守力相互作用的物体系统所共有，而且说明了势能的相对意义，它的大小与势能零点的选择有关。

***4. 势能曲线**

系统的势能决定于系统内相互作用的物体之间的相对位置，因此我们可以把系统的势能表示为物体之间相对位置的函数 $E_p(x, y, z)$。若以 E_p 为纵坐标，以相对位置为横坐标，就得到系统的势能与物体间相对位置的关系曲线，这种曲线就是势能曲线。图 2-25(a)、 (b)和(c)分别表示万有引力、重力和弹性力的势能曲线。

从势能曲线可以直观地看出，系统的势能随物体间相对位置的变化趋势。由图 2 - 25(a)可以看出，引力势能 E_p 随物体间距 r 以双曲线方式变化；图 2 - 25(b)表示重力势能 E_p 随物体的高度 h 以线性方式变化；图 2 - 25(c)表明了弹力势能 E_p 随弹簧的形变量 x 以抛物线方式变化。从势能曲线所反映的系统势能随物体间相对位置的变化趋势，我们可以直接判断在某段位移上系统的保守力所做功的大小。

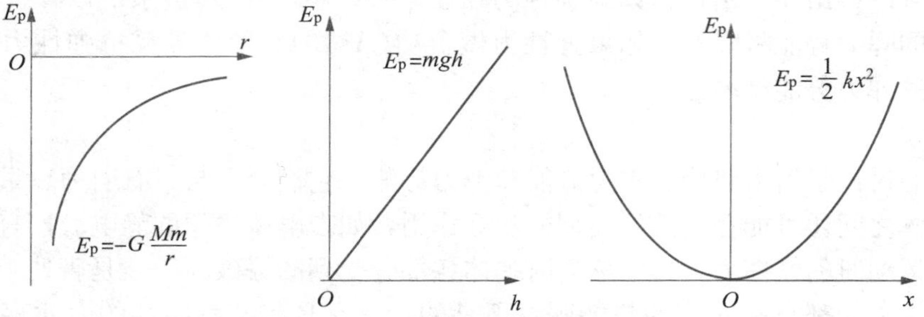

(a) (b) (c)

图 2 - 25 势能曲线

因为势能曲线所反映的系统势能的变化趋势，归根结底代表了系统中保守力随物体间相对位置变化的规律，所以从势能曲线的形状可以看出系统的保守力在某处的大小、方向以及随距离变化的情形。当系统中两个物体彼此的距离改变了 $\mathrm{d}r$，保守力 F 做正功，系统的势能 E_p 必定降低，所以有

$$-\mathrm{d}E_p=F\mathrm{d}r$$

即

$$F=-\frac{\mathrm{d}E_p}{\mathrm{d}r} \tag{2.25}$$

这表示，系统中物体间的一维保守力的大小 F 等于势能 E_p 对参量 r 的微商的负值。可以利用这个公式求出引力势能、重力势能和弹力势能所对应的保守力的形式。

若系统的动能 E_k 和势能 E_p 之和(即总能量 E)是恒定的，则可利用势能曲线直观地看出物体运动的范围和动能与势能之间相互转换的情形。例如，在图 2 - 26 所表示的弹簧系统中，弹簧的一端被固定，另一端系一物体，如果物体和弹簧所受摩擦力可以忽略，那么物体的动能 E_k 和系统的弹力势能 E_p 之和 E 保持不变。过纵坐标为 E 的点作水平线，交势能曲线于 P、Q 两点。点 P 的横坐标为 x_P，点 Q 的横坐标为 x_Q。如果坐标原点 O 与弹簧的平衡位置相对应，则物体的运动范围在 x_P 和 x_Q 两点之间。物体处于点 x_P 和点 x_Q 时，势能最大，等于总能量 E，动能最小，等于零。而在这两点之间的任何一点上，动能都不等于零。例如在 x 处，对应于势能曲线上的点 C，点 C 的纵坐标表示系统此时的势能 E_p，而 $E-E_p$ 就是物体此时的动能 E_k。当物体到达平衡位 O 时，系统的势能为零，系统的全部能量

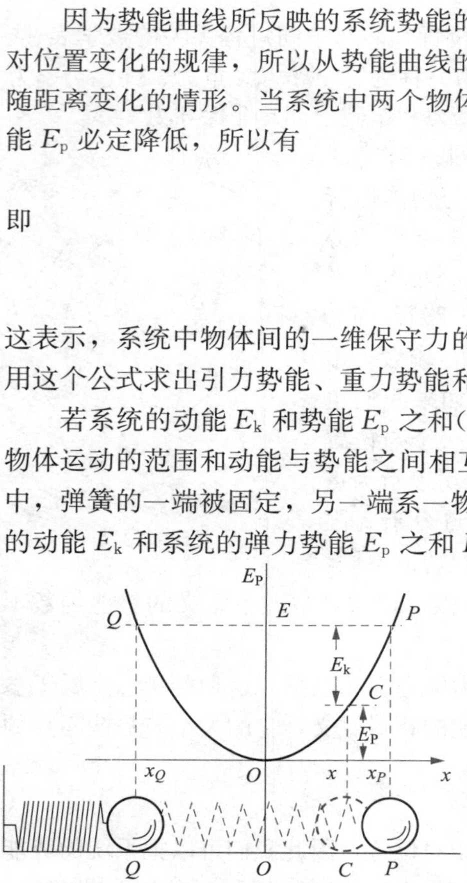

图 2 - 26 势能、动能、机械能

都表现为物体的动能，所以 $E_k=E$。因此，物体运动不可能越出点 x_P 和点 x_Q 之间的范围。假如物体向右运动越过了点 x_P，则由势能曲线可见，系统的势能将大于总能量 E，这显然是不可能的。

2.4.2　功能原理

在 2.3 节中讨论的动能定理表示了一个质点在运动过程中功与能之间的关系。然而任何一个物体都是处于与其他物体相互影响和相互制约之中的，那么对于由几个相互作用着的质点组成的系统(称为质点系)，功与能之间的关系又将如何呢?

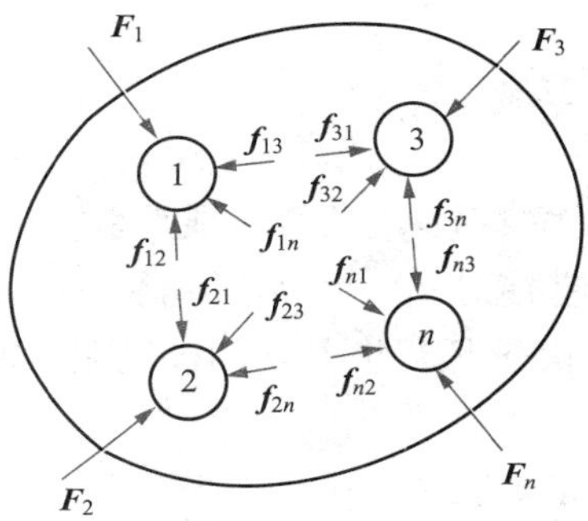

图 2-27　质点系受力图

现在我们要讨论的不是单个质点，而是由 n 个相互作用着的质点所组成的质点系。在一般情况下，系统中的每一个质点既受到来自系统以外的力(称为外力)的作用，也受到系统内部其他质点的力(称为内力)的作用，示意于图 2-27 中。作用于第 1 个质点的合外力为 $\boldsymbol{F}_1$，内力分别为 $\boldsymbol{f}_{12}$、$\boldsymbol{f}_{13}$、…、$\boldsymbol{f}_{1n}$；作用于第 2 个质点的合外力为 $\boldsymbol{F}_2$，内力分别为 $\boldsymbol{f}_{21}$、$\boldsymbol{f}_{23}$、…、$\boldsymbol{f}_{2n}$。其他质点的受力情况依此类推。在这些力的作用下，系统从初状态 P 变到末状态 Q。如果用 $E_{kP}^{(i)}$ 和 $E_{kQ}^{(i)}$ 分别表示第 i 个质点在状态 P 和状态 Q 的动能，根据动能定理，对于第 1 个质点应有

$$\int_P^Q \boldsymbol{F}_1 \cdot \mathrm{d}\boldsymbol{r} + \int_P^Q \Big(\sum_{i\neq 1}^{n} \boldsymbol{f}_{1i}\Big) \cdot \mathrm{d}\boldsymbol{r} = E_{kQ}^{(1)} - E_{kP}^{(1)}$$

对于第 2 个质点应有

$$\int_P^Q \boldsymbol{F}_2 \cdot \mathrm{d}\boldsymbol{r} + \int_P^Q \Big(\sum_{i\neq 2}^{n} \boldsymbol{f}_{2i}\Big) \cdot \mathrm{d}\boldsymbol{r} = E_{kQ}^{(2)} - E_{kP}^{(2)}$$

$$\cdots$$

对于第 n 个质点应有

$$\int_P^Q \boldsymbol{F}_n \cdot \mathrm{d}\boldsymbol{r} + \int_P^Q \Big(\sum_{i=1}^{n-1} \boldsymbol{f}_{ni}\Big) \cdot \mathrm{d}\boldsymbol{r} = E_{kQ}^{(n)} - E_{kP}^{(n)}$$

这样我们就得到系统中 n 个质点的 n 个方程。将这 n 个方程相加，就得到整个系统的功与能的关系式

$$\Big(\int_P^Q \boldsymbol{F}_1 \cdot \mathrm{d}\boldsymbol{r} + \int_P^Q \boldsymbol{F}_2 \cdot \mathrm{d}\boldsymbol{r} + \cdots + \int_P^Q \boldsymbol{F}_n \cdot \mathrm{d}\boldsymbol{r}\Big) + \Big(\int_P^Q \sum_{i\neq 1}^{n} \boldsymbol{f}_{1i} \cdot \mathrm{d}\boldsymbol{r} + \int_P^Q \sum_{i\neq 2}^{n} \boldsymbol{f}_{2i} \cdot \mathrm{d}\boldsymbol{r} + \cdots + \int_P^Q \sum_{i=1}^{n-1} \boldsymbol{f}_{ni} \cdot \mathrm{d}\boldsymbol{r}\Big) = (E_{kQ}^{(1)} + E_{kQ}^{(2)} + \cdots + E_{kQ}^{(n)}) - (E_{kP}^{(1)} + E_{kP}^{(2)} + \cdots + E_{kP}^{(n)}) \tag{2.60}$$

上式等号左边第一项是外力对系统中 n 个质点所做功的代数和，用 $A_{外}$ 表示，第二项是系统中内力所做功的代数和，用 $A_{内}$ 表示。等号右边第一项是系统内 n 个质点在 Q 状态的总动能，用 E_{kQ} 表示，第二项是系统内 n 个质点在 P 状态的总动能，用 E_{kP} 表示。于是式(2.60)可简化为

$$A_{外} + A_{内} = E_{kQ} - E_{kP} \tag{2.61}$$

这个关系式表示，外力和内力对系统所做功的代数和，等于系统内所有质点的总动能的增

量。这个结论称为质点系动能定理。

根据上节的讨论，物体之间的相互作用有两类，即保守力和非保守力。在我们所讨论的问题中，质点之间的相互作用是系统的内力。所以系统内力所做的功 $A_{内}$ 实际上应包括两部分，一部分是保守内力所做的功，另一部分是非保守内力所做的功，即

$$A_{内}=A_{保内}+A_{非保内} \tag{2.62}$$

然而，保守内力所做的功 $A_{保内}$ 等于系统相应势能增量的负值，即

$$A_{保内}=-(E_{pQ}-E_{pP}) \tag{2.63}$$

将式(2.62)和式(2.63)代入式(2.61)，可得

$$A_{外}+A_{非保内}-(E_{pQ}-E_{pP})=E_{kQ}-E_{kP}$$

或改写为

$$A_{外}+A_{非保内}=(E_{kQ}+E_{pQ})-(E_{kP}+E_{pP}) \tag{2.64}$$

式(2.64)右边第一项是系统在状态 Q 的动能与势能之和，第二项是系统在状态 P 的动能与势能之和。系统的动能与势能之和称为系统的机械能。若用 $E(P)$ 和 $E(Q)$ 分别表示系统在状态 P 和状态 Q 的机械能，则式(2.64)可写为

$$A_{外}+A_{非保内}=E(Q)-E(P) \tag{2.65}$$

上式表明，在系统从一个状态变化到另一个状态的过程中，其机械能的增量等于外力所做功和系统的非保守内力所做功的代数和。此规律称为系统的功能原理。

2.4.3 机械能守恒定律

在式(2.65)中，如果

$$A_{外}+A_{非保内}=0$$

则有

$$E(Q)=E(P)$$

或具体地写为

$$E_{kQ}+E_{pQ}=E_{kP}+E_{pP} \tag{2.66}$$

式(2.66)表明，在外力和非保守内力都不做功或所做功的代数和为零的情况下，系统内质点的动能和势能可以互相转换，但它们的总和，即系统的机械能保持恒定。这个结论称为机械能守恒定律。

值得注意的是，只有当外力和非保守内力不存在，或不做功，或两者所做功的代数和为零时，系统的机械能才守恒。但在实际问题中，这个条件并不能严格满足。因为物体在运动时，总要受到空气阻力和摩擦力的作用，它们都属于非保守力，并始终要做功，因而系统的机械能要改变。如果系统的机械能改变量比起系统的机械能总量小得多，改变量可以忽略，则可利用机械能守恒定律来处理之。

在机械运动范围内，能量的形式只是动能和势能，即机械能。但是物质的运动形态除机械运动外，还有热运动，电磁运动，原子、原子核和粒子运动，化学运动以及生命运动等。某种形态的能量，就是这种运动形态存在的反映。与这些运动形态相对应，也存在热能、电磁能、核能、化学能，以及生物能等各种形态的能量。大量事实表明，不同形态的能量之间，可以彼此转换。在系统的机械能减少或增加的同时，必然有等量的其他形态的能量增加或减少，而系统的机械能和其他形态能量的总和是恒定的。所以说，能量不会消失，也不会

产生，只能从一种形态转换为另一种形态。这个结论称为能量守恒定律。根据这个定律，对于一个与外界没有能量交换的孤立系统来说，无论在这个系统内发生何种变化，各种形态的能量可以互相转换，但能量的总和始终保持不变。

能量守恒定律的确立，使我们能够更深刻地理解功的意义。根据这个定律，当一个系统的能量发生变化时，必定伴随着另一些系统能量的变化，以使这个系统与另一些系统的能量之和保持恒定。所以在对一个系统做功而引起这个系统的能量变化时，实际上是这个系统与其他系统之间发生了能量的传递，所传递的能量在数值上就等于对该系统所做的功。由此可见，功是能量传递的量度。

对一个系统所做的功不是凭空造出来的。如果对系统做正功，使系统能量增加，则此功是以这个系统以外其他系统的能量减少为代价的；如果对系统做负功，使系统能量减少，则此功必定引起这个系统以外其他系统的能量增加。所以，做功的过程是至少有两个系统(或物体)能量发生变化的过程。从这个观点看，要制作只对某个系统做功，而不使自身或另一个系统的能量发生变化的所谓第一类永动机，是不可能的。

能量守恒定律是总结了无数实验事实建立起来的，它是物理学中具有最大普遍性的定律之一，也是整个自然界都遵从的普遍规律，机械能守恒定律只是它在力学范围内的一个特例。

例 2.12　求使物体脱离地球引力作用的最小速度。

解　将物体由地面发射并脱离地球引力作用的最小速度，称为第二宇宙速度，也称为地球的逃逸速度。当物体处于地面时，物体与地球所组成的系统的引力势能为 $-G\dfrac{mM}{R}$，物体至少应具有大小等于引力势能的动能，才能摆脱地球引力的束缚，逃逸到地球引力作用范围以外的空间去。当物体到达地球引力作用范围以外的空间时，付出了自己的全部动能，用以克服地球引力而做功，物体与地球组成的系统的引力势能变为零。根据机械能守恒定律，应有

$$\frac{1}{2}mv_2^2-G\frac{mM}{R}=0$$

故得

$$v_2=\sqrt{\frac{2GM}{R}}=\sqrt{2gR}=11.2\times10^3\ \text{m/s}$$

由此可见，第二宇宙速度是第一宇宙速度的 $\sqrt{2}$ 倍。

我们可以根据上面得到的逃逸速度公式设想一下，如果在宇宙中存在一个这样的星球，它的质量足够大，以致算得的逃逸速度正好等于真空中的光速 c，那么由于一切物体的运动速度都不可能超过真空中的光速，这个星球上的一切物体都不能摆脱其引力束缚而逃逸，甚至光子也不能例外，即使它是宇宙中的最大的发光天体，我们也看不到它。这种奇妙的天体就是在广义相对论中所预言的“黑洞”。长期以来人们推测，天鹅座 X－1 的一个子星就是一个黑洞。到 1995 年年底为止，科学家们声称已经发现了三个黑洞，而到 1996 年 10 月科学家又推断银河中心可能存在一个黑洞。因为对银河系中的 39 个恒星的运动轨迹进行了长期的观测发现，它们都在围绕银心附近的一个区域运动，所以断定在这个区域存在一个质量巨大而又观察不到的天体，这个天体可能就是黑洞。这个黑洞的质量约为太阳的 250 万倍，并

且正在吞噬着周围的天体。

既然连光线都传播不出来，那么我们是如何发现黑洞的呢？实际上，在黑洞外围空间由于强大的引力作用，当物质粒子或光子经过那里的时候，其运动轨道会发生弯曲，这种现象称为“引力透镜”效应。我们可以通过引力透镜效应去发现黑洞的存在。

例 2.13 求使物体不仅摆脱地球引力作用，而且脱离太阳引力作用的最小速度。

解 由地球表面发射的物体，不仅使它摆脱地球引力，而且使它脱离太阳引力所需要的最小速度，称为第三宇宙速度。在一般情况下计算第三宇宙速度是相当复杂的，因为物体在运动过程中，同时受到地球、太阳和其他天体的引力作用。为简便起见，我们作如下近似处理：

(1)物体由地面发射直至到达地球引力作用范围以外的某点(用 C 表示)的过程中，只考虑地球的引力作用，而忽略太阳和其他天体的引力作用；

(2)物体由点 C 继续运动，直至脱离太阳引力作用范围的过程中，只考虑太阳的引力作用，而忽略地球和其他天体的引力作用；

(3)物体到达脱离地球引力作用的点 C，虽然离开地球已足够远，但对太阳来说，仍然可以认为它是处于地球绕太阳公转的轨道上。

物体在点 C 必须具有一定的动能才能脱离太阳的引力作用。根据机械能守恒定律，物体在点 C 相对太阳的速度 v_2' 应满足下式

$$\frac{1}{2}mv_2'^2-G\frac{mM_S}{r_0}=0$$

式中，m 是物体的质量；$M_S=1.99\times10^{30}$ kg，是太阳的质量；$r_0=1.50\times10^{11}$ m，是地球到太阳的平均距离。于是可求得

$$v_2'=\sqrt{\frac{2GM_S}{r_0}}=42.1\times10^3\ \text{m/s}$$

要使物体到达点 C 时具有 42.1×10^3 m/s 的速度，可以利用地球公转的速度，让物体沿地球公转的方向发射。地球公转的速度 v'_1 可由下式求得

$$v_1'=\sqrt{\frac{GM_S}{r_0}}=29.7\times10^3\ \text{m/s}$$

所以物体到达点 C 相对于地球的速度应为

$$v=v_2'-v_1'=42.1\times10^3-29.7\times10^3=12.4\times10^3(\text{m/s})$$

相对地球的动能为

$$E_k=\frac{1}{2}mv^2$$

这表示在物体脱离地球引力作用之后还必须具有动能 E_k 才能脱离太阳的引力作用，逃逸出太阳系。

另外还必须考虑物体在由地面到达点 C 的过程中克服地球引力所做的功。这一点已在例 2.12 中讨论过，物体至少应具有第二宇宙速度 v_2 才能脱离地球的引力范围，相应的动能为

$$E_{k2}=\frac{1}{2}mv_2^2$$

所以，要使在地面发射的物体既要脱离地球引力，又能脱离太阳引力，必须具有的最小

动能 E_{k3} 应为 E_k 与 E_{k2} 之和，即

$$E_{k3}=E_k+E_{k2}$$

由此可算得第三宇宙速度

$$\begin{aligned} v_3 &= \sqrt{v^2+v_2^2}=\sqrt{(12.4\times10^3)^2+(11.2\times10^3)^2} \\ &=16.7\times10^3(\text{m/s}) \end{aligned}$$

如果发射物体的初速度等于第一宇宙速度，物体将在围绕地球的圆形轨道上运行。如果发射物体的初速度大于第一宇宙速度而小于第二宇宙速度，物体将沿椭圆形轨道绕地球运行，成为人造地球卫星。如果发射物体的初速度大于第二宇宙速度而小于第三宇宙速度，则在地球引力范围以内其运行轨道相对地球为双曲线，脱离地球引力以后，其运行轨道为绕太阳的椭圆，成为太阳的一个行星。当发射物体的初速度达到第三宇宙速度时，在地球引力范围以内，其运行轨道相对地球为双曲线，脱离地球引力以后其运行轨道相对太阳为抛物线，它将脱离太阳的引力束缚，飞向太阳系以外的宇宙空间去。

例 2.14　一物体以初速 $v_0=6.0$ m/s 沿倾角为 $\alpha=30°$ 的斜面(见图 2-28)向上运动，物体沿斜面运行了 $s=2.0$ m 后停止。若忽略空气阻力，试求：

(1)斜面与物体之间的摩擦系数 μ；

(2)物体下滑到出发点的速率 v。

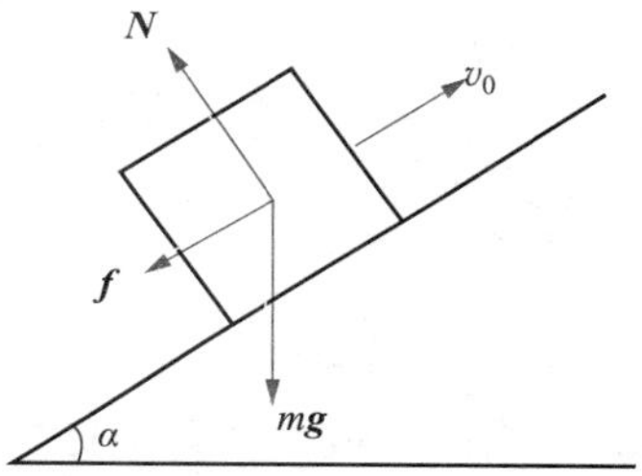

图 2-28　例 2.14 受力图

解　可将物体、斜面和地球看作一个系统。对这个系统而言，没有外力做功，但有物体与斜面之间摩擦力这样的非保守内力做功，所以系统的机械能不守恒。我们可以用功能原理来处理这个问题。

(1)从物体以初速 v_0 开始向上运动(状态 P)到在距离出发点 2.0 m 处停止(状态 Q)的过程中，根据功能原理，摩擦力所做的功与系统机械能变化的关系可表示为

$$A=E(Q)-E(P)$$

即

$$\int_P^Q \boldsymbol{f}\cdot \mathrm{d}\boldsymbol{l} = mgs\ \sin\alpha-\frac{1}{2}mv_0^2 \tag{1}$$

上式等号左边是摩擦力做的功。根据式 2-28，摩擦力 $\boldsymbol{f}$ 的大小为

$$f=\mu N=\mu mg\ \cos\alpha$$

$\boldsymbol{f}$ 的方向与物体位移 $\mathrm{d}\boldsymbol{l}$ 的方向相反，所以

$$\int_P^Q \boldsymbol{f}\cdot \mathrm{d}\boldsymbol{l} = \int_P^Q -\mu mg\cos\alpha \mathrm{d}l = -\mu mgs\ \cos\alpha \tag{2}$$

将式(2)代入式(1)，得

$$-\mu mgs\cos\alpha=mgs\sin\alpha-\frac{1}{2}mv_0^2$$

可以从中解出物体与斜面之间的摩擦系数

$$\mu=\frac{\frac{1}{2}v_0^2-gs\ \sin\alpha}{gs\ \cos\alpha}=\frac{\frac{1}{2}\times6.0^2-9.8\times2.0\times\frac{1}{2}}{9.8\times2.0\times\frac{\sqrt{3}}{2}}=0.48$$

(2)由 2.0 m 处(状态 Q)下滑到出发点(状态 C)，功能关系应表示为

$$A=E(C)-E(Q)$$

即

$$\int_Q^C \boldsymbol{f}\cdot \mathrm{d}\boldsymbol{l}=\frac{1}{2}mv^2-mgs\sin\alpha \tag{3}$$

其中摩擦力所做的功可以表示为

$$\int_Q^C \boldsymbol{f}\cdot \mathrm{d}\boldsymbol{l}=\int_Q^C -\mu mg\cos\alpha \mathrm{d}l=-\mu mgs\cos\alpha$$

代入式(3)，得

$$-\mu mgs\cos\alpha=\frac{1}{2}mv^2-mgs\sin\alpha$$

从中解出 v

$$\begin{aligned} v&=\sqrt{2(gs\sin\alpha-\mu gs\cos\alpha)}\\ &=\sqrt{2\times\left(9.8\times2.0\times\frac{1}{2}-0.48\times9.8\times2.0\times\frac{\sqrt{3}}{2}\right)}=1.8\ (\mathrm{m/s}) \end{aligned}$$

2.4.4 碰撞

1. 碰撞现象

当两个或两个以上的物体互相接近时，在极短的时间内，它们之间的相互作用达到相当大的数值，致使它们的运动状况突然发生显著变化，这种现象称为碰撞。日常生活中属于碰撞的物理现象是很多的，如锻打、打桩、球的撞击、人跳上车或跳下车，以及子弹射入物体内等。在列举的这些现象中，发生碰撞的物体都是直接接触的。但是碰撞现象并不限于直接接触的物体，不直接接触的物体之间也会发生碰撞。例如，核反应过程大都属于碰撞过程，在这些碰撞过程中参与碰撞的粒子不一定直接接触。

在碰撞过程中，由于物体之间的互相撞击力相当大，作用时间又非常短，以至作用于物体上的外力，如重力、摩擦力以及空气阻力等相对很小，因此动量守恒定律是适用的。另外，能量守恒定律也总是适用的。这样，在许多情况下我们可以不知道碰撞过程的细节，而由这两个守恒定律原则上推知碰撞的结果。

尽管碰撞过程能量是守恒的，但参与碰撞的物体在碰撞前后的总动能却不一定保持不变。我们按照碰撞前后总动能是否变化，将碰撞现象分为两类：一类是碰撞前后总动能不变的碰撞，称为完全弹性碰撞；一类是总动能改变的碰撞，称为非完全弹性碰撞。象牙球之间的碰撞，玻璃球之间的碰撞以及优质钢制成的球之间的碰撞，都可看为完全弹性碰撞。原子、原子核和粒子之间的碰撞有些是完全弹性碰撞，并且是迄今所知的唯一真正的完全弹性碰撞。除此之外，一般的碰撞都属于非完全弹性碰撞。在非完全弹性碰撞中，有一种特殊情形，那就是两个物体碰撞之后结合为一体了，这种碰撞称为完全非弹性碰撞。如两个橡皮泥小球的碰撞，人跳上车，正、负离子碰撞后结合成分子等，都属于完全非弹性碰撞。

完全弹性碰撞和完全非弹性碰撞是碰撞问题中的两种极端情形，我们可以从这两种碰撞问题的分析中，了解碰撞现象的一些规律，以及处理这类问题的基本方法。

2. 完全弹性碰撞

设两个小球的质量分别为 m_1 和 m_2，碰撞前的速度分别为$\boldsymbol{v}_1$和$\boldsymbol{v}_2$，碰撞后的速度分别为

$\boldsymbol{u}_1$ 和 $\boldsymbol{u}_2$。根据动量守恒定律，有

$$m_1\boldsymbol{v}_1+m_2\boldsymbol{v}_2=m_1\boldsymbol{u}_1+m_2\boldsymbol{u}_2 \tag{2.67}$$

在完全弹性碰撞中，碰撞前后总动能相等，于是又有

$$\frac{1}{2}m_1v_1^2+\frac{1}{2}m_2v_2^2=\frac{1}{2}m_1u_1^2+\frac{1}{2}m_2u_2^2 \tag{2.68}$$

以上两式就是处理完全弹性碰撞问题的基本方程式。

式(2.67)是矢量方程，在一般情况下它包含了三个方程式。这样，共有四个方程式，可以求解四个未知量，其他量必须由实验确定。

这里我们只分析完全弹性碰撞中最简单的一种情形，就是两球在碰撞前的速度$\boldsymbol{v}_1$和$\boldsymbol{v}_2$都处于两球的连心线上，碰撞后的速度 $\boldsymbol{u}_1$ 和 $\boldsymbol{u}_2$ 也处于这条直线上，这种碰撞称为正碰，或对心碰撞。

在正碰情况下，我们取坐标轴与两球的连心线相重合，这样式(2.67)的分量式仍为一个方程式，即

$$m_1v_1+m_2v_2=m_1u_1+m_2u_2 \tag{2.69}$$

在写成式(2.69)时，我们假定了碰撞前、后两球都沿坐标轴的正方向运动，如图 2－29 所示。显然，如果知道了两球的质量和碰撞前的速度 v_1 和 v_2，就可以由式(2.68)和式(2.69)求得碰撞后的速度 u_1 和 u_2。求得的 u_1 和 u_2 若为负值，表示小球的实际运动方向与假定方向相反。

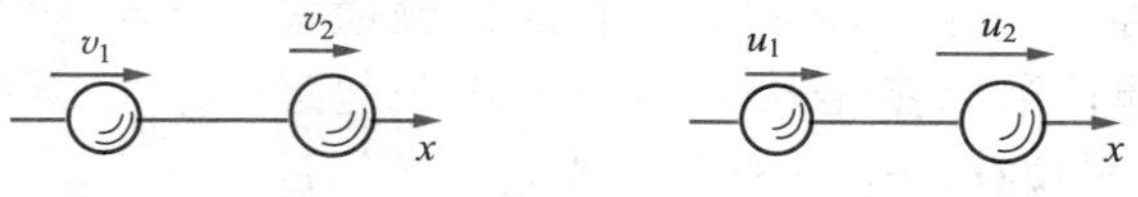

图 2－29　碰撞示意图

为求得碰撞后两球的速度 u_1 和 u_2，将方程式(2.68)和式(2.69)分别改写为

$$m_1(v_1^2-u_1^2)=m_2(u_2^2-v_2^2) \tag{2.70}$$

$$m_1(v_1-u_1)=m_2(u_2-v_2) \tag{2.71}$$

在 $u_1\neq v_1$ 和 $u_2\neq v_2$ 的条件下，将式(2.70)除以式(2.71)得

$$v_1-v_2=u_2-u_1 \tag{2.72}$$

上式表示，在完全弹性正碰情况下，碰撞前两球互相接近的快慢与碰撞后两球互相分离的快慢是相同的。

由式(2.71)和式(2.72)可以解出

$$u_1=\frac{m_1-m_2}{m_1+m_2}\cdot v_1+\frac{2m_2}{m_1+m_2}\cdot v_2 \tag{2.73}$$

$$u_2=\frac{2m_1}{m_1+m_2}\cdot v_1+\frac{m_2-m_1}{m_1+m_2}\cdot v_2 \tag{2.74}$$

这就是完全弹性正碰问题的解。

让我们看一下 $m_1=m_2$ 的特殊情形。将 $m_1=m_2$ 代入式(2.73)和式(2.74)立即可以得到

$$u_1=v_2,\qquad u_2=v_1$$

这表示，在完全弹性正碰中，质量相等的两个物体碰撞后互相交换了速度。如果熟悉台球，

那么，对这个结论就不会感到陌生了。利用式(2.73)和式(2.74)分析一下两个质量相差悬殊的物体发生完全弹性正碰的极端情形，也会得到一些有趣而熟悉的结果。

3. 完全非弹性碰撞

两个质量分别为 m_1 和 m_2 的物体各以速度 v_1 和 v_2 运动，发生正碰后结合为一体，并以共同的速度 u 继续运动。根据动量守恒定律应有

$$m_1v_1+m_2v_2=(m_1+m_2)u \tag{2.75}$$

如果已知 v_1 和 v_2，由上式即可求得碰撞后的共同速度

$$u=\frac{m_1v_1+m_2v_2}{m_1+m_2} \tag{2.76}$$

在非完全弹性碰撞中，总要损失一部分动能，其中以完全非弹性碰撞中损失的动能为最大。这是因为在碰撞过程中物体要发生形变，致使物体各部分之间剧烈摩擦，造成一部分机械能转变为物体的内能。

例 2.15 如图 2-30 所示的装置称为冲击摆，可用它来测定子弹的速度。质量为 M 的木块被悬挂在长度为 l 的细绳下端，一质量为 m 的子弹沿水平方向以速度 $\boldsymbol{v}$ 射中木块，并停留在其中。木块受到冲击而向斜上方摆动，当到达最高位置时，木块的水平位移为 s。试确定子弹的速度。

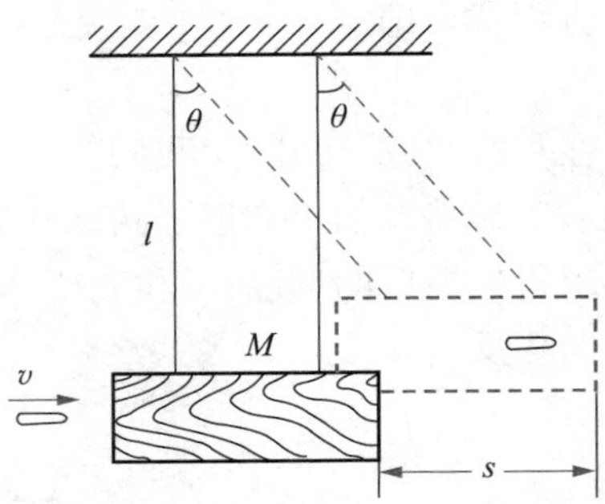

图 2-30 例 2.15 示意图

解 这类问题通常分两步来讨论。第一步是从子弹射中木块直到在木块中停止，这一步是完全非弹性碰撞过程，遵从动量守恒定律；第二步是从子弹和木块一起运动，直至摆动到最大水平位移，这一步是机械能转换的过程，木块在子弹的冲击下获得的动能，全部转变为摆动到最高点时与地球所组成的系统的势能，遵从机械能守恒定律。

由上面的分析，可以得到两个方程式

$$mv=(m+M)u \tag{1}$$

$$\frac{1}{2}(m+M)u^2=(m+M)gh \tag{2}$$

式中，u 是第一步结束时子弹和木块一起摆动的速率，h 是木块摆动的最大高度，显然它可由下式求得

$$h=l-\sqrt{l^2-s^2}$$

如果木块摆动到最大高度时悬线的偏角为 θ，则 $s=l\sin\theta$，h 也可以表示为

$$h=l(1-\cos\theta)$$

由式(1)解出 u 并代入式(2)，得

$$\frac{m^2v^2}{2(m+M)}=(m+M)gh$$

所以子弹的速度 v 可由下式确定

$$v=\frac{m+M}{m}\sqrt{2g(1-\sqrt{l^2-s^2})}$$

2.5　质点的角动量定理及角动量守恒定律

角动量概念在物理学上经历了一段有趣的演变过程。18 世纪在力学中才定义和开始利用它，直到 19 世纪人们才把它看成力学中最基本的概念之一，到 20 世纪它加入了动量和能量的行列，成为力学中最重要的概念之一。角动量之所以能有这样的地位，是由于它也服从守恒定律，在近代物理中其运用极为广泛。

2.5.1　质点的角动量

一个动量为 $\boldsymbol{p}$ 的质点，对惯性参考系中某一固定点 O 的角动量用下述矢积定义：

$$\boldsymbol{L}=\boldsymbol{r}\times\boldsymbol{p}=\boldsymbol{r}\times m\boldsymbol{v} \tag{2.77}$$

式中，$\boldsymbol{r}$ 为质点相对于固定点的位矢。根据矢积的定义，可知角动量大小为

$$L=rp\sin\theta \tag{2.78}$$

其中，θ 是 $\boldsymbol{r}$ 和 $\boldsymbol{p}$ 两个矢量之间的夹角。$\boldsymbol{L}$ 的方向垂直于 $\boldsymbol{r}$ 和 $\boldsymbol{p}$ 所决定的平面，其指向可用右手螺旋法则确定，即用右手四指从 $\boldsymbol{r}$ 经小于 π 的角转向 $\boldsymbol{p}$，则拇指的指向为 $\boldsymbol{L}$ 的方向。

按式(2.77)，质点的角动量还取决于它的位矢，因而取决于固定点位置的选择。同一质点，相对于不同的固定点，它的角动量有不同的值。因此，在水平一个质点的角动量时，必须指明对哪个固定点说的。

一个质量为 m 的质点沿半径为 r 的圆周运动，它对于圆心 O 的角动量的大小为

$$L=|\boldsymbol{r}\times\boldsymbol{p}|=mvr$$

2.5.2　质点的角动量定理

牛顿第二定律可作如下变化

$$\boldsymbol{r}\times\boldsymbol{F}=\boldsymbol{r}\times\frac{\mathrm{d}\boldsymbol{p}}{\mathrm{d}t} \tag{2.79}$$

式(2.79)的左边称为质点所受合外力对固定点(计算 $\boldsymbol{L}$ 时用的那个固定点)的力矩，用 $\boldsymbol{M}$ 表示力矩，即

$$\boldsymbol{M}=\boldsymbol{r}\times\boldsymbol{F} \tag{2.80}$$

式(2.79)的右边 $\boldsymbol{r}\times\dfrac{\mathrm{d}\boldsymbol{p}}{\mathrm{d}t}$ 可以变化为 $\dfrac{\mathrm{d}(\boldsymbol{r}\times\boldsymbol{p})}{\mathrm{d}t}$，就是质点的角动量的变化率，则式(2.79)可变为

$$\boldsymbol{M}=\frac{\mathrm{d}\boldsymbol{L}}{\mathrm{d}t} \tag{2.81}$$

这一等式的意义是：质点所受的合外力矩等于质点的角动量对时间的变化率(力矩和角动量都是对惯性系中同一固定点说的)。这个结论叫质点的角动量定理。

我们中学已学习过力矩的概念，即力 $\boldsymbol{F}$ 对一个固定点的力矩的大小等于此力与力臂 $r_{\perp}$ 的乘积。力臂指的是从固定点到力的作用线的垂直距离。

$$M=r_{\perp}F=rF\sin\theta \tag{2.82}$$

其中，θ 为两个矢量 $\boldsymbol{r}$ 和 $\boldsymbol{F}$ 之间的夹角。力臂 $r_{\perp}=r\sin\theta$。

式(2.80)表明，力矩是一个矢量，它的方向垂直于 $\boldsymbol{r}$ 和 $\boldsymbol{F}$ 所决定的平面，其指向用右手

螺旋法则由拇指的指向确定。

当质点绕固定轴转动时，通过轴或平行于轴的力产生的力矩均为零。

2.5.3 质点的角动量守恒定律

根据式(2.81)，如果 $\boldsymbol{M}=0$，则 $\mathrm{d}\boldsymbol{L}/\mathrm{d}t=0$，因而

$$\boldsymbol{L}=\text{常矢量} \quad (\boldsymbol{M}=0) \tag{2.83}$$

这就是说，如果对于某一固定点，质点所受的合外力矩为零，则此质点对该固定点的角动量矢量保持不变。这一结论称为角动量守恒定律。

角动量守恒定律和动量守恒定律一样，也是自然界的一条最基本的定律，并且在更广泛情况下它也不依赖牛顿定律。

关于外力矩为零这一条件，应当指出的是，由于力矩 $\boldsymbol{M}=\boldsymbol{r}\times\boldsymbol{F}$，所以它既可能是质点所受的外力为零，也可能是外力并不为零，但是在任意时刻外力总是与质点对于固定点的位矢平行或反平行，即 $\boldsymbol{r}/\!/\boldsymbol{F}$。

2.6 小 结

1. 牛顿运动定律

牛顿第一定律：当质点所受合外力为零时，$\boldsymbol{v}=$恒量

牛顿第二定律：$\boldsymbol{F}=m\boldsymbol{a}$ 或 $\boldsymbol{F}=\dfrac{\mathrm{d}(m\boldsymbol{v})}{\mathrm{d}t}$

牛顿第三定律：$\boldsymbol{F}_{ij}=-\boldsymbol{F}_{ji}$

2. 一些物理量的定义

冲量 $\boldsymbol{I}=\int_{t_0}^{t}\boldsymbol{F}\mathrm{d}t$

动量 $\boldsymbol{p}=m\boldsymbol{v}$

功 $A=\int_{P}^{Q}\boldsymbol{F}\cdot\mathrm{d}\boldsymbol{r}$

动能 $E_{\mathrm{k}}=\dfrac{1}{2}mv^2$

势能 $E_{\mathrm{pa}}=\int_{a}^{\text{势能零点}}\boldsymbol{F}_{\text{保守力}}\cdot\mathrm{d}\boldsymbol{r}$

力矩 $\boldsymbol{M}=\boldsymbol{r}\times\boldsymbol{F}$

角动量 $\boldsymbol{L}=\boldsymbol{r}\times\boldsymbol{p}$

3. 质点力学中的定理

动量定理 $\boldsymbol{F}\mathrm{d}t=\mathrm{d}\boldsymbol{p}$

$$\int_{t_0}^{t}\boldsymbol{F}\mathrm{d}t=\int_{\boldsymbol{p}_0}^{\boldsymbol{p}}\mathrm{d}\boldsymbol{p}=\boldsymbol{p}-\boldsymbol{p}_0$$

动能定理 $A=\Delta E_{\mathrm{k}}=E_{\mathrm{k2}}-E_{\mathrm{k1}}$

功能原理 $A_{\text{外}}+A_{\text{非保守内力}}=\Delta E$

角动量定理 $\boldsymbol{r}\times\boldsymbol{F}=\dfrac{\mathrm{d}(\boldsymbol{r}\times\boldsymbol{p})}{\mathrm{d}t}=\dfrac{\mathrm{d}\boldsymbol{L}}{\mathrm{d}t}$

4. 质点力学中的基本守恒定律

动量守恒定律：当质点系所受合外力为零时，质点系的动量保持守恒。

机械能守恒定律：当没有外力做功、也没有非保守内力做功时，质点系的机械能保持守恒。

角动量守恒定律：当质点所受合外力矩为零时，质点的角动量保持守恒。

2.7 习　　题

2.1 用绳子系一小球，使它在竖直平面内作圆周运动。当小球达到最高点时，有人认为："此时小球受到三个力作用：重力、绳子的张力和向心力。"还有人认为："因为这三个力都是向下的，而小球并没有下落，可见小球还受到一个方向向上的离心力与这些力平衡。"这些看法是否正确？试说明之。

2.2 用绳子系一物体，使它在竖直平面内作圆周运动。问物体在什么位置上绳子的张力最大？在什么位置上张力最小？

2.3 质量为 m 的小球用长度为 l 的细绳悬挂于天花板之下，如习题 2.3 图所示。当小球被推动后在水平面内作匀速圆周运动，角速度为 ω。求细绳与竖直方向的夹角 φ。

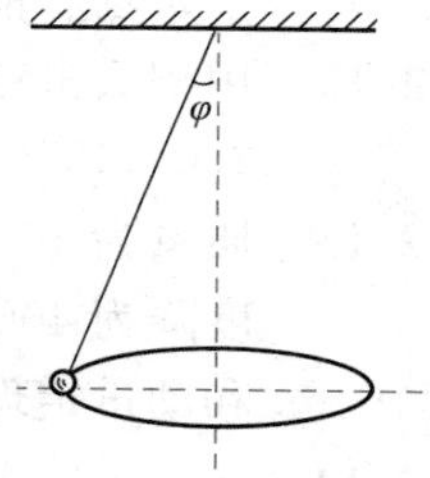

习题 2.3 图

2.4 在光滑的水平桌面上并排放置两个物体 A 和 B，它们互相接触，质量分别为 $m_A=2.0$ kg，$m_B=3.0$ kg。今用 $F=5.0$ N 的水平力按习题 2.4 图所示的方向作用于物体 A，并通过物体 A 作用于物体 B。求：

(1)两物体的加速度；

(2)A 对 B 的作用力；

(3)B 对 A 的作用力。

2.5 有 A 和 B 两个物体，质量分别为 $m_A=100$ kg，$m_B=60$ kg，放置于如习题 2.5 图所示的装置上。如果斜面与物体之间无摩擦，滑轮和绳子的质量都可以忽略，问：

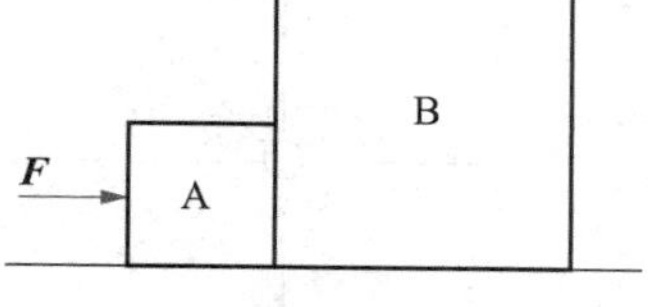

习题 2.4 图

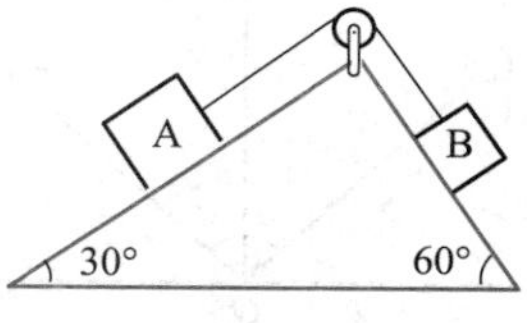

习题 2.5 图

(1)物体如何运动？

(2)物体运动的加速度多大？

(3)绳子的张力为多大？

2.6 在光滑的水平桌面上放着两个用细绳连接的木块 A 和 B，它们的质量分别是 m_A 和 m_B。今以水平恒力 $\boldsymbol{F}$ 作用于木块 B 上，并使它们一起向右运动，如习题 2.6 图所示。求连接体的加速度和绳子的张力。

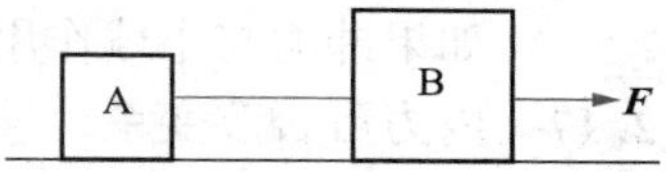

习题 2.6 图

2.7　质量为 m 的物体放于斜面上，当斜面的倾角为 α 时，物体刚好匀速下滑。当斜面的倾角增至 β 时，让物体从高度为 h 处由静止下滑，求物体滑到底部所需要的时间。

2.8　用力 $\boldsymbol{F}$ 去推一个放置在水平地面上质量为 M 的物体，如果力与水平面的夹角为 α，如习题 2.8 图所示，物体与地面的摩擦系数为 μ，试问：

(1)要使物体匀速运动，F 应为多大?

(2)为什么当 α 角过大时，无论 F 多大物体都不能运动?

(3)当物体刚好不能运动时，α 角的临界值为多大?

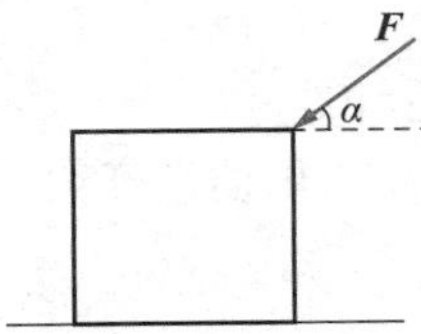

习题 2.8 图

2.9　车厢在地面上作匀加速直线运动，加速度为 5.0 m/s^2。车厢的天花板下用细线悬挂一小球，求小球悬线与竖直方向的夹角。

2.10　汽车以 2.50 m/s 的速率经过公路弯道时，发现汽车天花板下悬挂小球的细线与竖直方向的夹角为 1°。求公路弯道处的半径。

2.11　设地球是半径为 R、质量为 M 的均匀球体，自转角速度为 ω，求重力加速度 g 的数值与纬度 φ 的关系。(提示：先求出质量为 m 的物体处于地面上纬度为 φ 的地方的重量，然后根据重量求出重力加速度与纬度的关系。)

2.12　用榔头击钉子，如果榔头的质量为 500 g，击钉子时的速率为 8.0 m/s，作用时间为 2.0×10^{-3} s，求钉子所受的冲量和榔头对钉子的平均打击力。

2.13　质量为 10 g 的子弹以 500 m/s 的速度沿与板面垂直的方向射向木板，穿过木板，速度降为 400 m/s。如果子弹穿过木板所需时间为 1.00×10^{-5} s，试分别利用动能定理和动量定理求木板对子弹的平均阻力。

2.14　在无风的水面上行驶帆船，如果有人使用船上的鼓风机，对着帆鼓风，船将如何运动? 为什么?

2.15　质量为 m 的小球与桌面相碰撞，碰撞前、后小球的速率都是 v，入射方向和出射方向与桌面法线的夹角都是 α，如习题 2.15 图所示。若小球与桌面作用的时间为 Δt，求小球对桌面的平均冲力。

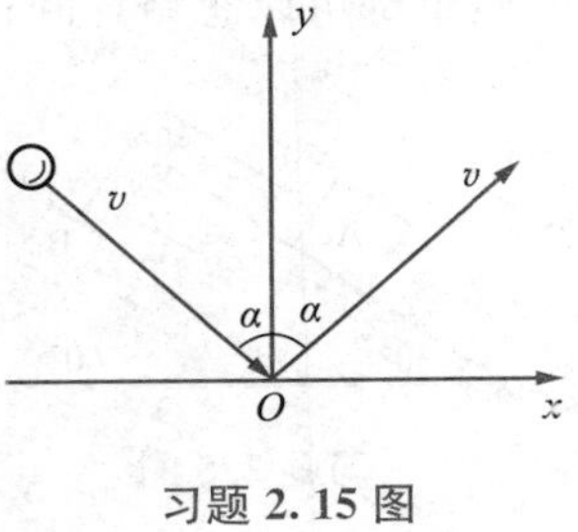

习题 2.15 图

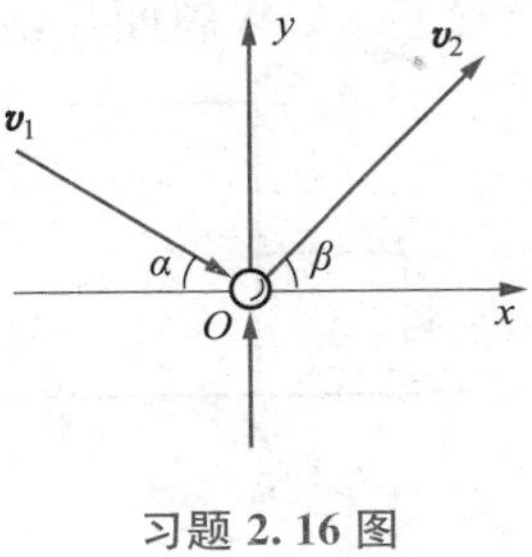

习题 2.16 图

2.16　如习题 2.16 图所示，一个质量为 m 的刚性小球在光滑的水平桌面上以速度 $\boldsymbol{v}_1$ 运动，$\boldsymbol{v}_1$ 与 x 轴的负方向成 α 角。当小球运动到 O 点时，受到一个沿 y 方向的冲力作用，使小球运动速度的大小和方向都发生了变化。已知变化后速度的方向与 x 轴成 β 角。如果冲力与小球作用的时间为 Δt，求小球所受的平均冲力和运动速率。

2.17　内力可否改变系统整体的运动状态而产生加速度? 内力可否改变系统整体的动量?

2.18　求一个半径为 R 的半圆形均匀薄板的质心。

2.19　有一厚度和密度都均匀的扇形薄板，其半径为 R，顶角为 2α，求质心的位置。

2.20 一个水银球竖直地落在水平桌面上，并分成三个质量相等的小水银球。其中两个以 30 cm/s 的速率沿相互垂直的方向运动，如习题 2.20 图中的 1、2 两球。求第三个小水银球的速率和运动方向(即与 1 球运动方向的夹角 α)。

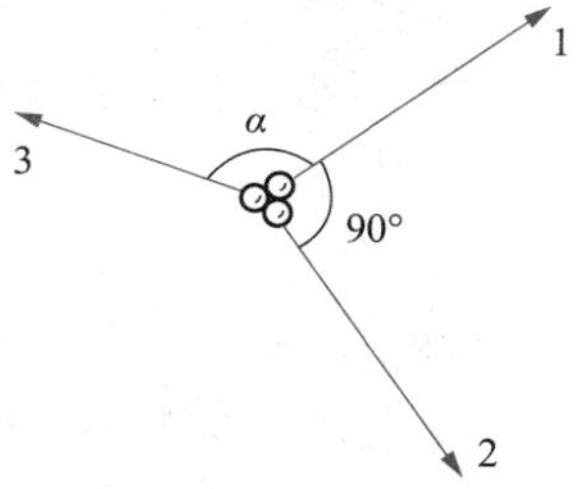

习题 2.20 图

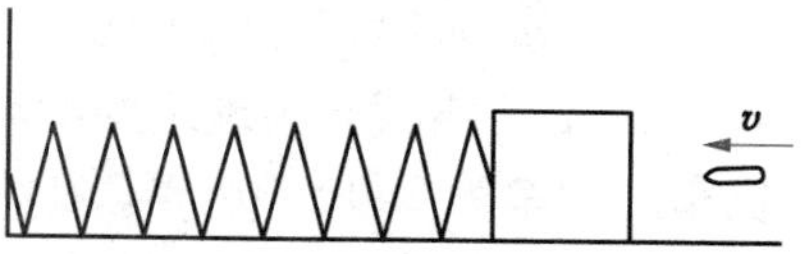

习题 2.21 图

2.21 如习题 2.21 图所示，一个质量为 1.240 kg 的木块与一个处于平衡位置的轻弹簧的一端相接触，它们静止地处于光滑的水平桌面上。一个质量为 10.0 g 的子弹沿水平方向飞行并射进木块，受到子弹撞击的木块将弹簧压缩了 2.0 cm。如果轻弹簧的劲度系数为 2000 N/m，求子弹撞击木块的速率。

2.22 质量为 5.0 g 的子弹以 500 m/s 的速率沿水平方向射入静止放置在水平桌面上的质量为 1 245 g 的木块内。木块受冲击后沿桌面滑动了 510 cm。求木块与桌面之间的摩擦系数。

2.23 一个中子撞击一个静止的碳原子核，如果碰撞是完全弹性正碰，求碰撞后中子动能减少的百分数。已知中子与碳原子核的质量之比为 1∶12。

2.24 质量为 m_1 的中子分别与质量为 m_2 的铅原子核(质量 $m_2=206m_1$)和质量为 m_3 的氢原子核(质量 $m_3=m_1$)发生完全弹性正碰。分别求出中子在碰撞后动能减少的百分数，并说明其物理意义。

2.25 如习题 2.25 图所示，用长度为 l 的细线将一个质量为 m 的小球悬挂于 O 点。手拿小球将细线拉到水平位置，然后释放。当小球摆动到细线竖直的位置时，正好与一个静止放置在水平桌面上的质量为 M 的物体作完全弹性碰撞。求碰撞后小球达到的最高位置所对应的细线张角 α。

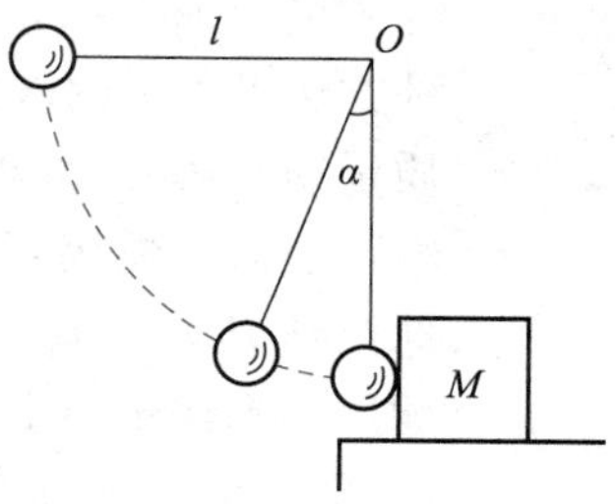

习题 2.25 图

2.26 处于一斜面上的物体，在沿斜面方向的力 $\boldsymbol{F}$ 作用下，向上滑动。已知斜面长为 5.6 m，顶端的高度为 3.2 m，$\boldsymbol{F}$ 的大小为 100 N，物体的质量为 12 kg，物体沿斜面向上滑动的距离为 4.0 m，物体与斜面之间的摩擦系数为 0.24。求物体在滑动过程中，力 $\boldsymbol{F}$、摩擦力、重力和斜面对物体支撑力各做了多少功？这些力的合力做了多少功？将这些力所做功的代数和与这些力的合力所做的功进行比较，可以得到什么结论？

2.27 将物体放到弹簧秤的悬钩上，弹簧就被拉伸。问在弹簧被拉伸的过程中，什么力做正功？什么力做负功？

2.28 物体在一机械手的推动下沿水平地面作匀加速运动，加速度为 0.49 m/s^2。若动力机械的功率有 50%用于克服摩擦力，有 50%用于增加速度，求物体与地面的摩擦系数。

2.29 有一斜面长 5.0 m、顶端高 3.0 m，今有一机械手将一个质量为 1 000 kg 的物体以匀速从斜面底部推到顶部，如果机械手推动物体的方向与斜面成 30°，斜面与物体的摩擦系数为 0.20，求机械手的推力和它对物体所做的功。

2.30 有心力是力的方向指向某固定点(称为力心)、力的大小只决定于受力物体到力心的距离的一种力，万有引力就是一种有心力。现有一物体受到有心力 $\boldsymbol{f}=-\frac{m}{r^{\alpha}}\hat{\boldsymbol{\rho}}$ 的作用(其中 m 和 α 都是大于零的常量)，从 $\boldsymbol{r}_P$ 到达 $\boldsymbol{r}_Q$，求此有心力所做的功，其中 $\boldsymbol{r}_P$ 和 $\boldsymbol{r}_Q$ 是以力心为坐标原点时物体的位置矢量。

2.31 马拉着质量为 100 kg 的雪橇以 2.0 m/s 的匀速率上山，山的坡度为 0.05(即每 100 m 升高 5 m)，雪橇与雪地之间的摩擦系数为 0.10。求马拉雪橇的功率。

2.32 机车的功率为 2.0×10^6 W，在满功率运行的情况下，在 100 s 内将列车由静止加速到 20 m/s。若忽略摩擦力，试求：

(1)列车的质量；

(2)列车的速率与时间的关系；

(3)机车的拉力与时间的关系；

(4)列车所经过的路程。

2.33 质量为 m 的固体球在空气中运动将受到空气对它的黏性阻力 $\boldsymbol{f}$ 的作用，黏性阻力的大小与球相对于空气的运动速率成正比，黏性阻力的方向与球的运动方向相反，即可表示为 $f=-\beta v$，其中 β 是常量。已知球被约束在水平方向上，在空气的黏性阻力作用下作减速运动，初始时刻 t_0，球的速度为 v_0，试求：

(1) t 时刻球的运动速度 v；

(2)在从 t_0 到 t 的时间内，黏性阻力所做的功 A。

2.34 一个质量为 30 g 的子弹以 500 m/s 的速率沿水平方向射入沙袋内，并到达深度为 20 cm处，求沙袋对子弹的平均阻力。

2.35 以 200 N 的水平推力推一个原来静止的小车，使它沿水平路面行驶了 5.0 m。若小车的质量为 100 kg，小车运动时的摩擦系数为 0.10，试用牛顿运动定律和动能定理两种方法求小车的末速。

2.36 质量 $m=100$ g 的小球被系在长度 $l=50.0$ cm 绳子的一端，绳子的另一端固定在点 O，如习题 2.36 图所示。若将小球拉到 P 处，绳子正好呈水平状，然后将小球释放。求小球运动到绳子与水平方向成 $\theta=60°$ 的点 Q 时，小球的速率 v、绳子的张力 T 和小球从 P 到 Q 的过程中重力所做的功 A。

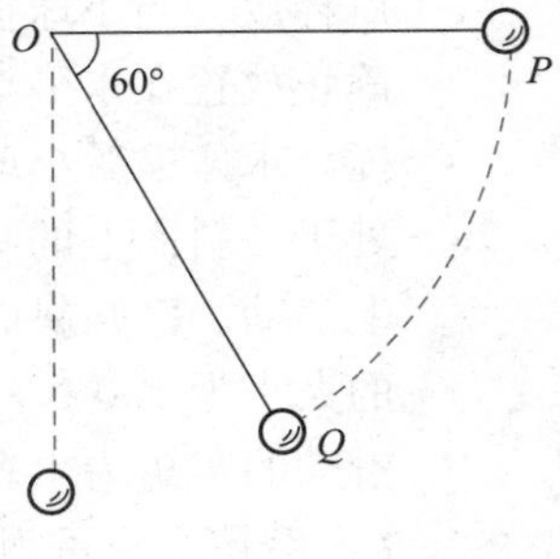

习题 2.36 图

2.37 一辆重量为 19.6×10^3 N 的汽车，由静止开始向山上行驶，山的坡度为 0.20，汽车开出 100 m 后的速率达到 36 km/h，如果摩擦系数为 0.10，求汽车牵引力所做的功。

2.38 质量为 1000 kg 的汽车以 36 km/h 的速率匀速行驶，摩擦系数为 0.10。求在下面三种情况下发动机的功率：

(1)在水平路面上行驶；

(2)沿坡度为 0.20 的路面向上行驶；

(3)沿坡度为 0.20 的路面向下行驶。

2.39 一个物体先沿着与水平方向成 15°角的斜面由静止下滑，然后继续在水平面上滑动。

如果物体在水平面上滑行的距离与在斜面上滑行的距离相等，试求物体与路面之间的摩擦系数。

2.40 有一个劲度系数为 1 200 N/m 的弹簧被外力压缩了 5.6 cm，当外力撤除时将一个质量为 0.42 kg 的物体弹出，使物体沿光滑的曲面上滑，如习题 2.40 图所示。求物体所能到达的最大高度 h。

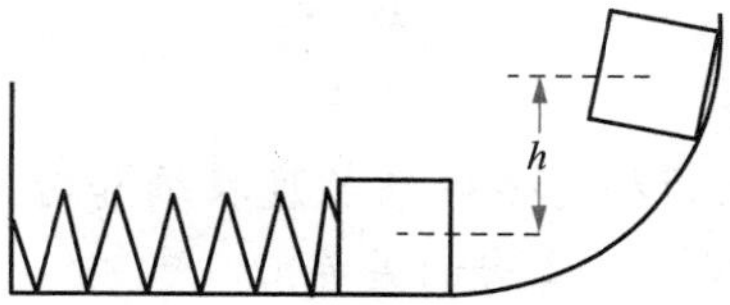

习题 2.40

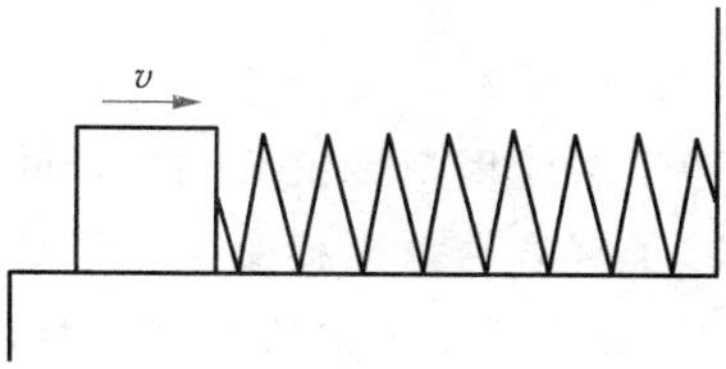

习题 2.41 图

2.41 如习题 2.41 图所示，一个质量为 $m=1.0$ kg 的木块，在水平桌面上以 $v=3.0$ m/s 的速率与一个轻弹簧相碰，并将弹簧从平衡位置压缩了 $x=50$ cm。如果木块与桌面之间的摩擦系数为 $\mu=0.25$，求弹簧的劲度系数 k。

2.42 一个劲度系数为 k 的轻弹簧一端固定，另一端悬挂一个质量为 m 的小球，这时平衡位置在点 A，如习题 2.42 图所示。现用手把小球沿竖直方向拉伸 Δx 并达到点 B 的位置，由静止释放后小球向上运动，试求小球第一次经过点 A 时的速率。

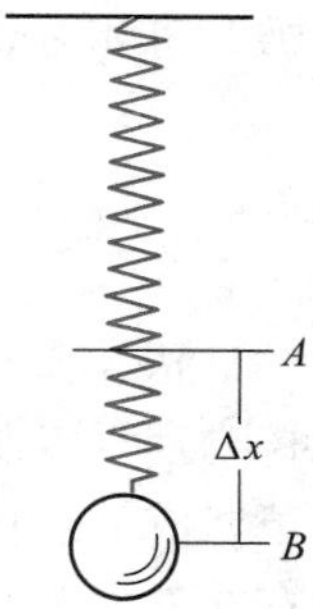

习题 2.42 图

2.43 一个物体从半径为 R 的固定不动的光滑球体的顶点滑下，问物体离开球面时它下落的竖直距离为多大？

第 3 章　狭义相对论

【学习目标】

(1)了解爱因斯坦狭义相对论的两个基本假设。

(2)了解洛伦兹坐标变换。了解狭义相对论中同时性的相对性以及长度收缩和时间膨胀概念。了解牛顿力学中的时空观和狭义相对论中的时空观以及二者的差异。

(3)理解狭义相对论中质量和速度的关系、质量和能量的关系。

【实践活动】　中国古代神话故事里说：天上的一天，地上的一年，它违背相对论理论吗？用相对论理论如何解释呢？

3.1　伽利略相对性原理与伽利略变换

狭义相对论是爱因斯坦于 1905 年创建的。狭义相对论涉及力学、电磁学、原子和原子核物理学以及粒子物理学，乃至整个物理学领域，它导致了物理学发展史上的一次深刻的变革，成为近代物理学的两大支柱之一(另一支柱是量子力学)。同时，狭义相对论在关于物质存在方式及其运动形态、时间和空间、实物和场以及质量和能量等一系列基本问题上，改变了原有观念，使人类对物质世界的认识发生了巨大的飞跃。

本章将从狭义相对论基本原理出发，用简明的方法推导洛伦兹变换，概述狭义相对论的时空性质，给出狭义相对论动力学中的一些主要关系。

3.1.1　伽利略相对性原理

伽利略在 1632 年出版的《关于托勒密和哥白尼两大世界体系的对话》中，对在做匀速直线运动的封闭船舱里所观察到的运动现象，作了如下的生动描述："把你和一些朋友关在一条大船甲板下的主舱里，再让你们带几只苍蝇、蝴蝶和其他小飞虫，舱里放一只大水碗，其中放几条鱼。然后，挂上一个水瓶，让水一滴一滴地滴到下面的宽口罐里。船停着不动时，你留神观察，小飞虫都以等速向舱内各方向飞行，鱼向各个方向随便游动，水滴滴进下面的罐子中，你把任何东西扔给你的朋友时，只要距离相等，向这一方向不必比向另一方向用更多的力，你双脚齐跳，无论向哪个方向跳过的距离都相等。当你仔细地观察这些事情后(虽然当船停止时，事情无疑一定是这样发生的)，再使船以任何速度前进，只要运动是匀速的、也不忽左忽右地摆动，你将发现，所有上述现象丝毫没有变化，你也无法从其中任何一个现象来确定，船是在运动还是停着不动。即使船运动得相当快，在跳跃时，你将和以前一样，在船底板上跳过相同的距离，你跳向船尾也不会比跳向船头来得远，虽然你跳到空中时，脚下的船底板向着你跳的相反方向移动。不论你把什么东西扔给你的同伴时，不论他是在船头还是在船尾，只要你自己站在对面，你也并不需要用更多的力。水滴将像先前一样，滴进下面的罐子，一滴也不会滴向船尾，虽然水滴在空中时，船已行驶了很长一段距离。鱼在水中游向水碗前部所用的力，不比游向水碗后部来得大，它们一样悠闲地游向放在水碗边缘任何地方的食饵。最后，蝴蝶和苍蝇将继续随便地到处飞行，它们也绝不会向船尾集中，并不因为它们可能长时间留在空中，脱离了船的运动，为赶上船的运动显出累的样子。如果点香冒烟，则将看到烟像一朵云一样向上升起，不向任何一边移动。……”在这里，伽利略所描述的情景是发生在相对于地球这个惯性系做匀速直线运动的船舱里的，与地面上的情景没有丝毫差异。于是，下面的结论是显而易见的：

(1)在相对于惯性系做匀速直线运动的参考系中，所总结出的力学规律，都不会由于整个系统的匀速直线运动而有所不同；

(2)既然相对于惯性系做匀速直线运动的参考系与惯性系中的力学规律无差异，我们也就无法区分这两个参考系，或者说相对于惯性系做匀速直线运动的一切参考系都是惯性系。

由以上两点，我们自然会得出下面的结论：对于描述力学规律而言，所有惯性系都是等价的。这个结论便是伽利略相对性原理，也称为力学相对性原理。

考虑到当时物理学的发展水平，伽利略所揭示的物理学原理被称为力学相对性原理。爱因斯坦发展了伽利略相对性原理，提出，对于描述一切物理过程的规律，所有惯性系都是等价的。这便是爱因斯坦相对性原理，是爱因斯坦狭义相对论的两个基本原理之一。我们将在以后进行讨论。

3.1.2　伽利略变换

设有两个惯性系 $S(O-xyz)$ 和 $S'(O'-x'y'z')$，其中 x 轴与 x' 轴相重合，y 轴与 y'、z 轴与 z' 轴分别相平行，并且 S' 系相对于 S 系以速度 v 沿 x 轴做匀速直线运动，如图 3-1 所示。在长度测量的绝对性和同时性测量的绝对性的假定下，即认为时间和空间是相互独立的，绝对不变的，并与物体的运动无关，S 系与 S' 系之间的变换可以表示为

$$\left.\begin{aligned} x' &= x - vt \\ y' &= y \\ z' &= z \\ t' &= t \end{aligned}\right\} \tag{3.1}$$

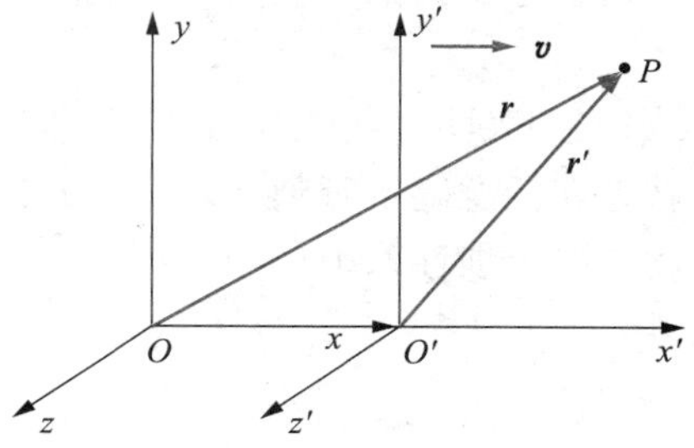

图 3-1　相对运动的两个坐标系

其逆变换为

$$\left.\begin{aligned} x &= x' + vt \\ y &= y' \\ z &= z' \\ t &= t' \end{aligned}\right\} \tag{3.2}$$

式(3.1)和式(3.2)称为伽利略变换。

长度测量的绝对性和同时性测量的绝对性与我们日常的经验是一致的，人们是容易接受的。但是这两种绝对性只有在两个惯性系之间的相对速度 $\boldsymbol{v}$ 的大小远小于真空中的光速 c 的情况下才是正确的。这种情形在以后讨论狭义相对论时我们会清楚地看到。

上面我们所说的，力学规律在“所有惯性系都是等价的”，是指牛顿运动定律及由它所导出的力学中的其他基本规律在所有惯性系中都具有相同的形式，而不是说在不同的惯性系中所观察到的物理现象都相同。下面让我们看一下牛顿第二定律经伽利略变换的情形。

当一质点运动速度远小于光速时，可认为其质量与其运动状况无关，所以在上述两个惯性系中观察这个质点，必定质量相同，即 $m=m'$。在这样两个参考系中观察同一个力，也一定会得到相同的量值，即 $\boldsymbol{F}=\boldsymbol{F}'$。最后看一下这个质点的加速度。若在 S 系中观察到质点的运动速度为 $\boldsymbol{u}$，其分量为

$$u_x=\frac{\mathrm{d}x}{\mathrm{d}t},\quad u_y=\frac{\mathrm{d}y}{\mathrm{d}t},\quad u_z=\frac{\mathrm{d}z}{\mathrm{d}t}$$

在 S' 系中观察到质点的运动速度为 $\boldsymbol{u}'$，其分量为

$$u'_x=\frac{\mathrm{d}x'}{\mathrm{d}t'},\quad u'_y=\frac{\mathrm{d}y'}{\mathrm{d}t'},\quad u'_z=\frac{\mathrm{d}z'}{\mathrm{d}t'}$$

式(3.1)中的前三式对时间求微商，考虑到第四式，则可得到

$$u'_x=u_x-v,\quad u'_y=u_y,\quad u'_z=u_z$$

若写成矢量式，则有

$$\boldsymbol{u}'=\boldsymbol{u}-\boldsymbol{v} \tag{3.3}$$

将式(3.2)对时间求微商，考虑到 v 为恒量，可得加速度

$$\boldsymbol{a}=\boldsymbol{a}' \tag{3.4}$$

式(3.4)表明，在 S 系和 S' 系中观察到同一质点的加速度是相同的。所以，牛顿第二定律在这两个参考系中的形式，分别是 $F=ma$ 和 $F'=m'a'$。可见，数学表达形式是相同的。可以证明，力学中的其他基本规律经伽利略变换后其形式也不变。

3.1.3 经典时空观

在伽利略变换中已经清楚地写着

$$t=t'$$

这表示，在所有惯性系中时间都是相同的，或者说存在着与参考系的运动状态无关的时间，即时间是绝对的。既然时间是同一的，那么在所有惯性系中时间间隔也必定是相同的，即

$$\Delta t=\Delta t' \tag{3.5}$$

式(3.5)表明，在伽利略变换下时间间隔也是绝对的。在伽利略变换中还有一个不变量，这就是在任意确定时刻空间两点的长度对于所有惯性系是不变的。在同一时刻，空间两点的长度在两个惯性系中分别表示为

$$\Delta L=\sqrt{(x_2-x_1)^2+(y_2-y_1)^2+(z_2-z_1)^2}$$

和

$$\Delta L'=\sqrt{(x'_2-x'_1)^2+(y'_2-y'_1)^2+(z'_2-z'_1)^2}$$

由伽利略变换容易证明

$$\Delta L=\Delta L' \tag{3.6}$$

式(3.6)表明，在所有惯性系中，在任意确定时刻空间两点的长度都是相同的，或者空间长度与参考系的运动状态无关，即空间长度是绝对的。

所以，在伽利略变换下时间和空间均与参考系的运动状态无关，时间和空间之间是不相联系的，是绝对的，这正是经典的时空观念。于是可以这样说，伽利略变换是经典时空观念的集中体现。

3.2　爱因斯坦假设与洛伦兹变换

3.2.1　狭义相对论产生的背景和条件

19 世纪后期，随着电磁学的发展，电、磁技术得到了越来越广泛的应用，同时对电磁规律更加深入的探索成了物理学的研究中心，终于导致了麦克斯韦电磁理论的建立。麦克斯韦方程组不仅完整地反映了电磁运动的普遍规律，而且还预言了电磁波的存在，揭示了光的电磁本质。这是继牛顿力学定律之后经典物理学的又一伟大成就。

但是长期以来，物理学界机械论盛行，认为物理学可以用单一的经典力学图像加以描述，其突出表现就是“以太假说”。这个假说认为，以太是传递包括光波在内的所有电磁波的弹性介质，它充满整个宇宙。电磁波是以太介质的机械运动状态，带电粒子的振动会引起以太的形变，而这种形变以弹性波形式的传播就是电磁波。如果波速如此之大且为横波的电磁波真是通过以太传播的话，那么以太必须具有极高的剪切模量，同时宇宙中大大小小的天体在以太中穿行，又不会受到它的任何拖曳力，这样的介质真是不可思议。

从麦克斯韦方程组出发，可以立即得到在自由空间传播的电磁波的波动方程，而且在波动方程中，真空光速 c 是以普适常量的形式出现的。但是从伽利略变换的角度看，速度总是相对于具体的参考系而言的，所以在经典力学的基本方程式中速度是不允许作为普适常量出现的。当时人们普遍认为，既然在电磁波的波动方程中出现了光速 c，这说明麦克斯韦方程组只在相对于以太静止的参考系中成立，在这个参考系中电磁波在真空中沿各个方向的传播速度都等于恒量 c，而在相对于以太运动的惯性系中则一般不等于恒量 c。

于是这样的情况出现了：经典物理学中的经典力学和经典电磁学具有很不相同的性质，前者满足伽利略相对性原理，所有惯性系都是等价的；而后者不满足伽利略相对性原理，并存在一个相对于以太静止的最优参考系。人们把这个最优参考系称为绝对参考系，而把相对于绝对参考系的运动称为绝对运动。地球在以太中穿行，测量地球相对于以太的绝对运动，自然就成了当时人们首先关心的问题。最早进行这种测量的就是著名的迈克尔孙-莫雷实验。

迈克尔孙-莫雷实验的装置是设计精巧的迈克尔孙干涉仪，图 3-2 是这种仪器的示意图。从光源 S 射出的一束单色光，经半透明膜 G 的透射和反射分解为互相垂直的两束光，这两束光各自经历一定长度(l_1 和 l_2)的路径后分别被平面反射镜 M_1 和 M_2 反射回半透明膜 G，再次经反射和透射合成为一束光并到达望远镜 O，在望远镜 O 中可以观察到两束光的干涉条纹。如果两束光的相位差发生变化，望远镜中会观察到干涉条纹的移动。实验时先让一条光路沿地球运动的方向，同时观察干涉条纹，然后缓慢地将干涉仪旋转 90°，使另一条光路沿着地球运动的方向，这时应该观察到干涉条纹的移动，根据“以太假说”计算干涉条纹移动数目的方程为

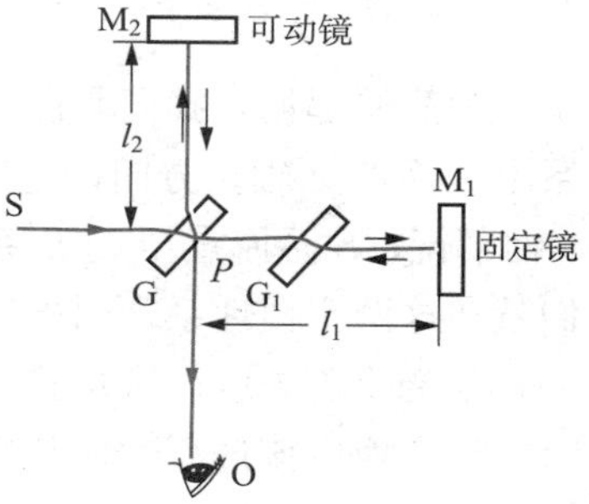

图 3-2　迈克尔孙干涉仪示意图

$$\Delta N=\frac{(l_1+l_2)}{\lambda}\left(\frac{v}{c}\right)^2 \tag{3.7}$$

式(3.7)中 λ 是光的波长，v 是地球相对于以太的运动速度。

1881 年迈克尔孙首先完成了这一实验，没有观察到预期的条纹移动。1887 年迈克尔孙和莫雷改进了实验装置，将两条光路的长度延长到 11 m，预期的条纹移动数目为 0.4，是最小可观测量的 40 倍，但仍未观察到条纹的移动。迈克尔孙-莫雷实验的否定结果似乎在告诉笃信以太的人们，地球相对于以太的运动并不存在，作为绝对参考系的以太并不存在。

3.2.2 爱因斯坦假设

爱因斯坦(A. Einstein，1879－1955)认为，应该与机械论彻底决裂，应该完全抛弃以太假说，电磁场是独立的实体，是物质存在的一种基本形态。电磁现象与力学现象一样，不应该存在某个特殊的最优参考系。相对性原理应该具有普遍意义，不仅经典力学规律，而且经典电磁学规律和其他物理学规律，在所有惯性系中都应该保持不变的数学形式。这样一来，就必须寻找或建立各惯性系之间的新的变换关系，以代替伽利略变换。前面我们曾说，伽利略变换是经典时空观念的集中体现，建立新的变换关系就意味着建立一种新的时空观念，这就是下面要讨论的狭义相对论时空观。

如前所述，在经典电磁学理论，即麦克斯韦方程组中，存在一个普适常量，这就是真空中的光速 c。只要认为经典电磁学理论满足一种新的相对性原理，那么在这种新的变换关系下麦克斯韦方程组应该保持不变的数学形式，也就是说在所有惯性系中，电磁波都以光速 c 传播。这就必须承认光速的不变性。

爱因斯坦将以上论述概括为狭义相对论的两条基本原理：

(1)相对性原理：基本物理定律在所有惯性系中都保持相同形式的数学表达式，因此一切惯性系都是等价的；

(2)光速不变原理：在一切惯性系中，光在真空中的传播速率都等于 c，与光源的运动状态无关。

作为整个狭义相对论基础的这两条原理，最初是以假设提出的，而现在已为大量现代实验所证实。

3.2.3 洛伦兹变换

为简便起见，我们假设 S 系和 S' 系是两个相对做匀速直线运动的惯性坐标系，规定 S' 系沿 S 系的 x 轴正方向以速度 v 相对于 S 系做匀速直线运动，x'、y' 和 z' 轴分别与 x、y 和 z 轴平行，S 系原点 O 与 S' 系原点 O' 重合时两惯性坐标系在原点处的时钟都指示零点。我们就在这两个惯性系之间推导新的变换关系。

新变换首先应该满足狭义相对论的两条基本原理。另外，当运动速度远小于真空光速时，新变换应该过渡到伽利略变换，因为在这种情况下伽利略变换被实践检验是正确的。最后，新变换应该是线性的，因为只有这样才能保证当物体在一个参考系中做匀速直线运动时，在另一个参考系中也观察到它做匀速直线运动。根据这些要求，我们作最简单的假设

$$x'=k(x-vt) \tag{3.8}$$

其中，k 是比例系数，与 x 和 t 都无关。按照狭义相对论的第一条基本原理，S 系和 S' 系除了做相对运动外别无差异，考虑到运动的相对性，相应地，应有

$$x=k(x'+vt') \tag{3.9}$$

另外两个坐标的变换容易写出

$$y'=y \tag{3.10}$$

$$z'=z \tag{3.11}$$

为得到时间坐标的变换，将式(3.8)代入式(3.9)，得

$$x=k^2(x-vt)+kvt'$$

从中解出 t'，得

$$t'=kt+\frac{1-k^2}{kv}\cdot x \tag{3.12}$$

确定 k 需要用到狭义相对论的第二条基本原理。根据我们规定的初始条件，当两个惯性坐标系的原点重合时，有 $t=t'=0$。如果就在这时，在共同的原点处有一点光源发出一光脉冲，在 S 系和 S' 系都观察到光脉冲以速率 c 向各个方向传播。所以在 S 系有

$$x=ct \tag{3.13}$$

在 S' 系有

$$x'=ct' \tag{3.14}$$

将式(3.13)和式(3.14)代入式(3.8)和式(3.9)，得

$$ct'=k(c-v)t$$

和

$$ct=k(c+v)t'$$

由以上两式消去 t 和 t' 后，可解得

$$k=\frac{1}{\sqrt{1-v^2/c^2}} \tag{3.15}$$

将 k 代入式(3.8)和式(3.12)，就得到新变换的最终形式

$$\left.\begin{aligned} x'&=\frac{x-vt}{\sqrt{1-v^2/c^2}} \\ y'&=y \\ z'&=z \\ t'&=\frac{t-vx/c^2}{\sqrt{1-v^2/c^2}} \end{aligned}\right\} \tag{3.16}$$

这种新的变换称为洛伦兹变换。显然，在 $v\ll c$ 的情况下，洛伦兹变换就过渡到伽利略变换。

在式(3.16)中将带撇的量与不带撇的量互换，并将 v 换成 $-v$，就得到洛伦兹变换的逆变换

$$\left.\begin{aligned} x&=\frac{x'+vt'}{\sqrt{1-v^2/c^2}} \\ y&=y' \\ z&=z' \\ t&=\frac{t'+vx'/c^2}{\sqrt{1-v^2/c^2}} \end{aligned}\right\} \tag{3.17}$$

从洛伦兹变换中可以看到，x' 和 t' 都必须是实数，所以速率 v 必须满足

$$1-\frac{v^2}{c^2}\geqslant 0 \quad 或者 \quad v\leqslant c \tag{3.18}$$

于是我们得到了一个十分重要的结论，这就是一切物体的运动速度都不能超过真空中的光速 c，或者说真空中的光速 c 是物体运动的极限速度。

3.3 狭义相对论时空观

3.3.1 同时性的相对性

在狭义相对论中，不存在同一的时间，时间和时间间隔都与观察者的运动状态相联系。让我们看一下发生在两个惯性系中的两个事件的时间间隔，假设这两个惯性系仍然是上节所取的 S 系和 S' 系。如果在 S 系的两个不同地点同时分别发出一光脉冲信号 A 和 B，它们的时空坐标分别为 $A(x_1, y_1, z_1, t_1)$ 和 $B(x_2, y_2, z_2, t_2)$，因为是同时发出的，所以其中 $t_1=t_2$。为了确保这两个光脉冲是同时发出的，可以在这两个地点连线的中点 M 处安放一光脉冲接收装置，若该接收装置同时接收到光脉冲信号，就表示这两个信号是同时发出的。而在 S' 系观察，这两个光脉冲信号发出的时间分别是

$$t_1'=\frac{t_1-vx_1/c^2}{\sqrt{1-v^2/c^2}} \quad 和 \quad t_2'=\frac{t_2-vx_2/c^2}{\sqrt{1-v^2/c^2}}$$

考虑到 $t_1=t_2$，其时间间隔为

$$\Delta t'=t_2'-t_1'=\frac{v(x_1-x_2)/c^2}{\sqrt{1-v^2/c^2}}\neq 0 \tag{3.19}$$

上式表示，在 S 系中两个不同地点同时发生的事件，在 S' 系看来不是同时发生的，这就是同时性的相对性。因为运动是相对的，所以这种效应是互逆的，即在 S' 系两个不同地点同时发生的事件，在 S 系看来也不是同时发生的。由式(3.19)还可以看到，当 $x_1=x_2$ 时，即两个事件发生在同一地点，则同时发生的事件在不同的惯性系看来才是同时的。从这里也可以得到，在狭义相对论中，时间与空间是互相联系的。

3.3.2 动钟变慢效应

从上面的讨论中我们已经看到，在相对于事件发生地静止的参考系(即 S 系)中，两个事件的时间间隔为零(即同时)，而在相对于事件发生地做匀速直线运动的另一个参考系(即 S' 系)中观测，时间间隔却大于零，这不就是时间膨胀或时间延缓了吗？不过那里所说的事件是发生在不同地点的，那么发生在同一地点的事件的情形又将怎样呢？

如果在 S' 系的同一地点 x_0' 处先后发生了两个事件，事件发生的时间是 t_1' 和 t_2'，时间间隔为 $\Delta t'=t_2'-t_1'$(称为固有时间或固有寿命)。而在 S 系中，这两个事件的时空坐标分别为 (x_1, y_1, z_1, t_1) 和 (x_2, y_2, z_2, t_2)，时间间隔为 $\Delta t=t_2-t_1$。利用洛伦兹逆变换式(3.17)，可以得到

$$\Delta t=t_2-t_1=\frac{t_2'+vx_0'/c^2}{\sqrt{1-v^2/c^2}}-\frac{t_1'+vx_0'/c^2}{\sqrt{1-v^2/c^2}}=\frac{\Delta t'}{\sqrt{1-v^2/c^2}}>\Delta t' \tag{3.20}$$

上式表示，如果在 S' 系中同一地点相继发生的两个事件的时间间隔是 $\Delta t'$，那么在 S 系中测得同样两个事件的时间间隔 Δt 总要比 $\Delta t'$ 长，或者说相对于 S' 系运动的时钟变慢了，这就是狭义相对论的动钟变慢(时间延缓)效应。由于运动是相对的，所以时钟变慢效应是互逆

的，即如果在 S 系中同一地点相继发生的两个事件的时间间隔为 Δt，那么在 S'系测得的 $\Delta t'$ 总比 Δt 长。

3.3.3 长度收缩效应

在 S'系沿 x'轴放置一长杆，其两端的坐标分别为 x_1' 和 x_2'，它的静止长度为 $\Delta L'=\Delta L_0=x_2'-x_1'$，静止长度也称为固有长度。当在 S 系中测量同一杆的长度时，则必须同时测出杆两端的坐标 x_1 和 x_2，才能得到杆长的正确值 $\Delta L=x_2-x_1$。根据洛伦兹变换，应有

$$x_1'=\frac{x_1-vt_1}{\sqrt{1-v^2/c^2}}$$

和

$$x_2'=\frac{x_2-vt_2}{\sqrt{1-v^2/c^2}}$$

考虑到在 S 系测量运动杆两端的坐标必须同时满足这一要求，即 $t_1=t_2$，杆的静止长度可以表示为

$$\Delta L_0=x_2'-x_1'=\frac{x_2-x_1}{\sqrt{1-v^2/c^2}}=\frac{\Delta L}{\sqrt{1-v^2/c^2}}$$

即

$$\Delta L=\Delta L_0\sqrt{1-v^2/c^2} \tag{3.21}$$

上式表示，在 S 系观测到运动着的杆的长度比它的静止长度缩短了，这就是狭义相对论的长度收缩效应。由于运动的相对性，长度收缩效应也是互逆的，放置在 S 系的杆，在 S'系观测同样会得到收缩的结论。

例 3.1 在用乳胶片研究宇宙射线时，发现了一种被称为 $\pi^{\pm}$ 介子的不稳定粒子，质量约为电子质量的 273.27 倍，固有寿命为 2.603×10^{-8} s。如果 $\pi^{\pm}$ 介子产生后立即以 $0.9200c$ 的速度做匀速直线运动，问它能否在衰变前通过 17 m 路程？

解 设实验室参考系为 S 系，随同 $\pi^{\pm}$ 介子一起运动的惯性系为 S'系，根据题意，S'系相对于 S 系的运动速度为 $0.920\ 0c$，即 $v=0.920\ 0c$。$\pi^{\pm}$ 介子在 S'系的固有寿命为 2.603×10^{-8}s，而从实验室参考系(即 S 系)观测 $\pi^{\pm}$ 介子的寿命为

$$\tau=\frac{\tau_0}{\sqrt{1-v^2/c^2}}=\frac{2.603\times10^{-8}}{\sqrt{1-(0.920\ 0)}}$$
$$=2.603\times10^{-8}\times2.552=6.642\times10^{-8}\,(\text{s})$$

在衰变前可以通过的路程为

$$s=v\tau=0.920\ 0c\times6.642\times10^{-8}=18.32\ (\text{m})>17\ (\text{m})$$

因此，$\pi^{\pm}$ 介子在衰变前可以通过 17 米的路程。

还可以从长度收缩效应来讨论这个问题。在 $\pi^{\pm}$ 介子参考系(S'系)观测，粒子不动，而实验室相对于它以 $0.920\ 0c$ 的速度运动，在 $\pi^{\pm}$ 介子的固有寿命期间实验室运动的距离为

$$L'=v\tau_0=0.920\ 0c\times2.603\times10^{-8}=7.179\ (\text{m})$$

但从 $\pi^{\pm}$ 介子观测，实验室空间的路程是要收缩的，也就是从 $\pi^{\pm}$ 介子参考系(S'系)观测，空间路程 L_0(=17 m)要收缩为

$$l=l_0\sqrt{1-v^2/c^2}=17.00\times0.391\ 9=6.663\ (\text{m})$$

实验室运动的距离 $L'(=7.179\ \text{m})$大于 6.663 m，所以 $\pi^{\pm}$ 介子在衰变前可以通过 17 m 的路程，与上面的结论一致。

从以上讨论可以看到，相对论时间延缓总是与长度收缩紧密联系在一起的，所有验证相对论时间延缓效应的近代物理实验，都同样验证了相对论长度收缩效应。

3.3.4 速度变换法则

现在我们要讨论的是同一个运动质点在 S 系和 S' 系中速度之间的变换关系。设质点在这两个惯性系中的速度分量分别为

在 S 系中

$$u_x=\frac{\mathrm{d}x}{\mathrm{d}t},\ u_y=\frac{\mathrm{d}y}{\mathrm{d}t},\ u_z=\frac{\mathrm{d}z}{\mathrm{d}t} \tag{3.22}$$

在 S' 系中

$$u'_x=\frac{\mathrm{d}x'}{\mathrm{d}t'},\ u'_y=\frac{\mathrm{d}y'}{\mathrm{d}t'},\ u'_z=\frac{\mathrm{d}z'}{\mathrm{d}t'} \tag{3.23}$$

为了求得上列各分量之间的变换关系，我们对洛伦兹变换式(3.16)中各式求微分，得

$$\left.\begin{aligned}\mathrm{d}x'&=\frac{\mathrm{d}x-v\mathrm{d}t}{\sqrt{1-v^2/c^2}}\\ \mathrm{d}y'&=\mathrm{d}y\\ \mathrm{d}z'&=\mathrm{d}z\\ \mathrm{d}t'&=\frac{\mathrm{d}t-v\mathrm{d}x/c^2}{\sqrt{1-v^2/c^2}}\end{aligned}\right\} \tag{3.24}$$

由上式中的第一式除以第四式、第二式除以第四式以及第三式除以第四式，可以得到从 S 系到 S' 系的速度变换公式

$$\left.\begin{aligned}u'_x&=\frac{u_x-v}{1-vu_x/c^2}\\ u'_y&=\frac{u_y\sqrt{1-v^2/c^2}}{1-vu_x/c^2}\\ u'_z&=\frac{u_z\sqrt{1-v^2/c^2}}{1-vu_x/c^2}\end{aligned}\right\} \tag{3.25}$$

在式(3.25)中将带撇的量与不带撇的量互换，并将 v 换成 $-v$，就得到速度变换公式的逆变换

$$\left.\begin{aligned}u_x&=\frac{u'_x+v}{1+vu'_x/c^2}\\ u_y&=\frac{u'_y\sqrt{1-v^2/c^2}}{1+vu'_x/c^2}\\ u_z&=\frac{u'_z\sqrt{1-v^2/c^2}}{1+vu'_x/c^2}\end{aligned}\right\} \tag{3.26}$$

在上述速度变换法则中，有两点值得注意，一点是尽管 $y'=y$，$z'=z$，但 $u'_y\neq u_y$，$u'_z\neq u_z$。另一点是变换保证了光速的不变性，这可以从下面的例题中看到。

例 3.2　π^0介子在高速运动中衰变，衰变时辐射出光子。如果 π^0介子的运动速度为 $0.999\,75c$，求它向运动的正前方辐射的光子的速度。

解　设实验室参考系为 S 系，随同 π^0介子一起运动的惯性系为 S'系，取 π^0和光子运动的方向为 x 轴，由题意，$v=0.999\,75\,c$，$u'_x=c$。根据相对论速度逆变换公式

$$u_x=\frac{u'_x+v}{1+vu'_x/c^2}=\frac{c+v}{c+v}c=c$$

可见光子的速度仍然为 c，这已为实验所证实。若按照伽利略变换，光子相对于实验室参考系的速度是 $1.999\,75c$，这显然是错误的。

3.4　狭义相对论动力学基础

狭义相对论采用了洛伦兹变换后，建立了新的时空观，同时也带来了新的问题，这就是经典力学不满足洛伦兹变换，自然也就不满足新变换下的相对性原理。爱因斯坦认为，应该对经典力学进行改造或修正，以使它满足洛伦兹变换和洛伦兹变换下的相对性原理。经这种改造的力学就是相对论力学。

3.4.1　质速关系

在经典力学中，根据动能定理，做功将会使质点的动能增加，质点的运动速率将增大，速率增大到多么大，原则上是没有上限的。而实验证明这是错误的。例如，在真空管的两个电极之间施加电压，用以对其中的电子加速。实验发现，当电子速率越高时加速就越困难，并且无论施加多大的电压都不能达到光速。这一事实意味着物体的质量不是绝对不变量，可能是速率的函数，随速率的增加而增大。下面就让我们来探求质量与速率的这种函数关系。

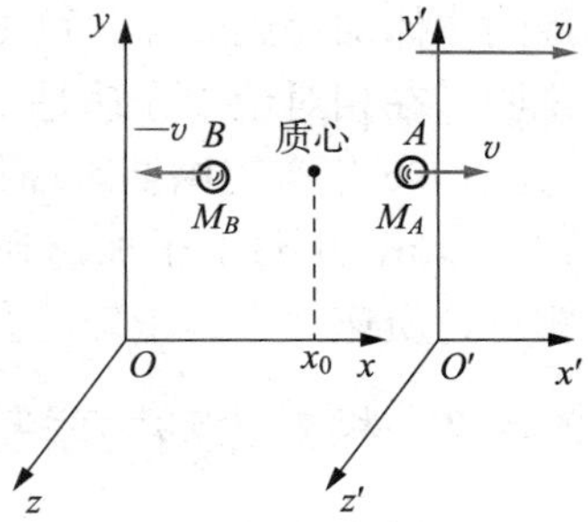

图 3-3　粒子的分裂

取两个惯性系 S 系和 S'系，与以上各节中的规定相同。现在 S 系中有一静止在 $x=x_0$ 处的粒子，由于内力的作用而分裂为质量相等的两部分(A 和 B)，即 $M_A=M_B$，并且，分裂后 M_A 以速度 v 沿 x 轴正方向运动，而 M_B 以速度 v 沿 x 轴负方向运动，如图 3-3 所示。由于 S'系也相对于S 系以速度 v 沿 x 轴正方向，所以，在 S'系看 M_A 是静止不动的，即 $v'_A=0$。而 M_B 相对于 S'系的运动速度v'_B可以由洛伦兹速度变换公式求出，得

$$v'_B=\frac{-v-v}{1-(-v)v/c^2}=\frac{-2v}{1+v^2/c^2} \tag{3.27}$$

从 S 系看，粒子分裂后其质心仍在 x_0 处不动，但从 S'系看，质心是以速度 v 沿 x 轴负方向运动。也可以根据质心的定义求质心相对于 S'系运动速度

$$v'_0=-v=\frac{M_A v'_A+M_B v'_B}{M_A+M_B}=\frac{M_B}{M_A+M_B}v'_B$$

在上式中考虑了 $v'_A=0$。从上式可以解得

$$\frac{M_B}{M_A}=\frac{v'_0}{v'_B-v'_0}=\frac{-v}{v'_B+v} \tag{3.28}$$

由式(3.27)解出 v，得

$$v=-\frac{c^2}{v'_B}\left[1-\sqrt{1-(v'_B/c)^2}\right]$$

将上式代入式(3.28)，得

$$\frac{M_B}{M_A}=\frac{1}{\sqrt{1-(v'_B/c)^2}}$$

或者

$$M_B=\frac{M_A}{\sqrt{1-(v'_B/c)^2}} \tag{3.29}$$

由上式可以看到，在 S 系观测，粒子分裂后的两部分以相同速率运动，质量相等，但从 S' 系观测，由于它们运动速率不同，质量也不相等。M_A 静止，可看作静质量，用 m_0 表示；M_B 以速率 v'_B 运动，可视为运动质量，称为相对论性质量，用 m 表示。去掉 v'_B 的上下标，于是就得到运动物体的质量与它的静质量的一般关系

$$m=\frac{m_0}{\sqrt{1-v^2/c^2}}. \tag{3.30}$$

这个重要结论就是相对论质速关系，这个关系改变了人们在经典力学中认为质量是不变量的观念。

静质量 m_0 可以看作为物体静止时测到的相对论性质量，它在洛伦兹变换下是不变的。相对论性质量 m 是运动速率的函数，在不同惯性系中有不同的值，是在相对论中物体惯性的量度，简称质量。从式(3.30)可以看出，当物体的运动速率无限接近光速时，其相对论性质量将无限增大，其惯性也将无限增大。所以，施以任何有限大的力都不可能将静质量不为零的物体加速到光速。可见，用任何动力学手段都无法获得超光速运动。这就从另一个角度说明了在相对论中光速是物体运动的极限速度。

1966 年在美国斯坦福投入运行的电子直线加速器，全长 3×10^3 m，加速电势差为 7×10^6 V/m，可将电子加速到 0.999 999 999 7c，接近光速，但不能超过光速。有力地证明了相对论质速关系的正确性。

3.4.2 相对论动力学基本方程

根据质速关系，相对论动量应定义为

$$\boldsymbol{p}=m\boldsymbol{v}=\frac{m_0\boldsymbol{v}}{\sqrt{1-v^2/c^2}} \tag{3.31}$$

由上面的定义可见，在相对论中动量 $\boldsymbol{p}$ 并不正比于速度$\boldsymbol{v}$，而正比于$\dfrac{\boldsymbol{v}}{\sqrt{1-v^2/c^2}}$。可以证明，动量的这种形式使动量守恒定律在洛伦兹变换下保持数学形式不变。同时，在物体运动速率远小于光速的情况下，动量将过渡到经典力学中的形式。

在经典力学中，质点动量的时间变化率等于作用于质点的合力。在相对论中这一关系仍然成立，不过应将动量写为式(3.31)的形式，于是就有

$$\boldsymbol{F}=\frac{\mathrm{d}\boldsymbol{p}}{\mathrm{d}t}=\frac{\mathrm{d}}{\mathrm{d}t}\left(\frac{m_0\boldsymbol{v}}{\sqrt{1-v^2/c^2}}\right) \tag{3.32}$$

这就是相对论动力学基本方程。显然，当质点的运动速率 $v\ll c$ 时，上式将回到牛顿第二定

律。可以说，牛顿第二定律是物体在低速运动情况下对相对论动力学方程的近似。

3.4.3　质能关系

根据相对论动力学基本方程可以得到

$$\boldsymbol{F}=m\frac{\mathrm{d}\boldsymbol{v}}{\mathrm{d}t}+\boldsymbol{v}\frac{\mathrm{d}m}{\mathrm{d}t} \tag{3.33}$$

为简便起见，设质点沿 x 轴做直线运动，在上式中的力和速度都可以表示为标量。在经典力学中，质点动能的增量等于合力做的功，我们将这一规律应用于相对论力学中，考虑到式(3.33)，于是有

$$E_{\mathrm{k}}=\int F\mathrm{d}x=\int\left(m\frac{\mathrm{d}v}{\mathrm{d}t}+v\frac{\mathrm{d}m}{\mathrm{d}t}\right)\mathrm{d}x=\int(mv\mathrm{d}v+v^2\mathrm{d}m) \tag{3.34}$$

对质速关系式(3.30)求微分，得

$$\mathrm{d}m=\frac{m_0v\mathrm{d}v}{c^2(1-v^2/c^2)^{3/2}}$$

将上式代入式(3.31)，得

$$\begin{aligned}E_{\mathrm{k}}&=\int\left[\frac{m_0v\mathrm{d}v}{(1-v^2/c^2)^{1/2}}+\frac{m_0v^3\mathrm{d}v}{c^2(1-v^2/c^2)^{3/2}}\right]=\int\frac{c^2m_0v\mathrm{d}v}{c^2(1-v^2/c^2)^{3/2}}\\&=\int c^2\mathrm{d}m=mc^2+C=\frac{m_0c^2}{\sqrt{1-v^2/c^2}}+C\end{aligned} \tag{3.35}$$

式中，C 是积分常量，当 $v=0$ 时，质点的动能 $E_{\mathrm{k}}=0$，即可求得 $C=-m_0c^2$，代入式(3.35)，得

$$E_{\mathrm{k}}=mc^2-m_0c^2=m_0c^2\left(\frac{1}{\sqrt{1-v^2/c^2}}-1\right) \tag{3.36}$$

这就是相对论中质点动能的表示式。

显然，当 $v\ll c$ 时，可将 $(1-v^2/c^2)^{-1/2}$ 作泰勒展开，得

$$\left(1-\frac{v^2}{c^2}\right)^{-1/2}=1+\frac{1}{2}\frac{v^2}{c^2}+\frac{3}{8}\frac{v^4}{c^4}+\cdots$$

取上式的前两项，代入式(3.36)，得

$$E_{\mathrm{k}}=m_0c^2\left(1+\frac{v^2}{2c^2}-1\right)=\frac{1}{2}m_0v^2$$

这正是经典力学中动能的表达式。

可以将式(3.36)改写为

$$mc^2=E_{\mathrm{k}}+m_0c^2 \tag{3.37}$$

爱因斯坦认为上式中的 m_0c^2 是物体静止时的能量，称为物体的静能，而 mc^2 是物体的总能量，它等于静能与动能之和。物体的总能量若用 E 表示，可写为

$$E=mc^2=\frac{m_0c^2}{\sqrt{1-v^2/c^2}} \tag{3.38}$$

这就是著名的相对论质能关系。

在相对论建立以前，人们是将质量守恒定律与能量守恒定律看作是两个互相独立的定律。质能关系把它们统一起来了，认为质量的变化必定伴随着能量的变化，而能量的变化同

样伴随着质量的变化，质量守恒定律和能量守恒定律就是一个不可分割的定律了。

关于静能，在上面的讨论中是作为一个积分常量引入的，实际上它代表了物体静止时内部一切能量的总和。在粒子的碰撞、不稳定粒子的衰变以及粒子的湮灭或产生等各种高能物理过程中，都证明静能的存在。例如，静质量为 m_π 的中性 π^0 介子被原子核吸收后，原子核的能量将从能级 E_1 跃迁到能级 E_2。实验表明，这两个能级的能量差 $\Delta E=E_2-E_1$ 是一定的，并正好等于 π^0 介子静能 $m_\pi c^2$。

无论在重核裂变反应还是在轻核聚变反应中，总伴随巨大能量的释放。实验表明，在这些反应前粒子系统的总质量一定大于反应后粒子系统的总质量，质量的减少量 Δm_0 称为质量亏损，反应中释放的能量 ΔE 满足下面的关系

$$\Delta E=\Delta m_0 c^2$$

这正是爱因斯坦的质能关系。在上述过程中，减少的静能以动能的形式释放出来了。

3.4.4 能量-动量关系

由动量的表示式(3.31)解出 v^2 来，得

$$v^2=\frac{c^2 p^2}{p^2+m_0^2 c^2}$$

将上式代入质能关系式(3.38)，经整理可以得到

$$E^2=p^2 c^2+m_0^2 c^4 \tag{3.39}$$

这就是相对论能量-动量关系。

对于静止质量为零的粒子，如光子，能量-动量关系变为下面的形式

$$E=pc \tag{3.40}$$

或者进一步化为

$$p=\frac{E}{c}=\frac{mc^2}{c}=mc \tag{3.41}$$

将式(3.41)与动量表示式 $p=mv$ 相比较，立即可以得到一个重要结论，即静止质量为零的粒子总是以光速 c 运动。

例 3.3 孤立核子组成原子核时所放出的能量，就是该原子核的结合能。已知质子和中子的静质量分别为 $m_p=1.672\ 62\times10^{-27}\,\text{kg}$ 和 $m_n=1.674\ 93\times10^{-27}\,\text{kg}$，由它们组成的氘核的静质量为 $m_D=3.343\ 59\times10^{-27}\,\text{kg}$，求氘核的结合能。

解 先求出质子和中子结合为氘核的过程中的质量亏损，为

$$\begin{aligned}\Delta m=m_p+m_n-m_D&=(1.672\ 62+1.674\ 93-3.343\ 59)\times10^{-27}\\&=3.96\times10^{-30}\,(\text{kg})\end{aligned}$$

质量亏损所对应的静能为

$$\Delta E=\Delta mc^2=3.96\times10^{-30}\times(2.998\times10^8)^2=3.56\times10^{-13}=2.22\ (\text{MeV})$$

这部分能量主要以光辐射的形式释放出来。相反的过程，即要将氘核分解为孤立的质子和中子的过程，外界必须施以同样大的能量才能实现。所以，在这里与质量亏损 Δm 所对应的能量 ΔE 就是氘核的结合能。

3.5 小　　结

1. 爱因斯坦假设：相对性原理　光速不变原理

2. 洛伦兹变换：

$$\left.\begin{aligned} x' &= \frac{x-vt}{\sqrt{1-v^2/c^2}} \\ y' &= y \\ z' &= z \\ t' &= \frac{t-vx/c^2}{\sqrt{1-v^2/c^2}} \end{aligned}\right\} \qquad \left.\begin{aligned} x &= \frac{x'+vt'}{\sqrt{1-v^2/c^2}} \\ y &= y' \\ z &= z' \\ t &= \frac{t'+vx'/c^2}{\sqrt{1-v^2/c^2}} \end{aligned}\right\}$$

3. 狭义相对论时空观：

(1)同时性的相对性

(2)动钟变慢效应　$\tau=\dfrac{\tau_0}{\sqrt{1-v^2/c^2}}$

(3)长度收缩效应　$\Delta L=\Delta L_0\sqrt{1-v^2/c^2}$

4. 相对论动力学：

(1)质速关系　$m=\dfrac{m_0}{\sqrt{1-v^2/c^2}}$

(2)动能表达式　$E_k=mc^2-m_0c^2=m_0c^2\left(\dfrac{1}{\sqrt{1-v^2/c^2}}-1\right)$

(3)质能关系　$E=mc^2=\dfrac{m_0c^2}{\sqrt{1-v^2/c^2}}$

(4)能量-动量关系　$E^2=p^2c^2+m_0^2c^4$

3.6 习　　题

3.1 迈克尔孙-莫雷实验的结果说明了什么？

3.2 狭义相对论的基本原理是什么？

3.3 已知 S' 系相对于 S 系以 $-0.80c$ 的速度沿公共轴 x、x' 运动，以两坐标原点相重合时为计时零点。现在 S' 系中有一闪光装置，位于 $x'=10.0$ km，$y'=2.5$ km，$z'=1.6$ km 处，在 $t'=4.5\times10^{-5}$ s 时发出闪光。求此闪光在 S 系的时空坐标。

3.4 已知 S' 系相对于 S 系以 $0.60c$ 的速率沿公共轴 x、x' 运动，以两坐标原点相重合时为计时零点。S 系中的观察者测得光信号 A 的时空坐标为 $x=56$ m，$t=2.1\times10^{-7}$ s，S' 系的观察者测得光信号 B 的时空坐标为 $x'=31$ m，$t'=2.0\times10^{-7}$ s。试计算这两个光信号分别由观察者 S、S' 测出的时间间隔和空间间隔。

3.5 以 $0.80\,c$ 的速率相对于地球飞行的火箭，向正前方发射一束光子，试分别按照经典理论和狭义相对论计算光子相对于地球的运动速率。

3.6 航天飞机以 $0.60\,c$ 的速率相对于地球飞行，驾驶员忽然从仪器中发现一火箭正从后方射来，并从仪器中测得火箭接近自己的速率为 0.50 c。试求：

(1)火箭相对于地球的速率；

(2)航天飞机相对于火箭的速率。

3.7 在以 0.50 c 相对于地球飞行的宇宙飞船上进行某实验，实验时仪器向飞船的正前方发射电子束，同时又向飞船的正后方发射光子束。已知电子相对于飞船的速率为 0.70 c。试求：

(1)电子相对于地球的速率；

(2)光子相对于地球的速率；

(3)从地球上看电子相对于飞船的速率；

(4)从地球上看电子相对于光子的速率；

(5)从地球上看光子相对于飞船的速率。

3.8 一把米尺沿其纵向相对于实验室运动时，测得的长度为 0.63 m，求该尺的运动速率。

3.9 飞船以相对于地球为 0.950c 的速率在宇宙中飞行，飞船上的观察者测得飞船的长度为 55.2 m，问地球上的观察者测得该飞船的长度为多少?

3.10 静止长度为 l_0 的杆子在 S 系中平行于 x 轴并以速率 u 沿 x 轴正方向运动。现有 S'系相对于 S 系沿 x 轴正方向以速率 V 运动，求 S'系中的观察者所测得的杆长。

3.11 飞船以 0.960 c 的速率从地球飞向宇宙中的一个天体，飞船上的时钟指示所用时间为一年。问地球上的时钟记录这段时间为多长?

3.12 夫妻同龄，30 岁时生一子。儿子出生时丈夫要乘坐速率为 0.86 c 的飞船去半人马座 α 星，并且立即返回。已知地球到半人马座 α 星的距离是 4.3 l.y.(光年)，并假设飞船一去一回都相对地球做匀速直线运动。问当丈夫返回地球时，妻子、儿子和丈夫各多大年龄?

3.13 欧洲核研中心(CERN)测得以 0.996 5 c 的速率沿圆形轨道运行的 μ 粒子的平均寿命为 26.15×10^{-6} s。求 μ 粒子的固有寿命。

3.14 求火箭以 0.15 c 和 0.85 c 的速率运动时，其运动质量与静止质量之比。

第 4 章　刚体的运动

【学习目标】 了解转动惯量概念，理解刚体绕定轴转动的转动定律、动能定理、角动量定理以及角动量守恒定律。

【实践活动】 小时候我们可能都玩过陀螺，但你知道陀螺的运动包含哪些基本运动吗？

4.1　刚体运动的描述

我们前面所讨论的质点和质点系的运动规律尽管是物体运动的最基本规律，但是物体的大小和形状对它自身的运动毕竟是有一定影响的。如飞轮转动时的惯性、飞机飞行时所受到的空气阻力以及物体受力时所发生的形变等，都与物体的大小和形状密切相关，而这些是不能从质点或质点系的运动规律中得出的。

固体、液体和气体都是由分子组成的。在力学中我们所研究的是它们的宏观运动规律，一般不考虑其微观结构。由于任何宏观上的细微部分都包含了大量的分子，我们所观察到的物体的运动和各部分之间的相互作用，在任何情况下都是大量分子的集体行为，所以在通常情况下，我们可以把它们看作是连续的。

连续的固体、液体和气体的运动仍然是十分复杂的，为了使问题简化，通常都引入一些理想模型，如刚体、弹性体和理想流体等。

与物体的大小和形状有关的运动，通常是相当复杂的，其原因之一，是物体受力作用时要发生形变。但是在某些问题中，物体的大小和形状的变化很小，这样的物体我们可以用刚体这一理想模型来代表。所谓刚体，就是在任何情况下，其大小和形状都不变化的物体。

4.1.1　平动和转动

平动和转动是刚体运动的最基本的形式。

在刚体运动过程中，如果刚体上的任意一条直线始终保持平行，这种运动就称为刚体的平动。根据这个定义可以得出，既然刚体上的任意一条直线在刚体平动过程中始终保持平行，那么直线上所有的点应有完全相同的位移、速度和加速度。又因为这条直线是任意的，故可断定，在平动过程中，刚体上所有的点的运动是完全相同的，它们具有相同的位移、速度和加速度。既然如此，我们就可以用刚体上任何一点的运动来代表整个刚体的平动。前面关于质点运动的规律可以用来描述刚体的平动。

在刚体运动过程中，如果刚体上所有的点都绕同一条直线作圆周运动，那么这种运动就称为刚体的转动。这条直线称为转轴。

在一般情况下，刚体运动是相当复杂的，但无论多么复杂，总可以分解为平动和转动。让我们看一个较为常见的例子。取一块平整的木板，在质心 C 和其他任一位置分别打一个小孔，在小孔里各塞一团药棉，并分别滴入不同颜色的墨水，然后将木板平放在光滑的桌面上。当用小锤沿水平方向敲击木板侧面时，木板将在桌面上一边旋转一边滑动，浸有墨水的药棉将在桌面上描绘出两条轨迹。小孔 C 描绘的总是一条直线，如图 4－1 中的实线所示。而另一个小孔，由于敲击部位和敲击方向的不同，将描绘出形状不同的曲线，图 4－1 中的虚线是其中的一条。这表明，木板作为一块刚体，在一般情况下的运动，总是整体随质心 C 的平动和围绕 C 的转动的叠加或组合。

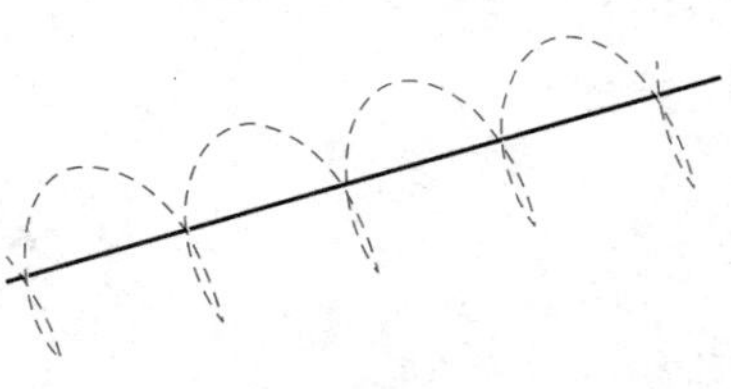

图 4－1　刚体的一般运动

4.1.2　刚体的定轴转动

在刚体转动过程中，如果转轴固定不动，这种转动称为定轴转动。过刚体上任意一点并垂直于转轴的平面称为转动平面。显然，这种平面可以作无限多个，对于刚体的转动而言，它们是等价的，在研究刚体转动时可任选一个。在作定轴转动时，刚体上所有的点都绕转轴作圆周运动，因此具有相同的角速度和角加速度，在相同的时间内有相等的角位移。但是由于各点到转轴的距离不同，位移、速度和加速度并不相等。在一般情况下，角速度和角加速度都是矢量，而在定轴转动中它们的方向只能沿着转轴，所以可以用带有正号或负号的标量来表示它们，正如在质点的直线运动中可以把质点运动的速度和加速度作标量处理一样。

在 1.3 节中我们曾经把角速度的大小定义为

$$\omega=\frac{d\theta}{dt} \tag{4.1}$$

角速度的方向可以这样确定：让右手四指沿转动方向围绕转轴而弯曲，拇指所指的方向就是角速度的方向。那么，如此方向的角速度是正值，还是负值呢？取转轴为 z 轴，当角速度指向 z 轴正方向时，$\omega>0$；当角速度指向 z 轴的负方向时，$\omega<0$。也可以按照下面的方法直接确定角速度的正、负：取转轴为 z 轴，面对 z 轴观察，若刚体作逆时针转动，$\omega>0$；若刚体作顺时针转动，$\omega<0$。

我们曾经把角加速度的大小定义为

$$\beta=\frac{d\omega}{dt}=\frac{d^2\theta}{dt^2}. \tag{4.2}$$

角加速度的正、负应根据角速度的符号和刚体转动的情形确定：当刚体加速转动时，β 与 ω 符号相同；当刚体减速转动时，β 与 ω 符号相反。

在 1.3 节中我们曾得到质点作圆周运动时角速度和角加速度与线速度和线加速度的量值的关系如下：

$$v=\omega r,$$
$$a_\tau=\beta r,$$
$$a_n=\omega^2 r$$

式中，r 是质点作圆周运动的曲率半径，a_τ 和 a_n 分别是质点的切向加速度和法向加速度。这些量的方向关系示于图 4－2 中。其矢量关系公式为

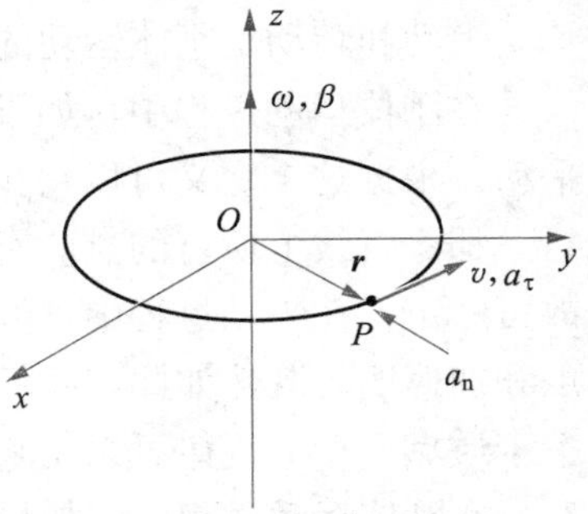

图 4－2　角速度与线速度示意图

$$\boldsymbol{v}=\boldsymbol{\omega}\times\boldsymbol{r}$$

4.2　转动定律　转动惯量

4.2.1　刚体的转动定律

在质点力学中，力是质点运动状态发生变化的原因，力的作用使质点获得了加速度。这一物理过程的规律是由牛顿第二定律来表示的。在刚体转动中，力矩是刚体转动状态发生变化的原因，力矩的作用使刚体获得了角加速度。这一物理过程的规律是由下面的刚体转动定律来描述的。

设刚体绕固定轴 Oz 以角速度 ω 转动，见图 4-3。可以认为刚体是由 n 个可视为质点的体元所组成，各体元的质量分别为 Δm_1，Δm_2，…，Δm_n，各体元到转轴 Oz 的距离依次是 r_1，r_2，…，r_n。假设其中的第 i 个质量元受到系统以外物体施加的力 $\boldsymbol{F}_{i外}$ 和系统内其他质点施加的力 $\boldsymbol{F}_{i内}$ 的作用，其所受合力为

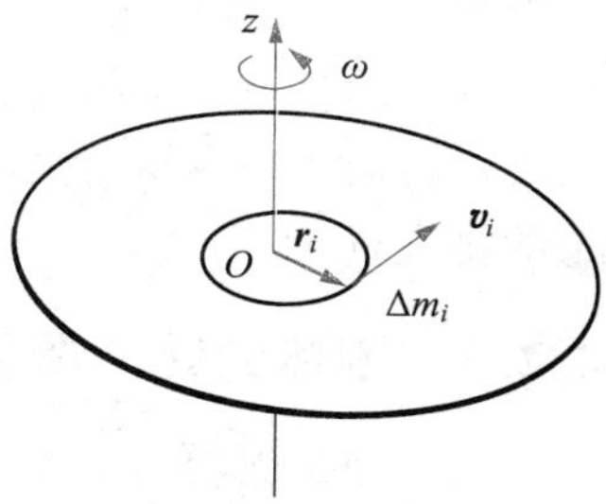

图 4-3　刚体绕定轴转动示意图

$$\boldsymbol{F}_i=\boldsymbol{F}_{i外}+\boldsymbol{F}_{i内}$$

其中

$$\boldsymbol{F}_{i内}=\sum_{j\neq i}\boldsymbol{F}_{ij}$$

该质点所受的合力对定轴产生的力矩为

$$\boldsymbol{M}_i=\boldsymbol{r}_i\times\boldsymbol{F}_{i外}+\boldsymbol{r}_i\times\sum_{j\neq i}\boldsymbol{F}_{ij}$$

根据质点的角动量定理 $\boldsymbol{M}_i=\dfrac{\mathrm{d}\boldsymbol{L}_i}{\mathrm{d}t}$，可得

$$\boldsymbol{r}_i\times\boldsymbol{F}_{i外}+\boldsymbol{r}_i\times\sum_{j\neq i}\boldsymbol{F}_{ij}=\frac{\mathrm{d}(\boldsymbol{r}_i\times\boldsymbol{p}_i)}{\mathrm{d}t}$$

其中 $\boldsymbol{r}_i\times\boldsymbol{p}_i=\boldsymbol{r}_i\times\Delta m_i\boldsymbol{v}_i=\Delta m_i\boldsymbol{r}_i\times\boldsymbol{\omega}\times\boldsymbol{r}_i=r_i^2\Delta m_i\boldsymbol{\omega}$，即

$$\boldsymbol{r}_i\times\boldsymbol{F}_{i外}+\boldsymbol{r}_i\times\sum_{j\neq i}\boldsymbol{F}_{ij}=r_i^2\Delta m_i\frac{\mathrm{d}\boldsymbol{\omega}}{\mathrm{d}t}$$

对刚体内所有质点求和，得到

$$\sum_{i=1}^{n}\boldsymbol{r}_i\times\boldsymbol{F}_{i外}+\sum_{i=1}^{n}\sum_{j\neq i}\boldsymbol{r}_i\times\boldsymbol{F}_{ij}=\sum_{i=1}^{n}r_i^2\Delta m_i\frac{\mathrm{d}\boldsymbol{\omega}}{\mathrm{d}t}$$

由于刚体内质点和质点之间的相互作用力服从牛顿第三定律，因此上式中左边的第二项等于零，即刚体内质点之间全部内力力矩的矢量和等于零，只有刚体所受的外力产生力矩。由此，上式可变为

$$\boldsymbol{M}=J\boldsymbol{\beta}\tag{4.3}$$

其中

$$\boldsymbol{M}=\sum_{i=1}^{n}\boldsymbol{r}_i\times\boldsymbol{F}_{i外}$$

$$J=\sum_{i=1}^{n}r_i^2\Delta m_i\tag{4.4}$$

J 称为刚体绕某定轴的转动惯量，对于给定的刚体和给定的转轴，其转动惯量是常量。

在刚体绕定轴转动的情况下，$\boldsymbol{M}$ 和 $\boldsymbol{\beta}$ 的方向与轴向相同，可以用标量形式代替矢量形式，即

$$M=J\beta \tag{4.5}$$

上式就是转动定律的数学表达式，它表示，在定轴转动中，刚体相对于某转轴的转动惯量与角加速度的乘积，等于作用于刚体的外力相对同一转轴的合力矩。

转动定律和牛顿第二定律在数学形式上是相似的，合外力矩与合外力相对应，转动惯量与质量相对应，角加速度与加速度相对应。在牛顿第二定律的讨论中我们已经知道，在相同外力作用下，质量较大的质点，获得的加速度小，即运动状态不容易改变，我们说它的惯性大；质量较小的质点，获得的加速度大，即运动状态容易改变，我们说它的惯性小。由转动定律我们可以得出类似的结论：在相同外力矩作用下，转动惯量较大的刚体，获得的角加速度小，转动状态不容易改变，我们说它的转动惯性大；转动惯量较小的刚体，获得的角加速度大，转动状态容易改变，我们说它的转动惯性小。由此我们就更清楚地看到了刚体转动惯量的物理意义。

4.2.2　刚体的转动惯量

从转动定律表达式我们已经看到，刚体的转动惯量 J 与质点的质量 m 相对应。在质点运动中，质点的质量是质点惯性的量度，质量越大，运动速度就越不容易改变。而在刚体转动中，也有类似的现象，即转动惯量越大的刚体，其角速度越不容易改变。所以，刚体的转动惯量是刚体转动惯性的量度。

$$J=\sum_{i=1}^{n} r_i^2 \Delta m_i$$

上式表明，刚体相对于某转轴的转动惯量，是组成刚体的各体元质量与它们各自到该转轴距离平方的乘积之和。刚体的质量是连续分布的，上式中的求和号可以用积分号代替，于是

$$J=\int r^2 \mathrm{d}m=\iiint r^2 \rho \mathrm{d}V \tag{4.6}$$

式中，$\mathrm{d}V$ 和 ρ 分别是体元的体积和密度，r 是该体元到转轴的距离。利用式(4.6)，我们计算了几种常见形状的刚体的转动惯量，并将结果列在表 4-1 中。

表 4-1　几种常见形状刚体的转动惯量

(1) 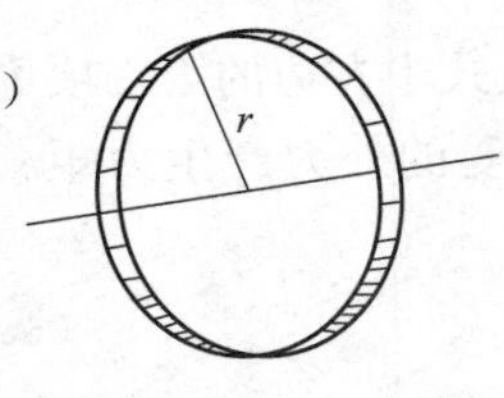 圆环转轴通过中心并与环面垂直 $J=mr^2$	(2) 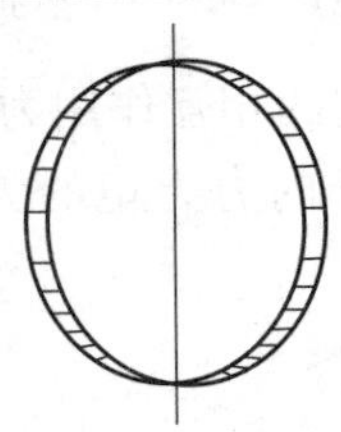 圆环转轴沿环的直径 $J=\frac{1}{2}mr^2$
(3) 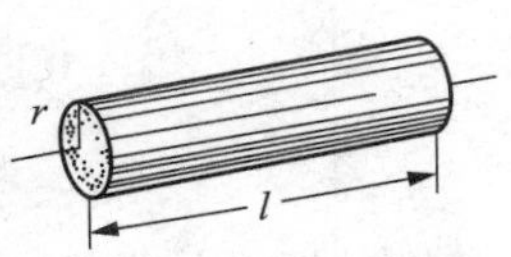 圆柱体转轴沿几何轴 $J=\frac{1}{2}mr^2$	(4) 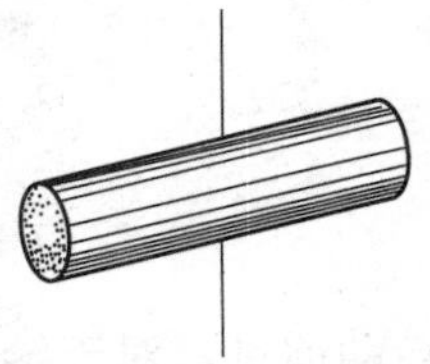 圆柱体转轴通过中心并与几何轴垂直 $J=\frac{1}{4}mr^2+\frac{1}{12}ml^2$

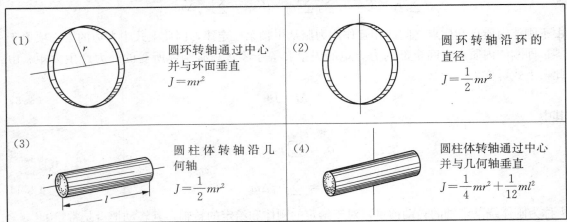

续表

(5) 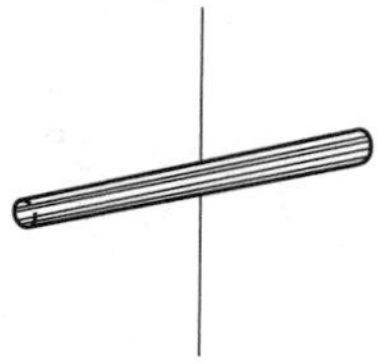 细棒转轴通过中心并与棒垂直 $J=\frac{1}{12}ml^2$	(6) 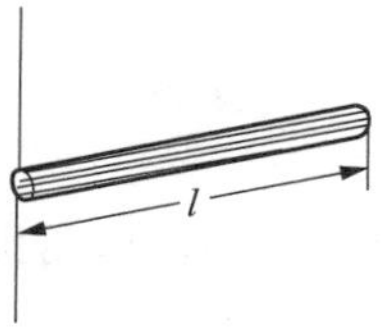 细棒转轴通过端点并与棒垂直 $J=\frac{1}{3}ml^2$
(7) 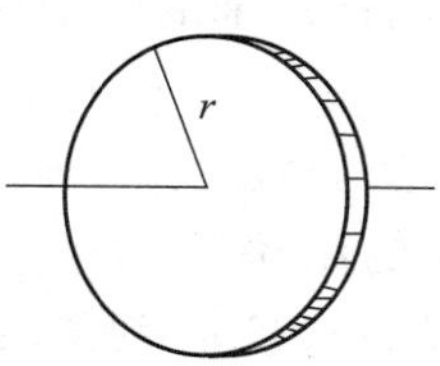 薄圆盘转轴通过中心并与盘面垂直 $J=\frac{1}{2}mr^2$	(8) 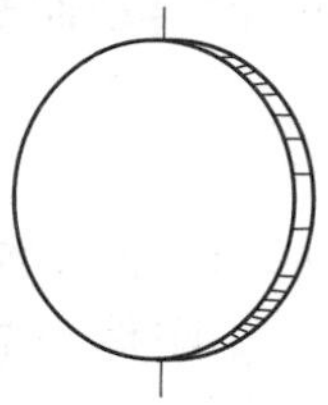 薄圆盘转轴沿着直径 $J=\frac{1}{4}mr^2$
(9) 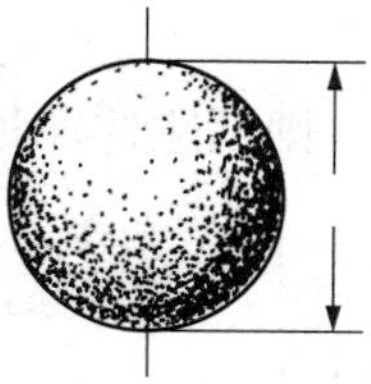 球体转轴通过球心 $J=\frac{2}{5}mr^2$	(10) 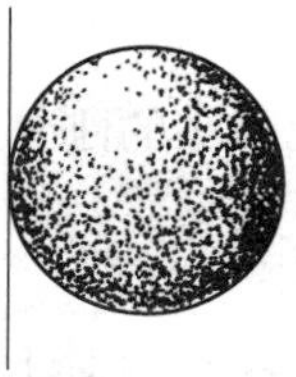 球体转轴沿着切线 $J=\frac{7}{5}mr^2$

由表 4-1 可以看到，刚体的转动惯量与以下因素有关：

(1)刚体的质量：各种形状刚体的转动惯量都与它自身的质量成正比；

(2)转轴的位置：在表 4-1 中，并排的两个刚体的大小、形状和质量都相同，但转轴的位置不同，转动惯量也不同；

(3)质量的分布：质量一定、密度相同的刚体，质量分布不同(就是刚体的形状不同)转动惯量也不同。表中从上到下共列出了五种质量相等而形状各异的刚体，其转动惯量的数值差别很大。

在国际单位制中，转动惯量的单位是 $kg\cdot m^2$(千克·米^2)。

例 4.1　一根质量为 m、长为 l 的均匀细棒，求绕通过棒的中心并与棒相垂直的转轴以及绕通过棒的端点并与棒垂直的转轴的转动惯量。

解　将棒的中点取为坐标原点，建立坐标系 $O-xy$，取 y 轴为转轴，如图 4-4 所示。在距离转轴为 x 处取棒元 dx，其质量为

$$dm=\frac{m}{l}dx$$

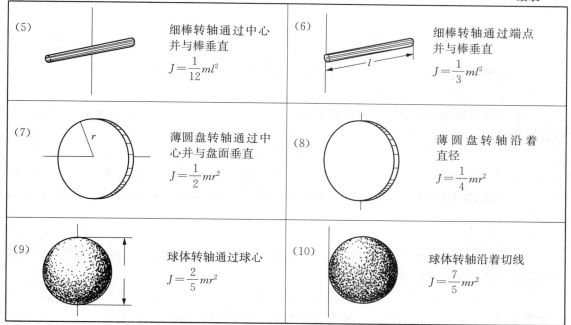

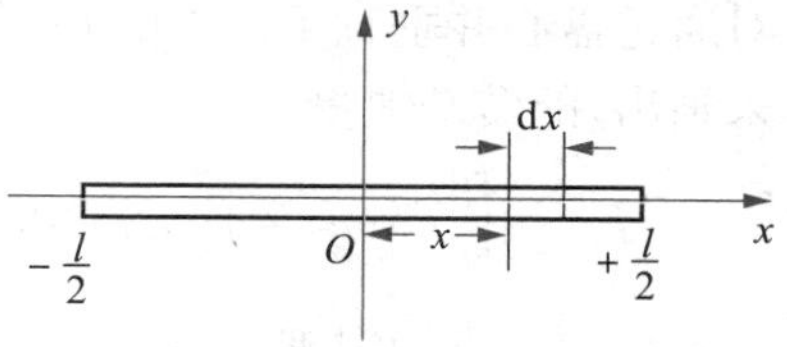

图 4-4　例 4.1 示意图

根据式(4.6)，应有

$$J_C=\int_{-l/2}^{+l/2}x^2\frac{m}{l}dx$$
$$=\frac{1}{3}\frac{m}{l}x^3\Big|_{-l/2}^{+l/2}$$
$$=\frac{1}{12}ml^2$$

若以棒的端点为坐标原点，则有

$$J = \int_0^l x^2 \frac{m}{l} \mathrm{d}x$$
$$= \frac{1}{3} m l^2$$

这里将要介绍的这两个定理可以帮助我们计算刚体对不同转轴的转动惯量。

1. 平行轴定理

如果刚体对通过质心的轴的转动惯量为 J_C，那么对与此轴平行的任意轴的转动惯量可以表示为

$$J = J_C + md^2 \tag{4.7}$$

式中，m 是刚体的质量，d 是两平行轴之间的距离。此式所表示的结论称为平行轴定理。由这个定理可以得出，在刚体对各平行轴的转动惯量中，以对过质心轴的转动惯量为最小。

2. 垂直轴定理

若 z 轴垂直于厚度为无限小的刚体薄板板面，xy 平面与板面重合，则此刚体薄板对三个坐标轴的转动惯量有如下关系：

$$J_z = J_x + J_y \tag{4.8}$$

这一规律称为垂直轴定理。注意，对于厚度不是非常小的板，这个定理不适用。

关于这两个定理的证明，在一般的力学书上都可以找到，如有需要，可去查阅。

在上一例题中，对于均匀细棒，显然有，

$$J = J_C + md^2 = \frac{1}{12} m l^2 + m\left(\frac{l}{2}\right)^2 = \frac{1}{3} m l^2$$

例 4.2 求质量为 m、半径为 R 的均质薄圆盘对通过盘心并处于盘面内的轴的转动惯量。

解 应先根据公式(4.4)求出薄圆盘对通过盘心并垂直于盘面的 Oz 轴的转动惯量 J_z，然后再由垂直轴定理求出对通过盘心并处于盘面内的 Ox 轴的转动惯量 J_x。

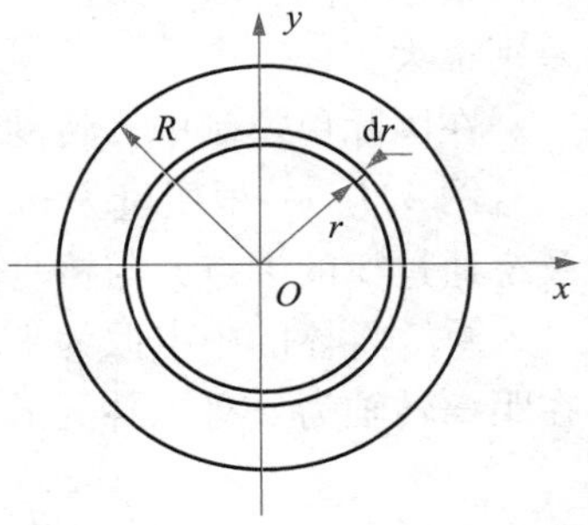

图 4-5 例 4.2 示意图

因为盘的质量分布均匀，所以盘的质量面密度 $\sigma = \frac{m}{\pi R^2}$ 为常量。将圆盘划分成许多圆环，其中一个圆环的半径为 r、宽为 $\mathrm{d}r$，如图 4-5 所示，此圆环的质量为 $\mathrm{d}m = \sigma 2\pi r \mathrm{d}r$。圆盘对通过盘心并垂直于盘面的 Oz 轴(过 O 点垂直于纸面，图中未画出)的转动惯量为

$$J_z = \int_0^R r^2 \mathrm{d}m = \int_0^R \sigma 2\pi r^3 \mathrm{d}r = 2\pi\sigma \int_0^R r^3 \mathrm{d}r = \frac{1}{2} m R^2$$

根据垂直轴定理，有

$$J_z = J_x + J_y$$

由于对称性，$J_x = J_y$，所以

$$J_z = 2J_x = \frac{1}{2} m R^2$$

解得

$$J_x=\frac{1}{4}mR^2$$

4.2.3　转动定律的应用

例 4.3　一个转动惯量为 2.5 kg·m²、直径为 60 cm 的飞轮，正以 130 rad/s 的角速度旋转。现用闸瓦将其制动，如果闸瓦对飞轮的正压力为 500 N，闸瓦与飞轮之间的摩擦系数为 0.50。求：从开始制动到停止，飞轮转过的角度。

解　为了求得飞轮从制动到停止所转过的角度 θ 和摩擦力矩所做的功 A，必须先求得摩擦力 f、摩擦力矩 M_z 和飞轮的角加速度 β。

根据图 4-6 所示，飞轮的转轴垂直于纸面，角速度沿着转轴并指向读者，我们取角速度的方向为 z 轴正方向。

闸瓦对飞轮施加的摩擦力的大小等于摩擦系数与正压力的乘积，即

$$f=\mu N=0.50\times 500=2.5\times 10^2(\text{N})$$

f 的方向如图 4-6 所示。摩擦力 f 相对 z 轴的力矩就是摩擦力矩，所以

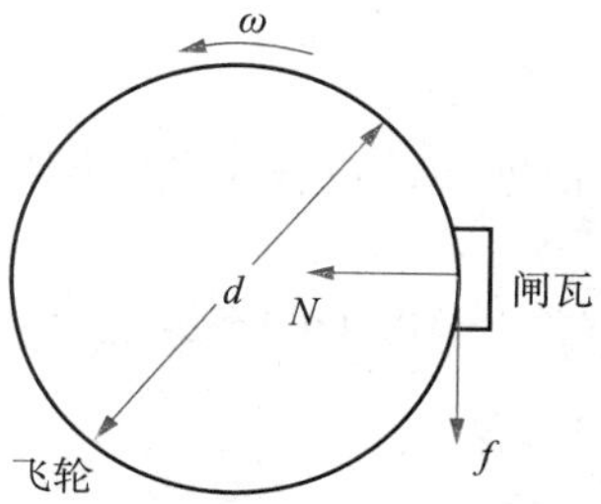

图 4-6　例 4.3 示意图

$$M_z=-f\frac{d}{2}=-2.5\times 10^2\times 0.30=-75\ (\text{m}\cdot\text{N})$$

摩擦力矩的方向沿 z 轴的负方向，故取负值。根据转动定律，可以求得飞轮受到摩擦力矩作用时的角加速度，为

$$\beta=\frac{M_z}{J}=-\frac{75}{2.5}=-30(\text{rad/s}^2)$$

负值表示角加速度 β 沿着 z 轴的负方向。

对于匀变速转动，从开始制动到停止，飞轮转过的角度 θ 可由下式求得

$$\omega^2-\omega_0^2=2\beta\theta$$

所以

$$\theta=\frac{\omega^2-\omega_0^2}{2\beta}=\frac{0-130^2}{-2\times 30}=2.8\times 10^2(\text{rad})$$

例 4.4　质量为 m_1 的物体置于完全光滑的水平桌面上，用一根不可伸长的细绳拉着，细绳跨过固定于桌子边缘的定滑轮后，在下端悬挂一个质量为 m_2 的物体，如图 4-7 所示。已知滑轮是一个质量为 M、半径为 r 的圆盘，轴间的摩擦力忽略不计。求滑轮与 m_1 之间的绳子的张力 T_1、滑轮与 m_2 之间的绳子的张力 T_2 以及物体运动的加速度 a。

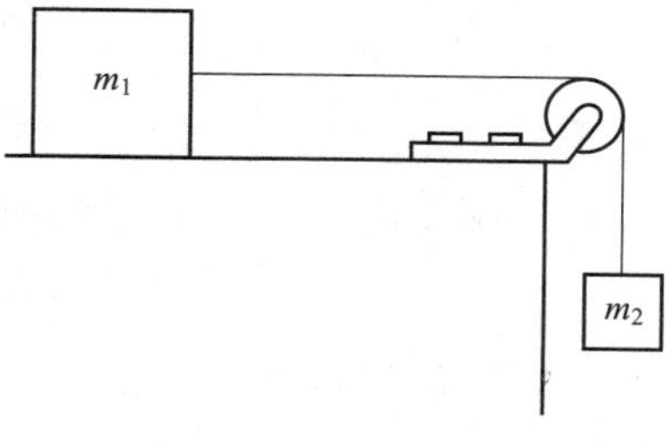

图 4-7　例 4.4 示意图

解　物体 m_1、m_2 和滑轮的受力情况示于图 4-7 中。对于物体 m_1，在竖直方向上，重力 m_1g 与桌面对它的支撑力 F_N 相平衡，不产生加速度。在水平方向上，它受到绳子对它的向右拉力 T_1，因而产生加速度 a，所以

$$T_1=m_1a \tag{1}$$

对于 m_2，它受到重力 m_2g 和绳子对它的拉力 T_2，这两个力不平衡，因而产生向下的加速度 a，所以有

$$m_2g-T_2=m_2a \tag{2}$$

对于滑轮，受到两个方向相反的力矩 T_1r 和 T_2r 的作用，这两个力矩不平衡，使滑轮以角加速度 β 按图 4-7 所示的方向转动。故有

$$T_2r-T_1r=J\beta=\frac{1}{2}Mr^2\beta \tag{3}$$

根据转动过程中角加速度 β 与加速度 a 的关系，还可以列出一个方程式

$$r\beta=a \tag{4}$$

解以上四个联立方程式，可得

$$a=\frac{m_2g}{m_1+m_2+\frac{1}{2}M}$$

$$T_1=\frac{m_1m_2g}{m_1+m_2+\frac{1}{2}M}$$

$$T_2=\frac{\left(m_1+\frac{1}{2}M\right)m_2g}{m_1+m_2+\frac{1}{2}M}$$

此题还可以用能量的方法求解。在物体 m_2 下落了高度 h 时，可以列出下面的能量关系

$$m_2gh=\frac{1}{2}(m_1+m_2)v^2+\frac{1}{2}J\omega^2 \tag{5}$$

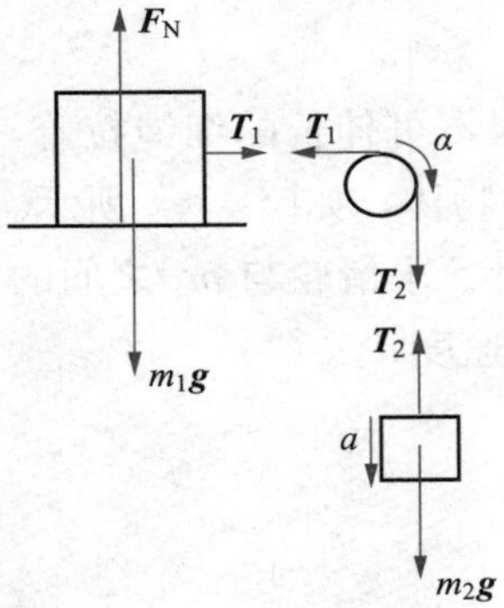

图 4-8　例 4.4 受力图

式中，v 是当 m_2 下落了高度 h 时两个物体的运动速率，ω 是此时滑轮的角速度。因为 $J=\frac{1}{2}Mr^2$，$\omega=\frac{v}{r}$，所以得

$$m_2gh=\frac{1}{2}\left(m_1+m_2+\frac{1}{2}M\right)v^2$$

由此解得

$$v^2=\frac{2m_2g}{m_1+m_2+\frac{1}{2}M}\cdot h \tag{6}$$

将 $v^2=2ah$ 代入式(6)，可以求得两个物体的加速度

$$a=\frac{m_2g}{m_1+m_2+\frac{1}{2}M}$$

根据 $T_1h=\frac{1}{2}m_1v^2$，立即可以求得张力

$$T_1=\frac{1}{2}m_1v^2\ \frac{1}{h}=\frac{m_1m_2g}{m_1+m_2+\frac{1}{2}M}$$

根据 $(m_2g-T_2)h=\frac{1}{2}m_2v^2$ 或 $T_2r-T_1r=J\beta$ 可以计算出张力

$$T_2=\frac{\left(m_1+\frac{1}{2}M\right)m_2g}{m_1+m_2+\frac{1}{2}M}$$

以上两种方法，都是求解这类问题的基本方法，都应该理解和掌握。

4.3　力矩的功　转动动能

4.3.1　力矩的功

在质点力学中我们已经知道，如果质点在外力作用下沿力的方向发生位移，那么力对质点必定做功，并且功可由作用力与质点沿力的方向移过距离的乘积来表示。在刚体转动中，如果力矩的作用使刚体发生了角位移，那么该力矩也做了功，并且功的表示式与力对质点做功的表示式具有相似的形式。

从 4.2 节对力矩的讨论中我们已经知道，对定轴转动的刚体起作用的力矩，只是力矩沿转轴的分量，即若取转轴为 z 轴，则起作用的只是 M_z。由对 z 轴力矩 M_z 的表达式(4.4)可以看出，提供 M_z 的只是 $\boldsymbol{F}$ 在 $O-xy$ 平面(或任意一个转动平面)内的投影，而与 F 沿转轴的分量无关。所以，在讨论刚体定轴转动时，只需考虑外力 $\boldsymbol{F}$ 在转动平面内的分力就够了。既然如此，我们可以约定，以下所提及的外力都认为是处于转动平面内的。

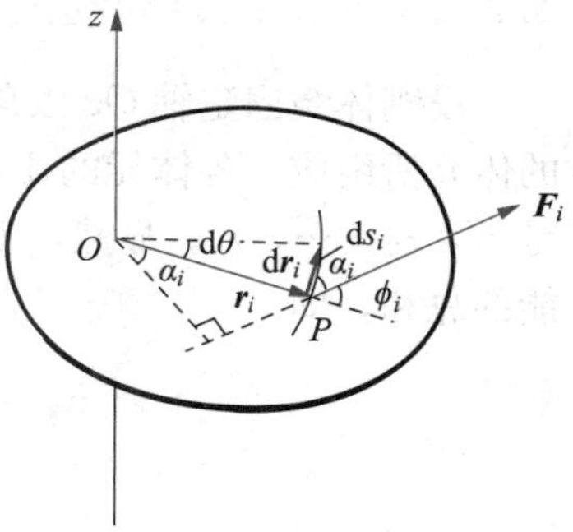

图 4－9　作用在刚体上的力做功

假设作用于以 z 轴为转轴的刚体上的多个外力分别是 $\boldsymbol{F}_1$，$\boldsymbol{F}_2$，…，$\boldsymbol{F}_n$。让我们先考虑其中的 $\boldsymbol{F}_i$ 对刚体的作用。如图 4－9 所示，外力 $\boldsymbol{F}_i$ 作用于刚体上的点 P，过点 P 作垂直于 z 轴的平面，交 z 轴于点 O，显然这个平面就是刚体的一个转动平面。在此平面内，点 P 相对于点 O 的位置矢量为 $\boldsymbol{r}_i$，$\boldsymbol{r}_i$ 与 $\boldsymbol{F}_i$ 的夹角为 ϕ_i。在 $\mathrm{d}t$ 时间内，刚体转过了 $\mathrm{d}\theta$ 角，与此相对应，点 P 的位移为 $\mathrm{d}\boldsymbol{r}_i$。在此过程中，外力 $\boldsymbol{F}_i$ 所做的元功为

$$\mathrm{d}A_i=\boldsymbol{F}_i\cdot\mathrm{d}\boldsymbol{r}_i$$

如果 $\boldsymbol{F}_i$ 与位移 $\mathrm{d}\boldsymbol{r}_i$ 所夹的角为 α_i，那么上式可化为

$$\mathrm{d}A_i=F_i\,|\,\mathrm{d}\boldsymbol{r}_i\,|\,\cos\alpha_i=F_i\mathrm{d}s_i\cos\alpha_i$$

式中，$\mathrm{d}s_i$ 是点 P 在 $\mathrm{d}t$ 时间内通过的路程。因为 $\mathrm{d}s_i=r_i\mathrm{d}\theta$，并且 $\cos\alpha_i=\sin\phi_i$，所以

$$dA_i = F_i r_i \sin\phi_i d\theta = M_{zi} d\theta \tag{4.9}$$

式中，M_{zi}是外力 F_i 对转轴 Oz 的力矩。

对于作用于刚体的其他外力，同样也可用上述方法进行分析，并得出与上式相同的结果。因此，在整个刚体转过 $d\theta$ 角的过程中，n 个外力所作的总功为

$$dA = \sum_{i=1}^{n} dA_i = \left(\sum_{i=1}^{n} M_{zi}\right) d\theta$$

式中，$\sum_{i=1}^{n} M_{zi}$ 是作用于刚体的所有外力对 Oz 轴的力矩的代数和，也就是作用于刚体的外力对转轴的合外力矩 M_z。因此上式可以写为

$$dA = M_z d\theta \tag{4.10}$$

上式表示，定轴转动的刚体在转过 $d\theta$ 角的过程中，外力矩所做的功等于外力对转轴 Oz 的合力矩 M_z 与转角 $d\theta$ 的乘积。这就是力矩做功的基本表达式。

如果刚体在力矩 M_z 的作用下绕固定轴从位置 θ_1 转到 θ_2，那么在此过程中力矩所做的功应由下式求得

$$A = \int_{\theta_1}^{\theta_2} M_z d\theta \tag{4.11}$$

力矩的瞬时功率可以表示为

$$P = \frac{dA}{dt} = M_z \frac{d\theta}{dt} = M_z \omega \tag{4.12}$$

式中，ω 是刚体绕转轴的角速度。式(4.12)表示，力矩的瞬时功率等于对转轴的力矩与角速度的乘积。

4.3.2 刚体的转动动能

设刚体绕固定轴 Oz 以角速度 ω 转动，见图 4－10。可以认为刚体是由 n 个可视为质点的体元所组成，各体元的质量分别为 Δm_1，Δm_2，…，Δm_n。各体元到转轴 Oz 的距离依次是 r_1，r_2，…，r_n。显然，整个刚体的转动动能应该等于这 n 个体元绕 Oz 轴作圆周运动动能的总和，即

$$E_k = \sum_{i=1}^{n} \frac{1}{2} \Delta m_i v_i^2 = \sum_{i=1}^{n} \frac{1}{2} m_i r_i^2 w^2 = \frac{1}{2} J \omega^2$$

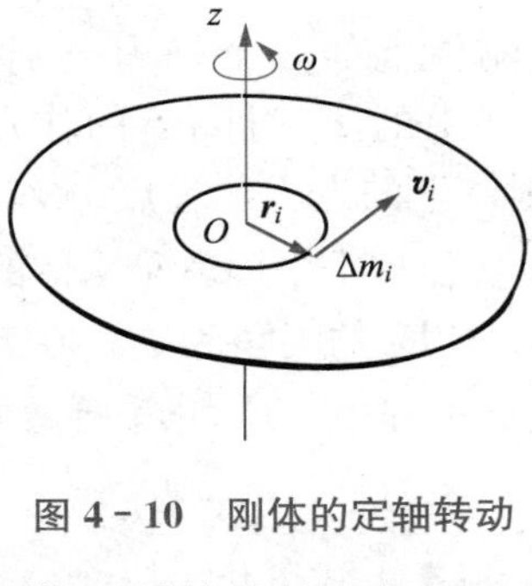

图 4－10　刚体的定轴转动

其中的 J 就是前面已经研究过的刚体对转轴的转动惯量，我们称 E_k 为刚体绕定轴转动的转动动能。

刚体转动动能与质点运动动能在表达形式上的相似性是可以理解的，因为刚体转动动能

实际上是组成这个刚体的所有质点作圆周运动的动能总和。

根据功能原理，外力和非保守内力对系统所做的总功等于系统机械能的增量。这一适用于质点系的功能原理，对于刚体这一特殊质点系无疑也是适用的。不过，由于刚体内质点的间距保持不变，一切内力所做的功都为零。对于定轴转动的刚体而言，外力所做的功，总表现为外力矩所做的功；系统的机械能则表现为刚体的转动动能。这样，我们就可以写出下面的关系式

$$dA = dE_k \tag{4.13}$$

4.3.3 刚体绕定轴转动的动能定理

将转动动能的具体形式代入式(4.13)，并积分，可得

$$A = \frac{1}{2}J\omega_2^2 - \frac{1}{2}J\omega_1^2 \tag{4.14}$$

此式表示，对于定轴转动的刚体，外力矩所做的功等于刚体转动动能的增量。这就是作定轴转动刚体的动能定理。

若刚体只受到保守力(重力)的作用，也可以引入刚体的重力势能的概念。刚体的重力势能就是刚体内所有质点的重力势能之和。

$$E_p = \sum \Delta m_i g h_i = mg \frac{\sum \Delta m_i h_i}{m} = mgh_C$$

其中，h_C 为刚体质心的高度。

4.4 角动量定理及角动量守恒定律

4.4.1 刚体对转轴的角动量

设刚体绕 z 轴作定轴转动。过刚体上任一质量为 Δm_i 的体元作垂直于 z 轴的平面，交 z 轴于点 O，显然这个平面就是一个转动平面，体元 Δm_i 就在这个平面内绕 z 轴作圆周运动。根据式(4.8)，这个体元对 z 轴的角动量可以表示为

$$l_{zi} = r_i \Delta m_i v_i \tag{4.15}$$

式中，r_i 和 v_i 分别是体元 Δm_i 到转轴的距离和线速度。若刚体作定轴转动的角速度为 ω，则 $v_i = r_i\omega$，于是

$$l_{zi} = r_i^2 \Delta m_i \omega \tag{4.16}$$

因为所有转动平面都是等价的，组成刚体的每个体元对转轴的角动量都可以用上式来表示，所以整个刚体对转轴的角动量则是将所有体元对转轴的角动量求和，即

$$L_z = \sum l_{zi} = \left(\sum r_i^2 \Delta m_i\right)\omega = J\omega \tag{4.17}$$

上式表示，作定轴转动的刚体对转轴的角动量等于刚体对同一转轴的转动惯量与角速度的乘积。

4.4.2 刚体对转轴的角动量定理

我们可以将转动定律写成另一种形式

$$M_z = J\frac{d\omega}{dt} = \frac{d}{dt}(J\omega) \tag{4.18}$$

实验表明，式(4.18)比式(4.5)更具普遍性，当物体的转动惯量不是常量(如转动中的刚体组或形变物体)时，式(4.5)不再适用，但式(4.18)仍然有效。

由式(4.18)可以得到

$$M_z = \frac{d}{dt}(J\omega) = \frac{dL_z}{dt} \tag{4.19}$$

上式表示，作定轴转动刚体对转轴的角动量的时间变化率，等于刚体相对于同一转轴所受外力的合力矩。这一结论称为刚体对转轴的角动量定理。式(4.19)可以改写为

$$M_z dt = dL_z \tag{4.20}$$

式中，$M_z dt$ 称为冲量矩，它等于力矩与力矩作用于刚体的时间的乘积。式(4.20)表示，作定轴转动的刚体所受冲量矩等于刚体对同一转轴的角动量的增量。如果刚体在从 t_1 到 t_2 的时间内受到力矩的作用，使它绕定轴转动的角速度从 ω_1 变化到 ω_2，则可对式(4.20)积分，得

$$\int_{t_1}^{t_2} M_z dt = J\omega_2 - J\omega_1 \tag{4.21}$$

这是刚体对转轴的角动量定理的积分形式。

4.4.3　刚体对转轴的角动量守恒定律

在定轴转动中，如果刚体所受外力对转轴的合力矩为零，即 $M_z = 0$，那么由式(4.19)可得

$$dL_z = d(J\omega) = 0$$

或

$$L_z = J\omega = \text{恒量} \tag{4.22}$$

上式表示，当定轴转动的刚体所受外力对转轴的合力矩为零时，刚体对同一转轴的角动量不随时间变化。这个结论就是刚体对转轴的角动量守恒定律。

式(4.22)所表示的刚体对转轴的角动量守恒定律与质点系对轴的角动量守恒定律，即式(4.19)是一致的。这种一致性是显而易见的，因为刚体就是一个特殊的质点系。式(4.22)不仅适用于作定轴转动的刚体，也适用于围绕同一转轴转动的多个刚体的组合(可称为刚体组或刚体系)。刚体组在围绕同一转轴作定轴转动时，整个系统对转轴的角动量保持恒定，可能有两种情形：一种情形是系统的转动惯量和角速度的大小均保持不变；另一种情形是转动惯量改变(例如，在转动过程中刚体之间发生了相对运动)，角速度的大小也同时改变，但两者的乘积保持不变。

刚体对转轴的角动量守恒的例子是经常可以见到的。图 4－11 表示，人手持哑铃坐在可绕竖直轴转动的凳上，开始时人将双臂伸开，并使人和凳以一定角速度转动。当人将双臂收拢，哑铃移到胸前时，转动惯量减小，人和凳的转动角速度会显著增大。若人重新将双臂伸开，转动惯量增大，人和凳的转动角速度又会减小了。

芭蕾舞演员和花样滑冰运动员，在作各种快速旋转动作时，也是利用了对转轴的角动量守恒定律。开始他们总是先将臂、腿伸展开，以一定的角速度在旋转，然后突然将臂、腿收拢，使转动惯量减小，转速则立即增大了。

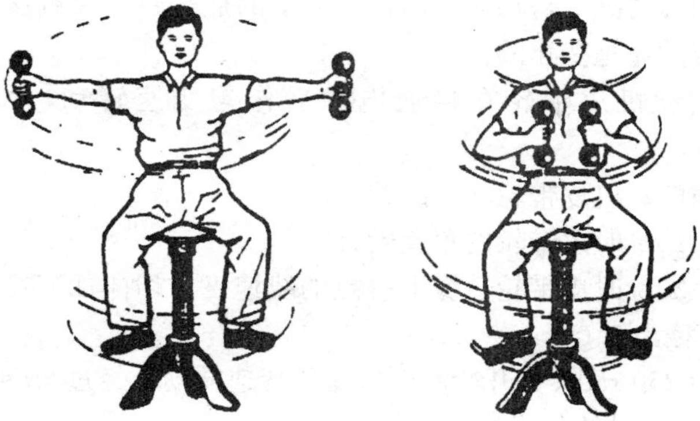

图 4－11　角动量守恒的实例

刚体对转轴的角动量守恒定律在现代科学技术中有重要应用。图 4－12 是一个装在常平架上的回转仪(也称陀螺仪)。回转仪是具有轴对称性的、相对于对称轴 OO' 具有较大转动惯量并可绕此轴高速旋转的物体 G。常平架是由支撑在框架 K 上的两个圆环 A 和 B 组成的，A 圆环和 B 圆环可分别绕其支点 a、a' 和 b、b' 所决定的轴自由转动。由图中可以看到，aa' 轴垂直于 bb' 轴，OO' 轴垂直于 bb' 轴，并且这三个轴都通过回转仪的重心。当回转仪以高速旋转时，因为它不受任何外力矩的作用，其转轴 OO' 在空间的取向将恒定不变。如果将这种装置安放在舰船、飞机或导弹上，与自控系统配合，可以随时矫正运行的方向，起导航作用。

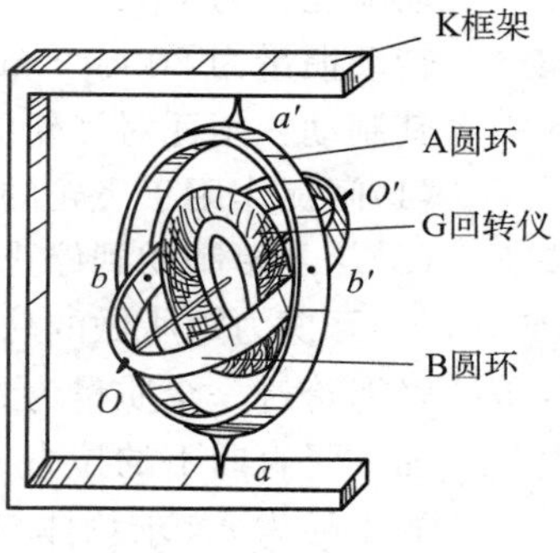

图 4－12　回转仪

4.5　小　　结

1. 刚体的平动：用质点的运动规律来解决。
2. 刚体定轴转动定律：$M=J\beta$
3. 刚体的转动惯量：$J=\int r^2\,\mathrm{d}m=\iiint r^2\rho\,\mathrm{d}v$
4. 刚体转动的动能定理：$A=\int_{\theta_1}^{\theta_2}M_z\,\mathrm{d}\theta, E_k=\frac{1}{2}J\omega^2$，$A=\frac{1}{2}J\omega_2^2-\frac{1}{2}J\omega_1^2$
5. 刚体对定轴的角动量守恒定律：$L_z=J\omega$，$M_z=\frac{dL_z}{dt}$，当 $M_z=0$ 时，$L_z=J\omega=$常量。

4.6　习　　题

4.1　作定轴转动的刚体上各点的法向加速度，既可写为 $a_n=v^2/R$，这表示法向加速度的大小与刚体上各点到转轴的距离 R 成反比；也可以写为 $a_n=\omega^2R$，这表示法向加速度的大小与刚体上各点到转轴的距离 R 成正比。这两者是否有矛盾？为什么？

4.2　一个圆盘绕通过其中心并与盘面相垂直的轴作定轴转动，当圆盘分别在恒定角速度和恒定角加速度两种情况下转动时，圆盘边缘上的点是否都具有法向加速度和切向加速度？数值是恒定的还是变化的？

4.3 原来静止的电动机皮带轮在接通电源后作匀变速转动，30 s 后转速达到 150 rad/s。求：

(1)在这 30 s 内电动机皮带轮转过的转数；

(2)接通电源后 20 s 时皮带轮的角速度；

(3)接通电源后 20 s 时皮带轮边缘上一点的线速度、切向加速度和法向加速度，已知皮带轮的半径为 5.0 cm。

4.4 一飞轮的转速为 250 rad/s，开始制动后作匀变速转动，经过 90 s 停止。求开始制动后转过 3.14×10^3 rad 时的角速度。

4.5 分别求出质量为 $m=0.50$ kg、半径为 $r=36$ cm 的金属细圆环和薄圆盘相对于通过其中心并垂直于环面和盘面的轴的转动惯量；如果它们的转速都是 105 rad/s，它们的转动动能各为多大？

4.6 转动惯量为 20 kg · m^2、直径为 50 cm 的飞轮以 105 rad/s 的角速度旋转。现用闸瓦将其制动，闸瓦对飞轮的正压力为 400 N，闸瓦与飞轮之间的摩擦系数为 0.50。求：

(1)闸瓦作用于飞轮的摩擦力矩；

(2)从开始制动到停止，飞轮转过的转数和经历的时间；

(3)摩擦力矩所做的功。

4.7 轻绳跨过一个质量为 M 的圆盘状定滑轮，其一端悬挂一质量为 m 的物体，另一端施加一竖直向下的拉力 $\boldsymbol{F}$，使定滑轮按逆时针方向转动，如习题 4.7 图所示。如果滑轮的半径为 r，求物体与滑轮之间的绳子张力和物体上升的加速度。

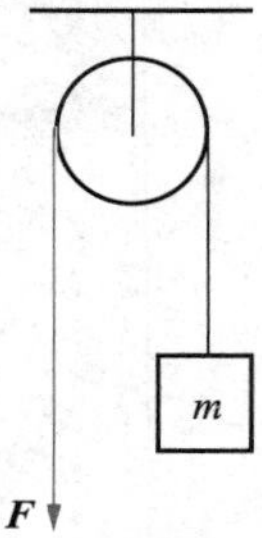

习题 4.7 图

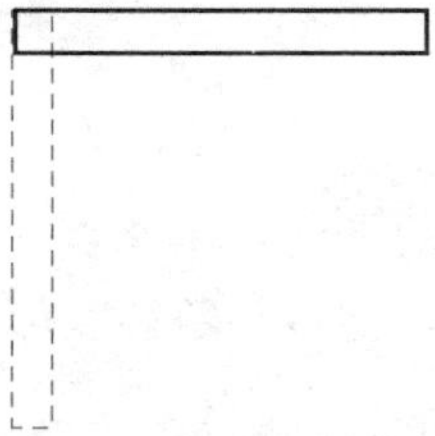

习题 4.8 图

4.8 一根质量为 m、长为 l 的均匀细棒，在竖直平面内绕通过其一端并与棒垂直的水平轴转动，如习题 4.8 图所示。现使棒从水平位置自由下摆，求：

(1)开始摆动时的角加速度；

(2)摆到竖直位置时的角速度。

4.9 如果由于温室效应，地球大气变暖，致使两极冰山融化，对地球自转有何影响？为什么？

4.10 一水平放置的圆盘绕竖直轴旋转，角速度为 ω_1，它相对于此轴的转动惯量为 J_1。现在它的正上方有一个以角速度为 ω_2 转动的圆盘，这个圆盘相对于其对称轴的转动惯量为 J_2。两圆盘相平行，圆心在同一条竖直线上。上盘的底面有销钉，如果上盘落下，销钉将嵌入下盘，使两盘合成一体。

(1)求两盘合成一体后的角速度；

(2)求上盘落下后两盘总动能的改变量；

(3)解释动能改变的原因。

4.11 一均匀木棒质量为 $m_1=1.0$ kg、长为 $l=40$ cm，可绕通过其中心并与棒垂直的轴转动。一质量为 $m_2=10$ g 的子弹以 $v=200$ m/s 的速率射向棒端，并嵌入棒内。设子弹的运动方向与棒和转轴相垂直，求棒受子弹撞击后的角速度。

4.12 有一质量为 M 且分布均匀的飞轮，半径为 R，正在以角速度 ω 旋转着，突然有一质量为 m 的小碎块从飞轮边缘飞出，方向正好竖直向上。试求：

(1)小碎块上升的高度；

(2)余下部分的角速度、角动量和转动动能(忽略重力矩的影响)。

第5章 机 械 振 动

【学习目标】 掌握描述简谐振动的各物理量(特别是相位)及各量间的关系；掌握简谐振动的基本特征，能建立简谐振动的微分方程；理解旋转矢量法，能根据给定的初始条件写出简谐振动的运动方程，并理解其物理意义；掌握同方向、同频率的两个简谐振动的合成规律；了解阻尼振动、受迫振动和共振的物理规律。

【实践活动】 拨动琴弦能发出美妙动人的音乐；建筑工地上的振动打桩、振动拔桩以及混凝土灌注时的振动捣固等能够提高工作效率；录音机、电视机、收音机、程控电话等诸多电子元件以及电子计时装置和通信系统使用的谐振器等都是由于振动才有效地工作的；环境噪声使人烦躁不安；共振会引起机械设备、桥梁结构及飞机的破坏。在你感受振动在生活及工程中的利与弊时，你是否懂得其中的道理呢？

5.1 简谐振动

振动是日常生活和工程实际中普遍存在的一种现象。实际上，人类就生活在振动的世界里，地面上的车辆、空气中的飞行器、海洋中的船舶等都在不断振动着。房屋建筑、桥梁水坝等在受到撞击后也会发生振动。就连茫茫的宇宙中，也到处存在着各种形式的振动，如风、雨、雷、电等随时间不断变化，从广义的角度来解释，就是特殊形式的振动(或波动)，而电磁波不停地在以振动的方式发射和传播。就人类的身体来说，心脏的跳动、肺叶的摆动、血液的循环、胃肠的蠕动、肌肉的搐动、耳膜的振动和声带的振动等，在某种意义上来说也是一种振动，就连组成人类自身的原子，也都在振动着。

所谓机械振动，是指物体(或物体系)在平衡位置附近来回往复运动。在机械振动过程中，表示物体运动特征的某些物理量(如位移、速度、加速度等)将时而增大、时而减小地反复变化。在工程实际中，机械振动是非常普遍的，钟表的摆动、车厢的晃动、桥梁与房屋的振动、飞行器与船舶的振动、机床与刀具的振动、各种动力机械的振动等，都是机械振动。

振动的形式是多种多样的，情况大多比较复杂。简谐振动(又称简谐运动)是最基本最简单的振动形式，任何一个复杂的振动都可以看成是由若干个或是无限多个简谐振动合成的。下面以弹簧振子为例，研究简谐运动的规律。

5.1.1 弹簧振子运动

弹簧振子是一个理想化的简谐运动模型。基于弹簧振子，引出简谐运动的定义，概括简谐运动的规律。

图 5-1 所示的装置是一个弹性系数为 k 的轻弹簧，一端固定，另一端系一个质量为 m 的物体，放在光滑的水平面上，这种理想的振动系统称为弹簧振子。

初始时刻，物体 m 处于平衡状态（O 处）。在弹簧的弹性限度内，若把物体从平衡位置向左压缩或向右拉伸，然后放手，在忽略一切阻力的情况下，物体 m 便会以原来的平衡位置为中心做往复运动。

迫使物体偏离平衡位置的外界扰动仅是振动的起因。当外界扰动消失后，弹簧振子在自身因素的作用下自由地往复运动。这里，自身因素指的是作用在物体上的弹性力和物体的惯性。物体一旦离开平衡位置，便受到弹簧的弹性力作用，这个力始终指向平衡位置，总是企图将物体拉回平衡位置。物体到达平衡位置，弹性力消失。由于物体具有质量，惯性使它继续运动，物体又从另一个方向偏离平衡位置，弹性力重新作用于物体，再使它返回平衡位置，这样才使得振动得以持续进行。

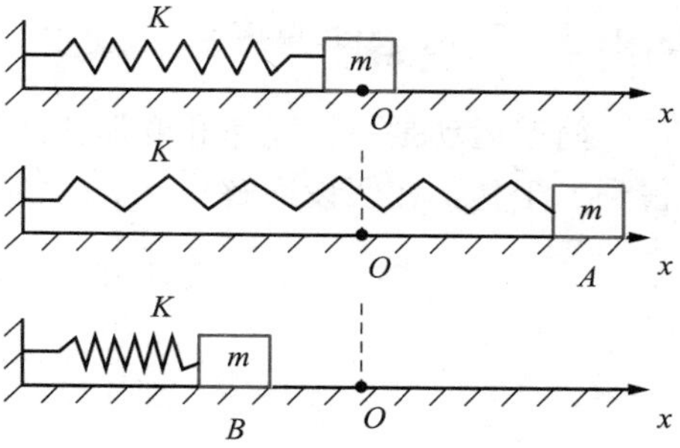

图 5-1 弹簧振子的振动

5.1.2 简谐运动方程

在弹簧振子的振动过程中，弹簧施加在物体上的弹性力是个变力，其大小和方向都在发生变化。在图 5-1 中，物体以平衡位置为坐标原点，水平向右为 x 轴的正方向，物体在任意时刻受到的弹性力为（胡克定律）：

$$F=-kx \tag{5.1}$$

式中，x 为物体在任意时刻的位置，也表示物体相对于坐标原点（平衡位置）的位移当 $x>0$ 即位移沿 $+x$ 时，F 沿 $-x$，即 $F<0$；当 $x<0$ 即位移沿 $-x$ 时，F 沿 $+x$，即 $F>0$。

k 为弹簧的弹性系数，“$-$”号表示力 F 与位移 x（相对 O 点）反向。

物体受力与位移的大小呈正比，而方向反向，人们把具有这种特征的振动称为简谐运动。

由定义知，弹簧振子做简谐振动。由牛顿第二定律知，m 加速度为

$$a=\frac{F}{m}=-\frac{kx}{m} \quad （m\text{ 为物体质量}）$$

由于

$$a=\frac{d^2x}{dt^2}$$

可以得到

$$\frac{d^2x}{dt^2}+\frac{k}{m}x=0$$

式中，k、m 均大于 0。令 $\frac{k}{m}=\omega^2$ 可有：

$$\frac{d^2x}{dt^2}+\omega^2x=0 \tag{5.2}$$

式(5.2)是作简谐运动物体的微分方程。它是一个常系数的齐次二阶的线性微分方程，它的解为

$$x=A\sin(\omega t+\varphi')$$

或

$$x=A\cos(\omega t+\varphi) \tag{5.3}$$

$$\left(\varphi=\varphi'-\frac{\pi}{2}\right)$$

式(5.3)是简谐运动方程。因此，我们也可以说位移是时间 t 的正弦或余弦函数的运动是简谐运动。本书中用余弦形式表示简谐运动方程。式中的 A 和 φ 是积分常量，它们的物理意义将在 5.2 节中讨论。

5.1.3　简谐运动速度和加速度

简谐运动是一种变速和变加速运动，其速度和加速度可由坐标随时间的变化关系经微商得到。于是，在假设通解 $x=A\cos(\omega t+\varphi)$情况下，可得

$$速度：v=\frac{dx}{dt}=-\omega A\sin(\omega t+\varphi) \tag{5.4}$$

$$加速度：a=\frac{d^2x}{dt^2}=-\omega^2 A\cos(\omega t+\varphi)=-\omega^2 x \tag{5.5}$$

由式 5.4 可知 $v_{max}=\omega A$，由式 5.5 可知 $a_{max}=\omega^2 A$。

由式(5.3)、式(5.4)、式(5.5)可以作出如图 5－2 所示的 $x-t$、$v-t$、$a-t$ 曲线如下：

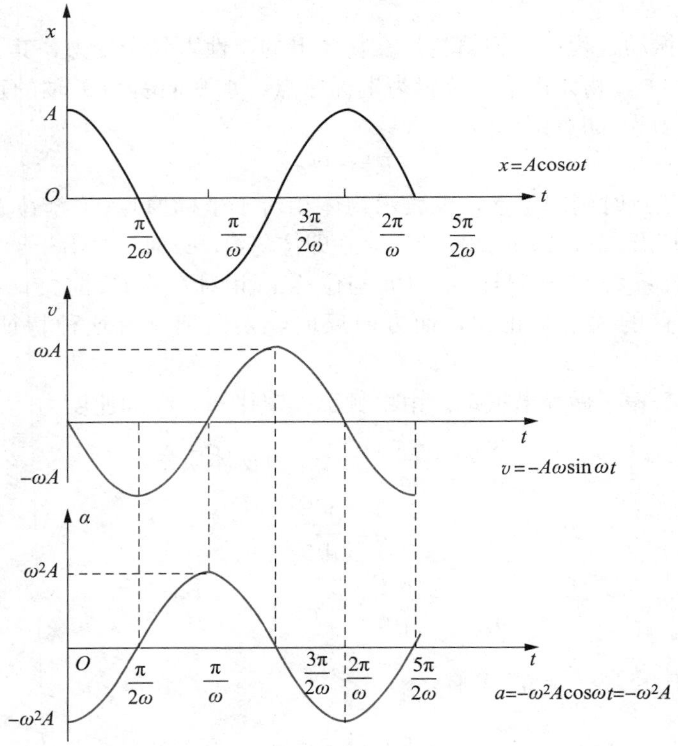

图 5－2　简谐运动图解($\varphi=0$)

由图可以看出，物体作简谐运动时，它的位移、速度、加速度都是周期性变化的。

说明：(1)$F=-kx$ 是简谐振动的动力学特征；

(2)$a=-\omega^2 x$ 是简谐振动的运动学特征；

(3)作简谐振动的物体通常称为谐振子。

5.2　简谐振动的振幅、角频率、位相(相位)

上节我们得出了简谐运动方程 $x=A\cos(\omega t+\varphi)$，现在来说明式中物理量 A、ω、$\omega t+\varphi$ 的概念及各量物理意义。

5.2.1　振幅

在简谐运动方程 $x=A\cos(\omega t+\varphi)$ 中，因简谐运动物体的位移在 $+A$ 和 $-A$ 之间，我们把简谐运动物体离开平衡位置最大位移的绝对值称为振幅，记做 A。振幅反映了振动的强弱，它是由初始条件决定的。

对于给定的系统，ω 已知，初始条件给定后可求出 A.

初始条件：$t=0$ 时，$\begin{cases}x=x_0\\ v=v_0\end{cases}$. 由 x、v 表达式有：

$$\begin{cases}x_0=A\cos\varphi\\ v_0=-\omega A\sin\varphi\end{cases}，即$$

$$\left.\begin{aligned}x_0&=A\cos\varphi\\ -\frac{v_0}{\omega}&=A\sin\varphi\end{aligned}\right\}$$

取二式平方和，即求出振幅

$$A=\sqrt{x_0^2+\frac{v_0^2}{\omega}}\tag{5.6}$$

例如，当 $t=0$ 时，物体位移为 x_0，而振动速度为零，此时的 $|x_0|$ 即为振幅，又 $t=0$ 时，物体在平衡位置，而初速度为 v_0，则 $A=\left|\frac{v_0}{\omega}\right|$，可见此时初速度越大，振幅越大。

5.2.2　周期　频率　圆频率

物体作一次完全振动所经历的时间叫做振动的周期，用 T 表示。周期的单位为秒(s)。例如图 5－1 中，物体自位置 A 经 O 到达 B，然后再经过 O 再回到 A，所经历的时间就是一个周期。所以物体在任意时刻 t 的位移和速度，应与物体在时刻 $t+T$ 的位移和速度完全相同，于是有

$$A\cos(\omega t+\varphi_0)=A\cos[\omega(t+T)+\varphi_0]=A\cos(\omega t+\varphi_0+2\pi)$$

由于余弦函数的周期性，物体作一次完全振动后应有 $\omega T=2\pi$，由此可得

$$T=\frac{2\pi}{\omega}\tag{5.7}$$

和周期密切相关的物理量是频率，即在单位时间内物体所作的完全振动次数，用 ν 表示。

$$\nu=\frac{1}{T}=\frac{\omega}{2\pi}\tag{5.8}$$

在国际单位制中，频率的单位是赫兹(Hz)。

由式(5.8)，有

$$\omega=\frac{2\pi}{T}=2\pi\nu \tag{5.9}$$

ω 表示在 2π 秒内物体所做的完全振动次数，称之为圆频率(角频率)，用 ω 表示。由上节讨论可知，简谐运动的圆频率是由系统的力学性质决定的，故又称之为固有(本征)圆频率。例如弹簧振子的圆频率

$$\omega=\sqrt{\frac{k}{m}}$$

对于给定的弹簧振子，m、k 都是一定的，所以 T、ν 完全由弹簧振子本身的性质所决定，与其他因素无关。因此，这种周期和频率又称为固有周期和固有频率。

$$T=\frac{2\pi}{\omega}=2\pi\sqrt{\frac{m}{k}}$$

$$\nu=\frac{\omega}{2\pi}=\frac{1}{2\pi}\sqrt{\frac{k}{m}}$$

5.2.3　相位(位相)

在力学中，物体在某一时刻的运动状态由位置坐标和速度来决定。简谐运动的振幅确定了振动的范围，周期或频率描述了振动的快慢。不过研究问题时仅有参量 A 和 ω 还不能确切告诉我们振动系统在任意时刻的运动状态。由式(5.3)和式(5.4)可知，只有在 A、ω 和 φ_0 为已知时，系统的运动状态才是完全确定的。我们把确定系统任意时刻运动状态的物理量称之为相位(或称位相)用 φ 表示。

$$\varphi=\omega t+\varphi_0 \tag{5.10}$$

由上可见，相位是决定振动物体运动状态的物理量。
式(5.10)中的 φ_0 是 $t=0$ 时的相位，称之为初相位(简称初相)。初相是决定初始时刻振动物体运动状态的物理量。选作初始时刻不同，φ_0 值就不同(φ_0 是由初始时刻的选择所决定)。例如选物体到达正向最大位移的时刻为初始时刻时，$\varphi_0=0$；选物体到达负向最大位移的时刻为初始时刻时，$\varphi_0=\pi$。

对于给定的系统，ω 已知，初始条件给定后可求出 φ_0。

初始条件：$t=0$ 时 $\begin{cases}x=x_0\\v=v_0\end{cases}$ 由 x、v 表达式有

$$\begin{cases}x_0=A\cos\varphi\\v_0=-\omega A\sin\varphi\end{cases}，即$$

可得出 $\tan\varphi_0=-\frac{\nu_0}{\omega x_0}$ 即

$$\varphi_0=\arctan\left(\frac{-v_0}{\omega x_0}\right)$$

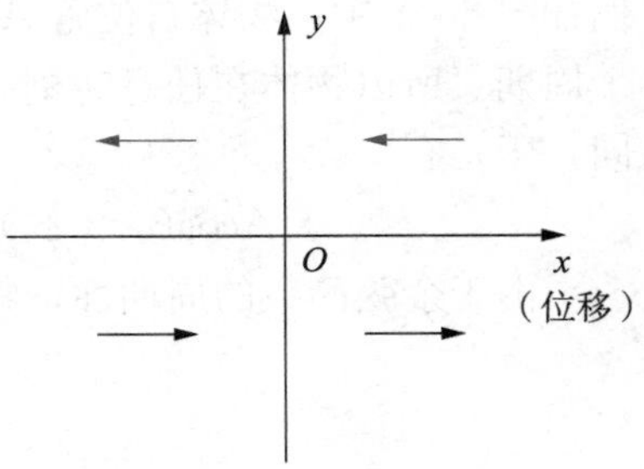

图 5-3　φ_0 值所在象限

φ_0 值所在象限：

1) $x_0>0$，$v_0<0$：φ 在第Ⅰ象限；

2) $x_0<0$，$v_0<0$：φ 在第Ⅱ象限；

3) $x_0<0$，$v_0>0$：φ 在第Ⅲ象限；

4) $x_0>0$，$v_0>0$：φ 在第Ⅳ象限。

两个作简谐运动物体的相位之差称之为相位差(或位相差)，用 $\Delta\varphi$ 表示。

$$\Delta\varphi=\varphi_2-\varphi_1 \tag{5.11}$$

设物体 1 和物体 2 的简谐运动方程为

$$x_1=A_1\cos(\omega_1 t+\varphi_1)$$

$$x_2=A_2\cos(\omega_2 t+\varphi_2)$$

两个作简谐运动物体在同一时刻相位差

$$\Delta\varphi=(\omega_2 t+\varphi_2)-(\omega_1 t+\varphi_1)=(\omega_2-\omega_1)t+(\varphi_2-\varphi_1)$$

$\Delta\varphi>0$ 表示物体 2 的相位比 1 超前，$\Delta\varphi=0$ 表示物体 2 和物体 1 同相位，$\Delta\varphi<0$ 表示物体 2 的相位比 1 落后。

例 5.1　如图 5－4 所示，一弹簧振子在光滑水平面上，已知 $k=1.60$ N/m，$m=0.40$ kg，试求下列情况下 m 的振动方程。

(1)将 m 从平衡位置向右移到 $x=0.10$ m 处由静止释放；

(2)将 m 从平衡位置向右移到 $x=0.10$ m 处并给以 m 向左的速率为 0.20 m/s。

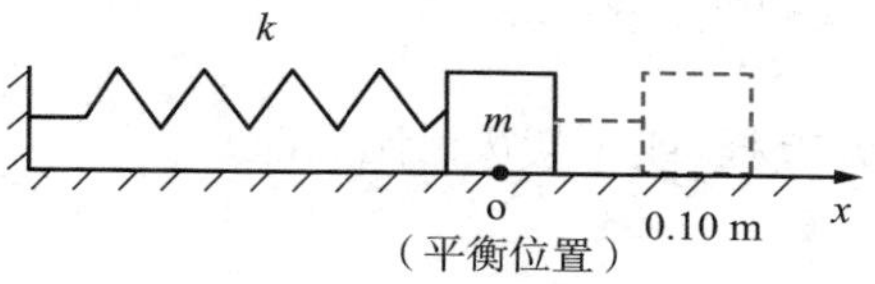

图 5－4　弹簧振子

解　(1) m 的运动方程为

$$x=A\cos(\omega t+\varphi)$$

由题意知：$\omega=\sqrt{\dfrac{k}{m}}=\sqrt{\dfrac{1.60}{0.40}}=2$ (rad/s)，

初始条件：$t=0$ 时，$x_0=0.10$ m，$v_0=0$

可得：$A=\sqrt{x_0^2+\dfrac{v_0^2}{\omega^2}}=\sqrt{0.10^2+0}=0.10$ (m)，

$$\varphi=\arctan\left(\frac{-v_0}{\omega x_0}\right)=\arctan 0$$

因为 $x_0>0$，$v_0=0$，所以 $\varphi=0$rad

$$\Rightarrow x=0.10\cos(2t)\ (\text{m})$$

(2)初始条件：$t=0$ 时，$x_0=0.10$ m，$v_0=-0.20$ m/s

$$A=\sqrt{x_0^2+\frac{v_0^2}{\omega^2}}=\sqrt{0.10^2+\frac{(-0.20)^2}{2^2}}=0.1\sqrt{2}\ (\text{m})$$

$$\varphi=\arctan\frac{-v_0}{\omega x_0}=\arctan\left(-\frac{-0.20}{2\times0.10}\right)=\arctan 1$$

因为 $x_0>0$，$v_0<0$，所以 $\varphi=\dfrac{\pi}{4}$

$$\Rightarrow x=0.1\sqrt{2}\cos\left(2t+\frac{\pi}{4}\right)(\text{m})$$

可见：对于给定的系统，如果初始条件不同，则振幅和初相就有相应的改变。

例 5.2 如图 5-5 所示，一根不可以伸长的细绳上端固定，下端系一小球，使小球稍偏离平衡位置释放，小球即在铅直面内平衡位置附近做振动，这一系统称为单摆。

(1)证明：当摆角 θ 很小时小球作简谐振动；

(2)求小球振动周期。

证：(1)设摆长为 l，小球质量为 m，某时刻小球悬线与铅直线夹角为 θ，选悬线在平衡位置右侧时，角位移 θ 为正，由转动定律：

$$M=J\alpha$$

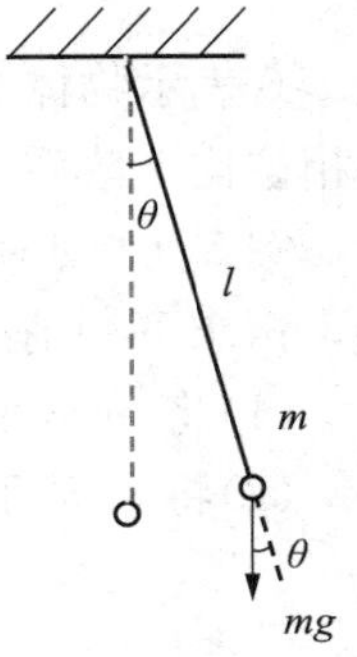

图 5-5 单摆

有

$$-mg\sin\theta l=ml^2\frac{\mathrm{d}^2\theta}{\mathrm{d}t^2}$$

即

$$\frac{\mathrm{d}^2\theta}{\mathrm{d}t^2}+\frac{g}{l}\sin\theta=0$$

因为 θ 很小。所以 $\sin\theta\approx 0$

$$\Rightarrow\frac{\mathrm{d}^2\theta}{\mathrm{d}t^2}+\frac{g}{l}\theta=0$$

因为这是简谐振动的微分方程(或 α 与 θ 正比反向)

所以小球在作简谐振动。

(2)

$$T=\frac{2\pi}{\omega}=\frac{2\pi}{\sqrt{\frac{g}{l}}}=2\pi\sqrt{\frac{l}{g}}$$

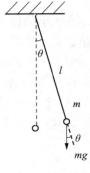

注意作简谐振动时条件，即 θ 很小。

5.3 简谐运动的旋转矢量表示法

在中学中，为了更直观更方便地研究三角函数，引进了单位圆的图示法，同样，在此为了更直观更方便地研究简谐运动，来引进旋转矢量的图示法。

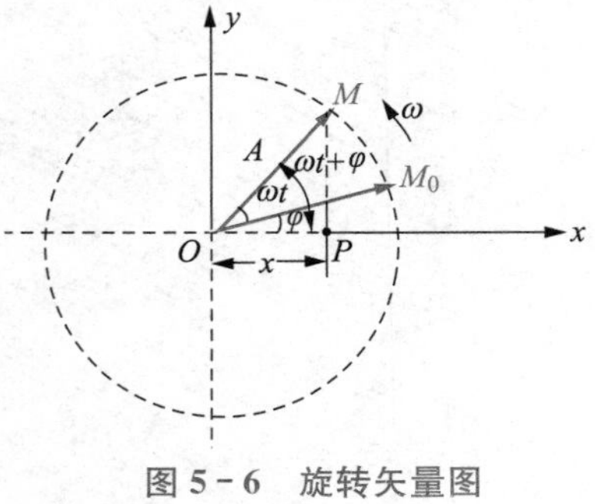

图 5-6 旋转矢量图

如图 5-6 所示，一长度为 A 的矢量绕 O 点以恒定角速度 ω 沿逆时针方向转动。在转动过程中，矢量的端点 M 在 Ox 轴上的投影点 P 也不断地以 O 为平衡位置往返振动。在任意时刻，投影点在 x 轴上的位置由方程 $x=A\cos(\omega t+\varphi)$ 确定，因而它的振动是简谐振动。也就是说，一个简谐振动可以用一个旋转的矢量来表示。它们之间的对应关系为：旋转矢量的长度 A 为投影点简谐振动的振幅；旋转矢量的转动角速度为简谐振动的圆频率 ω；而旋转矢量在 t 时刻与 Ox 轴的夹角 $\omega t+\varphi$ 便是简谐运动方程中的相位；φ 角是起始时刻旋转矢量与 Ox 轴的夹角，就是初相。

由图 5-6 可以看出，由于旋转矢量总是逆时针方向转动，因而相位角不仅确定了投影点的位置，而且确定了投影点的速度大小和方向，即确定了该时刻投影点振动的运动状态。

由于余弦函数的周期为 2π，当相位由初始时刻的 φ 经历 2π 变化到 $2\pi+\varphi$，投影点经历了一个周期，完成一次全振动。在此周期内，相位连续地取得了不同的数值，投影点连续地经历不同的运动状态，相位继续变化，振动完全重复进行，与此相应的状态不断地重复再现。

在简谐振动过程中，相位 $\omega t+\varphi$ 随时间线性变化，变化速率为圆频率 ω，即在 Δt 时间间隔内，相位变化为 $\Delta\varphi=\omega\Delta t$。把握住这一点，配合旋转矢量图，就可以巧妙地解决一些看来似乎困难的问题。旋转矢量是研究简谐振动的一种直观、简便方法，必须注意，旋转矢量本身并不在作简谐振动，而是它矢端在 x 轴上的投影点在 x 轴上作简谐振动。旋转矢量与简谐振动 $x-t$ 曲线的对应关系(设 $\varphi=0$)

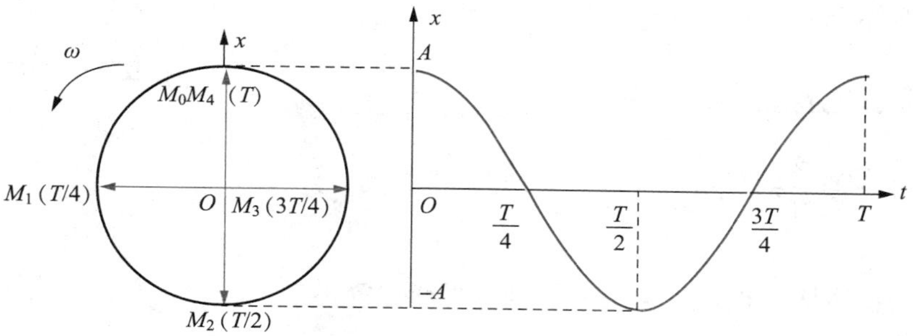

图 5-7　旋转矢量图及简谐运动的 $x-t$ 图线

例 5.3　一物体沿 x 轴作简谐振动，振幅为 0.12 m，周期为 2 s。$t=0$ 时，位移为 0.06 m，且向 x 轴正向运动。

(1)求物体的振动方程；

(2)设 t_1 时刻为物体第一次运动到 $x=-0.06$ m 处，试求物体从 t_1 时刻运动到平衡位置所用最短时间。

解　(1)设物体简谐振动方程为

$$x=A\cos(\omega t+\varphi)$$

由题意知 $A=0.12$ m，$\omega=\frac{2\pi}{T}=\frac{2\pi}{2}=\pi$ rad/s

求 φ 的值。

〈方法一〉用数学公式求 φ

$$x_0=A\cos\varphi$$

因为 $A=0.12$ m，$x_0=0.06$ m，所以 $\cos\varphi=\frac{1}{2}\Rightarrow\varphi=\pm\frac{\pi}{3}$。

因为 $v_0=-\omega A\sin\varphi>0$，所以 $\varphi=-\frac{\pi}{3}$。

可得

$$x=0.12\cos\left(\pi t-\frac{\pi}{3}\right)\text{m}$$

〈方法二〉用旋转矢量法求 φ

根据题意，如图 5-8 所示结果，

所以 $\varphi=-\frac{\pi}{3}$。

可得 $x=0.12\cos\left(\pi t-\dfrac{\pi}{3}\right)\text{m}$

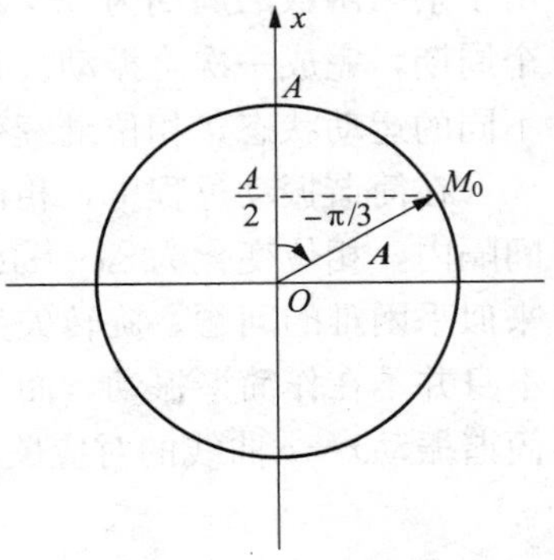

图 5-8 旋转矢量图

由上可见，〈方法二〉简单。

(2)〈方法一〉用数学式子求 Δt

由题意有：$(-0.06)=0.12\cos\left(\pi t_1-\dfrac{\pi}{3}\right)$

(因为 $\omega t_1<\omega T=2\pi$，所以 $\omega t_1-\dfrac{\pi}{3}<2\pi$)

可得 $\pi t_1-\dfrac{\pi}{3}=\dfrac{2}{3}\pi$ 或 $\dfrac{4}{3}\pi$

因为此时 $v_1-A\omega\sin\left(\pi t_1-\dfrac{\pi}{3}\right)<0$，

所以 $\pi t_1-\dfrac{\pi}{3}=\dfrac{2}{3}\pi$，

可得 $t_1=1\text{ s}$

设 t_2 时刻物体从 t_1 时刻运动后首次到达平衡位置，

有：$0=0.12\cos\left(\pi t_2-\dfrac{\pi}{3}\right)$，

可得 $\pi t_2-\dfrac{\pi}{3}=\dfrac{\pi}{2}$或$\dfrac{3}{2}\pi$ (因为 $\omega t_2<2\pi$ 所以 $\omega t_2-\dfrac{\pi}{3}<2\pi$)

因为 $v_2=-A\omega\sin\left(\pi t_2-\dfrac{\pi}{3}\right)>0$，

所以 $\pi t_2-\dfrac{\pi}{3}=\dfrac{3}{2}\pi$，

可得 $t_2=\dfrac{11}{6}\text{ s}$

$$\Delta t=t_2-t_1=\frac{11}{6}-1=\frac{5}{6}\ (\text{s})$$

〈方法二〉用旋转矢量法求 Δt

由题意知，如图 5-9 所示结果，M_1 为 t_1 时刻旋转矢量 **A** 末端位置，M_2 为 t_2 时刻旋转矢量 **A** 末端位置。从 t_1-t_2 内旋转矢量 **A** 转角为

$$\Delta\varphi=\omega(t_2-t_1)=\angle M_1OM_2=\frac{\pi}{3}+\frac{\pi}{2}=\frac{5}{6}\pi$$

可得 $$\Delta t=t_2-t_1=\frac{\frac{5}{6}\pi}{\omega}=\frac{5}{6}\cdot\frac{\pi}{\pi}=\frac{5}{6}\ (\text{s})$$

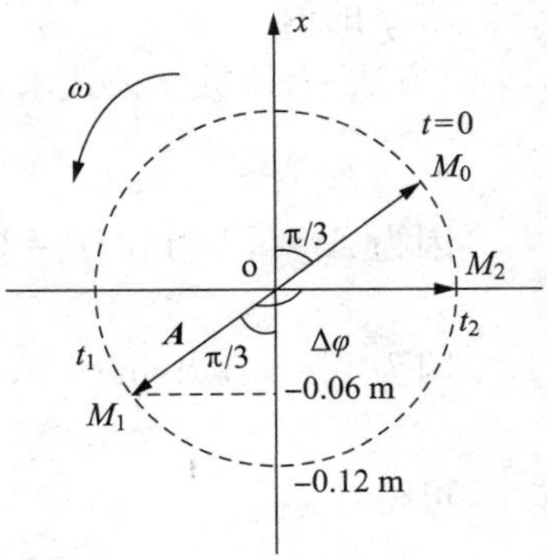

图 5-9 旋转矢量图

显然〈方法二〉简单。

例 5.4 图为某质点作简谐振动的 $x-t$ 曲线。求振动方程。

解 设质点的振动方程为 $x=A\cos(\omega t+\varphi)$

由图 5 - 10 知：$A=10$ cm

$$\omega=\frac{2\pi}{T}=\frac{2\pi}{2}=\pi\ (\mathrm{rad/s})$$

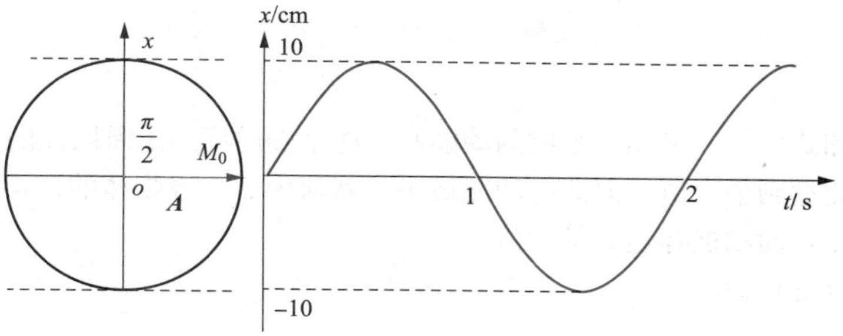

图 5 - 10　简谐振动 $x-t$ 曲线及 $t=0$ 时刻旋转矢量图

用旋转矢量法(见图 5 - 10)可知，$\varphi=-\frac{\pi}{2}\left(\text{或}\frac{3}{2}\pi\right)$

$$x=10\cos\left(\pi t-\frac{\pi}{2}\right)\ \mathrm{cm}$$

例 5.5　弹簧振子在光滑的水平面上作简谐振动，A 为振幅，$t=0$ 时刻情况如图所示。O 为原点。试求各种情况下初相。

解　由弹簧振子 $t=0$ 时刻所处状态，作出对应的旋转矢量图，如图 5 - 11 所示，可确定弹簧振子的初相位。

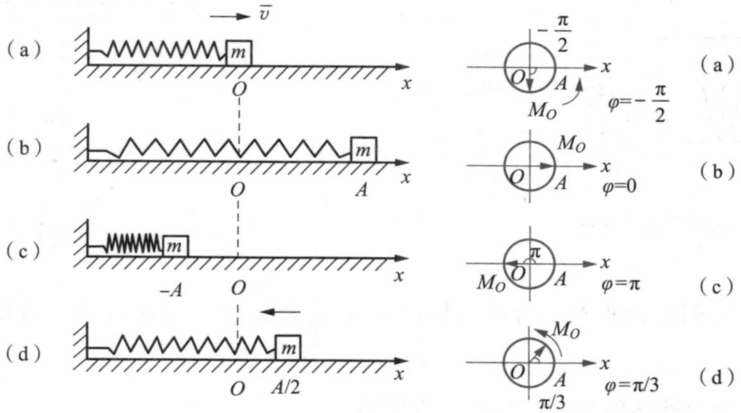

图 5 - 11　弹簧振子运动及旋转矢量图

5.4　简谐运动的能量

下面以图 5 - 1 弹簧振子为例来研究简谐运动的能量。

设振子质量为 m，弹簧的弹性系数为 k，在某时刻的位移为 x，速率为 v，

$$x=A\cos(\omega t+\varphi)$$

$$v=-\omega A\sin(\omega t+\varphi)$$

于是振子 m 所具有的振动动能和振动势能分别为

$$E_k=\frac{1}{2}mv^2=\frac{1}{2}m\omega^2A^2\sin^2(\omega t+\varphi_0)=\frac{1}{2}kA^2\sin^2(\omega t+\varphi_0) \tag{5.12}$$

$$E_p=\frac{1}{2}kx^2=\frac{1}{2}kA^2\cos^2(\omega t+\varphi_0) \tag{5.13}$$

其中，$k=m\omega^2$。

由式(5.12)和式(5.13)可知，系统的动能和势能都随时间 t 作周期性的变化。当物体的位移最大时，势能达到最大值，但此时动能最小，其值为零；当物体的位移为零时，势能为最小值，其值为零，而动能却达到最大值。

简谐运动系统总机械能

$$E=E_k+E_p=\frac{1}{2}kA^2 \tag{5.14}$$

式(5.14)表明，简谐运动的总能量与振幅的二次平方成正比，所以以 A^2 作为简谐振动强度的标志。简谐运动的振幅保持不变，是等幅振动，能量没有损失，所以作简谐运动的物体总机械能必然守恒，即系统的动能 E_k 与势能 E_p 不断地相互转换，总能量却保持恒定。

简谐振子动能和势能随时间变化曲线如图 5-12 所示。简谐振子势能随位移 x 变化曲线如图 5-13 所示。

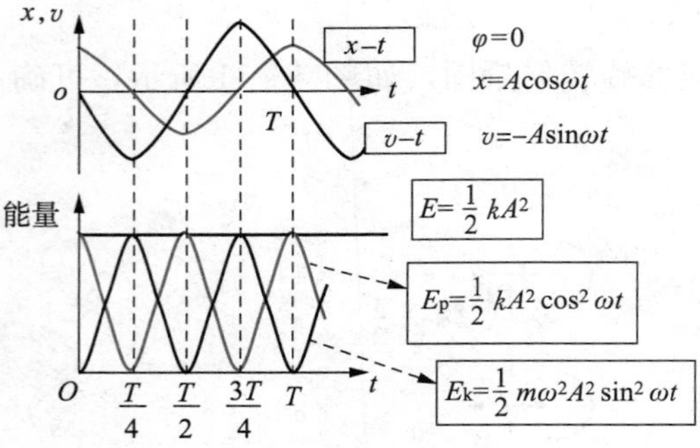

图 5-12 简谐振子动能和势能曲线

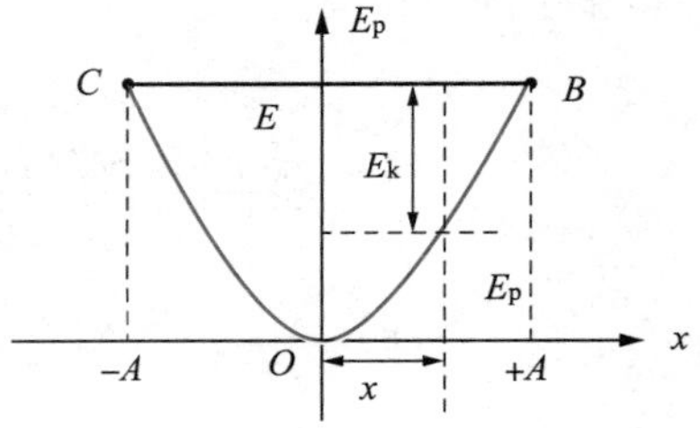

图 5-13 简谐振子势能 E_P-x 曲线

例 5.6 一物体连在弹簧一端在水平面上作简谐振动，振幅为 A。试求 $E_k=\frac{1}{2}E_p$ 的位置。

解 设弹簧的弹性系数为 k，系统总能量为

$$E=E_k+E_p=\frac{1}{2}kA^2$$

在 $E_k=\frac{1}{2}E_p$ 时，有

$$E_k+E_p=\frac{3}{2}E_p=\frac{3}{2}\cdot\frac{1}{2}kx^2$$

可得出$\frac{3}{4}kx^2=\frac{1}{2}kA^2$，则 $x=\pm\sqrt{\frac{2}{3}}A$。

例 5.7 如图图 5-14 所示系统，弹簧的弹性系数 $k=25$ N/m，物块 $m_1=0.6$ kg，物块

$m_2=0.4$ kg，m_1 与 m_2 间最大静摩擦系数为 $\mu=0.5$，m_1 与地面间是光滑的。现将物块拉离平衡位置，然后任其自由振动，使 m_2 在振动中不致从 m_1 上滑落，问系统所能具有的最大振动能量是多少？

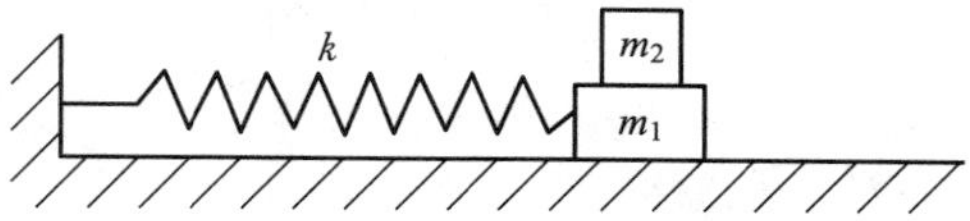

图 5-14　弹簧振子系统

解　系统的总能量为

$$E=\frac{1}{2}kA^2$$

$$E_{\text{kmax}}=E=\frac{1}{2}kA^2(\text{此时 } E_p=0)$$

m_2 不致从 m_1 上滑落时，须有

$$m_2a\leqslant m_2g\mu$$

极限情况 $a_{\max}=g\mu=A\omega^2$

即
$$A=\frac{g\mu}{\omega^2}=g\mu\cdot\frac{(m_1+m_2)}{k}$$

$$\Rightarrow E_{\text{kmax}}=\frac{1}{2}\cdot\left(g\mu\frac{m_1}{m_2}k\right)^2=\frac{1}{2}(m_1+m_2)^2\ \frac{g^2\mu^2}{k}$$

$$=\frac{1}{2}(0.6+0.4)^2\times\frac{9.8^2\times0.5^2}{25}=0.48\ (\text{J})$$

5.5　简谐运动的合成

一个物体可以同时参与两个或两个以上的振动。如：在有弹簧支撑的车厢中，人坐在车厢的弹簧垫子上，当车厢振动时，人便参与两个振动，一个为人对车厢的振动，另一个为车厢对地的振动。又如：两个声源发出的声波同时传播到空气中某点时，由于每一声波都在该点引起一个振动，所以该质点同时参与两个振动。为此，我们讨论振动的合成问题。一般振动合成是比较复杂的，下面讨论基本的简谐运动的合成。

5.5.1　两个同方向同频率简谐运动的合成

设质点同时参与两个同方向同频率的简谐运动，取它们的运动所在直线为 x 轴，平衡位置为原点，它们的运动方程分别为

$$x_1=A_1\cos(\omega t+\varphi_1)$$
$$x_2=A_2\cos(\omega t+\varphi_2)$$

A_1、A_2 分别表示第一个振动和第二个振动的振幅；φ_1、φ_2 分别表示第一个振动和第二个振动的初相，ω 是两振动的角频率。

由于 x_1、x_2 表示同一直线上距同一平衡位置的位移，所以合成振动的位移 x 在同一直线上，而且等于上述两分振动位移的代数和，即

$$x=x_1+x_2$$

为简单起见，用旋转矢量法求合振动。

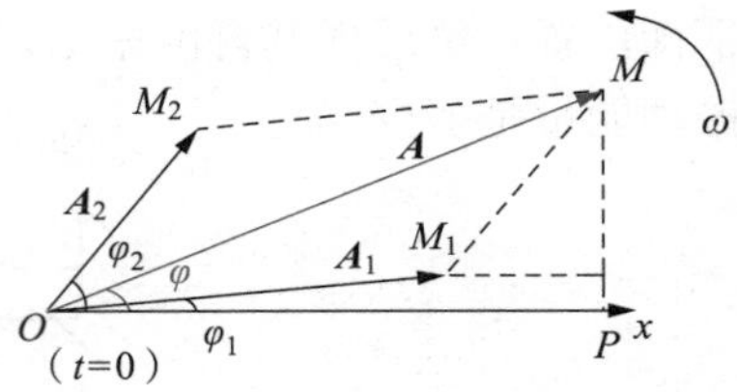

图 5－15 旋转矢量法求简谐运动的合成

如图 5－15 所示，$t=0$ 时，两振动对应的旋转矢量为 $\boldsymbol{A}_1$、$\boldsymbol{A}_2$，合矢量为 $\boldsymbol{A}=\boldsymbol{A}_1+\boldsymbol{A}_2$。因为 $\boldsymbol{A}_1$、$\boldsymbol{A}_2$ 以相同角速度 ω 转动，所以转动过程中 $\boldsymbol{A}\boldsymbol{A}_1$ 与 $\boldsymbol{A}_2$ 间夹角不变，可知 $\boldsymbol{A}$ 大小不变，并且 $\boldsymbol{A}$ 也以 ω 转动。任意时刻 t，$\boldsymbol{A}$ 矢端在 x 轴上的投影为：

$$x=x_1+x_2.$$

因此，合矢量 $\boldsymbol{A}$ 即为合振动对应的旋转矢量，A 为合振动振幅，φ 为合振动初相。合振动方程仍为简谐运动，其运动方程为：

$$x=A\cos(\omega t+\varphi)$$

由图中三角形 OM_1M_2 知：合振幅

$$A=\sqrt{A_1^2+A_2^2+2A_1A_2\cos(\varphi_2-\varphi_1)} \tag{5.15}$$

由图中三角形 OMP 知：合振动的初相

$$\tan\varphi=\frac{A_1\sin\varphi_1+A_2\sin\varphi_2}{A_1\cos\varphi_1+A_2\cos\varphi_2} \tag{5.16}$$

从式(5.15)可以看出，合振幅与两个分振幅及两个分振动的相位差$(\varphi_2-\varphi_1)$有关，下面讨论两个特例：

(1)$\varphi_2-\varphi_1=2k\pi(k=0，\pm1，\pm2，\cdots)$时，则 $A=A_1+A_2$，即两个分振动相位相同或相位差为 2π 的整数倍时，合振幅等于两个分振幅之和，合成结果是相互加强，合振幅最大。

(2)$\varphi_2-\varphi_1=(2k+1)\pi(k=0，\pm1，\pm2，\cdots)$时，则 $A=|A_1-A_2|$，即两个分振动相位相反或相位差为 π 的奇数倍时，合振幅等于两个分振幅之差的绝对值，合成结果是相互减弱，合振幅最小。

若 $A_1=A_2$ 时，$A=0$，说明两个同幅反相的振动合成的结果将使质点处于静止状态。

一般情况下，两个振动即不同相也不反相，相位差$\varphi_2-\varphi_1$ 为其他值时，合振幅 A 在(A_1+A_2)与 $|A_1-A_2|$ 之间。

例 5.8 有两个同方向同频率的简谐振动，其合成振动的振幅为 0.2 m，位相与第一振动的位相差为 $\pi/6$，若第一振动的振幅为 $\sqrt{3}\times10^{-1}$ m，用振幅矢量法求第二振动的振幅及第一、第二两振动位相差。

解 作出两个分振动合成的旋转矢量图如图 5－16 所示。

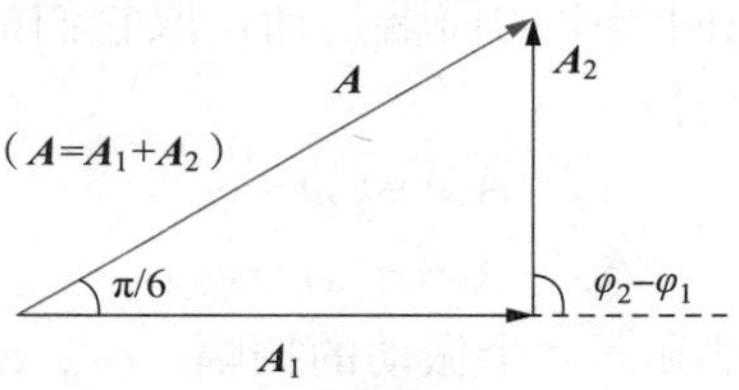

图 5－16 旋转矢量法求运动的合成

(1)求 A_2 的值

$$A_2=\sqrt{A_1^2+A^2-2A_1A\cos\frac{\pi}{6}}=\sqrt{(\sqrt{3}\times10^{-1})^2+0.2^2-2\times\sqrt{3}\times10^{-1}\times0.2\cos\frac{\pi}{6}}$$
$$=0.1\ (\text{m})$$

(2)因为 $A^2=A_1^2+A_2^2$，所以 $\varphi_2-\varphi_1=\frac{\pi}{2}$。

例 5.9　一质点同时参与三个同方向同频率的简谐振动，它们的振动方程分别为 $x_1=A\cos\omega t$，$x_2=A\cos\left(\omega t+\frac{\pi}{3}\right)$，$x_3=A\cos\left(\omega t+\frac{2}{3}\pi\right)$，试用振幅矢量方法求合振动方程。

解　如图 5-17，$\varphi=\frac{\pi}{3}$($\boldsymbol{A}_1$、$\boldsymbol{A}_2$、$\boldsymbol{A}_3$ 和 $\boldsymbol{A}$ 构成一等腰梯形)

$$A=2A_1\cos\varphi+A_2=2A\cos\frac{\pi}{3}+A=2A$$

$$\Rightarrow x=2A\cos\left(\omega t+\frac{\pi}{3}\right)$$

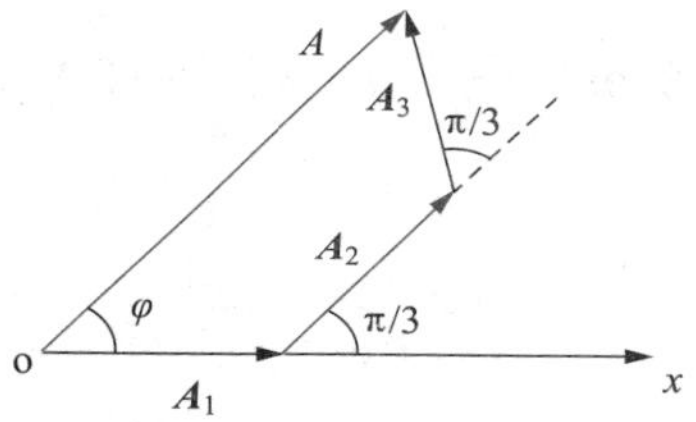

图 5-17　旋转矢量法求运动的合成

5.5.2　同方向不同频率简谐运动的合成

某物体同时参与两个同方向不同频率的简谐振动。为突出分振动频率不同引起合振动的效果，设两个分振动的振幅相同，且初相位也相同，两个分振动的位移

$$x_1=A\cos(\omega_1 t+\varphi)$$
$$x_2=A\cos(\omega_2 t+\varphi)$$

合振动的位移为

$$x=x_1+x_2=A\cos(\omega_1 t+\varphi)+A\cos(\omega_2 t+\varphi)$$

利用三角恒等式可求得

$$x=2A\cos\left(\frac{\omega_2+\omega_1}{2}t\right)\cos\left(\frac{\omega_2-\omega_1}{2}t\right)\tag{5.17}$$

由式(5.17)可知，同方向不同频率简谐振动的合振动不再是简谐振动。若两个分振动的频率满足$(\omega_2+\omega_1)\gg|\omega_2-\omega_1|$，则合振动表现出重要的一个特点，这时式(5.17)中的因子 $2A\cos\frac{\omega_2-\omega_1}{2}t$ 的周期要比另一个因子 $\cos\frac{\omega_2+\omega_1}{2}t$ 的周期长得多，因此可将式(5.17) 表示的运动看作是振幅按照 $\left|2A\cos\frac{\omega_2+\omega_1}{2}t\right|$ 缓慢变化，而圆频率等于$\frac{\omega_2+\omega_1}{2}$的“准简谐振动”，即振幅有周期性变化的“简谐振动”，或者说是一个高频率振动受到一个低频率振动调制的运

动。如图 5－18 所示。这种频率较大而频率之差很小的两个同方向简谐运动合成时，其合振动的振幅时而加强时而减弱的现象叫“拍”。

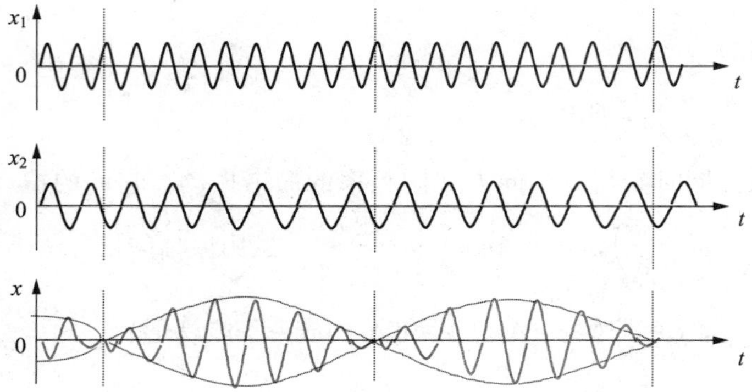

图 5－18 拍的形成

合振幅每变化一个周期称为一拍，单位时间内出现拍的次数(合振幅变化的频率)称之为拍频。由于余弦函数的绝对值以 π 为周期，所以有

$$\left|2A\cos\frac{\omega_2-\omega_1}{2}t\right|=\left|2A\cos\left(\frac{\omega_2-\omega_1}{2}t+\pi\right)\right|=\left|2A\cos\frac{\omega_2-\omega_1}{2}\left(t+\frac{2\pi}{\omega_2-\omega_1}\right)\right|$$

则合振幅变化的周期

$$T=\left|\frac{2\pi}{\omega_2-\omega_1}\right|$$

合振幅变化的频率(拍频)

$$\nu=\frac{1}{T}=\left|\frac{\omega_2-\omega_1}{2\pi}\right|=|\nu_2-\nu_1| \tag{5.18}$$

可见拍频等于两个分振动频率之差。

拍现象在声振动、电磁振荡及波动中经常遇到。例如，当两个频率相近的音叉同时振动时，就可以听到时强时弱的“嗡、嗡……”的拍音；在吹双簧管乐器时，由于簧管两个簧片的频率略有差别，就能听到时强时弱的悦耳的拍音。利用拍现象还可以测定振动频率，校正乐器和制造拍振荡器等。

5.6 阻尼振动 受迫振动 共振

5.6.1 阻尼振动

前面所讨论的简谐运动都是没有考虑阻力作用的，简谐运动物体振幅不随时间变化，且系统的机械能守恒，是一种无阻尼的自由振动。但实际的振动不可避免地要受到各种阻力的影响，由于克服阻力做功，振动系统的能量不断减少。由于振动能量与振幅的二次平方成正比，因此在有机械能损耗的情况下，振幅将逐渐减小，这种振幅随时间而减小的振动叫做阻尼振动。

下面讨论谐振子系统受到弱介质阻力而衰减的情况。弱介质阻力是指当振子运动速度较低时，介质对物体的阻力仅与速度的一次方成正比，即这时阻力

$$f_r = -\gamma v = -\gamma \frac{dx}{dt}$$

γ 称为阻力系数，与物体的形状、大小、物体的表面性质及介质性质有关。

谐振子在弹性力及阻力作用下，如图 5－19 所示。根据牛顿第二定律，谐振子的动力学方程为

$$m\frac{d^2x}{dt^2} = -kx - \gamma\frac{dx}{dt}$$

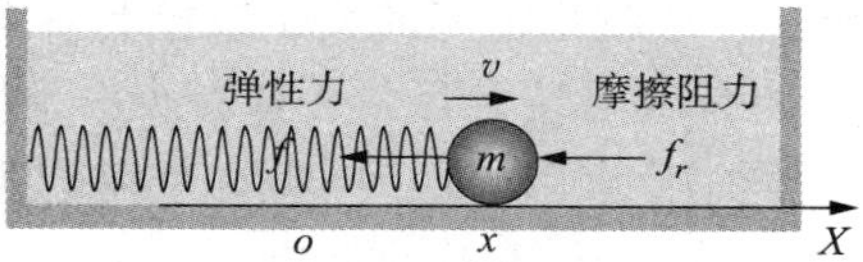

图 5－19　谐振子系统

令 $\omega_0^2 = \frac{k}{m}$，$2\beta = \frac{\gamma}{m}$，上式可化成

$$\frac{d^2x}{dt^2} + 2\beta\frac{dx}{dt} + \omega_0^2 x = 0 \tag{5.19}$$

式(5.19)中，ω_0 是系统的固有频率，β 为阻尼系数。式(5.19)的解，与阻尼的大小有关。

若 $\beta \ll \omega_0$ 时，称为欠阻尼，其方程的解为

$$x = A_0 e^{-\beta t}\cos(\omega t + \varphi_0) \tag{5.20}$$

式(5.20)中，$\omega = \sqrt{\omega_0^2 - \beta^2}$，$A_0$ 和 φ_0 是由初始条件确定的两个积分常数。

阻尼振动的位移随时间变化的曲线如图 5－20 所示，图中的虚线表示阻尼振动的振幅 $A_0 e^{-\beta t}$ 随时间 t 按照指数规律衰减，阻尼越大振幅衰减越快。阻尼振动的周期为

$$T = \frac{2\pi}{\omega} = \frac{2\pi}{\sqrt{\omega_0^2 - \beta^2}} > \frac{2\pi}{\omega_0}$$

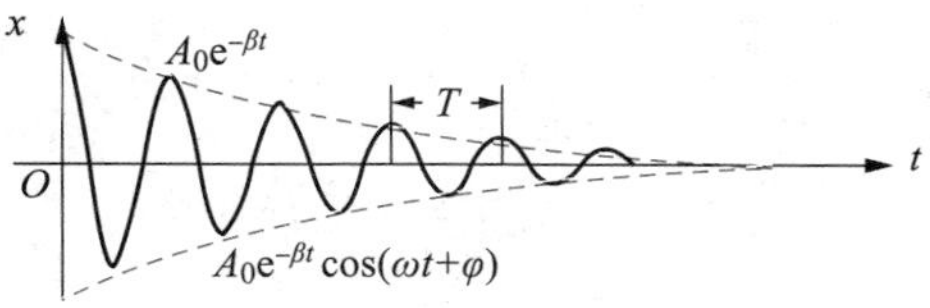

图 5－20　欠阻尼振动位移曲线

可见，欠阻尼振动的周期比系统的固有周期长。

若 $\beta > \omega_0$，称为过阻尼，其方程的解为

$$x = c_1 e^{-(\beta - \sqrt{\beta^2 - \omega_0^2})t} + c_2 e^{-(\beta + \sqrt{\beta^2 - \omega_0^2})t} \tag{5.21}$$

这时系统也不作往复运动，而是非常缓慢地回到平衡位置并停下来，如图 5－21 所示。

若 $\beta = \omega_0$，称为临界阻尼，其方程的解为

$$x = (c_1 + c_2 t)e^{-\beta t} \tag{5.22}$$

此时系统不作往复运动，物体处于由欠阻尼向过阻尼过渡的临界状态，物体刚好能做非周期运动，且与过阻尼相比，物体从离开平衡位置的地方运动回到平衡位置所需要的时间最短，即较快地回到平衡位置并停下来。如图 5－22 所示。

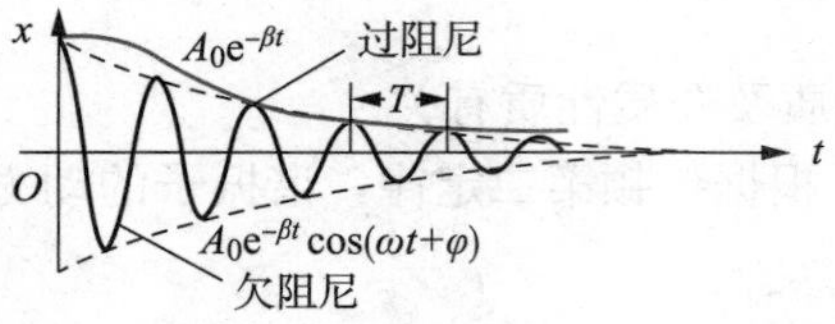

图 5-21　过阻尼振动位移曲线

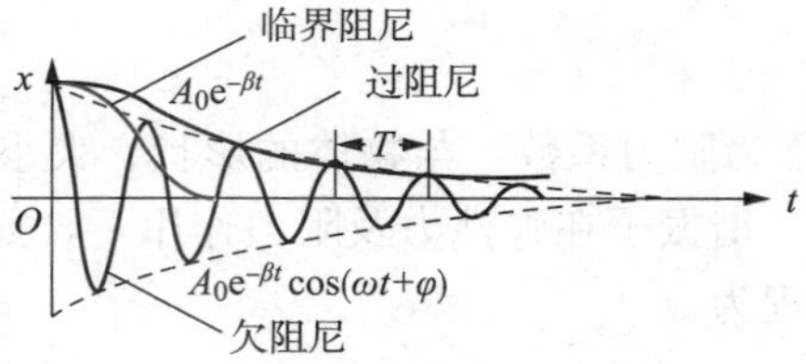

图 5-22　临界阻尼振动位移曲线

在实际应用中，常用不同的办法改变阻尼的大小以控制系统的振动情况。例如，物理天平、灵敏电流计等仪器仪表中装有阻尼装置，常使阻尼装置调至临界阻尼状态，使测量快捷、准确；在工业生产中，各类机器为了减振、防振，都需配置防振器，大家都采用一系列的阻尼装置，目的是使频繁的撞击变为缓慢的振动，并迅速衰减，从而达到保护机件的目的。

5.6.2　受迫振动

实际中阻力总是客观存在的，只能减小而不能完全消除它。由于阻力而消耗能量，这会使振幅不断衰减，我们是不希望这种衰减的。为了使振幅不衰减，通常是给系统施加一个周期性外力。系统在周期性外力作用下的振动称作受迫振动。这个周期性的外力叫作策动力。

为简单起见，假设策动力有如下形式

$$F=F_0\cos\omega t$$

其中，F_0 为策动力的幅值，ω 为策动力角频率。

仍以弹簧振子为例，讨论欠阻尼谐振子系统在策动力作用下的受迫振动，其动力学方程为

$$m\frac{\mathrm{d}^2x}{\mathrm{d}t^2}=-kx-\gamma\frac{\mathrm{d}x}{\mathrm{d}t}+F_0\cos\omega t$$

令 $\omega_0^2=\dfrac{k}{m}$，$2\beta=\dfrac{\gamma}{m}$，$f=\dfrac{F_0}{m}$，可得

$$\frac{\mathrm{d}^2x}{\mathrm{d}t^2}+2\beta\frac{\mathrm{d}x}{\mathrm{d}t}+\omega_0^2x=f_0\cos\omega t \tag{5.23}$$

这就是受迫振动的动力学方程。该方程的解为

$$x=A_0\mathrm{e}^{-\beta t}\cos(\sqrt{\omega_0^2-\beta^2}\,t+\varphi_0)+A\cos(\omega t+\varphi) \tag{5.24}$$

此解是由两项组成，可以看成是两个振动的合成。第一个振动是一个减幅振动，第二个振动是一个等幅振动。策动力开始作用的阶段，系统的振动是非常复杂的，经过一段时间之后第一项振动将减弱到可以忽略不计，只剩下第二项，所以在受迫振动达到稳定状态时，它的稳态解应为第二项即式(5.23)的稳态解

$$x=A\cos(\omega t+\varphi) \tag{5.25}$$

可见，稳定受迫振动的频率等于策动力的频率。这个过程可通过图 5-23 形象说明。开始振动比较复杂，经过一段时间后，受迫振动进入稳定振动状态。受迫振动到达稳定时，其频率等于策动力的频率。将式(5.25)代入式(5.23)，并采用待定系数法可确定稳定受迫振动的振幅为

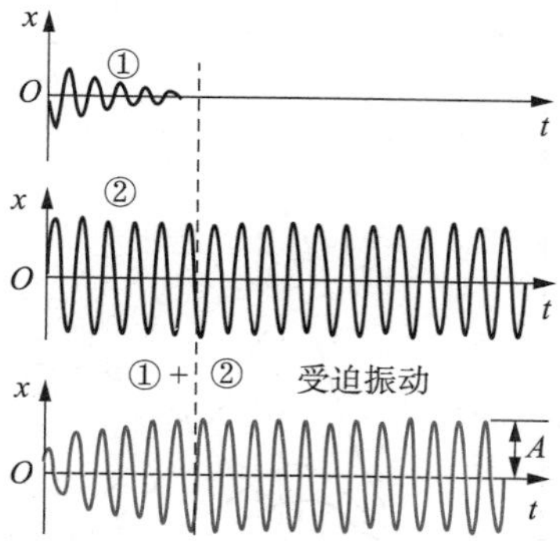

图 5-23　受迫振动稳态解

$$A=\frac{f_0}{\sqrt{(\omega_0^2-\omega^2)^2+4\beta^2\omega^2}} \tag{5.26}$$

初相位为

$$\varphi=\arctan\left(\frac{-2\beta\omega}{\omega_0^2-\omega^2}\right) \tag{5.27}$$

式(5.26)表明稳定受迫振动的振幅与系统的初始条件无关，而是与系统的固有周期、阻尼系数及策动力频率和幅值有关的函数。

5.6.3　共振

共振是受迫振动中一个重要而具有实际意义的物理现象。从上面的讨论中我们看到受迫振动的稳态解从形式上看和无阻尼简谐振动的方程形式完全一样，但实际上是有本质区别的。无阻尼简谐振动的频率是系统的固有频率，是由系统本身性质所决定的，其振幅和初位相是由初始条件决定的。而对于受迫振动的稳态解，ω 并不是系统的固有频率，而是策动力的频率，其振幅和初相位依赖于振动系统本身的性质、阻尼的大小和策动力的特征。

对于一定的系统，在阻尼和策动力幅值一定的条件下，其受迫振动在稳态时的振幅随策动力的频率 ω 变化而改变。它存在一个极值，受迫振动的位移达到极大值的现象称为共振(位移共振)。将式(5.26)对 ω 求导并令

$$\frac{dA}{d\omega}=0$$

可求得共振时策动力的角频率

$$\omega_r=\sqrt{\omega_0^2-2\beta^2} \tag{5.28}$$

此时的频率 ω_r 称为共振频率。从共振频率可看出对于不同的阻尼因子共振频率是不同的。实验测得不同阻尼时，振幅和策动力频率之间的关系曲线如图 5-24 所示。

共振现象在实际中有着广泛的应用，例如吉他、钢琴、小提琴等乐器之所以能发出美妙的声音，是因为木质琴身利用共振现象使其成为共鸣箱；收音机的调谐回路也是利用了共振现象；微波炉加热食品时，炉内有很强的交变电磁场，它使得食物分子中的带电微粒做受迫振动。由于分子间的相互作用，振动的能量最终成为食物分子热运动的动能，提高了食物的温度。

共振物理现象在实际中也是给人来带来危害的。例如在 18 世纪中叶，法国昂热市附近

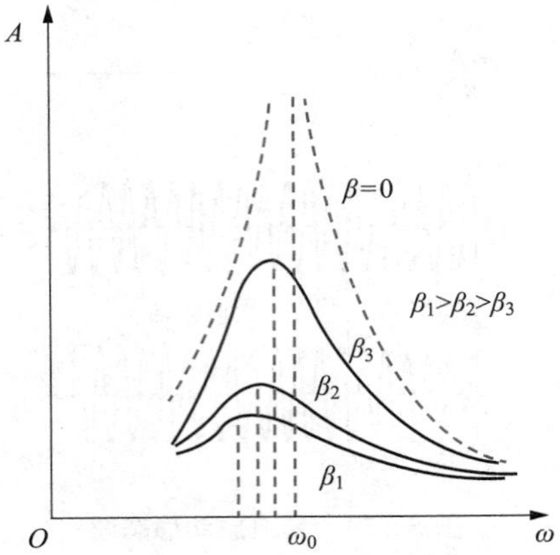

图 5-24 位移共振曲线

一座长 102 m 的桥，因一队士兵在桥上经过，他们在指挥官的口令下迈着整齐的步伐过桥，引起桥梁共振，桥梁突然断裂，造成 226 名官兵和行人丧生。此后，各国都规定大队人马过桥，要便步通过。又如 1940 年，美国华盛顿州，刚建成 4 个月的全长 860 m 的塔科麦大桥因大风引起的共振而塌毁，尽管当时的风速还不到设计风速限值的 1/3。

为避免这种共振对桥梁、水坝、高楼建筑等的破坏，设计制造者须考虑应用合适的阻尼器抑制共振现象的发生。

5.7 小 结

1. 简谐运动的特征方程

动力学方程：

$$F=-kx$$

微分方程：

$$\frac{d^2x}{dt^2}+\omega^2x=0$$

2. 简谐运动方程：

$$x=A\cos(\omega t+\varphi)$$

3. 描述简谐振动的物理量

振幅 A：振动物体离开平衡位置最大位移的绝对值；

周期 T：物体作一次完全振动所需要的时间；

频率 ν：振动物体在单位时间内所作完全振动的次数；

$$\nu=\frac{1}{T}$$

圆频率 ω：振动物体在 2πs 内所作完全振动的次数；

$$\omega=\frac{2\pi}{T}=2\pi\nu$$

相位$(\omega t+\varphi)$：决定任意时刻振动系统的运动状态，反映了简谐振动的周期性；

初相 φ：$t=0$ 时刻的相位，初始时刻振动系统的运动状态。

圆频率由振动系统的性质所决定，如弹簧振子的固有圆频率：

$$\omega=\sqrt{\frac{k}{m}}$$

同理其固有周期和固有频率分别为：

$$T=2\pi\sqrt{\frac{m}{k}}\qquad \nu=\frac{1}{2\pi}\sqrt{\frac{k}{m}}$$

振幅和初相有初始条件决定：

$$A=\sqrt{x_0^2+\frac{v_0^2}{\omega^2}}\qquad \tan\varphi=-\frac{v_0}{\omega x_0}$$

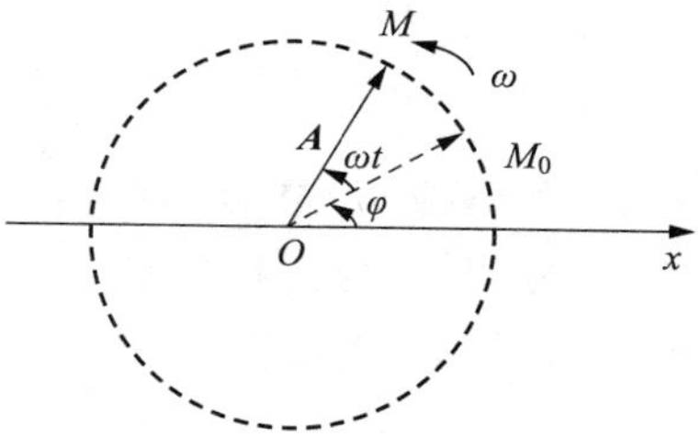

4. 简谐运动的旋转矢量表示法

一个简谐振动，可以作出一个相应的旋转矢量，来表示这个简谐振动。

旋转矢量法在确定简谐振动的初相、确定给定时刻或给定位置的相位以及研究简谐振动的合成等方面显示出优越性。

5. 简谐振动的速度、加速度：

$$v=\frac{dx}{dt}=-\omega A\sin(\omega t+\varphi)$$

$$a=\frac{d^2x}{dt^2}=-\omega^2A\cos(\omega t+\varphi)$$

速度振幅 $v_m=\omega A$；加速度振幅 $a_m=\omega^2A$

6. 简谐振动的能量：

动能：$E_k=\frac{1}{2}mv^2=\frac{1}{2}m\omega^2A^2\sin^2(\omega t+\varphi)$

势能：$E_p=\frac{1}{2}kx^2=\frac{1}{2}kA^2\cos^2(\omega t+\varphi)$

总能量：$E=E_k+E_p=\frac{1}{2}kA^2$

平均能量：$\bar{E}_k=\bar{E}_p=\bar{E}=\frac{1}{4}kA^2$

7. 两个同方向、同频率简谐振动的合成

若一质点同时参与两个同方向、同频率的简谐振动：

$$x_1=A_1\cos(\omega t+\varphi_1)$$
$$x_2=A_2\cos(\omega t+\varphi_2)$$

合振动的位移为(也可用旋转矢量法合成)

$$x=x_1+x_2=A\cos(\omega t+\varphi)$$

合振动依然是简谐振动，圆频率不变，只是有了新的振幅和初相：

$$A=\sqrt{A_1^2+A_2^2+2A_1A_2\cos(\varphi_2-\varphi_1)}$$

$$\tan\varphi=\frac{A_1\sin\varphi_1+A_2\sin\varphi_2}{A_1\cos\varphi_1+A_2\cos\varphi_2}$$

由合振幅表达式知，合振幅由两分振动振幅及两分振动的相位差决定。

(1)当相位差 $\varphi_2-\varphi_1=2k\pi(k=0,\ \pm1,\ \pm2,\ \cdots)$时，

$$A=\sqrt{A_1^2+A_2^2+2A_1A_2}=A_1+A_2$$

合振动的振幅等于两分振动的振幅之和，合振动加强。

(2)当相位差 $\varphi_2-\varphi_1=(2k+1)\pi(k=0,\ \pm1,\ \pm2,\ \cdots)$时，

$$A=\sqrt{A_1^2+A_2^2-2A_1A_2}=|A_1-A_2|$$

合振动的振幅等于两分振动振幅之差的绝对值，合振动减弱。

5.8 习　题

5.1 如习题 5.1 图所示，两个轻质弹簧的弹性系数分别为 k_1、k_2，当物体在光滑斜面上振动时，(1)证明系统作简谐振动；(2)求系统振动的周期。

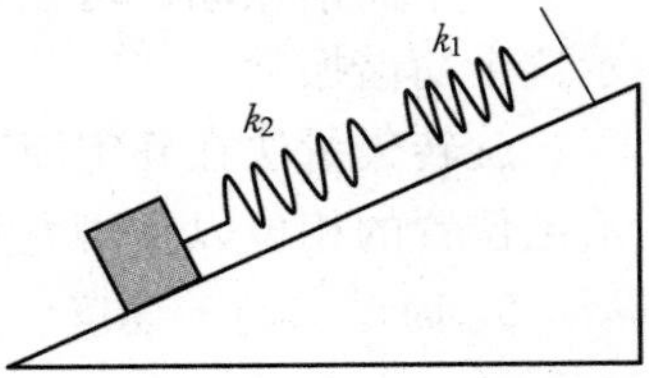

习题 5.1 图

5.2 已知简谐振动的表达式为

$$x=0.4\cos\left(4\pi t+\frac{2\pi}{3}\right)\quad \text{(SI 制)}$$

求：(1)振动频率、周期、振幅初相，速度、加速度的最大值；

(2)$t=\frac{1}{12}$s、$t=\frac{1}{6}$s、$t=\frac{1}{3}$s 等时刻的相位，并用旋转矢量图表示。

5.3 一轻弹簧在 30 N 的拉力下伸长 0.15 m，现把质量为 2 kg 的物体悬挂在该弹簧的下端并使之静止，再把物体向下拉 0.1 m 后由静止释放并开始计时，求：

(1)物体的振动方程；

(2)物体在平衡位置上方 0.05 m 时，物体受的合外力，以及系统的动能、势能和总能量；

(3)物体从第一次越过平衡位置起到它运动到上方 0.05 m 时，所需的时间。

5.4 某振动质点的 $x-t$ 曲线如习题 5.4 图所示，试求：

(1)运动方程；

(2)点 p 对应的相位；

(3)到达点 p 相应位置所需的时间。

5.5 一简谐振动的振动曲线如习题 5.5 图所示，求振动方程

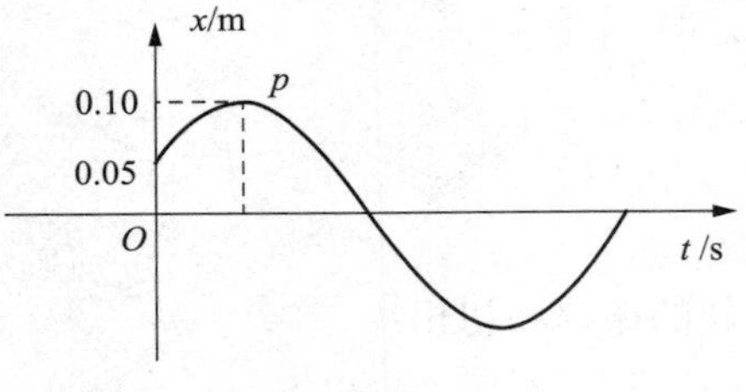

习题 5.4 图

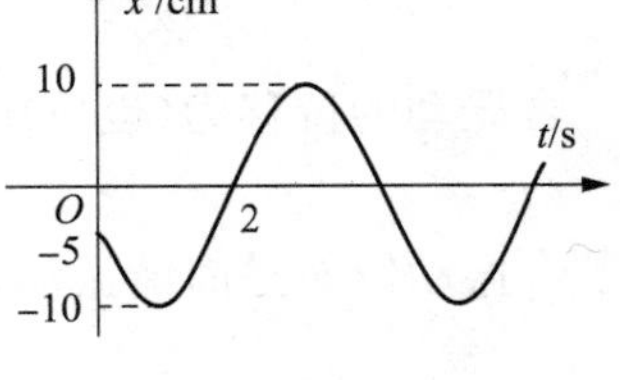

习题 5.5 图

5.6 $m=0.35$ kg 的物体，在弹性回复力的作用下沿 x 轴运动，弹簧的弹性系数为 35 N/m，求：

(1)振动的周期和圆频率；

(2)振幅 $A=1.5$ m，$t=0$ 时的位移 $x_0=0.75$ m，且此时物体沿 x 轴负方向运动，求初速度 v_0 和初相 φ；

(3)振动方程。

5.7 沿 x 轴作简谐振动的弹簧振子，已知振动物体的最大位移为 $x_m=0.5$ m 时最大回复力为 $F_m=1.0$ N，最大速度 $v_m=1.0\pi$ m/s；当 $t=0$ 时振动物体的位移为 0.25 m，且初速度与 x 轴方向相反。求：

(1)振动系统的总能量；

(2)振动方程。

5.8 作简谐振动的物体，由平衡位置向 Ox 轴正方向运动。试问：经过下列路程所需的时间各为周期 T 的几分之几？

(1)由平衡位置到最大位移处；

(2)由平衡位置到最大位移的前半段；

(3)由平衡位置到最大位移的后半段。

5.9 一物体同时参与两个同方向上的简谐振动：

$$x_1=0.04\cos\left(2\pi t+\frac{1}{2}\pi\right)\qquad \text{(SI)}$$

$$x_2=0.03\cos(2\pi t+\pi)\qquad \text{(SI)}$$

求此物体的振动方程。

5.10 已知两同方向、同频率的简谐振动的振动方程为

$$x_1=0.04\cos\left(10t+\frac{3\pi}{4}\right)\qquad \text{(SI 制)}$$

$$x_2=0.05\cos\left(10t+\frac{\pi}{4}\right)\qquad \text{(SI 制)}$$

求：(1)合振动的振幅及初相；

(2)若有另一同方向、同频率的简谐振动

$$x_3=0.07\cos(10t+\varphi_3)\qquad \text{(SI 制)}$$

则 φ_3 为多少时，x_1+x_3 的振幅最大？又 φ_3 为多少时 x_2+x_3 的振幅最小？

第6章　机　械　波

【学习目标】　掌握由已知质点的简谐振动方程得出平面简谐波的波函数的方法及波函数的物理意义。理解机械波产生的条件，理解波形图线。了解波的能量传播特征、能流及能流密度概念。了解惠更斯原理和波的叠加原理。理解波的相干条件，能应用相位差和波程差分析、确定相干波叠加后振幅加强和减弱的条件。理解驻波及其形成条件。

【实践活动】　管弦乐队合奏或几个人同时讲话时，空气中同时传播着不同的声波，但我们仍能够辨别出各种乐器的音调或个人的声音，你知道这是波的什么性质吗？“隔墙有耳”更容易听到男生的还是女生的说话声音？广播电台信号和电视台的信号哪个更容易收到？这些问题，你思考过吗？

6.1　机械波的产生和传播

6.1.1　机械波产生的条件

机械振动在介质中的传播称为机械波。常见的机械波有水波、绳波及声波等。

把一块石头投在平静的水面上，可见到石头落水处的水发生振动，此处振动引起附近水的振动，附近水的振动又引起更远处水的振动，这样水的振动就从石头落点处向四周水面传播而泛起涟漪，形成了水面波。

绳的一端固定，另一端用手拉紧并使之上下振动，这端的振动引起邻近点振动，邻近点的振动又引起更远点的振动，这样振动就由绳的一端向另一端传播，形成了绳波。

当音叉振动时，它的振动引起附近空气的振动，附近空气的振动又引起更远处空气的振动，这样振动就在空气中传播，形成了声波。

由此可见，机械波的产生必须具备两个条件：

(1)波源：作机械振动的物体称之为波源。如上述水面波波源是石头落水处的水，绳波波源是手拉绳的振动端，声波波源是音叉。

(2)连续的介质：宏观上看，气体、液体、固体均可视为连续体的介质。如：水面波的传播介质是水，绳波的传播介质是绳，声波的传播介质是空气。

如果波动中使介质各部分振动的回复力是弹性力，则称为弹性波。例如：声波即为弹性波。机械波不一定都是弹性波，如水面波就不是弹性波，水面波中的回复力是水质元所受重力和表面张力，它们都不是弹性力。我们只讨论弹性波。

弹性介质内各质点之间有弹性力相互作用着。当介质中某一质点离开平衡位置时，这就发生了形变，于是，一方面相邻质点将对它施加弹性回复力，使它回到平衡位置，并在平衡位置附近振动起来；另一方面由牛顿第三定律可知，该质点也将对邻近质点施加弹性力，迫使相邻质点也在自己的平衡位置附近振动起来。这样，弹性介质中的一部分发生振动时，由于各部分之间的弹性相互作用，这样就由近及远地传播出去，形成了波动。波动不是物质的传播而是振动状态的传播。

6.1.2 横波与纵波

按振动方向与波传播方向之间的关系，可将机械波分为横波和纵波两类，这是波动的两种基本形式。

振动方向与波动传播方向垂直的波称之为横波。如绳波的波形图，如图 6-1 所示。横波有波峰和波谷。将绳分成许多可视为质点的小段，质点之间以弹性力相联系。设 $t=0$ 时，各质点都在各自的平衡位置，此时质点 1 在外界作用下由平衡位置向上运动，由于弹性力作用，质点 0 带动质点 1 向上运动，继而质点 1 又带动质点 2……，以此类推，各质点就先后上下振动起来。图 6-1 中画出了不同时刻各质点的振动状态。

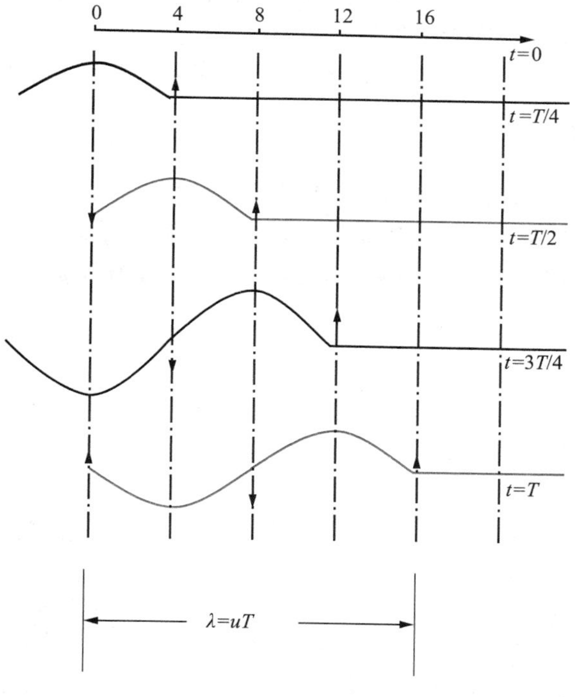

图 6-1 横波传播示意图

设波源的振动周期为 T，由图 6-1 可知，$t=1/4T$ 时，质点 0 的初始振动状态传到了质点 4，$t=1/2T$ 时，质点 1 的初始振动状态传到了质点 8……，$t=T$ 时，质点 0 完成了自己的一次全振动，其初始振动状态传到了质点 16。此时，质点 0 至 16 之间各质点偏离各自平衡位置的所在点连线构成了该时刻的一个完整的波形。在以后的过程中，每经过一个周期，就向右传出一个完整波形。可见沿着波的传播方向向前看去，前面各质点的振动相位都依次落后于波源的振动相位。

横波在介质中传播时，介质中层与层之间将发生相对位错，即产生切变。只有固体能承受切变，因此，横波只能在固体中传播。

振动方向与波动传播方向平行的波称之为纵波。如声波是纵波，如图 6-2 所示。纵波存在相间的稀疏和稠密区域。

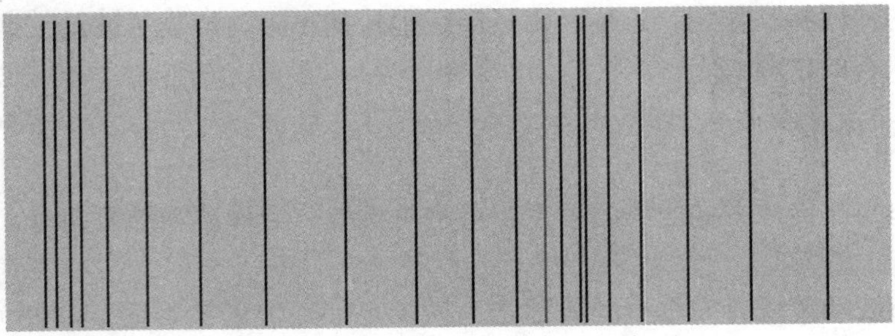

图 6-2　纵波示意图

纵波可引起介质产生容变。固体、液体、气体都能承受容变，因此纵波可以在固体、液体、气体中传播。

水面波是一种复杂的波，使振动质点回复到平衡位置的力不是一般弹性力，而是重力和表面张力。一般复杂的波可以分解成横波和纵波一起研究。

综上所述，机械波向外传播的是波源(及各质点)的振动状态和能量。

6.1.3　波动的几何描述

为了形象化描述波在空间的传播情况，我们介绍波的几何描述。

在弹性介质中，振动向各个方向传播。沿着波的传播方向画出一些带有箭头的线，叫做波线。波线描述了波的传播方向、介质存在的空间。波线有无数个。如图 6-3、图 6-4 所示。

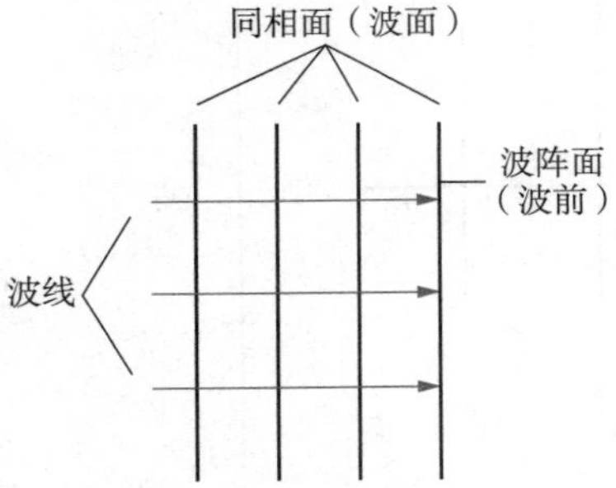

图 6-3　平面波的波线、波面、波前

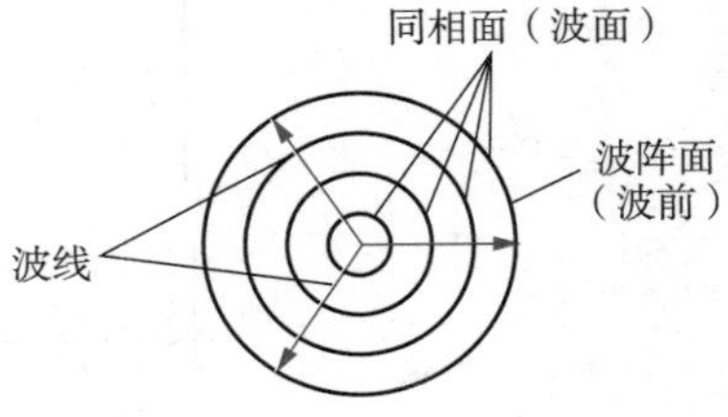

图 6-4　球面波的波线、波面、波前

介质中各质点都在自身的平衡位置附近振动，我们把不同波线上振动相位相同点连成的曲面称之为波面(同相面)。同一时刻，波面有无数个。波面反映了空间各点振动之间的关系。某一时刻，波源最初振动状态传到的波面称之为波前(或波阵面)，即最前方的波面。显然波前是同相面的一个特例，它是离波源最远的那个同相面，任一时刻只有一个波前。

按波面的形状，波可以分为平面波、球面波等。波面是一组平行平面的波称为平面波，如图 6-3 所示。波面是一组同心球面的称为球面波，如图 6-4 所示。在各向同性的介质中，波线与波面垂直。

6.1.4　描述波动的几个物理量

波长、波的周期、波的频率、波速都是描述波动的重要物理量。分述如下：

1. 波长

在弹性介质中，波沿着波线传播。在各向同性的均匀介质中，一个完整波形的长度就是波长，用 λ 表示。因为相隔一完整波形的两个质点的振动相位相差 2π，所以波长是同一波线上相位差为 2π 的两质点间的距离(即一完整波的长度)。在横波情况下，波长可用相邻波峰或相邻波谷之间的距离表示。如图 6－5 所示。在纵波情况下，波长可用相邻的密集部分中心或相邻的稀疏部分中心之间的距离表示。波长描述了波动的空间周期性。

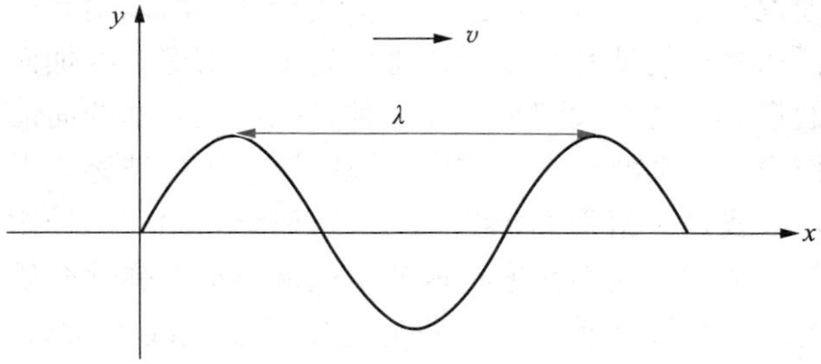

图 6－5　波长示意图

2. 波的周期和频率

波动过程也是具有时间上的周期性。波的周期是指一个完整波形通过介质中某固定点所需的时间，用 T 表示。也就是波前进一个波长距离所用的时间(或一个完整波形通过波线上某点所需要的时间)。周期的倒数叫作波的频率，用 ν 表示。波的频率是单位时间内波前进的距离中包含的完整波形数目。可有

$$\nu=\frac{1}{T}=\frac{\omega}{2\pi} \tag{6.1}$$

由波的形成过程可知，振源振动时，经过一个振动周期，波沿波线传出一个完整的波形，所以波的传播周期(或频率)等于波源的振动周期(或频率)。由此可知，波在不同的介质中其传播周期(或频率)不变。

3. 波速

波动是振动状态(即相位)的传播，振动状态在单位时间内传播的距离(单位时间内波传播的距离)叫作**波速**，因此波速又称为相速，用 u 表示。由于波长 λ 是振动在同一个周期内传播的距离，显然有

$$u=\frac{\lambda}{T}=\nu\lambda \tag{6.2}$$

对弹性波而言，波的传播速度决定于介质的惯性和弹性，具体地说，就是决定于介质的质量密度和弹性模量，而与波源无关。注意波动速度与质点振动速度是不同的物理量。

横波在固体中传播速度

$$u=\sqrt{\frac{N}{\rho}} \tag{6.3}$$

纵波速度

$$u=\sqrt{\frac{B}{\rho}}\text{(液、气、固体中)} \tag{6.4}$$

对大多数金属 $B\approx Y$，则

$$u=\sqrt{\frac{Y}{\rho}} \tag{6.5}$$

上述三式中，N 为固体切变弹性模量；B 为介质的体积弹性模量；Y 为杨氏弹性模量；ρ 为介质质量密度。

6.2 平面简谐波的波函数

当波源作简谐振动时，介质中各点也都作简谐振动，此时形成的波称为简谐波。又叫余弦波或正弦波。一般地说，介质中各质点振动是很复杂的，所以由此产生的波动也是很复杂的，但是可以证明，任何复杂的波都可以看作是由若干个简谐波叠加而成的。因此，讨论简谐波就有着特别重要的意义。现在我们只研究一种最简单最基本的简谐波，即在均匀、无吸收的介质中，当波源作简谐运动时，在介质中形成的波，这种波称为平面简谐波。

在平面简谐波中，波线是一组垂直于波面的平行射线，因此可选用其中一根波线为代表来研究平面简谐波的传播规律。我们知道机械波是机械振动在弹性介质内的传播，它是弹性介质内大量质点参与的一种集体运动形式。我们选定任意波线为 x 轴，要描述波沿 x 轴方向传播，就应该知道波线上 x 处的质点在任意时刻 t 的位移 y，我们把描述波传播的函数 $y=y(x, t)$称作平面简谐的波函数(或波动方程)。

6.2.1 波动方程建立

如图 6-6 所示，简谐振动沿 $+x$ 方向传播，因为与 x 轴垂直的平面均为同相面，所以任一个同相面上质点的振动状态可用该平面与 x 轴交点处的质点振动状态来描述。这样，整个介质中质点的振动研究可简化成只研究 x 轴上质点的振动，设原点处的质点振动方程为

$$y_0=A\cos(\omega t+\varphi)$$

式中，A 为振幅；ω 为角频率；φ 为初相。

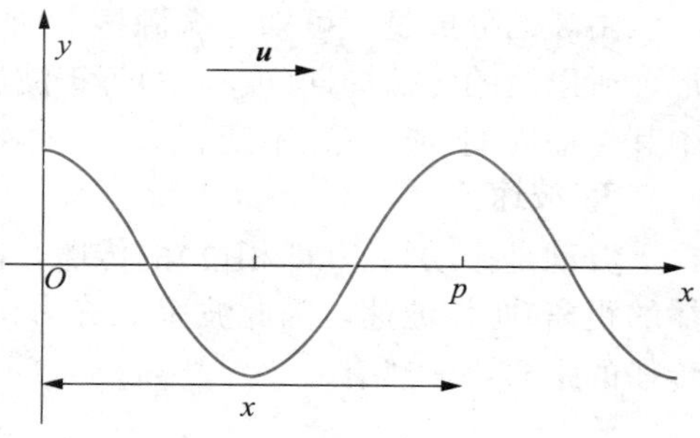

图 6-6 波动方程建立

设振动传播过程中振幅不变(即介质是均匀无限大，无吸收的)为了找出波动过程中任意质点任意时刻的位移，我们在 Ox 轴上任取一点 p，坐标为 x，显然，当振动从 O 处传播到 p 处时，p 处质点将重复 O 处质点振动。因为振动从 O 传播到 p 所用时间为 x/u，所以，p 点在 t 时刻的位移与 O 点在$(t-x/u)$时刻的位移相等，由此 t 时刻 p 处质点位移为

$$y_p=A\cos\left[\omega\left(t-\frac{x}{u}\right)+\varphi\right] \tag{6.6}$$

同理，当波沿 $-x$ 方向传播时，t 时刻 p 处质点位移为

$$y_p=A\cos\left[\omega\left(t+\frac{x}{u}\right)+\varphi\right] \tag{6.7}$$

利用 $\omega=2\pi\nu$，

$$u/\nu=\lambda\left(或\frac{\nu}{u}=\frac{1}{\lambda}\right)$$

由式(6.6)、(6.7)(可将下标 p 略去)有

$$y=A\cos\left[\omega\left(t\mp\frac{x}{u}\right)+\varphi\right]$$

$$y=A\cos\left[2\pi\left(\nu t\mp\frac{x}{\lambda}\right)+\varphi\right] \tag{6.8}$$

$$y=A\cos\left[2\pi\left(\frac{t}{T}\mp\frac{x}{\lambda}\right)+\varphi\right]$$

式(6.8)称为平面简谐波方程。式(6.8)中，“$-$”表示波沿$+x$方向传播；“$+$”表示波沿$-x$方向传播。根据相位(或$\omega=2\pi\nu$)关系，式(6.8)又可化为

$$y=A\cos\left(\omega t+\varphi\mp\frac{2\pi}{\lambda}x\right) \tag{6.9}$$

式(6.9)中，令$k=\frac{2\pi}{\lambda}$(角波数)，$\frac{2\pi}{\lambda}x$是介质中x处质点振动相位滞后或超前O处质点振动相位值。式(6.9)中φ为波源处质点的振动初相，该值不一定为零。

波源不一定在原点，因为坐标是任取的。如果波源在$x=x_0$处，则x处质点在t时刻的位移(波动方程)为

$$y=A\cos\left[\omega t+\varphi\mp\frac{2\pi}{\lambda}(x-x_0)\right] \tag{6.10}$$

6.2.2　波动方程的物理意义

为深刻理解平面简谐波波动方程的物理意义，我们作如下讨论。

(1)当$x=x_0$时(即波线上的某一定点)，则$y=y(x_0,t)$表示x_0处质点在任意t时刻位移。波动方程$y=y(x,t)$变成了x_0处质点振动方程$y=y(t)$。此方程说明了每个质点振动的周期性，即波动的时间周期性。据此可以作出该质点的$y-t$振动曲线。如图 6-7 所示，定点x_0处质点的振动曲线。

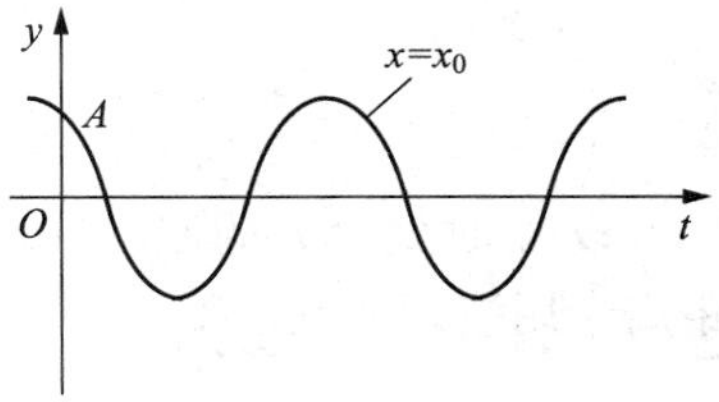

图 6-7　$x=x_0$ 处质点的振动曲线

设波的传播方向沿着x轴正向。由式(6.9)得出同一波线上，距离原点O分别为x_1和x_2两质点的相位分别为：

$$\varphi_1=\omega t+\varphi_0-\frac{2\pi}{\lambda}x_1$$

$$\varphi_2=\omega t+\varphi_0-\frac{2\pi}{\lambda}x_2$$

同一波线上两个质点t时刻的相位差$\Delta\varphi=\varphi_2-\varphi_1$，将$\varphi_1$，$\varphi_2$值代入，可得

$$\Delta\varphi=-\frac{2\pi}{\lambda}(x_2-x_1) \tag{6.11}$$

其中$\Delta x=x_2-x_1$称作同一波线上质点x_2与x_1两点的波程差，则式(6.11)同一波线上两质点在同一时刻的相位差与波程差的关系。

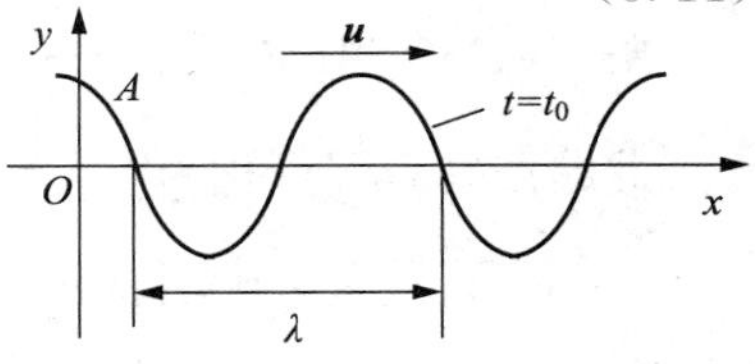

图 6-8　波形图

(2)当$t=t_0$时，(即某一时刻)，表示t_0时刻波线上所有质点偏离平衡位置位移y的空间分布。波动方程$y=$

$y(x, t)$ 变成了 t_0 时刻的波形方程 $y=y(x)$。如图 6-8 所示，给出了 t_0 时刻所有质点的位移分布，即为 t_0 时刻的波形图。

(3)x、t 均变化时，$y=y(x, t)$表示波线上各个质点在不同时刻的位移。$y=y(x, t)$为波动方程。波动方程

$$y=y(x, t)=A\cos\left[\omega\left(t-\frac{x}{u}\right)+\varphi_0\right]$$

给出了波线上所有质点在不同时刻的位移，或者说它包含了各个不同时刻的波形，也就是反映了波形不断向前进的波动传播的全过程。

由波动方程可知，t_1 时刻的波形方程为

$$y(x)=A\cos\left[\omega\left(t_1-\frac{x}{u}\right)+\varphi_0\right]$$

而 $t_2=t_1+\Delta t$ 时刻的波形方程为

$$y(x)=A\cos\left[\omega\left(t_1+\Delta t-\frac{x}{u}\right)+\varphi_0\right]$$

我们作出 t_1 和 t_2 时刻的两条波形曲线，如图 6-9 所示，便可形象地看出波形向前传播的图像，波形向前传播的速度就等于波速 u。

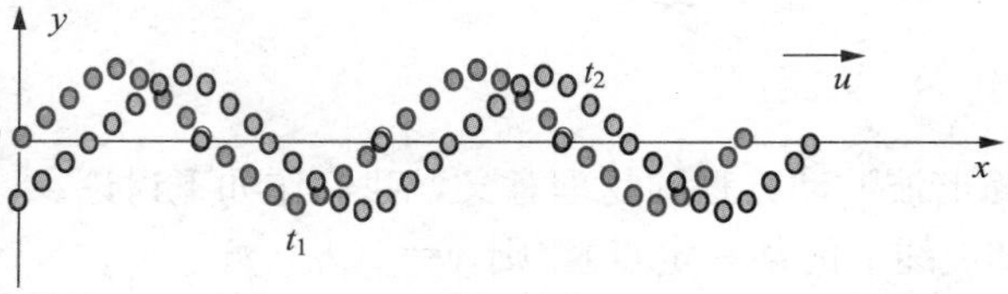

图 6-9　波形的传播

设 t_1 时刻 x 处的波个振动状态经过 Δt，$t_2=t_1+\Delta t$ 时刻传播了 $\Delta x=u\Delta t$(波的传播)的距离，用波函数表示即为

$$A\cos\left[\omega\left(t_1+\Delta t-\frac{x+u\Delta t}{u}\right)+\varphi_0\right]=A\cos\left[\omega\left(t-\frac{x}{u}\right)+\varphi_0\right]$$

亦即

$$y(x+\Delta x, t_1+\Delta t)=y(x, t) \tag{6.12}$$

也就是说，想获取 $t_1+\Delta t$ 时刻的波形，只要将 t 时刻的波形沿波的传播方向移动 $\Delta x=u\Delta t$ 距离即可得到。式(6.12)描述的波称为行波。

例 6.1　横波在弦上传播，波动方程为

$$y=0.02\cos\pi(200t-5x) \qquad \text{(SI)}$$

求：(1)A、λ、ν、T、u 的值。

(2)画出 $t=0.002\ 5$ s、0.005 s 时波形图。

解　(1)$y=A\cos2\pi\nu\left(t-\dfrac{x}{u}\right)=A\cos2\pi\left(\nu t-\dfrac{x}{\lambda}\right)=A\cos2\pi\left(\dfrac{t}{T}-\dfrac{x}{\lambda}\right)$

此题波动方程可化为

$$y=0.02\cos200\pi\left(t-\frac{x}{40}\right)=0.02\cos2\pi\left(100t-\frac{x}{0.4}\right)=0.02\cos2\pi\left(\frac{t}{0.01}-\frac{x}{0.4}\right)$$

由上比较知：

$$A=0.02\ \text{m}$$

$$u=40\ \text{m/s}$$

$$\nu=100\ \text{Hz}$$
$$\lambda=0.4\ \text{m}$$
$$T=0.01\ \text{s}$$

另外：求 u、λ 可从物理意义上求。

(a)λ 等于同一波线上位相差为 2π 的二质点间距离。

设二质点坐标为 x_1、x_2(设 $x_2>x_1$)，有

$\pi(200t-5x_1)-\pi(200t-5x_2)=2\pi$，得

$$\lambda=x_2-x_1=\frac{2}{5}=0.4\ (\text{m})$$

(b)u 等于某一振动状态在单位时间内传播的距离。

设 t_1 时刻某振动状态在 x_1 处，t_2 时刻该振动状态传到 x_2 处，有

$$\pi(200t_1-5x_1)=\pi(200t_2-5x_2)$$

$\Rightarrow 5(x_2-x_1)=200(t_2-t_1)$，得

$$u=\frac{x_2-x_1}{t_2-t_1}=\frac{200}{5}=40(\text{m/s})$$

(2)一种方法由波形方程来作图(描点法)，这样做麻烦。此题可这样做：画出 $t=0$ 时波形图，根据波传播的距离再得出相应时刻的波形图(波形平移)，如图 6－10 所示。平移距离

$$\Delta x_1=u\Delta t_1=40\times0.0025=0.1=\frac{1}{4}\lambda$$

$$\Delta x_2=u\Delta t_2=40\times0.005=0.2=\frac{1}{2}\lambda$$

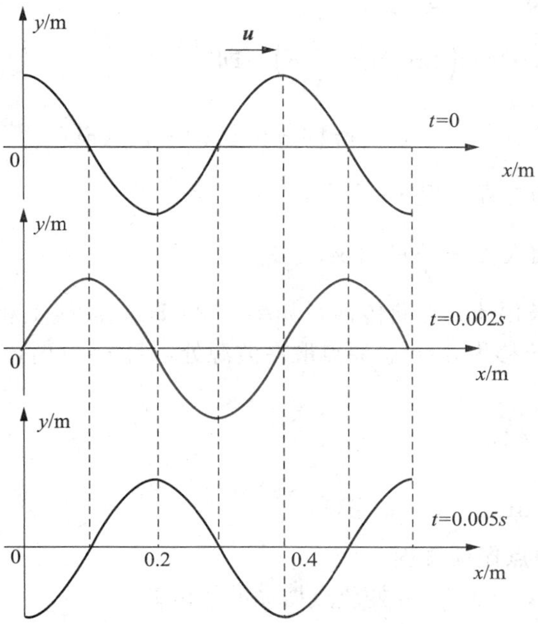

图 6－10　例 6.1 图

例 6.2　如图 6-11 所示，一平面简谐波沿 $+x$ 方向传播，波速为 20 m/s，在传播路径的 A 点处，质点振动方程为 $y=0.03\cos 4\pi t$ (SI)，试以 A、B、C 为原点，求波动方程。

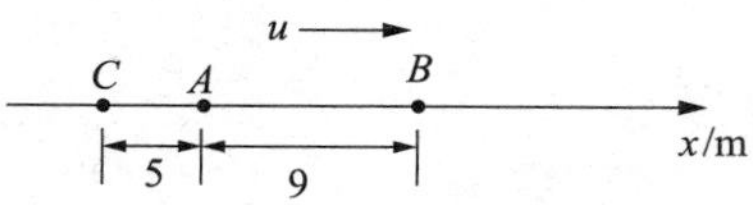

图 6-11　例 6.2 图

解　(1) $y_A=0.03\cos 4\pi t$，以 A 为原点，波动方程为

$$y=0.03\cos\left(4\pi t-2\pi\frac{x}{\lambda}\right)$$

$$\lambda=uT=u\frac{2\pi}{\omega}=20\times\frac{2\pi}{4\pi}=10\ (\text{m})$$

$$\Rightarrow y=0.03\cos\left(4\pi t-\frac{\pi}{5}x\right)\quad(\text{SI})$$

(2)以 B 为原点

$$y=0.03\cos\left(4\pi t-\frac{\pi}{5}\times 9\right)\quad(\text{SI})$$

B 处质点初相为 $-\frac{9}{5}\pi$。

波动方程为：$y=0.03\cos\left(4\pi t-\frac{9}{5}\pi-\frac{2\pi x}{\lambda}\right)$，即

$$y=0.03\cos\left(4\pi t-\frac{\pi}{5}x-\frac{9}{5}\pi\right)\quad(\text{SI})$$

(3)以 C 为原点

$y=0.03\cos\left[4\pi t-\frac{\pi}{5}(-5)\right]=0.03\cos(4\pi t+\pi)$（$C$ 处初相为 π）　(SI)

波动方程为：$y=0.03\cos\left(4\pi t+\pi-\frac{2\pi}{\lambda}x\right)$，即

$$y=0.03\cos\left(4\pi t-\frac{\pi}{5}x+\pi\right)\quad(\text{SI})$$

强调：(1)建立波动方程的程序；

(2)位相中加入 $\pm 2\pi\frac{x}{\lambda}$ 的含义。

例 6.3　一连续纵波沿 $+x$ 方向传播，频率为 25 Hz，波线上相邻密集部分中心之距离为 24 cm，某质点最大位移为 3 cm。原点取在波源处，且 $t=0$ 时，波源位移为 0，并向 $+y$ 方向运动。

求：(1)波源振动方程；

(2)波动方程；

(3) $t=1$ s 时波形方程；

(4) $x=0.24$ m 处质点振动方程；

(5) $x_1=0.12$ m 与 $x_2=0.36$ m 处质点振动的相位差。

解　(1)设波源波动方程为 $y_0=A\cos(\omega t+\varphi)$

可知：$\begin{cases}A=0.03\ \text{m}\\ \omega=2\pi\nu=50\pi\ \text{s}^{-1}\end{cases}$

由旋转矢量知：$\varphi=-\dfrac{\pi}{2}$

所以 $y=0.03\cos\left(50\pi t-\dfrac{\pi}{2}\right)$　(SI)

(2)波动方程为：$y=0.03\cos\left(50\pi t-\dfrac{\pi}{2}-\dfrac{2\pi}{\lambda}x\right)$，$\lambda=0.24\ \mathrm{m}$

$$y=0.03\cos\left(50\pi t-\frac{25}{3}\pi x-\frac{\pi}{2}\right)\quad(\mathrm{SI})$$

(3)$t=1$ s 时波形方程为：$y=0.03\cos\left(\dfrac{99}{2}\pi-\dfrac{25}{3}\pi x\right)$　(SI)

(4)$x=0.24$ m 处质点振动方程为

$$y=0.03\cos\left(50\pi t-2\pi-\frac{\pi}{2}\right)=0.03\cos\left(50\pi t-\frac{5\pi}{2}\right)\quad(\mathrm{SI})$$

(5)所求位相差为：$\Delta\varphi=2\pi\dfrac{x_2-x_1}{\lambda}=2\pi\dfrac{0.36-0.12}{0.24}=2\pi$，$x_1$ 处质点位相超前。

强调：(1)波源初相 φ 不一定等于 0；

(2)$\Delta\varphi=2\pi\dfrac{\Delta x}{\lambda}$的含义。

例 6.4　一平面余弦波在 $t=\dfrac{3}{4}T$ 时波形图如图 6-12(a)所示，

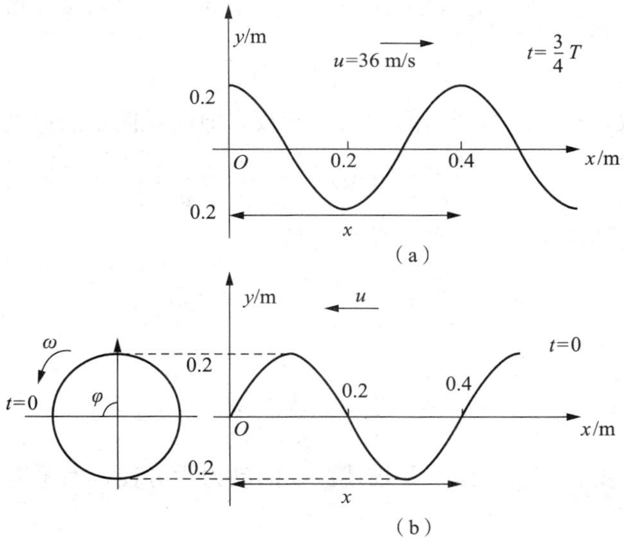

图 6-12　例 6.4 图

(1)画出 $t=0$ 时波形图；

(2)求 O 点振动方程；

(3)求波动方程。

解　(1)$t=0$ 时波形图即把 $t=\dfrac{3}{4}T$ 时波形自 $-x$ 方向平移$\dfrac{3}{4}$个周期即可，其结果见图

6 - 12(b)。

(2)设 O 处质点振动方程为 $y_0=A\cos(\omega t+\varphi)$

可知：$\begin{cases}A=0.2\ \text{m}\\ \omega=2\pi\upsilon=2\pi\dfrac{V}{\lambda}=2\pi\dfrac{36}{0.4}=180\pi\ (\text{s}^{-1})\end{cases}$

$t=0$ 时，O 处质点由平衡位置向下振动，

$t=0$ 由旋转矢量图知，$\varphi=\dfrac{\pi}{2}$

可得 $$y_0=0.2\cos\left(180\pi t+\frac{\pi}{2}\right)\ (\text{m})$$

(3)波动方程为：$y=0.2\cos\left(180\pi t+\dfrac{\pi}{2}-\dfrac{2\pi}{\lambda}x\right)$

即 $y=0.2\cos\left(180\pi t-5\pi x+\dfrac{\pi}{2}\right)$ (m)。

注意：由波形图建立波动方程的程序。

6.2.3 平面简谐波波动方程

平面波中任一波线上质元的运动状态就代表了平面波的状态。一维简谐行波的波函数

$$y=A\cos\left[\omega\left(t-\frac{x}{u}\right)\right]$$

是描述波动的运动学方程。我们对此波函数求一阶偏导数，得到质元振动速度函数

$$\frac{\partial y}{\partial t}=-A\omega\sin\left[\omega\left(t-\frac{x}{u}\right)\right]$$

再求一次偏导数，得波函数对时间的二阶导数，即质元振动加速度函数

$$\frac{\partial^2 y}{\partial t^2}=-A\omega^2\cos\left[\omega\left(t-\frac{x}{u}\right)\right]$$

而一维简谐行波的波函数对 x 的二阶偏导数为

$$\frac{\partial^2 y}{\partial x^2}=-A\frac{\omega^2}{u^2}\cos\left[\omega\left(t-\frac{x}{u}\right)\right]$$

比较上两式得

$$\frac{\partial^2 y}{\partial x^2}=\frac{1}{u^2}\frac{\partial^2 y}{\partial t^2} \tag{6.13}$$

式(6.13)是平面简谐波的波动方程，是描述波动的动力学方程，而平面简谐波的波函数是式(6.13)的一个特解。

6.3 波的能量 能流和能流密度

波的传播过程就是振动的传播过程。波到哪里，哪里的介质就要发生振动，因而具有动能；同时由于介质元的变形，因而具有势能，因此波传到哪里，哪里就有机械能。这些机械能来自于波源。可见，波的传播过程即是振动的传播过程，又是能量传递过程。在不传递介质的情况下而传递能量是波动的基本性质。

6.3.1　波的能量

下面以简谐纵波在一棒中沿棒长方向传播为例，推导出波的能量公式。如图 6-13 所示，取 x 轴沿棒长方向，设波动方程为

$$y=A\cos\left(\omega t-\frac{x}{u}\right)$$

在波动过程中，棒中每一小段将不断地压缩和拉伸。

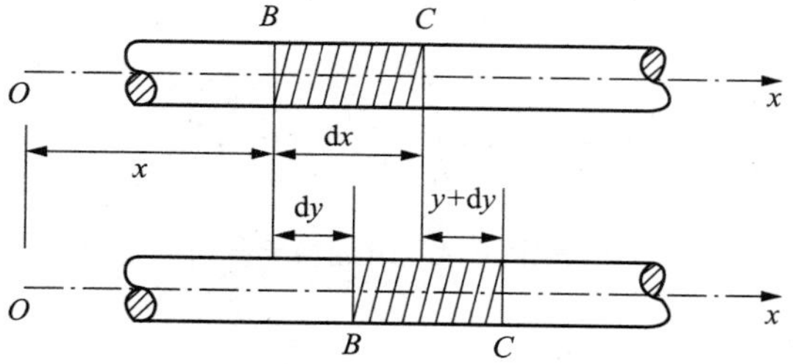

图 6-13　固体细长棒中纵波的传播

在棒上任取一体积元 BC，体积 $\mathrm{d}V$，棒在平衡位置时，B、C 坐标分别为 x，$x+\mathrm{d}x$，即 BC 长为 $\mathrm{d}x$。设棒的横截面积为 S，质量密度为 ρ，体积元能量为

$$\mathrm{d}W=\mathrm{d}W_{\mathrm{k}}+\mathrm{d}W_{\mathrm{p}},$$

体积元动能为

$$\mathrm{d}W_{\mathrm{k}}=\frac{1}{2}\mathrm{d}mV^2=\frac{1}{2}\rho\mathrm{d}V\cdot\left(\frac{\mathrm{d}y}{\mathrm{d}t}\right)^2$$

$$=\frac{1}{2}\rho\mathrm{d}V\cdot\omega^2A^2\sin^2\omega\left(t-\frac{x}{u}\right) \tag{6.14}$$

设 t 时刻，B、C 端位移分别为 y，$y+\mathrm{d}y$，所以体积元伸长量为 $\mathrm{d}y$。设在体积元端面上由于形变产生的弹性恢复力大小为 f，可知，协强为 $\frac{f}{S}$，协变为 $\frac{\mathrm{d}y}{\mathrm{d}x}$，由杨氏弹性模量定义有

$$\frac{f}{S}=Y\frac{\mathrm{d}y}{\mathrm{d}x} \tag{6.15}$$

式中，Y 为杨氏弹性模量，由式(6.15)可得出

$$f=SY\frac{\mathrm{d}y}{\mathrm{d}x} \tag{6.16}$$

按胡克定律，在弹性限度内弹性恢复力值为

$$f=k\mathrm{d}y \tag{6.17}$$

由式(6.16)和式(6.17)有

$$k=\frac{YS}{\mathrm{d}x}$$

则体积元势能

$$\mathrm{d}W_{\mathrm{p}}=\frac{1}{2}k(\mathrm{d}y)^2=\frac{1}{2}\cdot\frac{YS}{\mathrm{d}x}\cdot(\mathrm{d}y)^2$$

$$=\frac{1}{2}YS\mathrm{d}x\left(\frac{\mathrm{d}y}{\mathrm{d}x}\right)^2=\frac{1}{2}Y\mathrm{d}V\left(\frac{\mathrm{d}y}{\mathrm{d}x}\right)^2$$

由 $u=\sqrt{\frac{Y}{\rho}}$ 可以得出 $Y=\rho u^2$。

因为 $y=y(x,\ t)$，所以$\frac{\mathrm{d}y}{\mathrm{d}x}$应写成$\frac{\partial y}{\partial x}$，可有

$$\frac{\partial y}{\partial x}=\frac{\omega}{u}A\sin\omega\left(t-\frac{x}{u}\right)$$

则体积元势能

$$\mathrm{d}W_{\mathrm{p}}=\frac{1}{2}\rho V^2\cdot\mathrm{d}V\left[\frac{\omega^2}{V^2}A^2\sin^2\omega\left(t-\frac{x}{u}\right)\right]$$

$$=\frac{1}{2}\rho\mathrm{d}V\omega^2A^2\sin^2\omega\left(t-\frac{x}{u}\right)\tag{6.18}$$

体积元的总能量为其动能和势能之和

$$\mathrm{d}W=\mathrm{d}W_{\mathrm{k}}+\mathrm{d}W_{\mathrm{p}}=\rho\mathrm{d}V\omega^2A^2\sin^2\omega\left(t-\frac{x}{u}\right)$$

$$\mathrm{d}W=\rho\mathrm{d}V\omega^2A^2\sin^2\omega\left(t-\frac{x}{u}\right)\tag{6.19}$$

由式(6.14)和式(6.18)可以看出任一时刻体积元动能与其势能总是相等。

$$\mathrm{d}W_{\mathrm{k}}=\mathrm{d}W_{\mathrm{p}}=\frac{1}{2}\rho\mathrm{d}V\omega^2A^2\sin^2\omega\left(t-\frac{x}{u}\right)$$

由式(6.19)可以看出波动中体积元的能量与单一简谐振动系统的能量有着显著的不同。在单一简谐振动的系统中，动能和势能相互转化，动能最大时，势能最小，势能最大时，动能最小，系统机械能守恒。在波动情况下，任一时刻任一体积元的动能与势能总是随时间变化的，变化是同步的，值也相等，这说明体积元总能量不能为常数，即能量不守恒(体积元)。

波动中体积元能量不守恒原因是因为每个体积元都不是独立地作简谐振动，它与相邻的体积元间有着相互作用。因而相邻体积元间有能量传递，沿着波传播方向，某体积元从前面介质获得能量，又把能量传递给后面介质，这样，通过体积元不断地吸收和不断地传递能量，所以波动是能量传递的一种形式。

为了精确描述波能量的分布，引入波的能量密度，即单位体积介质中波动能量，用 w 表示。

$$w=\frac{\mathrm{d}W}{\mathrm{d}V}=\rho\omega^2A^2\sin^2\omega\left(t-\frac{x}{u}\right)\tag{6.20}$$

可见介质中任一点处波的能量密度随时间 t 而变化。通常可取其在一个周期内的平均值，叫作平均能量密度

$$\overline{w}=\frac{1}{T}\int_0^T w\mathrm{d}t=\frac{1}{T}\int_0^T\rho\omega^2A^2\sin^2\omega\left(t-\frac{x}{u}\right)\mathrm{d}t$$

$$=\rho\omega^2A^2\frac{1}{T}\int_0^T\frac{1}{2}\left[1-\cos2\omega\left(t-\frac{x}{u}\right)\right]\mathrm{d}t$$

$$=\rho\omega^2A^2\frac{1}{T}\left[\frac{1}{2}T-\frac{1}{2}\int_0^T\cos2\omega\left(t-\frac{x}{u}\right)\mathrm{d}t\right]$$

$$=\frac{1}{2}\rho\omega^2A^2$$

可写成

$$\overline{w}=\frac{1}{2}\rho\omega^2A^2 \tag{6.21}$$

由以上各式可知，波的能量与振幅的二次平方、频率的二次方和介质的密度成正比。

6.3.2 能流和能流密度

如上所述，波的传播过程就是能量传播或能量的流动过程，因此可引进能流和能流密度概念。单位时间内通过某一面积的能量称为能流，用 P 表示。如图 6-14 所示，设 S 为介质中垂直于波传播方向的一面积，通过 S 的能流就等于以 S 为底 u 为高的柱体内的能量。有

$$P=wuS \tag{6.22}$$

显然 P 和 w 一样，是随时间 t 变化的，取其时间平均值，便有平均能流。即单位时间内通过某一面积的平均能量称为平均能流。由式(6.22)可知，通过 S 的平均能流为

$$\begin{aligned}\overline{P}&=\text{平均能流密度}\times\text{柱体体积}\\&=\overline{w}\cdot uS\\&=\overline{w}uS\end{aligned} \tag{6.23}$$

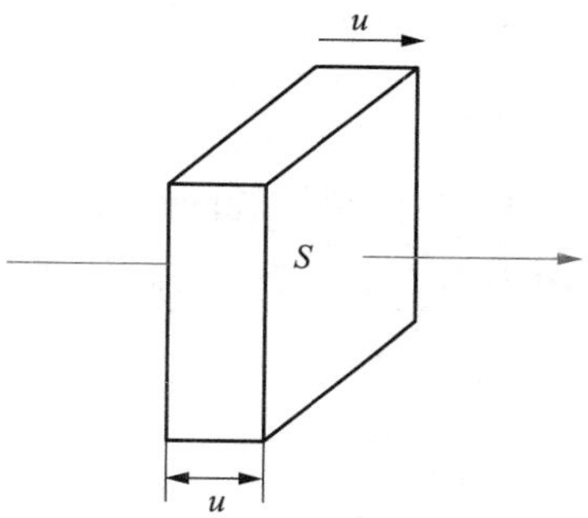

图 6-14 通过 S 面的平均能流

式中，$\overline{w}$ 为平均能量密度，u 为波速，S 为截面积。可见平均能流与截面积 S 有关。

通过垂直于波传播方向单位面积上的平均能流称为能流密度或波的强度，用 I 表示。则有

$$I=\frac{\overline{P}}{S}=\overline{w}u=\frac{1}{2}\rho\omega^2A^2u \tag{6.24}$$

显然能流密度越大，单位时间垂直通过单位面积的能量就越多，表示波动越强烈。所以能流密度 I 也称为波的强度，它的单位为 W/m^2。

在推导平面波(简谐波)的波动方程时，假定介质中各点振幅不变。现从能量角度来看一下振幅不变的含义。如图 6-15 所示，设垂直于波传播方向上有两平面 S_1、S_2($S_1=S_2$)，此二平面构成了一柱体的二底面。设 $\overline{P}_1$、$\overline{P}_2$ 为通过 S_1、S_2 的平均能流，有

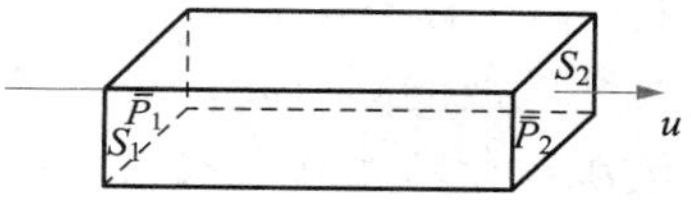

图 6-15 平面波的振幅不变

$$\overline{P}_1=\overline{w}_1uS_1=\frac{1}{2}\rho\omega^2A_1^2uS_1$$

$$\overline{P}_2=\overline{w}_2uS_2=\frac{1}{2}\rho\omega^2A_2^2uS_2$$

若 $A_1=A_2$，则 $\overline{P}_1=\overline{P}_2$($S_1=S_2$)。

也就是说，如果振幅不变，则通过 S_1、S_2 的平均能流相等，有多少能量通过 S_1 进入柱体内，就有多少能量通过 S_2 流出此柱体，这说明了介质不吸收能量。因此，介质中各点振幅相同表明了介质不吸收能量。

若平面简谐波在各向同性、均匀、无吸收的理想介质中传播，则振幅是否不变呢？分析如下：设在距波源O为r_1、r_2处取二球面如图6-16所示，面积分别为S_1、S_2，通过S_1、S_2的平均能流为

$$\overline{P}_1=\overline{w}_1 uS_1=\frac{1}{2}\rho\omega^2 A_1^2 uS_1$$

$$\overline{P}_2=\overline{w}_2 uS_2=\frac{1}{2}\rho\omega^2 A_2^2 uS_2$$

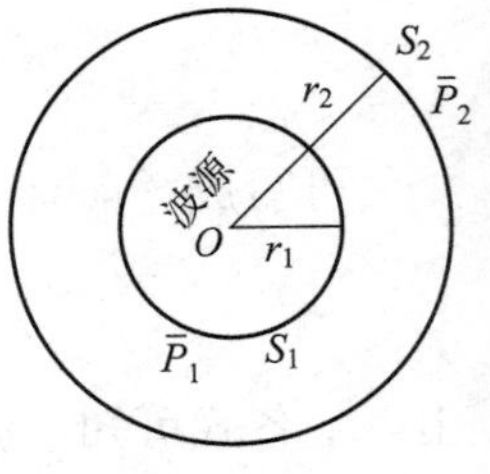

图6-16 球面波振幅与传播距离成反比

因为介质不吸收能量所以有$\overline{P}_1=\overline{P}_2$，

即
$$A_1^2 S_1=A_2^2 S_2$$

可以得出：
$$\frac{A_1}{A_2}=\sqrt{\frac{S_2}{S_1}}=\frac{r_2}{r_1}$$

可知，
$$A\propto\frac{1}{r}$$

则波动方程为
$$y=\frac{A}{r}\cos\omega\left(t-\frac{x}{u}\right)$$

式中，r为离波源的距离，A为离波源为单位距离时的振幅。可见球面波振幅与传播距离成反比。

6.4 惠更斯原理及应用

6.4.1 惠更斯原理

前面讲过，波动是振动的传播。由于介质中各点间有相互作用，波源振动引起附近各点振动，这些附近点又引起更远处点的振动，由此可见，波动传到的各点在波的产生和传播方面所起的作用和波源没有什么区别，都是引起它附近介质的振动，因此波动传到各点都可以看作是新的波源。

有一任意形状的水波在水面上传播，如图6-17所示。AB为障碍物，AB有小孔α，小孔的线度与波长相比甚小，这样就可以看见，穿过小孔的波的圆形波，圆心在小孔处，这说明波传播到小孔后，小孔成为波源。荷兰物理学家惠更斯分析和总结了类似的现象，于1690年提出一条描述波传播特性的重要原理：介质中波传播到的各点，都可以看作是发射子波的波源，而其后任意时刻，这些子波的包络就是新的波前(波阵面)，这就是惠更斯原理的内容。

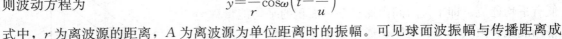

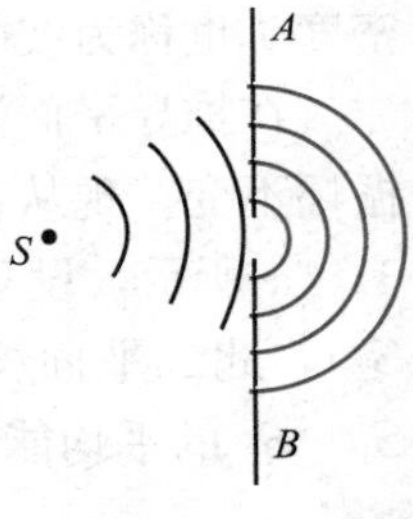

图6-17 障碍物上的小孔成为新波源

惠更斯原理对任何介质中的任何波动过程都成立，无论是均匀的或非均匀的，是各向同性的或是各向异性的，无论是机械波还是电磁波，这一原理都成立。惠更斯原理提出了子波的概念，并没有说明各子波在传播中对某一点振动究竟有多少贡献。惠更斯原理指出了从某一时刻出发去寻找下一时刻波阵面的方法。

如图6-18(a)所示，设球面波在均匀各向同性介质中传播，波速为u，在t时刻波阵面是半径为R的球面S_1，在$t+\tau$时刻波阵面如何？根据惠更斯原理，以S_1面上各点为中心，

以 $r=u\tau$ 为半径，画出许多半球形子波，这些子波的包络即为公切于各子波的包迹面，就是 $t+\tau$ 时刻新的波阵面。显然是以 O 为中心，以 $R+r$ 为半径的球面 S_2。

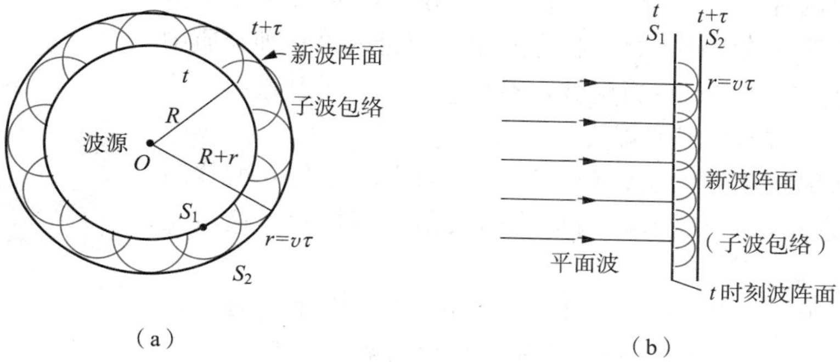

图 6-18 用惠更斯原理求新波阵面

(a)球面波；(b)平面波

如图 6-18(b)所示，平面波在均匀各向同性介质中传播，波速为 u，在 t 时刻波阵面为 S_1(平面)，在 $t+\tau$ 时刻波阵面如何？根据惠更斯原理，以 S_1 面上各点为中心，以 $r=u\tau$ 为半径，画出许多半球面形子波，这些子波的包络即为公切于各子波的包迹面，就是 $t+\tau$ 时刻新的波阵面。显然新波阵面是平行于 t 时刻波阵面 S_1 的平面 S_2。

从上可以看出，球面波及平面波在均匀各向同性介质中传播时，它的波形不变，但在非均匀或各向异性的介质中传播时，波的形状可能发生变化。

半径很大的球面波波阵面上的一部分可以看成平面波波阵面。如：从太阳射出的球面波，到达地面上时，就可以看成是平面波。

6.4.2 波的衍射现象

从日常生活中观察到，水波在水面上传播时可以绕过水面上的障碍物而在障碍物的后面传播，在高墙一侧的人可以听到另一侧人的声音，即声波可以绕过高墙从一侧传到另一侧，这些现象说明，水波与声波在传播过程中遇到障碍物时(即波阵面受到限制时)，波就不是沿直线传播，它可以达到沿直线传播所达不到的区域。这现象称为波的衍射现象或绕射现象。简单地说，波遇到障碍物后偏离直线传播的现象即为衍射现象。

下面用惠更斯原理说明水波的衍射现象。如图 6-19 所示，水面上障碍物为有一宽缝，缝的宽度大于水波波长。用平行于波阵面的棒振动来产生平行水波。当水波到达障碍物时，波阵面在宽缝上的所有点都可以看作发射子波的波源。这些子波在宽缝的前方的包迹就是通过缝后的新的波阵面。从图上看，新波阵面(或波前)不是直线(波阵面与底面交线)，只是中间一部分与原来的波阵面平行，在缝的边缘地方波阵面发生了弯曲，波线如图图 6-19 所示，这说明水波绕过缝的边缘前进。

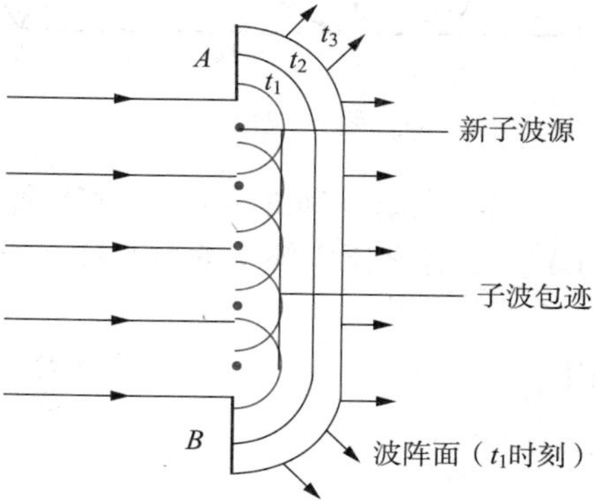

图 6-19 水波的衍射

6.4.3 波的反射与折射

当波传播至两种介质的分界面时，一部分波要返回原介质形成反射波，另一部分波则透入另一种介质中，但透入另一种介质中的波一般要改变传播方向形成折射波，参见图 6-20。由惠更斯原理，可以得出波反射与折射的规律。

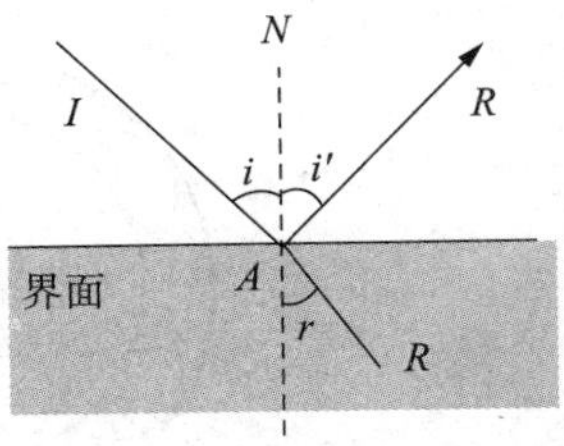

图 6-20　波的反射与折射

反射线与入射线和界面法线位于同一平面内，并且入射线与法线的夹角(入射角)等于反射线与法线的夹角(反射角)，这就是波的反射定律。

如图 6-21 所示，设平面波 AB'' 以波速 u 入射到两种介质 1 和 2 的分界面 MN 上，在不同时刻，波前的位置分别为 AB''，CC''，DD''，EE''，…。当振动由点 B'' 传至点 B'，由 C''，传至 B'…时，在点 A，C，D，E，…发处的次波分别通过了由半径 AA'，CC'，DD'，EE'，…所决定的距离。由于是在同种介质中传播，波速不变，因而 $AA'=B''B'$，$CC'=C''B'$，$DD'=D''B'$，$EE'=E''B'$，…。中心在 A，C，D，E，…的一组波面的包迹 $A'B'$ 就是反射波的波前，反射定律得到证明。

如图 6-22 所示，折射线、入射线和界面的法线在同一平面内，入射角与折射角的关系满足

$$\frac{\sin i}{\sin r}=\frac{u_1}{u_2}=\frac{n_2}{n_1}$$

这就是折射定律。

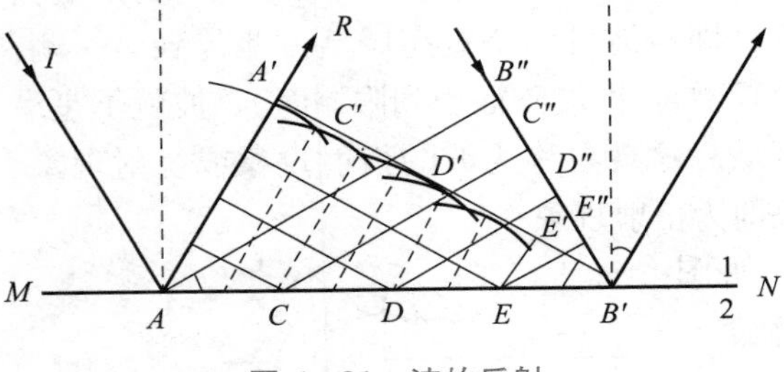

图 6-21　波的反射

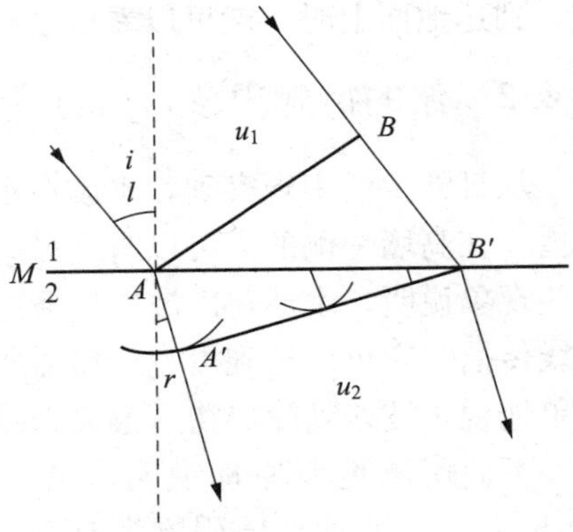

图 6-22　波的折射

当波在第一种介质中通过距离 BB' 时，波在同一时间内将在另一种介质中通过距离 AA'。二者之比应等于波在两种介质中的波速 u_1、u_2 之比，即有

$$BB'/AA'=u_1/u_2$$

因为

$$BB'=AB'\sin i,\quad AA'=AB'\sin r$$

所以

$$\frac{\sin i}{\sin r}=\frac{BB'}{AA'}=\frac{u_1}{u_2}=\frac{n_2}{n_1}$$

用惠更斯原理，波的反射定律得到证明。

6.5 波的叠加原理 波的干涉

6.5.1 波的叠加原理

现在我们来讨论两个或两个以上的波源发出的波在同一介质中的传播情况。把两个小石块投在很大的静止的水面上邻近二点，可见从石头落点发出二圆形波互相穿过，在它们分开之后仍然是以石块落点为中心的二圆形波。说明了他们各自独立传播。当乐队演奏或几个人同时讲话时，能够辨别出每种乐器或每个人的声音，这表明了某种乐器和某人发出的声波，并不因为其他乐器或其他人同时发声而受到影响。通过这些现象的观察和研究，可总结出如下的规律：

几列波在传播空间中相遇时，各个波保持自己的特性(即频率、波长、振动方向、振幅不变)，各自按其原来传播方向继续传播，互不干扰。在相遇区域内，任一点的振动为各列波单独存在时在该点所引起的振动的位移的矢量和。这个规律称为波的叠加原理或波的独立传播原理。

6.5.2 波的干涉

一般地说，频率不同，振动方向不同的几列波在相遇各点的合振动是很复杂的，叠加图样不稳定。现在来讨论最简单而又最重要的情况，即振动方向相同、频率相同、位相差恒定这样两列波的叠加问题。

当两列波在空间中某点相遇时，各个波在该点引起的振动位相是一定的(当然在不同点的这个位相可能不同)，因此该点的合振动的振幅是恒定的。由此可知，如果两列波在空间某点相互加强(即合振幅最大)，则这些点上始终是相互加强的，如果两列波在空间中某些点相互减弱(即合振幅最小)，则在这些点上始终是相互减弱，可见叠加图样是稳定的。这种现象称为波的干涉现象，相应的波称为相干波，相应的波源称为相干波源。振动方向相同、频率相同、位相差恒定为相干条件。

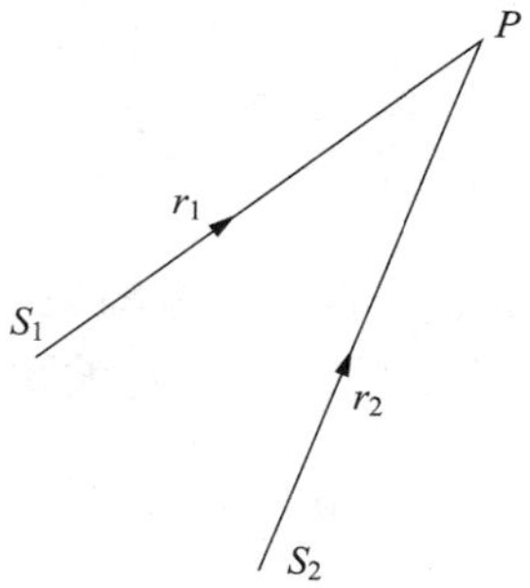

图 6-23 波的干涉

下面讨论干涉加强或减弱的条件。如图 6-23 所示。

设有相干波源 S_1、S_2，其振动方程为

$$y_1 = A_1\cos(\omega t + \varphi_1)$$
$$y_2 = A_2\cos(\omega t + \varphi_2)$$

这两列波在空间 P 点相遇，在 P 点处两列波的振幅分别为 A_1 和 A_2，则在波传播到 p 处所引起的两个分振动分别为

$$y_1 = A_1\cos\left(\omega t + \varphi_1 - \frac{2\pi r_1}{\lambda}\right)$$
$$y_2 = A_2\cos\left(\omega t + \varphi_2 - \frac{2\pi r_2}{\lambda}\right)$$

这两列波的振动方向相同，波频率相同而又在同一介质中传播(即波速相同)，所以两列波波长相同。两列波在 P 点引起的合振动应等于这两列波单独存在时在 P 点引起位移的代数和，

P 点合成振动

$$y=y_1+y_2=A_1\cos\left(\omega t+\varphi_1-\frac{2\pi r_1}{\lambda}\right)+A_2\cos\left(\omega t+\varphi_2-\frac{2\pi r_2}{\lambda}\right)$$

如前所述，对同方向、同频率振动合成，仍为简谐振动

$$y=A\cos(\omega t+\varphi)$$

其中

$$A=\sqrt{A_1^2+A_2^2+2A_1A_2\cos\Delta\varphi} \tag{6.25}$$

$$\tan\varphi=\frac{A_1\sin\left(\varphi_1-2\pi\frac{r_1}{\lambda}\right)+A_2\sin\left(\varphi_2-2\pi\frac{r_2}{\lambda}\right)}{A_1\cos\left(\varphi_1-2\pi\frac{r_1}{\lambda}\right)+A_2\cos\left(\varphi_2-2\pi\frac{r_2}{\lambda}\right)} \tag{6.26}$$

式(6.25)中，$\Delta\varphi$ 是在 P 处两个分振动的相位差

$$\Delta\varphi=\left(\varphi_2-\frac{2\pi r_2}{\lambda}\right)-\left(\varphi_1-\frac{2\pi r_1}{\lambda}\right)$$

即

$$\Delta\varphi=(\varphi_2-\varphi_1)-2\pi\frac{r_2-r_1}{\lambda} \tag{6.27}$$

讨论：

(1) $\Delta\varphi=(\varphi_2-\varphi_1)-2\pi\frac{r_2-r_1}{\lambda}=\pm 2k\pi(k=0，1，2，\cdots)$ 时，P 点处合振动振幅

$$A=A_1+A_2$$

此时合振幅最大，即振动加强，称为干涉加强或干涉相长。

(2) $\Delta\varphi=(\varphi_2-\varphi_1)-2\pi\frac{r_2-r_1}{\lambda}=\pm(2k+1)\pi(k=0，1，2，\cdots)$ 时，P 点处合振动振幅

$$A=|A_1-A_2|$$

此时合振动的振幅最小，即振动减弱，称为干涉减弱或干涉相消。

(3) $\varphi_2=\varphi_1$ 即波源初相相同时，

$$\delta=r_2-r_1=\pm 2k\frac{\lambda}{2}(k=0，1，2，\cdots)\text{时}，\quad A=A_1+A_2\text{(振动加强)}， \tag{6.28}$$

$$\delta=r_2-r_1=\pm(2k+1)\frac{\lambda}{2}(k=0，1，2，\cdots)\text{时}，A=|A_1-A_2|\text{(振动减弱)}. \tag{6.29}$$

其中 $\delta=r_2-r_1$ 表示两列波源到考察点路程之差，称为波程差。由式(6.28)、式(6.29)可知，$\varphi_2=\varphi_1$ 时，波程差等于半波长的偶数倍时，干涉加强，波程差等于半波长奇数倍时，干涉减弱。

干涉加强与减弱，不仅与波源振动初相差($\varphi_2-\varphi_1$)有关，而且也与波程差 $\delta=r_2-r_1$ 引起的相位差 $2\pi\frac{\delta}{\lambda}$ 有关。

例 6.5 A、B 为同一介质中二相干波源，其振幅均为 5 cm，频率为 100 Hz。A 处为波峰时，B 处恰为波谷。设波速为 10 m/s。试求 P 点干涉结果。

解 P 点干涉振幅为

$$A=\sqrt{A_1^2+A_2^2+2A_1A_2\cos\Delta\varphi}$$

$$\Delta\varphi=(\varphi_2-\varphi_1)-2\pi\frac{r_{BP}-r_{AP}}{\lambda}$$

由题意知：

$\varphi_B-\varphi_A=-\pi$(B 比 A 位相落后)，

$r_{BP}=\sqrt{AP^2+AB^2}=25\ \text{m}$

$r_{AP}=15\ \text{m}$，

$\lambda=\dfrac{u}{\nu}=0.1\ \text{m}$

$\Delta\varphi=-\pi-2\pi\dfrac{2.5-15}{0.1}=-201\pi$

$A=0\quad(A_1=A_2)$

即干涉静止不同。

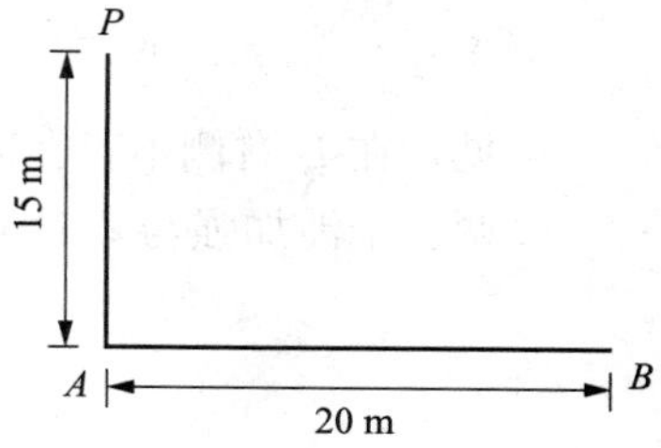

图 6-24 例 6.5 图

强调：注意干涉加强与减弱条件。

例 6.6 如图 6-25 所示，A、B 为同一介质中二相干波源，振幅相等，频率为 100 Hz，为 B 波峰时，A 恰为波谷。若 A、B 相距 30 m，波速为 400 m/s。求：A、B 连线上因干涉而静止的各点的位置。

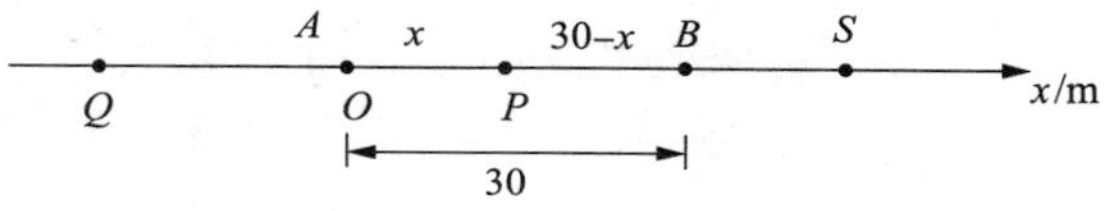

图 6-25 例 6.6 图

解 如图所取坐标

(1)A、B 间情况。任一点 P，二波在此引起振动位相差为

$$\lambda=\frac{u}{\nu}=\frac{400}{100}=4\ (\text{m})$$

$$\begin{aligned}\Delta\varphi&=(\varphi_B-\varphi_A)-2\pi\frac{r_{BP}-r_{AP}}{\lambda}\\&=\pi-2\pi\frac{(30-x)-x}{\lambda}\\&=\pi-(15-x)\pi\\&=-14\pi+\pi x\end{aligned}$$

当 $\Delta\varphi=(2k+1)\pi(k=0,\ \pm1,\ \pm2,\ \cdots)$时，坐标为 x 的质点由于干涉而静止。(二振幅相同)，即

$$-14\pi+\pi x=(2k+1)\pi$$

$$\Rightarrow x=2k+15\quad(k=0,\ \pm1,\ \pm2,\ \cdots,\ \pm7)$$

(2)在 A 左侧情况，对任一点 Q，两波在 Q 点引起振动位相差为：

$$\Delta\varphi=(\varphi_B-\varphi_A)-2\pi\frac{r_{BQ}-r_{AQ}}{\lambda}=\pi-2\pi\frac{30}{4}=-14\pi$$

可见，A 外侧均为干涉加强，无静止点。

(3)在 B 点右侧情况。对任一点 S，两波在 S 点引起的振动位相差为

$$\Delta\varphi=(\varphi_B-\varphi_A)-2\pi\frac{r_{BS}-r_{AS}}{\lambda}=\pi-2\pi\frac{-30}{4}=-16\pi$$

可见，在 B 右侧不存在因干涉静止点。

强调：干涉加强与减弱条件。

6.6 驻　　波

驻波是干涉的一种特殊情况。两列振幅相同的相干波，在同一直线上反向传播时叠加的结果称为驻波。平面简谐波垂直入射到两种介质的界面上，入射波和反射波进行叠加即可形成驻波。

6.6.1 驻波方程

设两列波分别沿着 x 轴正、反方向传播，取两列波的振动相位始终相同的点为坐标原点 $x=0$，令 $t=0$ 时，在该处 $y_1=y_2=A$，则这两列波的波函数分别为

$$y_1=A\cos2\pi\left(\frac{t}{T}-\frac{x}{\lambda}\right)$$

$$y_2=A\cos2\pi\left(\frac{t}{T}+\frac{x}{\lambda}\right)$$

两列波合成为

$$\begin{aligned}y&=y_1+y_2=A\cos2\pi\left(\frac{t}{T}-\frac{x}{\lambda}\right)+A\cos2\pi\left(\frac{t}{T}+\frac{x}{\lambda}\right)\\&=2A\cos\frac{2\pi\left(\frac{t}{T}-\frac{x}{\lambda}\right)+2\pi\left(\frac{t}{T}+\frac{x}{\lambda}\right)}{2}\cos\frac{2\pi\left(\frac{t}{T}-\frac{x}{\lambda}\right)-2\pi\left(\frac{t}{T}+\frac{x}{\lambda}\right)}{2}\\&=2A\cos2\pi\frac{t}{T}\cos\left(\frac{-2\pi x}{\lambda}\right)\\&=2A\cos\frac{2\pi x}{\lambda}\cos2\pi\nu t\end{aligned}$$

驻波方程为：

$$y=2A\cos\frac{2\pi x}{\lambda}\cos2\pi\nu t \tag{6.30}$$

如上可知，驻波方程是 2 个因子 $2A\cos\frac{2\pi x}{\lambda}$ 和 $\cos2\pi\nu t$ 的乘积。

6.6.2 驻波的特点

由驻波方程知，x 给定时，则驻波方程变成了坐标为 x 处质点的振动方程，振幅为 $2A\left|\cos\frac{2\pi x}{\lambda}\right|$，位相为($2\pi\nu t$)。$x$ 取值不同(即不同点)振幅可能不同。

当振幅 $2A\left|\cos\frac{2\pi x}{\lambda}\right|=0$ 时，x 对应的质点始终不动，这些点称为波节。波节坐标位置

的决定如下式。令 $\cos\dfrac{2\pi x}{\lambda}=0$，可得出

$$\frac{2\pi x}{\lambda}=\pm(2k+1)\frac{\pi}{2}\quad(k=0, 1, 2, \cdots)$$

则波节坐标位置

$$x_k=\pm(2k+1)\frac{\lambda}{4}\tag{6.31}$$

相邻波节距离

$$x_{k+1}-x_k=[2(k+1)+1]\frac{\lambda}{4}-(2k+1)\frac{\lambda}{4}=\frac{\lambda}{2}\tag{6.32}$$

当 $\left|\cos\dfrac{2\pi x}{\lambda}\right|=1$ 时，x 对应的质点振动最强，这些点称为波腹，其波腹坐标位置为：令 $\cos\dfrac{2\pi x}{\lambda}=\pm 1$

可得出

$$\frac{2\pi x}{\lambda}=\pm k\pi\quad(k=0, 1, 2, \cdots)$$

则波腹坐标位置

$$x_k=\pm k\frac{\lambda}{2}\tag{6.33}$$

相邻波腹距离

$$x_{k+1}-x_k=(k+1)\frac{\lambda}{2}-k\frac{\lambda}{2}=\frac{\lambda}{2}\tag{6.34}$$

驻波中各点位相特点是相邻波节间各点处质元振动的相位相同，任一波节两侧附近 $\left(\pm\dfrac{\lambda}{2}\right)$以内各点处质元振动相位相反。相邻波节之间，

如果 x 满足 $2A\cos\dfrac{2\pi x}{\lambda}>0$，则 x 对应的各点振动位相均为$(2\pi\nu t)$，

如果 x 满足 $2A\cos\dfrac{2\pi x}{\lambda}<0$，则 x 对应的各点振动位相均为$(2\pi\nu t+\pi)$.

显而易见，在一波节两侧的质元振动相位相反。由驻波方程 $y=2A\cos\dfrac{2\pi x}{\lambda}\cos 2\pi\nu t$ 可画出 $t=0$ 时驻波波形图，如图 6-26 所示。

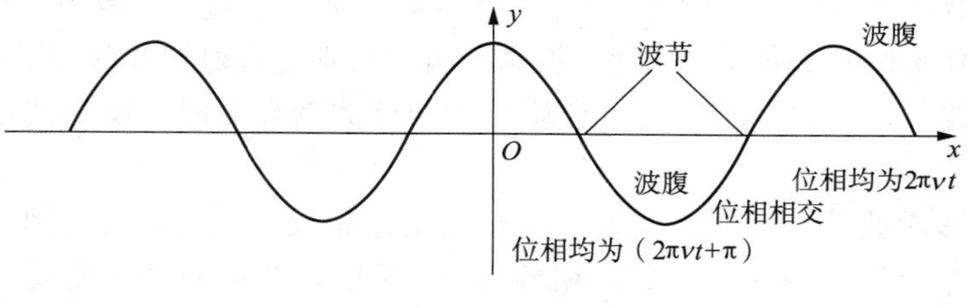

图 6-26　$t=0$ 时刻驻波波形图

由于相邻波节间 $2A\cos\dfrac{2\pi x}{\lambda}$ 同号，所以相邻波节间各点位相相同。由于一波节两边 $2A\cos\dfrac{2\pi x}{\lambda}$ 异号，所以波节两边质点位相相反。

由图 6-26 可知，相邻波节间质点同步一齐振动，波节两边质点反方向振动。驻波中，分段振动，每段间为一整体同步振动。驻波每时都有一定波形，波形不传播。驻波是一种特殊形式的振动，它不传播能量。

6.6.3 驻波实验

如图 6-27 所示，弦线的一端固定在音叉上，另一端通过一滑轮系一砝码，使弦线拉紧，现让音叉振动起来，并调节劈尖 B 至适当位置，使 AB 具有某一长度，可以看到 AB 上形成稳定的振动状态。

如图可知，a、b、c、d 等为波节，a'、b'、c'、d' 等为波腹。

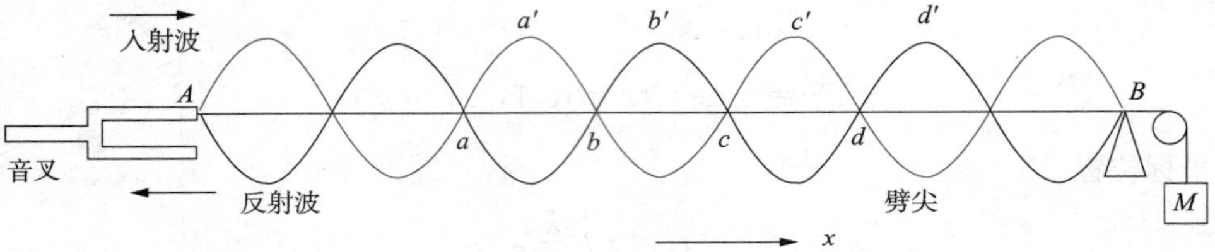

图 6-27 驻波实验

对上述结果的解释：

当音叉振动时，带动弦线 A 端振动，由 A 端振动引起的波沿弦线向右传播，在到达 B 点遇到障碍物(劈尖)后产生反射，反射波沿弦线向左传播。这样，在弦线上向右传播的入射波和向左传播的反射波满足相干条件，所以二者要产生干涉。这样就出现了所谓的驻波结果。

6.6.4 问题讨论

1. 半波损失问题

在音叉实验中，波是在固定点处反射的，在反射处形成波节。如果波是在自由端反射，则反射处为波腹，一般情况下，两种介质分界面处形成波节还是波腹，与波的种类、两种介质的性质及入射角有关。当波从一种弹性介质垂直入射到另一种弹性介质时，如果第二种介质的质量密度与波速之积比第一种大，即 $\rho_2 u_2 > \rho_1 u_1$，则分界面出现波节。第一种介质称波疏介质，第二种介质称波密介质。因此，波从波疏介质垂直入射到波密介质时，反射波在介质分界面处形成波节，反之，波从波疏介质反射回到波密介质时，反射波在反射面处形成波腹。

在反射面处形成波节，说明入射波与反射波位相相反，反射波在该处位相突变 π。因为在波线上相差半个波长的两点，其位相差为 π，所以，波从波密介质反射回到波疏介质时，相当于附加(或损失)了半个波长的波程。通常称这种位相突变 π 的现象叫做半波损失。

$\rho_2 u_2 > \rho_1 u_1$

反射波无半波损失 →

波密介质　　　　　　波疏介质

← 反射波有半波损失

2. 形成驻波的条件

对于两端固定的弦线，不是任何频率(或波长)的波都能在弦上形成驻波，只有当弦长 l 等于半波长整数倍时才有可能。即 $l=n\dfrac{\lambda}{2}$　($n=1, 2, 3, \cdots$)，

或：$\nu=\dfrac{u}{\lambda}=\dfrac{nu}{2l}$　($n=1, 2, 3, \cdots$)　(u：波速)。

6.7　多普勒效应*

6.7.1　多普勒效应含义

前面讨论波的传播都是在波源、观测者相对静止的情况，如果波源、观测者相对介质运动，将会产生多普勒效应。多普勒效应在日常生活和生产实践中并不罕见，如高速驶进的汽车、火车或飞机，其鸣笛声或发动机的轰鸣声都会变“尖”；而当它们驶离时又会变“闷”，这就是多普勒现象。声调的变化就是声波频率的变化。反之，波源静止，观测者运动时也会有此现象发生。多普列效应是指观测者测得波源的频率大小与二者相对运动有关。

6.7.2　多普勒效应中频率表达式

为简单起见，讨论观察者、波源共线运动的情况。如图 6-28 所示。

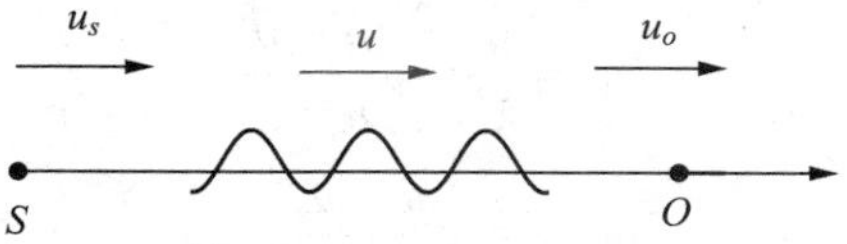

图 6-28　多普勒效应示意图

S 为波源，运动速度为 $\boldsymbol{u}_s$，$\boldsymbol{u}$ 为波在介质中传播速度，O 为观察者，$\boldsymbol{u}_o$ 为观察者速度。设 ν 为 S、O 相对静止时 O 测得频率，ν' 为 S、O 相对运动时 O 测得频率。分几种情况讨论。

1. S、O 相对静止

此时 $u_s=u_o$，单位时间内发出的波长个数等于观察者在单位时间内接收到的波长个数。即有

$$\nu'=\frac{u}{\lambda}=\nu \tag{6.35}$$

2. S 不动，O 动

波对观察者速度为：　　　　$u'=u-u_o$

因为 S 静止，所以 O 接收到的波长等于波源发出的波长，则观察者测到的频率

$$\nu'=\frac{u'}{\lambda}=\frac{u-u_o}{\lambda}=\frac{u-u_o}{\dfrac{u}{\nu}}=\nu\left(1-\frac{u_o}{u}\right) \tag{6.36}$$

3. O 静止，S 动

如果 O 静止，它在单位时间内发出的波的个数 ν 分布在长度为 u 的距离内，如图 6-29(a)所示。因为 S 运动，所以它在单位时间内发现的波长个数 ν 被挤在长度为($u-u_s$)的距离内。如图6-29(b)所示。所以波长变为 λ'(因为 S 作匀速运动，所以波形不发生畸变)。

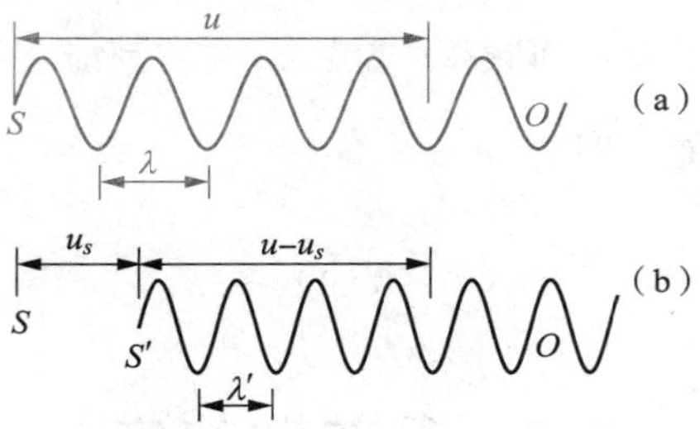

图 6-29　声源运动

由图 6-29(b)图知 $u-u_s=\nu\lambda'$，可得

$$\lambda'=\frac{u-u_s}{\nu}.$$

因为 O 静止，所以波对观察者速度也就是波对介质的速度，所以

$$\nu'=\frac{u}{\lambda'}=\nu\frac{u}{u-u_s}. \tag{6.37}$$

4. S、O 都运动

根据 2、3 所述，此时波对观察者速度为 $u'=u-u_o$。

因为 S 运动，所以波长缩短为 $\lambda'=\dfrac{u-u_s}{\nu}$，故

$$\nu'=\frac{u'}{\lambda'}=\nu\frac{u-u_o}{u-u_s},$$

即

$$\nu'=\nu\frac{u-u_o}{u-u_s}. \tag{6.38}$$

此式可把上面所有情况统一起来。

在上面推导中，假定 $\boldsymbol{u}_s$、$\boldsymbol{u}_o$ 沿 $+x$ 方向运动，实际上，$\boldsymbol{u}_s$、$\boldsymbol{u}_o$ 沿 $-x$ 方向运动时，在计算中只是把它们取做负值即可。但注意的是 u 仍取正值(波沿 $+x$ 方向传播)。

6.8　小　　结

1. 机械波

(1)形成：机械振动在媒质中的传播形成机械波。

(2)产生条件：波源(振源)、弹性媒质(传播振动)。

(3)横波与纵波：传播方向与振动方向垂直的波称为横波；传播方向与振动方向平行的波称为纵波。

(4)描述波动的物理量：

波长 λ：在同一波线上相位差为 2π 的质点间的距离，即一个完整波形的长度；

周期 T：波线上某点通过一个完整波形所需要的时间；

频率 ν：单位时间内通过波线上某点完整波形的数目；

波速 u：在同一波线上，单位时间内某一振动状态传播的距离，即相位传播的速度。

$$u=\frac{\lambda}{T}=\lambda\nu$$

2. 平面简谐波的波动方程

$$y=A\cos\left[\omega\left(t\mp\frac{x}{u}\right)+\varphi\right]$$

或

$$y=A\cos\left[2\pi\left(\frac{t}{T}\mp\frac{x}{\lambda}\right)+\varphi\right]$$

或

$$y=A\cos\left[\frac{2\pi}{\lambda}(ut\mp x)+\varphi\right]$$

式中取"－"号时对应波沿 x 轴正向传播；式中取"＋"号时对应波沿 x 轴负向传播。

3. 波动方程的物理意义

(1)x 给定，y 只是 t 的函数，波动方程转化为该点的振动方程；

(2)t 给定，y 只是 x 的函数，波动方程转化为该时刻的波形方程；

(3)x 和 t 都变化，y 是 x、t 的函数，波动方程描述了波形的传播，称为行波方程。

4. 波的能量

波在传播时，介质中各质元都在各自的平衡位置附近振动，因而具有动能，同时介质要产生形变，因而具有弹性势能。介质的动能与势能之和称为波的能量。对某质元，

振动动能：$$\mathrm{d}E_k=\frac{1}{2}\rho\mathrm{d}V\omega^2A^2\sin^2\left[\omega\left(t\mp\frac{x}{u}\right)+\varphi\right]$$

弹性势能：$$\mathrm{d}E_p=\frac{1}{2}\rho\mathrm{d}V\omega^2A^2\sin^2\left[\omega\left(t\mp\frac{x}{u}\right)+\varphi\right]$$

质元的总能量为其动能与势能之和，即

$$\mathrm{d}E=\mathrm{d}E_k+\mathrm{d}E_p=\rho\mathrm{d}V\omega^2A^2\sin^2\left[\omega\left(t\mp\frac{x}{u}\right)+\varphi\right]$$

（注意：波动传播的过程中，质量元的动能和势能是同相且相等的。）

能量密度：$w=\frac{\mathrm{d}E}{\mathrm{d}V}=\rho A^2\omega^2\sin^2\left[\omega\left(t\mp\frac{x}{u}\right)+\varphi\right]$

平均能量密度：$\bar{w}=\frac{1}{2}\rho A^2\omega^2$

波的强度(平均能流密度)：$I=\bar{w}u=\frac{1}{2}\rho A^2\omega^2 u$

5. 惠更斯原理

波动传播到媒质中的各点，都可以看作是发射子波的波源，其后的任意时刻，这些子波的包迹就决定了新的波前。

6. 波的叠加原理

波的叠加原理包含了两点：

一是各波源所激发的波可以在同一介质中独立地传播，它们相遇后再分开，其传播情况(频率、波长、传播方向、振幅等)与未遇时相同，互不干扰，就好像其他波不存在一样；

二是在相遇区域里各点的振动是各个波在该点所引起的振动的矢量和。

成立的条件：介质为线性。在振动很强烈时，线性介质会变为非线性。

7. 波的干涉

(1)波的干涉现象：两列相干波相遇叠加时，振动强度出现稳定的加强或减弱的现象。

(2)波的相干条件：两列波振动方向相同、频率相同、相遇点的相位差恒定。

(3)波的干涉加强和减弱条件：

当相位差 $\Delta\varphi=\varphi_2-\varphi_1-\frac{2\pi}{\lambda}(r_2-r_1)=2k\pi(k=0，1，2，\cdots)$时，干涉加强

$$A=A_1+A_2$$

当相位差 $\Delta\varphi=\varphi_2-\varphi_1-\frac{2\pi}{\lambda}(r_2-r_1)=(2k+1)\pi(k=0，1，2，\cdots)$时，干涉减弱

$$A=|A_1-A_2|$$

8. 驻波

两列振幅相同的相干波在同一直线上沿相反方向传播时形成驻波。设两列波分别为

$$y=A\cos 2\pi\left(\frac{t}{T}-\frac{x}{\lambda}\right)$$

$$y=A\cos 2\pi\left(\frac{t}{T}+\frac{x}{\lambda}\right)$$

叠加后得驻波方程：

$$y=2A\cos\frac{2\pi x}{\lambda}\cos\frac{2\pi t}{T}$$

驻波是一种特殊的干涉现象。其特征有：

(1)波节：合振幅始终为零的各点。

(2)波腹：合振幅最大的各点。

其他点的振幅在 $0\sim 2A$ 之间作余弦变化。

(3)两波节或两波腹之间的距离：$\frac{\lambda}{2}$。

(4)分段振动：任意波节两侧的质点的振动相位相反；相邻两波节之间的振动相位相同。

(5)驻波的波形不前进，能量也不向前传播，只是动能和势能在波腹和波节附近不断地进行相互转换。

9. 半波损失

波从波疏媒质(u 较小)传向波密媒质(u 较大)，在界面上反射时，反射波的相位出现突变，对应波程差恰好是半个波长，称为半波损失。计算反射波的波程时要附加 $\lambda/2$。

10. 多普勒效应

波源和观察者有相对运动时，观察者接受到的频率与波源的振动频率不同，这种现象称为多普勒效应。

当观察者与波源沿着它们的连线方向运动时，观察者接受的频率 ν' 和波源发射频率 ν_s 之间的关系为：

$$\nu'=\frac{u\pm u_R}{u\mp u_s}\nu_s$$

其中，u——波在媒质中的传播速度；

u_R——观察者相对媒质的速度；

u_s——波源相对媒质的速度。

当波源与观察者彼此接近时，u_R 前取“+”号，u_s 前取“−”号；当波源与观察者彼此远离时，u_R 前取“−”号，u_s 前取“+”号。

6.9　习　　题

6.1　一横波在沿绳子传播时的波动方程为

$$y=0.2\cos(2.5\pi t-\pi x)\qquad(\text{SI 制})$$

(1)求波的振幅、周期、频率、波长、波速；

(2)求绳上质点振动时的最大速度；

(3)$x=2.5$ m 处的质点在 $t=2$ s 时的相位，是原点处质点在哪一时刻的相位？这一相位代表的运动状态在 $t=3$ s 时刻到达哪一点？

(4)计算绳上距原点为 $x_1=2.0$ m，$x_2=5.0$ m 间质点的相位差。

(5)分别画出 $t=1$ s，$t=2$ s 时的波形曲线；

(6)画出 $x=1.0$ m 处质点的振动曲线。

6.2　一平面简谐波在介质中传播，波速 $u=100$ m/s，波线上右侧距波源 O(坐标原点)为 75.0 m 处的一点 P 的运动方程为

$$y=0.30\cos\left(2\pi t+\frac{\pi}{2}\right)\qquad(\text{SI 制})$$

求：(1)波沿 x 轴正方向传播时的波动方程；

(2)波沿 x 轴负方向传播时的波动方程。

6.3　沿 x 轴正向传播的平面简谐波在 $t=0$ 时的波形曲线如习题 6.3 图所示，波长 $\lambda=1$ m，波速 $u=10$ m/s，振幅 $A=0.1$ m。试写出：

(1)O 点的振动方程；

(2)平面简谐波的波动方程；

(3)$x=1.5$ m 处质点的振动方程。

6.4　如习题 6.4 图是一平面简谐波在 $t=0$ 时刻的波形图。

求：(1)该波的波动表达式；

(2)点 P 处质点的振动方程。

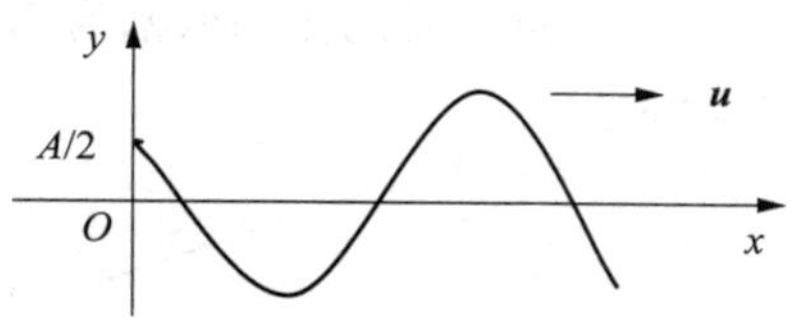

习题 6.3 图

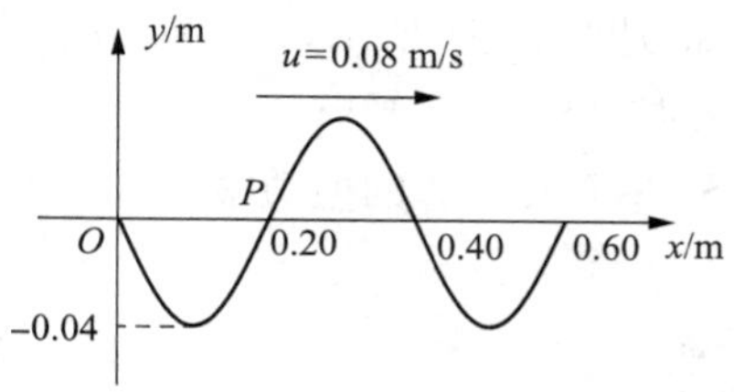

习题 6.4 图

6.5　如习题 6.5 图所示为一平面简谐波在 $t=0$ 时刻的波形图，设此简谐波频率为 250 Hz，

且此时质点 P 的运动方向向下，求：

(1)该波的波动方程；

(2)在距原点 O 为 100 m 处质点的振动方程与振动速度表达式。

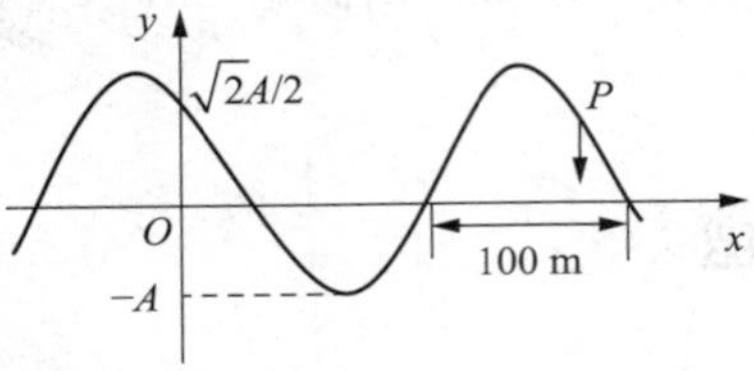

习题 6.5 图

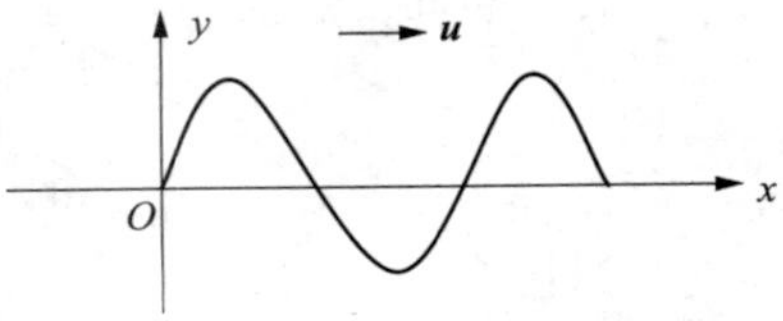

习题 6.6 图

6.6 一平面简谐波沿 x 轴正向传播，其振幅为 A，频率为，波速为 u，设 $t=t'$ 时刻的波形曲线如习题 6.6 图所示，求：

(1)在 $x=0$ 处质点的振动方程；

(2)该波的表达式。

6.7 一平面简谐波沿 Ox 轴负向传播，波长为 λ，已知 P 处质点的振动规律如习题 6.7 图所示，求：

(1)P 处质点的振动方程；

(2)该波的波动方程；

(3)O 处质点的振动方程。

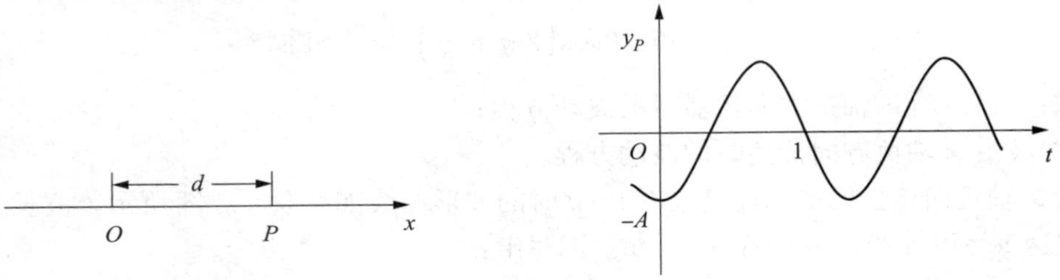

习题 6.7 图

6.8 如习题 6.8 图所示，A、B 两点为处于同一介质中相距 20m 的两个相干波源，设它们激起的波是平面简谐波，频率均为 $\nu=100$ Hz，振幅均为 $A=5\times10^{-2}$ m，波速均为 $u=200$ m/s，且 A 点为波峰时，B 点恰为波谷，求 AB 连线间因干涉而静止的各点的位置。

6.9 如习题 6.9 图所示，S_1 和 S_2 为两平面简谐波相干波源。S_2 的相位比 S_1 的相位超前 $\pi/4$，波长$=8.00$ m，$r_1=12.0$ m，$r_2=14.0$ m，S_1 在 P 点引起的振动振幅为 0.30 m，S_2 在 P 点引起的振动振幅为 0.20 m，求 P 点的合振幅。

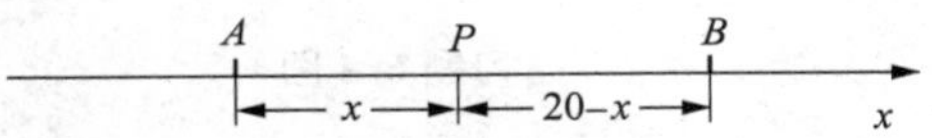

习题 6.8 图

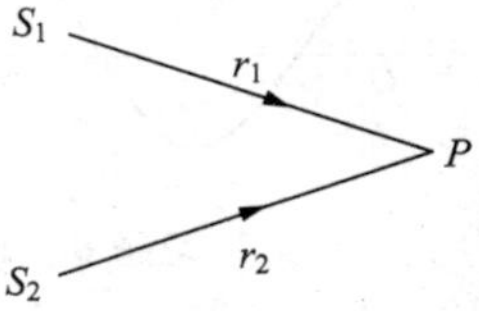

习题 6.9 图

6.10　S_1 和 S_2 是波长均为 λ 的两个相干波的波源，相距 $3\lambda/4$，S_1 的位相比 S_2 的位相超前 $\frac{\pi}{2}$，若两波单独传播时，在过 S_1 和 S_2 的直线上各点的强度相同，不随距离变化，且两波的强度都是 I_0，求在 S_1 和 S_2 的连线上 S_1 外侧和 S_2 外侧各点的合成波的强度。

6.11　如习题 6.11 图所示，一平面简谐波沿 x 轴正向传播，波速 $u=40$ m/s。已知在坐标原点 O 引起的振动方程为

$$y_o = A\cos\left(10\pi t + \frac{\pi}{2}\right) \quad \text{(SI 制)}$$

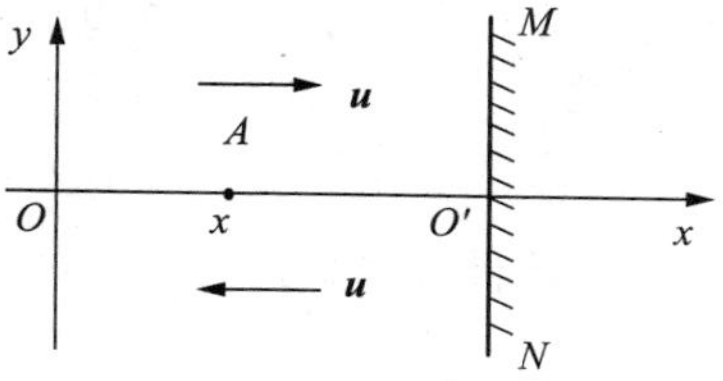

习题 **6.11** 图

MN 是垂直于 x 轴的波密介质反射面，$\overline{OO'}=14$ m，设反射波不衰减，试求：

(1)入射波和反射波的波动方程；

(2)驻波的方程；

(3)驻波波腹和波节的位置。

第 7 章 气体动理论

【学习目标】 了解气体分子热运动的图象；理解理想气体的压强公式和温度公式，麦克斯韦速率分布律，气体分子平均碰撞频率及平均自由程，气体分子热运动的算术平均速率、方均根速率、最概然速率；理解气体分子平均能量按自由度均分定理，并会应用该定理计算理想气体内能。

【实践活动】 当你在险峰领略无限风光的时候，你可想过利用气压高度计量山峰的海拔高度？当你身体不适的时候，你可想过利用远红外热成像技术实进行"绿色体检"？这其中蕴含的道理你又是否知道？

7.1 气体动理论的基本概念

气体动理论就是以气体为研究对象，从气体分子热运动的观点出发，根据所假定的气体分子模型，对个别分子的运动应用力学规律，对大量气体分子的集体行为应用统计平均的方法，研究气体的宏观性质和规律，以及宏观量与分子微观量的平均值之间的关系，从而揭示这些性质和规律的本质。

7.1.1 热力学系统

当我们研究现象规律时，首先必须明确规定我们的研究对象，因为不同对象的变化规律是不相同的。例如，要研究体积随温度的变化规律，必须明确指出所研究的具体对象是什么，这个作为研究对象的物体或物体系，就称为系统。热力学所研究的系统都是由大量分子组成的宏观系统，这种系统称为热力学系统，或系统，也称工作物质。热力学系统必定是宏观的，而且也是有限的。

要研究一个系统的性质及其变化规律，首先要对系统的状态加以描述。这时所用的表征系统状态属性的物理量称为宏观量。例如描述气缸内气体的整体属性所用的化学组成、体积、压强等物理量就是宏观量。宏观量可以直接用仪器测量，而且一般能为人的感官所感知。

宏观物体中包含的微观粒子(分子或原子)的数量是非常巨大的，典型的数值是阿伏伽德罗常数，$N_A=6.022\times10^{23}\ \mathrm{mol^{-1}}$。分子或原子都以不同形式不停地运动着，它们之间存在着强或弱的相互作用。通过对微观粒子运动状态的说明而对系统的状态加以描述的方法称为微观描述。描述一个微观粒子运动状态的物理量叫微观量，如分子的质量、速度、位置、能量等。微观量不能被我们的感官直接感知到，也不能被仪器直接测量。

系统以外所有与系统相互作用的物体(物体系)或空间，统称为系统的媒质或外界。系统与外界之间可以发生相互作用，并通过某种形式交换能量。系统与外界之间交换能量的形式，一般可以归纳为两大类：一类是通过做功(如机械功、电磁功等)；另一类是通过热交换，或者做功与热交换两者兼而有之。

热力学系统总共有以下三种。

1. 孤立系统

当系统与外界隔绝(没有相互影响)时，则称之为孤立系统，简称为孤立系。孤立系与外界没有能量与物质的交换。孤立系的质量、容积和能量都是不变化的。

2. 封闭系统

系统与外界之间不发生物质交换，系统的质量保持不变，但在系统内部各部分之间可以发生物质交换和转变，这样的系统称为封闭系统，简称为闭系。闭系与外界之间可以通过做功或热交换发生相互影响，从而使系统的容积和能量发生变化。

孤立系必为闭系，但闭系不一定是孤立系。孤立系与外界之间不发生相互影响，因此孤立系与外界之间必定是绝热的(热隔绝)。但与外界绝热的系统不一定是孤立系。

3. 开放系统

当系统与外界之间有能量和物质交换时，则称之为开放系统，简称为开系。

7.1.2　平衡态　平衡过程

热力学是研究热力学系统的宏观状态及其变化规律的，热力学系统的宏观状态可分为平衡态和非平衡态两种。大量的实验事实表明，处在没有外界影响的热力学系统中，经过一定的时间后，将达到一个确定的状态，而不再发生任何宏观变化。这种在不受外界影响的条件下，系统的宏观性质不随时间改变的状态，称为平衡态。这里所说的没有外界影响，是指外界对系统既不做功又不传热。

比如，有一密闭孤立容器，中间用一隔板隔开，将其分成 A、B 两室，其中 A 室充满某种气体，B 室为真空，如图 7-1(a)所示。最初 A 室气体处在平衡态，其宏观性质不随时间变化，然后将隔板抽去，A 室气体向 B 室扩散。由于气体在扩散过程中，其状态参量没有确定的值，因此过程中的每一中间态都是非平衡态。随着时间的推移，气体充满了整个容器，扩散停止。此时系统的宏观性质不再随时间而变化，系统达到了新的平衡态，如图7-1(b)所示。

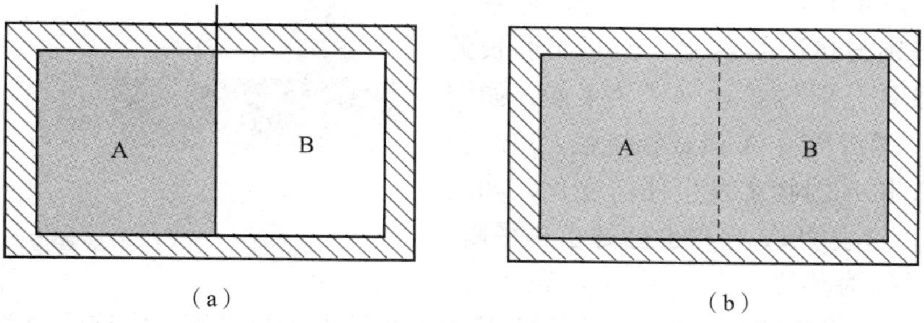

图 7-1　平衡态

考虑到气体中热运动的存在，气体的热力学平衡状态应该叫做热动平衡状态。气体分子的热运动是永不停息的，气体分子的热运动和相互碰撞，在宏观上表现为气体各部分的密度均匀、温度均匀和压强均匀的热动平衡状态。一气体系统处于平衡态的标志，就是用表征气体状态的物理量压强 p、体积 V 和温度 T 的一组参量值(p、V、T)来表示。

平衡态是一个理想化的状态，在实际中并不存在完全不受外界影响，而且宏观性质绝对保持不变的系统。平衡态是在一定条件下对实际情况的概括和抽象。在自然界中，平衡态是相对的、特殊的、局部的与暂时的，非平衡态则是绝对的、普遍的、全局的和经常的。

当气体的外界条件改变时，它的状态就发生变化。气体从一个状态不断地变化到另一个状态，所经历的是个状态变化的过程。过程进展的速度可以很快，也可以很慢。实际过程常是比较复杂的。如果过程进展得十分缓慢，使所经历的一系列中间状态都无限接近平衡状态，这个过程就叫做准静态过程或平衡过程。显然，准静态过程是个理想的过程，它和实际过程毕竟是有差别的。但在许多情况下，可近似地把实际过程当作准静态过程处理，所以准静态过程是个很有用的理想模型。

7.1.3 状态参量

在一定条件下，物体的状态可以保持不变。为了描述物体的状态，我们常常采用一些物理量来表示物体的有关特性，例如体积、温度、压强、浓度等。这些描述状态的变量，叫做状态参量。对于一定质量的气体，除它的质量 M 和摩尔质量 M_{mol}，它的状态一般可用下列三个量来表示：(1)气体所占的体积 V；(2)压强 p；(3)温度 T 或 t。这三个表示气体状态的量叫做气体的状态参量。为了详尽地描述物体的状态，有时还需要知道别的参量。如果系统是由多种物质组成的，那就必须知道它们的浓度；如果物体处在电场或磁场中，那就必须知道电场强度或磁场强度。一般地说，我们常用几何参量、力学参量、化学参量和电磁参量等四类参量来描述系统的状态。究竟用哪几个参量才能完全地描述系统的状态，这是由系统本身的性质决定的。

在气体的上述三个状态参量中，气体的体积是气体分子所能达到的空间，与气体分子本身体积的总和是完全不同的。气体体积的单位用 m^3。气体的压强是气体作用在容器壁单位面积上的、指向器壁的垂直作用力，是气体分子对器壁碰撞的宏观表现。压强的单位用 Pa，即 N/m^2。过去常用 atm(标准大气压)作为压强的单位，$1\ atm=1.013\times10^5$ Pa。

温度的概念比较复杂，它是建立在热平衡基础上的。现在我们再来做一个实验，将系统 A 和系统 B 分别与热源 C 接触，经过足够长的时间后，A 和 B 分别与 C 达到了热平衡，如图 7-2(a)所示。然后再将 A 和 B 相接触，这时我们观察不到 A 和 B 的状态发生任何变化，如图 7-2(b)所示，这表明 A 与 B 也已处于热平衡。这一实验规律称为热力学第零定律，表达为：如果两个热力学系统中的每一个都与第三个热力学系统处于热平衡，则这两个系统彼此也必处于热平衡。热力学第零定律表明：处在同一热平衡状态的所有热力学系统都具有一个共同的宏观特征，这一特征可以由这些系统的状态参量来描述，这个状态参量被定义为温度。因此，温度是表征系统热平衡时宏观状态的物理量。温度的本质与物质分子运动密切有关，温度的不同反映物质内部分子运动剧烈程度的不同。

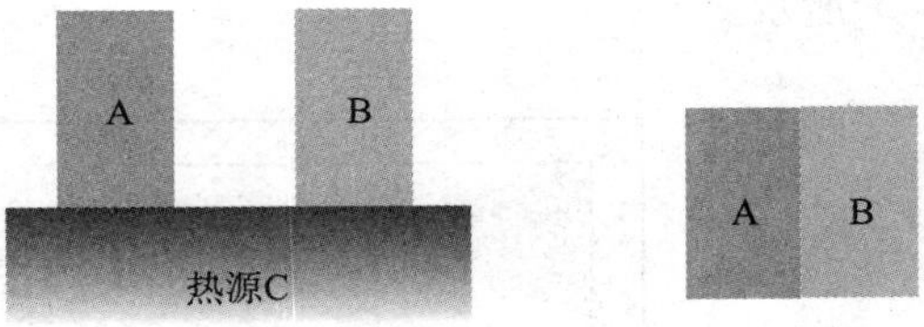

(a) (b)

图 7-2 热力学第零定律

在宏观上，简单说来，我们用温度表示物体的冷热程度，并规定较热的物体有较高的温度。温度数值的标定方法称为温标，常用的有两种：一是热力学温标，也叫开尔文温标，用 T 表示，单位是 K；另一个是摄氏温标 t，单位是℃。热力学温度 T 和摄氏温度 t 的关系是：$t=T-273.15$。

自然界中的物体，以及物体各部分的温度都是不同的，从而形成了不同的热场。我们周围的物体只有当它们的温度高达 1000 ℃以上时，才能够发出可见光。相比之下，我们周围所有温度在绝对零度(−273 ℃)以上的物体，只能不断向周围发射和吸收红外辐射。热成像，或叫红外热成像，就是通过热成像系统采集物体(如人体)红外辐射，并转换为数字信号，形成色彩热图。热成像，让我们“看到”物品发出的热变得可能。颜色显示的是温度的变化。温标从白色(最热)到红色、绿色、紫色和黑色(最冷)等。

7.1.4　理想气体的状态方程

表示平衡态的三个参量 p、V、T 之间存在着一定的关系。我们把反映气体的 p、V、T 之间的关系式叫做气体的状态方程，一般可表示为

$$f(p, V, T)=0 \tag{7.1}$$

对于比较复杂的系统，状态参量之间的关系虽然找不到相应的简单表达形式，但常可以根据实验数据，用曲线或图表加以描述。

实验表明，一般气体在密度不太高、压强不太大(与大气压比较)和温度不太低(与室温比较)的实验范围内，遵守玻意耳定律、盖—吕萨克定律和查理定律。应该指出，对不同气体来说，这三条定律的适用范围是不同的，不易液化的气体，例如氮、氢、氧、氦等适用的范围比较大。实际上，在任何情况下都服从上述三条实验定律的气体是没有的。我们把实际气体抽象化，提出理想气体的概念，认为理想气体能无条件地服从这三条实验定律。理想气体是气体的一个理想模型。我们在此处先从宏观上给予定义。当我们用这个模型研究气体的平衡态性质和规律时，还将对理想气体的分子和分子运动作一些基本假设，建立理想气体的微观模型。理想气体状态的三个参量 p、V、T 之间的关系即理想气体状态方程，可从这三条实验定律导出。当质量为 M、摩尔质量为 M_{mol} 的理想气体处于平衡态时，它的状态方程为

$$pV=\frac{M}{M_{mol}}RT \tag{7.2}$$

式(7.2)中的 R 叫做普适用气体常量。在国际单位制中，$R=8.31$ J/(mol · K)。

上面曾指出，一定质量气体的每一个平衡状态可用一组(p，V，T)的量值来表示，由于 p、V、T 之间存在着如式(7.1)所示的关系，所以通常用 p—V 图上的一点表示气体的平衡状态。而气体的一个准静态过程，在 p—V 图上则用一条相应的曲线来表示。如图 7-3 中所示，从Ⅰ到Ⅱ的曲线表示从初状态(p_1，V_1，T_1)向末状态(p_2，V_2，T_2)缓慢变化的一个准静态过程。

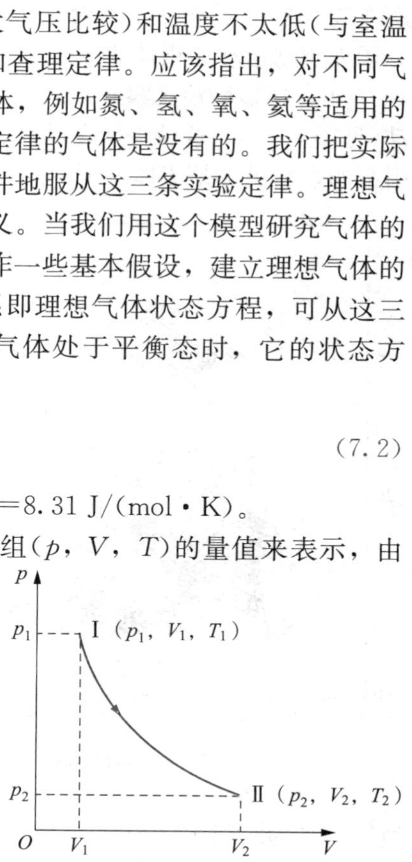

图 7-3　平衡状态和准静态过程的示意图

例 7.1　容器内装有氧气，其质量为 0.10 kg，压强为 10×10^5 Pa，温度为 47 ℃。因为容器漏气，经过若干时间后，压强降到原来的 5/8，温度降到 27 ℃。问：(1)容器的容积有多大？(2)漏去了多少氧气？(假设氧气

可看作理想气体。)

解

(1)根据理想气体状态方程，$pV=\frac{M}{M_{mol}}RT$，求得容器的容积 V 为

$$V=\frac{MRT}{M_{mol}p}=8.31\times10^{-3}\ m^3$$

(2)漏气若干时间之后，压强减小到 p'，温度降到 T'。如果用 M'表示容器中剩余的氧气的质量，从状态方程求得

$$M'=\frac{M_{mol}p'V}{RT'}=6.67\times10^{-2}\ kg$$

所以漏去的氧气的质量为

$$\Delta M=M-M'=3.33\times10^{-2}\ kg$$

7.1.5　分子热运动的无序性

物质结构的分子原子学说是气体动理论的重要基础之一。按照物质结构理论，自然界所有物体都是由许多不连续的、相隔一定距离的分子组成，而分子则由更小的原子组成。所有物体的原子和分子都处在永不停息的运动之中。实验告诉我们，热现象是物质中大量分子无规则运动的集体表现，因此人们把大量分子的无规则运动叫做分子热运动。布朗在1827年，用显微镜观察到浮悬在水中的植物颗粒(如花粉等)，不停地在作纷乱的无定向运动(见图 7-4)，这就是所谓的布朗运动。布朗运动是由杂乱运动的流体分子碰撞植物颗粒引起的，它虽不是流体分子本身的热运动，却如实地反映了流体分子热运动的情况。流体的温度愈高，这种布朗运动就愈剧烈。

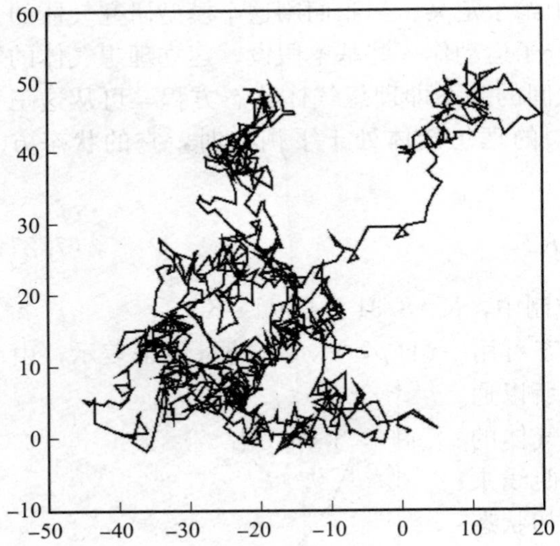

图 7-4　布朗运动

在标准状态下，对同一物质来说，气体的密度大约为液体的 1/1 000。设液体分子是紧密排列着的，那么气体分子之间的距离大约是分子本身线度(10^{-10} m)的 $\sqrt[3]{1\,000}$倍，亦即 10 倍左右。所以，可把气体看作是彼此相距很大间隔的分子集合。在气体中，由于分子的分布相当稀疏，分子与分子之间的相互作用力，除了在碰撞的瞬间以外，极为微小。在连续两次碰撞之间分子所经历的路程，平均约为 10^{-7} m，而分子的平均速率很大，约为 500 m/s。因此，平均大约经过 10^{-10} s，分子与分子之间碰撞一次。即在 1 s 钟内，一个分子将遭到 10^{-10} 次碰撞。分子碰撞的瞬间，大约等于 10^{-15} s，这一时间远比分子自由运动所经历的平均时间 10^{-10} s 小。因此，在分子的连续两次碰撞之间，分子的运动可看作由其惯性支配的自由运动。每个分子由于不断地经受碰撞，速度的大小跳跃地改变着，运动的方向也或前或后，忽左忽右，不断地无定向地改变着，在连续两次碰撞之间所自由运行的路程也或长或短，参差不齐。它们在我们面前呈现出一幅纷繁动乱的图像。

上面的图像告诉我们：分子热运动的基本特征是分子的永恒运动和频繁的相互碰撞。显然，具有这种特征的分子热运动是一种比较复杂的物质运动形式，它与物质的机械运动有本质上的区别。因此，我们不能简单地用力学方法来解决它。如果我们想追踪气体中某个分子的运动，那么，我们将看到它忽而东，忽而西，或者上，或者下，有时快，有时慢。对它列出运动方程是很困难的。而且，在大量分子中，每个分子的运动状态和经历(状态变化的历程)都可以和其他分子有显著的差别，这些都说明了分子热运动的混乱性或无序性。

7.1.6　统计规律

值得注意的是，尽管个别分子的运动是杂乱无章的，但就大量分子的集体来看，却又存在着一定的统计规律，这是分子热运动统计性的表现。例如，在热力学平衡状态下，气体分子的空间分布，按密度来说是均匀的。据此，我们假设：分子沿各个方向运动的机会是均等的，没有任何一个方向上气体分子的运动比其他方向更占优势。也就是说，沿着各个方向运动的平均分子数应该相等，分子速度在各个方向上的分量的各种平均值也应该相等。气体分子数目愈多，这个假设的准确度就愈高。当然，这并不意味着我们所假设的分子数目的精确度能达到一个分子。由于运动的分子的数目非常巨大，如果该数目有几百个，甚至有几万个分子的偏差，在百分比上仍是非常微小的。这一切说明分子热运动除了具有无序性外，还服从统计规律，具有鲜明的统计性。两者的关系十分密切。

分子热运动的无序性和统计性，使我们认识到：在气体动理论中，必须运用统计方法，求出大量分子的某些微观量的统计平均值，并用以解释在实验中直接观测到的物体的宏观性质。用对大量分子的平均性质的了解代替个别分子的真实性质，这是统计方法的一个特点。与这个特点密切相关的统计方法的另一个特点是起伏现象的存在。例如，我们多次测量某体积中的气体密度，可以发现，各次测得的分子数都略有差别。根据多次的测量值，可以建立分子数的平均值。对此平均值而言，个别测量值都有微小的偏差，这种相对于平均值所出现的偏离，就是起伏现象。当分子数目很大时，测量值对平均值的起伏是极为微小的。在很稀薄的气体中，起伏将显著起来。上面提到的布朗运动是一种起伏现象。在测量电信号时出现的噪声，也是一种起伏现象。

凡是不能预测而又大量出现的事件，叫做偶然事件。多次观察同样的事件，就可获得该事件的分布知识。现在举一个演示实验。如图 7－5 所示，在一块竖直木板的上部，规则地钉许多铁钉，下部用竖直的隔板隔成许多等宽的狭槽。从板顶漏斗形的入口处可投入小球。板前覆盖玻璃，以使小球留在狭槽内。这种装置叫做伽耳顿板。

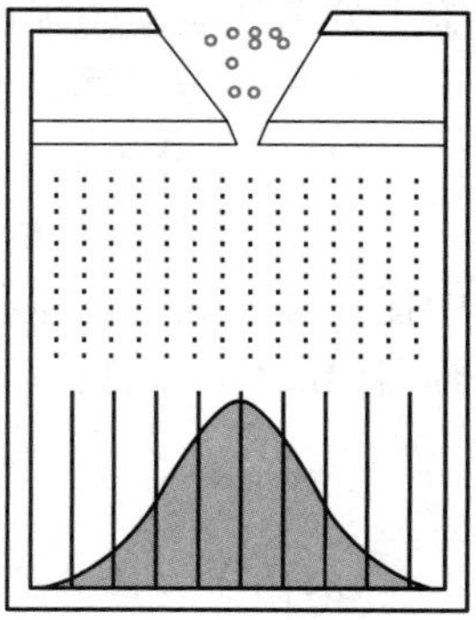

图 7－5　伽耳顿板演示实验

如果从入口投入一个小球，则小球在下落过程中先后与许多铁钉碰撞。经曲折路径最后落入某个狭槽。重复几次实验，可以发现，小球每次落入的狭槽是不完全相同的。这表明，在一次实验中小球落入哪个狭槽是偶然的。

如果同时投入大量的小球，就可看到，最后落入各狭槽的小球数目是不相等的。靠近入口的狭槽内小球较多，远离入口的狭槽内小球较少。如果在玻璃板上沿各狭槽中小球的顶部画一条曲线，则该曲线表示小球数目按狭槽的分布情况，可称为小球数目按狭槽的分布曲线。若重复此实验，则可发现：在小球数目较少的情况下，每次所得的分布曲线彼此有显著差别；但当小球数目较多时，每次所得到的分布曲线彼此近似地重合。

上述实验结果表明，尽管单个小球落入哪个狭槽是偶然的，少量小球按狭槽的分布情况也带有一些偶然性，但大量小球按狭槽的分布情况则是确定的。这就是说，大量小球整体按狭槽的分布遵从一定的统计规律。

7.2　理想气体的压强和温度公式

7.2.1　理想气体的微观模型

从气体动理论的观点来看，理想气体是和物质分子结构的一定微观模型相对应的，根据这种模型就能在一定程度上解释宏观实验的结果。我们从气体分子热运动的基本特征出发，认为理想气体的微观模型应该是这样的。

1. 关于分子个体力学性质的假设

(1)气体分子的大小与气体分子之间的距离相比较，可以忽略不计，这个假设体现了气态的特性。因此气体分子可以看做是大小能忽略不计的小球(或质点)，它们的运动遵守经典力学规律。

(2)气体分子的运动服从经典力学规律。在碰撞中，每个分子都可看作完全弹性的小球。这个假设的实质是，在一般条件下，对所有气体分子来说，经典描述近似有效，不需要采用量子论。

(3)因气体分子间的平均距离相当大，所以除碰撞的瞬间外，分子间相互作用力可忽略不计。除非研究气体分子在重力场中的分布情况，否则，因分子的动能平均说来远比它在重力场中的势能大，所以这时分子所受重力也可忽略。

总之，气体被看作是自由地、无规则地运动着的弹性球分子的集合。这种模型就是理想气体的微观模型。提出这种模型，是为了便于分析和讨论气体的基本现象。在具体运用时，鉴于分子热运动的统计性，还必须作出统计的假设。

2. 关于分子集体的统计假设

(1)每个分子的运动速度都各不相同，而且通过碰撞不断发生变化。

(2)气体处在平衡状态时，若忽略重力的影响，气体在容器中的密度处处均匀，即容器中任一位置处单位体积内的分子数不比其他位置占有任何优势。如果以 N 表示体积为 V 的容器内的分子总数，则分子数密度 n 应该处处相等，并且有

$$n=\frac{\mathrm{d}N}{\mathrm{d}V}=\frac{N}{V} \tag{7.3}$$

(3)由于气体分子的频繁碰撞，可以做如下假定：对大量气体分子来说，在一定的可观测时间内，分子沿各个方向运动的机会是均等的，任何一个方向的运动并没有比其他方向更占优势。换句话说，我们假定，对处于热力学平衡状态中的气体来说，分子在容器内既没有突出的位置，也没有突出的运动方向。在具体运用这个统计性假设时，可以认为分子沿各个方向运动的数目相等，分子速度在各个方向的分量的各种平均值也相等。例如

分子运动速度为

$$v = v_x i + v_y j + v_z k$$

各方向运动概率均等

$$\bar{v}_x = \bar{v}_y = \bar{v}_z$$

x 方向速度平方的平均值

$$\overline{v_x^2} = \frac{1}{N}\sum_i v_{ix}^2$$

并考虑到

$$\overline{v_x^2} + \overline{v_y^2} + \overline{v_z^2} = \overline{v^2}$$

所以，有

$$\overline{v_x^2} = \overline{v_y^2} = \overline{v_z^2} = \frac{1}{3}\overline{v^2} \tag{7.4}$$

7.2.2 理想气体压强公式的推导

容器中气体在宏观上施于器壁的压强，是大量气体分子对器壁不断碰撞的结果。就某一个分子而言，它对器壁的碰撞是间歇的、不连续的，而且它每次碰到什么地方，每次对器壁产生多大的冲量也是偶然的。但是，由于分子的数量巨大，器壁受到的作用力则表现为一个持续稳定的均匀压力，犹如密集的雨点打在伞上，而使我们感受到一个向下的压力一样。由此可见，压强这一物理量只具有统计意义。个别分子、少量分子碰撞在器壁上，谈不上压强，只有大量分子碰撞器壁时，在宏观上才能产生均匀稳定的压强。

为计算方便，我们选一个边长分别为 x、y、z 的长方形容器，并设容器中有 N 个同类气体的分子，作不规则的热运动，每个分子的质量都是 m。在平衡状态下，器壁各处的压强完全相同，因此只要计算容器中任何一个器壁所受的压强就可以了。

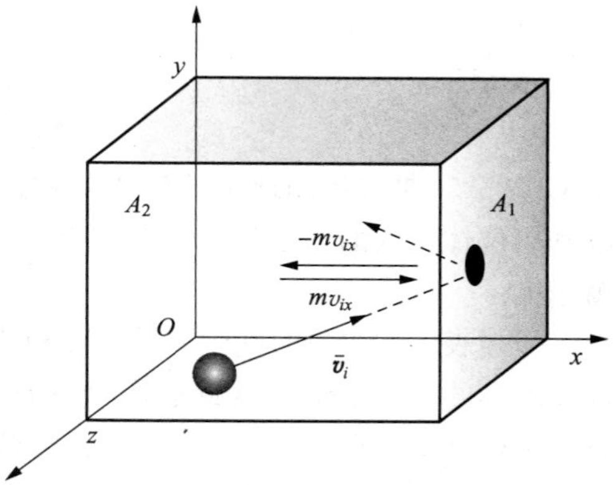

图 7-6　推导压强公式用图

现在我们计算与 Ox 轴垂直的器壁 A_1 面上所受的压强(如图 7-6 所示)。在容器中任选第 i 个分子来考虑，假设它的速度是 v，v 在直角坐标系中三个方向上的速度分量分别为 v_{ix}、v_{iy}、v_{iz}。当该分子撞击器壁 A_1 面时，它将受到 A_1 面沿 $-x$ 方向所施的作用力。因为碰撞是弹性的，所以就 x 方向的运动来看，该分子以速度 v_{ix} 撞击 A_1 面，然后以速度 $-v_{ix}$ 弹回。这样，每与 A_1 面碰撞一次，分子沿 x 方向动量变化 $\Delta p_{ix} = -mv_{ix} - mv_{ix} = -2mv_{ix}$。按动量定理，这一动量的改变等于 A_1 面沿 $-x$ 方向作用在该分子上的冲量。根据牛顿第三运动定律，这时该分子对 A_1 面也必有一个沿 $+x$ 方向的同样大小的反作用冲量。该分子从 A_1 面弹回，飞向 A_2 面，再回到 A_1 面。在与 A_1 面作连续两次碰撞之间，由于该分子在 x 方向的速度分量 v_{ix} 的大小不变，而在 x 方向上所经过的路程是 $2x$，因此每次碰撞所需的时间为 $\frac{2x}{v_{ix}}$。在单位时间内，

该分子与 A_1 面的碰撞次数共为 $\frac{v_{ix}}{2x}$ 次。因为每碰撞一次，该分子作用在 A_1 面上的冲量是 $2mv_{ix}$，所以，在单位时间内，该分子作用在 A_1 面上的冲量总值也就是作用在 A_1 面上的力，即为 $2mv_{ix}\frac{v_{ix}}{2x}$。这也就是该分子作用于 A_1 面上的力的平均值。

以上讨论的是一个分子对器壁 A_1 面碰撞，实际上容器内有大量的分子对器壁 A_1 面碰撞，使 A_1 面受到一个几乎连续不断的力的作用。这个力的大小，应等于每个分子作用在 A_1 面上的力的平均值之和，即单位时间 N 个粒子对器壁总冲量为

$$\bar{F}=\sum_i 2mv_{ix}\frac{v_{ix}}{2x}=\frac{m}{x}\sum_i v_{ix}^2$$

按压强定义得

$$p=\frac{\bar{F}}{yz}=\frac{m}{xyz}\sum_i v_{ix}^2=\frac{m}{V}\sum_i v_{ix}^2$$

式中 $V=xyz$，根据速度平方的平均值公式 $\overline{v_x^2}=\frac{1}{N}\sum_i v_{ix}^2$，以及分子数密度公式(7.3) $n=\frac{N}{V}$，得

$$p=nm\overline{v_x^2}$$

根据统计假设式(7.4) $\overline{v_x^2}=\overline{v_y^2}=\overline{v_z^2}=\frac{1}{3}\overline{v^2}$ 得

$$p=\frac{1}{3}nm\overline{v^2}$$

考虑到气体分子平均平动动能 $\bar{\varepsilon}_{\mathrm{kt}}=\frac{1}{2}m\overline{v^2}$，代入上式得

$$p=\frac{1}{3}nm\overline{v^2}=\frac{2}{3}n\bar{\varepsilon}_{\mathrm{kt}} \tag{7.5}$$

式(7.5)是气体动理论的压强公式。我们从这个式子看出，气体作用在器壁上的压强，既和单位体积内的分子数 n 有关，又和分子的平均平动动能 $\bar{\varepsilon}_{\mathrm{kt}}$ 有关。$\bar{\varepsilon}_{\mathrm{kt}}$ 和 n 越大，压强 p 就越大。

压强表示在单位时间内，单位面积器壁上所受到的平均冲量。由于分子对器壁的碰撞是断断续续的，分子给予器壁的冲量是有起伏的，所以压强 p 是个统计平均量。在气体中，分子数密度 n 也有起伏，所以 n 也是个统计平均量。式(7.5)表示三个统计平均量 p、n 与微观量 $\bar{\varepsilon}_{\mathrm{kt}}$ 之间的关系，是个统计规律，而不是力学规律。

式(7.5)中的 p 是宏观量，可以直接测量；而 $\bar{\varepsilon}_{\mathrm{kt}}$ 是微观量，不能被直接测量，所以式(7.5)不能直接被实验所验证。由此式出发，可以圆满地解释和推证许多实验规律，所以它在一定程度上反映了客观实际，是气体动理论的基本公式之一。

在温度均匀的情形下，大气压强随高度按指数减小。但是大气的温度是随高度变化的，所以只有在高度相差不大的范围内计算结果才与实际情形符合。在登山运动和航空驾驶中，可应用此公式估算上升的高度 z，上式取对数，可得计算高度的原理公式

$$z=\frac{RT}{Mg}\ln\frac{p_0}{p}$$

7.2.3　温度的本质和统计意义

由理想气体状态方程(7.2)和压强公式(7.5)可以得到温度 T 与分子平均平动动能 $\bar{\varepsilon}_{kt}$ 之间的关系，从而说明温度这一宏观量的微观本质。

设每个分子的质量是 m，分子总数为 N，那么气体的质量 $M=Nm$，摩尔质量 $M_{mol}=N_Am$。由理想气体状态方程(7.2)得

$$p=\frac{N}{V}\frac{R}{N_A}T$$

式中 $\frac{N}{V}=n$，R 与 N_A 都是常量，两者的比值常用 k 表示，k 叫做玻耳兹曼常量。

$$k=\frac{R}{N_A}=1.38\times10^{-23}\ \mathrm{J/K}$$

因此，理想气体状态方程可改写作

$$p=nkT \tag{7.6}$$

将上式和气体压强公式(7.4)比较，得温度公式

$$\bar{\varepsilon}_{kt}=\frac{1}{2}m\overline{v^2}=\frac{3}{2}kT \tag{7.7}$$

式(7.7)是宏观量温度 T 与微观量 $\bar{\varepsilon}_{kt}$ 的关系式，说明分子的平均平动动能仅与温度成正比。换句话说，该公式揭示了气体温度的统计意义，即气体的温度是气体分子平均平动动能的量度。由此可见，温度是大量气体分子热运动的集体表现，具有统计的意义；对个别分子，说它有温度是没有意义的。式(7.7)是气体分子动理论的一个基本公式。

当两种气体有相同的温度时，这就意味着这两种气体的分子的平均平动动能相等。如果这两种气体相接触，其间就没有宏观的能量传递，它们都处于热平衡中。因此，温度是表征物体处于热平衡状态时冷热程度的物理量。这就是热力学第零定律的微观机理。若一种气体的温度高些，这意味着这一种气体分子的平均平动动能大些。按照这个观点，热力学温度零度似乎是理想气体分子热运动停止时的温度，然而实际上分子运动是永远不会停息的，热力学温度零度也是永远不可能达到的。而且近代理论指出，即使在热力学温度零度时，组成固体点阵的粒子也还保持着某种振动的能量。当然在温度未达到热力学温度零度以前，气体已变成液体或固体，式(7.7)也就不适用了。

皮兰(J. B. Perrin)对布朗运动的研究，进一步证实浮悬在温度均匀的液体中的不同微粒，不论其质量的大小如何，它们各自的平均平动动能都相等。气体分子的运动情况和浮悬在液体中的布朗微粒相似，所以皮兰的实验结果，也可作为在同一温度下各种气体分子的平均平动动能都相等的一个证明。

从气体分子的平均平动动能公式(7.7)，我们可以计算在任何温度下气体分子的方均根速率 $\sqrt{\overline{v^2}}$，它是气体分子速率的一种平均值。

$$\sqrt{\overline{v^2}}=\sqrt{\frac{3kT}{m}}=\sqrt{\frac{3RT}{M_{mol}}} \tag{7.8}$$

表 7-1 中列出了几种气体在 0℃时的方均根速率。

表 7-1　几种气体在 0 ℃时的方均根速率

气体种类	方均根速率/$(m \cdot s^{-1})$	摩尔质量/$(kg \cdot mol^{-1} \times 10^{-3})$
O_2	4.61×10^2	32.0
N_2	4.93×10^2	28.0
H_2	1.84×10^3	2.02
CO_2	3.93×10^2	44.0
H_2O	6.15×10^2	18.0

注意在相同温度时，虽然各种分子的平均平动动能相等，但它们的方均根速率并不相等。

例 7.2　试求氮气分子的平均平动动能和方均根速率。设：(1)在温度 $t=1\ 000$ ℃时；(2)$t=0$ ℃时；(3)$t=-150$ ℃时。

解

氮气的摩尔质量 $M_{mol}=2.8\times10^{-2}$ kg/mol，依题意可计算氮气分子在三种情况下的平均平动动能和方均根速率。

(1)在温度 $t=1\ 000$ ℃时

$$\bar{\varepsilon}_{kt1}=\frac{3}{2}kT_1=\frac{3}{2}\times1.38\times10^{-23}\times1\ 273=2.63\times10^{-20}\ (\mathrm{J})$$

$$\sqrt{\overline{v_1^2}}=\sqrt{\frac{3RT_1}{M_{mol}}}=\sqrt{\frac{3\times8.31\times1\ 273}{28\times10^{-3}}}=1\ 194\ (\mathrm{m/s})$$

(2)同理，在温度 $t=0$ ℃时

$$\bar{\varepsilon}_{kt2}=\frac{3}{2}kT_2=5.65\times10^{-21}\ \mathrm{J}$$

$$\sqrt{\overline{v_2^2}}=\sqrt{\frac{3RT_2}{M_{mol}}}=493\ \mathrm{m/s}$$

(3)在温度 $t=-150$ ℃时

$$\bar{\varepsilon}_{kt3}=\frac{3}{2}kT_3=2.55\times10^{-21}\ \mathrm{J}$$

$$\sqrt{\overline{v_3^2}}=\sqrt{\frac{3RT_3}{M_{mol}}}=320\ \mathrm{m/s}$$

7.3　能量按自由度均分定理、理想气体的内能

我们在研究大量气体分子的无规则运动时，只考虑了每个分子的平动。实际上，气体分子具有一定的大小和比较复杂的结构，不能看作质点。因此，分子的运动不仅有平动，还有转动与分子内原子之间的振动。分子热运动的能量应将这些运动的能量都包括在内。这样，在我们提出的理想气体微观模型中就要把分子看作有形状、有大小的质点。为了说明分子无规则运动的能量所遵从的统计规律，并在这个基础上计算理想气体的内能，需引入自由度的概念。

7.3.1 自由度

我们知道，确定一个物体的空间位置所需要的独立坐标数，称为该物体的。

一个质点在三维空间自由运动，需要 3 个独立坐标来确定它的位置。例如，可以用直角坐标系中的 x、y 和 z 坐标变量来描述，所以，自由质点的自由度为 3。如果质点限制在平面或曲面上运动，确定其运动的三个坐标 x、y、z 是不完全独立的，它们需要满足限制面（平面或曲面）的方程，其中两个坐标是独立的，所以自由度为 2。若质点沿一维曲线运动，则自由度是 1。

刚体的运动一般可分解为质心的平动和绕通过质心轴的转动。所以要确定刚体的空间位置，如图 7－7 所示，可先用 3 个独立坐标确定质心 O' 的位置；确定刚体内过质心 O' 的转轴 $O'A$ 的方位，需用 α、β、γ 三个方位角来决定，由于 α、β、γ 之间满足关系式 $\cos^2\alpha+\cos^2\beta+\cos^2\gamma=1$，故确定 $O'A$ 的方位的自由度有 2 个；再用一个独立坐标 φ 确定刚体绕 $O'A$ 轴转过的角度。刚体一般运动有 6 个自由度，其中 3 个平动自由度（如确定质心 O' 的位置的 3 个独立坐标）和 3 个转动自由度。当然，当刚体的运动受到某些限制时，自由度要减少。

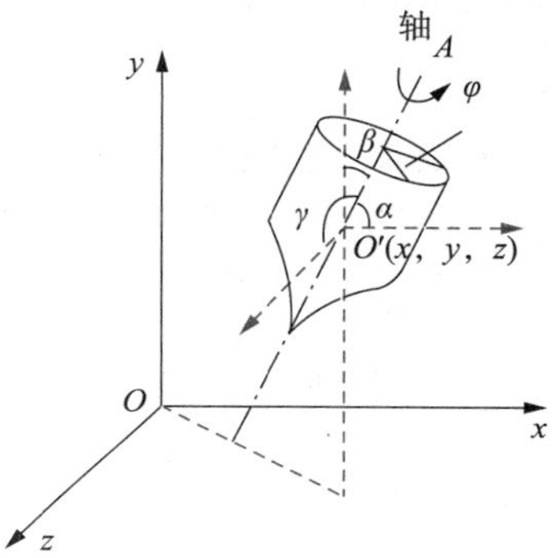

图 7－7　刚体的自由度

现在我们来讨论气体分子的自由度。气体分子的情况比较复杂，按分子的结构，气体分子可以是单原子的、双原子的、三原子的或多原子的（如图 7－8 所示）。由于原子很小，单原子的分子可以看作一质点；又因气体分子不可能限制在一个固定轨迹或固定曲面上运动，因此单原子气体分子有 3 个（平动）自由度。在双原子分子中，如果原子间的相对位置保持不变，那么，这分子就可看作由保持一定距离的两个质点组成。由于质心的位置需要用 3 个独立坐标决定，连线的方位需用 2 个独立坐标决定，而两质点以连线为轴的转动又可不计，所以，双原子气体分子共有 5 个自由度，其中有 3 个平动自由度与 2 个转动自由度。在 3 个及 3 个以上原子的多原子分子中，只要各原子不排列在一条直线上，且这些原子之间的相对位置不变，则整个分子就是个自由刚体，它共有 6 个自由度，其中 3 个属于平动自由度，3 个属于转动自由度。

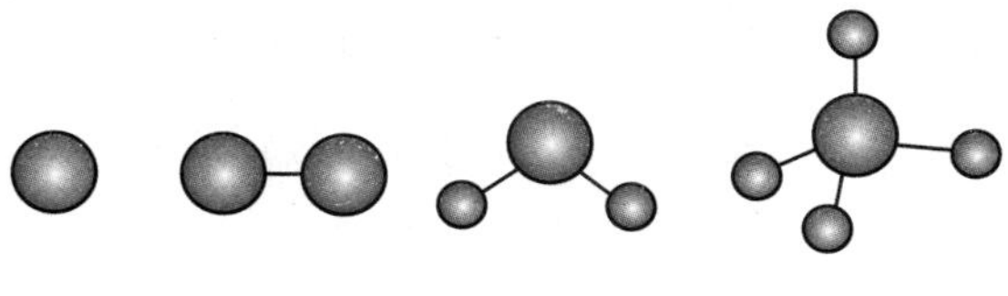

图 7－8　不同分子的结构

这里假定分子内各原子间的距离是固定不变的，通常将原子间距离保持不变的分子称为刚性分子，否则称为非刚性分子。事实上，双原子或多原子的气体分子一般不是完全刚性的，原子间的距离在原子间的相互作用下，要发生变化，分子内部要出现振动。因此，除平动自由度和转动自由度外，还有振动自由度。但在常温下，大多数分子的振动自由度可以不予考虑。

为了简单起见，我们只讨论刚性分子。如果用 t 表示平动自由度，r 表示转动自由度，

则气体分子的总自由度 i 为

$$i=t+r \tag{7.9}$$

7.3.2　能量均分定理

从理想气体分子的平均平动动能的公式

$$\frac{1}{2}m\overline{v^2}=\frac{3}{2}kT$$

出发，考虑到大量气体分子作杂乱无章的运动时，各个方向运动的机会均等的统计假设，我们就能推广而得到气体动理论中的一个重要原则——能量按自由度均分定理。因为上式中 $\overline{v^2}=\overline{v_x^2}+\overline{v_y^2}+\overline{v_z^2}$，此处 $\overline{v_x^2}$、$\overline{v_y^2}$、$\overline{v_z^2}$ 分别表示气体分子沿 x、y、z 三个方向上速度分量的平方的平均值。又因分子运动没有突出的方向，所以，$\overline{v_x^2}=\overline{v_y^2}=\overline{v_z^2}=\frac{1}{3}\overline{v^2}$，这就是说

$$\frac{1}{2}m\overline{v_x^2}=\frac{1}{2}m\overline{v_y^2}=\frac{1}{2}m\overline{v_z^2}=\frac{1}{2}kT$$

该式表明，气体分子沿 x、y、z 三个方向运动的平均平动动能完全相等，可以认为，分子的平均平动动能 $\frac{3}{2}kT$ 是均匀地分配在每一个平动自由度上的。因为分子运动有 3 个自由度，所以相应于每一个平动自由度的能量是 $\frac{1}{2}kT$。

这个结论可以推广到刚性气体分子。由于气体分子热运动的无序性，我们知道，对于个别分子来说，它在任一瞬时的各种形式的动能和总能量完全可与其他分子相差很大，而且每一种形式的动能也不见得相等。但是，我们不要忘记分子之间进行着十分频繁的碰撞。通过碰撞，出现能量的传递与交换。如果在全体分子中分配于某一运动形式或某一自由度上的能量多了，那么，在碰撞中能量由这种运动形式或这一自由度转换到其他运动形式或其他自由度的概率也随之增大。因此，在平衡状态时，由于分子间频繁的无规则碰撞，平均地说，不论何种运动，相应于每一自由度的平均动能都应该相等。不仅各个平动自由度上的平均动能应该相等，各个转动自由度上的平均动能也应该相等，而且每个平动自由度上的平均动能与每个转动自由度上的平均动能都应该相等。气体分子任一自由度的平均动能都等于 $\frac{1}{2}kT$。

这个结论还可以推广到分子的振动，也可以推广到温度为 T 的平衡态下的其他物质(包括其气体、液体或固体)。经典统计理论证明：温度为 T 的平衡态下，物质分子的每一个自由度都具有相同的平均动能，其大小都等于 $\frac{1}{2}kT$。这就是能量均分定理。根据这一定理，自由度为 i 的气体分子，其平均平动动能 $\bar{\varepsilon}_{kt}$ 和平均转动动能 $\bar{\varepsilon}_{kr}$ 之和，即总平均动能是

$$\bar{\varepsilon}_k=\bar{\varepsilon}_{kt}+\bar{\varepsilon}_{kr}=\frac{1}{2}(t+r)kT=\frac{i}{2}kT \tag{7.10}$$

7.3.3　理想气体的内能

除了上述的分子平动(动能)、转动(动能)和简单提及的振动(动能、势能)以外，实验还证明，气体的分子与分子之间存在着一定的相互作用力，所以气体的分子与分子之间也具有

一定的势能。气体分子的能量以及分子与分子之间的势能构成气体内部的总能量，称为气体的内能。对于理想气体来说，不计分子与分子之间的相互作用力，所以分子与分子之间相互作用的势能也就忽略不计。理想气体的内能只是分子各种运动动能的总和。应该注意，内能与力学中的机械能有着明显的区别。静止在地球表面上的物体的机械能(动能和重力势能)可以等于零，但物体内部的分子仍然在运动着和相互作用着，因此内能永远不会等于零。物体的机械能是一种宏观能，它取决于物体的宏观运动状态。而内能却是一种微观能，它取决于物体的微观运动状态。微观运动具有无序性，所以，内能是一种无序能量，它和机械能所显示的有序性大不相同。

下面我们只考虑刚性分子。因为每一个分子总平均动能为$\bar{\varepsilon}_k=\frac{i}{2}kT$，而1 mol理想气体有 N_A 个分子，所以1 mol理想气体的内能是

$$E_{mol}=N_A\frac{i}{2}kT=\frac{i}{2}RT \tag{7.11a}$$

质量为M(摩尔质量为M_{mol})的理想气体的内能是

$$E=\frac{M}{M_{mol}}\frac{i}{2}RT \tag{7.11b}$$

当温度改变量为ΔT时，内能的改变量为

$$\Delta E=\frac{M}{M_{mol}}\frac{i}{2}R\Delta T \tag{7.11c}$$

由此可知，一定量的理想气体的内能完全决定于分子运动的自由度i和气体的热力学温度T，而与气体的体积和压强无关。应该指出，这一结论与“不计气体分子之间的相互作用力”的假设是一致的，所以有时也把“理想气体的内能只是温度的单值函数”这一性质作为理想气体的定义内容之一。一定质量的理想气体在不同的状态变化过程中，只要温度的变化量相等，那么它的内能的变化量就相同，而与过程无关。以后，我们在热力学中，将应用这一结果计算理想气体的热容量。

例 7.3　理想气体系统由氧气组成，压强$p=1$ atm，温度$T=27$ ℃。求：(1)单位体积内的分子数；(2)分子的平均平动动能和平均转动动能；(3)单位体积中的内能。

解

(1)根据$p=nkT$，可求分子数密度为

$$n=\frac{p}{kT}=\frac{1.013\times10^5}{1.38\times10^{-23}\times300}=2.45\times10^{25}(\mathrm{m^{-3}})$$

(2)氧气的平动自由度$t=3$，转动自由度$r=2$

$$\bar{\varepsilon}_{kt}=\frac{3}{2}kT=\frac{3}{2}\times1.38\times10^{-23}\times300=6.21\times10^{-21}(\mathrm{J})$$

$$\bar{\varepsilon}_{kr}=\frac{t}{2}kT=\frac{2}{2}\times1.38\times10^{-23}\times300=4.14\times10^{-21}(\mathrm{J})$$

(3)氧气的自由度$i=t+r=5$，所以单位体积的内能为

$$E=n\frac{i}{2}kT=2.45\times10^{25}\times\frac{5}{2}\times1.38\times10^{-23}\times300=2.54\times10^5(\mathrm{J})$$

例 7.4　指出下列各式所表示的物理意义。

(1) $\frac{1}{2}kT$　(2) $\frac{3}{2}kT$　(3) $\frac{i}{2}kT$　(4) $\frac{i}{2}RT$　(5) $\frac{M}{M_{mol}}\frac{3}{2}RT$　(6) $\frac{M}{M_{mol}}\frac{i}{2}RT$

解

(1) $\frac{1}{2}kT$——分子在每个自由度上的平均动能

(2) $\frac{3}{2}kT$——分子的平均平动动能。

(3) $\frac{i}{2}kT$——分子的平均动能。

(4) $\frac{i}{2}RT$——1 mol 气体的内能。

(5) $\frac{M}{M_{mol}}\frac{3}{2}RT$——质量为 M 的气体内所有分子的平均平动动能之和，或质量为 M 的单原子理想气体的内能。

(6) $\frac{M}{M_{mol}}\frac{i}{2}RT$——自由度为 i 质量为 M 的气体的内能。

7.4　麦克斯韦速率分布

气体在平衡状态下，所有分子都以各种大小的速度沿着各个方向运动着，而且由于相互碰撞，每一分子的速度都在不断地改变。因此，若在某一特定时刻去预言某一特定分子，它的速度具有怎样的量值和方向，是不可能的。然而从大量分子的整体来看，在平衡状态下，它们的速率分布却遵从着一定的统计规律。有关规律早在 1859 年由麦克斯韦(J. C. Maxwell)应用统计概念首先导出——麦克斯韦速率分布函数。因受技术条件的限制，气体分子速率分布的实验，直到 20 世纪 20 年代才由斯特恩(O. Stern)予以实现。我国物理学家葛正权也在 20 世纪 30 年代用实验检验了分子的速率分布。

7.4.1　速率分布函数

现在，我们将引入分子速率分布函数的概念。设一定量的气体占有的体积为 V，它的总分子数为 N，我们知道分子数密度 $n=\frac{N}{V}$是个平均值。在任一时刻，一个特定体积内的分子数，可以和平均值相差很大，或者说，分子数密度经历着起伏。

为了描述平衡态下气体分子的速率分布，先将分子速率范围 $0\sim\infty$分成许多相等的速率区间 Δv，然后通过实验或理论推导找出分布在各个速率区间 $v\sim v+\Delta v$ 内的分子数 ΔN 与总分子数 N 的比率$\frac{\Delta N}{N}$。这些比率便给出了分子的速率分布。表 7－2 给出了 0 ℃时空气分子的速率分布。表中 Δv=100 m/s。由表 7－2 可知，速率区间为 300～400 m/s 的分子数占总分子数的比率最大(21.5%)，其次是 400～500 m/s。而速率小于 100 m/s 和大于 700 m/s 的分子数占总分子数的比率都较小。

表 7-2　0 ℃时空气分子的速率分布

速率处于 $v\sim v+\Delta v$ /(m·s^{-1})	分子数比率 $(\Delta N/N)$/%	速率处于 $v\sim v+\Delta v$ /(m·s^{-1})	分子数比率 $(\Delta N/N)$/%
<100	1.4	400～500	20.5
100～200	8.4	500～600	15.1
200～300	16.2	600～700	9.2
300～400	21.5	>700	7.7

表 7-2 对分子速率分布的描述是很粗略的。为了精确地描述分子的速率分布，用 $\mathrm{d}v$ 替代 Δv。设 $\mathrm{d}N$ 为速率分布在某一区间 $v\sim v+\mathrm{d}v$ 内的分子数，它的大小与区间的大小 $\mathrm{d}v$ 成正比，则 $\frac{\mathrm{d}N}{N}$ 就表示速率分布在这一区间 $v\sim v+\mathrm{d}v$ 内的分子数占总分子数的百分率，或者说分子速率处于 $v\sim v+\mathrm{d}v$ 内的概率。显然 $\frac{\mathrm{d}N}{N}$ 也与 $\mathrm{d}v$ 成正比。当我们在不同的速率 v(例如 500 m/s 与 600 m/s)附近取相等的间隔(如 $\mathrm{d}v=10$ m/s)时，不难发现，百分率 $\frac{\mathrm{d}N}{N}$ 的数值一般是不相等的。$\frac{\mathrm{d}N}{N}$ 还与速率 v 有关，这样，

$$\frac{\mathrm{d}N}{N}=f(v)\mathrm{d}v \tag{7.12}$$

式(7.12)中的 $f(v)=\frac{\mathrm{d}N}{N\mathrm{d}v}$ 就是气体分子的速率分布函数，对于处在一定温度下的气体，它只是速率 v 的函数。其物理意义是，速率分布在 v 附近的单位速率区间内的分子数占总分子数的百分率，或者说某一分子的速率分布在 v 附近的单位速率区间内的概率。

由式(7.12)可得，分布在有限速率区间 $v_1\sim v_2$ 内的分子数为

$$\Delta N=\int\mathrm{d}N=\int_{v_1}^{v_2}Nf(v)\mathrm{d}v$$

分布在整个速率区间 0～∞的分子数显然为分子总数 N，所以

$$\int_0^{\infty}Nf(v)\mathrm{d}v=N$$

即，根据分布函数的定义，归一化条件成立

$$\int_0^{\infty}f(v)\mathrm{d}v=1 \tag{7.13}$$

在气体理论中有些问题的研究用了分布函数的概念，却不需要函数 $f(v)$ 的具体形式，理想气体的压强公式就是其中一例。这就说明分布函数在统计方法中的重要性。

7.4.2　麦克斯韦速率分布律

研究气体分子速率的分布情况，已如上述，需要把速率按其大小分成若干相等的区间，进行比较。我们要知道，气体在平衡状态下，分布在各个区间之内的分子数各占气体分子总数的百分率为多少，以及大部分分子的速率分布在哪个区间之内等。总之，就是要知道气体分子的速率分布函数 $f(v)$。设气体分子总数为 N，速率在 $v\sim v+\Delta v$ 区间内的分子数为

ΔN，则按定义，$f(v)=\lim\limits_{\Delta v\to 0}\dfrac{\Delta N}{N\Delta v}$为在速率 v 附近单位速率区间内气体分子数所占的百分率；对单个分子来说，它表示分子具有的速率在该单位速率间隔内的概率。麦克斯韦经过理论研究，指出在平衡状态下，气体速率分布在区间 $v\sim v+\mathrm{d}v$ 内的分子数占总分子数的百分率为

$$\frac{\mathrm{d}N}{N}=4\pi\left(\frac{m}{2\pi kT}\right)^{\frac{3}{2}}\mathrm{e}^{-\frac{mv^2}{2kT}}v^2\mathrm{d}v$$

式中，T 为气体的热力学温度，m 为气体分子的质量，k 为玻尔兹曼常量。与式(7.12)对比，可得麦克斯韦速率分布函数的具体形式为

$$f(v)=4\pi\left(\frac{m}{2\pi kT}\right)^{\frac{3}{2}}\mathrm{e}^{-\frac{mv^2}{2kT}}v^2 \tag{7.14}$$

以 $f(v)$为纵坐标，v 为横坐标画出的 $f(v)$—v 曲线，称为麦克斯韦速率分布曲线，如图 7-9 所示。它形象地描绘出气体分子按速率分布的分布情况。

图 7-9 中任一区间 $v\sim v+\mathrm{d}v$ 内曲线下的面积(图中阴影小竖条的面积)为$\dfrac{\mathrm{d}N}{N}=f(v)\mathrm{d}v$，表示某分子的速率在间隔 $v\sim v+\mathrm{d}v$ 内的概率，也表示在该间隔内的分子数占总分子数的百分率。在不同的间隔内，有不同面积的小长方形，说明不同间隔内的分布百分率不相同。面积较大，表示分子具有该间隔内的速率值的概率也愈大。无数矩形的面积总和将渐近于曲线下的面积，这个面积表示分子在整个速率间隔(0～∞)的概率的总和。也就是说，分布曲线下所围的总面积等于 1，满足归一化条件 $\int_0^\infty f(v)\mathrm{d}v=1$ 。在有限速率区间 $v_1\sim v_2$ 内，曲线下的面积(图中的阴影面积)为$\dfrac{\Delta N}{N}=\int_{v_1}^{v_2}f(v)\mathrm{d}v$，其物理意义是速率分布区间 $v_1\sim v_2$ 内的分子数占总分子数的百分率。

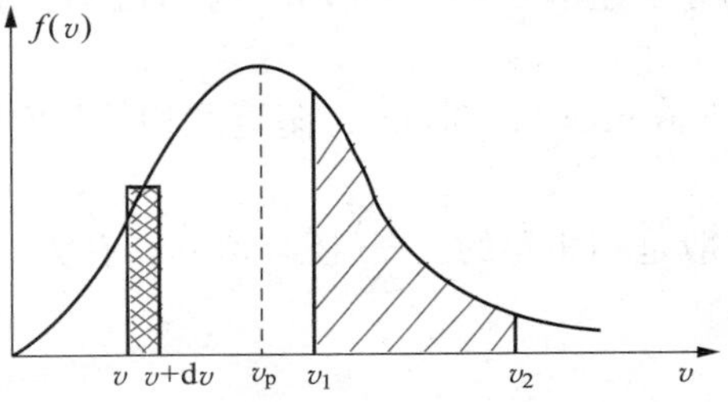

图 7-9　麦克斯韦速率分布曲线

由图 7-9 的速率分布曲线可以看出，速率很小和速率很大的分子数占总分子数的百分率都较低，而具有中等速率的分子数占总分子数的百分率很高，在曲线上有一个最大值，与这个最大值相应的速率值为 v_{p}，叫做最概然速率，也叫最可几速率。它的物理意义是，在一定温度下，速度大小与 v_{p} 相近的气体分子的百分率为最大，也就是，以相同速率间隔来说，气体分子中速度大小在 v_{p} 附近的概率为最大。

由 $f(v)$的表达式(7.14)可知，速率分布曲线形状与气体温度 T 和分子质量 m 有关。当温度升高时，分子热运动加剧，即速率较大的分子数及其占总分子数的百分率普遍增大，速率分布曲线上 $f(v)$的极大值减小，亦即最概然速率增大了。但因曲线下的总面积，即分子数的百分数的总和是不变的，因此分布曲线在宽度增大的同时，高度降低，整个曲线将变得“较平坦些”。图 7-10 给出了同一种气体在两种不同温度下($T_1<T_2$)的速率分布曲线。

通过图 7-10 中两条分布曲线形状的比较，可以看出分子速率分布的无序性在随温度而变化。在温度较低时，最概然速率较小，曲线形状较窄，这表明大多数分子的速率是相近

的，分子的速率分布比较集中，无序性较小。当温度增加，最概然速率变大，分布曲线变宽，分子速率分布比较分散，无序性随之增加。最概然速率的大小反映了速率分布无序性的大小。因此，最概然速率常被用来反映分子速率分布的概况。

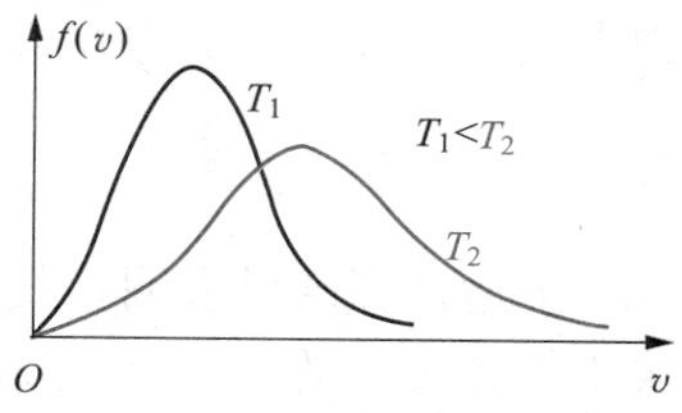

图 7－10　不同 T 时某气体的速率分布曲线

应该指出，麦克斯韦速率分布律是一个统计规律，它只使用于大量分子组成的处于平衡态的气体。

7.4.3　三种速率

除了方均根速率 $\sqrt{\overline{v^2}}$ 和最概然速率 v_p 以外，还有一个有关气体分子速率的平均值，即平均速率，即分子速率大小的算术平均值(用 $\bar{v}$ 表示)，也是十分有用的。

1. 最概然速率 v_p

如前所述，使分布函数 $f(v)$ 取极大值的速率称为最概然速率，用 v_p 表示。由函数的极值条件可知

$$\frac{\mathrm{d}}{\mathrm{d}v}f(v)\bigg|_{v=v_p}=0$$

并将麦克斯韦速率分布函数式(7.14)代入，可解得

$$v_p=\sqrt{\frac{2kT}{m}}=\sqrt{\frac{2RT}{M_{mol}}}\approx 1.41\sqrt{\frac{RT}{M_{mol}}} \tag{7.15}$$

2. 平均速率 $\bar{v}$

大量分子的速率的平均值称为平均速率，常用 $\bar{v}$ 表示。根据算术平均值的定义和式(7.12)，可得

$$\bar{v}=\frac{\int_0^N v\mathrm{d}N}{N}=\frac{\int_0^\infty vNf(v)\mathrm{d}v}{N}=\int_0^\infty vf(v)\mathrm{d}v \tag{7.16a}$$

将麦克斯韦速率分布函数式(7.14)代入上式，并利用定积分公式 $\int_0^\infty \mathrm{e}^{-\alpha x^2}x^3\mathrm{d}x=\frac{1}{2\alpha^2}$，可得

$$\bar{v}=\sqrt{\frac{8kT}{\pi m}}=\sqrt{\frac{8RT}{\pi M_{mol}}}\approx 1.60\sqrt{\frac{RT}{M_{mol}}} \tag{7.16b}$$

3. 方均根速率 $\sqrt{\overline{v^2}}$

大量分子的速率平方平均值的平方根称为方均根速率。根据算术平均值的定义并仿照式(7.16a)可得大量分子的速率平方平均值

$$\overline{v^2}=\frac{\int_0^N v^2\mathrm{d}N}{N}=\frac{\int_0^\infty v^2Nf(v)\mathrm{d}v}{N}=\int_0^\infty v^2f(v)\mathrm{d}v$$

将麦克斯韦速率分布函数式(7.14)代入上式，同时应用定积分公式 $\int_0^\infty \mathrm{e}^{-\alpha x^2}x^4\mathrm{d}x=\frac{3}{8}\left(\frac{\pi}{\alpha^2}\right)^{\frac{1}{2}}$，可得

$$\overline{v^2}=\frac{3kT}{m}$$

由上式可得气体分子的方均根速率表达式

$$\sqrt{\overline{v^2}}=\sqrt{\frac{3kT}{m}}=\sqrt{\frac{3RT}{M_{mol}}}\approx 1.73\sqrt{\frac{RT}{M_{mol}}} \tag{7.17}$$

上述计算结果表明，气体分子的三种统计速率都只取决于气体分子的自身质量 m（或摩尔质量 M_{mol}）和温度 T。对于给定的气体，当温度一定时，它们的数值是确定的，并且 $v_p<\overline{v}<\sqrt{\overline{v^2}}$。如图 7－11 所示，这三种统计速率有着各自的应用。例如，最概然速率 v_p 用于讨论分子速率分布问题；方均根速率 $\sqrt{\overline{v^2}}$ 用于计算分子平均动能；平均速率 $\overline{v}$ 则用于计算分子平均碰撞频率和平均自由程。

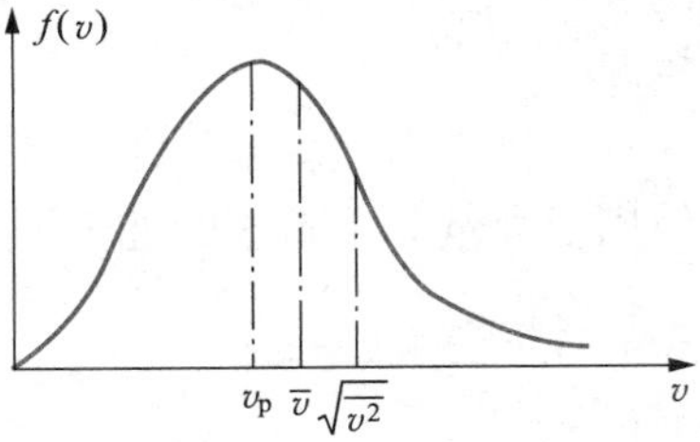

图 7－11　三种速率的比较

7.4.4　测定气体分子速率分布的实验

继施特恩之后，气体分子速率分布的实验装置有了不少改进。图 7－12 所示是一种用来产生分子射线并可观测射线中分子速率分布的实验装置，全部装置放在高真空的容器里。图中产生着金属蒸气分子的气源 A（金属蒸气可用电炉将金属加热而得到），里面放置金属铊（Tl），当温度升高到 870 K 时，铊蒸气分子经狭缝 S 形成一束定向的细窄射线。B 和 C 是两个相距 l 的共轴圆盘，盘上各开一狭缝，两缝略微错开，成一小角 θ（约 2°），D 是一个接受分子的显示屏。

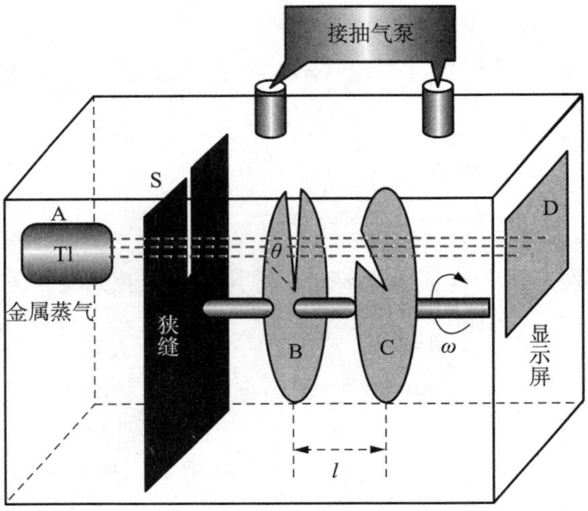

图 7－12　测定气体分子速率分布的实验装置

当圆盘 B 和 C 以角速度 ω 转动时，圆盘每转一周，分子射线通过 B 的狭缝一次。由于分子射线中分子的速率不同，分子由 B 到 C 所需的时间也不同，所以并非所有通过 B 盘狭缝的分子，都能通过 C 盘狭缝而射到 D 上。如果以 θ 表示 B 和 C 两狭缝所成的角度，只有分子速率为 v，满足下列关系式的才能通过 C 而射到 D 上，即

$$\frac{l}{v}=\frac{\theta}{\omega}$$

或
$$v=\frac{\omega}{\theta}l$$

这就是说，B 和 C 起着速度选择器的作用，改变 ω(或 l 及 θ)，可使速率不同的分子通过。由于 B 和 C 的狭缝都有一定的宽度，所以实际上当角速度 ω 一定时，能射到显示屏 D 上的分子，只是分子射线中速率在 $v\sim v+\Delta v$ 区间之内的分子。

实验结果表明：一般地说，分布在不同区间内的分子数是不相同的，但在实验条件(如分子射线强度、温度等)不变的情况下，分布在各个间隔内分子数的相对比值却是完全确定的。尽管个别分子的速度大小是偶然的，但就大量分子整体来说，其速度大小的分布却遵守着一定的规律。这种规律叫做统计分布规律。

例 7.5　计算 400 K 温度下氧气的方均根速率、平均速率和最概然速率。

解

氧气的摩尔质量 $M_{\text{mol}}=32\times10^{-3}$ kg 在 400 K 的温度下，可以计算

方均根速率　$\sqrt{\overline{v^2}}=\sqrt{\frac{3RT}{M_{\text{mol}}}}=\sqrt{\frac{3\times8.31\times400}{32\times10^{-3}}}=557.58\ (\text{m/s})$

平均速率　$\bar{v}=\sqrt{\frac{8RT}{\pi M_{\text{mol}}}}=\sqrt{\frac{8\times8.31\times400}{3.14\times32\times10^{-3}}}=515.6\ (\text{m/s})$

最概然速率　$v_{\text{p}}=\sqrt{\frac{2RT}{M_{\text{mol}}}}=\sqrt{\frac{2\times8.31\times400}{32\times10^{-3}}}=454.44\ (\text{m/s})$

例 7.6　试计算气体分子热运动速率的大小介于 $v_{\text{p}}-\frac{v_{\text{p}}}{100}$ 和 $v_{\text{p}}+\frac{v_{\text{p}}}{100}$ 之间的分子数占总分子数的百分数。

解

速率的大小介于 $v_{\text{p}}-\frac{v_{\text{p}}}{100}$ 和 $v_{\text{p}}+\frac{v_{\text{p}}}{100}$ 之间的分子数占总分子数的百分数，根据式
$$\frac{\text{d}N}{N}=f(v)\text{d}v=4\pi\left(\frac{m}{2\pi kT}\right)^{\frac{3}{2}}\text{e}^{-\frac{mv^2}{2kT}}v^2\text{d}v$$

考虑 $v_{\text{p}}=\sqrt{\frac{2kT}{m}}$，代入上式，得
$$\frac{\text{d}N}{N}=\frac{4}{\sqrt{\pi}}\left(\frac{v}{v_{\text{p}}}\right)^2\text{e}^{-\left(\frac{v}{v_{\text{p}}}\right)^2}\frac{\text{d}v}{v_{\text{p}}}$$

将 $v=v_{\text{p}}$ 及 $\text{d}v=0.2v_{\text{p}}$，代入上式
$$\frac{\text{d}N}{N}=\frac{4}{\sqrt{\pi}}\text{e}^{-1}\times0.02=1.66\%$$

7.5　分子碰撞和平均自由程

在常温下，气体分子是以几百米每秒的平均速率运动着的。这样看来，气体中的一切过程，好像都应在一瞬间就会完成。但实际情况并不如此，气体的混合(扩散过程)进行得相当慢。例如，若摔破一瓶香水，我们是否能够同时听到声音和嗅到香水的气味呢？事实上，声

音要先到达，气味的传播就要慢得多。这是什么原因呢?

原来，分子在由一处移至另一处的过程中，它要不断地与其他分子碰撞，这就使分子沿着迂回的折线前进。气体的扩散、热传导过程等送行的快慢都取决于分子相互碰撞的频繁程度。对这些热现象的研究，不仅要考虑分子热运动的因素，还要考虑分子碰撞这一重要因素，要把碰撞看作完全弹性的，把分子相互作用忽略。下面介绍分子碰撞的方法。

气体分子在运动中经常与其他分子碰撞，在任意两次连续的碰撞之间，一个分子所经过的自由路程的长短显然不同，经过的时间也是不同的。我们不可能，也没有必要一个个地求出这些距离和时间来，但是我们可以求出在 1 s 内一个分子和其他分子碰撞的平均次数，以及每两次连续碰撞间一个分子自由运动的平均路程。前者叫做分子的平均碰撞频率，习惯上简称为碰撞频率，以 $\bar{Z}$ 表示；后者叫做分子的平均自由程，以 $\bar{\lambda}$ 表示。$\bar{Z}$ 和 $\bar{\lambda}$ 的大小反映了分子间碰撞的频繁程度。

平均自由程和碰撞频率是气体动理论中非常有用的概念，借助于它们，我们可以不用速率分布函数，而对气体中的某些热现象作出相当简单而又成功的论证。

现在，我们先计算分子的平均碰撞频率 $\bar{Z}$。参见图 7-13，为使计算简单起见，我们假定每个分子都是直径为 d 的小球。因对碰撞来说，重要的是分子间的相对运动，所以，再假定除一个分子外其他分子都静止不动，只有那一个分子以平均相对速率 $\bar{u}$ 运动。当这个分子与其他分子作一次弹性碰撞时，两个分子的中心相隔的距离就是 d。围绕分子的中心，以 d 为半径画出的球叫做分子的作用球。这样，在该作用球内就不会有其他同类分子的中心。

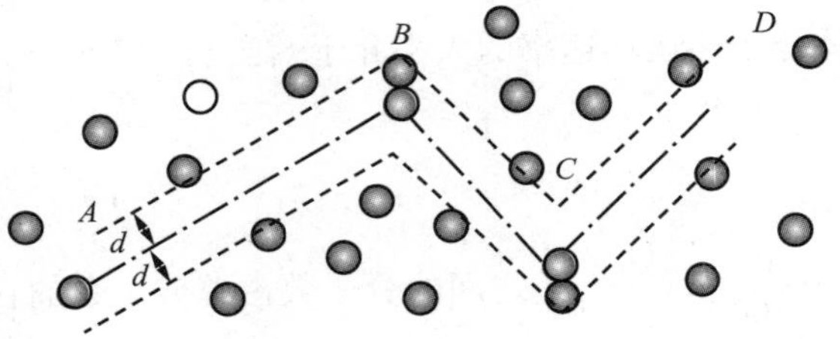

图 7-13　$\bar{Z}$与$\bar{\lambda}$的计算

运动分子的作用球在单位时间内扫过一长度为 $\bar{u}$、横截面为 πd^2 的圆柱体。凡是中心在该圆柱体内的其他分子，都将和运动分子碰撞。我们把圆柱面的横截面积 πd^2 称为分子的碰撞截面，用 σ 表示。由于碰撞，运动分子的速度方向要有改变，所以圆柱体并不是直线的，在碰撞之处要出现曲折，如图 7-13 中的折线 $ABCD$ 那样。曲折的存在不会很大地影响圆柱体的体积。当平均自由程远大于分子直径时，可以不必对体积进行修正。

设单位体积内的分子数为 n，则静止分子的中心在圆柱体内的数目为 $\pi d^2 \bar{u} n$，此处 $\pi d^2 \bar{u}$ 是圆柱体的体积。因中心在圆柱体内的所有静止分子，都将与运动分子相撞，所以，我们所求的运动分子在 1 s 内与其他分子碰撞的平均频率 $\bar{Z}$ 就是

$$\bar{Z} = \pi d^2 \bar{u} n$$

由统计理论可知，气体分子平均相对速率 $\bar{u}$ 与算术平均速率 $\bar{v}$ 之间的关系为 $\bar{u} = \sqrt{2}\bar{v}$，代入上式即得分子的平均碰撞频率为

$$\bar{Z} = \sqrt{2}\pi d^2 n \bar{v} \tag{7.18}$$

若分子的平均速率为 $\bar{v}$，则分子在 Δt 时间内经过的自由路程为 $\bar{v}\Delta t$，每一个分子和其他

分子碰撞的次数为 $\bar{Z}\Delta t$，则分子平均自由程应为

$$\bar{\lambda}=\frac{\bar{v}\Delta t}{\bar{Z}\Delta t}=\frac{\bar{v}}{\bar{Z}}=\frac{1}{\sqrt{2}\pi d^2 n} \tag{7.19}$$

式(7.19)给出了平均自由程 $\bar{\lambda}$和分子直径 d 及分子数密度 n 的关系(参看表 7-3)。根据 $p=nkT$，我们可以求出$\bar{\lambda}$和温度 T 及压强 p 的关系为

表 7-3　标准状态下几种气体的$\bar{\lambda}$和 d

	氢	氮	氧	氦
$\bar{\lambda}$/m	1.123×10^{-7}	0.599×10^{-7}	0.648×10^{-7}	1.793×10^{-7}
d/m	2.3×10^{-10}	3.1×10^{-10}	2.9×10^{-10}	1.9×10^{-10}

$$\bar{\lambda}=\frac{kT}{\sqrt{2}\pi d^2 p} \tag{7.20}$$

由此可见，当温度 T 一定时，$\bar{\lambda}$ 与 p 成反比，压强愈小，则平均自由程愈长(参看表 7-4)。

表 7-4　0 ℃时不同压强下空气分子的$\bar{\lambda}$

p/(133.3 Pa)	760	1	10^{-2}	10^{-4}	10^{-6}
$\bar{\lambda}$/m	7×10^{-8}	5×10^{-5}	5×10^{-5}	0.5	50

应该注意，分子并不是真正的球体，它是由电子与原子核组成的复杂系统；分子与分子之间的相互作用力的性质(部分是属于电性的)也相当复杂。当分子相距极近时，它们之间的相互作用力是斥力，并且这种斥力是随分子间距离的继续减小而很快地增大。所以两分子在运动中相互靠近后，由于相斥又使它们改变原来的运动方向而飞开，这一相互作用的过程，我们就叫它是碰撞。所以，碰撞实质上是在分子力作用下相互间的散射过程。分子间的相互斥力开始起显著作用时，两分子质心间的最小距离的平均值就是 d，所以 d 叫做分子的有效直径。实验证明，气体密度一定时，分子的有效直径将随速度的增加而减小，所以当 T 与 n 的比值一定，$\bar{\lambda}$将随温度而略有增加。

例 7.7　求氢在标准状态下一秒内分子的平均碰撞次数(已知分子直径 $d=2\times10^{-10}$ m)。

解

根据 $p=nkT$，分子数密度为

$$n=\frac{P}{kT}=\frac{1.013\times10^5}{1.38\times10^{-23}\times273}=2.69\times10^{25}(\mathrm{m}^{-3})$$

分子算术平均速率为

$$\bar{v}=\sqrt{\frac{8RT}{\pi M_{\mathrm{mol}}}}=\sqrt{\frac{8\times8.31\times273}{3.14\times2\times10^{-3}}}=1.70\times10^3(\mathrm{m/s})$$

因此，分子的平均自由程为

$$\bar{\lambda}=\frac{1}{\sqrt{2}\pi d^2 n}=2.14\times10^{-7}\ \mathrm{m}$$

所以，分子的平均碰撞频率为

$$\overline{Z}=\frac{\overline{v}}{\overline{\lambda}}=7.95\times10^{9}\ \mathrm{s}^{-1}$$

7.6 小　　结

1. 气体动理论的基本概念：

热力学系统　平衡态　平衡过程　状态参量　状态方程

理想气体的状态方程：$pV=\frac{M}{M_{\mathrm{mol}}}RT$

2. 理想气体的压强与温度

理想气体的压强：$p=\frac{1}{3}nm\overline{v^2}=\frac{2}{3}n\bar{\varepsilon}_{\mathrm{kt}}$

理想气体的温度：$\bar{\varepsilon}_{\mathrm{kt}}=\frac{1}{2}m\overline{v^2}=\frac{3}{2}kT$

3. 能量按自由度均分定理

能量均分定理：温度为 T 的平衡态下，物质分子的每一个自由度都具有相同的平均动能，其大小都等于$\frac{1}{2}kT$。

分子平均总动能：$\bar{\varepsilon}_{\mathrm{k}}=\bar{\varepsilon}_{\mathrm{kt}}+\bar{\varepsilon}_{\mathrm{kr}}=\frac{1}{2}(t+r)kT=\frac{i}{2}kT$

质量为 M(摩尔质量为 M_{mol})的理想气体的内能：$E=\frac{M}{M_{\mathrm{mol}}}\frac{i}{2}RT$

4. 麦克斯韦速率分布律

速率分布函数：$\frac{\mathrm{d}N}{N}=f(v)\mathrm{d}v$，或 $f(v)=\frac{\mathrm{d}N}{N\mathrm{d}v}$

物理意义：速率分布在 v 附近的单位速率区间内的分子数占总分子数的百分率。

归一化条件：$\int_0^{\infty}f(v)\mathrm{d}v=1$

麦克斯韦速率分布函数的具体形式：$f(v)=4\pi\left(\frac{m}{2\pi kT}\right)^{\frac{3}{2}}\mathrm{e}^{-\frac{mv^2}{2kT}}v^2$

气体分子热运动的三种速率：

最概然速率：$v_{\mathrm{p}}=\sqrt{\frac{2kT}{m}}=\sqrt{\frac{2RT}{M_{\mathrm{mol}}}}\approx1.41\sqrt{\frac{RT}{M_{\mathrm{mol}}}}$

平均速率：$\overline{v}=\sqrt{\frac{8kT}{\pi m}}=\sqrt{\frac{8RT}{\pi M_{\mathrm{mol}}}}\approx1.60\sqrt{\frac{RT}{M_{\mathrm{mol}}}}$

方均根速率：$\sqrt{\overline{v^2}}=\sqrt{\frac{3kT}{m}}=\sqrt{\frac{3RT}{M_{\mathrm{mol}}}}\approx1.73\sqrt{\frac{RT}{M_{\mathrm{mol}}}}$

5. 分子碰撞统计规律

平均碰撞频率：$\overline{Z}=\sqrt{2}\pi d^2n\overline{v}$

平均自由程：$\overline{\lambda}=\frac{\overline{v}}{\overline{Z}}=\frac{1}{\sqrt{2}\pi d^2n}$

7.7 习　　题

7.1 氧气瓶的容积为 32 L，瓶内充满氧气时的压强为 130 atm(1 atm=1.013 25×10^5 Pa)。若每小时用的氧气在 1 atm 下体积为 400 L，设使用过程温度保持不变，当瓶内压强降到 10 atm 时，使用了几个小时？

7.2 一气缸内储有某种理想气体，气体压强、摩尔体积和温度分别为 p_1、V_{m1}和 T_1。现将气缸加热，使气体的压强和体积同时增大，设在这过程中，气体的压强和摩尔体积满足下列关系 $p=CV_m$，其中 C 为常量。求：

(1)常量 C(用 p_1、T_1 和普适常量 R 表示)。

(2)设 $T_1=200$ K，当摩尔体积增大到 2 V_{m1}时，气体的温度是多少？

7.3 一氦氖激光管，工作时温度为 27 ℃，压强为 2.4 mmHg，氦气与氖气的压强比是 7∶1，求管内氦气和氖气的分子数密度(1 atm=760 mmHg)。

7.4 氢分子的质量是 3.3×10^{-27} kg。如果每秒有 10^{23}个氢分子沿着与墙面的法线呈 45°角的方向以 10^5 cm/s 速率撞击在面积为 2.0 cm^2 的墙面上，并且撞击是完全弹性碰撞，求这些氢分子作用在墙面上的压强。

7.5 一个能量为 10^{12} eV 的宇宙射线粒子，射入一氖气管中，氖管中含有氦气 0.10 mol，如果宇宙射线粒子的能量全部被氖气分子所吸收而变为热运动能量，问氖气的温度升高了多少？

7.6 一容器内贮有氧气，其压强为 $p=1.0$ atm，温度为 27 ℃。

求：(1)单位体积内的分子数；

(2)氧气的密度；

(3)分子的平均动能；

(4)分子间的平均距离。

7.7 温度为 27 ℃时，1 mol 氢气分子具有多少平动动能？多少转动动能？

7.8 容器内有 2.66 kg 氧气，已知其气体分子的平动动能总和是 $E_k=4.14\times10^5$ J，求：(1)气体分子的平均平动动能；(2)气体温度。

7.9 温度为 273 K，求：(1)氧气分子的平均平动动能和平均转动动能；(2)4×10^{-3} kg 氧气的内能。

7.10 在标准状态下，若氧气(视为刚性双原子分子的理想气体)和氦气的体积比$\dfrac{V_1}{V_2}=\dfrac{1}{2}$，则其内能之比$\dfrac{E_1}{E_2}$为多少？

7.11 储有氧气的容器以 $v=100$ m/s 的速度做匀速直线运动。如果容器突然停止，氧气全部的定向运动动能都转变为气体分子热运动的动能，试问容器中氧气的温度将升高多少？

7.12 设容器内盛有质量为 m_1 和 m_2 的两种不同单原子分子理想气体，并处于平衡态，其内能均为 E。则此两种气体分子的平均速率之比为多少？

7.13 N 个粒子的系统，其速度分布函数

$$f(v)=\frac{\mathrm{d}N}{N\mathrm{d}v}=C \qquad (0<v<v_0，C\text{ 为常数})$$

(1)根据归一化条件用定出常数 C；(2)求粒子的平均速率和方均根速率。

7.14 已知 $f(v)$是气体速率分布函数。N 为总分子数，n 为单位体积内的分子数，v_p 为最概然速率。试说明以下各式的物理意义。

(1)$Nf(v)\mathrm{d}v$　(2)$f(v)\mathrm{d}v$　(3)$\int_{v_1}^{v_2} Nf(v)\mathrm{d}v$　(4)$\int_{v_1}^{v_2} f(v)\mathrm{d}v$

(5)$\int_{v_1}^{v_2} vf(v)\mathrm{d}v$　(6)$\int_{v_1}^{v_2} v^2 f(v)\mathrm{d}v$　(7)$\int_0^{\infty} \frac{1}{2}mv^2 f(v)\mathrm{d}v$

7.15 氦气、氧气分子数均为 N，$T_{O_2}=2T_{He}$，速率分布曲线如习题 7.15 图所示，且阴影面积为 S，求：(1)哪条是氦气的速率分布曲线？(2)$\frac{v_{P_{O_2}}}{v_{P_{He}}}$；(3)$v_0$ 的意义？

(3)$\int_{v_0}^{\infty} N[f_B(v)-f_A(v)]\mathrm{d}v$ 为多少？对应的物理意义是什么？

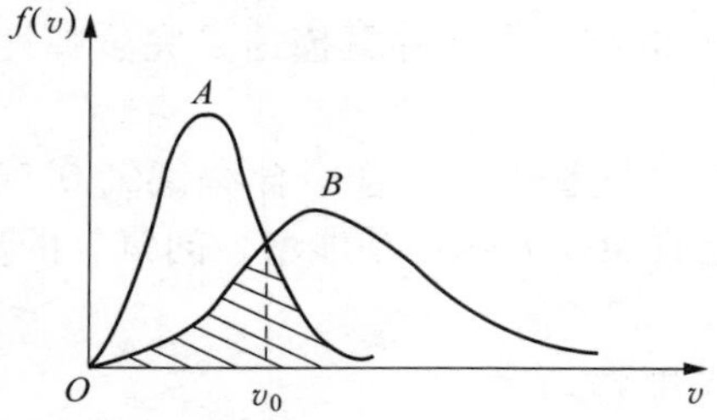

习题 7.15 图

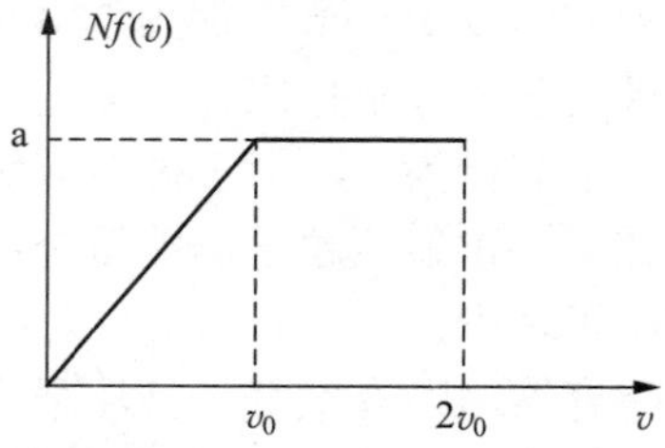

习题 7.16 图

7.16 有 N 个假想的气体分子，其速率分布如习题 7.16 图所示(当 $v>2v_0$ 时，分子数为零)。试求：

(1)由 N 和 v_0，求 a。

(2)速率在 $1.5v_0$ 到 $2.0v_0$ 之间的分子数。

(3)分子的平均速率。

7.17 试求升高到什么高度时，大气压强将减至地面的 75%。设空气的温度为 0 ℃，空气的摩尔质量为 0.028 9 kg/mol。

7.18 若氖气分子的有效直径为 2.04×10^{-10} m，问在温度 600 K，压强为 1 mmHg 时，氖分子 1 秒钟内的平均碰撞次数为多少？

7.19 气缸内盛有一定量的氢气(可视作理想气体)，当温度不变而压强增大一倍时，氢气分子的平均碰撞频率 $\overline{Z}$ 和平均自由程 $\overline{\lambda}$ 的变化情况怎样？

7.20 如果气体分子的平均直径为 3.0×10^{-10} m，温度为 273 K。气体分子的平均自由程 $\overline{\lambda}=0.20$ m，问气体在这种情况下的压强是多少？

7.21 电子管的真空度在 27 ℃时为 1.0×10^{-5} mmHg，求管内单位体积的分子数及分子的平均自由程。设分子的有效直径 $d=3.0\times10^{-10}$ m。

第 8 章　热力学基础

【学习目标】 理解准静态过程，掌握功和热量的概念。掌握热力学第一定律。能分析、计算理想气体等体、等压、等温过程和绝热过程中的功、热量、内能改变量及卡诺循环等简单循环的效率。了解可逆过程和不可逆过程、热力学第二定律及其统计意义及熵的玻耳兹曼表达式。

【实践活动】 炎热的夏日，走进开着空调的房间，喝一瓶刚从冰箱取出的冰镇饮料，你会感到非常惬意；假日来临之际，你驾驶汽车，或乘坐火车、飞机，省亲或观光旅游。在你享用这些的时候，是否思考过它们工作的原理是什么？

8.1　热力学的基本概念

在热力学中，一般常把所研究的物体或物体组叫做热力学系统，简称系统。典型的系统可以是容器内的气体分子集合或溶液中的分子集合，或者甚至像橡皮筋中分子集合那样的复杂系统。当系统由某一平衡状态开始进行变化，状态的变化必然要破坏原来的平衡态，需要经过一段时间才能达到新的平衡态。系统从一个平衡态过渡到另一个平衡态所经过的变化历程，就是一个热力学过程。热力学过程由于中间状态不同而被分成非静态过程与准静态过程两种。如果过程中任一中间状态都可看作是平衡状态，这个过程叫做准静态过程，也叫平衡过程，这些我们在上一章已经介绍过了。如果中间状态为非平衡态，这个过程叫做非静态过程。以气缸中气体的压缩或膨胀为例，推拉活塞时，气体的平衡态就被破坏。如果活塞拉得很慢，气体的平衡态被破坏后，由于系统状态变化很小，它能很快地恢复平衡，这就构成准静态过程。反之，如果活塞拉得很快，系统状态的变化很大，它来不及马上重新恢复平衡，这就是个非静态过程。严格说来，准静态过程是无限缓慢的状态变化过程，它是实际过程的抽象，是一种理想的物理模型。要使一个热力学过程成为准静态过程或平衡过程，应该怎样办呢？

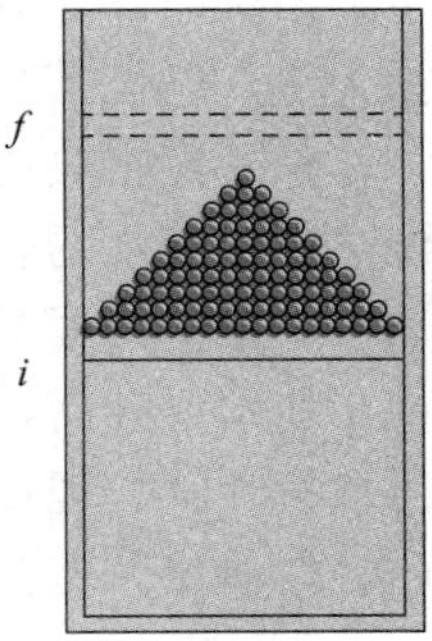

图 8-1　准静态过程

可以想象一个如图 8-1 所示的系统，竖直放置的气缸，活塞与气缸间无摩擦，活塞上面堆满细沙，开始活塞处于平衡态 i，然后我们一粒一粒的把沙子拿走，最终活塞上升，最后变为平衡态 f。这是一个进行得无限缓慢的过程，以致系统连续不断地经历着一系列中间过程都无限地接近平衡态，类似这样的过程就是准静态过程。

8.1.1　改变内能的方式

能量可以有多种形式，力学中有动能、势能，电磁学中有电场能量、磁场能量。就一个热力学系统而言，我们知道系统的内能就是系统内分子热运动的动能和分子之间的相互作用势能的总和。内能的大小取决于系统的状态参量的函数。按照气体分子动理论，分子之间的相互作用势能与分子间距有关，由此推测，也应该与系统的体积有关。分子无序运动动能的平均效果与系统的温度有关，所以一般气体的内能是温度 T 和体积 V 的函数，表示为 $E=f(T, V)$。对于不考虑分子的相互作用势能的理想气体，其内能只与分子热运动的动能有关，是温度的单值函数，可表示为 $E=f(T)$。

在热力学中，一般不考虑系统整体的机械运动。无数事实证明，热力学系统的状态变化，总是通过外界对系统做功，或向系统传递热量，或两者兼施并用而完成的。例如，一杯水，可以通过加热，用传递热量的方法，使这杯水从某一温度升高到另一温度；也可用搅拌做功的方法，使它升高到同一温度。前者是通过热量传递来完成的，后者则是通过外界做功来完成的。从能量守恒和转换的角度分析，前者是直接通过能量传递的方式使水的内能增加。当两个温度不同的系统相接触时，能量会自发地由高温系统向低温系统传递，致使较热的系统变冷，较冷的系统变热，最后达到热平衡而具有相同的温度。这种系统之间由于热相互作用而传递的能量称为热量，用 Q 表示。后者则是通过做功的方式将机械能转换为系统的内能。

应该注意，功和热量都是过程量，而内能是状态量，通过做功或传递热量都可以使系统的内能发生变化，因此就内能的改变而言，两者方式虽然不同，但能导致相同的状态变化。由此可见，对系统做功与向系统传递热量是等效的。

在系统的状态变化过程中，功与热之间的转换不可能是直接的，而是通过物质系统来完成的。向系统传递热量可使系统的内能增加，再由系统的内能减少而对外做功；或者外界对系统做功，使系统的内能增加，再由内能的减少，系统向外界传递热量。通常我们说热转换为功或功转换为热，这仅是为了方便而使用的通俗用语。

图 8-2 焦耳热功当量实验

焦耳测定热功当量的实验，如图 8-2 所示，在一个绝热的注满水的容器中装上一个带有旋转叶片的搅拌器，用两个下坠的重物带动叶片旋转。机械功转化为水的内能，使水温升高，相当于水吸收了热量。由此实验可以测得热功当量。现在公认的当量值为 $J=4.186$ J/cal。过去，习惯上功用 J 作单位，热量用 cal（卡）作单位。现在，在国际单位制中，功与热量都用 J 作单位。

8.1.2 热力学第一定律的数学表达式

力学中的功能原理反映了功与机械能之间的关系。但在热力学中，我们并不关注系统作为一个整体的宏观机械运动，而是考虑系统内部由于分子热运动所表现出来的宏观热现象。包括热现象在内的能量守恒的规律称为热力学第一定律。

在一般情况下，当系统状态变化时，做功与传递热量往往是同时存在的。如果有一系统，外界对它传递的热量为 Q，系统从内能为 E_1 的初始平衡状态改变到内能为 E_2 的终末平衡状态，即内能改变为 $\Delta E=E_2-E_1$，同时系统对外做功为 W，那么，不论过程如何，总有

$$Q=\Delta E+W \tag{8.1}$$

此式就是热力学第一定律数学表达形式。式中各量应该用同一单位，在国际单位制中，它们

的单位都是 J。我们规定：系统从外界吸收热量时，Q 为正值，反之为负；系统对外界做功时，W 为正值，反之为负；系统内能增加时，ΔE 为正，反之为负。这样，式(8.1)的意义就是：外界对系统传递的热量，一部分使系统的内能增加，另一部分用于系统对外做功。因此，热力学第一定律其实是包括热量在内的能量守恒定律。对微小的状态变化过程，式(8.1)可写成

$$dQ = dE + dW \tag{8.2}$$

在热力学第一定律建立以前，曾有人企图制造一种机器，它不需要任何动力和燃料，工作物质的内能最终也不改变，却能不断地对外做功。这种永动机叫做第一类永动机。所有这种企图，终经无数次的尝试，都失败了。热力学第一定律指出，做功必须由能量转换而来，很显然第一类永动机违反热力学第一定律，所以它是不可能造成的。

8.1.3　功　热量　内能

1. 准静态过程气体的功

在力学中，功的定义为 $W = \int \boldsymbol{F} \cdot d\boldsymbol{r}$，外力对物体做功的结果会使物体的状态变化；在做功的过程中，外界与物体之间有能量的交换，从而改变了它们的机械能。在热力学中，功的概念要广泛得多，除机械功外，还有电磁功等其他类型。对此，如下做简单介绍。

我们以气体膨胀为例，设有一气缸，其中气体的压强为 p，活塞的面积为 S(见图 8-3)。当活塞缓慢移动一微小距离 dl 时，在这一微小的变化过程中，可认为压强处处均匀而且不变，因此是个平衡过程。在此过程中，气体所做的功为

$$dW = pSdl = pdV \tag{8.3a}$$

式中，dV 是气体体积的微小增量。在气体膨胀时，dV 是正的，dW 也是正的，表示系统对外做功；在气体被压缩时，dV 是负的，dW 也是负的，表示系统做负功，亦即外界对系统做功。

对于系统经历了一个有限过程，气体膨胀做功为

$$W = \int_{V_1}^{V_2} pdV \tag{8.3b}$$

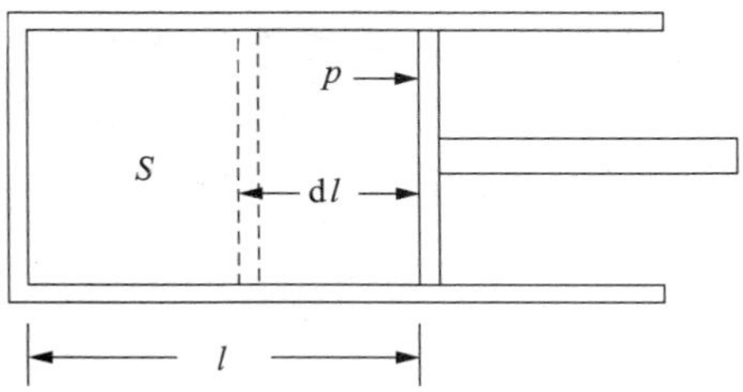

图 8-3　气体膨胀时所做的功

式中，$\int_{V_1}^{V_2} pdV$ 在 $p-V$ 图上是由代表这个平衡过程的实线与 V 轴之间所覆盖的阴影面积表示的(如图 8-4 所示)。如果系统沿图中虚线所表示的过程进行状态变化，那么它所做的功将等于虚线下面的面积，这比实线表示的过程中的功大。因此，根据图示可以清楚地看到，系统由一个状态变化到另一状态时，所做的功不仅取决于系统的初末状态，而且与系统所经历的过程有关。功是过程量。

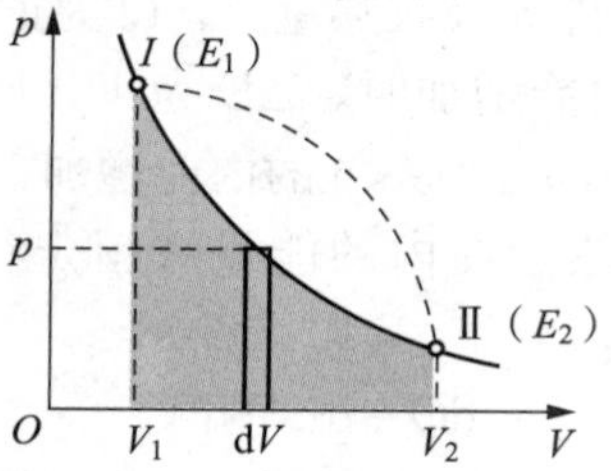

图 8-4 气体膨胀做功的图示

由式(8.1)与式(8.3b)两式得

$$Q = \Delta E + \int_{V_1}^{V_2} p\mathrm{d}V \tag{8.4}$$

做功是系统与外界相互作用的一种方式，也是两者由规则运动(如机械运动、电流等)来完成的。我们把机械功、电磁功等统称为宏观功。

2. 热量与热容量

传递热量和做功不同，这种交换能量的方式是通过分子的无规则运动来完成的。当外界物体(热源)与系统相接触时，不需借助于机械的方式，也不显示任何宏观运动的迹象，直接在两者的分子无规则运动之间进行着能量的交换，这就是传递热量。为了区别起见，也可把热量传递叫做微观功。宏观功与微观功都是系统在状态变化时与外界交换能量的量度。宏观功的作用是把物体的有规则运动转换为系统内分子的无规则运动，而微观功则是使系统外物体的分子无规则运动与系统内分子的无规则运动互相转换。它们只有在过程发生时才有意义，它们的大小也与过程有关，因此，它们都是过程量。

设在热量传递的某个微过程中，热力学系统中，某物质吸收热量 dQ，温度升高了 dT，则定义

$$C=\frac{\mathrm{d}Q}{\mathrm{d}T} \tag{8.5}$$

式(8.5)中 C 为系统在该过程中的热容量单位是 J/K，其物理意义就是指某物质在某热力学过程中，温度改变 1 K(或 1 ℃)所吸收或放出的热量。由于热量是过程量，所以对同一个系统(或同一种物质)，相应于不同的过程，其热容也是不同的。

1 mol 某物质的热容量叫该物质的摩尔热容，用 C_m 表示，单位是 J/(mol · K)。最具有实际意义也最常用的是摩尔定体热容 $C_{V,m}$ 与摩尔定压热容 $C_{p,m}$ 两种，根据式(8.5)，其定义式为

$$C_{V,m}=\frac{\mathrm{d}Q_V}{\mathrm{d}T} \tag{8.6}$$

$$C_{p,m}=\frac{\mathrm{d}Q_p}{\mathrm{d}T} \tag{8.7}$$

考虑质量为 M，摩尔质量为 M_{mol} 的系统，温度改变 dT，经历任意的准静态过程，吸收的热量为

$$\mathrm{d}Q=C\mathrm{d}T=\frac{M}{M_{mol}}C_m\mathrm{d}T \tag{8.8a}$$

当温度从 T_1 升高到 T_2 时，吸收的热量为

$$Q=\int_{T_1}^{T_2}\frac{M}{M_{\mathrm{mol}}}C_{\mathrm{m}}\mathrm{d}T \tag{8.8b}$$

式中积分需对一定的过程曲线进行。一般地说，热容量是温度的函数。实验表明，在温度变化范围不大时，热容量可以近似看作是常量，则式(8.8b)可写成

$$Q=\frac{M}{M_{\mathrm{mol}}}C_{\mathrm{m}}(T_2-T_1) \tag{8.9a}$$

一般只要知道了过程的摩尔热容，就可以根据式(8.9a)计算出系统在相应过程中吸收(或放出)的热量。

比如等容过程，吸收的热量为

$$Q_{\mathrm{V}}=\frac{M}{M_{\mathrm{mol}}}C_{\mathrm{V,m}}(T_2-T_1) \tag{8.9b}$$

以及等压过程，吸收的热量为

$$Q_{\mathrm{p}}=\frac{M}{\mu}C_{\mathrm{p,m}}(T_2-T_1) \tag{8.9c}$$

3. 内能的变化

实验证明，系统状态发生变化时，只要初、末状态给定，则不论所经历的过程有何不同，外界对系统所做的功和向系统所传递的热量的总和，总是恒定不变的。我们知道，对一系统做功将使系统的能量增加，又根据热功的等效性，可知对系统传递热量也将使系统的能量增加。内能的改变量只决定于初、末两个状态，而与所经历的过程无关。换句话说，内能是系统状态的单值函数，是状态量。

根据第 7 章气体动理论，我们知道，考虑质量为 M，摩尔质量为 M_{mol} 的理想气体系统，如果温度改变 ΔT，则内能的改变量为

$$E=\frac{M}{M_{\mathrm{mol}}}\frac{i}{2}R\Delta T \tag{8.10a}$$

式中，i 为气体分子的自由度。下面我们再以理想气体在状态变化过程中体积不变的过程为例，根据热力学第一定律，计算内能的增量。

由于等体过程，$\mathrm{d}V=0, W=\int_V p\,\mathrm{d}V=0$，所以根据(8.9b)和 $Q=\Delta E+\int_V p\,\mathrm{d}V$，得

$$\Delta E=Q_{\mathrm{V}}=\frac{M}{M_{\mathrm{mol}}}C_{\mathrm{V,m}}\Delta T \tag{8.10b}$$

上述两式比较，可以看出

$$C_{\mathrm{V,m}}=\frac{i}{2}R \tag{8.11}$$

应该注意，式(8.10)的两个公式是计算过程中理想气体内能变化的通用式子，不仅适用于等体过程。由于理想气体的内能只与温度有关，所以不管理想气体的经历状态变化过程如何，只要温度的增量相同，气体内能的增量都是相同的。因此，在任何过程中都可用式(8.10)来计算理想气体的内能增量。

8.2　热力学第一定律对理想气体等值过程的应用

热力学第一定律确定了系统在状态变化过程中被传递的热量、功和内能之间的相互关

系，不论是气体、液体或固体的系统都适用。在本节中，我们讨论在理想气体的几种平衡过程中，热力学第一定律的应用。

8.2.1 等体过程

在等体过程中，其特征是气体的体积保持不变，即 V 为恒量，$dV=0$。

设有一气缸，活塞保持固定不动，把气缸连续地与一系列有微小温度差的恒温热源相接触，使气体的温度逐渐上升，压强增大，但是气体的体积保持不变。这样的平衡过程是一个等体过程(图 8-5(a))。

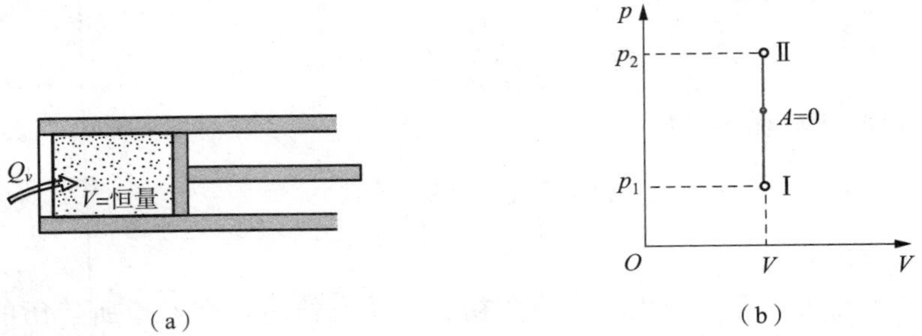

图 8-5

(a)气体的等体过程；(b)等体过程中功的计算

在等体过程中，$dV=0$，所以 $dW=0$。根据热力学第一定律，得

$$dQ_V=dE=\frac{M}{M_{mol}}C_{V,m}dT \tag{8.12a}$$

对于有限量变化，则有

$$\begin{aligned}Q_V=E_2-E_1&=\frac{M}{M_{mol}}C_{V,m}(T_2-T_1)\\&=\frac{M}{M_{mol}}\frac{i}{2}R(T_2-T_1)\end{aligned} \tag{8.12b}$$

式中，下脚标 V 表示体积保持不变。$C_{V,m}$为气体的摩尔定体热容，是指 1 mol 气体在体积不变而且没有化学反应与相变的条件下，温度改变 1 K(或 1 ℃)所吸收或放出的热量，其值可由实验测定。理想气体 $C_{V,m}$的值也可由 $C_{V,m}=\frac{i}{2}R$ 计算。

综上所述，在等体过程中，外界传给气体的热量全部用来增加气体的内能，而系统没有对外做功。气体吸热，内能增加；气体放热，内能减少。

8.2.2 等压过程

气体的等压过程的特征是系统的压强保持不变，即 p 为常量，$dp=0$。

设想气缸连续地与一系列有微小温度差的恒温热源相接触，同时活塞上所加的外力保持不变。接触的结果是，将有微小的热量传给气体，使气体温度稍微升高，气体对活塞的压强也随之较外界所施的压强增加一微量，于是稍微推动活塞对外做功。由于体积的膨胀，压强降低，从而保证气体在内、外压强的量值保持不变的情况下进行膨胀。所以这一平衡过程是一个等压过程(见图 8-6(a))。

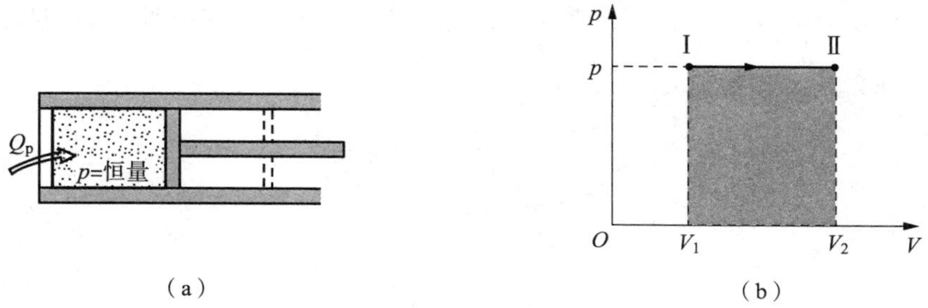

图 8－6
(a)气体的等压过程；(b)等压过程中功的计算

现在我们来计算气体的体积增加 $\mathrm{d}V$ 时所做的功 $\mathrm{d}W$。根据理想气体状态方程

$$pV=\frac{M}{M_{\mathrm{mol}}}RT$$

如果气体的体积从 V 增加到 $V+\mathrm{d}V$，温度从 T 增加到 $T+\mathrm{d}T$，那么气体所做的功

$$\mathrm{d}W=p\mathrm{d}V=\frac{M}{M_{\mathrm{mol}}}R\mathrm{d}T \tag{8.13}$$

根据热力学第一定律，系统吸收的热量为

$$\mathrm{d}Q_{\mathrm{p}}=\mathrm{d}E+\frac{M}{M_{\mathrm{mol}}}R\mathrm{d}T$$

式中，下脚标 p 表示压强不变。当气体从状态 I（p，V_1，T_1）等压地变为状态 II（p，V_2，T_2）时，气体对外做功(见图 8－6(b))为

$$W=\int_{V_1}^{V_2}p\mathrm{d}V=p(V_2-V_1) \tag{8.14a}$$

或写成

$$W=\int_{V_1}^{V_2}\frac{M}{M_{\mathrm{mol}}}R\mathrm{d}T=\frac{M}{M_{\mathrm{mol}}}R(T_2-T_1) \tag{8.14b}$$

所以，整个过程中传递的热量为

$$Q_{\mathrm{p}}=(E_2-E_1)+\frac{M}{M_{\mathrm{mol}}}R(T_2-T_1)=\frac{M}{M_{\mathrm{mol}}}(C_{\mathrm{V}}+R)(T_2-T_1)$$

$$=\frac{M}{M_{\mathrm{mol}}}\frac{C_{\mathrm{V,m}}+R}{2}(T_2-T_1) \tag{8.15a}$$

根据式(8.9c)，等压过程，吸收的热量为

$$Q_{\mathrm{p}}=\frac{M}{M_{\mathrm{mol}}}C_{\mathrm{p,m}}(T_2-T_1) \tag{8.15b}$$

式中，$C_{\mathrm{p,m}}$是气体的摩尔定压热容，表示 1 mol 气体在压强不变以及没有化学变化与相变的条件下，温度改变 1 K 所需要的热量。

对这两个式子比较，不难看到

$$C_{\mathrm{p,m}}=C_{\mathrm{V,m}}+R \tag{8.16}$$

这就是迈耶(J. R. Meyer)公式。它的意义是，1 mol 理想气体温度升高 1 K 时，在等压过程中比在等体过程中要多吸收 8.31 J 的热量，为的是转化为膨胀时对外所做的功。由此可见，摩尔气体常量及等于 1 mol 理想气体在等压过程中温度升高 1 K 时对外所做的功。因 $C_{V,m}=\frac{i}{2}R$，从式(8.16)得

$$C_{p,m}=\frac{i}{2}R+R=\frac{i+2}{2}R \tag{8.17}$$

摩尔定压热容 $C_{p,m}$，与摩尔定体热容 $C_{V,m}$之比，用 γ 表示，叫做比热容，于是

$$\gamma=\frac{C_{p,m}}{C_{V,m}}=\frac{i+2}{2} \tag{8.18}$$

根据上式不难算出：对于单原子气体，$\gamma=\frac{5}{3}=1.67$；双原子气体，$\gamma=1.40$；多原子气体，$\gamma=1.33$。它们也都只与气体分子的自由度有关，而与气体温度无关。

表 8-1 中列举了一些气体摩尔热容的实验数据。从表中可以看出：(1)对各种气体来说，两种摩尔热容之差 $C_{p,m}-C_{V,m}$ 都接近于 R；(2)对单原子及双原子气体来说，$C_{p,m}$、$C_{V,m}$、γ 的实验值与理论值相接近。这说明经典的热容理论近似地反映了客观事实。但是我们也应该看到，对分子结构较复杂的气体，即三原子以上的气体，理论值与实验值显然不符，说明这些量和气体的性质有关。不仅如此，实验还指出，这些量与温度也有关系，因而上述理论是个近似理论，只能用量子理论才能较好地解决热容的问题。

表 8-1　几种气体的摩尔热容实验数据

分子的原子数	气体的种类	$C_{p,m}$/(J·mol^{-1}·K^{-1})	$C_{V,m}$/(J·mol^{-1}·K^{-1})	$C_{p,m}-C_{V,m}$/(J·mol^{-1}·K^{-1})	$\gamma=\frac{C_{p,m}}{C_{V,m}}$
单原子	氦	20.9	12.5	8.4	1.67
	氩	21.2	12.5	8.7	1.65
双原子	氢	28.8	20.4	8.4	1.41
	氮	28.6	20.4	8.2	1.41
	一氧化碳	29.3	21.2	8.1	1.40
	氧	28.9	21.0	7.9	1.40
3 个以上的原子	水蒸气	36.2	27.8	8.4	1.31
	甲烷	35.6	27.2	8.4	1.30
	氯仿	72.0	63.7	8.3	1.13
	乙醇	87.5	79.2	8.2	1.11

例 8.1　一气缸中贮有氮气，质量为 1.25 kg。在标准大气压下缓慢地加热，使温度升高 1 K。试求气体膨胀时所做的功 A、气体内能的增量 ΔE 以及气体所吸收的热量 Q。活塞的质量以及它与气缸壁的摩擦均可略去。

解

因过程是等压的，由式(8.14b)得

$$W=\frac{M}{M_{mol}}R\Delta T=\frac{1.25}{0.028}\times 8.31\times 1=371\ (\text{J})$$

因 $i=5$，所以 $C_{V,m}=\frac{i}{2}R=20.8$ J/mol，由式(8.10b)可得

$$\Delta E=\frac{M}{M_{\mathrm{mol}}}C_{V,m}\Delta T=\frac{1.25}{0.028}\times 20.8\times 1=929(\mathrm{J})$$

所以，气体在这一过程中所吸收的热量为

$$Q=\Delta E+W=1\ 300\ \mathrm{J}$$

8.2.3　等温过程

等温过程的特征是系统的温度保持不变，即 $dT=0$。由于理想气体的内能只取决于温度，所以在等温过程中，理想气体的内能也保持不变，亦即 $dE=0$。

设想一气缸壁是绝对不导热的，而底部则是绝对导热的，如图 8-7(a)所示，今将气缸的底部和一恒温热源相接触。当活塞上的外界压强无限缓慢地降低时，缸内气体也将随之逐渐膨胀，对外做功。气体内能就随之缓慢减少，温度也将随之微微降低。可是，由于气体与恒温热源相接触，当气体温度比热源温度略低时，就有微量的热量传给气体，使气体温度维持原值不变。这一平衡过程是一个等温过程。

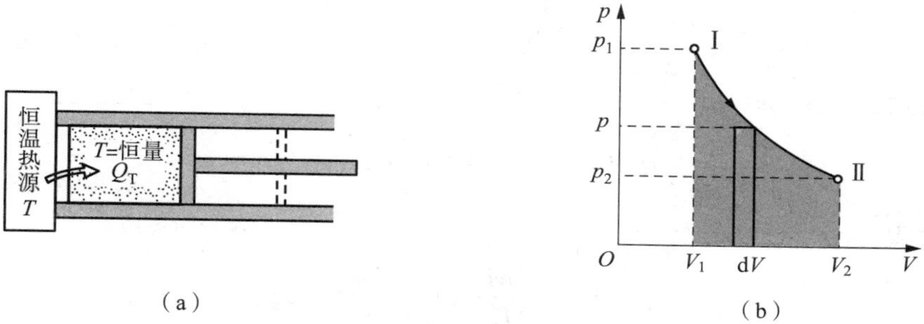

图 8-7

(a)气体的等温膨胀；(b)等温过程中功的计算

在等温过程中，$p_1V_1=p_2V_2$，系统对外做的功为

$$W=\int_{V_1}^{V_2}p\mathrm{d}V=\int_{V_1}^{V_2}\frac{p_1V_1}{V}\mathrm{d}V=p_1V_1\ln\frac{V_2}{V_1}=p_1V_1\ln\frac{p_1}{p_2}$$

根据理想气体状态方程可得

$$W=\frac{M}{M_{\mathrm{mol}}}RT\ln\frac{V_2}{V_1}=\frac{M}{M_{\mathrm{mol}}}RT\ln\frac{p_1}{p_2} \tag{8.19a}$$

又根据热力学第一定律，系统在等温过程中所吸收的热量应和它所做的功相等，即

$$Q_T=W=\frac{M}{M_{\mathrm{mol}}}RT\ln\frac{V_2}{V_1}=\frac{M}{M_{\mathrm{mol}}}RT\ln\frac{p_1}{p_2} \tag{8.19b}$$

等温过程在 $p—V$ 图上是一条等温线(双曲线)上的一段，如图 8-7(b)所示的过程 Ⅰ→Ⅱ是一等温膨胀过程。在等温膨胀过程中，理想气体所吸取的热量全部转化为对外所做的功；反之，在等温压缩时，外界对理想气体所做的功，将全部转化为传给恒温热源的热量。

例 8.2　质量为 2.8×10^{-3} kg、压强为 1.013×10^{5} Pa、温度为 27 ℃的氮气，先在体积不变的情况下使其压强增至 3.039×10^{5} Pa，再经等温膨胀使压强降至 1.013×10^{5} Pa，然后又在等压过程中将体积压缩一半。试求氮气在全部过程中的内能变化，所做的功以及吸收的热量，并画出 $p—V$ 图。

解

对于氮气，$M=2.8\times 10^{-3}$ kg，$p_1=1.013\times 10^{5}$ Pa，$T_1=273+27=300$ (K)，$i=5$，

$C_{V,m}=\frac{i}{2}R=\frac{5}{2}R$，$C_{P,m}=\frac{i+2}{2}R=\frac{7}{2}R$。

根据理想气体状态方程

$$V_1=\frac{M}{M_{mol}}\frac{RT_1}{p_1}=\frac{2.8\times10^{-3}\times8.31\times300}{2.8\times10^{-3}\times1.013\times10^5}=2.46\times10^{-3}(\mathrm{m}^3)$$

因 $p_2=3.039\times10^5$ Pa，$V_2=V_1$，根据理想气体状态方程，得

$$T_2=\frac{p_2}{p_1}T_1=900\ \mathrm{K}$$

而 $T_3=T_2=900$ K，所以

$$V_3=\frac{p_2V_2}{p_3}=7.38\times10^{-3}\ \mathrm{m}^3$$

又 $V_4=\frac{1}{2}V_3=3.69\times10^{-3}\ \mathrm{m}^3$，$p_4=p_1=1.013\times10^5$ Pa

则
$$T_4=\frac{V_4}{V_3}T_3=450\ \mathrm{K}$$

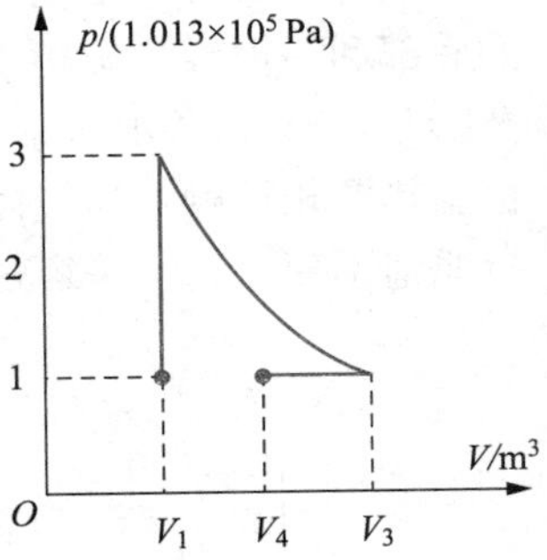

图 8-8 例 8.4 题图

等体过程：$W_1=0$

$$Q_1=\Delta E_1=\frac{M}{M_{mol}}\frac{5}{2}R(T_2-T_1)=1\ 248\ \mathrm{J}$$

等温过程：$\Delta E_2=0$

$$Q_2=W_2=\frac{M}{M_{mol}}RT_2\ln\frac{V_3}{V_2}=823\ \mathrm{J}$$

等压过程：

$$W_3=p_3(V_4-V_3)=-374\ \mathrm{J}$$

$$\Delta E_3=\frac{M}{\mu}\frac{5}{2}R(T_4-T_3)=-936\ \mathrm{J}$$

$$Q_3=W_3+\Delta E_3=-1\ 310\ \mathrm{J}$$

从而整个过程中：

$$A=W_1+W_2+W_3=449\ \mathrm{J}$$

$$Q=Q_1+Q_2+Q_3=761\ \mathrm{J}$$

$$\Delta E=Q-W=312\ \mathrm{J}$$

8.2.4 绝热过程

在不与外界作热量交换的条件下，系统的状态变化过程叫做绝热过程。它的特征是 $\mathrm{d}Q=0$；要实现绝热平衡过程，系统的外壁必须是完全绝热的，过程也应该进行得无限缓慢。但在自然界中，完全绝热的器壁是找不到的，因此理想的绝热过程并不存在，实际进行的都是近似的绝热过程。例如，气体在杜瓦瓶(即通常的热水瓶)内或在用绝热材料包起来的容器内所经历的变化过程，就可看作是近似的绝热过程。又如声波传播时所引起的空气的压缩和膨胀，内燃机中的爆炸过程等，由于这些过程进行得很快，热量来不及与四周交换，也可近似地看作是绝热过程。当然，这种绝热过程不是平衡过程。

下面讨论绝热的平衡过程中功和内能转换的情形。

根据绝热过程的特征，热力学第一定律($dQ=dE+pdV$)可写成

$$dE+pdV=0$$

或

$$dW=pdV=-dE$$

也就是说，在绝热过程中，只要通过计算内能的变化就能计算系统所做的功。系统所做的功完全来自内能的变化。据此，质量为 M 的理想气体由温度为 T_1 的初状态绝热地变到温度为 T_2 的末状态，在这过程中气体所做的功为

$$W=-(E_2-E_1)=-\frac{M}{M_{\text{mol}}}C_{V,m}(T_2-T_1) \tag{8.20}$$

在绝热过程中，理想气体的三个状态参量 p、V、T 是同时变化的。可以证明，对于平衡的绝热过程，在 p、V、T 三个参量中，每两者之间的相互关系式为

$$pV^{\gamma}=\text{const} \tag{8.21a}$$

$$V^{\gamma-1}T=\text{const} \tag{8.21b}$$

$$p^{\gamma-1}T^{-\gamma}=\text{const} \tag{8.21c}$$

这些方程叫做绝热过程方程，式中 $\gamma=\dfrac{C_{p,m}}{C_{V,m}}$ 为比热容，等号右方的常量的大小在三个式子中各不相同，与气体的质量及初始状态有关。我们可按实际情况，选用一个比较方便的来应用。

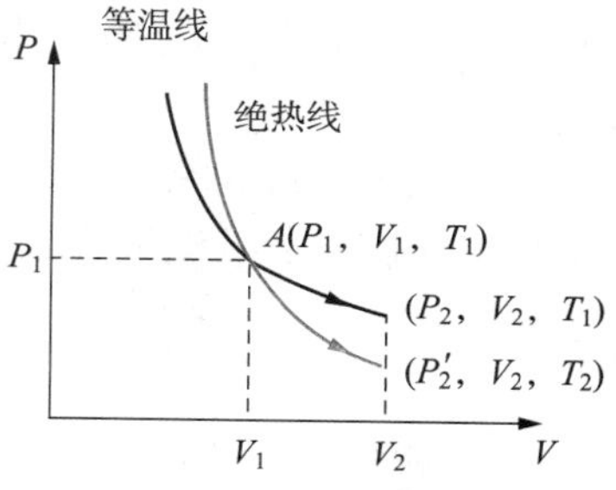

图 8-9　等温线与绝热线的斜率的比较

当气体作绝热变化时，也可在 $p-V$ 图上画出 p 与 V 的关系曲线，这叫绝热线。在图8-9 中的蓝实线表示绝热线，黑线则表示同一气体的等温线，两者有些相似，A 点是两线的相交点。等温线($pV=\text{const}$)和绝热线($pV^{\gamma}=\text{const}$)在交点 A 处的斜率 $\dfrac{dp}{dV}$ 可以分别求出：等温线的斜率 $\left(\dfrac{dp}{dV}\right)_T=-\dfrac{p_A}{V_A}$；绝热线的斜率 $\left(\dfrac{dp}{dV}\right)_Q=-\gamma\dfrac{p_A}{V_A}$。由于 $\gamma>1$，所以在两线的交点处，绝热线的斜率的绝对值较等温线的斜率的绝对值大。这表明同一气体从同一初状态作同样的体积压缩时，压强的变化在绝热过程中比在等温过程中要大。我们也可用物理概念来说明这一结论：假定从交点 A 起，气体的体积压缩了 dV，那么不论过程是等温的或绝热的，气体的压强总要增加。但是，在等温过程中，温度不变，所以压强的增加只是由于体积的减小。在绝热过程中，压强的增加不仅由于体积的减小，而且还由于温度的升高。因此，在绝热过程中，压强的增量 dp_Q 应较等温过程的 dp_T 为多。所以绝热线在 A 点的斜率的绝对值较等温线的大。

例 8.3　试推导绝热过程方程。

解

根据热力学第一定律及绝热过程的特征($dQ=0$)，可得

$$pdV=-\frac{M}{M_{\text{mol}}}C_{V,m}dT \tag{①}$$

理想气体同时又要适合方程 $pV=\dfrac{M}{M_{\text{mol}}}RT$。在绝热过程中，因 p、V、T 三个量都在改变，所以对理想气体状态方程取微分，得

$$p\mathrm{d}V+V\mathrm{d}p=\frac{M}{M_{\mathrm{mol}}}R\mathrm{d}T$$

自式①解出 $\mathrm{d}T$，代入上式，得

$$C_{\mathrm{V,m}}(p\mathrm{d}V+V\mathrm{d}p)=-Rp\mathrm{d}T$$

但 $$C_{\mathrm{p,m}}-C_{\mathrm{V,m}}=R$$

所以 $$C_{\mathrm{V,m}}(p\mathrm{d}V+V\mathrm{d}p)=-(C_{\mathrm{p,m}}-C_{\mathrm{V,m}})p\mathrm{d}T$$

简化后，得 $$C_{\mathrm{V,m}}V\mathrm{d}p+C_{\mathrm{p,m}}p\mathrm{d}V=0$$

或 $$\frac{\mathrm{d}p}{p}+\gamma\frac{\mathrm{d}V}{V}=0$$

式中 $\gamma=\frac{C_{\mathrm{p,m}}}{C_{\mathrm{V,m}}}$，将上式积分，得

$$pV^{\gamma}=\mathrm{const}$$

这就是绝热过程中 p 与 V 的关系式。应用 $pV=\frac{M}{M_{\mathrm{mol}}}RT$ 和上式消去 p 或者 V，即可分别求得 V 与 T 及 p 与 T 之间的关系，如式(8.21)所示。

例 8.4 设有 8 g 氧气，体积为 $0.41\times10^{-3}\ \mathrm{m^3}$，温度为 300 K。如氧气作绝热膨胀，膨胀后的体积为 $4.10\times10^{-3}\ \mathrm{m^3}$，问气体做功多少？如氧气作等温膨胀，膨胀后的体积也是 $4.10\times10^{-3}\ \mathrm{m^3}$，问这时气体做功多少？

解

氧气的质量 $M=0.008$ kg，摩尔质量 $M_{\mathrm{mol}}=0.032$ kg。原来温度 $T_1=300$ K。令 T_2 为氧气绝热膨胀后的温度，则

$$W=-\frac{\mathrm{M}}{\mathrm{M_{mol}}}C_{\mathrm{V,m}}(T_2-T_1)$$

根据绝热方程中 V 与 T 的关系式

$$V_1^{\gamma-1}T_1=V_2^{\gamma-1}T_2$$

得 $$T_2=T_1\left(\frac{V_1}{V_2}\right)^{\gamma-1}=300\times\left(\frac{1}{10}\right)^{1.40-1}=119\ (\mathrm{K})$$

又因氧分子是双原子分子，$i=5$，$C_{\mathrm{V,m}}=\frac{i}{2}R=20.8\ \mathrm{J/(mol\cdot K)}$，于是得

$$W=-\frac{\mathrm{M}}{\mathrm{M_{mol}}}C_{\mathrm{V,m}}(T_2-T_1)=\frac{1}{4}\times20.8\times(300-119)=941\ (\mathrm{J})$$

如氧气作等温膨胀，气体所做的功为

$$W_{\mathrm{T}}=\frac{M}{M_{\mathrm{mol}}}RT\ln\frac{V_2}{V_1}=\frac{1}{4}\times8.31\times300\times\ln10=1.44\times10^{3}(\mathrm{J})$$

*8.2.5 多方过程

气体的很多实际过程可能既不是等值过程，也不是绝热过程，特别在实际过程中很难做到严格的等温或严格的绝热。对于理想气体来说，它的过程方程既不是 $pV=$常量，也不是 $pV^{\gamma}=$常量。在热力学中，常用下述方程表示实际过程中气体压强和体积的关系：

$$pV^{n}=\mathrm{const} \tag{8.22}$$

式中，n 叫做多方指数，满足上式的过程叫做多方过程。

理想气体从状态 Ⅰ(p_1，V_1) 经多方过程而变为状态 Ⅱ(p_2，V_2)，这时，$pV_1^n = p_2V_2^n$。在这个过程中，气体所做的功为

$$W = \int_{V_1}^{V_2} p\,dV = \int_{V_1}^{V_2} \frac{p_1V_1^n}{V^n}dV = p_1V_1^n\int_{V_1}^{V_2}\frac{dV}{V^n}$$

$$= p_1V_1^n\left(\frac{1}{1-n}V_2^{1-n} - \frac{1}{1-n}V_1^{1-n}\right)$$

$$= \frac{p_1V_1 - p_2V_2}{n-1}$$

多方过程也可用 $p-V$ 图表示(这并不意味着在 $p-V$ 图上任意画出的曲线都是多方过程)。气体在多方过程中的摩尔热容应是个常量。对此我们证明如下。

为简便起见，考虑 1 mol 理想气体，设该气体在多方过程中，当温度升高 dT 时，气体所吸收的热量是 dQ，按摩尔热容定义，$C_m = \dfrac{dQ}{dT}$。所以，当该气体经历一个微小的状态变化过程时，气体所吸收的热量按热力学第一定律为

$$dQ = dE + pdV$$

这时，气体内能的增量是

$$dE = C_V R dT$$

因为过程是多方过程，所以从式(8.22)得到 $nV^{n-1}pdV + V^ndp = 0$。又由 $pV = RT$ 得 $pdV + Vdp = RdT$。把这两个结果相结合，求得气体所做的功是

$$dW = pdV = -\frac{R}{n-1}dT$$

把以上两式以及 $dQ = C_m dT$ 代入 $dQ = dE + pdV$ 中，可得

$$C_m dT = C_V dT - \frac{R}{n-1}dT$$

整理得

$$C_m = C_V - \frac{R}{n-1}$$

因 $C_p - C_V = R$，$C_p = \gamma C_V$，所以 $(\gamma-1)C_V = R$，代入上式得

$$C_m = \frac{n-\gamma}{n-1}C_V = \frac{n-\gamma}{(n-1)(\gamma-1)}R$$

该式表明，在多方过程中，摩尔热容是依赖于多方指数的一个常量。

引入多方过程的概念后，前面所讨论的等值过程和绝热过程都可归纳为指数不同的多方过程。例如

$n=0$ 时，$C_m = C_{p,m}$，过程方程为 $p=C_1$，这是等压过程；

$n=1$ 时，$C_m = \infty$，过程方程为 $pV = C_2$，这是等温过程；

$n=\gamma$ 时，$C_m = 0$，过程方程为 $pV^\gamma = C_3$，这是绝热过程；

$n=\infty$ 时，$C_m = C_{V,m}$，过程方程由 $pV^{\frac{1}{n}} = C_4$，可在 $n=\infty$ 时导致 $V = C_4$，这是等体过程。

表 8-2 列举了理想气体在上述各过程中的一些重要公式，可供参考。

表 8-2　理想气体热力学过程的主要公式表

过程	特征	过程方程	热量 Q	功 W	内能增量 ΔE
等体	$V=C$	$\frac{P}{T}=C$	$\frac{M}{M_{mol}}C_{V,m}(T_2-T_1)$	0	$\frac{M}{M_{mol}}C_{V,m}(T_2-T_1)$
等压	$P=C$	$\frac{V}{T}=C$	$\frac{M}{M_{mol}}C_{p,m}(T_2-T_1)$	$p(V_2-V_1)$ $\frac{M}{M_{mol}}R(T_2-T_1)$	$\frac{M}{M_{mol}}C_{V,m}(T_2-T_1)$
等温	$T=C$	$pV=C$	$\frac{M}{M_{mol}}RT\ln\frac{V_2}{V_1}$ $\frac{M}{M_{mol}}RT\ln\frac{p_1}{p_2}$	$\frac{M}{M_{mol}}RT\ln\frac{V_2}{V_1}$ $\frac{M}{M_{mol}}RT\ln\frac{p_1}{p_2}$	0
绝热	$Q=0$	$pV^{\gamma}=C$	0	$-\frac{M}{M_{mol}}C_{V,m}(T_2-T_1)$ $\frac{p_1V_1-p_2V_2}{\gamma-1}$	$\frac{M}{M_{mol}}C_{V,m}(T_2-T_1)$

例 8.5　1 mol 氦气，由状态 A 先等压加热至体积的 1 倍，再等体加热至压强增大 1 倍，最后再经绝热膨胀，使其温度降至初始温度，如图 8-10 所示，其中 $p_1=1$ atm，$V_1=1.0\times10^{-3}$ m^3。试求：

(1)整个过程中的内能变化；

(2)整个过程所做的功；

(3)整个过程吸收的热量。

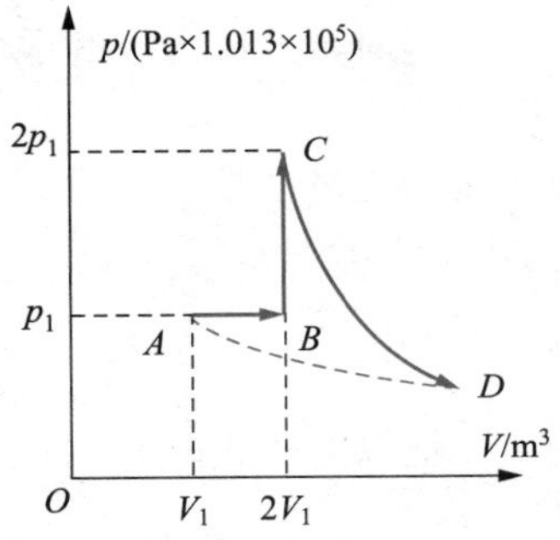

图 8-10　例 8.5 图

解

单原子分子氦 $p_A=p_B=1.013\times10^5$ Pa，$p_C=2p_A=2.026\times10^5$ Pa，

$$V_A=1.0\times10^{-3}\mathrm{m}^3,\ V_B=V_C=2V_A=2.0\times10^{-3}\mathrm{m}^3,\ i=3,\ C_{V,m}=\frac{i}{2}R=\frac{3}{2}R,$$

$C_{p,m}=\frac{i+2}{2}R=\frac{5}{2}R$，$\gamma=\frac{i+2}{2}=\frac{5}{3}$，A、$D$ 在同一条等温线上，应有 $p_AV_A=p_DV_D$。

整个过程中的内能变化

$$\Delta E=\Delta E_D-\Delta E_A=\frac{5}{2}R(T_D-T_A)=0$$

(2)等压过程 AB，所做的功为

$$W_{AB}=p_A(V_B-V_A)=p_AV_A$$

等容过程 BC，$W_{BC}=0$。

绝热过程 CD，所做的功为

$$W_{CD}=\frac{p_CV_C-p_DV_D}{\gamma-1}=\frac{4p_AV_A-p_AV_A}{\frac{5}{3}-1}=\frac{9}{2}p_AV_A$$

系统对外所做的功为

$$W = W_{AB} + W_{BC} + W_{CD} = p_A V_A + 0 + \frac{9}{2} p_A V_A = \frac{11}{2} p_A V_A$$

$$= \frac{11}{2} \times 1.013 \times 10^5 \times 1.0 \times 10^{-3} = 5.57 \times 10^2 (\text{J})$$

(3)等压膨胀过程 AB，吸收热量为

$$Q_{AB} = C_{\text{p,m}}(T_B - T_A) = \frac{5}{2} R(T_B - T_A)$$

$$= \frac{5}{2}(p_B V_B - p_A V_A) = \frac{5}{2}(2p_A V_A - p_A V_A) = \frac{5}{2} p_A V_A$$

等容升压过程 BC，吸收热量

$$Q_{BC} = C_{\text{Vp,m}}(T_C - T_B) = \frac{3}{2} R(T_C - T_B)$$

$$= \frac{3}{2}(p_C V_C - p_B V_B) = \frac{3}{2}(4p_A V_A - 2p_A V_A) = 3p_A V_A$$

$$Q_1 = \Delta E_1 = \frac{M}{M_{\text{mol}}} \frac{5}{2} R(T_2 - T_1) = 1248 \text{ J}$$

绝热过程 CD，$Q_{CD} = 0$

整个过程吸收的热量为

$$Q = Q_{AB} + Q_{BC} + Q_{CD} = \frac{5}{2} p_A V_A + 3p_A V_A + 0 = \frac{11}{2} p_A V_A$$

$$= \frac{11}{2} \times 1.013 \times 10^5 \times 1.0 \times 10^{-3} = 5.57 \times 10^2 (\text{J})$$

整个过程吸收的热量也可以由热力学第一定律求得

$$Q = \Delta E + W = 0 + W = 5.57 \times 10^2 \text{ J}$$

8.3　循环过程　卡诺循环

8.3.1　循环过程

自从瓦特改进了蒸汽机后，直接导致了第一次工业技术革命的兴起，极大地推进了社会生产力的发展。蒸汽机的发明对近代科学和生产的巨大贡献，在当时具有划时代的意义。时至今日，古老的蒸汽机已经发展成为各种先进的内燃机，无论是汽车、轮船还是大部分火车，其动力部分都是内燃机。从蒸汽机到内燃机，更多地体现了技术的发展，而用到的物理学原理并没有改变，其实质就是凭借气体的循环过程将热量转换为对外做功。所谓循环过程，就是物质系统经历了一系列的变化过程又回到初始状态，这样周而复始的变化过程称为循环过程，或简称循环。循环所包括的每个过程称为分过程，其物质系统称为工作物。

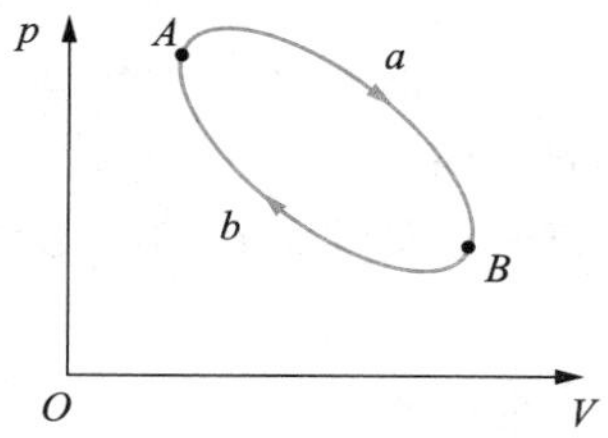

图 8-11　循环过程曲线

图 8-11 是一条准静态循环过程的曲线，过程变化沿顺时针方向进行。在 p—V 图上，工作物的循环过程用一个闭合的曲线

来表示。我们把整个循环分为 $A \to a \to B$ 和 $B \to b \to A$ 两部分，前者是系统对外做功(正功)，体积增大，后者是外界对系统做功(负功)，体积被压缩。整个循环过程中系统对外所做的净功 W 为

$$W = W_{AaB} + W_{BbA} = W_{AaB} - |W_{BbA}|$$

从 $p-V$ 图上可以看出，循环过程曲线所围的面积在数值上等于系统对外所做的净功。

由于内能是状态的单值函数，系统经过一次循环后又回到了初始状态，因此循环过程具有一个很重要的特征，即系统的内能不变($\Delta E = 0$)。如果系统在一个循环过程中吸收热量为 Q_1，放出热量的绝对值为 Q_2，则根据热力学第一定律，循环过程对外所做净功的 W 可表示为

$$W = Q_1 - Q_2 = Q \tag{8.23}$$

式中，Q 为系统从外界获得的净吸热量，总吸热量 $Q_1 = \sum Q_{吸}$，总放热量 $Q_2 = \left|\sum Q_{放}\right|$。

8.3.2 热机和制冷机

循环过程沿顺时针方向进行时，系统对外所做的净功为正，这样的循环称为正循环，能够实现正循环的机器称为热机。如图 8-12 所示。

第一部实用的热机是蒸汽机，其工作原理如图 8-13 所示，创制于 17 世纪末，用于煤矿中抽水。经过瓦特改进的蒸汽机，大大地提高了热机效率，这项发明最终导致了第一次工业技术革命的兴起，极大地推进了社会生产力的发展。热机除蒸汽机外，还有内燃机、喷气机等。虽然它们在工作方式、效率上各不相同，但工作原理都基本相同，就是不断地把热量转变为功。

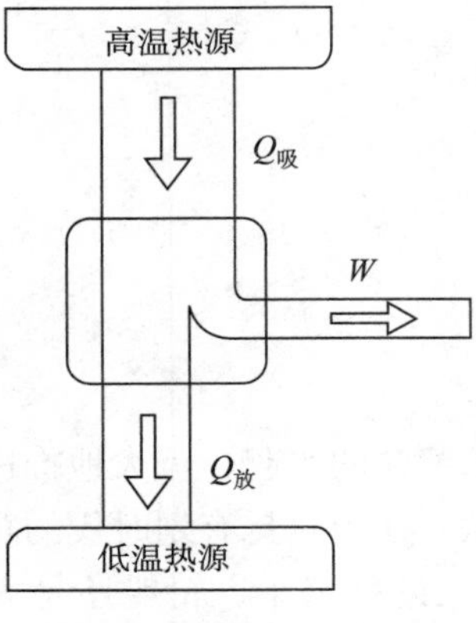

图 8-12 热机工作示意图

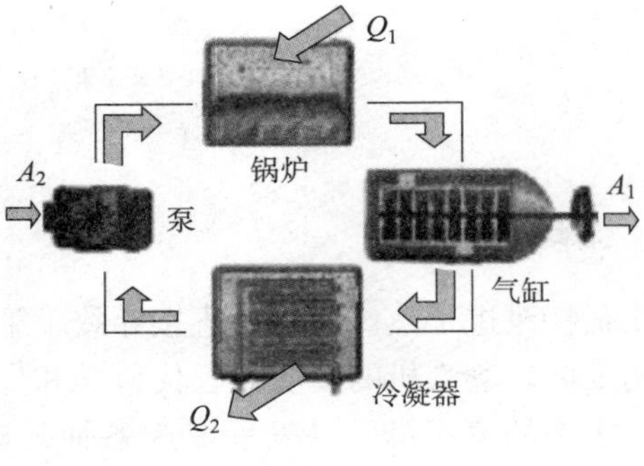

图 8-13 蒸汽机工作原理图

目前蒸汽机主要用于发电厂中，如热电就是：首先加热锅炉内的水，使水成为高压高温的过热水蒸气；水蒸气经管道有控制地送入汽轮机，由汽轮机实现蒸气热能向旋转机械能的转换；高速旋转的汽轮机转子通过联轴器拖动发电机发出电能。

在实践中，往往要求利用工作物继续不断地把热转换为功，这种装置叫做热机。在热机中被用来吸收热量、并对外做功的物质称为工作物质，简称工质。热机在工作时，需要有高温和低温两个热源。例如，汽车发动机中的燃烧室是高温热源，汽车尾管排出的废气散逸在大气中，大气就是低温热源。工作物质在高温热源吸收热量 Q_1 对外做功 W，并将多余的热

量 Q_2 在低温热源放出，如图 8-12 所示。反映热机效能的重要标志之一是热机效率，用 η 表示，定义为：在此循环中，系统（工作物质）对外所做的净功 W 与它从高温热源吸收的热量 Q_1 之比。热机效率标志着循环过程吸收的热量有多少能转化成有用的功，即

$$\eta=\frac{W}{Q_1}=1-\frac{Q_2}{Q_1} \tag{8.24}$$

表面看来，理想气体的等温膨胀过程是最有利的，工作物吸取的热量可完全转化为功。但是，只靠单调的气体膨胀过程来做功的机器是不切实际的。因为气缸的长度总是有限的，气体的膨胀过程就不可能无限制地进行下去。即使不切实际地把气缸做得很长，最终当气体的压强减到与外界的压强相同时，也是不能继续做功的。十分明显，要连续不断地把热转化为功，只有用上述的循环过程：使工作物从膨胀做功以后的状态，再回到初始状态，一次又一次地重复进行下去，并且必须使工作物在返回初始状态的过程中，外界压缩工作物所做的功小于工作物在膨胀时对外所做的功，这样才能得到工作物对外所做的净功。

如果系统沿逆时针方向进行循环，则系统对外所做的净功为负，这样的循环称为逆循环，能够实现逆循环的机器称为制冷机。如图8-14 所示。

制冷机的工作过程与热机正好相反，其循环曲线 p—V 图上沿逆时针方向。制冷机通过外界对系统做功 W，使工作物质从低温热源吸取热量 Q_2，并在高温热源放出热量 Q_1，如图 8-14 所示。在完成一个循环后，根据热力学第一定律，有 $-W=Q_2-Q_1$，即 $W=Q_1-Q_2$，通过外界做功，制冷机在经历了一个循环后，把热量从低温热源传递到高温热源。由于循环从低温热源吸热，可导致低温热源（一个要使之降温的物体）的温度降得更低，这就是制冷机可以制冷的原理。要完成制冷机这个循环，必须以外界对气体所做的功为代价。为了描述制冷机的制冷效能，我们引入制冷系数的概念，定义为：在一次循环中，制冷机从低温热源吸取的热量与外界做功之比，即

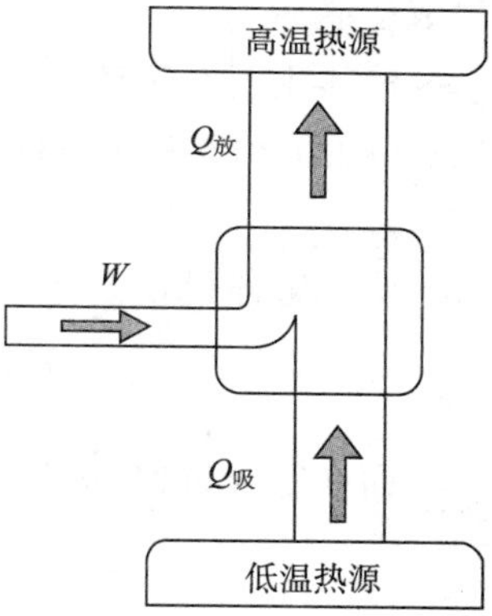

图 8-14　制冷机工作示意图

$$\varepsilon=\frac{Q_1}{W}=\frac{Q_1}{Q_1-Q_2} \tag{8.25}$$

注意：式(8.24)、式(8.25)中的所有物理量均取绝对值。

例 8.6　内燃机的循环之一——奥托(N. A. Otto)循环。内燃机利用液体或气体燃料，直接在气缸中燃烧，产生巨大的压强而做功。内燃机的种类很多，我们只举活塞经过四个过程完成一个循环（见图 8-15）的四冲程汽油内燃机（奥托循环）为例，说明整个循环中各个分过程的特征，并计算这一循环的效率。

解

奥托循环的 4 个分过程如下：

(1)吸入燃料过程：气缸开始吸入汽油蒸气及助燃空气，此时压强约等于 1.0×10^5 Pa，这是个等压过程（图中过程 ab）。

(2)压缩过程：活塞自右向左移动，将已吸入气缸内的混合气体加以压缩，使之体积减小，温度升高，压强增大。由于压缩较快，气缸散热较慢，可看作一绝热过程（图中过程 bc）。

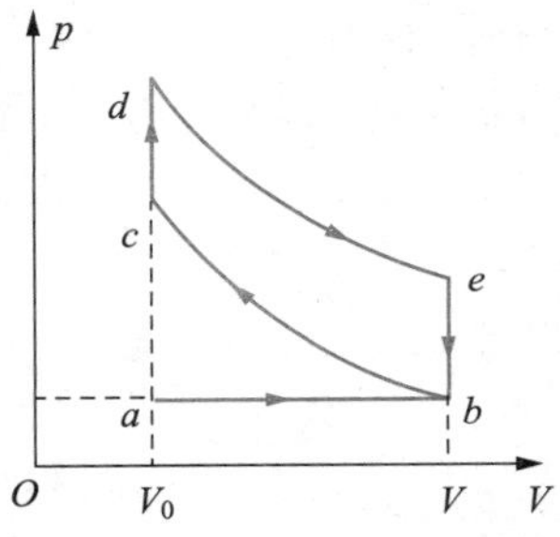

图 8-15 奥托循环

(3)爆炸、做功过程：在上述高温压缩气体中，用电火花或其他方式引起气体燃烧爆炸，气体压强随之骤增，由于爆炸时间短促，活塞在这一瞬间移动的距离极小，这近似是个等体过程(图中过程 cd)。这一巨大的压强把活塞向右推动而做功，同时压强也随着气体的膨胀而降低，爆炸后的做功过程可看成一绝热过程(图中过程 de)。

(4)排气过程：开放排气口，使气体压强突然降为大气压，这过程近似于一个等体过程(图中过程 eb)，然后再由飞轮的惯性带动活塞，使之从右向左移动，排出废气，这是个等压过程(图中过程 ba)。

严格地说，上述内燃机进行的过程不能看作是个循环过程，因为过程进行中，最初的工作物为燃料及助燃空气，后经燃烧。工作物变为二氧化碳、水汽等废气，从气缸向外排出不再回复到初始状态。但内燃机做功主要是在 $p-V$ 图上 $bcdeb$ 这一封闭曲线所代表的过程中。为了分析与计算的方便，我们可换用空气作为工作物，经历 $bcdeb$ 这个循环，而把它叫做空气奥托循环。

气体主要在循环的等体过程 cd 中吸热(相当于在爆炸中产生的热)，而在等体过程 eb 中放热(相当于随废气而排出的热)。设气体的质量为 M，摩尔质量为 M_{mol}，摩尔定体热容为 $C_{\mathrm{V,m}}$。

则在等体过程 cd 中，气体吸取的热量 Q_1 为

$$Q_1=\frac{M}{M_{\mathrm{mol}}}C_{\mathrm{V,m}}(T_c-T_d)$$

而在等体过程 eb 中，气体放出的热量则为

$$Q_2=\frac{M}{M_{\mathrm{mol}}}C_{\mathrm{V,m}}(T_e-T_b)$$

所以，这个循环的效率应为

$$\eta=1-\frac{Q_2}{Q_1}=1-\frac{T_e-T_b}{T_d-T_c} \tag{1}$$

把气体看作理想气体，从绝热过程 de 及 bc 可得如下关系

$$T_eV^{\gamma-1}=T_dV_0^{\gamma-1}$$
$$T_bV^{\gamma-1}=T_cV_0^{\gamma-1}$$

两式相减得

$$(T_e-T_b)V^{\gamma-1}=(T_d-T_c)V_0^{\gamma-1}$$

亦即

$$\frac{T_e-T_b{}^{\gamma-1}}{T_d-T_c}=\left(\frac{V_0}{V}\right)^{\gamma-1}$$

代入式(1)，可得

$$\eta=1-\frac{1}{\left(\dfrac{V}{V_0}\right)^{\gamma-1}}=1-\frac{1}{r^{\gamma-1}}$$

式中，$r=\dfrac{V}{V_0}$，叫做压缩比。计算表明，压缩比愈大，效率愈高。汽油内燃机的压缩比不能大于 7，否则汽油蒸气与空气的混合气体在尚未压缩至 c 点时，温度已高到足以引起混合气体燃烧了。设 $r=7$，$\gamma=1.4$，则

$$\eta=1-\frac{1}{7^{0.4}}=55\%$$

实际上汽油机的效率只有 25%左右。

例 8.7　1 mol 氮气进行如图 8-16 所示的 $dabcd$ 循环，ab、cd 为等压过程，bc、da 为等体过程。已知 $p_0=1.0\times10^5\,\text{Pa}$，$V_0=1.0\times10^{-3}\,\text{m}^3$，且 $p=2p_0$，$V=2V_0$。

试计算：(1)在整个循环过程中，氮气所作的净功；

(2)该循环的效率。

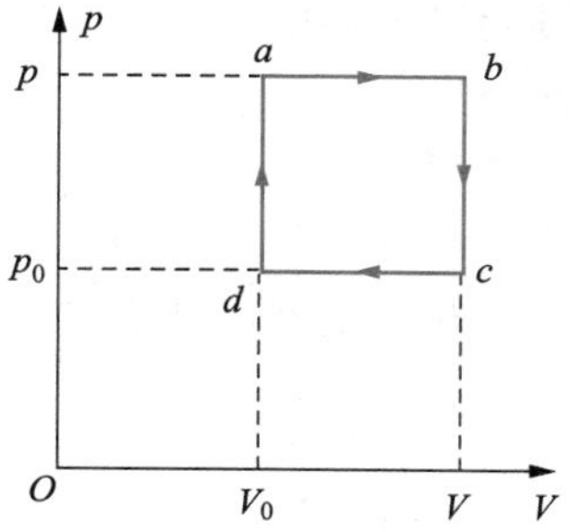

图 8-16　例 8.7 图

解

双原子氮气，$i=5$，$C_{V,m}=\dfrac{i}{2}R=\dfrac{5}{2}R$，$C_{p,m}=\dfrac{i+2}{2}R=\dfrac{7}{2}R$

(1)整个循环过程中，气体所做净功为曲线所围面积：

$$\begin{aligned}W&=(p-p_0)(V-V_0)=p_0V_0\\&=1.0\times10^5\times1.0\times10^{-3}=1.0\times10^2(\text{J})\end{aligned}$$

(2)从 $d\to a$ 为等容升压过程，系统从外界吸热

$$Q_{da}=\frac{M}{M_{\text{mol}}}C_{V,m}(T_a-T_d)=\frac{5}{2}\frac{M}{M_{\text{mol}}}R(T_a-T_d)$$

从 $a\to b$ 为等压膨胀过程，系统从外界吸热

$$Q_{ab}=\frac{M}{M_{\text{mol}}}C_{p,m}(T_a-T_d)=\frac{7}{2}\frac{M}{M_{\text{mol}}}R(T_b-T_a)$$

再由 $pV=\dfrac{M}{M_{\text{mol}}}RT$，得

$$Q_{da}=\frac{5}{2}(p_aV_a-p_dV_d)=\frac{5}{2}(2p_0V_0-p_0V_0)=\frac{5}{2}p_0V_0$$

$$Q_{ab}=\frac{7}{2}(p_bV_b-p_aV_a)=\frac{7}{2}(4p_0V_0-2p_0V_0)=7p_0V_0$$

整个循环过程系统吸收的总热量为

$$Q=Q_{da}+Q_{ab}=\frac{5}{2}p_0V_0+7p_0V_0=\frac{19}{2}p_0V_0$$

因此，循环的效率

$$\eta=\frac{W}{Q}=\frac{2}{19}=10.5\%$$

8.3.3　卡诺循环

蒸汽机的发明虽然对 19 世纪的工业起到了积极的影响，但是蒸汽机的效率却非常低，一般达不到 5%。正是在这种形势下，1824 年，法国青年工程师卡诺对热机的最大可能效率问题进行了理论研究。他提出一种理想热机，工作物质只与两个恒定热源(一个高温热源一个低温热源)交换热量。整个循环过程是由两个等温过程和两个绝热过程形成，这种循环过

程称为卡诺循环。卡诺循环的研究，在热力学中是十分重要的，曾为热力学第二定律的确立起了奠基性的作用。

我们研究的卡诺循环是由两个平衡的等温过程和两个平衡的绝热过程组成的。图 8－17 所示为理想气体卡诺循环的 $p—V$ 图，曲线 ab 和 cd 表示温度为 T_1 和 T_2 的两条等温线，曲线 bc 和 da 是两条绝热线。我们先讨论以状态 a 为始点，沿闭合曲线 $abcda$ 所作的循环过程。在完成一个循环后，气体的内能回到原值不变，但气体与外界通过传递热量和做功而有能量的交换。在 abc 的膨胀过程中，气体对外所做的功 A_1 是曲线 abc 下面的面积。在 cda 的压缩过程中，外界对气体所做的功 A_2 是曲线 cda 下面的面积。因为 $A_1>A_2$，所以气体对外所作净功 $A(=A_1-A_2)$ 就是闭合曲线 $abcda$ 所围的面积。

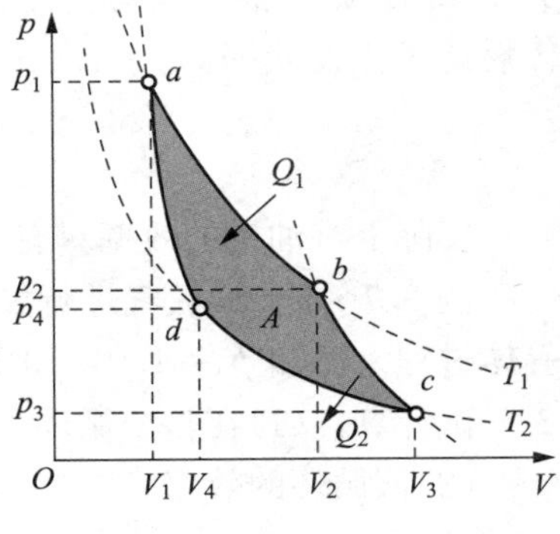

图 8－17　卡诺循环(热机)的 $p—V$ 图

热量交换的情况是，气体在等温膨胀过程 ab 中，从高温热源吸取热量

$$Q_1=\frac{M}{M_{\mathrm{mol}}}RT_1\ln\frac{V_2}{V_1}$$

气体在等温压缩过程 cd 中向低温热源放出热量 Q_2，取绝对值，有

$$Q_2=\frac{M}{M_{\mathrm{mol}}}RT_2\ln\frac{V_3}{V_4}$$

应用绝热方程 $T_1V_2^{\gamma-1}=T_2V_3^{\gamma-1}$ 和 $T_1V_1^{\gamma-1}=T_2V_4^{\gamma-1}$ 可得

$$\left(\frac{V_2}{V_1}\right)^{\gamma-1}=\left(\frac{V_3}{V_4}\right)^{\gamma-1} \text{或} \frac{V_2}{V_1}=\frac{V_3}{V_4}$$

所以

$$Q_2=\frac{M}{M_{\mathrm{mol}}}RT_2\ln\frac{V_3}{V_4}=\frac{M}{M_{\mathrm{mol}}}RT_2\ln\frac{V_2}{V_1}$$

取 Q_1 与 Q_2 的比值，可得

$$\frac{Q_1}{T_1}=\frac{Q_2}{T_2}$$

$$\eta=\frac{A}{Q_1}=\frac{Q_1-Q_2}{Q_1}=1-\frac{Q_2}{Q_1}$$

因此卡诺热机的效率为

$$\eta_C=1-\frac{Q_2}{Q_1}=1-\frac{T_2}{T_1} \tag{8.26}$$

卡诺循环是无摩擦准静态的理想循环，是对实际热机抽象的结果。卡诺循环的效率只与两个热源温度有关，而与工作物质无关。从式(8.26)不难看出，卡诺循环的效率取决于两个热源的温度。无论是提高高温热源的温度，或降低低温热源的温度，都可以提高热机的效率。但实际上低温热源的温度受到大气温度的限制，所以只有尽可能提高高温热源的温度才有助于提高卡诺热机的效率。

如果让卡诺循环沿逆时针方向进行，那就是卡诺制冷循环。在逆循环过程中，气体将从低温热源 T_2 吸取热量 Q_2，又接受外界对气体所做的功 W，向高温热源 T_1 传递热量 Q_1。对卡诺制冷机来说，其制冷系数为

$$\omega_C=\frac{Q_2}{A}=\frac{Q_2}{Q_1-Q_2}=\frac{T_2}{T_1-T_2} \qquad (8.27)$$

上式告诉我们：T_2 愈小，ω_C 也愈小，亦即要从温度很低的低温热源中吸取热量，所消耗的外功也是很多的。

图 8－18 所示是冰箱制冷示意图。它利用压缩机对氟利昂(由于它的害处，现在已改用其他物质制冷，此处只作举例用)做功，使气体变热。这高度压缩的热气体在右方蛇形管中运行，因蛇形管放出热量，于是氟利昂在这个高压下略有冷却，它凝聚为液体。然后，这液体通过节流阀，膨胀到低压区去，并将从周围(冷区)吸取热量，从而稍许变暖，流回压缩机去。此处不断地从低温低压区吸收热量，在高温高压区域放出热量，而起到制冷的作用。

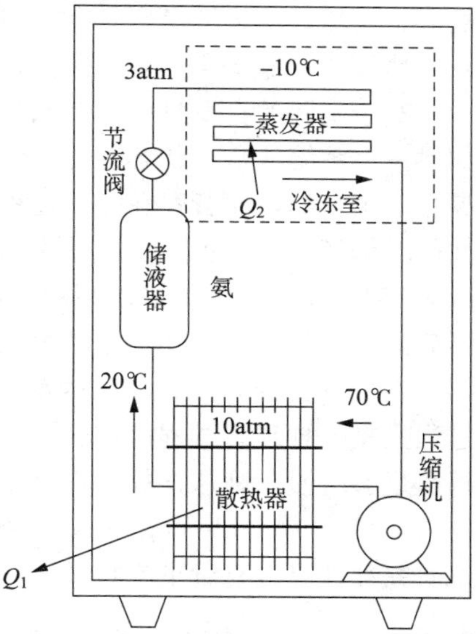

图 8－18　冰箱制冷示意图

例 8.8　有一卡诺制冷机，从温度为－10 ℃的冷藏室吸取热量，而向温度为 20 ℃的物体放出热量。设该制冷机所耗功率为 15 kW，问每分钟从冷藏室吸取的热量为多少？

解

令 $T_1=293$ K，$T_2=263$ K，则

$$\omega_C=\frac{T_2}{T_1-T_2}=\frac{263}{30}$$

每分钟做功为

$$A=15\times10^3\times60=9\times10^5(\text{J})$$

所以每分钟从冷藏室中吸取的热量为

$$Q_2=\omega_C A=\frac{263}{30}\times9\times10^5=7.89\times10^6(\text{J})$$

此时，每分钟向温度为 20 ℃的物体放出的热量为

$$Q_1=A+Q_2=8.79\times10^6(\text{J})$$

8.4　热力学第二定律

8.4.1　可逆过程与不可逆过程

自然界的许多实际过程都具有方向性。例如，将一滴墨水滴入水中，墨水会自发地向周围逐渐扩散，经过足够长的时间后，两种液体均匀混合。但是它的逆过程，即这种混合体自发地分离为一滴墨水和清水却永远不会实现。显然，扩散过程具有方向性。

在焦耳的热功当量实验中，重物自动下落，带动叶片在水中转动，与水发生摩擦，这时机械能完全转换为水的内能，致使水温度升高。但是就是这样一个系统，我们是否想过，为什么我们无法让水的温度自动降低来使轮子转动起来，从而达到提升重物的目的？这并不违反能量守恒定律。如果这种情况真会发生，那么我们就可以制造一种依靠温度降低而做功的

机械。显然，功热转换也具有方向性。

热量的传递同样具有方向性，它只能自发地从高温物体向低温物体传递。

对于实际的自发过程具有方向性这一事实，有必要引入不可逆过程和可逆过程的概念。如果一个系统从某一状态经过一个过程到达另一状态，并且一般在系统状态变化的同时对外界会产生影响，而若存在另一过程，使系统逆向重复原过程的每一状态而回到原来的状态，并同时消除了原过程对外界引起的一切影响，则原来的过程称为可逆过程(reversible process)；反之，如果系统不能重复原过程每一状态回复到初态，或者虽然可以复原，但是不能消除原过程在外界产生的影响，这样的过程称为不可逆过程(irreversible process)。

大量事实告诉我们，自然界一切与热现象有关的实际宏观过程都是不可逆的，所谓可逆过程只是一种理想过程。在实际过程中，如果能够忽略摩擦等耗散力所做的功，并且过程进行得足够缓慢，则这样的过程可以近似被当作可逆过程来处理。能够实现可逆过程的机器称为可逆机(reversible engine)，否则称为不可逆机(reversible engine)。可逆过程的概念在理论研究和计算上有着重要意义。

8.4.2　热力学第二定律的含义

一切与热现象有关的实际宏观过程都具有不可逆性反映了自然界的一种普遍规律，热力学第二定律正是这一规律的总结。

热力学第二定律是在研究热机和制冷机的工作原理以及如何提高它们的效能的基础上逐渐被认识和总结出来的。

由热机的效率表达式 $\eta=1-\dfrac{Q_2}{Q_1}$ 可知，在一个完整的循环过程中，工作物质向低温热源放出的热量 Q_2 越少，热机的效率就越高。可以设想，如果 $Q_2=0$，那么热机效率就可以达到 100%。这就是说，系统只从单一热源吸取热量完全用来对外做功。如果这种情况能够实现，那真是求之不得的。例如，巨轮出海可以不必携带燃料，而直接从海水中吸取热量转化为机械功作为轮船的动力，这并不违反热力学第一定律。能够实现只从单一热源吸取热量并完全转化为有用功的热机称为第二类永动机。但事实并非如此，任何热机必须工作在两个热源之间，在高温热源吸取的热量中只有一部分能转化为有用的功，而另一部分则会在低温热源释放掉。1851 年英国物理学家开尔文(Lord Kelvin，William Thomson，1824—1907)指出：不可能制成这样一种热机，它只从单一热源吸取热量，并将其完全转变为有用的功而不产生其他影响。这就是热力学第二定律(Second Law of Thermodynamics)的开尔文表述。显然，热力学第二定律否定了第二类永动机的存在。从文字上看，热力学第二定律的开尔文叙述反映了热功转换的一种特殊规律。

1850 年，克劳修斯(R. J. E. Clausius，1822—1888)在大量事实的基础上提出热力学第二定律的另一种叙述：热量不可能自动地从低温物体传向高温物体。从上一节卡诺制冷机的分析中可以看出，要使热量从低温物体传到高温物体，靠自发地进行是不可能的，必须依靠外界做功。克劳修斯的叙述正是反映了热量传递的这种特殊规律。

在热功转换这类热力学过程中，利用摩擦，功可以全部变为热；但是，热量却不能通过一个循环过程全部变为功。在热量传递的热力学过程中，热量可以从高温物体自动传向低温物体，但热量却不能自动从低温物体传向高温物体。由此可见，自然界中出现的热力学过程是有单方向性的，某些方向的过程可以自动实现而另一方向的过程则不能。热力学第一定律说明在任何过程中能量必须守恒，热力学第二定律却说明并非所有能量守恒的过程均能实现。热力学第二定律是反映自然界过程进行的方向和条件的一个规律，在热力学中，它和第一定律相辅相成，缺一不可，同样是非常重要的。

从这里还可以看到，我们为什么在热力学中要把做功及传递热量这两种能量传递方式加以区别，就是因为热量传递具有只能自动从高温物体传向低温物体的方向性。

热力学第二定律的两种表述，乍看起来似乎毫不相干，其实，二者是等价的(证明略)。

8.4.3　卡诺定理

18 世纪工业革命以后，蒸汽机得到了广泛的应用，但是人们遇到的一个最突出的问题是蒸汽机的效率实在太低，一般不超过 5%。由于当时对蒸汽机的理论了解甚少，仅仅凭借经验来改善其效率，因此收效不大。当时，法国青年工程师卡诺在提高热机效率方面做了大量的理论研究，并于 1824 年发表了“关于热的动力的思考”一文。在他所提出的理想循环——卡诺循环的基础上，进一步提出了关于热机效率的核心论点——卡诺定理。

定理 1：在相同的高温热源和相同的低温热源之间工作的一切可逆热机，其效率都相等，与工作物质无关。

既然任何可逆机在相同的热源之间工作的效率相等，那么，我们就可以用工作物质为理想气体的卡诺机来具体确定一切可逆机的效率，有

$$\eta=1-\frac{T_2}{T_1}$$

定理 2：在相同的高温热源和相同的低温热源之间工作的一切不可逆热机，其效率都小于可逆热机的效率，于是有

$$\eta\leqslant 1-\frac{T_2}{T_1}\quad \text{（可逆机取等号）} \tag{8.28}$$

卡诺定理为提高热机的效率指明了方向。一是尽可能使实际的热机接近于可逆机，具体来说，就是要减少各种耗散力做功，避免漏气、漏热等情况出现；二是尽可能地提高高温热源的温度。从理论上讲，降低低温热源的温度也可以提高热机的效率，但是要获得较低的温度需要耗费较大能量，很不经济。因此通常采用与环境温度接近的冷凝器作为低温热源。

8.5　热力学第二定律的统计意义和熵的概念

8.5.1　热力学第二定律的统计意义

热力学第二定律指出了热量传递方向和热功转化方向的不可逆性，即：大量微观粒子组成的孤立系统中发生的与热现象有关的实际过程都是不可逆的。这一结论从分子动理论的微观角度出发，热力学过程的不可逆是由大量分子的无规则运动决定的，而大量分子的无规则运动遵循着统计规律。在不受外界影响时，定向形式的能量可以转化为无规则形式的能量，但相反过程很难实现。据此，我们可以从微观上，用统计概念说明其微观本质，揭示热力学第二定律的统计意义。

设有一容器分为 A、B 两室，A 室中贮有理想气体，B 室中为真空，如图 8－19 所示。

如果将隔板抽开，A室中的气体将向B室膨胀，这是气体对真空的自由膨胀，最后气体将均匀分布于A、B两室中，温度与原来温度相同。气体膨胀后，我们仍可用活塞将气体等温地压回A室，使气体回到初始状态。不过应该注意，此时我们必须对气体做功，所做的功转化为气体向外界传出的热量，根据热力学第二定律，我们无法通过循环过程再将这热量完全转化为功，所以气体对真空的自由膨胀过程是不可逆过程。

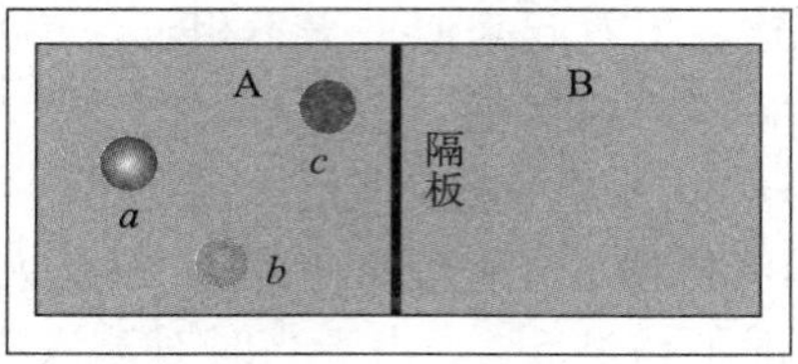

图8-19 气体自由膨胀不可逆性的统计意义

下用气体动理论的观点解释气体自由膨胀的不可逆性。我们考虑气体中任一个分子，比如分子a。在隔板抽掉前，它只能在A室运动；把隔板抽掉后，它就在整个容器中运动。由于碰撞，它就可能一会儿在A室，一会儿又跑到B室。因此，就单个分子看来，它是有可能自动地退回到A室的。因为它在A、B两室的机会是均等的，所以退回到A室或留在B室的概率都是$\frac{1}{2}$。

如果我们考虑a、b、c三个分子，把隔板抽掉后，它们将在整个容器内运动。如果以A室和B室来分类，则这3个分子在容器中的分布有8种可能。每一种分布状态出现的概率相等，情况见表8-3。

表8-3 a、b、c三个分子在A、B两室的分配方式

分子各种可能分布的微观状态		每个宏观态所包含微观态的数目		宏观态对应的微观态数Ω	宏观态出现的概率
A室	B室	A室 N_A	B室 N_B		
a、b、c	无	3	0	1	$\frac{1}{8}$
a、b b、c c、a	c a b	2	1	3	$\frac{3}{8}$
c a b	a、b b、c c、a	1	2	3	$\frac{3}{8}$
无	a、b、c	0	3	1	$\frac{1}{8}$

从表8-3中可以看出：三个分子所处位置的分布情况有8种，也就是说有8个微观态，这8个微观态分属4个宏观态，每种宏观态都有不同数目的微观态与之对应，而且，三个分子均匀分布($N_A=N_B$)的宏观态出现的概率最大(6/8)，而三个分子同时处于A室或B室的概率最小，只有$1/2^3$。同样的方法可以分析有更多分子分布的情况。

推广到气体分子总数为N的情况，原来在A室的N个分子在自由膨胀后全部收缩回A

室的概率应为 $1/2^N$。N 越大，这一概率越小。例如，对于 1 mol 的气体，所有这些分子全都退回到 A 室的概率只有 $1/2^{6\times10^{23}}$，这个概率是如此之小。这意味着，气体向真空自由膨胀后，全部分子很难自动退回去。

一个宏观状态，它所包含的微观状态的数目愈多，分子运动的混乱程度就愈高，实现这个宏观状态的方式也愈多，亦即这个宏观状态出现的概率也愈大。就全部气体都集中回到 A 室这样的宏观状态来说，它只包含了一个可能的微观状态，分子运动显得很有秩序，很有规则，亦即混乱程度极低，实现这种宏观状态的方式只有一个，因而这个宏观状态出现的概率也就小得接近于零。由此可见，自由膨胀的不可逆性，实质上反映了这个系统内部发生的过程总是由概率小的宏观状态向概率大的宏观状态进行。亦即状态进行的，与之相反的讨程，没有外界的影响是不可能自动实现的。

另外对几个典型的不可逆过程作类似的讨论。

对于热量传递，我们知道，高温物体分子的平均动能比低温物体分子的平均动能要大。两物体相接触时，能量从高温物体传到低温物体的概率显然比反向传递的概率大很多。对于功热转换，功转化为热是在外力作用下宏观物体的有规则定向运动转变为分子无规则运动的过程，这种转换的概率大。反之，热转化为功则是分子的无规则运动转变为宏观物体的有规则运动的过程，这种转化的概率小。所以热力学第二定律在本质上是一条统计性的规律。

综上所述，在一个孤立系统内，一切实际过程都向着状态的概率增大的方向进行。即总是由概率小的状态向概率大的状态进行，由包含微观状态数目少的宏观状态向包含微观状态数目多的宏观状态进行。只有在理想的可逆过程中，概率才保持不变。能量从高温热源传给低温热源的概率要比反向传递的概率大得多。宏观物体有规则机械运动(做功)转变为分子无规则热运动的概率要比反向转变的概率大得多。这就是热力学第二定律的统计意义。

需要说明的是，作为统计规律，热力学第二定律只适用于大量微观粒子组成的宏观系统。对于粒子数很少的系统，其过程进行的方向是没有规律性的。另外，热力学第二定律是在有限时空中总结出来的规律，不能无原则地推广到我们尚知之不多的宇宙。

8.5.2　熵、熵增原理

由热力学第二定律的统计解释，系统的不可逆过程总是由微观态小的宏观态向微观态大的宏观态方向进行。任一宏观态所对应的微观态数目 Ω(参见表 8-3)，我们称为宏观态的热力学概率(Thermodynamic probability)。为了定量表示这种由于状态上的差异引起的过程进行的方向问题，需要引入一个新的物理量——熵(Entropy)，用 S 表示，熵是一个反映系统状态的物理量。显然，热力学概率 Ω 与描述系统状态的物理量熵 S 二者之间必定存在某种函数关系。

1877 年，玻尔兹曼采用统计方法建立了这种函数关系，即

$$S=k\ln\Omega \tag{8.29}$$

式中，k 为玻尔兹曼关系常量，上式称为玻尔兹曼关系(Boltzmann relation)。

熵的这个定义表明它是分子热运动无序性或混乱性的量度。以气体为例，分子数目愈多，它可以占有体积愈大，分子所可能出现的位置与速度就愈多样化。这时，系统可能出现的微观状态就愈多，我们说分子运动的混乱程度就愈高。如果把气体分子设想为都处于同一速度元间隔与同一空间元间隔之内，则气体的分子运动将是很有规则的，混乱程度应该是

零。显然，由于这时宏观状态只包含一个微观状态，亦即系统的宏观状态只能以一种方式产生出来，所以状态的热力学概率是1，代入式(8.29)而得到熵等于零的结果。但是，如果系统的宏观状态包含许多微观状态，那么，它就能以许多方式产生出来，Ω将是很大的。对自由膨胀这类可逆过程来说，实质上表明这个系统内自发进行的过程总是沿着熵增加的方向进行的。当气体分子均匀分布于整个容器，即系统达到平衡态时，热力学概率最大，熵增加到最大，此时，系统处于最无序的状态。熵的这一物理含义，使其内涵十分丰富，以至熵的概念和理论已被广泛应用于物理、化学、生物学、工程技术乃至社会科学。

熵同内能相似，具有重要意义的并不是某一平衡态熵的数值，而是始、末状态熵的增量，也称为熵变。显然熵变仅由始、末状态决定，而与具体过程无关。由式(8.29)，有

$$\Delta S=S_2-S_1=k\ln\Omega_2-k\ln\Omega_1=k\ln\frac{\Omega_2}{\Omega_1} \tag{8.30}$$

根据热力学第二定律的统计意义，孤立系统内的一切实际过程(不可逆过程)，末态包含的微观态数比初始态的多，即$\Omega_2>\Omega_1$，所以$\Delta S>0$。

如果孤立系统中进行的是可逆过程，则意味着过程中任意两个状态的热力学概率都相等，因而，熵保持不变，即$\Delta S=0$。

由此得出论：孤立系统自然发生的热力学过程向着熵增加的方向进行，而发生的一切可逆过程，其熵不变。或者说，一个孤立系统的熵永不减少，即

$$\Delta S\geqslant 0 \tag{8.31}$$

式中，等号仅适用于可逆过程，这一结论称为熵增加原理。它给出了热力学第二定律的数学表述，为判断过程进行的方向提供了可靠的依据。

应当指出，熵增加原理仅适用于孤立系统，对于非孤立系统，熵是可增可减的。如在系统向外放热过程中，熵就是减少的。

8.5.3 熵的热力学表示

当给定系统处于非平衡态时，总要发生从非平衡态向平衡态的自发性过渡。反之，当给定系统处于平衡态时，系统却不可能发生从平衡态向非平衡态的自发性过渡。我们希望能找到一个与系统平衡状态有关的状态函数，根据这个状态函数单向变化的性质来判断实际过程进行的方向。1865年，克劳修斯用客观分析的方法，在热力学第二定律的基础上，证实这个新的状态函数确实是存在的。这个状态函数就是熵。

对于如图8-20中的$1a2b1$的循环，如果系统从状态1变为状态2，可用无限多种方法进行。在所有这些可逆过程中，总能得到

$$\oint\frac{dQ}{T}=\int_{1a2}\frac{dQ}{T}+\int_{2b1}\frac{dQ}{T}=\int_{1a2}\frac{dQ}{T}-\int_{1b2}\frac{dQ}{T}=0$$

因此，$\int_{1a2}\frac{dQ}{T}=\int_{1b2}\frac{dQ}{T}$。这就是说，$\int_1^2\frac{dQ}{T}$与过程无关，只依赖于始末状态，是系统的一个状态函数。如果把这个状态函数叫做熵，用S表示，以S_1和S_2分别表示状态1和状态2时的熵，那么系统沿可逆过程从状态1变到状态2时熵的增量为

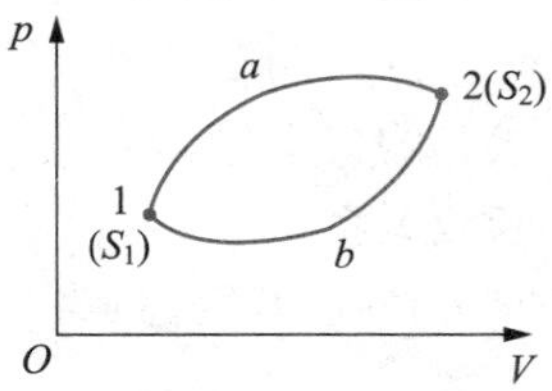

图8-20 状态函数熵

$$\Delta S=S_2-S_1=\int_1^2\frac{dQ}{T} \tag{8.32a}$$

对于一段无限小的可逆过程，上式可写成微分形式

$$dS=\frac{dQ}{T} \tag{8.32b}$$

式(8.32)就是克劳修斯熵公式，即熵的热力学表示。可以证明，克劳修斯熵与玻尔兹曼熵是一致的。式(8.32)只适用于可逆过程。但因熵变与过程无关，所以，只要在始、末态之间任选一可逆过程，就可以利用式(8.32)计算系统在始、末态之间经历不可逆过程时的熵变。

关于熵的计算，我们要注意的是：熵是系统的状态函数。当系统的状态确定后，熵就唯一地确定了，与通过什么路径到达这一平衡态无关。为了方便起见，常选定一个参考态并规定该参考态的熵值为零，从而定出其他态的熵值。在计算始、末两态熵的改变量 ΔS 时，其积分路线代表连接始、末两态的任意可逆过程。若是计算可逆过程的熵变，可以设计一个连接同样始、末状态的任一可逆过程，然后再进行计算。熵值具有可加性，系统的熵变等于各组成部分熵变的和。

根据式(8.32)，不难计算出理想气体可逆等值过程和可逆绝热过程的熵变。

例 8.9　设 1 mol 理想气体作绝热的自由膨胀，初态体积为 V_1，终态体积为 V_2，求系统的熵变。

解

气体的绝热自由膨胀过程显然是一个不可逆过程，为了计算熵变，设想一个可逆过程。因为过程是绝热的，且对外界没有做功，因此系统内能不变，即 $dE=0$，所以设计一可逆的等温过程来计算熵变。等温过程，系统吸收的热量

$$dQ=dE+pdV=pdV$$

而 $dS=\frac{dQ}{T}$，并由 $pV=RT$，得

$$\Delta S=S_2-S_1=\int_1^2\frac{dQ}{T}=\int_1^2\frac{pdV}{T}=\int_{V_1}^{V_2}R\frac{dV}{V}=R\ln\frac{V_2}{V_1}>0$$

由于 $V_2>V_1$，所以 $\Delta S>0$，因此，绝热的自由膨胀过程是沿着熵增加的方向进行的。

例 8.10　求 1 kg 的水在恒压下由 0 ℃的水变成 100 ℃水蒸气的熵变(水的比热为 4.18×10^3 J/(kg · K)，汽化热 $\lambda=2.253\times10^6$ J/kg)。

解

根据熵值具有的可加性，计算总的熵变。

水由 0 ℃的水变成 100 ℃水，过程设计为一可逆等压过程，熵变为

$$\Delta S_1=\int_1^2\frac{dQ}{T}=Mc\int_{T_1}^{T_2}\frac{dT}{T}=Mc\ln\frac{T_2}{T_1}=1\times4.18\times10^3\ln\frac{373}{273}=1.30\times10^3\,(\text{J/K})$$

100 ℃的水变成 100 ℃水蒸气，由于汽化过程，温度不变，可设想一可逆等温过程，其熵变为

$$\Delta S_2=\int\frac{dQ}{T}=\frac{Q}{T}=\frac{M\lambda}{T}$$

$$=\frac{1\times2.253\times10^6}{373}=6.04\ (\text{J/K})$$

0 ℃的水变成 100 ℃水蒸气总的熵变为

$$\Delta S=\Delta S_1+\Delta S_2=1.30\times10^3+6.04\times10^3=7.34\times10^3\,(\text{J/K})$$

说明水升温汽化过程熵是增加的。

8.6 小　结

1. 热力学第一定律

有限的状态变化过程：$Q=\Delta E+W$

微小的状态变化过程：$\mathrm{d}Q=\mathrm{d}E+\mathrm{d}W$

准静态过程气体的功：$\mathrm{d}W=p\mathrm{d}V$（微小过程）　或　$W=\int_{V_1}^{V_2}p\mathrm{d}V$（有限过程）

热量：$Q=\dfrac{M}{M_{\mathrm{mol}}}C_{\mathrm{m}}(T_2-T_1)$

其中 C_{m} 表示摩尔热容，最具有实际意义也最常用的是摩尔定体热容 $C_{\mathrm{V,m}}$ 与摩尔定压热容 $C_{\mathrm{p,m}}$。

对理想气体：$C_{\mathrm{V,m}}=\dfrac{i}{2}R$，$C_{\mathrm{p,m}}=\dfrac{i+2}{2}R$

内能的增量：$\Delta E=Q_{\mathrm{V}}=\dfrac{M}{M_{\mathrm{mol}}}C_{\mathrm{V,m}}\Delta T$

功与热量都是过程量，内能是状态量。

2. 热力学第一定律对理想气体等值过程的应用

过程	特征	过程方程	热量 Q	功 W	内能增量 ΔE
等体	$V=C$	$\dfrac{P}{T}=C$	$\dfrac{M}{M_{\mathrm{mol}}}C_{\mathrm{V,m}}(T_2-T_1)$	0	$\dfrac{M}{M_{\mathrm{mol}}}C_{\mathrm{V,m}}(T_2-T_1)$
等压	$P=C$	$\dfrac{V}{T}=C$	$\dfrac{M}{M_{\mathrm{mol}}}C_{\mathrm{p,m}}(T_2-T_1)$	$p(V_2-V_1)$ $\dfrac{M}{M_{mol}}R(T_2-T_1)$	$\dfrac{M}{M_{\mathrm{mol}}}C_{\mathrm{V,m}}(T_2-T_1)$
等温	$T=C$	$pV=C$	$\dfrac{M}{M_{\mathrm{mol}}}RT\ln\dfrac{V_2}{V_1}$ $\dfrac{M}{M_{\mathrm{mol}}}RT\ln\dfrac{p_1}{p_2}$	$\dfrac{M}{M_{\mathrm{mol}}}RT\ln\dfrac{V_2}{V_1}$ $\dfrac{M}{M_{\mathrm{mol}}}RT\ln\dfrac{p_1}{p_2}$	0
绝热	$Q=0$	$pV^\gamma=C$	0	$-\dfrac{M}{M_{\mathrm{mol}}}C_{\mathrm{V,m}}(T_2-T_1)$ $\dfrac{p_1V_1-p_2V_2}{\gamma-1}$	$\dfrac{M}{M_{\mathrm{mol}}}C_{\mathrm{V,m}}(T_2-T_1)$

3. 循环过程

循环过程特征：$\Delta E=0$

热机效率：$\eta=\dfrac{W}{Q_1}=1-\dfrac{Q_2}{Q_1}$

制冷系数：$\varepsilon=\dfrac{Q_1}{W}=\dfrac{Q_1}{Q_2-Q_1}$

卡诺循环

卡诺热机的效率：$\eta_C=1-\dfrac{Q_2}{Q_1}=1-\dfrac{T_2}{T_1}$

卡诺制冷机的制冷系数：$\omega_C=\dfrac{Q_2}{A}=\dfrac{Q_2}{Q_1-Q_2}=\dfrac{T_2}{T_1-T_2}$

4. 热力学第二定律

开尔文表述：不可能制成这样一种热机，它只从单一热源吸取热量，并将其完全转变为有用的功而不产生其他影响。

克劳修斯表述：热量不可能自动地从低温物体传向高温物体。

熵：$S=k\ln\Omega$　（玻尔兹曼关系）

$dS=\dfrac{dQ}{T}$　（克劳修斯熵公式）

熵增加原理：　$\Delta S\geqslant 0$

8.7　习　　题

8.1　如果理想气体在某过程中依照 $V=\dfrac{a}{\sqrt{p}}$ 的规律变化，试求：(1)气体从 V_1 膨胀到 V_2 对外所做的功；(2)在此过程中气体温度是升高还是降低？

8.2　一气体系统如习题 8.2 图所示，由状态 a 沿 acb 过程到达 b 状态，有 336 J 热量传入系统，而系统做功 126 J，试求：(1)若系统经由 adb 过程到 b 做功 42 J，则有多少热量传入系统？(2)若已知 $E_d-E_a=168$ J，则过程 ad 及 db 中，系统各吸收多少热量？(3)若系统由 b 状态经曲线 bea 过程返回状态 a，外界对系统做功 84 J，则系统与外界交换多少热量？是吸热还是放热？

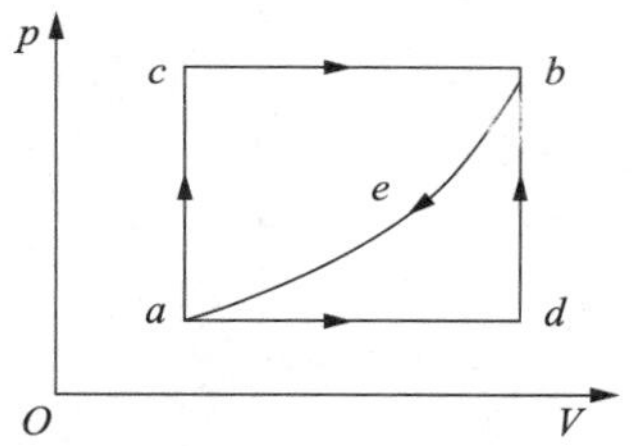

习题 8.2 图

8.3　1 mol 的单原子理想气体，温度从 300 K 加热到 350 K。其过程分别为：(1)容积保持不变；(2)压强保持不变。在这两种过程中，求：(1)各吸取了多少热量；(2)气体内能增加了多少；(3)对外界做了多少功。

8.4　为了使刚性双原子分子理想气体在等压膨胀过程中对外做功 2 J，必须传给气体多少热量？

8.5　如习题 8.5 图所示。某种单原子理想气体压强随体积按线性变化，若已知在 A、B 两状态的压强和体积，求从状态 A 到状态 B 的过程中：(1)气体做功多少？(2)内能增加多少？(3)传递的热量是多少？

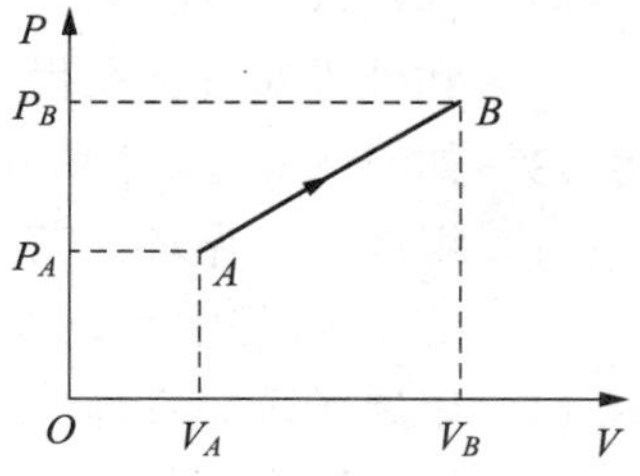

习题 8.5 图

8.6　一气缸内贮有 10 mol 的单原子理想气体，在压缩过程中，外力做功 200 J，气体温度升高一度，试计算：(1)气体内能的增量；(2)气体所吸收的热量；(3)气体在此过程中的摩尔热容量是多少？

8.7 一定量的理想气体，从 A 态出发，经习题 8.7 图所示的过程，经 C 再经 D 到达 B 态，试求在这过程中，该气体吸收的热量。

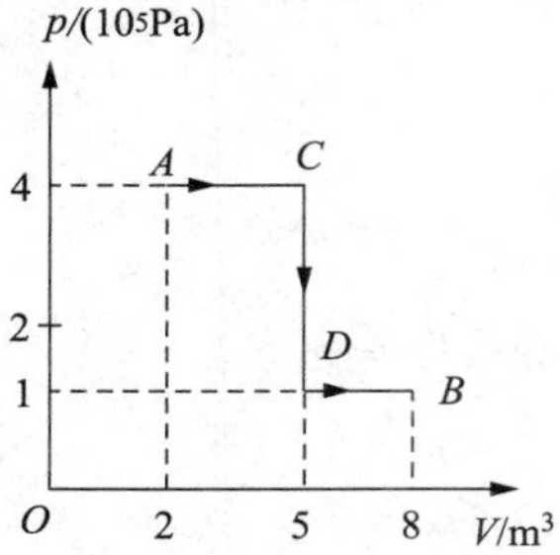

习题 8.7 图

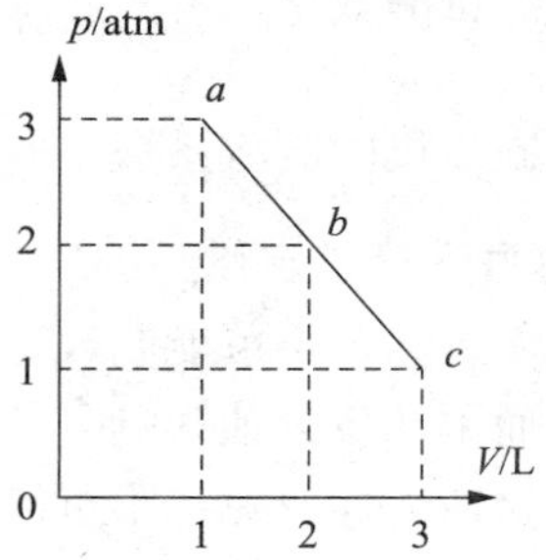

习题 8.8 图

8.8 一定量的理想气体，由状态 a 经 b 到达 c。如习题 8.8 图所示，abc 为一直线。求此过程中：(1)气体对外做的功；(2)气体内能的增量；(3)气体吸收的热量。

8.9 2 mol 氢气(视为理想气体)开始时处于标准状态，后经等温过程从外界吸取了 400 J 的热量，达到末态。求末态的压强(普适气体常量 $R=8.31$ J/(mol · K)。

8.10 一定量的刚性理想气体在标准状态下体积为 1.0×10^2 m^3，如习题 8.10 图所示。求下列各过程中气体吸收的热量：(1)等温膨胀到体积为 2.0×10^2 m^3；(2)先等体冷却，再等压膨胀到(1)中所到达的终态。

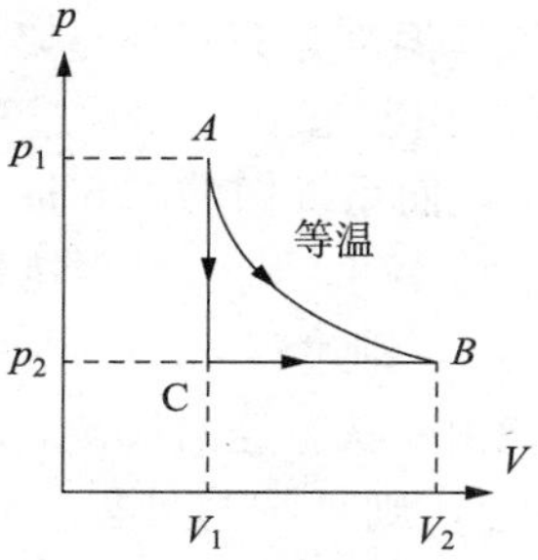

习题 8.10 图

8.11 质量为 100 g 的氧气，温度由 10 ℃升到 60 ℃，若温度升高是在下面三种不同情况下发生的：(1)体积不变；(2)压强不变；(3)绝热过程。在这些过程中，它的内能各改变多少?

8.12 质量为 0.014 kg 的氮气在标准状态下经下列过程压缩为原体积的一半：(1)等温过程；(2)等压过程；(3)绝热过程。试计算在这些过程中气体内能的改变，传递的热量和外界对气体所做的功(设氮气可看作理想气体)。

8.13 如习题 8.13 图所示，AB、DC 是绝热过程，CEA 是等温过程，BED 是任意过程，组成一个循环。若图中 $EDCE$ 所包围的面积为 70 J，$EABE$ 所包围的面积为 30 J，CEA 过程中系统放热 100 J，求 BED 过程中系统吸热为多少?

8.14 单原子理想气体经习题 8.14 图所示的 $abcda$ 的循环，并已求得如表中所填的三个数据，试根据热力学定律和循环过程的特点完成下表。

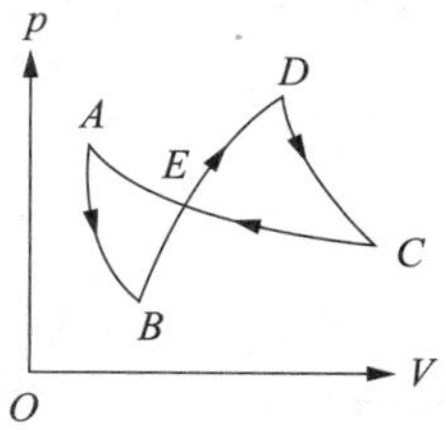

习题 8.13 图

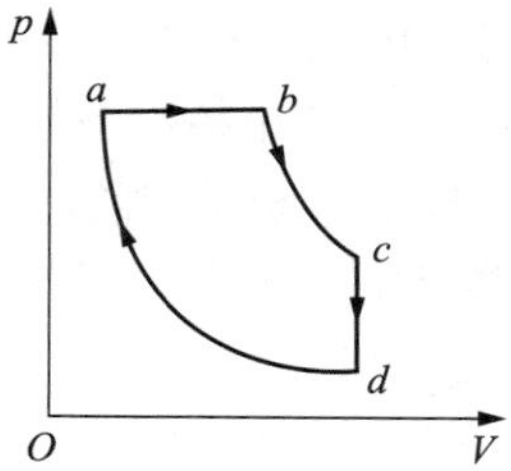

习题 8.14 图

过程	Q	A	ΔE
a—b 等压	250 J		
b—c 绝热		75 J	
c—d 等容			
d—a 等温	−125	−125 J	0
循环效率 $\eta=20\%$			

8.15 氮气(视为理想气体)进行如习题 8.15 图所示的循环，状态 $a\to b\to c\to a$，a、b、c 的压强、体积的数值已在图上注明，状态 a 的温度为 1 000 K，求：

(1)状态 b 和 c 的温度；

(2)各分过程气体所吸收的热量，所做的功和内能的增量；

(3)循环效率。

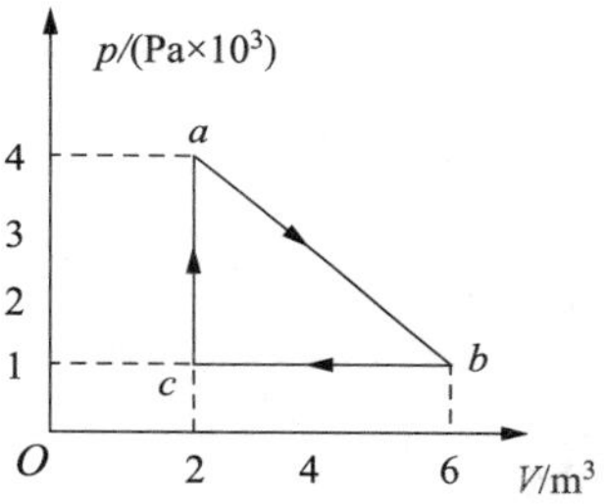

习题 8.15 图

8.16 以氢(视为刚性分子的理想气体)为工作物质进行卡诺循环，如果在绝热膨胀时末态的压强 p_2 是初态压强 p_1 的一半，求循环的效率。

8.17 以理想气体为工作物质的某热机，它的循环过程如习题 8.17 图所示(bc 为绝热线)。证明其效率为：$\eta=1-\gamma\dfrac{\dfrac{V_2}{V_1}-1}{\dfrac{p_2}{p_1}-1}$。

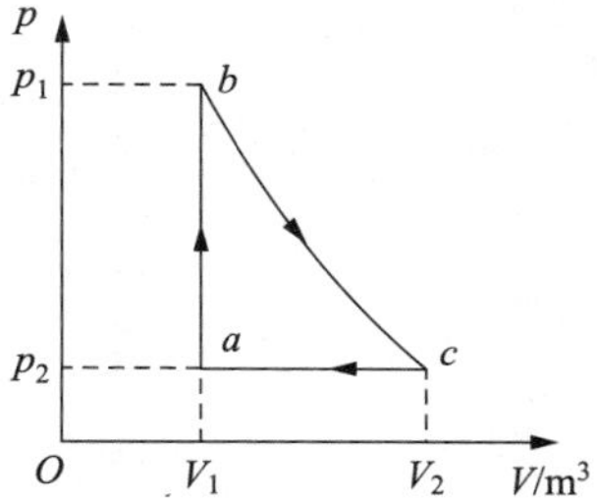

习题 8.17 图

8.18 一热机在 1 000 K 和 300 K 的两热源之间工作，如果：(1)高温热源提高到 1 100 K；(2)使低温热源降到 200 K，求理论上热机效率增加多少？为了提高热机效率，哪一种方案更好？

8.19 习题 8.19 图中所示为一摩尔单原子理想气体所经历的循环过程，其中 ab 为等温过程，bc 为等压过程，ca 为等体过程，已知 $V_a=3$ L，$V_b=6$ L，求此循环的效率。

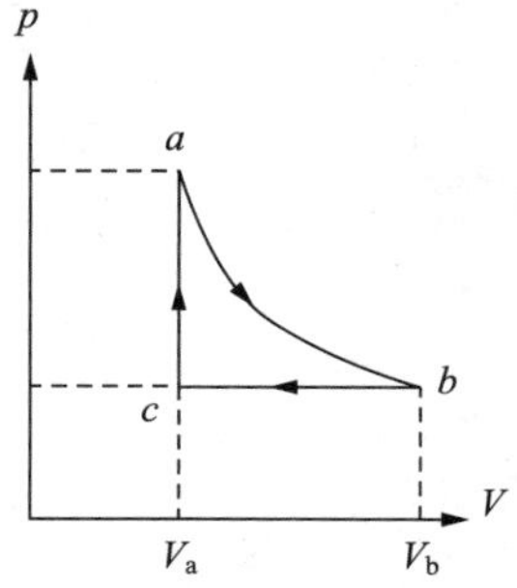

习题 8.19 图

8.20 气体作卡诺循环，高温热源温度为 $T_1=400$ K，低温热源的温度 $T_1=280$ K，设 $p_1=1$ atm，$V_1=1.0\times10^{-2}$ m³，$V_2=2.0\times10^{-2}$ m³ 求：(1)气体从高温热源吸收的热量 Q_1；(2)循环的净功 W。

8.21 理想气体准静态卡诺循环，当热源温度为 100 ℃，冷却器温度为 0 ℃时，做净功为 800 J，今若维持冷却器温度不变，提高热源温度，使净功增为 1.6×10^{3} J，并设两个循环都工作于相同的两条绝热线之间，求：

(1)热源的温度是多少?

(2)效率增大到多少?

8.22 1.00×10^{-6} m^3 的 100 ℃的纯水。在 1 atm 下加热，变为 1.671×10^{-3} m^3 的水蒸气。水的汽化热是 $\lambda=2.26\times10^{6}$ J/kg。试求水变成汽后内能的增量和熵的增量。

8.23 1.0×10^{-3} kg 氦气作真空自由膨胀，膨胀后的体积是原来体积的 2 倍，求熵的增量。氦气可视为理想气体。

第 9 章　真空中的静电场

【学习目标】 掌握描述静电场的两个基本物理量——电场强度和电势的概念；掌握用点电荷的电场强度和叠加原理以及高斯定理求解带电系统电场强度的方法；能求解较简单带电系统的电场强度；理解静电场的两条基本定理——高斯定理和环路定理；理解静电场中导体的电荷、电场及电势的分布特点；了解电容的概念及简单电容器电容的计算。

【实践活动】 我们都知道同种电荷互相排斥，异种电荷互相吸引，为什么没有相互接触的带电体之间能够相互作用？静电在生产实践中有着广泛的应用，如静电除尘、静电复印及静电喷漆等，你知道它们的工作原理吗？

9.1　电场强度　场强叠加原理

9.1.1　电荷　电荷守恒定律

在 2000 多年前，希腊人就发现琥珀被毛织物摩擦后，能够吸引羽毛、草屑等轻小物体，后来发现玻璃棒、硬橡胶棒等用毛皮或丝绸摩擦后也能吸引轻小的物体。物体有了这种吸引轻小物体的性质，就说它带了电，或者说有了电荷。英文中 electricity(电)这个词来源于希腊文，原意是琥珀。所以，带电原来是“琥珀化”了的意思，表示物体处在一种特殊的状态。实验指出，两根用毛皮摩擦过的硬橡胶棒互相排斥；两根用丝绸摩擦过的玻璃棒也相互排斥；可是用毛皮摩擦过的硬橡胶棒与丝绸摩擦过的玻璃棒却互相吸引。这表明硬橡胶棒上的电荷和玻璃棒上的电荷是不同的。实验证明，所有其他物体不论用什么方法带电，所带的电荷或者与玻璃棒上的电荷相同，或者与硬橡胶棒上的电荷相同。这说明自然界中只存在两种电荷，而且同种电荷互相排斥，异种电荷互相吸引。富兰克林(B. Franklin)首先用正、负电荷的名称来区分两种电荷。人们在总结各种电现象后，在一个与外界没有电荷交换的系统内，正负电荷的代数和在任何物理过程中保持不变，这就是电荷守恒定律。近代科学实验证明，电荷守恒定律不仅在一切宏观过程中成立，而且为一切微观过程(如核反应和基本粒子过程)所普遍遵守。电荷守恒定律是物理学中普遍的基本定律之一。电荷的另一重要特征是量子性。1906—1917 年，密立根(R. A. Millikan)用液滴法测定了电子的电荷。三次改进了实验方法，取得了上千次的测量数据。首先从实验上证明，微小粒子带电量的变化是不连续的，它只能是某个元电荷 e 的整数倍。这就是说粒子的电荷是量子化的，迄今所知，电子是自然界中存在的最小负电荷，质子是最小正电荷。实验得出，质子与电子电量之差小于 $10^{-20}e$，通常认为它们的电量完全相等。e 的现代(1998 年)精确值为

$$e=1.602176462\times10^{-19}\,\mathrm{C}$$

式中，C(库仑)是电量的单位。

在研究宏观电磁现象时，所涉及的电荷通常总是电子电荷的许多倍。在这种情况下，可

认为电荷连续分布在带电体上，而忽略电荷的量子性。

9.1.2　库仑定律

法国物理学家库仑在 1785 年用自制的精密扭秤确定了两点电荷间相互作用力与它们之间距离平方成反比的关系。随后，德国的科学家高斯(K. F. Gauss)给出两点电荷间相互作用力与电量的定量关系。上述点电荷间相互作用现象规律称为库仑定律。

点电荷和质点一样，也是一个理想的模型。当带电体的几何线度比起与其他带电体之间的距离充分小时，这时带电体的形状和电荷在其中的分布已无关紧要，则称此带电体为点电荷。

如图 9-1 所示，库仑定律可表述为：在真空中两个静止点电荷之间的相互作用力的大小，与它们的电量 q_1 和 q_2 的乘积成正比，与它们之间的距离 r 的平方成反比；作用力的方向沿着它们的连线，同种电荷相斥，异种电荷相吸。

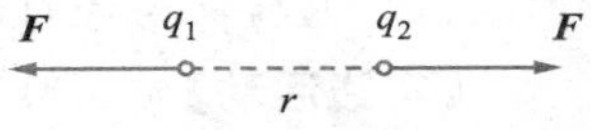

图 9-1　两点电荷相互作用简图

若以 F 表示作用力的数值，则库仑定律的数学表示式为

$$F=k\frac{q_1q_2}{r^2} \tag{9.1}$$

也可将式(9.1)写成矢量式

$$\boldsymbol{F}=k\frac{q_1q_2}{r^2}\boldsymbol{e}_r \tag{9.2}$$

式中，$\boldsymbol{e}_r$ 为由施力电荷指向受力电荷的单位矢量。

在 SI 制中，将式(9.1)和式(9.2)中的比例系数 k 写成

$$k=\frac{1}{4\pi\varepsilon_0}$$

的形式，其中 ε_0 称为真空电容率或真空介电常量，2002 年推荐值为

$$\varepsilon_0=8.854187817\times10^{-12}\ \mathrm{C^2/(N\cdot m^2)}$$

因此，在 SI 制中，库仑定律可写成

$$\boldsymbol{F}=\frac{1}{4\pi\varepsilon_0}\frac{q_1q_2}{r^2}\boldsymbol{e}_r \tag{9.3}$$

实验表明，两个静止点电荷之间的相互作用力，并不因为有第三个静止电荷的存在而改变。当空间中有两个以上的点电荷(如 q_1，q_2，…，q_n)存在时，作用在每一个点电荷(如 q_0)上的总静电力 $\boldsymbol{F}$ 等于其他点电荷单独存在时作用于该点电荷上的静电力的矢量和，即

$$\boldsymbol{F}=\sum_{i=1}^{n}\boldsymbol{F}_i=\sum_{i=1}^{n}\frac{1}{4\pi\varepsilon_0}\frac{q_1q_i}{r_i^2}\boldsymbol{e}_i \tag{9.4}$$

这就是静电力的叠加原理。有了库仑定律和静电力叠加原理，原则上可求解任意带电体之间的静电力。

最后，还要说明两点：

(1)虽然库仑定律是通过宏观带电体的实验总结出来的规律，但物理学进一步的研究表明，原子结构、分子结构、固体和液体的结构，以至化学作用等问题的微观本质和电磁力(其中主要部分是库仑力)有关。而在这些问题中，万有引力的作用十分微小，例如氢原子中电子和质子间库仑力比万有引力约大 2×10^{39} 倍。

(2)如图 9－2 所示的两点电荷 q_1、q_2，当 q_1 静止，q_2 运动时，则 q_2 受 q_1 的作用仍然可用库仑定律计算，而 q_1 受 q_2 的作用力不再能用库仑定律计算。

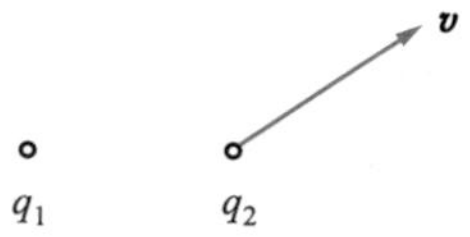

图 9－2　运动点电荷与静止点电荷相互作用

9.1.3　电场　场强叠加原理

1. 电场和电场强度

早期电磁理论认为，两个非接触的带电体之间的相互作用，既不需要任何由原子、分子组成的物质来传递，也不需要传递时间。后来，法拉第在大量实验研究的基础上，提出了以近距作用观点为基础的场的概念。任何电荷都在自己周围的空间激发电场；而电场的基本性质是，它对于处在其中的任何其他电荷都有作用，称为电场力。因此，电荷与电荷之间是通过电场发生作用的。本章只讨论相对于观察者静止的电荷在其周围空间产生的电场，称为静电场。

电场虽然不像由原子、分子组成的实物那样看得见、摸得着，但它所具有的一系列物质属性，如具有能量、动量，能施于电荷作用力等而被我们所感知。因此，电场客观存在，是物质存在的一种形式。

电场的一个重要性质是它对电荷有作用力，我们以此来定量地描述电场，引入电场强度矢量的概念。在电场中引入一个电荷 q_0，通过观测 q_0 在电场中不同点的受力情况来研究电场的性质。这个被用来作探测工具的电荷 q_0 称为试探电荷。为了保证测量的精确性，q_0 所带的电量必须很小，几乎不会影响原电场的分布；同时要求 q_0 的几何线度必须很小，以反映电场中某一点的性质。

实验表明，在电场中不同点，试探电荷 q_0 所受的力 $\boldsymbol{F}$ 的大小和方向一般是不同的。利用库仑定律可以证明，对于电场中的任一固定点来说，比值 $\boldsymbol{F}/q_0$ 是一个无论大小和方向都与试探电荷无关的矢量，它反映了电场本身的性质，把它定义为电场强度，简称场强，用 $\boldsymbol{E}$ 表示，即

$$\boldsymbol{E}=\frac{\boldsymbol{F}}{q_0} \tag{9.5}$$

式(9.5)说明，空间某点的电场强度定义为这样一个矢量，其大小等于单位正电荷在该处所受到的电场力的大小，其方向与正电荷在该处所受到的电场力方向一致。在 SI 制中，电场强度的单位是牛顿/库仑(N/C)，以后会看到，场强的单位又可写作伏特/米(V/m)，这是实际应用中更经常的写法。

电场中每一点上都相应有一个场强矢量 $\boldsymbol{E}$，这些矢量的总体称为矢量场。用数学的语言来说，矢量场是空间坐标的一个矢量函数。在以后的讨论中，着眼点往往不是某一点的场强，而是场强与空间坐标之间的函数关系，是一种空间分布。

例 9.1　求点电荷 q 所激发的电场分布。

解　如图 9－3 所示，取点电荷 q 所在处为坐标原点 O，在空间任一点 P 处放一试探正电荷 q_0，P 点距坐标原点 O 的距离 $r=OP$。根据库仑定律，q_0 在 P 处所受的力为

$$\boldsymbol{F}=\frac{1}{4\pi\varepsilon_0}\frac{qq_0}{r^2}\boldsymbol{e}_r$$

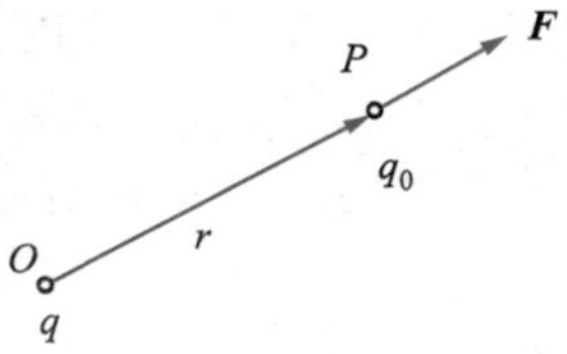

图 9－3　点电荷激发的电场

根据电场强度定义，P 点的场强为

$$E=\frac{F}{q_0}=\frac{1}{4\pi\varepsilon_0}\frac{q}{r^2}\boldsymbol{e}_r \tag{9.6}$$

由于 P 点是任意选取的，所以式(9.6)给出了点电荷 q 产生的电场在空间分布情况。

2. 场强叠加原理

前面已说明，静电力服从叠加原理，如将式(9.4)的 q_0 视为试探电荷，将式(9.4)除以 q_0，得

$$\boldsymbol{E}=\boldsymbol{E}_1+\boldsymbol{E}_2+\cdots+\boldsymbol{E}_n \tag{9.7}$$

式中，$\boldsymbol{E}_1=\boldsymbol{F}_2/q_0$，$\boldsymbol{E}_2=\boldsymbol{F}_2/q_0$，…，$\boldsymbol{E}_n=\boldsymbol{F}_n/q_0$。分别代表 q_1，q_2，…，q_n 单独存在时，在空间同一点的场强，而 $\boldsymbol{E}=\boldsymbol{F}/q_0$ 代表它们同时存在时在该点的总场强。由此可见，一组点电荷所产生的电场在某点的场强，等于各点电荷单独存在时所产生的电场在该点的场强的矢量叠加，这称为场强叠加原理。

场强叠加原理是电场的基本规律之一。因为任何一个带电体都可看成是点电荷组，所以利用这一原理，原则上可以计算出任意带电体产生的电场。对于电荷是连续分布(宏观上来看)的带电体，可将它分成无限多个元电荷，使每个元电荷都可看作点电荷来处理，其中任意一个元电荷在给定点产生的电场为

$$\mathrm{d}\boldsymbol{E}=\frac{1}{4\pi\varepsilon_0}\frac{\mathrm{d}q}{r^2}\boldsymbol{e}_r$$

式中，r 是从元电荷 $\mathrm{d}q$ 到给定点的矢径，根据场强叠加原理，整个带电体在给定点产生的场强为

$$\boldsymbol{E}=\int\mathrm{d}\boldsymbol{E}=\frac{1}{4\pi\varepsilon_0}\int\frac{\mathrm{d}q}{r^2}e_r \tag{9.8}$$

如果电荷分布在一个体积内，电荷体密度为 ρ，则式(9.8)中的 $\mathrm{d}q=\rho\mathrm{d}V$，相应的积分是一个体积分；如果电荷分布在厚度可以忽略的面上，电荷面密度为 σ，则式(9.8)中的 $\mathrm{d}q=\sigma\mathrm{d}S$，相应的积分是一个面积分；如果电荷分布在一根横截面面积可以忽略的线上，电荷线密度为 λ，则式(9.8)中的 $\mathrm{d}q=\lambda\mathrm{d}l$，相应的积分是一个线积分。

还要指出的是，式(9.8)为一矢量积分，形式比较简洁。但在实际处理问题时，一般先把 $\mathrm{d}\boldsymbol{E}$ 分解成空间坐标系三个坐标轴上的分量(例如空间直角坐标系的 x，y，z 三个轴上的分量)，然后分别积分，求出场强 $\boldsymbol{E}$ 在三个坐标轴上的分量，最后合成得到总场强 $\boldsymbol{E}$。

例 9.2 如图 9-4 所示，一对等量异号点电荷 $\pm q$，其间距离为 l。求两电荷延长线上一点 A 和中垂面上一点 B 的场强。A 和 B 到两电荷连接中点的距离都是 r，且有条件 $r\gg l$(满足此条件的一对等量异号点电荷构成的带电系称为电偶极子)。

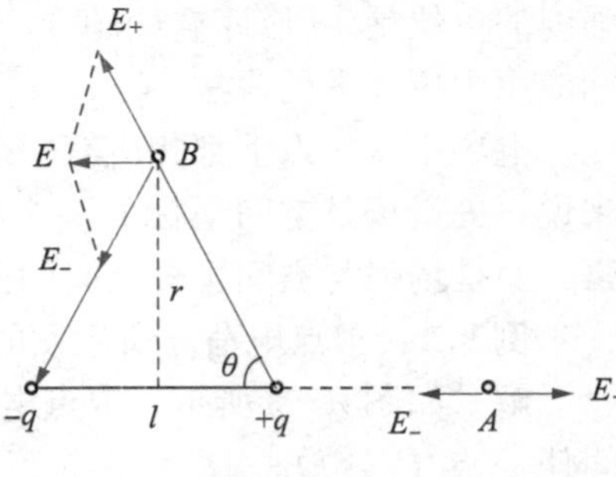

图 9-4 电偶极子激发的电场

解 (1)求 A 点的场强。

A 点到 $\pm q$ 的距离分别为 $r\pm l/2$，所以 $\pm q$ 在 A 点产生的场强的大小分别为

$$E_{\pm}=\frac{1}{4\pi\varepsilon_0}\frac{q}{\left(r\mp\frac{l}{2}\right)^2}$$

E_+ 的方向朝右，E_- 的方向朝左，故总场强大小为＋。

$$E_A=E_+-E_-=\frac{q}{4\pi\varepsilon_0}\left[\frac{1}{\left(r-\frac{l}{2}\right)^2}-\frac{1}{\left(r+\frac{l}{2}\right)^2}\right]=\frac{q}{4\pi\varepsilon_0}\frac{2rl}{\left(r^2-\frac{l^2}{4}\right)^2}$$

$\boldsymbol{E}_A$ 的方向朝右。当 $r\gg l$，上式分母中的 $l^2/4$ 项可以忽略不计，上式可写成

$$\boldsymbol{E}_A=\frac{1}{4\pi\varepsilon_0}\frac{2q\boldsymbol{l}}{r^3}=\frac{1}{4\pi\varepsilon_0}\frac{2\boldsymbol{p}}{r^3} \tag{9.9}$$

式中，$\boldsymbol{p}=q\boldsymbol{l}$ 称为电偶极矩，是描述电偶极子属性的一个物理量。$\boldsymbol{l}$ 是从 $-q$ 指向 $+q$ 的矢量。

(2)求 B 点的场强。

B 点到 $\pm q$ 的距离都是 $\sqrt{r^2+l^2/4}$，$\pm q$ 在 B 点产生的场强大小为

$$E_+=E_-=\frac{1}{4\pi\varepsilon_0}\frac{q}{r^2+\frac{l^2}{4}}$$

但它们的方向不同，由图 9－4 可看出，B 点的总场强大小为

$$E_B=E_+\cos\theta+E_-\cos\theta$$

式中，$\cos\theta=\frac{1/2}{\sqrt{r^2+l^2/4}}$。故总场强大小为

$$E_B=\frac{1}{4\pi\varepsilon_0}\frac{ql}{\left(r^2+\frac{l^2}{4}\right)^{3/2}}$$

E_B 的方为水平方向朝左。当 $r\gg l$ 时，上式分母中的 $l^2/4$ 项可以忽略不计，上式可写成

$$\boldsymbol{E}_B=-\frac{1}{4\pi\varepsilon_0}\frac{q\boldsymbol{l}}{r^3}=-\frac{1}{4\pi\varepsilon_0}\frac{\boldsymbol{p}}{r^3} \tag{9.10}$$

上述计算结果表明，电偶极子的场强与距离 r 的三次方成反比，它比点电荷的场强随递减的速度快得多；电偶极子场强与电偶极矩 $\boldsymbol{p}=q\boldsymbol{l}$ 的大小成正比。

实际中电偶极子的例子是非常多的。在讨论电介质的极化、无线电发射天线里，电子作周期性运动以及生物学中生物膜都要用到电偶极子的概念。

例 9.3　真空中一均匀带电直线长为 l，电量为 q，线外一点 P 距直线的距离为 a，P 点和直线两端的连线与直线之间的夹角为 θ_1 和 θ_2。求 P 点的场强。

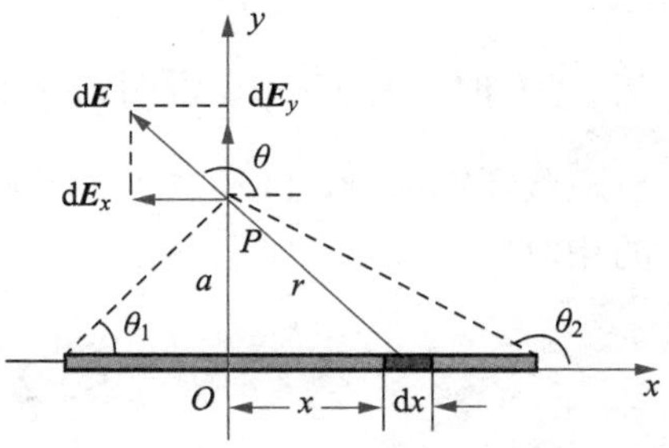

图 9－5　均匀带电直线激发的电场

解　如图 9－5 所示，过 P 点和带电直线取为 xOy 平面坐标，并取元电荷 $\mathrm{d}q=\lambda\mathrm{d}x$，其中 $\lambda=q/l$。该电荷元在 P 点产生的场强为

$$\mathrm{d}E=\frac{1}{4\pi\varepsilon_0}\frac{\mathrm{d}q}{r^2}=\frac{\lambda\mathrm{d}x}{4\pi\varepsilon_0 r^2}$$

将 $\mathrm{d}E$ 分解成 x 方向上的分量和 y 分量

$$\mathrm{d}E_x=\mathrm{d}E\cos\theta=\frac{\lambda\mathrm{d}x}{4\pi\varepsilon_0 r^2}\cos\theta$$

$$\mathrm{d}E_y=\mathrm{d}E\sin\theta=\frac{\lambda\mathrm{d}x}{4\pi\varepsilon_0 r^2}\sin\theta$$

由 dE_x，dE_y 表示式可看出，式中有三个变量，即 x、和 θ，难以直接积分，但由图 9－5 中的几何关系可找出三个变量间的关系，从而化成一个变量，由图中几何关系得

$$r=a\csc\theta，x=-a\cot\theta，dx=a\csc^2\theta d\theta$$

代入上式有

$$E_x=\int dE_x=\int_{\theta_1}^{\theta_2}\frac{\lambda}{4\pi\varepsilon_0}\frac{\cos\theta}{a^2\csc^2\theta}a\csc^2\theta d\theta=\frac{\lambda}{4\pi\varepsilon_0}(\sin\theta_2-\sin\theta_1) \tag{9.11}$$

同理，E 在 y 轴上的分量为

$$E_y=\int dE_y=\frac{\lambda}{4\pi\varepsilon_o}(\cos\theta_1-\cos\theta_2) \tag{9.12}$$

若带电直线无限长，即 $\theta_1=0$，$\theta_2=\pi$，则有

$$E_x=0，E_y=\frac{\lambda}{2\pi\varepsilon_0 a} \tag{9.13}$$

例 9.4 求均匀带电圆环轴线上的场强分布。设圆环半径为 R，带电量为 q。

解 如图 9－6 所示，设均匀带电细圆环的半径为 q，为了方便讨论，不妨设 $q>0$。把圆环分成许多小段 dl，每小段带电 dq。设此电荷元 dq 在 P 点的场强为 $d\boldsymbol{E}$，$d\boldsymbol{E}$ 在平行于和垂直于轴线的两个方向的分矢量分别为 $dE_{/\!/}$ 和 $dE_{\perp}$。由于环上电荷呈轴对称分布，所以环上全部电荷的 $dE_{\perp}$ 互相抵消，因而 P 点场强沿轴线方向。由于

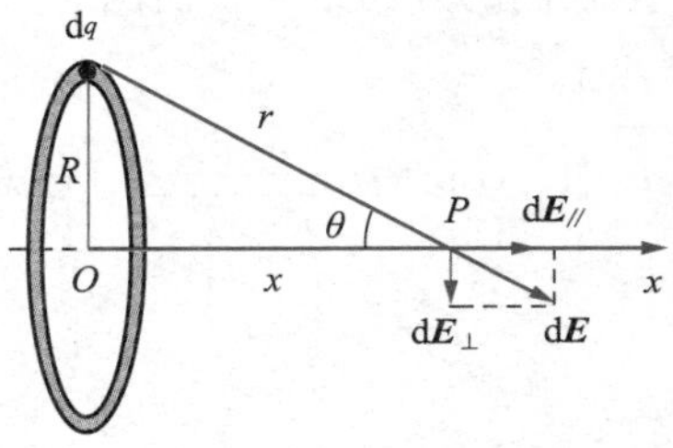

图 9－6 均匀带电圆环轴线上的电场

$$dE_{/\!/}=dE\cos\theta=\frac{dq}{4\pi\varepsilon_0 r^2}\cos\theta$$

所以

$$E=\int\frac{dq}{4\pi\varepsilon_0 r^2}\cos\theta=\frac{\cos\theta}{4\pi\varepsilon_0 r^2}\int_q dq=\frac{q\cos\theta}{4\pi\varepsilon_0 r^2}$$

因为 $\cos\theta=x/r$，$r=\sqrt{R^2+x^2}$，所以有

$$E=\frac{qx}{4\pi\varepsilon_0(R^2+x^2)^{\frac{3}{2}}}$$

当 $x=0$ 时，有 $E=0$。说明圆环中心处的场强为零；当 $x\gg R$ 时，有 $E=\frac{q}{4\pi\varepsilon_0 x^2}$，说明当 P 点距圆环很远时，圆环产生的场强和点电荷产生的场强相同。由此可体会到点电荷这一概念的相对性。

9.2 电通量 高斯定理

9.2.1 电场线

为了形象地描述电场，引入电场线的概念。利用电场线可以比较形象直观地看出电场中各点场强的分布情况。电场线是按如下规定画出的一系列假想曲线：曲线上每一点的切线方向表示该点场强的方向；曲线的疏密程度表示场强的大小。定量地说，为表示某点场强大

小，设想在该点附近作一个垂直于场强的面元 $dS_{\perp}$，如图 9－7 所示。使穿过该面元的电场线数目 $d\Phi_e$ 满足

$$E=\frac{d\Phi_e}{dS_{\perp}} \tag{9.14}$$

即，电场中某点场强的大小等于穿过该点附近垂直于电场方向的单位面积的电场线的数目。换句话说，电场中某点场强的量值等于该点的电场线密度。

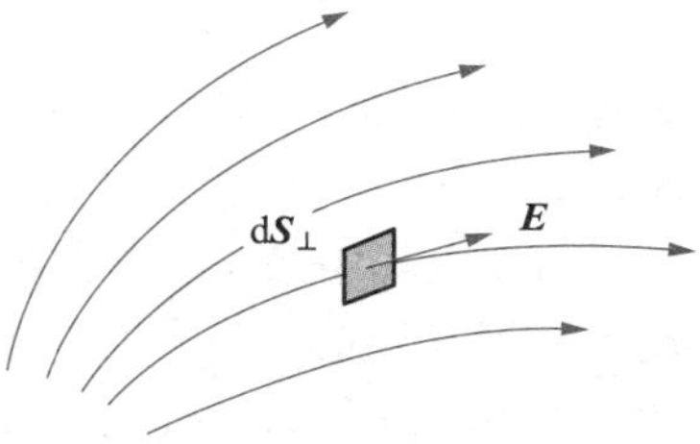

图 9－7　电场线简图

按上述规定，图 9－8 画出了几种不同电荷分布的电场的电场线。静电场的电场线有如下两个重要的性质：

(1)电场线不闭合，在没有电荷的地方不中断，而且起自正电荷终止于负电荷(或从正电荷起伸向无限远，或来自无限远到负电荷止)。

(2)任何两条电场线都不相交。这是因为电场中每一点的电场强度只有一个确定的方向。

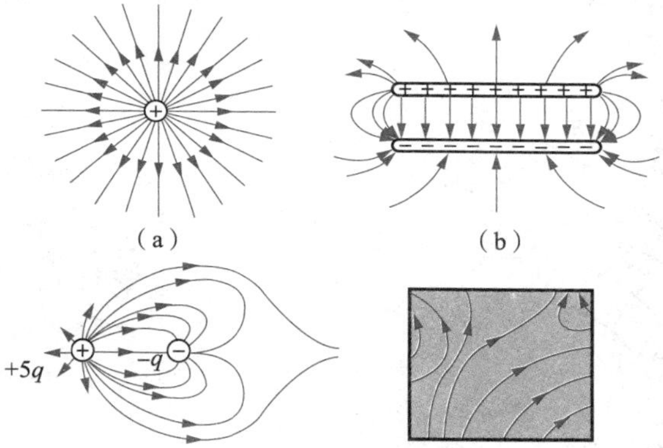

图 9－8　不同电荷分布的电场的电场线

电场线图形可以用实验演示。其方法通常是把奎宁的针状单晶或石膏粉撒在玻璃板上或漂浮在绝缘油上，再放在电场中，它们就沿电场线排列起来。

9.2.2　电通量

在电场中穿过任一曲面的电场线总数，称为穿过该曲面的电通量，通常用 Φ_e 表示。为求穿过曲面 S 的电通量，先考虑电场中的一个面元 $d\boldsymbol{S}_{\perp}$，$d\boldsymbol{S}_{\perp}$ 与该点的 $\boldsymbol{E}$ 垂直，如图 9－9 所示。由式(9.14)可知，通过 $d\boldsymbol{S}_{\perp}$ 的电通量 $d\Phi_e$ 应为

$$d\Phi_e=\boldsymbol{E}d\boldsymbol{S}_{\perp}$$

当面元 dS 与该处场强 $\boldsymbol{E}$ 不垂直时，由图 9－9 容易看出，通过面元 dS 的电场线数，与通过 dS 在垂直于 $\boldsymbol{E}$ 方向上的投影 $d\boldsymbol{S}_{\perp}$ 面上的电场线数相等。设面元 dS 法线方向的单位矢量 $\boldsymbol{e}_n$ 与场强 $\boldsymbol{E}$ 的夹角为 θ，则

$$d\Phi_e=\boldsymbol{E}d\boldsymbol{S}_{\perp}=EdS\cos\theta \tag{9.15a}$$

令 $d\boldsymbol{S}=dS\boldsymbol{e}_n$，则上式可写成

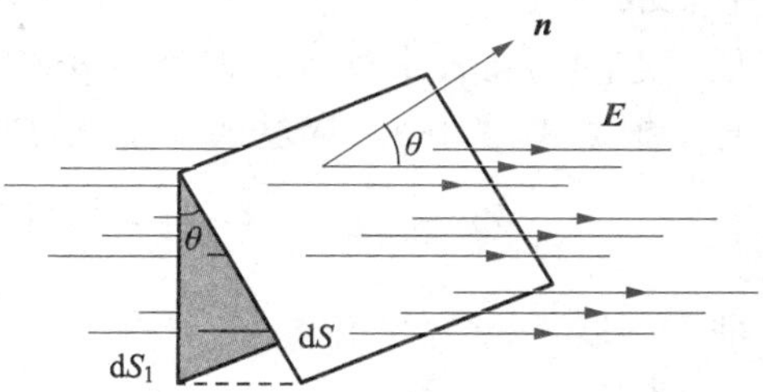

图 9－9　匀强电场的电通量

$$d\Phi_e = \boldsymbol{E} \cdot d\boldsymbol{S} \tag{9.15b}$$

由式(9.15)可以看出，电通量 $d\Phi_e$ 是代数量。当 $0 \leqslant \theta < \pi/2$ 时，$d\Phi_e$ 为正；当 $\pi/2 < \theta \leqslant \pi$ 时，$d\Phi_e$ 为负；当 $\theta = \pi/2$ 时，$d\Phi_e = 0$。

对于电场中某一有限曲面 S 来说，曲面上的电场一般是不均匀的，要计算穿过它的电通量，可以先把它分成无限多个面元 dS，如图 9-10 所示。每个面元可看成小平面，其上的场可看成均匀场。按式(9.15)计算出穿过每一面元的电通量，然后积分就可算出穿过该曲面的总电通量，即

$$\Phi_e = \int d\Phi_e = \oint_S \boldsymbol{E} \cdot d\boldsymbol{S} = \oint_S E \, dS \cos\theta$$

对于不闭合的曲面，面上各处法向单位矢量的正方向可以任意取向曲面的这一侧或另一侧。如果曲面是闭合的，那么它将整个空间划分成内、外两部分，我们一般规定自内向外的方向为各处面元法线的正方向，如图 9-11 所示。当电场线由内部穿出时(如 dS_1 处)，$0 \leqslant \theta_1 \leqslant \pi/2$，$d\Phi_e \geqslant 0$；当电场线由外部穿入时(如 dS_2 处)，$\pi/2 \leqslant \theta_2 \leqslant \pi$，$d\Phi_e \leqslant 0$。穿过整个闭合曲面的电通量为

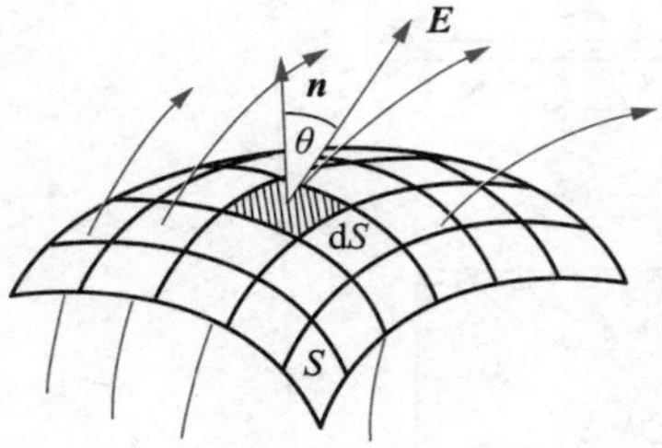

图 9-10　通过任意曲面的电通量

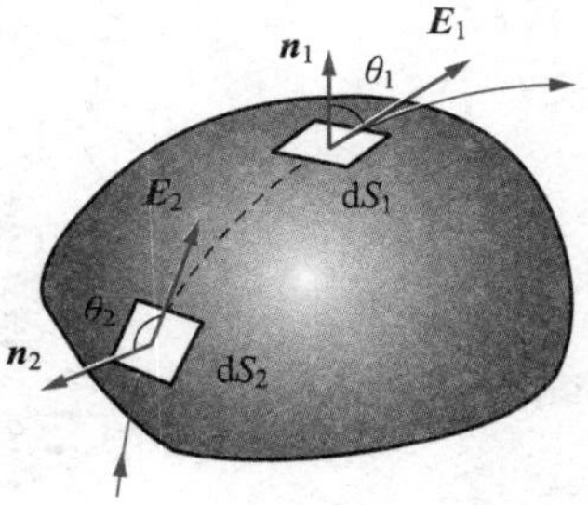

图 9-11　穿入和穿出曲面的电通量

$$\Phi_e = \oint_s E \cos\theta dS = \oint_s \boldsymbol{E} \cdot d\boldsymbol{S} \tag{9.16}$$

式中 $\oint_s$ 表示积分区域包括整个闭合曲面。电通量的单位是伏特米，符号为 V · m。

9.2.3　高斯定理

静电场是由静止电荷激发的，这个场又可以形象直观地用电场线来描述，所以电通量必与电荷有关。高斯定理给出了穿过任意闭合曲面的电通量与场源电荷之间在数值上的关系。

先考虑点电荷的场。设真空中有一点电荷 $q>0$，在 q 周围的电场中，以 q 所在的点为中心，取任意长度 r 为半径作一球面 S 包围这个点电荷 q，如图 9-12(a)所示。显然，球面上任一点的场强大小相等，都等于 $q/(4\pi\varepsilon_0 r^2)$，方向都沿径矢 $\boldsymbol{r}$ 的方向，因而处处与球面垂直。根据式(9.16)，穿过这个球面的电通量为

$$\Phi_e = \oint_s \boldsymbol{E} \cdot d\boldsymbol{S} = \oint_s \frac{1}{4\pi\varepsilon_0} \frac{q}{r^2} dS = \frac{1}{4\pi\varepsilon_0} \frac{q}{r^2} \oint_s dS = \frac{q}{4\pi\varepsilon_0 r^2} 4\pi r^2 \oint_s dS = \frac{q}{\varepsilon_0}$$

即

$$\Phi_e = \oint_s \boldsymbol{E} \cdot d\boldsymbol{S} = \frac{q}{\varepsilon_0} \tag{9.17}$$

结果表明，Φ_e 与球面半径 r 无关，只与它所包围的电荷的电量有关。这意味着通过以 q 为中心的任何球面的电通量都相等，即通过各球面的电场线的数目相等，或者说从点电荷 q 发出的 q/ε_0 条电场线是连续不断地伸向无穷远处的。容易看出，如果作一任意的闭合曲面 S'，只要电荷 q 被包围在 S' 内，由于电场线是连续的，因而穿过 S' 和 S 的电场线数目是一样的，即通过任意形状的包围点电荷 q 的闭合曲面的电通量都等于 q/ε_0。如果闭合曲面内包围的电荷 $q<0$，那么必有等量的电场线穿入闭合曲面，因而穿过闭合曲面的电通量仍可写成 q/ε_0。

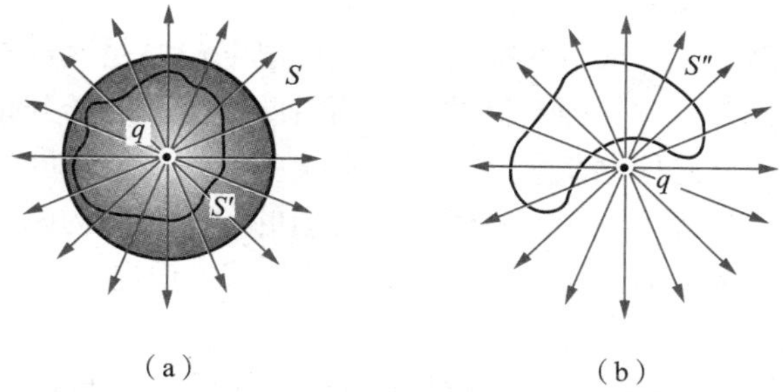

图 9 - 12　点电荷激发电场穿过任意曲面的电通量

若闭合曲面 S'' 不包围点电荷，如图 9 - 12(b)所示，由于电场线的连续性，穿入该曲面的电场线与穿出该曲面的电场线的数目一定相等，所以穿过 S'' 的电场线总数为零，即

$$\Phi_e = \oint_s \boldsymbol{E} \cdot \mathrm{d}\boldsymbol{S} = 0$$

设想闭合曲面 S 内包围 k 个点电荷，其中有正电荷、有负电荷。每个点电荷都联系着 q_i/ε_0 条电场线，因此通过该闭合曲面的电通量为

$$\Phi_e = \sum_{i=1}^{k} \frac{q_1}{\varepsilon_0} + \frac{q_2}{\varepsilon_0} + \cdots + \frac{q_k}{\varepsilon_0} = \frac{1}{\varepsilon_0}\sum_{i=1}^{k} q_i$$

或写成

$$\oint_s \boldsymbol{E} \cdot \mathrm{d}\boldsymbol{S} = \frac{1}{\varepsilon_0}\sum_{i=1}^{k} q_i \tag{9.18}$$

上式表明，在真空中的静电场中，通过任意闭合曲面的电通量等于该曲面内所包围电荷的代数和除以 ε_0。这个结论就是表征静电场普遍性质的高斯定理。

当闭合曲面内的电荷连续分布在一个有限体积内时，高斯定理可表示为

$$\Phi_e = \oint_s \boldsymbol{E} \cdot \mathrm{d}\boldsymbol{S} = \frac{1}{\varepsilon_0}\int_V \rho \mathrm{d}V \tag{9.19}$$

式中，ρ 为体电荷密度，即单位体积内的电量，V 为闭合曲面 S 所包围的体积。

在理解高斯定理时应注意以下两点：

(1)通过任意闭合曲面的总电通量只决定于它包围的电荷的代数和，即只有闭合曲面内的电荷对总电通量有贡献，闭合曲面外的电荷对总电通量没有贡献；

(2)式(9.18)、(9.19)中的 $\boldsymbol{E}$ 是闭合曲面上的场强，它是闭合曲面内、外所有电荷共同产生的合场强，并非只由闭合曲面内的电荷确定。

高斯定理是电磁学中的基本方程之一。它的重要意义在于把电场与产生电场的场源电荷联系起来，反映了静电场是有源场，“源”就是电荷。高斯定理可以从库仑定律直接导出；反之，从高斯定理也可导出库仑定律。但是，库仑定律和高斯定理在物理含义上是不完全相同

的。库仑定律把电场强度与电荷直接联系起来，而高斯定理是把电场强度的电通量与相应区域内的电荷联系在一起。库仑定律只适用于静止电荷和静电场，而静电场中的高斯定理却可推广到非静电场中去，即不论是静电场还是变化的电场，高斯定理都是适用的。

必须指出，仅用高斯定理描述静电场的性质是不完备的，只有和反映静电场性质的另一个定理——静电场的环路定理结合起来，才能完整地描述静电场。

9.2.4 应用高斯定理求电场强度

高斯定理的重要应用之一是求电场强度。一般情况下，要用该定理直接确定各点的场强是困难的，但是当电荷分布具有某种对称性，因而由此产生的电场分布也具有对称性时，可以应用高斯定理方便地计算这种电荷所产生的电场中各点的电场强度。其计算过程比用积分法计算要简便得多，而这些特例在实际中还是很有用的，我们举例说明。

例 9.5 无限长均匀带电圆柱面，圆柱面的半径为 R，面电荷密度 $\sigma>0$，求电场分布。

解 由于均匀带电圆柱面的电荷呈轴对称分布，其场强分布也应具有轴对称性。这意味着与圆柱面轴线等距离的各点的场强大小相等，方向都垂直于圆柱面指向外侧，如图 9-13(a)所示。首先考虑圆柱面外任一点 P 的场强，P 点到轴的距离为 r。为此，过 P 点作一闭合的同轴柱面 S 作为高斯面，柱面高为 l，底面半径为 r，如图 9-13(b)所示。设该柱面的侧面为 S_1，上、下底面为 S_2 和 S_3。侧面上场强 $\boldsymbol{E}$ 的方向处处与面积元的法线方向相同，即 $\theta_1=0$，而 $\boldsymbol{E}$ 的大小处处相等；上、下底面各点场强大小虽不相等，但其方向处处与面积元法线垂直，即 $\theta_2=\theta_3=\pi/2$。由于高斯面 S 内包围的电荷为 $2\pi Rl\sigma$，则由高斯定理有

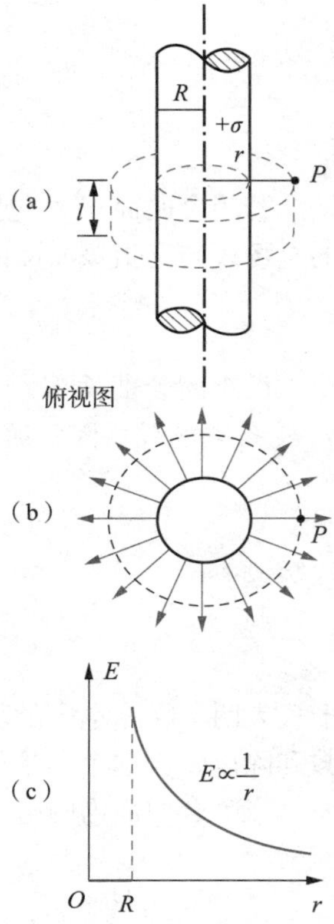

图 9-13 均匀带电圆柱面的电场强度

$$\Phi_e=\oint_s \boldsymbol{E}\cdot d\boldsymbol{S}=\oint_s E\cos\theta dS\Phi_e$$

$$=\int_{s_1} E\cos\theta dS+\int_{s_2} E\cos\theta dSE+\int_{3} E\cos\theta dS$$

$$=E\int_{s_1} dS+0=E2\pi rl=\frac{l}{\varepsilon_0}2\pi Rl\sigma$$

所以，P 点场强的大小为

$$E=\frac{R\sigma}{\varepsilon_0 r}$$

令 $\lambda=2\pi R\sigma$ 表示圆柱面每单位长度的电量，则有

$$E=\frac{\lambda}{2\pi\varepsilon_0 r}\quad (r>R)$$

结果表明，无限长均匀带电圆柱面外的场强分布与无限长均匀带电直线的场强分布是相同的。

对于圆柱内任一点 P' 的场强，上述对称性分析仍然适用。过 P' 作长为 l、半径为 r 的柱面 S' 作为高斯面，显然通过 S' 的电通量仍可表示为 $E\cdot 2\pi rl$，而 S' 内包围的电荷为 0，由高斯定理有

$$E \cdot 2\pi r l = 0$$

所以

$$E = 0 \quad (r < R)$$

无限长均匀带电圆柱面内、外的场强分布情况，如图 9-13(c)所示。

例 9.6　求无限大均匀带电平面的场强分布。设平面电荷密度为 σ。

解　设带电平面的面电荷密度 $\sigma > 0$。如图 9-14 所示，P 点为带电平面右侧一点，P' 为左侧对称的一点。由于平面无限大且均匀带电，场强必定相对平面对称，即 P 点场强方向一定垂直于平面向右，P' 点场强方向只能是垂直于平面向左，并且两者大小一定相等。为此，选取垂直于平面的闭合圆柱面作为高斯面 S，P、P' 位于它的两个底面上。由于高斯面侧面上各点的 $\boldsymbol{E}$ 与侧面平行，所以穿过侧面的电通量为零。用 ΔS 表示底面积，则有

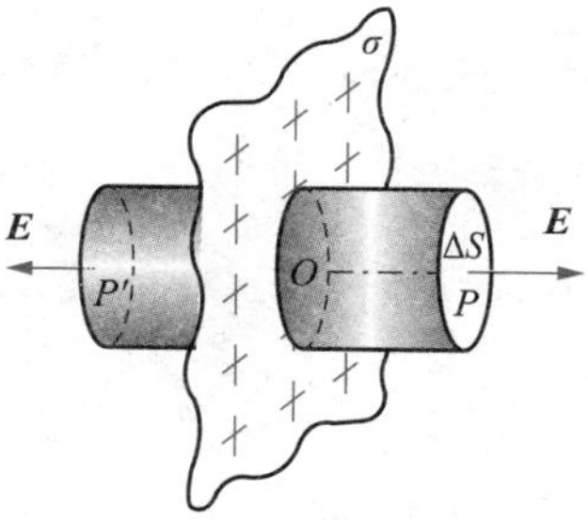

图 9-14　无限大均匀带电平面的电场强度

$$\Phi_e = \oint_s \boldsymbol{E} \cdot d\boldsymbol{S} = \oint_{2s} \boldsymbol{E} \cdot d\boldsymbol{S} = 2E\Delta S$$

高斯面内包围的电量 $\sum q_i = \sigma \cdot \Delta S$，根据高斯定理，有

$$2E\Delta S = \sigma \frac{\Delta S}{\varepsilon_0}$$

所以平面外场强 $\boldsymbol{E}$ 的大小为

$$E = \frac{\sigma}{2\varepsilon_0} \tag{9.20}$$

$\boldsymbol{E}$ 的方向垂直于平面指向两侧。上式表明 P 点场强大小与它到平面的距离无关。因此，无限大均匀带电平面两侧的电场为均匀场。

例 9.7　求无限大均匀带电平行板的电场。两平行板面电荷密度为 $+\sigma$ 和 $-\sigma$。

解　根据场强叠加原理，两平行板的总场强可以看成各个平面产生的场强的叠加。由于 $+\sigma$ 产生的场强垂直于平板向外，$-\sigma$ 产生的场强垂直于平板向里，大小都是 $\sigma/(2\varepsilon_0)$，如图 9-15 所示，因此两板间场强 $\boldsymbol{E}$ 的大小为

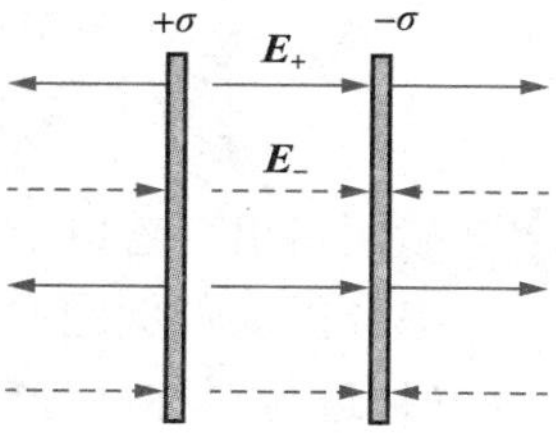

图 9-15　两个等量异号无限大均匀带电平面的电场强度

$$E = \frac{\sigma}{2\varepsilon_0} + \frac{\sigma}{2\varepsilon_0} = \frac{\sigma}{\varepsilon_0} \tag{9.21}$$

可见两无限大均匀带异号电荷平板之间的电场为均匀场，$\boldsymbol{E}$ 的方向由 $+\sigma$ 指向 $-\sigma$。在两板之外，由于两板产生的场强方向相反，所以

$$E = \frac{\sigma}{2\varepsilon_0} - \frac{\sigma}{2\varepsilon_0} = 0$$

例 9.8　求均匀带电球体的电场。球体的半径为 R，所带电量为 q。

解　设 $q > 0$，由于电荷分布是球对称的，所以均匀带电球体内、外各点的场强分布也是球对称的，即各点场强的方向沿径向指向无穷远，并且与球心等距的各点场强大小相等。

先考虑球体内距球心 r 处 P 点的场强。由对称性分析，我们选取过 P 点的球面作为高斯面 S，如图 9-16 所示，则穿过 S 面的电通量为

$$\Phi_e = \oint_s \boldsymbol{E} \cdot \mathrm{d}\boldsymbol{S} = E4\pi r^2$$

高斯面 S 内包围的电量为 $\sum q$，由高斯定理可得

$$\Phi_e = \oint_s \boldsymbol{E} \cdot \mathrm{d}\boldsymbol{S} = \frac{\sum q}{\varepsilon_0}$$

于是有

$$E = \frac{\sum q}{4\pi\varepsilon_0 r^2}$$

当 $r<R$ 时，

$$\sum q = \frac{q}{4\pi R^3/3} \cdot \frac{4}{3}\pi r^3 = \frac{qr^3}{R^3}$$

所以球内场强大小为

$$E=\frac{q}{4\pi\varepsilon_0 R^3}r \quad (r<R)$$

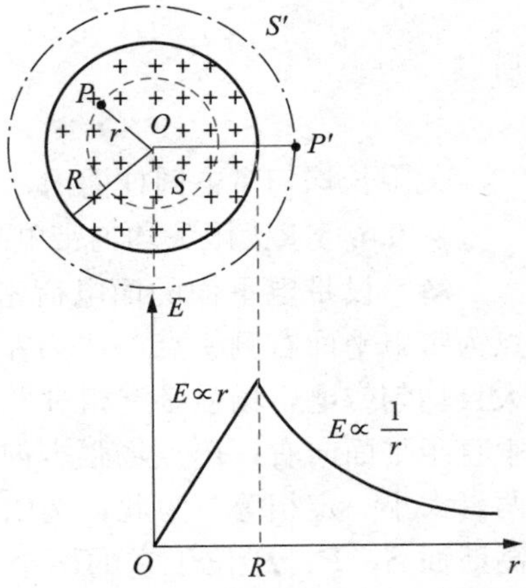

图 9-16　均匀带电球体的电场强度

可见，均匀带电球体内任一点的场强与该点到球心的距离成正比。
当 $r\geqslant R$ 时，

$$\sum q = q,$$

所以球体外任一点场强大小为

$$E=\frac{q}{4\pi\varepsilon_0 r^2} \quad (r\geqslant R)$$

可见，均匀带电球体外任一点的场强与全部电荷集中于球心处的点电荷的场强分布相同。其电场分布如图 9-16 所示。

若带电体为均匀带电球面，用类似方法可以求出

$$E=0 \quad (r<R)$$

$$E=\frac{q}{4\pi\varepsilon_0 r^2} \quad (r\geqslant R)$$

顺便指出，若以上各例中场源为负电荷，则所求场强的方向与原来的相反。

综合以上各例题的分析可知，应用高斯定理求场强的一般方法与步骤是：

(1)进行对称性分析。由电荷分布的对称性，分析场强分布的对称性。常见的对称性有球对称性、轴对称性、面对称性等。

(2)过场点选取适当的高斯面，使穿过该面的电通量易于计算。例如使部分高斯面与场强方向平行，或使高斯面上场强大小相等，方向与该部分表面垂直等，从而可使 $Ecos\theta$ 提到积分号外。

(3)计算穿过高斯面的电通量和高斯面内包围的电量的代数和，再由高斯定理求出场强。

9.3　静电场的环路定理

前面我们从电荷在电场中受力入手，研究了静电场的性质，引入了电场强度的概念。现在再从电荷在电场中移动时电场力做功的角度来研究静电场的性质。

9.3.1　静电场力的功

1. 点电荷的电场

设在给定点 O 处有一点电荷 q，另有一试验电荷 q_0 在 q 的电场中从 a 点沿任意路径 acb 移到 b 点，如图 9-17 所示。在路径中任一点 c 附近取元位移 $\mathrm{d}\boldsymbol{l}$，并设此处场强为 $\boldsymbol{E}$，那么在这段位移中电场力所做的功为

$$\mathrm{d}A=\boldsymbol{F}\cdot\mathrm{d}\boldsymbol{l}=q_0\boldsymbol{E}\cdot\mathrm{d}\boldsymbol{l}=q_0E\cos\theta\mathrm{d}l$$

其中 θ 是 $\boldsymbol{E}$ 与 $\mathrm{d}\boldsymbol{l}$ 的夹角。考虑到 $\mathrm{d}l\cos\theta=\mathrm{d}r$，以及 $E=q/4\pi\varepsilon_0r^2$，则上式可写成

$$\mathrm{d}A=\frac{q_0q}{4\pi\varepsilon_0r}\mathrm{d}r$$

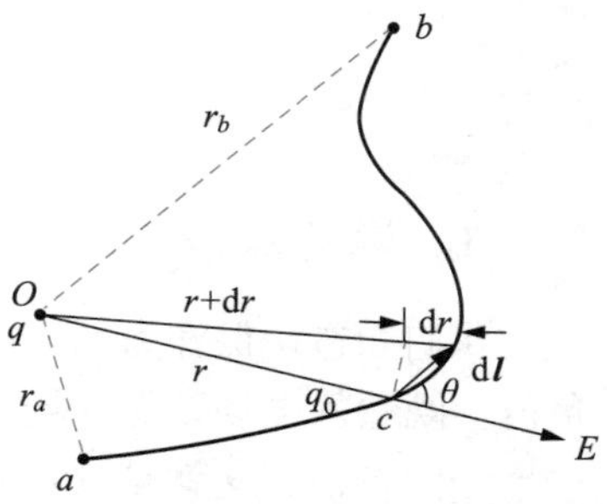

图 9-17　非均匀电场中电场力

电荷 q_0 从 a 点移到 b 点时电场力对它做的功为

$$A_{ab}=\int_a^b\mathrm{d}A=\frac{q_0q}{4\pi\varepsilon_0}\int_a^b\frac{1}{r^2}\mathrm{d}r=\frac{q_0q}{4\pi\varepsilon_0}\left(\frac{1}{r_a}-\frac{1}{r_b}\right)\quad(9.22)$$

式中，r_a、r_b 分别为场源电荷 q 到路径的起点和终点的距离。结果表明，在点电荷的电场中，电场力的功只与试验电荷的电量以及路径的起点和终点的位置有关，而与具体路径无关。

2. 任意带电体系的电场

对于任意的带电体，我们总可以把它分成许多电荷元，每一电荷元均可看成点电荷，这样就可以把带电体看成点电荷系。假设有静止的电荷 q_1，q_2，…，q_n，在它们形成的电场中，将试验电荷 q_0 从 a 点移到 b 点，则静电场力做的功为

$$A_{ab}=\int_a^b\boldsymbol{F}\cdot\mathrm{d}\boldsymbol{l}=\int_a^b q_0\boldsymbol{E}\cdot\mathrm{d}\boldsymbol{l}$$

根据场强叠加原理，式中场强 $\boldsymbol{E}$ 应为 q_1，q_2，…，q_n 单独存在时场强的矢量和，即

$$\boldsymbol{E}=\boldsymbol{E}_1+\boldsymbol{E}_2+\cdots+\boldsymbol{E}_n$$

于是有

$$A_{ab}=q_0\int_a^b\boldsymbol{E}_1\cdot\mathrm{d}\boldsymbol{l}+q_0\int_a^b\boldsymbol{E}_2\cdot\mathrm{d}\boldsymbol{l}+\cdots+q_0\int_a^b\boldsymbol{E}_n\cdot\mathrm{d}\boldsymbol{l}$$

由于上式右边每一项都是各点电荷单独存在时电场力对 q_0 做的功，因而都与具体路径无关，所以总电场力的功 A_{ab} 也与具体路径无关。

由此我们得出结论：试验电荷在任意给定的静电场中移动时，电场力所做的功仅与试验电荷的电量以及路径的起点和终点位置有关，而与具体路径无关。静电力做功的这个特点表明，静电力是保守力，静电场是保守场。

9.3.2　静电场力的环路定理

由于静电力是保守力，而保守力做功只是位置的函数，因此，q_0 沿静电场中的任意闭合路径运动一周，电场力 $q_0\boldsymbol{E}$ 对它所做的功等于零。即

$$q_0\oint_L\boldsymbol{E}\cdot\mathrm{d}\boldsymbol{l}=0$$

因为 $q_0 \neq 0$，所以上式成立的条件为

$$\oint_L \boldsymbol{E} \cdot \mathrm{d}\boldsymbol{l} = 0 \tag{9.23}$$

式(9.23)表明，在静电场中，电场强度 E 沿任意闭合路径的线积分(称为 E 的环流)为零。这个结论称为静电场的环路定理。它与高斯定理一样，也是表述静电场性质的一个重要定理。

9.4 电势能 电势

9.4.1 电势能

我们知道，保守力的功在量值上等于相应的保守场势能的减少，或者说等于势能增量的负值。既然静电场是保守场，那就可以引入静电势能的概念，并且，静电力的功等于静电势能增量的负值。这就是说，静电力对 q_0 做正功时，电势能减少；静电力对 q_0 做负功时，电势能增加。以 W_a 和 W_b 分别表示试验电荷 q_0 在其移动路径的起点 a 和终点 b 处的电势能，则有

$$A_{ab} = W_a - W_b = q_0 \int_a^b \boldsymbol{E} \cdot \mathrm{d}\boldsymbol{l} \tag{9.24}$$

因为试验电荷 q_0 从静电场中 a 点移到 b 点时，电场力的功有确定值，所以式(9.24)给出的电势能的改变量具有绝对意义。然而电势能本身与重力势能类似，只具有相对意义，它取决于零势能位置的选择。若选电荷在 b 点的电势能为零，即规定 $W_b = 0$，则在电场中 a 点电荷 q_0 的电势能为

$$W_a = q_0 \int_a^{“0”} \boldsymbol{E} \cdot \mathrm{d}\boldsymbol{l} \tag{9.25}$$

式中，“0”表示零势能位置。此式表明，电荷在电场中某一点的电势能在量值上等于电荷从该点移到零势能点时静电力所做的功。

在 SI 中，电势能的单位为焦耳，符号为 J。

需要注意的是，电势能和重力势能一样，也属于一定系统。式(9.25)表示的电势能属于试验电荷 q_0 和产生电场 $\boldsymbol{E}$ 的电荷体系所组成的系统。因此电势能又称为相互作用能。

9.4.2 电势

1. 电势

由于电势能的大小与试验电荷的电量 q_0 有关，所以电势能 W_a 并不能直接用来描述某一给定点的电场性质。但从式(9.25)可见，电荷 q_0 在电场中某点 a 的电势能与电量 q_0 的比值

$$\frac{W_a}{q_0} = \int_a^{“0”} \boldsymbol{E} \cdot \mathrm{d}\boldsymbol{l}$$

与 q_0 无关，仅取决于电场的性质及场点的位置，所以这个比值是反映电场中各点性质的量，我们称之为电势。用 U_a 表示 a 点的电势，则有

$$U_a = \frac{W_a}{q_0} = \int_a^{"0"} \boldsymbol{E} \cdot \mathrm{d}l \tag{9.26}$$

若令 q_0 为单位正电荷，则 $U_a = W_a$。可见，静电场中某点的电势在数值上等于单位正电荷在该点所具有的电势能。或者说，静电场中某点的电势在数值上等于把单位正电荷从这一点移到电势能零点时，电场力所做的功。

应当指出，电势只具有相对的意义。要确定电场中各点的电势，也必须先选取电势零点作为参考。电势零点的选取可以是任意的，为研究问题的方便，在同一问题中电势零点总是选得与电势能零点一致。在理论计算中，当电荷分布在有限区域时，常选无穷远作为电势零点。在实用中，也常取大地为电势零点。必须注意的是，对于“无限大”或“无限长”的带电体，就不能将无穷远作为电势零点，这时只能在有限范围内选取某点为电势零点。

由电势的定义可知，电势是标量。电势的正负是相对于电势零点来说的。在静电场中将正电荷 q_0 从 a 点移至电势零点时，若电场力做正功，则 a 点电势为正；若电场力做负功，则 a 点电势为负。

电势的单位名称为伏特，符号为 V，即 1 V=1 J/C。

2. 电势差

在静电场中，任意两点 a 和 b 的电势之差，称为电势差，也叫电压，以 U_{ab} 表示。由式(9.26)，有

$$\begin{aligned} U_{ab} &= U_a - U_b = \int_a^{“0”} \boldsymbol{E} \cdot \mathrm{d}\boldsymbol{l} - \int_b^{“0”} \boldsymbol{E} \cdot \mathrm{d}\boldsymbol{l} \\ &= \int_a^{“0”} \boldsymbol{E} \cdot \mathrm{d}\boldsymbol{l} + \int_{“0”}^{b} \boldsymbol{E} \cdot \mathrm{d}\boldsymbol{l} = \int_a^b \boldsymbol{E} \cdot \mathrm{d}\boldsymbol{l} \end{aligned}$$

即

$$U_{ab} = \int_a^b \boldsymbol{E} \cdot \mathrm{d}\boldsymbol{l} \tag{9.27}$$

由此可知，静电场中任意两点 $\boldsymbol{a}$、$\boldsymbol{b}$ 的电势差在数值上等于把单位正电荷从 $\boldsymbol{a}$ 点移至 $\boldsymbol{b}$ 点电场力所做的功。因此，当任一电荷 q 在电场中从 a 点移到 b 点时，电场力所做的功为

$$A_{ab} = qU_{ab} = q(U_a - U_b) \tag{9.28}$$

9.4.3　电势的计算

1. 点电荷的电场

我们知道，场源电荷为点电荷 q 时，场强为

$$\boldsymbol{E} = \frac{1}{4\pi\varepsilon_0}\frac{q}{r^2}\boldsymbol{e}_r$$

由于静电力的功与路径无关，所以在应用式(9.26)进行运算时，可以选取一条最便于计算的路径，即沿径矢方向积分。选无穷远处为电势零点，于是电场中与 q 相距 r 处的 P 点的电势为

$$U_P = \int_P^{\infty} \boldsymbol{E} \cdot \mathrm{d}\boldsymbol{l} = \int_r^{\infty} E \cdot \mathrm{d}r = \frac{1}{4\pi\varepsilon_0}\int_r^{\infty} \frac{q}{r^2} \cdot \mathrm{d}r = \frac{q}{4\pi\varepsilon_0 r}$$

由于 P 点是任意的，因此点电荷场中的电势分布可写成

$$U=\frac{q}{4\pi\varepsilon_0 r} \tag{9.29}$$

式中，为场点到场源电荷的距离。当 $q>0$ 时，$U>0$，空间各点的电势都为正，距 q 越近处 U 越高；当 $q<0$ 时，$U<0$，空间各点的电势都为负，距 q 越近处 U 越低。

2. 点电荷系的电场

设电场由 n 个点电荷 q_1，q_2，…，q_n 产生，它们各自产生的场强分别为 $\boldsymbol{E}_1$，$\boldsymbol{E}_2$，…，$\boldsymbol{E}_n$，则合场强为 $\boldsymbol{E}=\boldsymbol{E}_1+\boldsymbol{E}_2+\cdots+\boldsymbol{E}_n$。由电势定义式(9.26)可知，电场中某点 P 的电势为

$$U_P=\int_P^{\infty}\boldsymbol{E}\cdot\mathrm{d}\boldsymbol{l}=\int_P^{\infty}\boldsymbol{E}_1\cdot\mathrm{d}\boldsymbol{l}+\int_P^{\infty}\boldsymbol{E}_2\cdot\mathrm{d}\boldsymbol{l}+\cdots+\int_P^{\infty}\boldsymbol{E}_n\cdot\mathrm{d}\boldsymbol{l}=\sum_{i=1}\frac{q_i}{4\pi\varepsilon_0 r_i}=\sum_{i=1}U_i \tag{9.30}$$

式中，U_i 为第 i 个点电荷 q_i 在 P 点产生的电势，r_i 为 q_1 到 P 点的距离。上式表明在点电荷系的电场中，任一点的电势等于各个点电荷单独存在时在该点产生的电势的代数和。这个结论称为电势的叠加原理。

3. 连续分布电荷的电场

若场源为电荷连续分布的带电体，则可把它分成无限多个电荷元，每个电荷元 $\mathrm{d}q$ 可看成点电荷，把式(9.30)中的求和用积分代替，就得到场中任一点的电势，即

$$U=\int_P\frac{\mathrm{d}q}{4\pi\varepsilon_0 r} \tag{9.31}$$

式中，为电荷元 $\mathrm{d}q$ 到场点的距离。

必须指出，仅当选取无穷远处为电势零点时，式(9.29)、(9.30)和(9.31)才是正确的。

综上所述，计算电场中各点的电势有两种方法：一是根据已知的场强，选取任一方便的路径，由电势与场强的积分关系式(9.26)来计算；二是从点电荷电场的电势出发，应用叠加原理来计算。

例 9.9 求半径为 R、均匀带电为 q 的球壳在空间产生的电势分布(见图 9-18)。

解 应用高斯定理容易求出其场强分布为

$$E=0 \quad (r<R)$$

$$E=\frac{q}{4\pi\varepsilon_0 r^2} \quad (r\geqslant R)$$

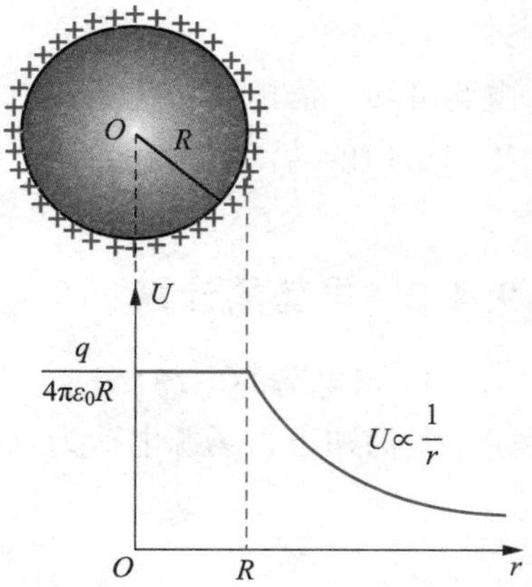

图 9-18 均匀带电导体球的电势

选无穷远处电势为零。对于球内距球心为 $r(r<R)$ 的任一点 P，其电势为

$$U_P=\int_P^{\infty}\boldsymbol{E}\cdot\mathrm{d}\boldsymbol{r}=\int_r^{R}\boldsymbol{E}_1\cdot\mathrm{d}\boldsymbol{r}+\int_R^{\infty}\boldsymbol{E}_2\cdot\mathrm{d}\boldsymbol{r}$$

$$=\int_R^{\infty}\frac{q}{4\pi\varepsilon_0 r^2}\mathrm{d}r=\frac{q}{4\pi\varepsilon_0 R} \tag{9.32}$$

结果表明，均匀带电球面内各点的电势相等，都等于球面上的电势。

对于球外距球心为 $r(r\geqslant R)$ 的一点 P'，其电势为

$$U'_P=\int_{P'}^{\infty}\boldsymbol{E}_2\cdot\mathrm{d}\boldsymbol{r}=\int_r^{\infty}\frac{q}{4\pi\varepsilon_0 r^2}\mathrm{d}r=\frac{q}{4\pi\varepsilon_0 r} \quad (r\geqslant R) \tag{9.33}$$

结果表明，均匀带电球面外任一点的电势与全部电荷集中于球心的点电荷在该点的电势相

等。电势随距离 r 的变化关系如图 9-18 所示。

例 9.10　均匀带电圆环半径为 R，带电量为 q，求圆环轴线上的电势分布。

解　如图 9-19 所示，在环上任取一线元 $\mathrm{d}l$，其带电量为 $\mathrm{d}q=\lambda\mathrm{d}l=\dfrac{q}{2\pi R}\mathrm{d}l$。设 $\mathrm{d}l$ 到 P 点距离为 r，则 $\mathrm{d}q$ 在 P 点产生的电势为

$$\mathrm{d}U_P=\frac{1}{4\pi\varepsilon_0}\frac{\lambda\mathrm{d}l}{r}$$

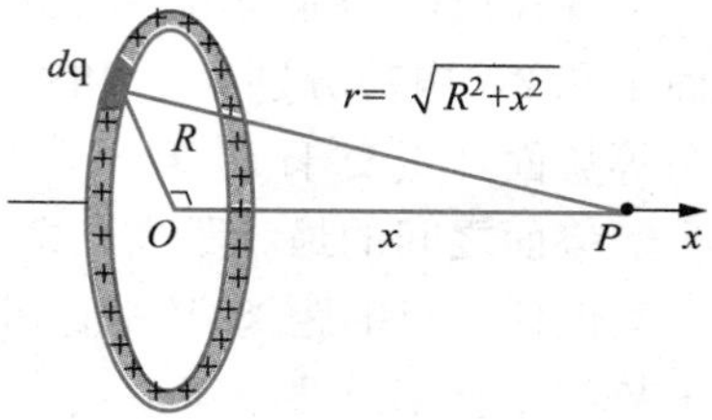

图 9-19　均匀带电圆环轴线上的电势

由于不论 $\mathrm{d}l$ 选在环上什么位置，r 值不变，所以，P 点的总电势为

$$U_P=\int\mathrm{d}U_P=\int_L\frac{1}{4\pi\varepsilon_0}\frac{\lambda\mathrm{d}l}{r}=\frac{\lambda}{4\pi\varepsilon_0 r}\int_0^{2\pi R}\mathrm{d}l=\frac{\lambda 2\pi R}{4\pi\varepsilon_0 r}$$

其中，$\lambda\cdot 2\pi R=q$。于是上式可写为

$$U_P=\frac{q}{4\pi\varepsilon_0 r}=\frac{q}{4\pi\varepsilon_0(R^2+x^2)^{1/2}}\tag{9.34}$$

9.5　电场强度与电势梯度

电场强度和电势是从不同角度描述同一电场中各点性质的两个物理量，两者之间存在着密切的内在联系。式(9.26)已给出它们之间关系的积分形式。这一节将进一步研究两者关系的微分形式。为此，我们首先引入等势面的概念。

9.5.1　等势面

电场中电场强度 $\boldsymbol{E}$ 的分布情况可以用电场线形象地描绘出来。与此类似，电场中电势 U 的分布情况可以用等势面形象地描绘出来。所谓等势面是指电场中电势数值相等的点所构成的面。例如，点电荷产生的电场中，等势面是以点电荷为中心的一系列同心的球面，如图 9-20 所示。不同的球面对应不同的电势值，如果点电荷的 $q>0$，则半径越小的等势面，电势值越高。

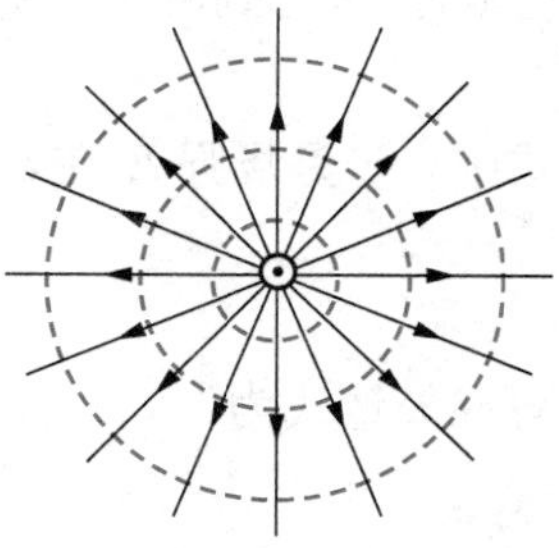

图 9-20　点电荷的电势

把对应于不同电势值的等势面逐个地画出来，并使相邻两个等势面的电势差为一常量。这样画出来的一幅等势面图就能形象地反映出电场中电势的分布情况。

从一些等势面图可以看出，等势面具有下列基本性质：

(1)电场线处处与等势面垂直；

(2)电场线总是由电势值高的等势面指向电势值低的等势面；

(3)等势面密集的地方，场强大，等势面稀疏的地方，场强小。

在实际工作中，常常先用实验方法确定出电场的等势面，再根据等势面与电场线的关系画出电场线。

9.5.2 电势梯度

现在讨论场强与电势的微分关系。如图 9－21 所示，在电场中任取两个相距很近的等势面 1 和 2，电势分别为 U 和 $U+\mathrm{d}U$，并且 $\mathrm{d}U>0$。在等势面上 P_1 点的单位法向矢量为 $\boldsymbol{e}_n$，与等势面 2 正交于 P_2 点。令 $\overline{P_1P_2}=\mathrm{d}n$，显然，$\mathrm{d}n$ 是 P_1 处两个等势面之间的最小距离，即从等势面 1 上的 P_1 点到等势面 2 上其他任一点的距离 $\mathrm{d}l$ 都比 $\mathrm{d}n$ 大。因此，从 P_1 点沿 $\mathrm{d}l$ 方向电势的变化率总要小于沿 $\boldsymbol{e}_n$ 方向电势的变化率，即

$$\frac{\mathrm{d}U}{\mathrm{d}l}<\frac{\mathrm{d}U}{\mathrm{d}n}$$

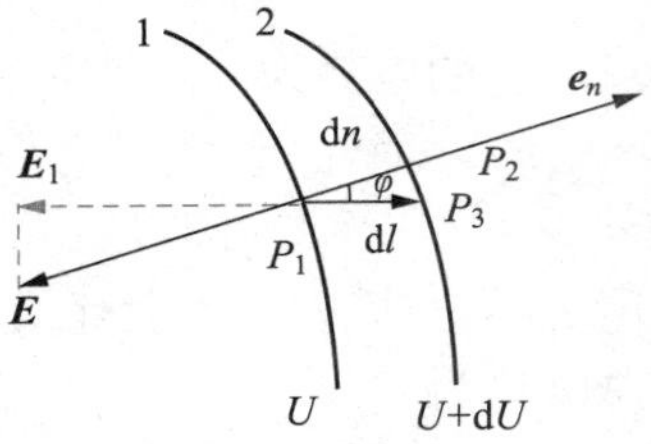

图 9－21 电势和电场强度的关系

设 $\mathrm{d}\boldsymbol{l}$ 与 $\boldsymbol{e}_n$ 之间的夹角为 ϕ，则 $\mathrm{d}n=\mathrm{d}l\cos\varphi$，可得

$$\frac{\mathrm{d}U}{\mathrm{d}l}=\frac{\mathrm{d}U}{\mathrm{d}n}\cos\varphi$$

上式是一个矢量投影的关系式。于是我们可以定义这个矢量，它沿着 $\boldsymbol{e}_n$ 方向，大小等于 $\frac{\mathrm{d}U}{\mathrm{d}n}$，称为电势 U 的梯度，用 $\mathbf{grad}U$ 表示，即

$$\mathbf{grad}U=\frac{\mathrm{d}U}{\mathrm{d}n}\boldsymbol{e}_n$$

电势沿 $\mathrm{d}\boldsymbol{l}$ 方向的变化率 $\frac{\mathrm{d}U}{\mathrm{d}l}$ 就是该矢量在 $\mathrm{d}\boldsymbol{l}$ 方向的投影。这就是说，电场中某点的电势梯度的大小等于该点电势变化率的最大值，其方向总是沿着等势面的法线，并指向电势升高的方向。

另一方面，由于电场线垂直于等势面，并指向电势降低的方向，所以，P_1 点场强 $\boldsymbol{E}$ 与 $\boldsymbol{e}_n$ 方向相反。若将正电荷 q 从 P_1 点移到 P_2 点时，根据保守力做功的特点，电场力做的功应等于这两点静电势能增量的负值。由于保守力做功与路径无关，我们选择沿法线方向的路径 $\mathrm{d}\boldsymbol{n}$。考虑到两个等势面 1 和 2 相距很近，可近似认为 $\mathrm{d}\boldsymbol{n}$ 上场强处处相等。于是有

$$q\boldsymbol{E}\cdot\mathrm{d}\boldsymbol{n}=qE\mathrm{d}n=-q\mathrm{d}U$$

式中，E 是场强 $\boldsymbol{E}$ 在 $\boldsymbol{e}_n$ 方向上的投影，显然 $E<0$。可得

$$E=-\frac{\mathrm{d}U}{\mathrm{d}n}$$

写成矢量式为

$$\boldsymbol{E}=-\frac{\mathrm{d}U}{\mathrm{d}n}\boldsymbol{e}_n=-\mathbf{grad}U \tag{9.35}$$

上式表明，电场中各点的电场强度与该点电势梯度等值、反向。

场强 $\boldsymbol{E}$ 在任意 $\mathrm{d}\boldsymbol{l}$ 方向的投影为

$$\boldsymbol{E}_l=-\frac{\mathrm{d}U}{\mathrm{d}n}\cos\varphi=-\frac{\mathrm{d}U}{\mathrm{d}l} \tag{9.36}$$

由此可得场强在三个坐标轴方向的分量为

$$\boldsymbol{E}_x=-\frac{\partial U}{\partial x},\quad E_y=-\frac{\partial U}{\partial y},\quad E_z=-\frac{\partial U}{\partial z}$$

写成矢量式即为

$$\boldsymbol{E}=-\left[\frac{\partial U}{\partial x}\boldsymbol{i}+\frac{\partial U}{\partial y}\boldsymbol{j}+\frac{\partial U}{\partial z}\boldsymbol{k}\right] \tag{9.37}$$

式(9.35)、(9.36)和(9.37)均为场强与电势的微分关系式。结果表明，电场中某点的场强决定于电势在该点的空间变化率，而与该点的电势无直接关系。

场强与电势的微分关系在解决实际问题中十分有用。在计算场强时，常常先算出电势，再利用场强与电势的微分关系计算场强，这样做的好处是可以避免直接用场强叠加原理计算场强时常遇到的矢量运算的麻烦。

应当指出，在具体问题中，需要根据对称性选取适当的坐标系。以上只是直角坐标系的表达式，其他坐标系的表达形式可从相关书籍中查阅。

例 9.11　利用场强与电势的微分关系，计算均匀带电圆环轴线上距环心 x 处的电场强度。

解　均匀带电圆环轴线上的电势为式(9.34)，即

$$U=\frac{q}{4\pi\varepsilon_0(R^2+x^2)^{\frac{1}{2}}}$$

显然，U 只是 x 的函数，故 $E_y=E_z=0$，所以

$$E=E_x=-\frac{\partial U}{\partial x}=\frac{\mathrm{d}}{\mathrm{d}x}\left[\frac{q}{4\pi\varepsilon_0(R^2+x^2)^{1/2}}\right]=\frac{qx}{4\pi\varepsilon_0(R^2+x^2)^{3/2}}$$

这一结果与例 9.4 的结果一致。

9.6　静电场中的导体

金属导体的电结构特征是其内部有大量可以自由移动的电荷——自由电子。若把金属导体放入静电场中，导体内的自由电子将在电场力作用下作宏观定向运动，从而使导体上的电荷重新分布，这种现象叫做静电感应。静电感应过程属于非平衡问题，静电学中不予讨论。我们只讨论静电场与导体之间通过相互影响达到静电平衡状态以后，电荷和电场的分布规律。

9.6.1　静电平衡条件

导体的静电平衡状态是指导体内部和表面都没有电荷定向移动的状态。这种状态只有在导体内部的电场强度处处为零，紧靠导体表面处的电场强度沿导体表面的切向分量也处处为零时，才有可能达到并得以维持。否则，自由电子会在电场力作用下发生定向移动。由此可知，导体静电平衡的条件是：(1)导体内部的场强处处为零；(2)导体表面之外紧邻处的场强都与该处表面垂直。由导体静电平衡的条件以及电势差的计算式(9.27)可知，在静电平衡状态下导体内部以及表面上任意两点间的电势差均为零。因而有如下推论：静电平衡导体是个等势体，导体表面是个等势面。

应当指出，静电场中的导体达到静电平衡的条件是由导体的电结构特征和静电平衡的要求决定的，与导体的形状大小无关。

9.6.2　静电平衡时导体上的电荷分布

从静电平衡条件出发，结合静电场的基本规律，可以得出导体处于静电平衡状态时，其

电荷分布的规律。

1. 导体所带电荷只能分布在它的表面上，导体内部静电荷处处为零

设有一实心导体，带电量为 Q。在导体内部围绕任一点 P 作一个小闭合曲面 S，如图 9-22 所示。由于静电平衡时 $\boldsymbol{E}_{内}=0$，因此通过 S 面的电通量为零，由高斯定理可知，S 面内电荷的代数和等于零，即 S 面内无静电荷。由于 S 面很小，P 是导体内任意一点，所以整个导体内部无静电荷，所带电荷只能分布在导体的表面上。

2. 导体表面上各处的面电荷密度与该处表面外紧邻处的电场强度大小成正比

如图 9-23 所示，在 P 点附近的导体表面取一面元 ΔS，这面元取得充分小，以致该处导体表面的电荷密度 σ 可认为是均匀的。作扁圆柱形高斯面，使其侧面与 ΔS 垂直，上、下底面与 ΔS 平行，并且分别处于导体的外部和内部。由于 $\boldsymbol{E}_{内}=0$，圆柱形侧面与场强方向平行，因此穿过整个高斯面的电通量为 $\boldsymbol{E}_{表面}\cdot\Delta \boldsymbol{S}$，高斯面内包围的电荷就是 $\sigma\cdot\Delta S$，根据高斯定理，得

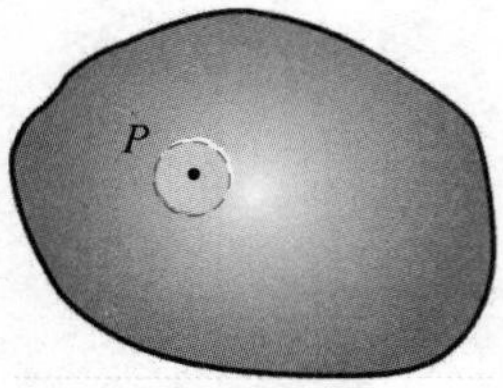

图 9-22　静电平衡时导体内无静电荷

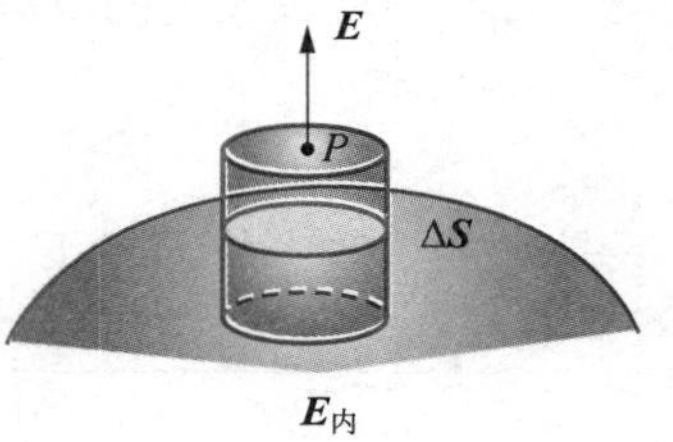

图 9-23　导体表面附近的场强

$$\boldsymbol{E}_{表面}\cdot\Delta \boldsymbol{S}=\frac{\sigma\cdot\Delta S}{\varepsilon_0}$$

$$\boldsymbol{E}_{表面}=\frac{\sigma}{\varepsilon_0} \tag{9.38}$$

可见 σ 与 $\boldsymbol{E}_{表面}$ 成正比。

值得注意的是，导体表面外紧邻处的场强 $\boldsymbol{E}$ 表面是所有电荷的贡献之和，而不只是该处表面上的电荷产生的。

3. 孤立导体的面电荷密度与其表面的曲率有关，曲率越大处，面电荷密度也越大

图 9-24(a)画出了一个有尖端的导体表面电荷和场强分布的情况。可以看出，尖端附近的面电荷密度大，它周围的电场很强。尖端周围空气中原来散存着的带电粒子(如电子或离子)，在这强电场作用下作加速运动时就可能获得足够大的能量，以致在它们和空气分子碰撞时使空气分子电离成电子和离子。电离产生的电子和离子经电场加速后，又使更多的空

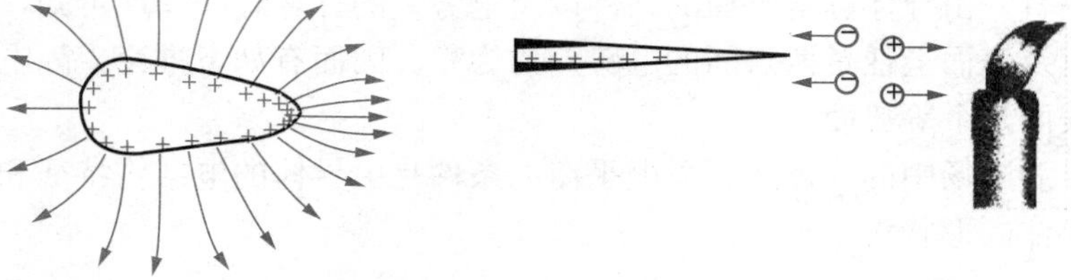

(a)　　(b)

图 9-24　带电导体表面曲率半径较小处附近的电场要强些

气分子电离。这样就会在尖端附近的空气中产生大量的带电粒子，其中与尖端所带电荷异号的带电粒子，受尖端上电荷吸引，飞向尖端，使尖端上的电荷被中和；与尖端上电荷同号的带电粒子受排斥而飞向远方。上述带电粒子的运动过程就好像是尖端上的电荷不断地向空气中释放一样，所以称为尖端放电现象。若在尖端附近放置一点燃的蜡烛，蜡烛的火焰则会受到这种离子流形成的“电风”吹动而偏斜，如图 9－24(b)所示。

在高电压设备中，为了防止因尖端放电而引起的危害和漏电损耗，输电线都用较粗且表面光滑的导线；设备零部件表面光滑，并尽可能做成球面形状。与此相反，在很多情况下，人们还要利用尖端放电现象。例如，火花放电设备的电极往往做成尖端形状；避雷针也是根据尖端放电的道理制成的，这种避雷针目前广泛应用于武器弹药仓库、炸药等危险品生产厂房、重要军事设施等场所，是防雷击的重要措施。

例 9.12　两块平行等大的矩形导体板，面积为 S，其长、宽的线度比两板间的距离大得多，两板分别带有电量 Q_a 和 Q_b($Q_a>0$，$Q_b>0$)。求静电平衡时两板表面的电荷分布。

解　两块板共有四个表面，设面电荷密度分别为 σ_1、σ_2、σ_3 和 σ_4，如图 9－25 所示。由题意得

$$\sigma_1 S+\sigma_2 S=Q_a,\quad \sigma_3 S+\sigma_4 S=Q_b$$

由于静电平衡时导体内部场强处处为零，又由于板间电场与板面垂直，因此对于如图 9－25 所示的高斯面来说，由高斯定理可得

$$\sigma_2+\sigma_3=0$$

假设各面所带电荷均为正，则电场强度方向均应垂直于各板面向外。设向右的方向为正，在右边的导体内任一点 P 的场强应为四个无限大带电平面的电场的叠加，有

$$E_p=\frac{\sigma_1}{2\varepsilon_0}+\frac{\sigma_2}{2\varepsilon_0}+\frac{\sigma_3}{2\varepsilon_0}-\frac{\sigma_4}{2\varepsilon_0}=0$$

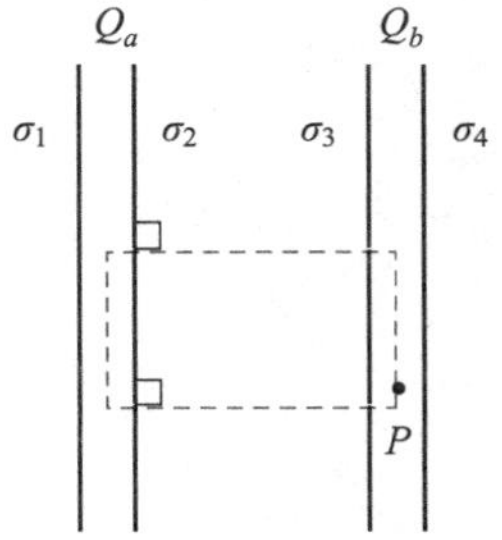

图 9－25　两块平行等大的矩形导体板电荷分布

即

$$\sigma_1+\sigma_2+\sigma_3-\sigma_4=0$$

将以上四式联立求解，可得

$$\sigma_1=\sigma_4=\frac{Q_a+Q_b}{2S},\qquad \sigma_2=-\sigma_3=\frac{Q_a-Q_b}{2S}$$

可见两板相对的两面带等量异号电荷，外侧两面带等量同号电荷。

如果将其中一块板接地，那么电荷分布将如何变化？请读者自己思考。

例 9.13　如图 9－26 所示，一半径为 R_1 的金属球 A，带有电量 q_1，它外面有一个同心的金属球壳 B，其内外半径分别为 R_2 和 R_3，带有电量 q。求此系统在静电平衡状态下的电荷分布、电场分布和球与球壳之间的电势差。如果用导线将球与球壳连接一下再断开，结果又将如何？

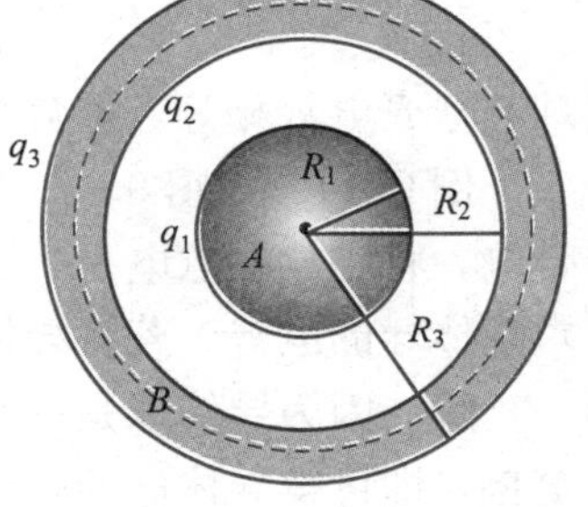

图 9－26　球形电容器不同情况下的电荷、场强及电势差

解　由静电平衡条件可知，金属球 A 和球壳内部的电场强度为零，电荷均匀分布在它们的表面上。以 q_2、q_3 分别表示球壳 B 内外表面上的总电荷，在球壳 B 内作一个如图虚线所示的闭合曲面为高斯面，根据高斯定理可得

$$q_1+q_2=0$$

所以

$$q_2=-q_1$$

由于球壳 B 的总电荷守恒，即

$$q_2+q_3=q$$

因此

$$q_3=q-q_2=q+q_1$$

应用高斯定理求得空间电场强度的分布为

$$E_1=\frac{q_1}{4\pi\varepsilon_0 r^2}\quad (R_1<r<R_2)$$

$$E_2=\frac{q_1+q}{4\pi\varepsilon_0 r^2}\quad (r>R_3)$$

电场的方向沿径向。

根据均匀带电球面的电势分布规律和电势叠加原理可得

$$U_1=\frac{q_1}{4\pi\varepsilon_0 R_1}-\frac{q_1}{4\pi\varepsilon_0 R_2}+\frac{q+q_1}{4\pi\varepsilon_0 R_3}\quad (r<R_1)$$

$$U_2=\frac{q_1}{4\pi\varepsilon_0 r}-\frac{q_1}{4\pi\varepsilon_0 R_2}+\frac{q+q_1}{4\pi\varepsilon_0 R_3}\quad (R_1<r<R_2)$$

$$U_3=\frac{q+q_1}{4\pi\varepsilon_0 R_3}\quad (R_2<r<R_3)$$

$$U_4=\frac{q+q_1}{4\pi\varepsilon_0 r}\quad (r>R_3)$$

用电势的定义式(9.26)同样能够求出上述结果。球 A 与球壳 B 之间的电势差为

$$U_A-U_B=U_1-U_3=\frac{q_1}{4\pi\varepsilon_0}\left(\frac{1}{R_1}-\frac{1}{R_2}\right)$$

如果用导线将球 A 和球壳 B 连接一下再断开，则 A 的外表面和 B 的内表面上的电荷完全中和，两个表面均不再带电。球壳外表面的电荷仍为 $q+q_1$，而且均匀分布。空间电场分布为

$$E_1'=0\quad (r<R_3)$$

$$E_2'=\frac{q_1+q}{4\pi\varepsilon_0 r^2}\quad (r>R_3)$$

球与球壳电势相等，电势差变为零。

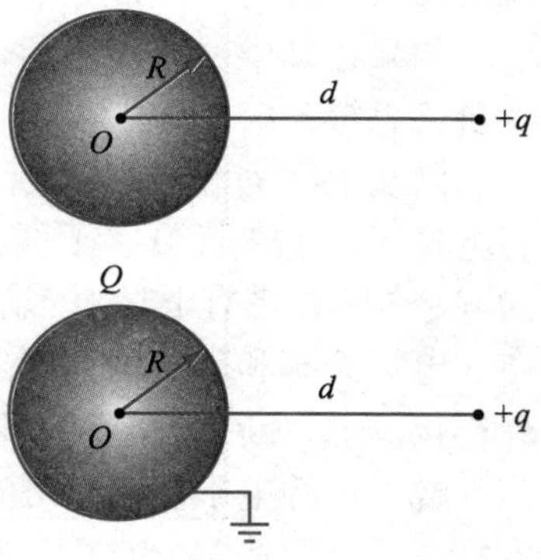

图 9-27 导体球电势及静电感应电荷的计算

例 **9.14** 如图 9-27 所示，一半径为 R 的导体球原来不带电，将它放在点电荷 $+q$ 的电场中，球心与点电荷相距 d，求导体球的电势。若将导体球接地，求其上的感应电荷电量。

解 因为导体球是一个等势体，只要求得球内任一点的电势，即可得导体球的电势。设导体球上的感应静电量为 Q。由于导体球上的电荷均分布在表面上，所有电荷到球心的距离都相等，因此，球面上电荷分布的变化对球心的电势没有影响。球心的总电势 U_0 等于点电荷 q 和球面电荷 Q 在球心

产生的电势的叠加，即

$$U_0=\frac{q}{4\pi\varepsilon_0 d}+\frac{Q}{4\pi\varepsilon_0 R}$$

因球上原来不带电，即 $Q=0$，所以导体球的电势为

$$U=U_0=\frac{q}{4\pi\varepsilon_0 d}$$

若将导体球接地，则 Q 不再为零，由

$$U_0=\frac{q}{4\pi\varepsilon_0 d}+\frac{Q}{4\pi\varepsilon_0 R}=0$$

得到

$$Q=-\frac{R}{d}q$$

9.6.3　静电屏蔽

1. 空腔导体

所谓空腔导体就是一个空心的导体壳。静电平衡时，这种导体上的电荷分布有如下特点。

(1)腔内无带电体时，导体的电荷只分布在它的外表面上。

设一导体带电量为 Q_0，导体内有一空腔，空腔内无带电体，如图 9－28(a)所示。在导体内、外表面之间任取一高斯面 S，由静电平衡条件，S 面上场强处处为零，故通过 S 面的电通量为零，因此 S 面内无静电荷。下面进一步证明导体的内表面上也不带等量异号电荷。采用反证法，假设导体内表面上有电荷，则由于 S 内静电荷为零，该表面上必有等量的异号电荷分布。这时空腔内的场强不为零，从导体内表面上正电荷处发出的电场线穿过空腔终止于该表面上的负电荷处。由于电场线指向电势降低的方向，所以导体内表面上各处的电势不相等，正电荷处电势高，负电荷处电势低。显然，这与导体在静电平衡时为一等势体的推论相矛盾，说明假设不成立。因此，空腔导体内表面没有电荷，电荷只能分布在导体的外表面上。

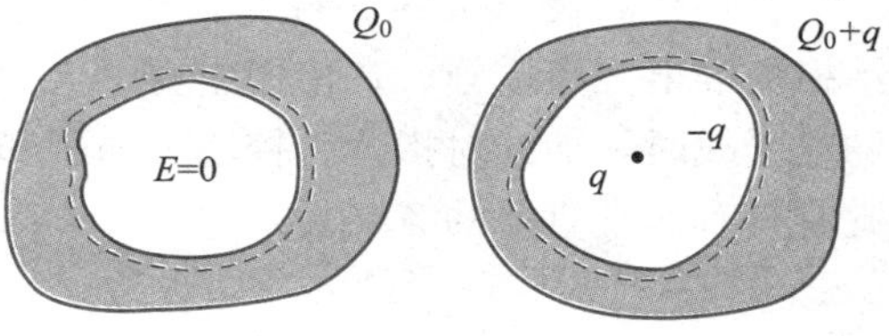

图 9－28　空腔导体的电荷分布

(2)腔内有带电体时，空腔导体的内表面所带电荷与腔内电荷的代数和必为零。

设导体空腔内有电荷 q。在导体的内外表面之间作高斯面 S，由高斯定理可知，S 内电荷的代数和为零，因此导体内表面上必有等量异号的电荷 $-q$，如图 9－28(b)所示。

2. 静电屏蔽

根据静电平衡导体内部电场强度处处为零这一规律，利用空腔导体将空腔内外电场隔离，使之互不影响，这种作用称为静电屏蔽。

如图 9－29(a)所示，空腔导体 A 原来不带电，其空腔内也没有带电体。当腔外有带电体 B，并处于静电平衡状态时，电场线将终止于导体的外表面而不能穿过导体进入腔内。这时空腔内电场强度为零，导体是一等势体，导体内表面上电荷也为零。结果表明，空腔外电场对腔内空间不产生任何影响。

如图 9－29(b)所示，如果空腔内有带电体 C 存在，所带电量为 q。达到静电平衡时，导体的内外表面分别带有电荷 $-q$ 和 q，导体外的电场强度不再为零。这表明空腔内的电荷对腔外空间的电场有影响。为了消除这种影响，将导体接地，如图 9－29(c)所示，就能使导体外表面上的感应电荷 q 消失，于是腔内带电体对腔外空间电场的影响也随之消失。

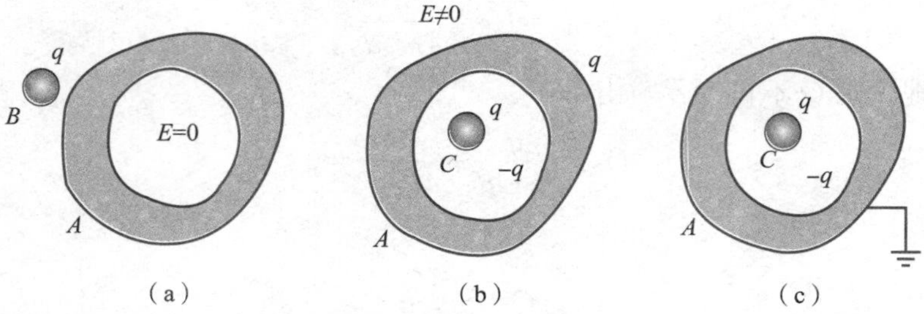

图 9－29　导体的静电屏蔽

综上所述，一个接地的空腔导体可以隔离内、外静电场的影响，这就是静电屏蔽的原理。在实际应用中，电器设备的外壳用金属制成，就相当于把电器设备放到了空腔导体内，把外壳接地，既可避免外界对电器设备的干扰，又能避免电器设备的电场对外界产生影响。电子仪器中的有些零件特意用金属壳屏蔽，高压设备常常罩上接地的金属罩或密密的金属网都是这个道理。

在现代高技术条件下的战争中，通信指挥和武器装备大量使用电子设备，如果没有周密严格的静电屏蔽措施，在使用中就会大大降低它们的效能。特别是当敌方施放电磁干扰，发动电子战时，加强对指挥、控制、通信和情报系统等电子设备的屏蔽保护，对于争取战争的胜利具有非常重要的意义。

9.7　静电场中的电介质

上一节讨论了静电场中导体和场的相互影响，这一节将讨论静电场中的电介质和电场相互作用的规律。讨论只限于均匀各向同性的电介质，且充满整个有场空间的情况。

9.7.1　电介质的电极化现象

电介质是指不导电的物质，即绝缘体。理想的绝缘体内部没有可以自由移动的电荷。若把电介质放入静电场中，电介质原子中的电子和原子核受电场力作用，作微观的相对移动，但不能像导体中的自由电子那样脱离所属原子作宏观移动，因此，达到静电平衡时，电介质内部的场强一般都不为零。这正是电介质与导体在电性质方面的主要区别。

1. 有极分子和无极分子

电介质中的每一个分子都是一个复杂的带电系统，其正负电荷按一定规律分布在线度为 10^{-10} m 数量级的空间范围内。考察外电场对分子的作用时，分子的全部正电荷和全部负电荷可以等效地看成分别集中于两点，正电荷集中的等效点叫做分子的正电荷中心；负电荷集中的等效点叫做负电荷中心。这样，每一个中性分子就等效为一个电偶极子。如果以 q 表示一个分子中正电荷或负电荷电量的绝对值，以 l 表示从分子负电荷中心指向分子正电荷中心的矢量，其大小为正、负电荷中心之间的距离，则分子的等效电偶极矩为

$$p = ql$$

如果分子内部电荷分布不对称，正、负电荷中心不重合，这种分子具有固定的电矩，叫做有极分子，如 HCl、H_2O、CO、SO_2 等就是有极分子电介质。另一类分子在无外电场作用时，正、负电荷中心重合，分子固有电矩为零，这种分子叫做无极分子，如 He、H_2、N_2O、O_2、CO_2 等就是无极分子电介质。

2. 位移极化和取向极化

讨论静电场对电介质的作用时，可以认为电介质是由大量微小的分子电偶极子组成的。无极分子电介质在无外电场存在时，分子的正、负电荷中心重合，对外不显电性，如图 9-30(a)所示。当有外电场存在时，分子的正、负电荷中心将发生相对位移，等效于一个电偶极子，因而每个分子都有一个大体沿外电场方向的电矩，一般称为分子电矩，如图 9-30(b)所示。对于均匀电介质来说，其内部任一小体积内的异号电荷数量相等，即体电荷密度仍保持为零，但在电介质的两端面上却分别出现正、负电荷，如图 9-30(c)所示。这种电荷不能用诸如接地之类的方法使它们脱离原子核的束缚而转移，所以把它们称为束缚电荷或极化电荷。这种在外电场作用下电介质表面产生束缚电荷的现象称为电介质的极化。因为这种极化是由正、负电荷中心发生相对位移引起的，所以无极分子电介质的极化又叫位移极化。显然，外电场越强，分子的正、负电荷中心产生的位移越大，分子的电矩也越大，电介质两端面因极化产生的束缚电荷也就越多，电介质的极化就越强。当撤去外电场后，正、负电荷中心又重合在一起，分子电矩又变为零，极化现象随之消失。

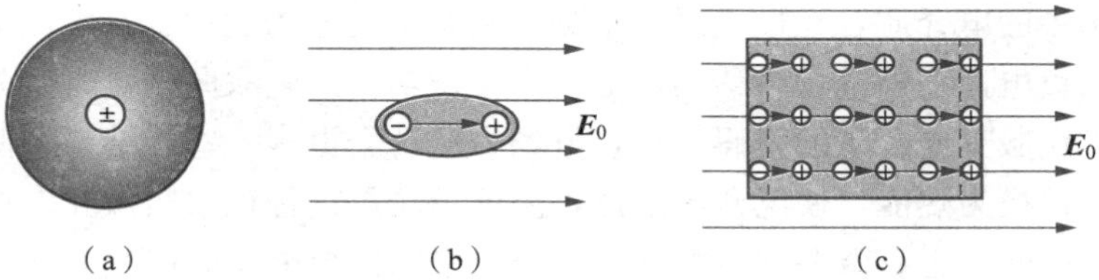

图 9-30　无极分子介质的极化

有极分子电介质在无外电场时，正、负电荷中心不重合，可将每一个分子看成一个等效的电偶极子，具有一定的分子电矩。但由于分子热运动，这些分子电矩的方向是混乱的，所有分子电矩的矢量和等于零，因此宏观上对外不显电性。当有外电场存在时，每个分子的电矩在电场作用下，将转向外电场的方向，如图 9-31(a)所示。尽管分子热运动会干扰分子电矩的有序排列，但在宏观上所有分子电矩的矢量和已不为零，形成与外电场方向大体一致的电矩，从而使电介质的两端面出现正、负束缚电荷，如图 9-31(b)所示。外电场越强，极化越强。这种由于分子电矩的转向而产生的极化称为取向极化。一般说来，电介质在产生

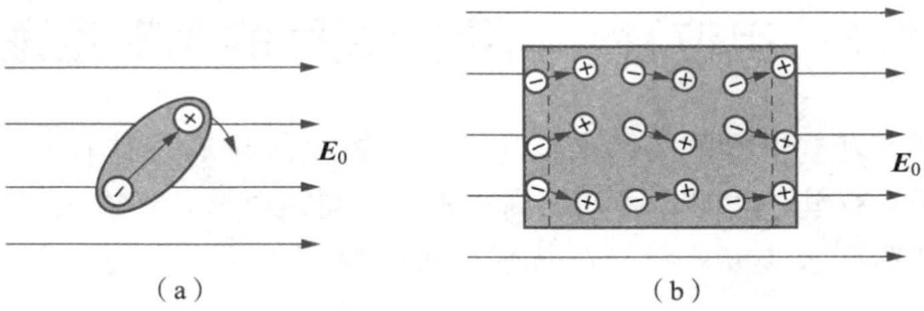

图 9-31　有极分子介质的极化

取向极化的同时，也存在位移极化，但取向极化的强度比位移极化大得多。

综上所述，尽管两类电介质极化的机制不同，但极化的宏观效果都使电介质表面出现束缚电荷。因此在以后对电介质极化的宏观描述中，不需要将两类电介质分开讨论。

需要说明的是，如果电介质是非均匀的，那么除了像均匀电介质那样在表面上出现束缚电荷外，其内部还会出现束缚电荷。

9.7.2 介电强度和介电损耗

1. 介电强度

在一般情况下电介质就是绝缘体。当外加电场不太强时，使电介质发生电极化现象，但不破坏其绝缘性能。如果外电场很强，电介质分子中的正、负电荷有可能完全分离，使部分电子变成能自由移动的电荷，从而使电介质的绝缘性能遭到明显破坏而变成导体。这种现象叫做电介质的击穿。一种电介质材料所能承受的不被击穿的最大电场强度，叫做这种电介质的介电强度，也称为击穿场强。介电强度是衡量电介质电学性能的重要物理量。空气在 1 atm 时的介电强度大约是 3 kV/mm。大多数材料的介电强度都比空气大。

在实际选用电介质材料时必须注意，电容率大的电介质，其介电强度不一定高。如钛酸钡的相对电容率高达 $10^3 \sim 10^4$，而介电强度却与空气差不多。所以应该分别考虑电介质这两方面的特性，做到两者兼顾，同时满足电路和器件性能的设计要求。

2. 介电损耗

处在外电场中的电介质，在极化过程中都必然要消耗电场能量。发生位移极化时，电介质分子中的正、负电荷在外电场中移动，电场力要做功。产生取向极化时，分子电矩转向过程中，还要同时克服其他分子的阻碍作用，电场力做功会更多一些。结果将使一部分电场能量在电介质内部转换为热能，使电介质发热，温度升高，这种现象叫做介电损耗。

一般说来，电介质也有微弱的导电性，但介质中因传导电流而产生的能量损耗是非常小的。主要的介质损耗发生在外加高频交变电场作用下，使电介质反复极化的过中，介质损耗大，发热多，有可能完全破坏电介质的绝缘性能。

除具有普通电性能的电介质材料以外，某些电介质还具有很特殊的电学性质。如铁电体、驻极体以及具有压电效应、电致伸缩效应和电光效应的电介质等。它们具有特殊的电性能，因而在现代科学技术中有着许多重要的应用。另一方面，在现代工程技术特别是高新军事技术领域，如高能加速器、激光武器、束能武器、电磁发射技术等，都会遇到强电场，电压之高已远远超出了通常的高电压的含义。为了解决由此提出的电气绝缘及其相应问题，必须研制具有特殊性能的电介质新材料。

9.8 电位移 有电介质时的高斯定理

之前我们研究了真空中静电场的高斯定理，当静电场中有导体存在时，该定理仍然适用。然而当静电场中有电介质时，高斯面内外不仅有自由电荷，还有束缚电荷存在，因此高斯定理在形式上必然有所改变。我们仍从平行板电容器入手，讨论有电介质存在时的高斯定理。

平行板电容器极板上的自由电荷和束缚电荷的面密度、电介质的相对电容率，如图

9-32 所示。作封闭圆柱面为高斯面，其侧面垂直于平板，底面和极板平行，其面积为 ΔS，下底面位于电介质中。设极板上自由电荷面密度为 σ_0，电介质表面上的极化电荷面密度为 σ'，显然，该闭合曲面内既有自由电荷 $q_0=\sigma_0\Delta S$，又有束缚电荷 $q'=-\sigma'\Delta S$。令

$$E=\frac{1}{\varepsilon_r}E_0 \tag{①}$$

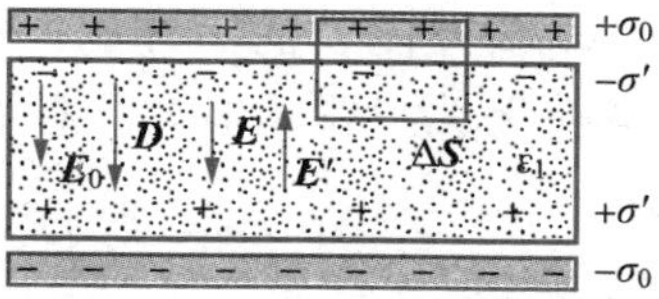

图 9-32　有电介子时的高斯定理

式中，$\varepsilon_r=\dfrac{\varepsilon}{\varepsilon_0}$，$\varepsilon$ 称为电介质的电容率，也叫介电常量。据场强的叠加原理，电介质内的总的场强大小为

$$E=E_0-E' \tag{②}$$

$\boldsymbol{E}_0$ 和 $\boldsymbol{E}'$分别是由自由电荷和极化电荷所激发的电场，据式(9.20)，得

$$E_0=\frac{\sigma_0}{2\varepsilon_0},\qquad E'=\frac{\sigma'}{2\varepsilon_0} \tag{③}$$

由①②③式可得

$$\sigma'=\left(1-\frac{1}{\varepsilon_r}\right)\sigma_0$$

由高斯定理，得

$$\oint_S \boldsymbol{E}\cdot \mathrm{d}\boldsymbol{S}=\frac{1}{\varepsilon_0}(q_0+q')=\frac{\Delta S}{\varepsilon_0}(\sigma_0-\sigma')$$

将 $\sigma'=\left(1-\dfrac{1}{\varepsilon_r}\right)\sigma_0$ 代入上式，经整理，可得

$$\oint_S \boldsymbol{E}\cdot \mathrm{d}\boldsymbol{S}=\frac{q_0}{\varepsilon_r\varepsilon_0}$$

将上式改写为

$$\oint_S \varepsilon_r\varepsilon_0\boldsymbol{E}\cdot \mathrm{d}\boldsymbol{S}=q_0 \tag{9.39}$$

令

$$\boldsymbol{D}=\varepsilon_r\varepsilon_0\boldsymbol{E}=\varepsilon\boldsymbol{E} \tag{9.40}$$

则式(9.39)可写成

$$\oint_S \boldsymbol{D}\cdot \mathrm{d}\boldsymbol{S}=q_0 \tag{9.41}$$

式中，$\boldsymbol{D}$ 称为电位移矢量，$\oint_S \boldsymbol{D}\cdot \mathrm{d}\boldsymbol{S}$ 则是通过闭合曲面的电位移通量，q_0 为该闭合曲面包围的自由电荷。

式(9.41)虽从平行板电容器这一特例得出，但理论研究证明，这一结论是普遍适用的。因此，有电介质时的高斯定理可表述如下：在静电场中，通过任意闭合曲面的电位移通量等

于该闭合曲面包围的自由电荷的代数和。其数学表达式为

$$\oint_S \boldsymbol{D}\cdot \mathrm{d}\boldsymbol{S} = \sum_{(S_{内})} q_0 \tag{9.42}$$

式(9.42)的优点在于等式的右边没有明显地出现极化电荷。这就给它的应用带来了很大的方便。

需要指出，电位移通量与束缚电荷及闭合曲面外的电荷无关，并不是说电位移矢量 $\boldsymbol{D}$ 本身与束缚电荷及闭合曲面外的电荷无关。在无电介质存在时，$\varepsilon_r=1$，式(9.42)就还原为真空中静电场的高斯定理。

在电场不是太强时，各向同性电介质中任意一点的电位移矢量 $\boldsymbol{D}$，可定义为该点的电场强度矢量 $\boldsymbol{E}$ 与该点的介电常数 ε 的乘积。对于各向同性均匀电介质来说，ε 为决定于电介质种类的常量。如果介质不均匀，则各处的 ε 值一般不同，但只要是各向同性介质，$\boldsymbol{D}$ 与 $\boldsymbol{E}$ 总是同方向的。对各向异性电介质，ε 不再是一个普通常量，而是一个包括 9 个分量的张量，$\boldsymbol{D}$ 与 $\boldsymbol{E}$ 的方向一般并不相同，式(9.40)的关系也不再成立，但式(9.42)仍然适用。本书中不讨论这类问题。

顺便指出，由于静电场是保守场，因此在普遍情况下，有电介质存在时环路定理仍然成立。

9.9 电容 电容器

电容器既是储存电荷和电能的元件，又是阻隔直流、导通交流的电路器件，在电工电子技术及其设备中得到广泛的应用。下面先讨论孤立导体的电容，然后再讨论电容器的电容。

9.9.1 孤立导体的电容

所谓孤立导体，指的是在这导体的附近没有其他导体和带电体。设想使一个孤立导体带电荷 q，它将在周围的空间激发电场，从而它具有一定的电势 U。理论和实验表明，U 与 q 成正比，即

$$C=\frac{q}{U}$$

式中，比例系数 C 是一个仅与导体尺寸和形状有关的常量，而与 q、U 无关。C 称为孤立导体的电容，它的物理意义是使导体每升高单位电势所需的电量。在 SI 制中，电容的单位为库/伏(C/V)，这个单位有个专门的名称，称为法拉(F)，法拉是一个非常大的单位。比如要想使一导体球的电容为 1 F，则它的半径应为地球半径的几千倍。所以在实用中常用微法(μF)和皮法(pF)，它们之间的关系为：

$$1\ \mathrm{F}=10^6\ \mu\mathrm{F},\quad 1\ \mu\mathrm{F}=10^6\ \mathrm{pF}$$

9.9.2 电容器的电容

实际上，孤立导体是不存在的，一般来说，周围总会有其他导体。由于静电感应将会改变电场分布，故导体的电势不仅与其本身所带电量有关，而且还与周围其他导体的位置及形状有关。因此，其他导体的存在将会影响该导体的电容。

在实际应用中是设计一种导体组合，一方面使其电容量大而几何尺寸小，另一方面要使

这种导体组合的电容不受周围其他物体(包括带电体)的影响。两个靠近而又相互绝缘的导体所组成的系统就是这样的组合，称为电容器。系统中的两个导体称为电容器的两个极板。电容器带电时，常使两极板带等量异号电荷。电容器的电容定义为一个极板所带电量 $q(q>0)$ 与两极板间的电势差 $U_1-U_2(U_1>U_2)$ 之比，即

$$C=\frac{q}{U_1-U_2} \tag{9.43}$$

前面提及的孤立导体，事实上并不存在，它至少和地球有关。所以孤立导体的电容实际上就是它和地球组成的电容器的电容。因为地球的电势一般取为零，所以孤立导体的电势实际上就是它与地球的电势差。

9.9.3　电介质对电容器电容的影响

设电容器两极板之间为真空时其电容为 C_0，两极板之间充满某种电介质时其电容为 C，实验和理论都证明 C 和 C_0 的关系为

$$C=\varepsilon_r C_0 \tag{9.44}$$

即，有电介质的电容器的电容为真空电容器电容的 ε_r 倍。ε_r 称为此种电介质的相对电容率，也叫相对介电常量，是一个纯数。ε_r 的值取决于电介质的性质及它所处的状态(温度、压力等)。空气的相对电容率接近于 1，其他物质的相对电容率大于 1，因此电容器内充入电介质后，其电容一般都要增大。有关电介质的具体内容将在下一节介绍。

9.9.4　几种典型电容器

1. 平行板电容器

如图 9－33 所示，平行板电容器由两块靠得很近的平行极板组成。设两极板面积均为 S，间距为 d，两极板所带电量分别为 q 和 $-q$。在实际应用中，两极板间距通常很小，两极板面积的线度相对很大，因此两极板之间的电场接近于匀强电场。略去边缘效应，由高斯定理可得极板间的场强大小为

$$E=\frac{\sigma}{\varepsilon_0}$$

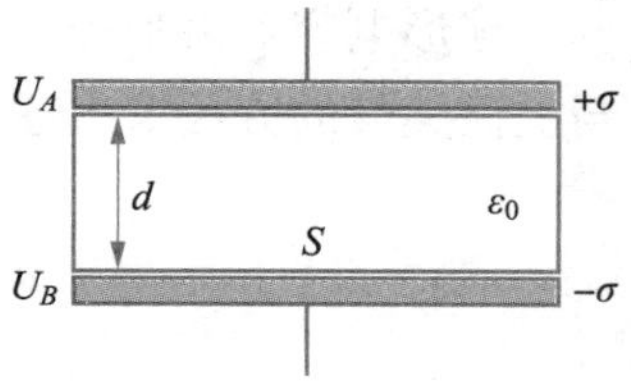

图 9－33　平行板电容器

式中，$\sigma=\dfrac{q}{S}$ 为极板面电荷密度。$\boldsymbol{E}$ 的方向由带正电荷的极板指向带负电荷的极板。两极板间的电势差为

$$U_A-U_B=\int_A^B \boldsymbol{E}\cdot \mathrm{d}\boldsymbol{l}=\frac{\sigma}{\varepsilon_0}d$$

由电容器电容的定义，可得平行板电容器的电容为

$$C_0=\frac{q}{U_A-U_B}=\frac{\varepsilon_0 S}{d} \tag{9.45a}$$

若两极板间充满电介质，则有

$$C=\varepsilon_r C_0=\varepsilon_r\frac{\varepsilon_0 S}{d}=\frac{\varepsilon S}{d} \tag{9.45b}$$

由式(9.45a)可见，平行板电容器的电容与极板面积成正比，与极板间的距离成反比，而与组成极板的导体材料及其所带电量无关。

我们知道，当极板间充满电介质时，电容器的电容为真空电容器电容的 ε_r 倍。根据电容的定义式(9.43)，这可理解为在相同电压的情况下，有电介质的电容器所能储存的电量 q 为真空电容器所储电量的 ε_r 倍。而在极板电量保持恒定的情况下，有电介质的电容器的电压是真空电容器电压的 $1/\varepsilon_r$。

2. 圆柱形电容器

圆柱形电容器由两个同轴导体圆柱面组成，如图 9-34 所示。设圆柱长度为 l，内、外圆柱面的半径分别为 R_A 和 R_B，且 $l \gg R_B - R_A$。在此条件下，柱面两端的边缘效应可略去不计。假定内、外圆柱面所带电量分别为 q 和 $-q$，柱面上电荷均匀分布，因此两圆柱面间的电场可看成是两个无限长均匀带电圆柱面的电场。由高斯定理可求得两柱面间离轴为 r 处的场强大小为

$$E=\frac{\lambda}{2\pi\varepsilon_0 r}\quad (R_A<r<R_B)$$

式中，$\lambda=q/l$ 为圆柱面轴向单位长度上的电量，称为线电荷密度。场强的方向垂直于圆柱面的轴线。于是两圆柱面间的电势差为

$$U_A-U_B=\int_A^B \boldsymbol{E}\cdot \mathrm{d}\boldsymbol{l}=\int_{R_A}^{R_B}\frac{\lambda}{2\pi\varepsilon_0 r}\mathrm{d}r=\frac{\lambda}{2\pi\varepsilon_0}\ln\frac{R_B}{R_A}$$

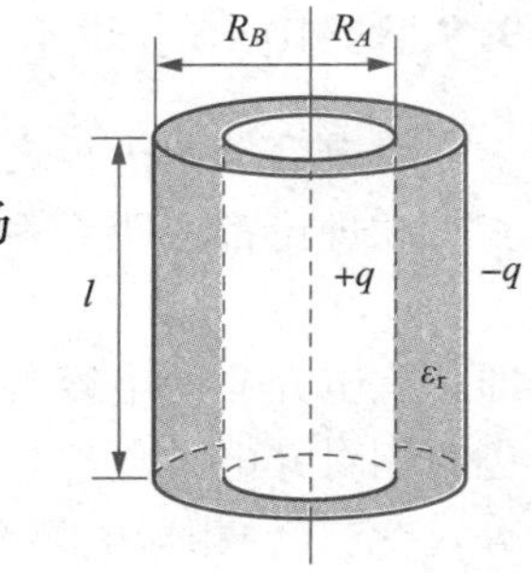

图 9-34 柱形电容器

根据电容器电容的定义有

$$C_0=\frac{q}{U_A-U_B}=\frac{\lambda l}{\frac{\lambda}{2\pi\varepsilon_0}\ln\frac{R_B}{R_A}}=\frac{2\pi\varepsilon_0 l}{\ln\frac{R_B}{R_A}}\tag{9.46a}$$

若两圆柱面间充满相对电容率为 ε_r 的电介质，则其电容为

$$C=\varepsilon_r C_0=\frac{2\pi\varepsilon_0\varepsilon_r l}{\ln\frac{R_B}{R_A}}=\frac{2\pi\varepsilon l}{\ln\frac{R_B}{R_A}}\tag{9.46b}$$

3. 球形电容器

球形电容器由半径分别为 R_A 和 R_B 的两个同心导体球面组成，如图 9-35 所示。可用与上面类似的方法求出球形电容器的电容为

$$C_0=\frac{4\pi\varepsilon_0 R_A R_B}{R_B-R_A}\tag{9.47a}$$

$$C=\varepsilon_r C_0=\frac{4\pi\varepsilon_0\varepsilon_r R_A R_B}{R_B-R_A}=\frac{4\pi\varepsilon R_A R_B}{R_B-R_A}\tag{9.47b}$$

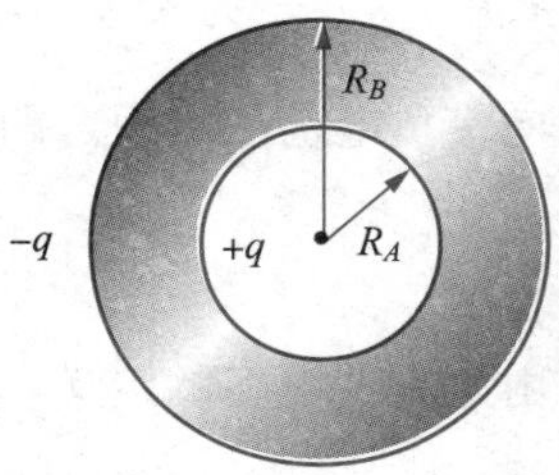

图 9-35 球形电容器

上式表明，球形电容器的电容与内、外球面的半径有关，与电介质的性质有关。顺便指出，当 $R_B\to\infty$ 时，$U_B\to 0$，这时有

$$C=4\pi\varepsilon R_A$$

此结果即为孤立导体球的电容公式。

由以上计算结果可见：电容器电容的大小取决于电容器极板的形状、大小、相对位置以及极板间电介质的性质，而与电容器是否带电、带电多少及两极板间的电势差无关。计算电容器电容的一般步骤是：

(1)设电容器两个极板带有等量异号电荷。

(2)求出极板间的电场强度分布。

(3)计算两极板间的电势差。

(4)根据电容器电容的定义求得电容。

9.9.5　电容器的连接

电容器主要有电容和耐压能力两个性能参数。其数值一般都按规定标注在电容器的外表面上，称为电容器的标称值。在实际应用中，单个电容器的标称值往往不能满足电路要求，需要把多个电容器根据电路要求按一定规则连接起来使用。

电容器的连接方式有串联、并联和混合连接三种。并联时各电容器两极间电压相同，总电容为

$$C = C_1 + C_2 + \cdots + C_n = \sum_{i=1}^{n} C_i \tag{9.48}$$

可见并联能使电容增大。串联时，各电容器所带电量相同，总电容为

$$\frac{1}{C} = \frac{1}{C_1} + \frac{1}{C_2} + \cdots + \frac{1}{C_n} = \sum_{i=1}^{n} \frac{1}{C_i} \tag{9.49}$$

可见，串联使电容减小，但能提高耐压能力。如果要求既增大电容量，又提高耐压能力，就必须采用既有并联，又有串联的混合连接方式。例如，现有电容为 C、耐压为 V 的相同电容器若干个，实际电路却需要电容为 $2C$，耐压为 $2V$ 的电容器一个。在这种情况下，就需要将 8 个现有的电容器混合连接成如图 9－36 所示的电容器组。

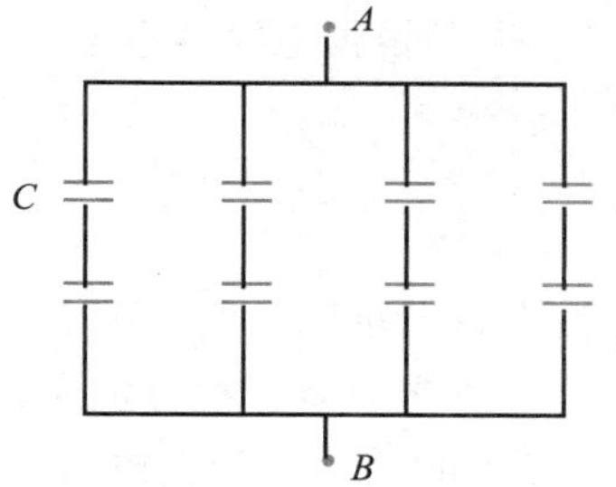

图 9－36　电容器的混联

电容器是一种重要的电器元件。在电力系统中，电容器既可以用来储存电荷和电能，也是提高功率因素的重要元件。在电子线路中，电容器则是获得振荡、滤波、相移、旁路、耦合、阻隔直流等作用的重要元件。

例 9.15　自由电荷面密度为 $\pm\varepsilon_0$ 的带电平板电容器极板间充满两层各向同性均匀电介质，见图 9－37。电介质的界面都平行于电容器的极板，两层电介质的相对介电常数各为 ε_{r1} 和 ε_{r2}，厚度各为 d_1 和 d_2。试求：(1)各电介质层中的电场强度；(2)电容器两极板间的电势差；(3)电容器的电容。

解　(1)由于两层电介质皆为均匀的，极板又可认为是无限大的，因此两层介质中的电场都是均匀的。设两层电介质中的电位移分别为 $\boldsymbol{D}_1$ 和 $\boldsymbol{D}_2$。过电介质 1 作圆柱形高斯面如图 9－37 所示。通过极板 A 外侧底面的 $\boldsymbol{D}$ 通量和圆柱侧面的 $\boldsymbol{D}$ 通量皆为零，因此，通过所作高斯面的 $\boldsymbol{D}$ 通量就等于通过位于电介质 1 中圆柱底面的 $\boldsymbol{D}_1$ 通量。根据高斯定理有

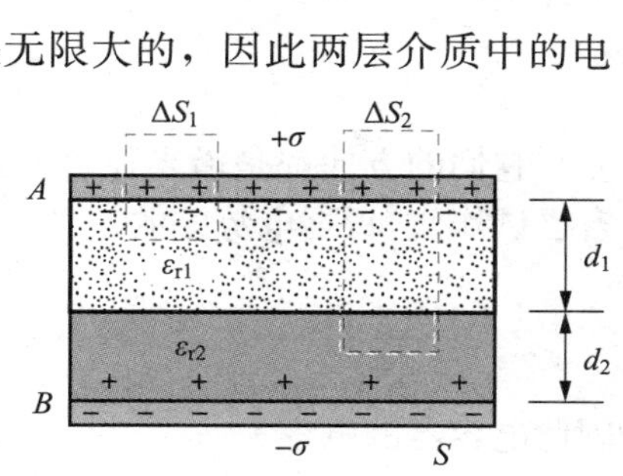

图 9－37　充有电介质的平行板电容器的电容

$$\oint_S \boldsymbol{D}_1 \cdot \mathrm{d}\boldsymbol{S} = D_1 \cdot \Delta S_1 = \sigma_0 \Delta S_1$$

故有

$$D_1 = \sigma_0$$

由 $\boldsymbol{D}=\varepsilon\boldsymbol{E}$，有

$$E_1=\frac{D_1}{\varepsilon_1}=\frac{\sigma_0}{\varepsilon_0\varepsilon_{r1}}$$

同理，通过电介质 2 作高斯面，如图 9-37 所示。应用高斯定理可得

$$D_2=\sigma_0$$

$$E_1=\frac{D_2}{\varepsilon_2}=\frac{\sigma_0}{\varepsilon_0\varepsilon_{r2}}$$

可见两层电介质中的电位移矢量相等，但电场强度不等。又注意到，两层电介质皆均匀且电介质各界面都是等势面，因此各层电介质内部的电场强度 $\boldsymbol{E}_1$ 和 $\boldsymbol{E}_2$ 分别为自由面电荷产生的电场强度 $E_0=\left(\frac{\sigma_0}{\varepsilon_0}\right)$除以 ε_{r1} 和 ε_{r2}，这一结果是我们所预料的。

(2)根据电势差的定义，可求出电容器两极板间的电势差为

$$U_A-U_B=\int_A^B\boldsymbol{E}\cdot d\boldsymbol{l}=E_1d_1+E_2d_2=\frac{\sigma_0}{\varepsilon_0\varepsilon_{r1}}d_1+\frac{\sigma_0}{\varepsilon_0\varepsilon_{r2}}d_2$$

$$=\frac{\sigma_0}{\varepsilon_0}\left(\frac{d_1}{\varepsilon_{r1}}+\frac{d_2}{\varepsilon_{r2}}\right)$$

(3)根据电容器电容的定义，该电容器的电容为

$$C=\frac{Q}{U_A-U_B}=\frac{\sigma_0S}{\frac{\sigma_0}{\varepsilon_0}\left(\frac{d_1}{\varepsilon_{r1}}+\frac{d_2}{\varepsilon_{r2}}\right)}=\frac{\sigma_0S}{d_1/\varepsilon_{r1}+d_2/\varepsilon_{r2}}$$

读者自己可以证明，这实际上相当于两个介质电容器的串联。

例 9.16　半径分别为 R_1 和 R_3 的同心导体球面组成球形电容器，中间充满相对介电常数分别为 ε_{r1} 和 ε_{r2} 的两层各向同性均匀电介质，它们的分界面为一半径 R_2 的同心球面，见图 9-38。求此电容器的电容。

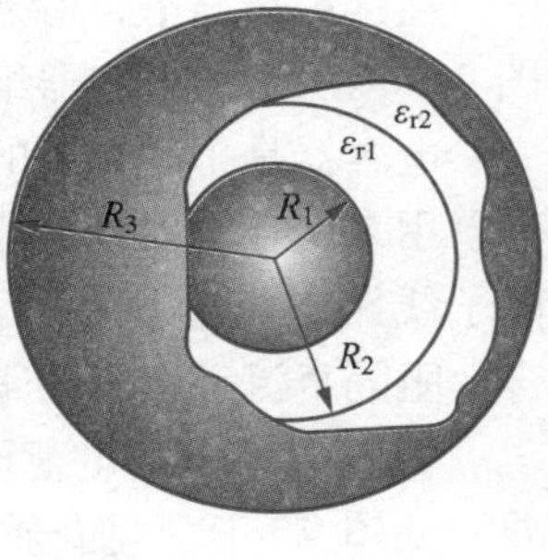

图 9-38　充有电介质的球形电容器的电容

解　由于两层电介质皆为各向同性均匀电介质，根据对称性可知，两层电介质的界面一定都是等势面。电介质内部的电场强度应等于自由电荷产生的电场强度的 ε_{r1} 和 ε_{r2} 分之一。设给电容器充电，使两极板分别带电量为 $\pm q$(使外球壳带负电)。在两层电介质内的电场强度应分别为

$$E_1=\frac{q}{4\pi\varepsilon_0\varepsilon_{r1}r_1^2},\quad E_2=\frac{q}{4\pi\varepsilon_0\varepsilon_{r2}r_2^2}$$

它们的方向都是沿半径由内指向外(用高斯定理也可以很方便地得到 $\boldsymbol{E}_1$ 和 $\boldsymbol{E}_2$，读者可自己试作)。根据电势差的定义，两极间的电势差为

$$\Delta U=\int_{R_1}^{R_3}\boldsymbol{E}\cdot d\boldsymbol{r}=\int_{R_1}^{R_2}\boldsymbol{E}_1\cdot d\boldsymbol{r}+\int_{R_2}^{R_3}\boldsymbol{E}_2\cdot d\boldsymbol{r}=\frac{q}{4\pi\varepsilon_0}\left[\frac{1}{\varepsilon_{r1}}\left(\frac{1}{R_1}-\frac{1}{R_2}\right)+\frac{1}{\varepsilon_{r2}}\left(\frac{1}{R_2}-\frac{1}{R_3}\right)\right]$$

因此电容器的电容为

$$C=\frac{q}{\Delta U}=\frac{4\pi\varepsilon_0}{\frac{1}{\varepsilon_{r1}}\left(\frac{1}{R_1}-\frac{1}{R_2}\right)+\frac{1}{\varepsilon_{r2}}\left(\frac{1}{R_2}-\frac{1}{R_3}\right)}$$

9.10　静电场的能量

如果给电容器充电，电容器中就有了电场，电场中储藏的能量等于充电时电源所做的功。这个功是由电源消耗其他形式的能量来完成的。如果让电容器放电，则储藏在电场中的能量又可以释放出来。下面以平行板电容器为例，来计算这种称为静电能的电场能量。

设充电时，在电源的作用下把正的电荷元 $\mathrm{d}q$ 不断地从 B 板上拉下来，再推到 A 板上去，如图 9－39 所示，若在时间 t 内，从 B 板向 A 板迁移了电荷 $q(t)$，这时两极板间的电势差为

$$u(t)=\frac{q(t)}{C}$$

此时若继续从 B 板迁移电荷元 $\mathrm{d}q$ 到 A 板，则必须做功

$$\mathrm{d}A=u(t)\mathrm{d}q=\frac{q(t)}{C}\mathrm{d}q$$

这样，从开始极板上无电荷直到极板上带电量为 Q 时，电源所做的功为

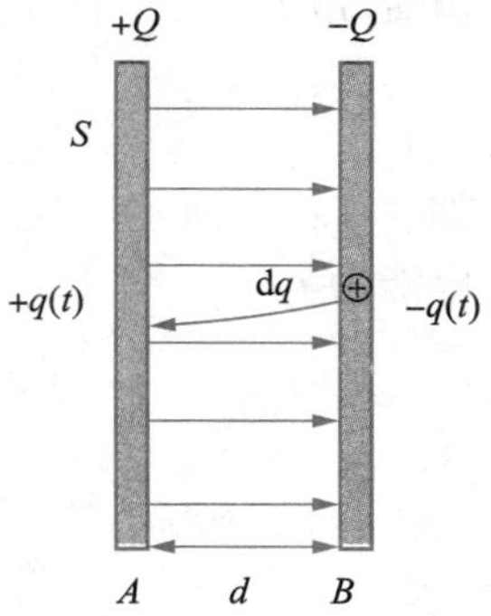

图 9－39　电容器储能

$$A=\int \mathrm{d}A=\int_0^Q \frac{q(t)}{C}\mathrm{d}q=\frac{Q^2}{2C} \tag{9.50}$$

由于 $Q=CU$，所以上式可以写作

$$A=\frac{1}{2}CU^2 \tag{9.51}$$

式中，U 为极板上带电量为 Q 时两极板间的电势差。此时，电容器中电场储藏的能量 W_e 的数值就等于这个功的数值，即

$$W_e=\frac{Q^2}{2C}=\frac{1}{2}CU^2=\frac{1}{2}QU \tag{9.52}$$

在平行板电容器中，如果忽略边缘效应，两极板间的电场是均匀的。因此，单位体积内储藏的能量，即能量密度 w_e 也应该是均匀的。把 $U=Ed$，$C=\varepsilon_0 S/d$ 代入式(9.52)得

$$W_e=\frac{1}{2}\varepsilon_0 E^2 Sd=\frac{1}{2}\varepsilon_0 E^2 V$$

式中，V 为电容器中电场遍及的空间的体积。所以能量密度为

$$w_e=\frac{W_e}{V}=\frac{1}{2}\varepsilon_0 E^2 \tag{9.53}$$

从上式可以看出，只要空间任一处存在着电场，电场强度为 $\boldsymbol{E}$，该处单位体积就储藏着能量 $w_e=\frac{1}{2}\varepsilon_0 E^2$，这个结果虽然是从平行板电容器中的均匀电场这个特例推出的，可以证明它是普遍成立的。

设想在不均匀电场中，任取一体积元 $\mathrm{d}V$，该处的能量密度为 w_e，则体积元 $\mathrm{d}V$ 中储藏的静电能为

$$\mathrm{d}W_e=w_e\mathrm{d}V$$

整个电场中储藏的静电能为

$$W_e = \int_V \mathrm{d}W_e = \int_V \frac{1}{2}\varepsilon_0 E^2 \mathrm{d}V \tag{9.54}$$

式中的积分遍及整个电场分布的空间。

例 9.17　有一半径为 a、带电量为 q 的孤立金属球。试求它所产生的电场中储藏的静电能。

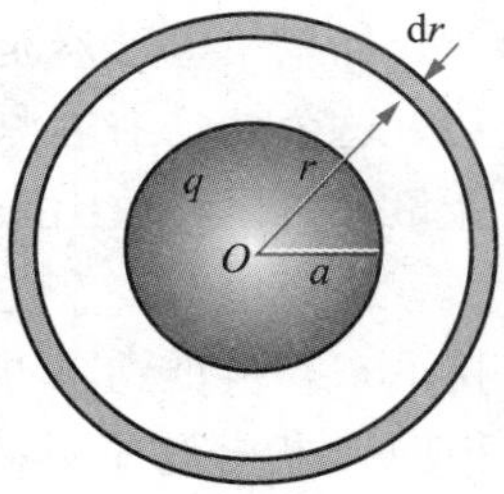

图 9-40　孤立带电导体球的静电能

解　该带电金属球产生的电场具有球对称性，电场强度的方向沿着径向，其大小为

$$E = \frac{q}{4\pi\varepsilon_0 r^2}$$

如图 9-40 所示，先计算半径为 r、厚度为 $\mathrm{d}r$ 的球壳层中储藏的静电能为

$$\mathrm{d}W_e = w_e \mathrm{d}V = \frac{1}{2}\varepsilon_0 E^2 \cdot 4\pi r^2 \cdot \mathrm{d}r$$

$$= \frac{1}{2}\varepsilon_0 \left(\frac{q}{4\pi\varepsilon_0 r^2}\right)^2 \cdot 4\pi r^2 \cdot \mathrm{d}r = \frac{q^2}{8\pi\varepsilon_0 r^2}\mathrm{d}r$$

则整个电场中储藏的静电能为

$$W_e = \int_V \mathrm{d}W_e = \int_a^{\infty} \frac{q^2}{8\pi\varepsilon_0 r^2}\mathrm{d}r = \frac{q^2}{8\pi\varepsilon_0 a}$$

例 9.18　圆柱形电容器长为 l，内、外半径分别为 R_1 和 R_2（$R_1 < R_2$）。两极上均匀带电为 $+Q$ 和 $-Q$。试求电容器电场中的能量。

解　由高斯定理可得，两极间电场强度的大小为

$$E = \frac{\lambda}{2\pi\varepsilon_0 r}$$

其方向沿径向，式中 $\lambda = Q/l$。则电场能量体密度为

$$w_e = \frac{1}{2}\varepsilon_0 E^2 = \frac{\lambda^2}{8\pi^2\varepsilon_0 r^2}$$

取如图 9-41 所示的半径为 r、厚度为 $\mathrm{d}r$、长为 l 的圆柱薄层为体积元，则

$$\mathrm{d}V = 2\pi r l \cdot \mathrm{d}r$$

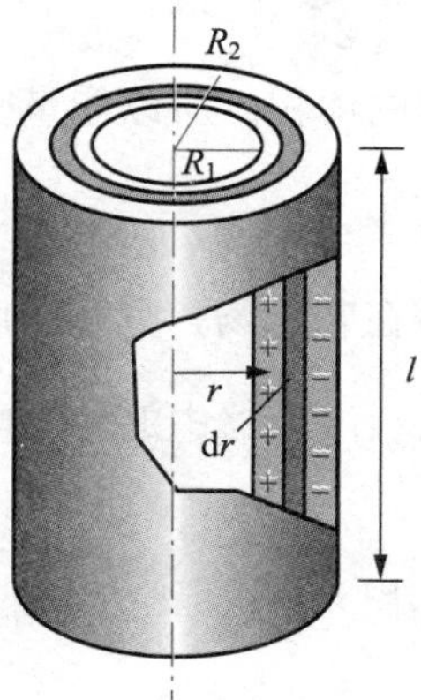

图 9-41　柱形电 容器电场能量

此体积元中的电场能量

$$dW_e=w_e dV=\frac{\lambda^2}{8\pi^2\varepsilon_0 r^2}\cdot 2\pi rl\cdot dr=\frac{\lambda^2 l dr}{4\pi\varepsilon_0 r}$$

两极间电场的能量为

$$dW_e = w_e dV = \int_{R_1}^{R_2}\frac{\lambda^2 l}{4\pi\varepsilon_0}\frac{dr}{r}=\frac{\lambda^2 l}{4\pi\varepsilon_0}\ln\frac{R_2}{R_1}=\frac{Q^2}{4\pi\varepsilon_0 l}\ln\frac{R_2}{R_1}$$

与式(9.52)$W_e=\frac{Q^2}{2C}$比较，可得圆柱形电容器的电容

$$C=\frac{2\pi\varepsilon_0 l}{\ln R_2/R_1}$$

此式和 9.9 节所计算的结果相同。利用能量的计算，也可以间接地求出电容。这是电容器电容的另一种计算方法。

例 9.19　一平行板电容器，极板面积为 S，极板间距离为 d，其间充满相对介电常数为 ε_r 的电介质。当其充电后，两极板间的电势差为 ΔU。试求：(1)电容器中电场的能量；(2)如果切断充电电源，把电介质从电容器中抽出来，外界必须做多少功。

解　(1)对于平行板介质电容器，其电容为

$$C=\varepsilon_r C_0=\frac{\varepsilon_r\varepsilon_0 S}{d}$$

电容器中电场的能量为

$$W_e=\frac{1}{2}C(\Delta U)^2=\frac{\varepsilon_r\varepsilon_0 S}{2d}(\Delta U)^2$$

两极板间的电势差 $\Delta U=Ed$，E 为极板间的电场强度，根据式(9.52)，电场的能量为

$$W_e=\frac{1}{2}C(\Delta U)^2=\frac{1}{2}\frac{\varepsilon_r\varepsilon_0 S}{d}E^2 d^2=\frac{1}{2}\varepsilon_r\varepsilon_0 E^2 Sd=\frac{1}{2}\varepsilon E^2 V$$

则电场的能量密度为

$$w_e=\frac{W_e}{V}=\frac{1}{2}\varepsilon E^2=\frac{1}{2}\boldsymbol{D}\cdot\boldsymbol{E}$$

这个关系虽然是从平行板电容器的特殊情况下得出的，可以证明它是普适的。

(2)当电容器充电后，极板上所带的电量为

$$Q=C\Delta U=\frac{\varepsilon_r\varepsilon_0 S}{d}\Delta U$$

切断电源后，极板上的电量 Q 不变。抽出电介质后，电容器的电容为

$$C_0=\frac{\varepsilon_0 S}{d}$$

电容器中电场的能量为

$$W_e'=\frac{Q^2}{2C_0}=\frac{\left(\frac{\varepsilon_r\varepsilon_0 S}{d}\Delta U\right)^2}{2\frac{\varepsilon_0 S}{d}}=\frac{\varepsilon_0\varepsilon_r^2 S}{2d}(\Delta U)^2$$

抽出电介质前后电容器中电场能量之差等于外界所做的功

$$A = W'_e - W_e = \frac{\varepsilon_0 \varepsilon_r^2 S}{2d}(\Delta U)^2 - \frac{\varepsilon_0 \varepsilon_r S}{2d}(\Delta U)^2 = \frac{1}{2}\varepsilon_0 \varepsilon_r S(\Delta U)^2\left(\frac{\varepsilon_r - 1}{d}\right)$$

$$= \frac{1}{2}\varepsilon S(\Delta U)^2\left(\frac{\varepsilon_r - 1}{d}\right)$$

例 9.20　球形电容器中充满了相对介电常数为 ε_r 的各向同性均匀电介质。给如图 9－42 所示的电容器充电，使其两极上带电量为 $\pm q$，如图 9－42 所示。试求电容器中电场的能量。

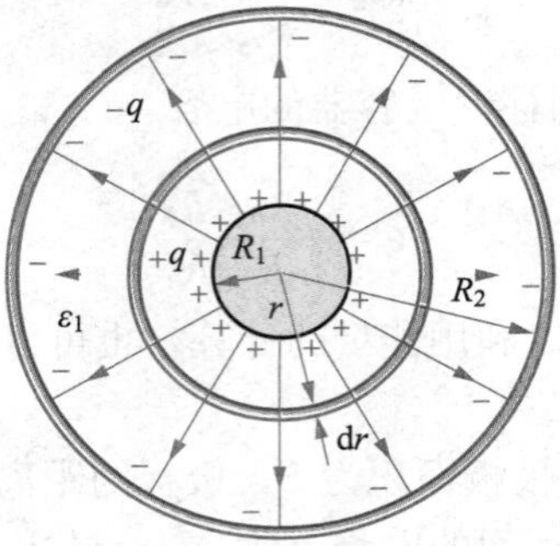

图 9－42　球形电容器电场能量

解　在球形电容器中取半径为 r，厚度为 dr 的一层薄球壳为体积元。由于对称性，球壳所在处电位移 $\boldsymbol{D}$ 的大小处处相等。由电介质中的高斯定理不难求得电位移矢量 $\boldsymbol{D}$ 的大小

$$D = \frac{q}{4\pi r^2}$$

其电场强度的大小为

$$E = \frac{D}{\varepsilon} = \frac{q}{4\pi\varepsilon r^2}$$

薄球壳的体积为 $\mathrm{d}V = 4\pi r^2 \mathrm{d}r$

因此球壳中的电场能量为

$$\mathrm{d}W_e = \frac{1}{2}\varepsilon E^2 \mathrm{d}V = \frac{1}{2}\varepsilon\left(\frac{q}{4\pi\varepsilon r^2}\right)^2 4\pi r^2 \mathrm{d}r = \frac{q^2}{8\pi\varepsilon r^2}\mathrm{d}r$$

电容器中电场的总能量为

$$W_e = \int \mathrm{d}W_e = \int_{R_1}^{R_2} \frac{q^2}{8\pi\varepsilon r^2}\mathrm{d}r = \frac{q^2}{8\pi\varepsilon}\left(\frac{1}{R_1} - \frac{1}{R_2}\right) = \frac{1}{2}\;\frac{q^2}{\dfrac{4\pi\varepsilon R_1 R_2}{R_2 - R_1}}$$

9.11　静电的其他应用

9.11.1　静电喷漆

随着工业技术水平的不断发展与人们精神文明水平连续改善，人们对产品在外观上的要求也越来越高，既需雅观雅致又要务实信得过，静电喷漆技术就是近年来在国际上快速发展

起来的新型技术，被广泛应用到各个工业行业表面处理中。

如图 9－43 所示，静电喷漆是以被涂物为正电极，日常情景下接地；涂料雾化装置为负电极，接电源负高压，这样在两极就造成了高压静电场。由于在阴极孕育发生电晕放电，可使喷出的涂料介质带电，并进一步雾化。遵照“同性相斥，异性相吸”的原理，已带电的涂料介质受电场力的作用，涂料对被涂物形成环抱效果，沿电力线定向地流向带正电的被涂物外观，堆积成一层平均、附着牢固的薄膜。静电喷漆技术也可采用正极性电晕放电，但负极性电晕放电的临界电压较正极性电晕放电低，又较为稳定、不易孕育发生火花。在通常情景下将被涂物作为正极接地。

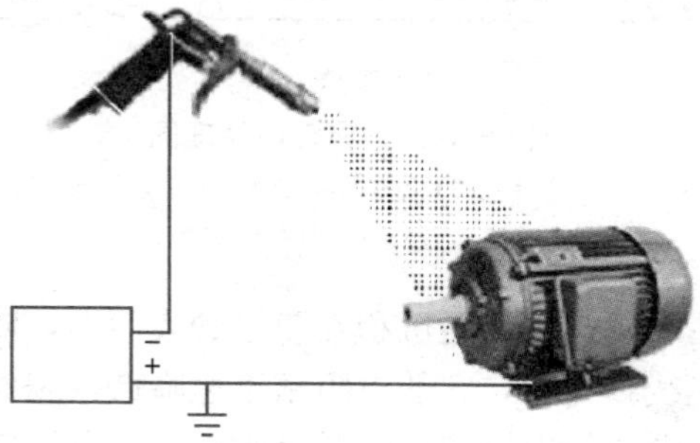

图 9－43　静电喷漆原理图

9.11.2　静电除尘

静电除尘空气净化器利用高压直流电场使空气中的气体分子电离，产生大量电子和离子，在电场力的作用下向两极移动，在移动过程中碰到气流中的粉尘颗粒和细菌使其荷电，荷电颗粒在电场力作用下与气流分向相反的极板做运动，在电场作用下，空气中的自由离子要向两极移动，电压愈高、电场强度愈高，离子的运动速度愈快。由于离子的运动，极间形成了电流。开始时，空气中的自由离子少，电流较少。电压升高到一定数值后，放电极附近的离子获得了较高的能量和速度，它们撞击空气中的中性原子时，中性原子会分解成正、负离子，这种现象称为空气电离。空气电离后，由于联锁反应，在极间运动的离子数大大增加，表现为极间的电流(称之为电晕电流)急剧增加，空气成了导体，高强电压捕获附带细菌颗粒，瞬间导电击穿由蛋白质组成的细胞壁，达到杀灭细菌吸附除尘。

9.11.3　静电复印

静电复印是现在应用最广泛的复印技术，它是用硒、氧化锌、硫化镉和有机光导体等作为光敏材料，在暗处充上电荷接受原稿图像曝光，形成静电潜像，再经显影、转印和定影等过程而成。

静电复印机主要有三个部分，如图 9－44 所示。

①原稿的照明和聚焦成像部分。原稿放置在透明的稿台上，稿台或照明光源匀速移动对原稿扫描。原稿图像由若干反射镜和透镜所组成的光学系统在光导体表面聚焦成像。光学系统可形成等倍、放大或缩小的影像。

②光导体上形成潜像和对潜像进行显影部分。表面覆有光导材料的底基多数为圆形，称为硒鼓。光导材料硒在暗处具有高电阻，当它经过充电电极时，空气被电极的高压电所电

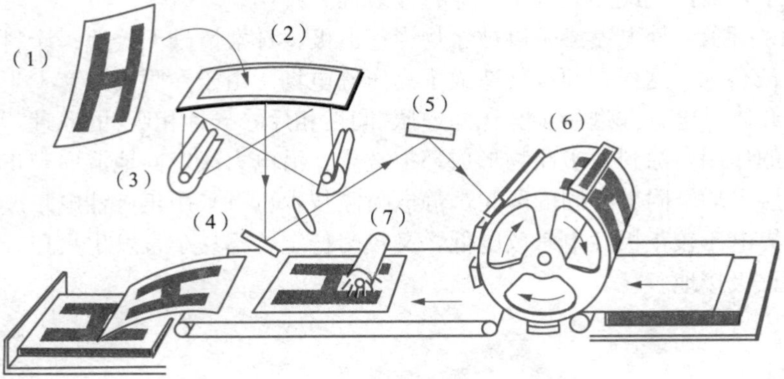

图 9-44　静电复印原理图

(1)文件原件；(2)透明稿台；(3)照明光源；(4)旋转反射镜；(5)固定反射镜；(6)硒鼓；(7)红外线灯

离，自由离子在电场的作用下快速均匀地沉积在膜层的表面上，使之带有均匀的静电荷。当硒鼓接受从原稿系统来的光线曝光时，它的电阻率迅速降低，表面电荷随光线的强弱程度而消失或部分消失，使膜层上形成静电潜像。经过显影后，静电潜像即成为可见像。显影方式分为干法和湿法两类，以干法应用较多。干法显影通常采用磁刷方式，将带有与潜像电荷极性相反的显影色粉，在电场力的作用下加到光导体表面上。吸附的色粉量随潜像电荷的多少而增减，于是出现有层次的色粉图像。

③复印纸的进给、转印和定影部分。输纸机构将单张或卷筒的复印纸送到转印部位，与光导体表面的色粉图像相接触。在转印电极电场力的作用下，光导体表面上的色粉被吸到纸面上。复印纸与光导体表面脱离后进入定影器，经热加压、冷加压或加热后色粉中所含树脂便融化而粘结在纸上，成为永久性的复印品图像。

9.12　小　结

1. 静电场的基本实验定律

(1)电荷守恒定律

(2)库仑定律
$$\boldsymbol{F}=\frac{1}{4\pi\varepsilon_0}\frac{q_1q_2}{r^2}\boldsymbol{e}_r$$

2. 主要物理量

(1)电场强度
$$\boldsymbol{E}=\frac{\boldsymbol{F}}{q_0}$$

场强叠加原理　$\boldsymbol{E}=\boldsymbol{E}_1+\boldsymbol{E}_2+\cdots+\boldsymbol{E}_N=\sum_i \boldsymbol{E}_i$

(2)电势　$U_a=\dfrac{W_a}{q_0}=\int_a^{\text{“0”}}\boldsymbol{E}\cdot\mathrm{d}\boldsymbol{l}$　(式中“0”为电势零点)

电势差　$U_{ab}=U_a-U_b=\int_a^b\boldsymbol{E}\cdot\mathrm{d}\boldsymbol{l}$　(与电势零点无关)

场强与电势的关系　$U_a=\int_a^{“0”}\boldsymbol{E}\cdot\mathrm{d}\boldsymbol{l}$　（积分关系）

$$\boldsymbol{E}=-\mathbf{grad}U，E_l=-\frac{\mathrm{d}U}{\mathrm{d}l}\quad（微分关系）$$

（3）电势能　$W_a=q_0\int_a^{“0”}\boldsymbol{E}\cdot\mathrm{d}\boldsymbol{l}=q_0U_a$（相对电势能零点）

电荷在电场中移动（$a\to b$）时，电场力做功

$$A_{ab}=W_a-W_b=q_0(U_a-U_b)=q_0\int_a^b\boldsymbol{E}\cdot\mathrm{d}\boldsymbol{l}$$

3. 静电场的基本场方程

（1）高斯定理　$\oint_S\boldsymbol{E}\cdot\mathrm{d}\boldsymbol{S}=\frac{1}{\varepsilon_0}\sum_{i=1}^{k}q_i$（表明静电场是有源场）

（2）环路定理　$\oint_L\boldsymbol{E}\cdot\mathrm{d}\boldsymbol{l}=0$　（表明静电场是保守场）

4. 计算方法

（1）场强 $\boldsymbol{E}$ 的计算

1）电荷分布具有某种对称性时，应用高斯定理较为方便。

2）一般情况下，应用点电荷的场强公式和场强的叠加原理

3）先求电势，再应用场强与电势的微分关系求场强。

（2）电势 U 的计算

1）场强分布已知或容易确定时，根据电势定义式，利用场强的线积分计算。

2）一般情况下，应用点电荷的电势公式和电势的叠加原理（包括补偿法）。

5. 典型电场

（1）均匀带电球面

$$E=0\quad(r<R),$$

$$E=\frac{q}{4\pi\varepsilon_0 r^2}\quad(r\geqslant R)（\boldsymbol{E} 的方向沿径向）$$

$$U=\frac{q}{4\pi\varepsilon_0 R}\quad(r<R),$$

$$U=\frac{q}{4\pi\varepsilon_0 r}\quad(r\geqslant R)$$

（2）无限长均匀带电直线

$$E=\frac{\lambda}{2\pi\varepsilon_0 r}\quad（\boldsymbol{E} 的方向垂直于带电直线）$$

（3）无限大均匀带电平面

$$E=\frac{\sigma}{2\varepsilon_0}\quad（\boldsymbol{E} 的方向垂直于带电平面）$$

（4）均匀带电圆环轴线上

$$E=\frac{qx}{4\pi\varepsilon_0(R^2+x^2)^{3/2}},$$

$$U_P=\frac{q}{4\pi\varepsilon_0 r}=\frac{q}{4\pi\varepsilon_0(R^2+x^2)^{1/2}}$$

6. 导体的静电平衡

(1)导体的静电平衡条件

以电场强度表示：$\boldsymbol{E}_{内}=0$，$\boldsymbol{E}_{表面}$垂直导体表面。

以电势表示：导体为等势体，导体表面为等势面。

(2)静电平衡时导体上的电荷分布

$$q_{内}=0 \qquad \sigma_{表面}=\varepsilon_0 E_{表面}$$

(3)静电屏蔽

接地的空腔导体能使腔内、外的电场互不影响。

7. 电介质的极化

极化电荷面密度与自由电荷面密度的关系：

$$\sigma'=\left(1-\frac{1}{\varepsilon_r}\right)\sigma_0$$

8. 电容器

(1)电容器的电容：$C=\dfrac{q}{U_+-U_-}$，$C=\varepsilon_r C_0$

平行板电容器：$C=\varepsilon_r\dfrac{\varepsilon_0 S}{d}=\dfrac{\varepsilon S}{d}$

圆柱形电容器：$C=\dfrac{2\pi\varepsilon_0\varepsilon_r l}{\ln(R_{外}/R_{内})}=\dfrac{2\pi\varepsilon l}{\ln(R_{外}/R_{内})}$

球形电容器：$C=\dfrac{4\pi\varepsilon_0\varepsilon_r R_{外}R_{内}}{R_{外}-R_{内}}=\dfrac{4\pi\varepsilon R_{外}R_{内}}{R_{外}-R_{内}}$

(2)电容器的连接

并联：能使电容量增大，耐压值不变，$C=\sum\limits_{i=1}^{n}C_i$

串联：电容减小，能提高耐压能力，$\dfrac{1}{C}=\sum\limits_{i=1}^{n}\dfrac{1}{C_i}$

9. 电场的能量

(1)能量密度 $w_e=\dfrac{1}{2}\varepsilon_0 E^2=\dfrac{1}{2}\boldsymbol{E}\cdot\boldsymbol{D}$

(2)电场能量 $W_e=\int_V w_e \mathrm{d}V=\int_V \dfrac{1}{2}\varepsilon_0 E^2\mathrm{d}V$

10. 有电介质时静电场的基本定理

(1)高斯定理 $\oint_S \boldsymbol{D}\cdot\mathrm{d}\boldsymbol{S}=\sum\limits_{(S内)}q_0$

电位移矢量：$\boldsymbol{D}=\varepsilon_r\varepsilon_0\boldsymbol{E}=\varepsilon\boldsymbol{E}$ （均匀各向同性电介质）

(2)环路定理 $\oint_L \boldsymbol{E}\cdot\mathrm{d}\boldsymbol{l}=0$

9.13　习　　题

9.1　(1)在电场中某一点的场强定义为 $\boldsymbol{E}=\boldsymbol{F}/q_0$，若该点没有试验电荷，那么该点的场强如何？如果电荷在电场中某点受的电场力很大，该点的电场强度是否一定很大？

(2)根据点电荷的场强公式 $\boldsymbol{E}=\dfrac{q}{4\pi\varepsilon_0 r^2}\boldsymbol{e}_r$，从形式上看，当所考察的场点和点电荷 q 的距离 $r\to 0$ 时，则按上列公式 $E\to\infty$，但这是没有物理意义的。对这个问题该如何解释？

9.2　在真空中有 A、B 两个相对的平行板，相距为 d，板面积均为 S，分别带电 $+q$、$-q$。有人说，根据库仑定律，两板之间作用力为 $f=q/(4\pi\varepsilon_0 d^2)$。又有人说，用 $\boldsymbol{f}=q\boldsymbol{E}$，而极板间 $E=\sigma/\varepsilon_0$，$\sigma=q/S$，所以 $f=q^2/\varepsilon_0 S$，这两种说法对吗？如果不对，f 到底等于多大？

9.3　试用环路定理证明：静电场的电场线永不闭合。

9.4　如习题 9.4 图所示，一点电荷 $q_1=1.0\times10^6\,\text{C}$，另一点电荷 $q_2=2.0\times10^6\,\text{C}$，两电荷相距 $d=10\ \text{cm}$。试求此两点电荷连线上电场强度为零的点的位置。

9.5　设匀强电场的电场强度 $\boldsymbol{E}$ 与半径为 R 的半球面的对称轴平行，如习题 9.5 图所示，试计算通过此半球面的电场强度通量。

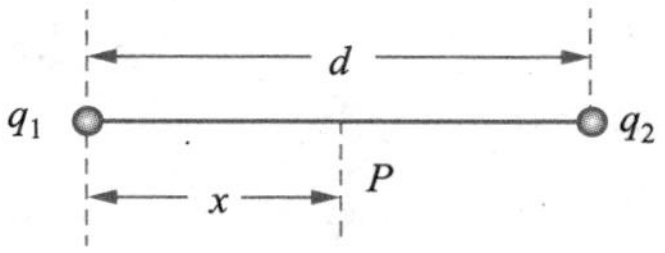

习题 9.4 图

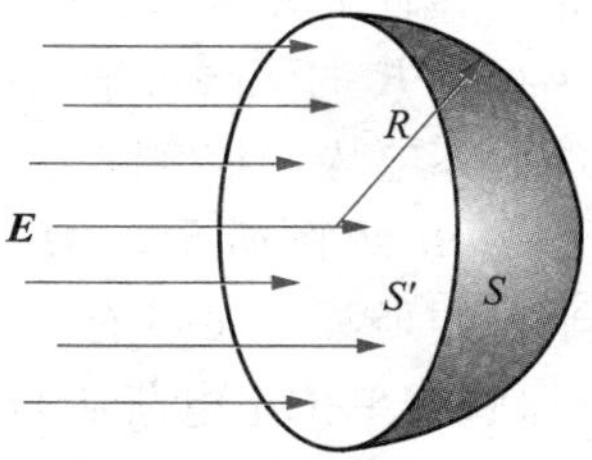

习题 9.5 图

9.6　如习题 9.6 图所示，设在半径为 R 的球体内，其电荷为球对称分布，电荷体密度为

$$\rho=kr\quad(0\leqslant r\leqslant R)\text{；}\ \rho=0\quad(r>R)$$

k 为一常量。试分别用高斯定理和电场叠加原理求电场强度 $\boldsymbol{E}$ 与 r 的函数关系。

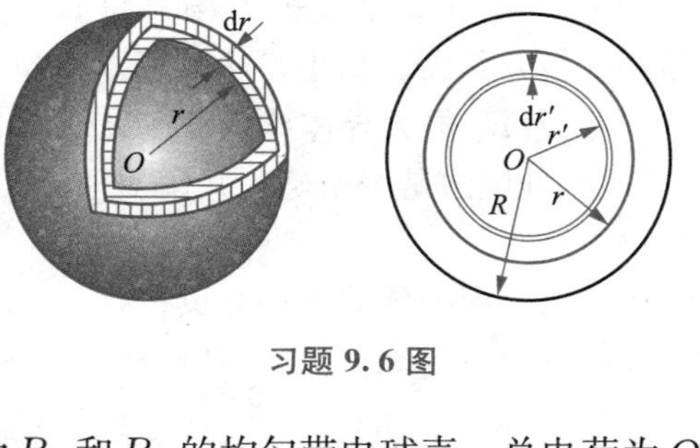

习题 9.6 图

9.7　一个内外半径分别为 R_1 和 R_2 的均匀带电球壳，总电荷为 Q_1，球壳外同心罩一个半径为 R_3 的均匀带电球面，球面带电荷为 Q_2。求电场分布。

9.8　两个带有等量异号电荷的无限长同轴圆柱面，半径分别为 R_1 和 R_2($R_2>R_1$)，单位长

度上的电荷为 λ。求离轴线为 r 处的电场强度：

(1)$r<R_1$；(2)$R_1<r<R_2$；(3)$r>R_2$。

9.9 如习题 9.9 图所示，有三个点电荷 Q_1、Q_2、Q_3 沿一条直线等间距分布，且 $Q_1=Q_2=Q_3$。已知其中任一点电荷所受合力均为零，求在固定 Q_1、Q_3 的情况下，将 Q_2 从点 O 移到无穷远处外力所做的功。

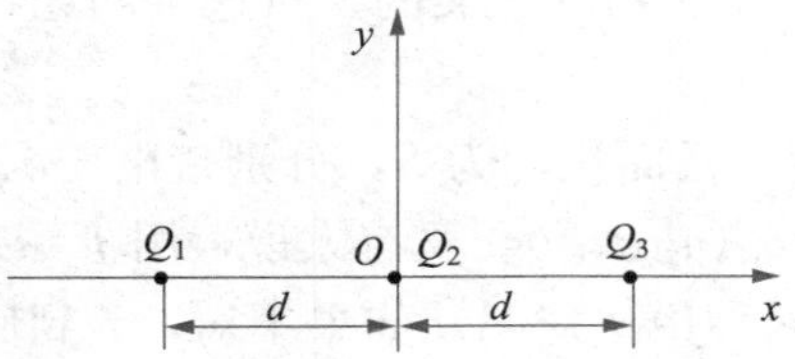

习题 9.9 图

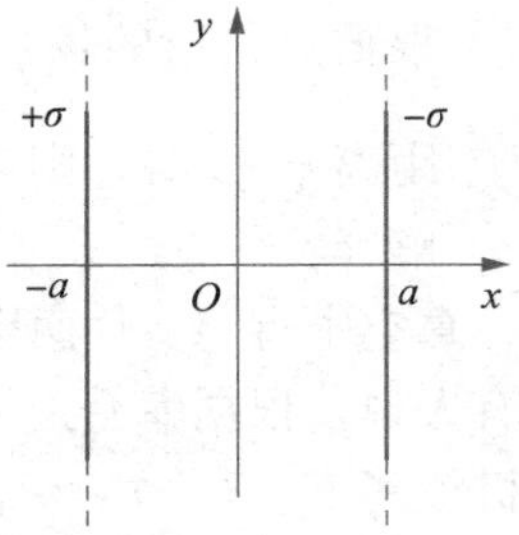

习题 9.10 图

9.10 电荷面密度分别为 $+\sigma$ 和 $-\sigma$ 的两块“无限大”均匀带电的平行平板，如习题 9.10 图放置，取坐标原点为零电势点，求空间各点的电势分布并画出电势随位置坐标 x 变化的关系曲线。

9.11 两个同心球面的半径分别为 R_1 和 R_2，各自带有电荷 Q_1 和 Q_2。求：(1)各区域电势分布，并画出分布曲线；(2)两球面间的电势差为多少？

9.12 一半径为 R 的无限长带电细棒，其内部的电荷均匀分布，电荷的体密度为 ρ。现取棒表面为零电势，求空间电势分布。

9.13 如习题 9.13 图所示，$AB=2l$，OCD 是以 B 为中心、l 为半径的半圆。A 点有正电荷 $+q$，B 点有负电荷 $-q$。问：(1)把单位正电荷从 O 点沿 OCD 移到 D 点，电场力对它做了多少功？(2)把单位负电荷从 D 点沿 AB 的延长线移到无限远处，电场力对它做了多少功？

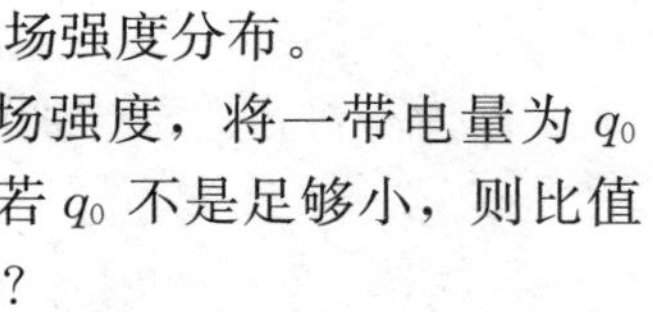

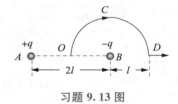

习题 9.13 图

9.14 两均匀带电球壳同心放置，半径分别为 R_1 和 R_2($R_2>R_1$)，已知内外球壳之间的电势差为 U，求两球壳之间的电场强度分布。

9.15 有一个带正电荷的大导体，欲测量其附近一点 P 处的电场强度，将一带电量为 q_0($q_0>0$)的点电荷放在 P 点，测得 q_0 所受的电场力为 F，若 q_0 不是足够小，则比值 F/q_0 与 P 点的电场强度比较，是大、是小，还是正好相等？

9.16 将一个电量 q($q>0$)、半径为 R_2 的大导体球，移近另外一个半径为 R_1 的原来不带电的小导体球，试判断下列各种说法是否正确？并说明理由。

(1)大球电势高于小球；

(2)若以无限远处为电势零点，则小球的电势为负；

(3)大球外任一点 P 的场强为 $q/(4\pi\varepsilon_0 r^2)$，其中 r 为 P 点距大球球心的距离；

(4)大球表面附近任意一点的场强为 σ_2/ε_0，其中 $\sigma_2=q/(4\pi R_2^2)$。

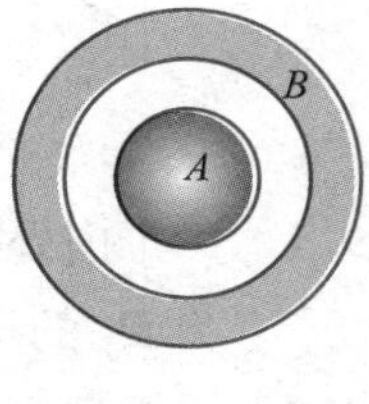

习题 9.17 图

9.17 如习题 9.17 图所示，金属球 A 和同心的金属球壳 B 原来不带电，试分别讨论下述几种情况下，场强和电势的分布情况以及 A、B 之间的电势差。

(1)使球壳 B 带正电；

(2)使球 A 带正电；

(3)A、B 分别带等量异号电荷，且内球 A 带正电；

(4)A、B 分别带等量异号电荷，且内球 A 带负电。

9.18 已知无限大均匀带电板两侧的电场强度为 $\sigma/2\varepsilon_0$，式中 σ 为面电荷密度。这个公式对于有限大均匀带电板两侧紧邻处的场强也适用。又知道静电平衡条件下导体表面外紧邻处的场强等于 σ/ε_0，试说明两者之间为什么相差一半。

9.19 保持平行板电容器两极板间的电压不变，减小板间距离 d，则极板上的电荷、极板间的电场强度、电容器的电容及电场能量将有何变化？

9.20 两块带电量分别为 Q_1、Q_2 的导体平板平行相对放置(如图所示)，假设导体平板面积为 S，两块导体平板间距为 d，并且 $S \gg d$。试证明：(1)相向的两面电荷面密度大小相等、符号相反；(2)相背的两面电荷面密度大小相等、符号相同。

9.21 一导体球半径为 R_1，外罩一半径为 R_2 的同心薄导体球壳，外球壳所带总电荷为 Q，而内球的电势为 V_0。求此系统的电势和电场的分布。

9.22 如习题 9.22 图所示，球形金属腔带电量为 $Q>0$，内半径为 a，外半径为 b，腔内距球心 O 为 r 处有一点电荷 q，求球心的电势。

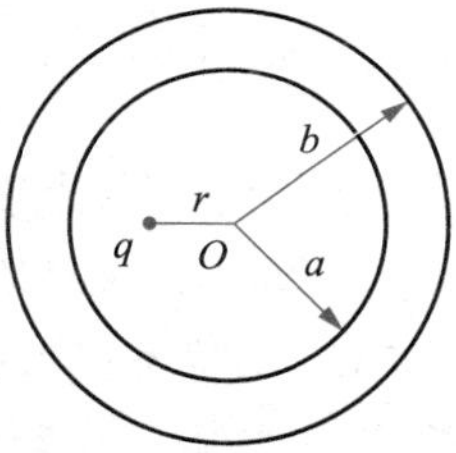

习题 9.22 图

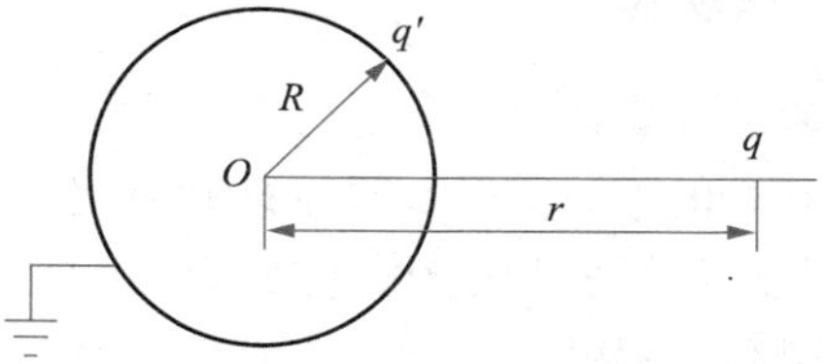

习题 9.23 图

9.23 如习题 9.23 图所示，在真空中，将半径为 R 的金属球接地，与球心 O 相距为 r $(r>R)$处放置一点电荷 q，不计接地导线上电荷的影响。求金属球表面上的感应电荷总量。

9.24 计算均匀带电球体的静电能，设球体半径为 R，带电量为 Q。

9.25 一平行板空气电容器，极板面积为 S，极板间距为 d，充电至带电 Q 后与电源断开，然后用外力缓缓地把两极板间距拉开到 $2d$。求：(1)电容器能量的改变；(2)此过程中外力所做的功，并讨论此过程中的功能转换关系。

第10章 恒定磁场

【学习目标】 掌握磁感应强度的概念及毕奥-萨伐尔定律；能计算一些简单几何形状的载流导体产生的恒定磁场分布；理解稳恒磁场的规律——磁场高斯定理和安培环路定理；理解安培定律及简单应用；理解洛伦兹力的物理意义并能计算运动电荷所受到的洛伦兹力，能分析匀强磁场中电荷运动的规律；了解霍尔效应的机理。

【实践活动】 一切电磁现象都起因于电荷及其运动，在运动电荷周围除了存在电场外，还存在磁场，这就是为什么小磁针在磁铁附近或载流导线附近能够发生偏转；为什么没有相互接触的两根载流导线之间能够相互作用。恒定磁场在生产实践中有着广泛的应用，如电动机、回旋加速器、霍尔效应以及热核反应的磁镜效应等，你知道它们的工作原理吗?

10.1 磁场 磁感应强度

10.1.1 磁现象

磁现象的发现比电现象早得多，人们最早发现并认识磁现象是从天然磁石(磁铁矿)能够吸引铁屑开始的。我国是最早发现和应用磁现象的国家，远在春秋战国时期，《吕氏春秋》一书中已有“磁石召铁”的记载。东汉著名的唯物主义思想家王充在《论衡》中描述的“司南勺”已被公认为最早的磁性指南器具。在11世纪，我国科学家沈括发明了指南针，并发现了地磁偏角，比欧洲哥伦布的发现早400年。12世纪初，我国已有关于指南针用于航海的明确记载。

早期认识的磁现象包括以下几个方面

(1)天然磁铁能够吸引铁、钴、镍等物质，这种性质称为磁性。具有磁性的物体称为磁体。

(2)条形磁铁两端磁性最强，称之为磁极。一只能够在水平面内自由转动的条形磁铁，在平衡时总是顺着南北指向。指北的一端称为北极或N极，指南的一端称为南极或S极。同性磁极相互排斥，异性磁极相互吸引。

(3)把磁铁作任意分割，每一小块都有南北两极，任一磁铁总是两极同时存在。

(4)某些本来不显磁性的物质，在接近或接触磁铁后就有了磁性，这种现象称为磁化。

在历史上很长的一段时间里，电学和磁学的研究一直彼此独立地发展着，直到1820年丹麦科学家奥斯特首先发现，位于载流导线附近的磁针会受到力的作用而发生偏转。随后，安培等人又相继发现磁铁附近的载流导线也受到力的作用，两载流导线之间有相互作用力，运动的带电粒子会在磁铁附近发生偏转等。

上述实验表明，磁现象是与电流或电荷的运动紧密联系在一起的。现在已经知道，无论是磁铁和磁铁之间的力，还是电流和磁铁之间的力，以及电流和电流之间的力，本质上都是一样的，统称为磁力。

1822年，法国科学家安培提出了有关物质磁性本质的假说。安培认为，一切磁现象都起源于电流。他认为磁性物质的分子中，存在着小的回路电流，称为分子电流。这种分子电流相当于最小的基元磁体，物质的磁性就决定于物质中这些分子电流对外磁效应的总和。如果这些分子电流毫无规则地取各种方向，它们对外界引起的磁效应就会互相抵消，整个物体就不显磁性。当这些分子电流的取向出现某种有规则的排列时，就会对外界产生一定的磁效应，显现出物质的磁化状态。

综上所述，一切磁现象都来源于电荷的运动，磁力本质上就是运动电荷之间的一种相互作用力。

10.1.2 磁场、磁感应强度概述

运动电荷之间的相互作用是怎样进行的呢？实验证实，在运动电荷周围的空间除了产生电场外，还产生磁场。运动电荷之间的相互作用就是通过磁场来传递的。因此，磁力作用的方式可表示为磁场和电场一样，也是物质存在的一种形态。磁场物质性的重要表现之一是磁场对磁体、载流导体有磁力的作用；表现之二是载流导体等在磁场中运动时，磁力要做功，从而显示出磁场有能量。

运动电荷⇔磁场⇔运动电荷

为了描述电场的性质，引入了电场强度矢量 $\boldsymbol{E}$。同样，为了描述磁场的性质，我们引入磁感应强度矢量 $\boldsymbol{B}$。由于磁场给运动电荷、载流导体以及磁铁的磁极以作用力，所以原则上讲可以用上述三者中的任何一种作为试探元件来研究磁场。这就是不同教科书中对磁场有不同定义的原因。我们现在采用磁场对运动电荷的作用来描述磁场。设电量为 q 的试探电荷在磁场中某点的速率为 v，它受到的磁力为 $\boldsymbol{F}$，实验表明：(1)在磁场中的每一点都有一个特征方向，当试探电荷 q 沿着这个方向运动时不受力，且该特征方向与 q、v 无关；(2)当 v 与上述特征方向的夹角为 $\theta(0<\theta<\pi)$，即垂直于该特征方向的速度分量 $v_{\perp}=v\sin\theta\neq 0$ 时，电荷将受到磁场的作用力 $\boldsymbol{F}$，其大小 $F\propto qv_{\perp}$，且比例系数与 q、$v_{\perp}$ 的大小无关；(3)$\boldsymbol{F}$ 的方向既与 v 垂直，又与上述的特征方向垂直，即 $\boldsymbol{F}$ 与 v 和这特征方向所构成的平面垂直。根据以上结论，我们可以定义磁感应强度矢量 $\boldsymbol{B}$ 来描述磁场，它的大小为

$$B=\frac{F}{qv_{\perp}} \tag{10.1}$$

$\boldsymbol{B}$ 的方向沿着特征方向。由于一个特征方向可能有两个彼此相反的指向，故 $\boldsymbol{B}$ 的方向还有两种选择的可能。因此，我们规定 $\boldsymbol{B}$ 的指向恰好使正电荷受的力 $\boldsymbol{F}$ 与矢量积($\boldsymbol{v}\times\boldsymbol{B}$)的矢量同向。由以上定义的磁感应强度矢量 $\boldsymbol{B}$ 可以看出，它与运动电荷的性质无关，完全反映了磁场本身的性质。于是，磁感应强度矢量的定义可用下式表示：

$$\boldsymbol{F}=(\boldsymbol{v}\times\boldsymbol{B}) \tag{10.2}$$

需要指出的是，定义磁感应强度的方法不是唯一的。利用电流元、载流小线圈在磁场中受到的作用也可以定义磁感应强度。

在SI中，磁感应强度 $\boldsymbol{B}$ 的单位为牛·秒/(库·米)或牛/(安·米)，这一单位称为特斯拉，符号为T。习惯上还用高斯(G)作为磁感应强度的单位，1 G$=10^{-4}$ T。

磁感应强度 $\boldsymbol{B}$ 是描述磁场强弱和方向的物理量，它与电场中场强 $\boldsymbol{E}$ 的地位相当。磁场中各点 $\boldsymbol{B}$ 的大小和方向都相同的磁场称为均匀磁场或匀强磁场，而场中各点的 $\boldsymbol{B}$ 都不随时

间改变的磁场则称为恒定磁场，也称恒磁场。

类似于电场线，我们可以用磁感应线或磁力线来形象地描述磁感应强度的空间分布。磁力线与静电场中的电场线在性质上有很大的差别。从一些典型的载流导线的磁力线可以看出，磁力线都是围绕电流的闭合线，它不会在磁场中任一处中断。

10.2　毕奥-萨伐尔定律

恒定电流所产生的磁场不随时间变化，磁感应强度只是空间位置的函数，这种磁场就是恒定磁场。那么，恒定电流与其产生的磁场之间有何关系呢？

10.2.1　毕奥-萨伐尔定律的含义

求解静电场中 P 点电场强度 $\boldsymbol{E}$ 的基本方法，是把带电体看成是无限多个电荷元 $\mathrm{d}q$，先求出每个电荷元在该点产生的电场强度 $\mathrm{d}\boldsymbol{E}$，再按场强叠加原理计算此带电体在该点的电场强度 $\boldsymbol{E}$。与此类似，我们可以把电流看作由许多微段电流组成，只要求出微段电流在某点产生的磁感应强度，再应用场的叠加原理，就可以计算出此电流在该点所产生的磁感应强度。

在 19 世纪 20 年代，毕奥、萨伐尔两人对电流产生的磁场分布作了许多实验研究，最后总结出一条有关微段电流产生磁场的基本定律，称为毕奥-萨伐尔定律，简称毕萨定律。

如图 10－1 所示，载流导线中的电流为 I，导线横截面的线度与到考察点 P 的距离相比可略去不计，这样的电流称为线电流。在线电流上取长为 $\mathrm{d}l$ 的定向线元，规定 $\mathrm{d}\boldsymbol{l}$ 的方向与线元内电流的方向相同，并将乘积 $I\mathrm{d}\boldsymbol{l}$ 称为电流元。电流元 $I\mathrm{d}\boldsymbol{l}$ 在给定点 P 所产生的磁感应强度 $\mathrm{d}\boldsymbol{B}$ 的大小和电流元的大小 $I\mathrm{d}l$ 成正比，和 $I\mathrm{d}\boldsymbol{l}$ 到 P 点的矢径 $\boldsymbol{r}$ 与 $I\mathrm{d}\boldsymbol{l}$ 之间夹角 θ 的正弦成正比，而与电流元到 P 点的距离 r 的平方成反比。即

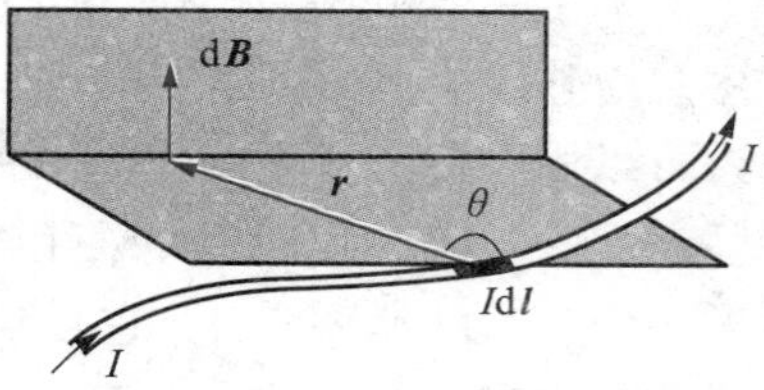

图 10－1　电流元产生的磁场

$$\mathrm{d}B=\frac{\mu_0}{4\pi}\frac{I\mathrm{d}l\sin\theta}{r^2} \tag{10.3}$$

式中，$\mu_0=4\pi\times10^{-7}\,\mathrm{N/A^2}$，称为真空中的磁导率。

磁感应强度 $\mathrm{d}\boldsymbol{B}$ 的方向垂直于电流元 $I\mathrm{d}\boldsymbol{l}$ 和位矢 $\boldsymbol{r}$ 组成的平面，指向用右手螺旋法则确定，即右手四指由 $\mathrm{d}\boldsymbol{l}$ 经小于 π 的角转向位矢 $\boldsymbol{r}$ 时，大拇指的指向即为 $\mathrm{d}\boldsymbol{B}$ 的方向。

综上所述，磁感应强度 $\mathrm{d}\boldsymbol{B}$ 的矢量表示式为

$$\mathrm{d}\boldsymbol{B}=\frac{\mu_0}{4\pi}\frac{I\mathrm{d}\boldsymbol{l}\times\boldsymbol{e}_r}{r^2} \tag{10.4}$$

这就是毕奥-萨伐尔定律(简称毕萨定律)，式中 $\boldsymbol{e}_r$ 为 $\boldsymbol{r}$ 的单位矢量。

为求整个载流导线在场点 P 处产生的磁感应强度，可通过矢量积分式获得。

$$\boldsymbol{B}=\int\mathrm{d}\boldsymbol{B}=\int\frac{\mu_0}{4\pi}\frac{I\mathrm{d}\boldsymbol{l}\times\boldsymbol{e}_r}{r^2} \tag{10.5}$$

毕萨定律的正确性是不能用实验直接验证的。因为实验并不能测量电流元产生的磁感应强度。它的正确性是通过用毕萨定律，计算载流导体在场点产生的磁感应强度与实验测定结果相符合而证明的。

10.2.2　毕萨定律的应用举例

原则上，利用毕萨定律，可以计算任意载流导体和导体回路产生的磁感应强度 **B**。下面，我们应用毕萨定律计算几种简单几何形状、但具有典型意义的载流导体产生的磁感应强度 **B**。

1. 求载流直导线的磁场

如图 10－2 所示，在长为 L 的一段载流直导线中，通有恒定电流 I，试求距离载流直导线为 a 处一点 P 的磁感应强度 **B**。

在载流直导线上任取一电流元 $I\mathrm{d}\boldsymbol{l}$，它在场点 P 处产生的磁感应强度 d**B** 的大小为

$$\mathrm{d}B=\frac{\mu_0}{4\pi}\frac{I\mathrm{d}l\sin\theta}{r^2} \qquad ①$$

d**B** 的方向垂直于纸面向里，用"⊗"表示。不难看出，导线上各电流元在 P 点产生的 d**B** 方向都是相同的，因此，求磁感应强度 **B** 大小的矢量积分式(10.5)变成为标量积分，即

$$B=\int\mathrm{d}B=\int\frac{\mu_0}{4\pi}\frac{I\sin\theta}{r^2}\mathrm{d}l \qquad ②$$

为了完成计算，式②中的变量 l、r、θ 应化为统一的变量。由图 10－2 可知，它们之间的关系是

$$r=a\csc\theta,\qquad l=a\cot(\pi-\theta),\qquad \mathrm{d}l=a\csc^2\theta\mathrm{d}\theta$$

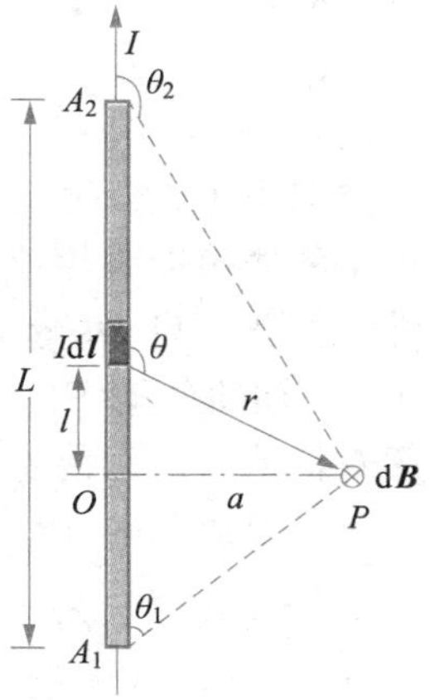

图 10－2　载流直导线的磁场

代入式②，可得

$$B=\frac{\mu_0 I}{4\pi a}\int_{\theta_1}^{\theta_2}\sin\theta\mathrm{d}\theta=\frac{\mu_0 I}{4\pi a}(\cos\theta_1-\cos\theta_2) \qquad ③$$

积分限(θ_1，θ_2)分别为载流直导线两端的电流元与其到 P 点位矢 $\boldsymbol{r}$ 间的夹角。

讨论以下特殊情形：

(1)若载流直导线可视为无限长，则上式的积分限为 $\theta_1\approx0$，$\theta_2\approx\pi$，这时式③变为

$$B=\frac{\mu_0 I}{2\pi a} \qquad (10.6a)$$

由此看出，无限长载流导线周围各场点磁感应强度的大小，与各场点到载流直导线垂直距离 a 的一次方成反比。若以无限长载流直导线上的点为圆心，作垂直于无限长载流直导线的同心圆系，则无限长载流直导线在各点产生磁感应强度 **B** 的方向将沿通过该点圆的切线方向，其指向与电流方向满足右手螺旋法则，如图 10－3 所示。显然，无限长载流直导线产生的磁场为非均匀磁场。实际问题中，在计算一段长为 L 的载流直导线中间部分，并与导线垂直距离 $L\gg a$ 各点的磁感应强度时，可近似地将这段载流直导线看成是"无限长"的，即可用式(10.6a)进行计算。

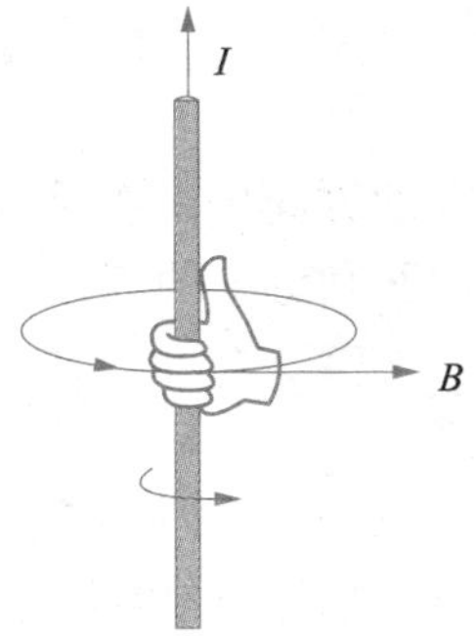

图 10－3　无限长直线电流的磁

(2)若载流导线可视为半无限长，且 P 点与导线一端的连线垂直于该导线，则有

$$B=\frac{\mu_0 I}{4\pi a} \tag{10.6b}$$

(3)若 P 点位于导线的延长线上，则 $\boldsymbol{B}=0$。

对于(2)、(3)两种情形，只给出了结论，其原因留给读者自己思考。

2. 求载流圆线圈轴线上的磁场

设单匝圆线圈半径为 R，通有电流 I，现计算其轴线上任一点 P 的磁感应强度。选取如图 10－4 所示的坐标系。由于圆电流上任一电流元 $I\mathrm{d}\boldsymbol{l}\perp\boldsymbol{r}$，因此电流元在 P 点产生的磁感应强度 $\mathrm{d}\boldsymbol{B}$ 的大小为

$$\mathrm{d}B=\frac{\mu_0}{4\pi}\frac{I\mathrm{d}l}{r^2}$$

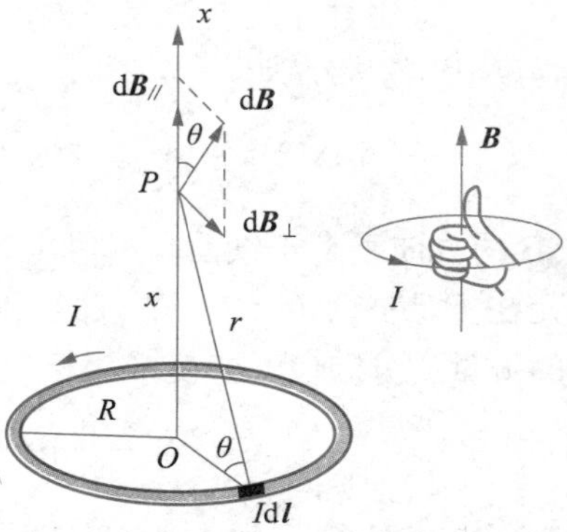

图 10－4　圆电流轴线上一点 P 处的磁场

其方向由 $I\mathrm{d}\boldsymbol{l}\times\boldsymbol{r}$ 确定。显然，圆电流上各电流元在 P 点产生的磁感应强度有不同的方向。由于圆电流有轴对称性，据此可将 $\mathrm{d}\boldsymbol{B}$ 分解为平行于 Ox 轴的分量 $\mathrm{d}\boldsymbol{B}_{/\!/}$ 和垂直于 Ox 轴的分量 $\mathrm{d}\boldsymbol{B}_{\perp}$。这样一来，所有电流元的 $\mathrm{d}B_{\perp}$ 分量逐对抵消，从而使总的垂直分量为零，P 点 $\boldsymbol{B}$ 的大小就是所有电流元的 $\mathrm{d}B_{/\!/}$ 分量之和，即

$$B=\int \mathrm{d}B_{/\!/}=\int \mathrm{d}B\cos\theta=\frac{\mu_0 I}{4\pi}\int\frac{\mathrm{d}l\cos\theta}{r^2}$$

对于给定的 P 点来说，r、θ 都是常量，并且 $\cos\theta=R/r$，因此有

$$B=\frac{\mu_0 I}{4\pi r^2}\cos\theta\int_0^{2\pi R}\mathrm{d}l=\frac{\mu_0 IR^2}{2r^3}$$

即

$$B=\frac{\mu_0 IR^2}{2(R^2+x^2)^{3/2}} \tag{10.7}$$

式中，x 是 P 点到圆心的距离。$\boldsymbol{B}$ 的方向垂直于圆电流平面，且沿 Ox 轴正方向，其指向与圆电流流向符合右手螺旋定则，即用右手弯曲的四指代表电流的流向，伸直的拇指即指示轴线上 $\boldsymbol{B}$ 的方向。

在圆心处，$x=0$，由式(10.7)知，圆电流圆心处磁感应强度的大小为

$$B=\frac{\mu_0 I}{2R} \tag{10.8a}$$

$\boldsymbol{B}$ 的方向仍由右手螺旋法则确定。读者可由上式试推导出一段载流为 I，半径为 R，对圆心 O 张角为 θ 的圆弧，在圆心处产生磁感应强度 $\boldsymbol{B}$ 的大小为

$$B=\frac{\mu_0 I}{2R}\frac{\theta}{2\pi} \tag{10.8b}$$

3. 运动电荷的磁场

通电导线中的电流是导线中大量自由电子定向运动形成的。因此，电流产生磁场的实质是运动电荷产生磁场。我们仍然可以从毕奥－萨伐尔定律导出运动的带电粒子产生的磁场。

如图 10－5 所示，有一电流元 $I\mathrm{d}\boldsymbol{l}$，其横截面积为 S。设此电流元中每单位体积内有 n 个作定向运动的正电荷，每个电荷的电量均为 q，且定向速度均为 $\boldsymbol{v}$。在单位时间内通过横

截面 S 的电量就是电流强度，即

$$I=qnvS$$

根据毕奥-萨伐尔定律，电流元 $I\mathrm{d}\boldsymbol{l}$ 在空间给定点 P 产生的磁感应强度的量值为

$$\mathrm{d}B=\frac{\mu_0}{4\pi}\frac{qnvS\mathrm{d}l\sin\theta}{r^2}$$

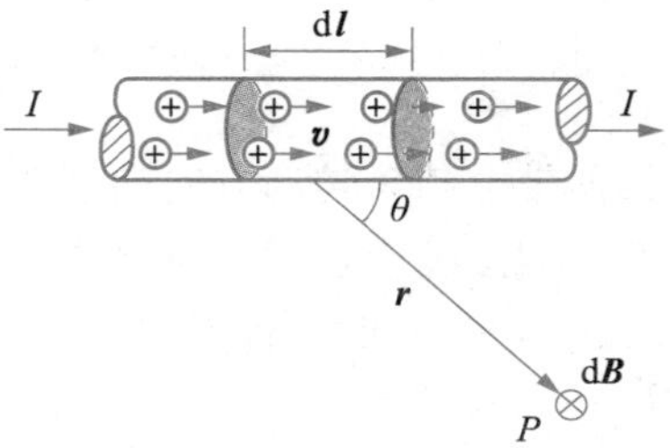

图 10-5 运动电荷激发的磁场

设电流元 P 内共有 $\mathrm{d}N$ 个以速度$\boldsymbol{v}$ 运动着的带电粒子，则有

$$\mathrm{d}N=n\cdot\mathrm{d}V=nS\mathrm{d}l$$

电流元在 P 点产生的磁感应强度 $\mathrm{d}\boldsymbol{B}$，应等于 $\mathrm{d}N$ 个带电粒子在 P 点产生的磁感应强度的矢量和。由于这些粒子在 P 点产生的磁感应强度的方向相同，因此每一个带电量为 q 的粒子以速度$\boldsymbol{v}$ 通过电流元所在位置时，在给定点 P 处产生的磁感应强度的量值为

$$B=\frac{\mathrm{d}B}{\mathrm{d}N}=\frac{\mu_0}{4\pi}\frac{qv\sin\theta}{r^2}$$

$\boldsymbol{B}$ 的方向垂直于由$\boldsymbol{v}$ 和 $\boldsymbol{r}$ 组成的平面。当 $q>0$ 时，$\boldsymbol{B}$ 的方向为矢积$\boldsymbol{v}\times\boldsymbol{r}$ 的方向；当 $q<0$ 时，$\boldsymbol{B}$ 的方向与矢积$\boldsymbol{v}\times\boldsymbol{r}$ 的方向相反，如图 10-5 所示。据此可将磁感应强度写成矢量式，即

$$\boldsymbol{B}=\frac{\mu_0}{4\pi}\frac{q\boldsymbol{v}\times\boldsymbol{e}_r}{r^2} \tag{10.9}$$

式中，$\boldsymbol{e}_r$ 是从带电粒子指向场点方向的单位矢量。

直电流、圆电流、通电螺线管等产生的磁场是一些典型的磁场。以它们为基础，

加上对场的叠加原理的灵活运用，就可以进一步求出一些其他载流体的磁场。

例 10.1 半径为 R 的均匀带电圆盘，带电量为 $+q$，圆盘以角速度绕通过圆心垂直于圆盘的轴转动，如图 10-6 所示。试求：绕轴旋转带电圆盘轴线上任意一点的磁感应强度 $\boldsymbol{B}$。

解 如图所示，在距圆心为 r 处取一宽度为 $\mathrm{d}r$ 的圆环，当带电圆盘绕轴旋转时，圆环上的电荷作圆周运动，相当于一个载流圆线圈，其电流为

$$\mathrm{d}I=\frac{\omega}{2\pi}\sigma2\pi r\mathrm{d}r=\omega\sigma r\mathrm{d}r$$

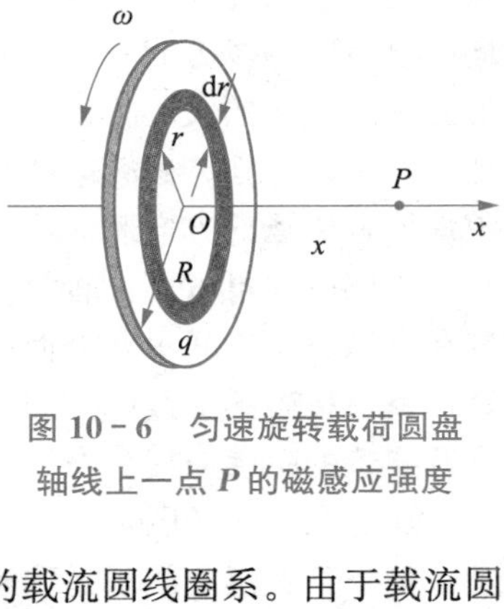

图 10-6 匀速旋转载荷圆盘轴线上一点 *P* 的磁感应强度

式中，$\sigma=q/\pi r^2$ 为圆盘上的电荷面密度。由式(10.7)，可得距圆心为 r、宽度为 $\mathrm{d}r$ 的圆环在 P 点产生的磁感应强度大小为

$$\mathrm{d}B=\frac{\mu_0 r^2\mathrm{d}I}{2(r^2+x^2)^{3/2}}=\frac{\mu_0\omega\sigma r^3\mathrm{d}r}{2(r^2+x^2)^{3/2}}$$

整个圆盘上的电荷绕轴转动，便在圆盘上形成一系列半径不等的载流圆线圈系。由于载流圆线圈系在轴线上产生的磁感应强度方向相同，故磁感应强度 $\boldsymbol{B}$ 的大小为

$$B=\frac{\mu_0\omega\sigma}{2}\int_0^R\frac{r^3\mathrm{d}r}{(r^2+x^2)^{3/2}}$$

$$=\frac{\mu_0\omega\sigma}{2}\left(\frac{R^2+2x^2}{\sqrt{R^2+x^2}}-2x\right)$$

根据带电圆盘转动方向和电荷性质，可以确定电流的方向。据此可知，绕轴旋转的带电圆盘产生的磁感应强度 $\boldsymbol{B}$ 的方向沿 x 轴正向。

当 $x=0$ 时，即旋转带电圆盘圆心处，磁感应强度的大小为

$$B=\frac{\mu_0\omega\sigma}{2}R$$

由毕-萨定律和场强叠加原理，原则上可计算任意形状的载流导体在其周围空间产生的磁感应强度 $\boldsymbol{B}$。

一般在求解任意形状载流导体或载流导体回路产生的磁感应强度时，首先在载流导体上取电流元 $I\mathrm{d}\boldsymbol{l}$，然后根据毕萨定律，确定电流元 $I\mathrm{d}\boldsymbol{l}$ 在给定场点产生的磁感应强度 $\mathrm{d}\boldsymbol{B}$，并由电流元 $I\mathrm{d}\boldsymbol{l}$ 和位矢 $\boldsymbol{r}$ 的矢积确定 $\mathrm{d}\boldsymbol{B}$ 的方向。如果各电流元的 $\mathrm{d}\boldsymbol{B}$ 方向相同，则可直接用 $\boldsymbol{B}=\int\mathrm{d}\boldsymbol{B}$ 计算 $\boldsymbol{B}$ 的大小。如果各电流元 $\mathrm{d}\boldsymbol{B}$ 方向不同，则应根据题意选取适当的坐标系，确定出 $\mathrm{d}\boldsymbol{B}$ 沿各坐标轴的投影，经统一变量，确定积分上下限，通过积分求出 $\boldsymbol{B}$ 的投影。最后，根据 $\boldsymbol{B}=B_x\boldsymbol{i}+B_y\boldsymbol{j}+B_z\boldsymbol{k}$，确定载流导体产生的磁感应强度 $\boldsymbol{B}$ 的大小和方向。

另外，对于有些载流导体产生的磁场计算，也可在已有的一些典型计算结果基础上进一步计算求解。

10.3 磁场高斯定理

10.3.1 磁感应线

我们曾用电场线形象地描绘了静电场。同样，我们也可以用磁感应线形象地描绘恒定电流的磁场。为此，在磁场中人为地画一些曲线，称为磁感应线。磁感应线上任一点的切线方向与该点的磁场方向一致，并使穿过垂直于该点磁场方向的单位面积上的磁感应线数等于该处磁感应强度的大小，即磁感应线的密度与磁感应强度的数值相等。因此，磁感应线越密的地方，磁场越强；磁感应线越稀的地方，磁场越弱。这样的规定使得磁感应线的分布能够形象地反映磁场的方向和大小特征。

磁感应线可以用比较简便的实验方法显示出来。例如，把一块玻璃板(或硬纸板)水平放置在有磁场的空间里，上面撒上一些铁屑，轻轻地敲动玻璃板，这些由铁屑磁化而成的小磁针，就会按磁感应线的方向排列起来。图 10-7(a)、(b)、(c)分别表示直电流、圆电流和载流螺线管的磁感应线分布。

从磁感应线的图示中，可以得到(由实验和理论都可证明)一个重要的结论：在任何磁场中，每一条磁感应线都是环绕电流的无头无尾的闭合线，而且每条闭合磁感应线都与闭合载流回路互相套合。与静电场中有头有尾不闭合的电场线相比较，是截然不同的。这一情况是与正负电荷可以被分离，而 N、S 磁极不能被分离的事实相联系的。磁感应线无头无尾的性质，说明了磁场的涡旋性。

应该指出，磁感应线环绕电流的方向与电流流动方向存在一定的关系，这个关系可用右手螺旋定则判定：用右手握载流导线，伸直的拇指与导线平行，以拇指指向表示电流方向，

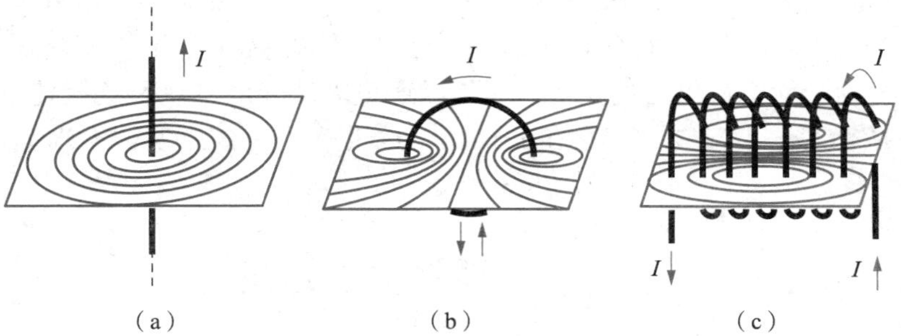

图 10－7 几种电流周围磁感应线的分布

则其余四指的指向就表示磁感应线环绕的方向，亦即电流周围各点磁感应强度的方向。

10.3.2 磁通量

穿过磁场中任一给定曲面的磁感应线总数，称为通过该曲面的磁通量，用 Φ 表示。如图 10－8 所示，S 表示某一磁场中任意给定的一个曲面，由磁感应线的分布可知，这是一个不均匀的磁场。像求电通量那样，我们先求穿过曲面 S 上面积元的磁通量，然后再求总的磁通量。

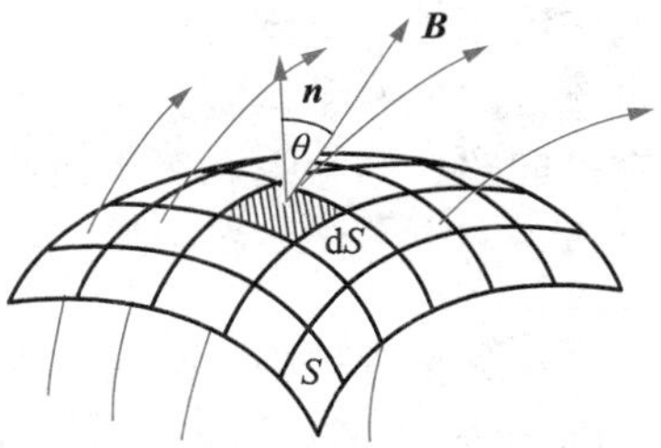

图 10－8 磁通量

在曲面 S 上任取面积元 $\mathrm{d}\boldsymbol{S}$，$\mathrm{d}\boldsymbol{S}$ 的法线方向的单位矢量 $\boldsymbol{n}$ 与该处磁感应强度 $\boldsymbol{B}$ 之间的夹角为 θ。由磁感应线疏密的规定可知，穿过面积元 $\mathrm{d}S$ 的磁通量为

$$\mathrm{d}\Phi = B\cos\theta \mathrm{d}S = \boldsymbol{B} \cdot \mathrm{d}\boldsymbol{S} \tag{10.10}$$

而穿过给定曲面 S 的总磁通量应为穿过所有面积元磁通量的总和，即

$$\Phi = \int \mathrm{d}\Phi = \int_S B\cos\theta \mathrm{d}S = \int_S \boldsymbol{B} \cdot \mathrm{d}\boldsymbol{S} \tag{10.11}$$

磁通量的单位名称是韦伯，符号为 Wb，$1\ \mathrm{Wb} = 1\ \mathrm{T} \cdot \mathrm{M}^2$。

10.3.3 磁场的高斯定理

静电场中的高斯定理反映了穿过任意闭合曲面的电通量与它所包围的电荷之间的定量关系。在恒定电流的磁场中，穿过任意闭合曲面的磁通量和哪些因素有关呢？

与计算闭合曲面的电通量类似，在计算磁通量时，我们仍规定闭合曲面的外法向为法线的正方向。这样，当磁感应线从曲面内穿出时，磁通量为正；当磁感应线从曲面外穿入时，磁通量则为负。根据磁感应线闭合的特征，不难断定，穿入闭合曲面的磁感应线必然要从闭合曲面内穿出，穿入的磁感应线数一定等于穿出的磁感应线数，从而使得穿过磁场中任意闭合曲面的总磁通量恒等于零。即

$$\oint_S \boldsymbol{B} \cdot \mathrm{d}\boldsymbol{S} = 0 \tag{10.12}$$

这一结论称为磁场的高斯定理。

静电场的高斯定理说明电场线有起点和终点，即静电场是有源场，该定理是正负电荷可以单独存在这一客观事实的反映。磁场的高斯定理则说明磁感应线没有起点和终点，磁场是

无源场，反映出自然界中没有单一磁极存在的事实。因为，如果自然界中有单一磁极，例如 N 极存在，根据它对小磁针 N 极的排斥作用，可知它的磁感应线由该 N 极发出。如果作一个包围它的闭合面，就会得出穿过此闭合面的磁通量大于零的结论。这就违反了高斯定理。尽管如此，还是有人作了“磁单极”存在的推测，也进行了一些探索，不过至今尚未被实验证实。

10.4 安培环路定理

10.4.1 安培环路定理的含义

在静电场中，电场强度 $\boldsymbol{E}$ 沿任一闭合路径的线积分恒为零，它反映了静电场是保守场这一重要性质。那么在恒定磁场中，磁感强度 $\boldsymbol{B}$ 沿任一闭合路径的线积分(称为 $\boldsymbol{B}$ 的环流)又如何呢？它遵从的是安培环路定理。真空中的安培环路定理表述为：磁感应强度沿任一闭合环路 L 的线积分，等于穿过该环路所有电流代数和的 μ_0 倍。即

$$\boldsymbol{B} = \oint_L \boldsymbol{B} \cdot \mathrm{d}\boldsymbol{l} = \mu_0 \sum_{L_{内}} I_i \tag{10.13}$$

其中电流的正负规定如下：当环路的绕行方向与穿过环路的电流方向成右手螺旋关系时，$I>0$，反之 $I<0$。如果电流不穿过回路，则在求和号中取为零。例如在图 10－9 中，

$$\sum_{L_{内}} I_i = I_1 - 2I_2$$

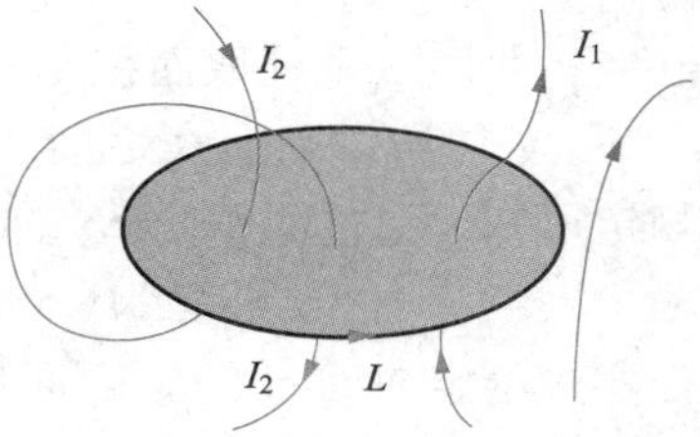

图 10－9 安培环路定理的符号规则

在矢量分析中，把矢量的环流等于零的场称为无旋场，否则为有旋场。因此静电场为无旋场，而恒定磁场为有旋场。

我们用长直电流的磁场验证安培环路定理。

1. 安培环路包围电流

在 10.2 节中已算出与无限长载流直导线相距为 r 处的磁感应强度 $\boldsymbol{B}$ 的大小为

$$B=\frac{\mu_0 I}{2\pi r}$$

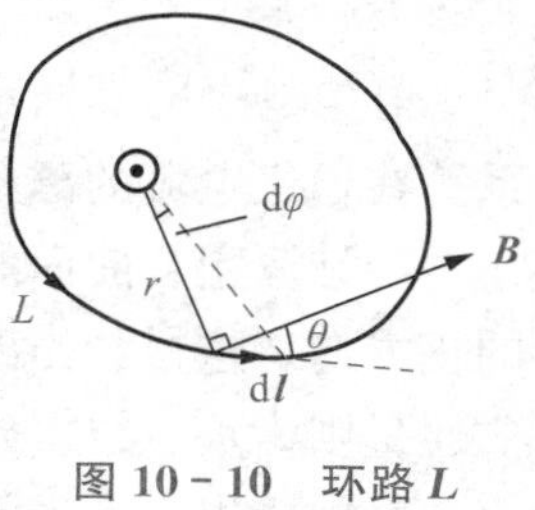

图 10－10 环路 L 围绕电流

在垂直于直导线的平面内，$\boldsymbol{B}$ 的方向与 r 垂直，如图 10－10 所示。在该平面内取任意形状的闭合路径 L，考虑 L 上的一个有向线元 $\mathrm{d}\boldsymbol{l}$，它与该处 $\boldsymbol{B}$ 的夹角为 θ。由图可见，$\mathrm{d}l \cdot \cos\theta = r\mathrm{d}\varphi$，因此

$$\oint_L \boldsymbol{B} \cdot \mathrm{d}\boldsymbol{l} = \oint_L B\cos\theta \mathrm{d}l = \oint_L Brd\varphi = \int_0^{2\pi} \frac{\mu_0 I}{2\pi} \mathrm{d}\varphi = \mu_0 I$$

不难看出，若 I 的流向相反，则 $\boldsymbol{B}$ 反向，θ 为钝角，$\mathrm{d}l \cdot \cos\theta = -r\mathrm{d}\varphi$，因而与上述积分相差一个负号。

2. 安培环路不包围电流

如图 10－11 所示，这时对应于每个线元 $\mathrm{d}\boldsymbol{l}$ 有另一线元 $\mathrm{d}\boldsymbol{l}'$，二者对 O 点张有相同的圆心角 $\mathrm{d}\varphi$，但 $\mathrm{d}\boldsymbol{l}$ 与该处 $\boldsymbol{B}$ 成锐角 θ，而 $\mathrm{d}\boldsymbol{l}'$ 与该处 $\boldsymbol{B}'$ 成钝角 θ'。于是有：

$$\boldsymbol{B} \cdot \mathrm{d}\boldsymbol{l} + \boldsymbol{B}' \cdot \mathrm{d}\boldsymbol{l}' = B\cos\theta \mathrm{d}l + B'\cos\theta' \mathrm{d}l'$$

$$=\frac{\mu_0 I}{2\pi r}r\,\mathrm{d}\varphi-\frac{\mu_0 I}{2\pi r'}r'\,\mathrm{d}\varphi=0$$

所以 **B** 沿整个闭合路径的积分为零。

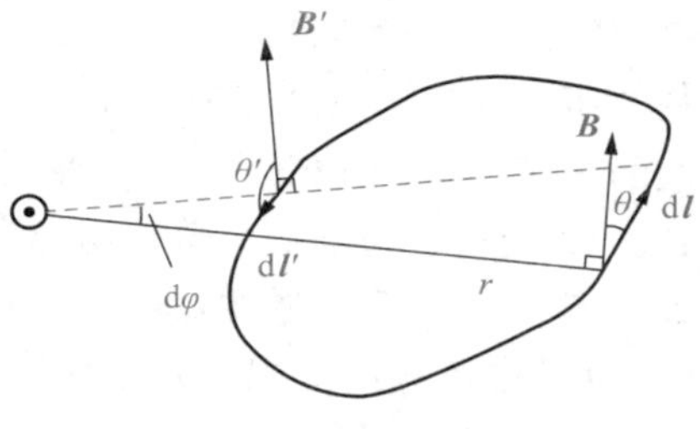

图 10-11 环路 L 不围绕电流

3. 多根载流导线穿过安培环路

设同时有多个长直电流，其中 I_1，I_2，…，I_n 穿过环路 L，而 I_{n+1}，I_{n+2}，…，I_m 不穿过环路 L。令 $\boldsymbol{B}_1$，$\boldsymbol{B}_2$，…，$\boldsymbol{B}_n$，$\boldsymbol{B}_{n+1}$，$\boldsymbol{B}_{n+2}$…，$\boldsymbol{B}_m$ 分别为各电流单独存在时产生的磁感应强度，则由前面的结论有

$$\oint_L \boldsymbol{B}_1\cdot \mathrm{d}l=\mu_0 I,\quad \cdots,\quad \oint_L \boldsymbol{B}_n\cdot \mathrm{d}\boldsymbol{l}=\mu_0 I_n$$

$$\oint_L \boldsymbol{B}_{n+1}\cdot \mathrm{d}\boldsymbol{l}=0,\quad \cdots,\quad \oint_L \boldsymbol{B}_m\cdot \mathrm{d}\boldsymbol{l}=0$$

因为总强度为

$$\boldsymbol{B}=\boldsymbol{B}_1+\boldsymbol{B}_2+\cdots+\boldsymbol{B}_n+\boldsymbol{B}_{n+1}+\cdots+\boldsymbol{B}_m$$

所以有

$$\oint_L \boldsymbol{B}\cdot \mathrm{d}\boldsymbol{l}=\oint_L(\boldsymbol{B}_1+\boldsymbol{B}_2+\cdots+\boldsymbol{B}_n+\boldsymbol{B}_{n+1}+\cdots+\boldsymbol{B}_m)\cdot \mathrm{d}\boldsymbol{l}=\mu_0\sum_i^n I_i=\mu_0\sum_{L_{内}} I_i$$

可见结论与安培环路定理一致。

通过以上验证，我们可以更好地理解安培环路定理表达式中各物理量的含义。式(10.13)右端的 $\mu_0\sum\limits_{L_{内}} I_i$ 中只包括穿过闭合路径 L 的电流，但是左端的 **B** 却是空间所有电流产生的磁感应强度的矢量和，其中也包括那些不穿过 L 的电流所产生的磁场，只不过它们沿 L 的环流等于零。这与静电场中高斯面内外电荷对电场和对电通量贡献的分析完全类似。

可以证明，不论积分路径的形状如何，也不论电流的形状如何(包括面电流和体电流)，安培环路定理都是成立的。

应该指出，式(10.13)表述的安培环路定理仅适用于恒定电流产生的磁场。恒定电流本身总是闭合的，故安培环路定理仅适用于闭合的载流导线，而对于任意设想的一段载流导线则不成立。如果电流随时间变化，则还需对式(10.13)加以修正。

我们曾经指出，磁场的高斯定理说明磁场是无源场，磁感应线具有闭合性。而安培环路定理则说明磁场是涡旋场，电流以涡旋的方式激发磁场。静电场的特性是有源无旋，而恒定磁场的特性是有旋无源。两个方程式各从一个侧面反映了恒定磁场的性质，两者共同给出了恒定磁场的全部特性，它们是恒定磁场的基本场方程。

10.4.2 安培环路定理的应用

在载流导体具有某些对称性时，利用安培环路定理可以很方便地计算电流磁场的磁感应强度 **B**。就对称性的要求来说，应用安培环路定理计算 **B** 和应用静电场高斯定理计算 **E** 是很相似的。

1. 无限长载流圆柱面的磁场

设无限长均匀载流圆柱导体的截面半径为 R，电流 I 沿轴线方向流动，试求载流圆柱导体内、外的磁感应强度 **B**。

因在圆柱导体截面上的电流均匀分布，而且圆柱导体为无限长，所以，磁场以圆柱导体轴线为对称轴，磁场线是在垂直于轴线的平面内，并以该平面与轴线交点为中心的同心圆，如图 10－12 所示。为求解无限长均匀载流圆柱导体外、距离轴线为 r 处一点 P 的磁感应强度，可取通过 P 点的磁场线作为积分路径 L，并使电流方向与积分路径环绕方向满足右手螺旋法则，则有 $\boldsymbol{B}\cdot\mathrm{d}\boldsymbol{l}=B\mathrm{d}l$，且在 L 上 $\boldsymbol{B}$ 的大小处处相同。应用安培环路定理，有

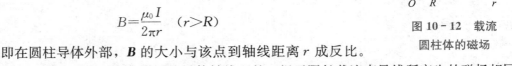

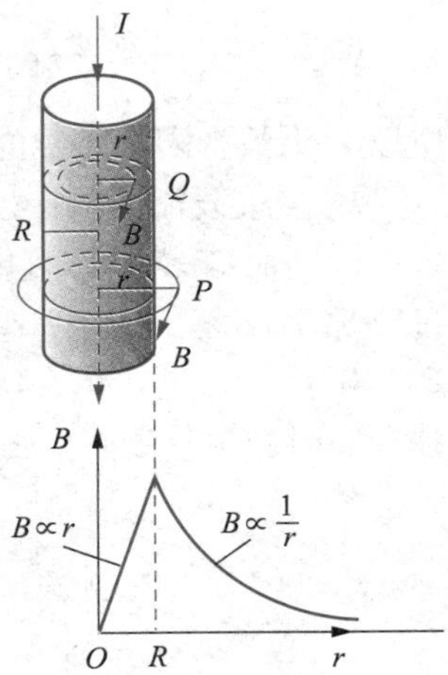

图 10－12 载流圆柱体的磁场

$$\oint_L \boldsymbol{B}\cdot\mathrm{d}\boldsymbol{l}=B\cdot 2\pi r=\mu_0 I$$

可得

$$B=\frac{\mu_0 I}{2\pi r}\quad (r>R)$$

即在圆柱导体外部，$\boldsymbol{B}$ 的大小与该点到轴线距离 r 成反比。这一结果与全部电流 I 集中在圆柱导体轴线上的一根无限长载流直导线所产生的磁场相同。

对圆柱导体内一点 Q 来说，可用同样的方法求解磁感应强度。以过 Q 点的磁场线为积分路径 L，如图 10－12 所示。这时，闭合积分路径包围的电流只是总电流 I 的一部分，设其为 I'，在电流均匀分布的情况下，由于电流密度 $j=\frac{I}{\pi R^2}$，所以

$$I'=j\pi r^2=I\frac{r^2}{R^2}$$

于是，有

$$\oint_L \boldsymbol{B}\cdot\mathrm{d}\boldsymbol{l}=B\cdot 2\pi r=\mu_0 I'=\mu_0\frac{Ir^2}{R^2}$$

$$B=\frac{\mu_0 Ir}{2\pi R^2}\quad (r<R)$$

这一结果表明，在无限长均匀载流圆柱导体内，$\boldsymbol{B}$ 的大小与该点到轴线距离 r 成正比。图 10－12 表示了 $B-r$ 的分布曲线。

同理可得，当电流均匀流过圆柱面时，磁感应强度 $\boldsymbol{B}$ 为

$$B=\frac{\mu_0 I}{2\pi r}\quad (r>R)$$

$$B=0\quad (r<R)$$

读者可自行计算。

2. 求无限长载流螺线管内外的磁场

设无限长载流螺线管中通有电流 I，半径为 R，单位长度上的匝数为 n，试求载流螺线管内、外的磁感应强度 $\boldsymbol{B}$(如图 10－13(a))。在图 10－13(b)中 $\boldsymbol{B}$ 指向向右。根据对称性可知，管内平行于轴线的任一直线上各点的磁感应强度大小也应相同。过管内 M 点作矩形闭合路径 $abcda$，其中 da 边在轴线上。对 $abcda$ 闭合路径应用安培环路定理，由于闭合路径不包围电流，故有

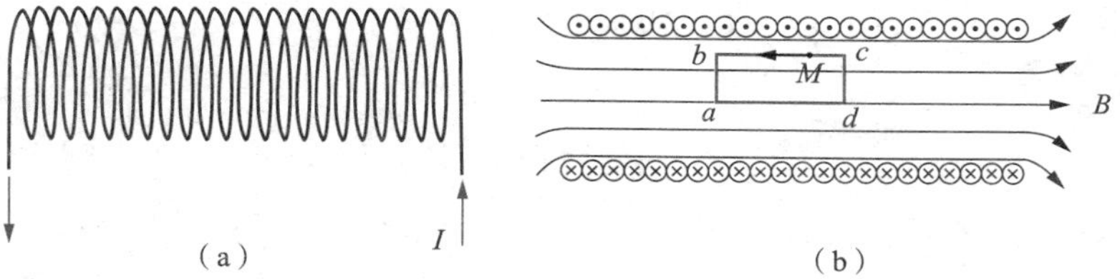

图 10-13　载流螺线管内部的磁感应强度

$$\oint_L \boldsymbol{B} \cdot \mathrm{d}\boldsymbol{l} = \int_a^d \boldsymbol{B} \cdot \mathrm{d}\boldsymbol{l} + \int_d^c \boldsymbol{B} \cdot \mathrm{d}\boldsymbol{l} + \int_c^b \boldsymbol{B} \cdot \mathrm{d}\boldsymbol{l} + \int_b^a \boldsymbol{B} \cdot \mathrm{d}\boldsymbol{l} = 0$$

因为在 ba 和 dc 段上，$\boldsymbol{B}$ 与 $\mathrm{d}\boldsymbol{l}$ 垂直，所以有

$$\int_b^a \boldsymbol{B} \cdot \mathrm{d}\boldsymbol{l} = \int_d^c \boldsymbol{B} \cdot \mathrm{d}\boldsymbol{l} = 0$$

$$\int_a^d \boldsymbol{B} \cdot \mathrm{d}\boldsymbol{l} + \int_c^b B \cdot \mathrm{d}l = Bad + Bcb = 0$$

而 $ad=cb$，故

$$B=\mu_0 nI$$

结果表明，无限长载流螺线管内的 $\boldsymbol{B}$ 与螺线管的直径无关，在螺线管的横截面上各点的 $\boldsymbol{B}$ 是常量，即无限长载流螺线管内是匀强磁场。虽然上式是从无限长载流螺线管导出的，但对实际螺线管内靠近中央轴线部分的各点也可以认为是适用的。在实际中，无限长载流螺线管是建立匀强磁场的一个常用方法，这与常用平行板电容器建立匀强电场的方法相似。读者可以依据上述方法，围绕螺线管的轴线在螺线管外做闭合路径 L，证明无限长载流螺线管外的磁感应强度 $\boldsymbol{B}=0$。

3. 螺绕环电流的磁场

绕在空心圆环上的螺旋形线圈叫螺绕环。设环的平均半径为 R，线圈均匀密绕，总匝数为 N，通过导线的电流为 I，如图 10-14 所示。根据对称性可知，在与环同轴的圆周上，各点磁感应强度的大小都相等，方向均沿圆周切向。取与环同轴、半径等于 r 的圆周为积分路径，由于电流穿过此圆周 N 次，根据安培环路定理，有

$$\oint_L \boldsymbol{B} \cdot \mathrm{d}\boldsymbol{l} = B \cdot 2\pi r = \mu_0 NI$$

可得环内距 O 点为 r 处的磁感应强度大小为

$$B=\frac{\mu_0 NI}{2\pi r}$$

若环截面的线度远小于螺绕环半径，这时式中 r 可代以环的平均半径，即 $r\approx R$。以 $n=N/2\pi r$ 表示单位长度上的线圈匝数，则上式可写成

$$B=\mu_0 nI$$

可见环管内的磁场可近似看成均匀场。

对于螺绕环以外的空间，也可作一与环同轴的圆周为积分路径，由于穿过这个圆周的总电流为零，因而

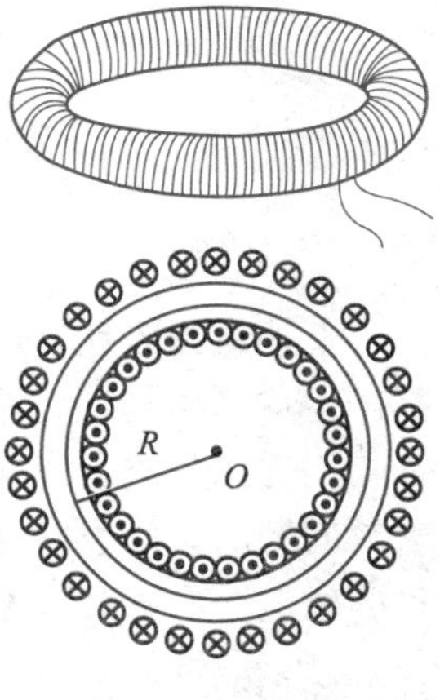

图 10-14　螺绕环

$$\oint_L \boldsymbol{B}\cdot \mathrm{d}\boldsymbol{l} = B\cdot 2\pi r = 0$$

可得

$$\boldsymbol{B}=0(\text{环外})$$

可见，螺绕环的磁场全部限制在管内部。特别是，一个细环螺绕环(截面的线度远小于螺绕环半径)与无限长螺线管的磁感应强度表达式相同，均为 $B=\mu_0 nI$。这个结果并不意外，因为当 $R\to\infty$时，螺绕环就过渡为一个无限长螺线管。

4. 无限大平面电流的磁场

设在无限大导体薄板中有均匀电流沿板平面流动，在垂直于电流的单位长度上流过的电流为 i(称为面电流密度)。如图 10－15 所示，将无限大平面电流看作由无限多个平行排列的长直电流组成。对于平面上方的场点 P 来说，可在其两侧对称位置上任取一对宽度 $\mathrm{d}x_1$，$\mathrm{d}x_2$ 相等的长直电流。由对称性可知，它们在 P 点的合磁场 $\mathrm{d}\boldsymbol{B}_1+\mathrm{d}\boldsymbol{B}_2$ 的方向平行于电流平面指向左方。因此，整个无限大平面电流在 P 点的磁感应强度 $\boldsymbol{B}$ 应平行于平面指向左方。而在平面下方的场点 P'处，其磁场方向则应平行于平面指向右方。又由于平面的对称性，凡与平面等距离的场点，其 $\boldsymbol{B}$ 的大小应相等。对于平面上下的 P 点与 P'点来说，磁场的方向虽相反，但只要它们与平面的距离相等，磁感应强度的大小就相等。

按上述对称性分析，可取如图 10－15 所示的矩形回路 $abcd$ 作为积分路径。设 $ab=cd=l_1$，$da=bc=l_2$，由安培环路定理，有

$$\oint_L \boldsymbol{B}\cdot \mathrm{d}\boldsymbol{l} = \int_a^d \boldsymbol{B}\cdot \mathrm{d}\boldsymbol{l} + \int_d^c \boldsymbol{B}\cdot \mathrm{d}\boldsymbol{l} + \int_c^b \boldsymbol{B}\cdot \mathrm{d}\boldsymbol{l} + \int_b^a \boldsymbol{B}\cdot \mathrm{d}\boldsymbol{l} = \mu_0 i l_1$$

因为在 bc 和 da 段，$\boldsymbol{B}\perp \mathrm{d}\boldsymbol{l}$，所以

$$\int_b^c \boldsymbol{B}\cdot \mathrm{d}\boldsymbol{l} = \int_d^a \boldsymbol{B}\cdot \mathrm{d}\boldsymbol{l} = 0$$

又因在 ab 和 cd 段，$\boldsymbol{B}/\!/\mathrm{d}\boldsymbol{l}$，所以

$$\int_a^b \boldsymbol{B}\cdot \mathrm{d}\boldsymbol{l} + \int_c^d \boldsymbol{B}\cdot \mathrm{d}\boldsymbol{l} = Bl_1$$

将四段的结果代入安培环路定理，得

$$\oint_L \boldsymbol{B}\cdot \mathrm{d}\boldsymbol{l} = 2Bl_1 = \mu_0 i l_1$$

可得

$$B=\frac{\mu_0 i}{2}$$

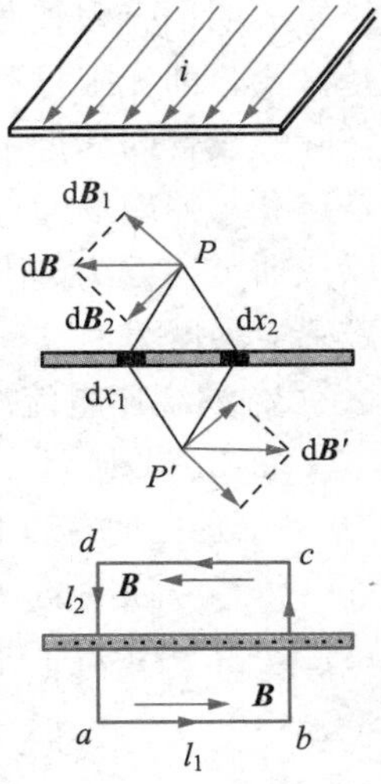

图 10－15 无限大平面电流的激发的磁场

上述结果表明，$\boldsymbol{B}$ 与场点 P 相对于平面电流的位置无关，故无限大平面电流在其两侧都产生均匀磁场，且两侧的磁感应强度的大小相等，方向相反。

用安培环路定理可以十分简便地求出某些电流产生的恒定磁场的磁感应强度 $\boldsymbol{B}$。在具体求解问题时，需要注意：(1)先要分析磁场的分布是否具有空间对称性，包括轴对称、面对称的磁场分布；(2)根据磁场在空间对称性分布的特点，选取恰当的闭合路径作为积分路径，选取的积分路径必须通过所要求的场点；(3)通过合适的闭合积分路径 L，使得在 $\oint_L \boldsymbol{B}\cdot \mathrm{d}\boldsymbol{l}$ 中

能将$\boldsymbol{B}$提出积分号；(4)由安培环路定理分别计算$\boldsymbol{B}$的环流$\oint_L \boldsymbol{B}\cdot d\boldsymbol{l}$和积分路径所包围电流的代数和$\sum I_i$，并用右手螺旋法则判断穿过路径$L$的各电流的正负取值，再按安培环路定理求出给定场点的磁感应强度。不具有对称性的磁场，一般是不能用安培环路定理求解磁感应强度的。

10.5　磁场对电流的作用

10.5.1　磁场对载流导线的作用

载流导体在磁场中受的力称为安培力。有关安培力的规律是安培根据实验总结出来的，称为安培定律，其表述为：在磁场中某点处的电流元$I d\boldsymbol{l}$受到的磁场作用力$d\boldsymbol{F}$的大小与电流元的大小、电流元所在处的磁感应强度的大小以及电流元$I d\boldsymbol{l}$和磁感应强度$\boldsymbol{B}$之间的夹角θ的正弦成正比。在SI中，其数学表达式为

$$dF = BIdl\sin\theta \tag{10.14}$$

$d\boldsymbol{F}$垂直于$I d\boldsymbol{l}$和$\boldsymbol{B}$确定的平面，其指向与$I d\boldsymbol{l}$和$\boldsymbol{B}$符合右手螺旋定则，如图10-16所示。将上式写成矢量式，则为

$$d\boldsymbol{F} = I d\boldsymbol{l}\times\boldsymbol{B} \tag{10.15}$$

值得一提的是，式(10.14)不仅是电流元$I d\boldsymbol{l}$在外磁场$\boldsymbol{B}$中受力的基本规律，它也可以作为定义磁感应强度$\boldsymbol{B}$的依据。

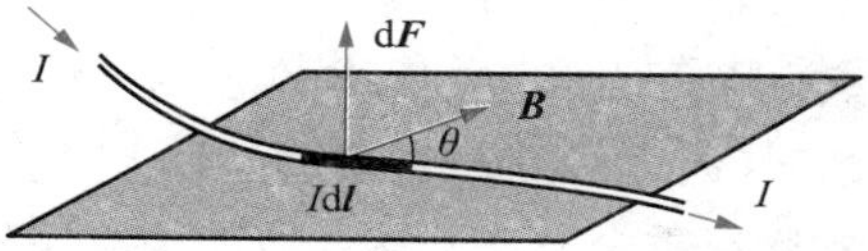

图10-16　电流元在磁场中所受的安培力

根据安培定律，原则上可以求出任意载流导体在磁场中所受的安培力，即

$$\boldsymbol{F} = \int I d\boldsymbol{l}\times\boldsymbol{B} \tag{10.16}$$

这是一个矢量积分。在一般情况下，各电流元所受安培力的方向并不一致，因此，常用上式的分量式计算。即，先将各电流元受的力按选定的坐标方向进行分解，然后对各分量分别进行积分。

若磁场是均匀的，载流导体又是直的，则载流导体上每段电流元所受的安培力都具有相同的方向，并且每段电流元与磁场方向的夹角θ都相等。因此，由式(10.15)可以得到在均匀磁场中长为L的一段载流直导线所受的安培力为

$$F = \int_L BI\sin\theta dl = BIL\sin\theta \tag{10.17}$$

需要指出，实际上并不存在孤立的一段载有恒定电流的导线。我们只是计算了闭合载流回路中的一段导线在磁场中所受的力。

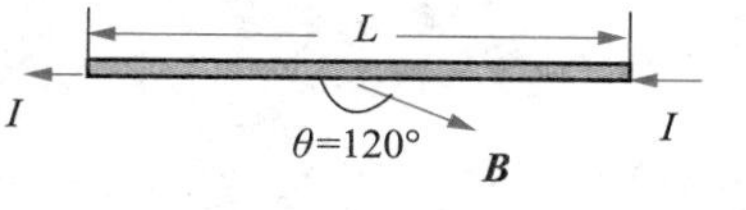

图10-17　载流量直导线受到的安培力

例10.2　一均匀磁场$B=6.0\times10^3$ G，指向图10-17所示(在纸面内)，该磁场中有一根直导线，通有电流$I=3.0$ A。求该导线长$L=0.2$ m的一段上的受到的安培力。

解　由图可知，$\boldsymbol{B}$与载流导线L的夹角$\theta=120°$，根据式(10.16)得

$$F=BIL\sin\theta=3.0\ \text{A}\times0.6\text{T}\times0.20\ \text{m}\times\sin120°=0.31\ (\text{N})$$

由右手螺旋定则确定 $\boldsymbol{F}$ 的方向为垂直纸面向外。

例 10.3 在磁感应强度为 $\boldsymbol{B}$ 的均匀磁场中，通过一半径为 R 的半圆形导线中的电流为 I，若导线所在平面与 $\boldsymbol{B}$ 垂直，求该导线所受的安培力。

解 建立如图 10-18 所示的坐标系。由题意可知，半圆形导线上任一处电流元均与该处磁场方向垂直，因此各段电流元受到的安培力量值上都可写成 $\mathrm{d}F=BI\mathrm{d}l$，但方向沿各自的矢径方向。将 $\mathrm{d}\boldsymbol{F}$ 分解为 x 方向与 y 方向的分力 $\mathrm{d}F_x$ 和 $\mathrm{d}F_y$，由于电流分布的对称性，各段 x 方向的分力相互抵消，因此合力沿 y 方向，有

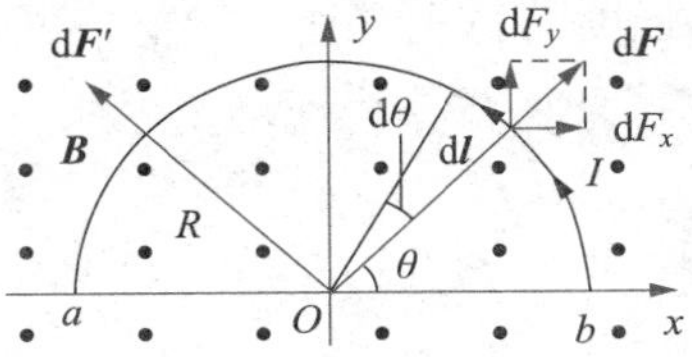

图 10-18 半圆形载流导线在均匀磁场中受到的安培力

$$F=\int_L \mathrm{d}F_y=\int_L \mathrm{d}F\sin\theta=\int_L BI\sin\theta\mathrm{d}l$$

先统一变量，再进行积分。因为 $\mathrm{d}l=R\mathrm{d}\theta$，所以

$$F=BIR\int_0^{\pi}\sin\theta\mathrm{d}\theta=2BIR$$

显然，合力 $\boldsymbol{F}$ 的作用线沿 Oy 轴，方向向上。结果表明，半圆形载流导线所受的磁力与其两个端点相连的直导线所受的磁力相等。事实上，在均匀磁场中的一个任意形状的平面载流导线，导线所受的磁力都与其起点和终点相连的一段载流直导线所受的磁力相等。当起点和终点重合时，载流导线就构成一闭合回路，所受合力必为零。读者可自行证明。

安培力公式给出了电流元在磁场中受到的安培力。为求解载流导线在磁场 $\boldsymbol{B}$ 中所受到的安培力，一般是先依题意确定磁场的方向，然后，在载流导线上取电流元 $I\mathrm{d}\boldsymbol{l}$，由安培力公式 $\mathrm{d}\boldsymbol{F}=I\mathrm{d}\boldsymbol{l}\times\boldsymbol{B}$ 写出电流元在磁场 $\boldsymbol{B}$ 中所受安培力大小的表达式，并表示出 $\mathrm{d}\boldsymbol{F}$ 沿各坐标轴的投影式，经统一变量，确定积分上下限，求出安培力沿各坐标轴的投影，即 F_x、F_y、F_z 最后求出 $\boldsymbol{F}$。在匀强磁场中，任何闭合载流线圈受安培力的矢量和恒为零。由载流导线受安培力的计算结果，我们还可以对载流导线和载流线圈的运动状态进行分析。

10.5.2 匀强磁场对平面载流线圈的作用

各种发电机、电动机以及各种电磁式仪表都涉及平面载流线圈在磁场中的运动。因此，研究平面载流线圈在磁场中受到的安培力具有重要的实际意义。

设在磁感应强度为 $\boldsymbol{B}$ 的匀强磁场中，有一刚性矩形平面载流线圈 $ABCD$，边长分别为 l_1 和 l_2，线圈中的电流为 I，方向如图 10-19(a)所示。磁感应强度 $\boldsymbol{B}$ 沿水平方向，线圈可以绕垂直于磁场的轴 OO' 自由转动，$\boldsymbol{B}$ 与线圈平面间的夹角为 θ。

现分别分析磁场对载流线圈四条边的作用力及线圈的运动。根据式(10.15)，可确定磁场作用在线圈导线 BC 和 DA 上安培力的大小，分别为

$$F_{BC}=BIl_1\sin\theta$$

$$F_{DA}=BIl_1\sin(\pi-\theta)=BIl_1\sin\theta$$

这两个力大小相等，方向相反，作用在一条直线上，因此，它们对改变平面载流线圈的运动状态不起作用。

同样，可以计算线圈导线 AB 和 CD 所受的安培力，由于其上的电流与磁场垂直，故安

培力的大小分别为

$$F_{AB}=F_{CD}=BIl_2$$

这表明它们也是大小相等，方向相反，见图 10 - 19(b)。但是它们的作用线却不在一条直线上，于是形成力偶。从图 10 - 19(b)上看出，磁场作用于平面载流线圈的磁力矩 M 的大小为

$$M=F_{AB}l_1\cos\theta=BIl_2l_1\sin\varphi=BIS\sin\varphi$$

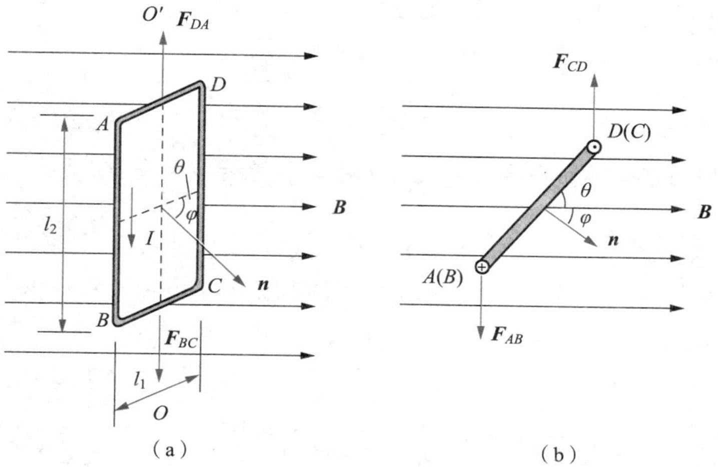

图 10 - 19　平面载流线圈在均匀磁场中受到的力矩

式中，$S=l_1l_2$ 是平面载流线圈的面积，φ 是平面载流线圈的正法线 $\boldsymbol{n}$(按电流方向用右螺旋法则可确定 $\boldsymbol{n}$ 的方向)与 $\boldsymbol{B}$ 间的夹角。由于平面载流线圈的磁矩 $\boldsymbol{P}_{\mathrm{m}}=IS\boldsymbol{n}$，故磁力矩可写成矢量形式，即

$$\boldsymbol{M}=\boldsymbol{P}_{\mathrm{m}}\times\boldsymbol{B} \tag{10.18}$$

如果线圈有 N 匝，则平面载流线圈受到的磁力矩为

$$\boldsymbol{M}=N\boldsymbol{P}_{\mathrm{m}}\times\boldsymbol{B} \tag{10.19}$$

从上述结果可以看出，匀强磁场对平面载流线圈的磁力矩 $\boldsymbol{M}$ 不仅与线圈中的电流 I、线圈面积 S，以及磁感应强度 $\boldsymbol{B}$ 有关，还与线圈平面与磁感应强度 $\boldsymbol{B}$ 间的夹角有关。式(10.17)虽然是从矩形平面载流线圈中导出的，但可以证明，它适用于在匀强磁场中任意形状的平面载流线圈。

由式(10.17)可知，当 $\varphi=\pi/2$(即线圈平面与磁感应强度平行)时，磁力矩 $\boldsymbol{M}$ 达到最大值 $M_{\max}=BIS$，该磁力矩有使 φ 减小的趋势。当 $\varphi=0$(即线圈平面与磁感应强度垂直)时，$M=0$，载流线圈不受磁力矩作用，这时线圈处于一稳定平衡状态。当载流线圈处于这种状态时，受到一微小扰动后，它能够自动返回原来的平衡状态。当 $\varphi=\pi$ 时，$M=0$，此时磁力矩虽也等于零，但这时载流线圈处于一非稳定平衡状态，即当线圈受到一微小扰动后，它并不能够自动回到原来的平衡状态。

由此可见，磁场对平面载流线圈所作用的磁力矩，总是要使线圈转到其磁矩方向与磁感应强度方向相同的稳定平衡位置处。从磁通量角度分析，当 $\varphi=0$、$M=0$ 时，穿过载流线圈所围面积的磁通量最大，而当 $\varphi=\pi/2$、$M_{\max}=BIS$ 时，磁通量最小。

10.6 带电粒子在磁场中的运动

上一节讨论了磁场对载流导体的作用。载流导体在磁场中受到的作用，实质上是磁场对运动电荷的作用。这是因为载流导体中的电流是由导体中自由电子定向运动形成的，这些定向运动的自由电子受到磁场的作用，并与导体中的晶格点阵碰撞，把磁场对它们的作用传递给导体，在宏观上就表现为载流导体在磁场中受到安培力的作用。

我们从安培定律出发，讨论磁场对运动电荷的作用。

10.6.1 洛伦兹力

根据安培定律，在磁感应强度为 $\boldsymbol{B}$ 的磁场中，载流导线上任意一段电流元 $I\mathrm{d}\boldsymbol{l}$ 受到的安培力为

$$\mathrm{d}\boldsymbol{F}=I\mathrm{d}\boldsymbol{l}\times\boldsymbol{B}$$

设电流元的横截面积为 S，导体中单位体积内有 n 个正电荷，每个电荷的电量为 q，均以定向速度 $\boldsymbol{v}$ 沿 $\mathrm{d}\boldsymbol{l}$ 方向运动，形成导体中的电流，则电流强度为

$$I=qnvS$$

因 $q\boldsymbol{v}$ 与 $\mathrm{d}\boldsymbol{l}$ 同向，故

$$I\mathrm{d}\boldsymbol{l}=qnS\mathrm{d}l\,\boldsymbol{v}$$

因而

$$\mathrm{d}\boldsymbol{F}=qnS\mathrm{d}l\,\boldsymbol{v}\times\boldsymbol{B}$$

在线元 $\mathrm{d}\boldsymbol{l}$ 这段导体内正电荷总数为

$$\mathrm{d}N=nS\mathrm{d}l$$

所以每一个运动电荷在磁场中所受的力为

$$\boldsymbol{F}_{\mathrm{m}}=\frac{\mathrm{d}\boldsymbol{F}}{\mathrm{d}N}=q\boldsymbol{v}\times\boldsymbol{B} \tag{10.20}$$

上式称为洛伦兹公式，磁场对运动电荷的作用力则称为洛伦兹力。由式(10.19)可知，洛伦兹力垂直于 $\boldsymbol{v}$、$\boldsymbol{B}$ 决定的平面。应当注意的是，q 为正电荷时，$\boldsymbol{F}_{\mathrm{m}}$ 的方向就是 $\boldsymbol{v}\times\boldsymbol{B}$ 的方向；q 为负电荷时，$\boldsymbol{F}_{\mathrm{m}}$ 的方向与 $\boldsymbol{v}\times\boldsymbol{B}$ 的方向相反。

洛伦兹力的大小为

$$F_{\mathrm{m}}=|q|vB\sin\theta$$

式中，θ 是 $\boldsymbol{v}$ 与 $\boldsymbol{B}$ 的夹角。当 $\theta=0$ 或 π 时，$F_{\mathrm{m}}=0$；当 $\theta=\pi/2$ 时，F_{m} 有最大值，这正是 10.1 节中定义磁感强度大小和方向的依据。

由于洛伦兹力 $\boldsymbol{F}_{\mathrm{m}}$ 始终和 $\boldsymbol{v}$ 垂直，因此，洛伦兹力不做功。

10.6.2 带电粒子在均匀磁场中的运动

我们分三种情形讨论一个电量为 q、速度为 v 的粒子在磁感应强度为 $\boldsymbol{B}$ 的均匀磁场中的运动。

1. 粒子的初速度 $\boldsymbol{v}$ 与 $\boldsymbol{B}$ 平行

在这种情况下，由式(10.19)可知，粒子所受洛伦兹力为零，因此粒子的运动不受磁场影响，$\boldsymbol{v}$ 保持不变。

2. 粒子的初速度 $\boldsymbol{v}$ 垂直于 $\boldsymbol{B}$

依据式(10.19)，洛伦兹力 $\boldsymbol{F}_m$ 始终在垂直于 $\boldsymbol{B}$ 的平面内，而粒子的初速度 $\boldsymbol{v}$ 也在这个平面内，故粒子的运动轨道不会越出这个平面。

由于洛伦兹力 $\boldsymbol{F}_m$ 始终与 $\boldsymbol{v}$ 垂直，只改变粒子运动的方向，而不改变其速率，因此粒子在上述平面内作匀速圆周运动，如图 10-20 所示。设粒子的质量为 m，圆周轨道半径为 R，则因维持粒子作圆周运动的力就是洛伦兹力，且 $\boldsymbol{v}$ 与 $\boldsymbol{B}$ 垂直，所以有

$$F_m = qvB = mv^2/R$$

得轨道半径为

$$R = \frac{mv}{qB} \tag{10.21}$$

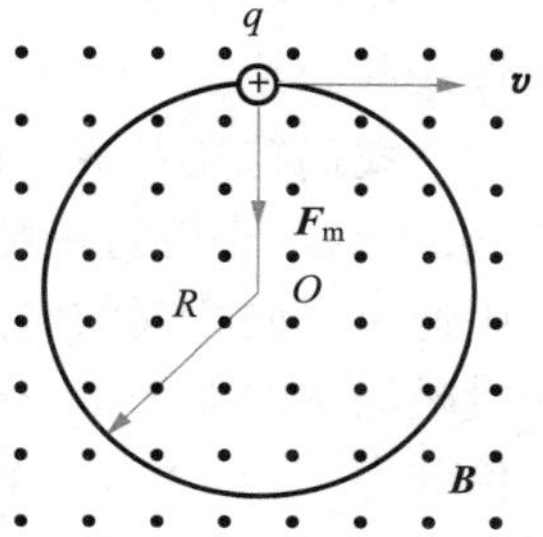

图 10-20 $\boldsymbol{v}$ 垂直于 $\boldsymbol{B}$ 时的运动

上式表明，R 与 $\boldsymbol{v}$ 成正比，而与 B 成反比。

粒子在轨道上环绕一周所需要的时间 T 称为回旋周期。利用式(10.20)结果，可得

$$T = \frac{2\pi R}{v} = \frac{2\pi m}{qB} \tag{10.22}$$

可见，带电粒子沿圆形轨道运行的周期与运动速率无关。

3. 粒子的初速度 $\boldsymbol{v}$ 与 $\boldsymbol{B}$ 成 θ 角

如图 10-21 所示，我们将速度 $\boldsymbol{v}$ 分解为平行于 $\boldsymbol{B}$ 的分量 $v_{/\!/} = v\cos\theta$ 和垂直于 $\boldsymbol{B}$ 的分量 $v_\perp = v\sin\theta$。根据上面的讨论，在垂直于磁场的方向，由于粒子有速率 $v_\perp$，磁场力将使粒子在垂直于 $\boldsymbol{B}$ 的平面内作匀速圆周运动，半径为 $R = \dfrac{mv_\perp}{qB}$。在平行于磁场的方向，粒子不受磁力作用，粒子将以 $v_{/\!/}$ 做匀速直线运动。这两个分运动的合成轨道是一条螺旋线，螺距为

$$h = v_{/\!/} T = v_{/\!/} \frac{2\pi m}{qB} \tag{10.23}$$

上式表明，粒子沿螺旋线每旋转一周，在 $\boldsymbol{B}$ 方向前进的路程正比于 $v_{/\!/}$ 而与 $v_\perp$ 无关。

如果在均匀磁场中某点 A 处引入一发散角很小的带电粒子束，并且各粒子的速度大致相同，那么这些粒子沿磁场方向分速度的大小就几乎相等，因而它们的轨道的螺距几乎相同。这样，经过一个回旋周期后，这些粒子将重新会聚穿过另一点 A'，如图 10-22(a)所示。这种发散粒子束会聚到一点的现象叫磁聚焦。这与光束经透镜后聚焦的现象有些类似。

上述均匀磁场中的磁聚焦现象靠长螺线管来实现。图 10-22(b)是短线圈产生的非均匀磁场的聚焦作用，这里的线圈作用与光学中的透镜相似，故称磁透镜。磁聚焦的原理广泛应用于电子真空器件，特别是电子显微镜中。

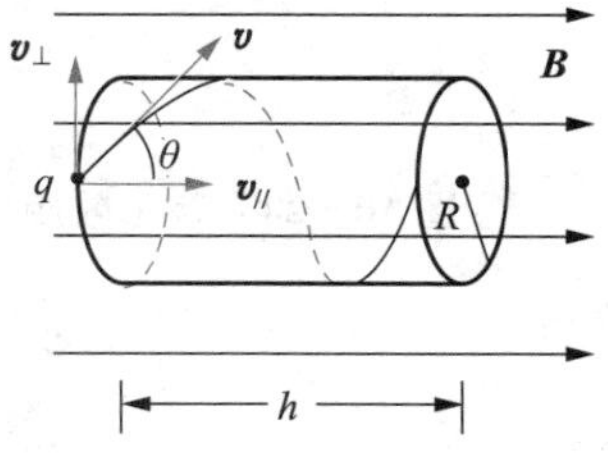

图 10-21 $\boldsymbol{v}$ 与 $\boldsymbol{B}$ 斜交时的运动

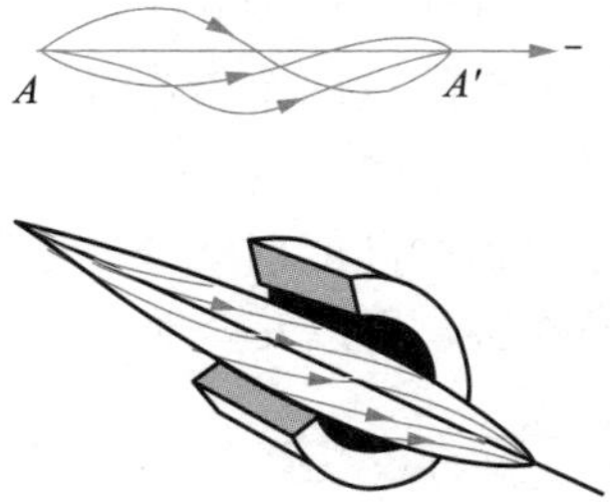

图 10-22 磁聚焦的原理

10.6.3　带电粒子在非均匀磁场中的运动

带电粒子在非均匀磁场中的运动比较复杂，这里不作一般讨论，仅对带电粒子的磁约束作一些介绍。

我们首先对带电粒子在非均匀磁场中所受洛伦兹力的情况作一定性分析。如图 10－23(a)所示，非均匀磁场成轴对称分布。这种磁场可以用两只圆形平面载流线圈来实现，线圈中通有方向相同的电流，在靠近载流线圈两端的区域磁场较强，而在中间区域磁场则较弱。设磁场中的粒子带负电，正向右方磁场增强的方向运动，如图 10－23(b)所示。粒子所受洛伦兹力 $\boldsymbol{F}_m$ 的方向与轨道上的磁场方向垂直，将 $\boldsymbol{F}_m$ 分解为与轨道中心处磁场 $\boldsymbol{B}$ 相垂直的分量和相平行的分量，其中垂直分量提供粒子作圆周运动的力，平行分量(称为轴向力)的方向指向磁场减弱的方向，使粒子向右的轴向运动减速。随着磁场的增强，回旋半径和螺距逐渐减小。若粒子向左方磁场增强的方向运动，同样的分析可知，粒子仍受到一指向磁场减弱方向的轴向分力，使粒子向左的轴向运动减速。若粒子带正电，结论也是如此。因此，带电粒子在非均匀磁场中运动时，所受的洛伦兹力 $\boldsymbol{F}_m$ 总有一个指向磁场减弱方向的轴向分力。在这个分力作用下，接近端部的带电粒子就像光线遇到镜面反射一样，沿一定的螺线向中部磁场较弱部分返回，这就是所谓的磁镜效应。这样，带电粒子以及由大量自由的带电粒子组成的等离子体在磁场约束下只能在一定的区域内来回振荡。在可控热核反应装置中，常应用这种磁场把高温等离子体约束在有限的空间区域内，以求实现热核反应。

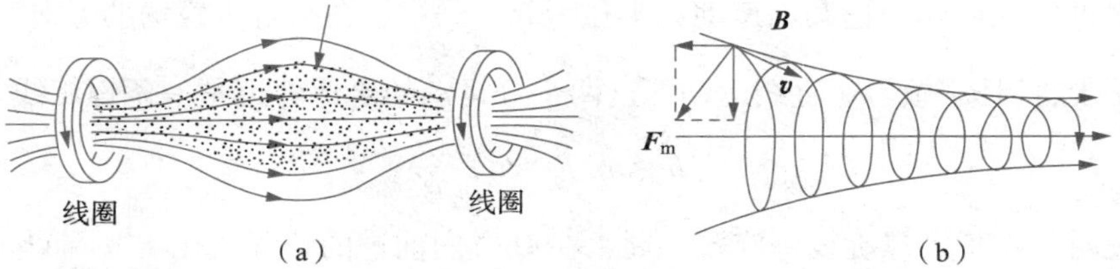

图 10－23　磁约束的原理

磁约束现象还存在于自然界中。例如地球磁场，两极附近磁场强而中间区域磁场弱，是一个天然的磁约束捕集器，使得来自宇宙射线的带电粒子在两磁极间来回振荡。1958 年，探索者 1 号卫星在外层空间发现被地磁场俘获的来自宇宙射线和太阳风的质子层和电子层，称之为范·阿仑(Van Allen)辐射带，如图 10－24 所示。罩在地球上空的这两个带电粒子层，是地磁场磁约束效应的结果。正是因为这种效应将来自宇宙空间的能致生物于死地的各种高能射线或粒子捕获，才使人类和其他生物不被伤害，得以安全地生存下来。

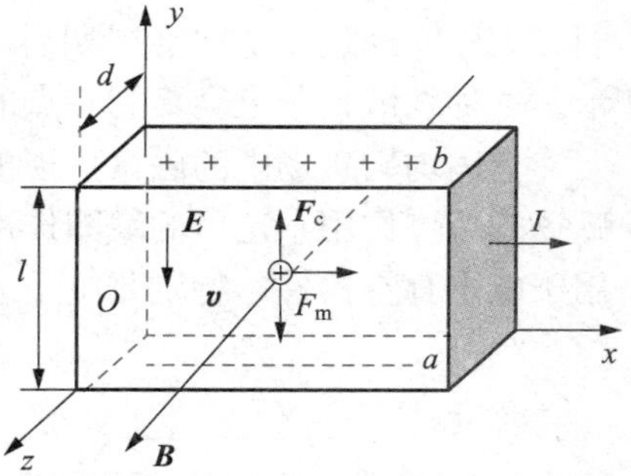

图 10－24　霍尔效应

10.6.4　霍尔效应

1879 年，美国物理学家霍尔发现将一块通有电流 I 的导体板，放在磁感应强度为 $\boldsymbol{B}$ 的匀强磁场中，当磁场方向与电流方向垂直时，如图 10-24 所示，则在导体板的 a、b 两个侧面之间出现微弱的电势差 U_{ab}。这一现象称为霍尔效应，U_{ab} 称为霍尔电势差。实验证明，霍尔电势差 U_{ab} 与通过导体板的电流 I 和磁感应强度 $\boldsymbol{B}$ 的大小成正比，与板的厚度 d 成反比，即

$$U_{ab}=K\frac{IB}{d} \tag{10.24}$$

式中，比例系数 K 称为霍尔系数。

霍尔效应可以用运动电荷在磁场中受洛伦兹力的作用来解释。如图 10-24 示，现在假设导体板内载流子的电荷量 q 为负，其运动方向与电流方向相反，在磁场 $\boldsymbol{B}$ 中受到方向向下的洛伦兹力 $\boldsymbol{F}_{\mathrm{m}}$ 作用，该作用力使导体板内的载流子发生偏转。结果在 a 面和 b 面上分别聚集了异号电荷，并在导体内形成不断增大的由 b 指向 a 的电场 $\boldsymbol{E}$(又称霍尔电场)。由于载流子 q 受到的电场力 $\boldsymbol{F}_e$ 与洛伦兹力 $\boldsymbol{F}_{\mathrm{m}}$ 反向，所以，电场力将阻碍载流子继续向 a 面聚集。当载流子受到的电场力与洛伦兹力达到平衡时，载流子将不再作侧向运动。这样，在 a、b 两面间便形成了一定的霍尔电势差 U_{ab}。

下面，我们来定量地分析霍尔效应。设导体板内载流子的电荷量为 q，作定向运动的平均速度为 $\boldsymbol{\bar{v}}$，磁场的磁感应强度为 $\boldsymbol{B}$，当电场力与磁场力达到平衡时，由式(10.23)有

$$q(\boldsymbol{E}+\boldsymbol{\bar{v}}\times\boldsymbol{B})=0$$

则可知霍尔电场的大小为

$$E=\bar{v}B$$

若导体板的宽度为 l，于是，霍尔电势差为

$$U_{ab}=El=\bar{v}Bl \tag{10.25}$$

设导体板中的载流子浓度，即导体板中单位体积内的载流子数为 n，根据电流的定义

$$I=nq\bar{v}S$$

式中 $S=ld$，为导体板的横截面积。从式(10.24)和电流公式中消去 $\boldsymbol{\bar{v}}$，可得

$$U_{ab}=\frac{IB}{nqd} \tag{10.26}$$

与式(10.23)比较可知，霍尔系数为

$$K=\frac{1}{nq} \tag{10.27}$$

式(10.26)表明：霍尔系数与载流子浓度 n 成反比。半导体材料的导电性能不如金属好，半导体材料的载流子浓度比金属小，因而半导体材料的霍尔效应显著。式(10.26)还常被用来判定半导体的导电类型和测定载流子的浓度。半导体材料分为两种基本类型，一种称为电子(n)型半导体(载流子主要是电子)，另一种称为空穴(p)型半导体(载流子主要是带正电的空穴)。通过实验测定霍尔系数或霍尔电势差的正负就可判定半导体的导电类型。

还需指出的是，金属中的载流子是自由电子，按上述分析，霍尔系数应是负值。实验表明，大多数金属的霍尔系数确实是负值，但也有些金属(如铁、铍、锌、镉等)测得的霍尔系数为正值。这说明上述的简单理论(经典电子论)是近似的，要解释上述现象需用固体能带论。

霍尔效应有着广泛应用，如载流子浓度、电流和磁场的测量，电信号转换及运算等。特别是利用等离子体的霍尔效应可设计磁流体发电机，这种发电机效率很高，一旦研制成功并

投入使用，将有可能取代火力发电机。

值得提出的是，美籍华人科学家崔琦和德国科学家斯托尔默(H. Stormer)，从 1982 年开始研究低温和强磁场下，半导体砷化镓和砷铝化镓的霍尔效应实验研究。他们发现当将一块砷化镓晶片和另一块砷铝化镓晶片叠在一起时，电子就在这两半导体之间的界面上聚集起来，而且非常密集。若使界面的温度降低到约 0.1 K，磁场增强到约 50 T 时，他们惊奇地发现，在这种极低温和强磁场条件下半导体界面上的量子霍尔效应(即霍尔电阻出现了一系列台阶)要比德国科学家克利青(K. Von. Klitzing)发现的高出三倍。由于极低的温度和强大的磁场限制了电子的热运动，于是大量相互作用的电子形成一种类似液体的物理形态——量子流体。这种量子流体具有一些特异性质，如在某种情况下阻力消失，出现几分之一电子电荷的奇特现象等。之后，美国物理学家劳克林(R. Laughlin)对崔琦、斯托尔默的实验结果做出了理论解释。崔琦和斯托尔默的发现有重要的应用价值，可应用于研制功能更强大的计算机和更先进的通信设备等。为了表彰崔琦、斯托尔默和劳克林在上述工作中的贡献，他们共享了 1998 年度诺贝尔物理学奖。

10.7 磁 介 质

在磁场作用下能被磁化并反过来影响磁场的物质称为磁介质。任何实物在磁场作用下都或多或少地发生磁化并反过来影响原来的磁场，因此，任何实物都是磁介质。前面讲到，安培提出了关于揭示物质磁性本质的分子电流假说，据此，物质磁性来源于物质中的分子电流。

10.7.1 磁介质的分类

一切由分子、原子组成的物质都是磁介质。当把磁介质放在由电流产生的外磁场 $\boldsymbol{B}_0$ 中时，本来没有磁性的磁介质变得有磁性，并能激发一附加的磁场，这种现象称为磁介质的磁化。由于磁介质的磁化而产生的附加磁场 $\boldsymbol{B}'$叠加在原来的外磁场 $\boldsymbol{B}_0$ 上，这时总的磁感应强度 $\boldsymbol{B}$ 为 $\boldsymbol{B}_0$ 和 $\boldsymbol{B}'$的矢量和，即

$$\boldsymbol{B}=\boldsymbol{B}_0+\boldsymbol{B}'$$

不同的磁介质，磁化程度有很大的差异。根据 $\boldsymbol{B}'$和 $\boldsymbol{B}_0$ 关系，可将磁介质分为顺磁质、抗磁质和铁磁质三类。以下以磁介质置于均匀外磁场 $\boldsymbol{B}_0$ 中为例来说明。

(1)若 $\boldsymbol{B}'$与 $\boldsymbol{B}_0$ 同方向，而且 $\boldsymbol{B}'\leqslant\boldsymbol{B}_0$，则这种磁介质称为顺磁质。如锰、铬、铝、铂、氮等。

(2)若 $\boldsymbol{B}'$与 $\boldsymbol{B}_0$ 反方向，而且 $\boldsymbol{B}'\leqslant\boldsymbol{B}_0$，则这种磁介质称为抗磁质。如铋、汞、银、铜、氢及惰性气体等。

(3)若 $\boldsymbol{B}'$与 $\boldsymbol{B}_0$ 同方向，而且 $\boldsymbol{B}'\geqslant\boldsymbol{B}_0$，则这种磁介质称为铁磁质。如铁、钴、镍、钆和它们的合金以及铁氧化(某些含铁的氧化物)等。此外，铁磁质还有一些特殊的性质，它们的应用也极为广泛。

10.7.2 顺磁质和抗磁质的磁化

下面以安培的分子电流学说简单说明顺磁性和抗磁性的起源。任何物质都是由分子或原

子构成的，它们所包含的每一个电子都同时参与了两种运动，一是电子绕原子核的轨道运动。为简单计算，把它看成是一个圆形电流，具有一定的轨道磁矩，如图10-25(a)所示；二是电子的自旋，相应地有自旋磁矩。一个分子的磁矩，是它所包含的所有电子各种磁矩的矢量和，统称为分子固有磁矩(也称分子磁矩)，用 $\boldsymbol{P}_m$ 表示。每一个分子磁矩可以看成是由一个等效圆电流 i_m 产生的，故称 i_m 为分子电流，如图10-25(b)所示。

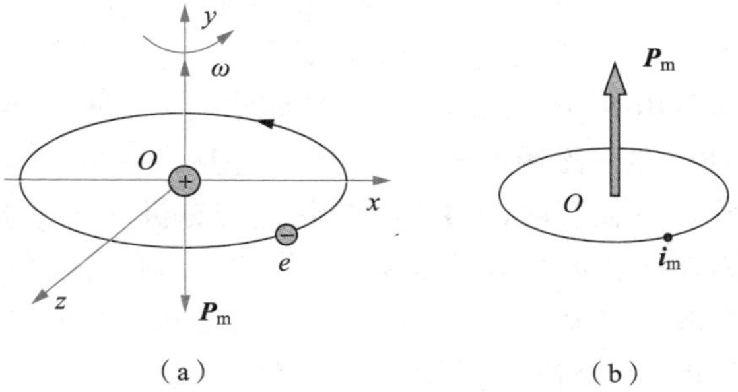

图10-25　分子电流的磁矩

研究表明，抗磁质在没有磁场 $\boldsymbol{B}_0$ 作用时，其分子磁矩 $\boldsymbol{P}_m$ 为零(即这类分子中各电子磁矩的总和在没有磁场 $\boldsymbol{B}_0$ 作用时为零)；而顺磁质在没有磁场 $\boldsymbol{B}_0$ 作用时，虽然分子磁矩 $\boldsymbol{P}_m$ 不为零，但是由于分子的热运动，使各分子磁矩的取向杂乱无章，如图10-26(a)所示。因此，在无磁场 $\boldsymbol{B}_0$ 作用时，不论是顺磁质还是抗磁质，宏观上对外都不显磁性。

当磁介质放在磁场 $\boldsymbol{B}_0$ 中去，磁介质的分子将受到两种作用：

(1)分子固有磁矩将受到磁场 $\boldsymbol{B}_0$ 的力矩作用，使各分子磁矩要克服热运动的影响而转向磁场 $\boldsymbol{B}_0$ 的方向排列，如图10-26(b)所示。这样各分子磁矩将沿磁场 $\boldsymbol{B}_0$ 方向产生一附加磁场 $\boldsymbol{B}'$。

(2)磁场 $\boldsymbol{B}_0$ 将使分子磁矩 $\boldsymbol{P}_m$ 发生变化，每个分子产生一个与 $\boldsymbol{B}_0$ 反向的附加磁矩 $\Delta\boldsymbol{P}'_m$。考虑分子中一个磁矩为 $\boldsymbol{P}_m$ 的电子以速度 $\boldsymbol{v}$ 沿圆轨道运动，当磁场 $\boldsymbol{B}_0$ 的方向与 $\boldsymbol{P}_m$ 一致时，电子受到的洛伦兹力沿轨道半径向外，这使电子所受的向心力减小。理论研究表明，若电子运动轨道半径不变，则电子运动的角速度将减小，相应的电子磁矩就要减小，这等效于产生一个方向与 $\boldsymbol{B}_0$ 相反的附加分子磁矩 $\Delta\boldsymbol{P}'_m$，如图10-27(a)所示。当磁场 $\boldsymbol{B}_0$ 方向与 $\boldsymbol{P}_m$ 相反时，如图10-27(b)所示，读者自己可以证明，附加分子磁矩 $\Delta\boldsymbol{P}'_m$ 的方向仍和 $\boldsymbol{B}_0$ 方向相反。因此，可以得出结论：不论磁场 $\boldsymbol{B}_0$ 的方向与电子磁矩 $\boldsymbol{P}_m$ 方向相同或相反，加上磁场 $\boldsymbol{B}_0$

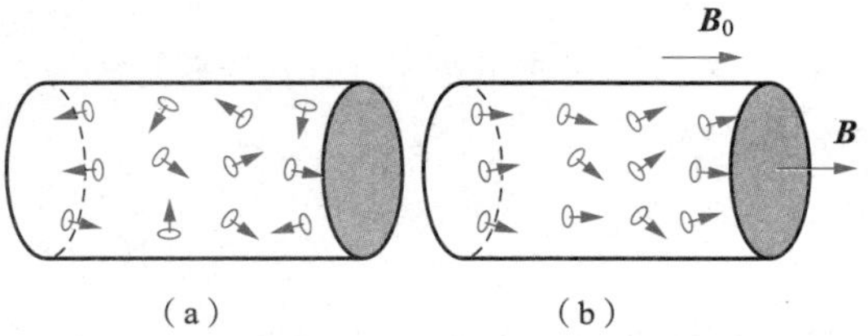

图10-26　磁介质的磁化过程

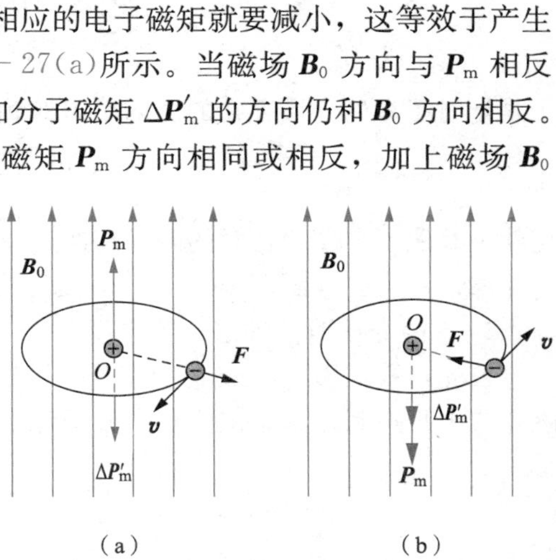

图10-27　抗磁效应

后，总要产生一个与 $\boldsymbol{B}_0$ 方向相反的附加分子磁矩 $\Delta\boldsymbol{P}'_{\rm m}$，即产生一个与 $\boldsymbol{B}_0$ 方向相反的附加磁场 $\boldsymbol{B}'$。

由于抗磁质的分子磁矩 $\boldsymbol{P}_{\rm m}$ 为零，加上磁场 $\boldsymbol{B}_0$ 后，分子磁矩的转向效应不存在，所以，磁场引起的附加磁矩是抗磁质磁化的唯一原因。因此，抗磁质产生的附加磁场 $\boldsymbol{B}'$ 总是与 $\boldsymbol{B}_0$ 方向相反，使得原来磁场减弱。这就是产生抗磁性的微观机理。而顺磁质的分子磁矩 $\boldsymbol{P}_{\rm m}$ 不为零，加上磁场 $\boldsymbol{B}_0$ 后，各个分子磁矩要转向与磁场 $\boldsymbol{B}_0$ 同向。同时，也要产生上述的与磁场 $\boldsymbol{B}_0$ 反向的附加分子磁矩。但由于顺磁质的分子磁矩 $\boldsymbol{P}_{\rm m}$ 一般要比附加分子磁矩 $\Delta\boldsymbol{P}'_{\rm m}$ 大得多，所以，顺磁质产生的附加磁场 $\boldsymbol{B}'$ 主要以所有分子的磁矩转向与磁场 $\boldsymbol{B}_0$ 同向为主。因此，顺磁质产生的附加磁场 $\boldsymbol{B}'$ 使得原来磁场加强。这就是产生顺磁性的微观机理。

比较电介质和磁介质，不难看出，顺磁质的磁化与有极分子电介质的极化很相似。例如，顺磁质具有分子磁矩，在磁场作用下具有取向作用，而有极电介质分子具有固有电偶极矩，在电场作用下也具有取向作用。但是两者又有不同之处，如顺磁质磁化后在其内部产生的附加磁场 $\boldsymbol{B}'$ 与磁场 $\boldsymbol{B}_0$ 的方向相同，而电介质极化后在其内部产生的附加电场 $\boldsymbol{E}'$ 与电场 $\boldsymbol{E}_0$ 的方向相反。抗磁质的磁化则与无极分子电介质的极化很相似。例如，抗磁质的分子磁矩是在磁场作用下才产生的，磁介质内部的附加磁场 $\boldsymbol{B}'$ 与磁场 $\boldsymbol{B}_0$ 方向总是相反的，而无极电介质分子的电偶极矩也是在电场作用下才产生的，电介质内部的附加电场 $\boldsymbol{E}'$ 与电场 $\boldsymbol{E}_0$ 方向也总是相反的。

关于铁磁质的磁化，我们将稍后进行讨论。

10.7.3　磁介质中的安培环路定理　磁场强度

1. 有磁介质时的高斯定理

在有磁介质存在时，总磁场 $\boldsymbol{B}$ 为传导电流所产生的磁场 $\boldsymbol{B}_0$ 和磁介质磁化后产生的附加磁场 $\boldsymbol{B}'$ 的矢量和，即

$$\boldsymbol{B}=\boldsymbol{B}_0+\boldsymbol{B}'$$

理论研究表明，不论是磁场 $\boldsymbol{B}_0$ 还是附加磁场 $\boldsymbol{B}'$，其磁场线都是一些闭合曲线。因此，对于磁场中的任何闭合曲面 S，均有

$$\oint_S \boldsymbol{B}_0\cdot \mathrm{d}\boldsymbol{S}=0,\quad \oint_S \boldsymbol{B}'\cdot \mathrm{d}\boldsymbol{S}=0$$

于是，对于有磁介质存在的总磁场 $\boldsymbol{B}$ 来说，有

$$\oint_S \boldsymbol{B}\cdot \mathrm{d}\boldsymbol{S}=\oint_S (\boldsymbol{B}_0+\boldsymbol{B}')\cdot \mathrm{d}\boldsymbol{S}=0 \tag{10.28}$$

这就是有磁场介质存在时的磁场高斯定理。这一结论表明，不论是否存在磁介质，磁场高斯定理都是普遍成立的。

2. 有磁介质时的安培环路定理

首先，我们引入一宏观物理量——磁化强度 $\boldsymbol{M}$ 来表示磁介质的磁化程度，其定义为：磁介质中某点附近、单位体积内分子磁矩的矢量和，即

$$\boldsymbol{M}=\frac{\sum \boldsymbol{P}_{\rm m}}{\Delta V} \tag{10.29}$$

式中，$\boldsymbol{P}_{\rm m}$ 为单个分子的磁矩。磁化强度 $\boldsymbol{M}$ 愈大，表明磁介质内分子的排列愈整齐，分子磁矩 $\boldsymbol{P}_{\rm m}$ 的矢量和愈大。

磁介质在外磁场中被磁化后，对于顺磁质来说，分子磁矩沿外磁场方向有一定的取向。若考虑分子磁矩取向完全一致的情况，此时相应的分子电流平面与外磁场方向垂直，介质内任意一位置处所通过的分子电流是成对的，且方向相反(见图 10-28)，因此互相抵消。而只有在介质的外边缘处的分子电流未被抵消，形成沿介质截面边缘的大环形电流，称为磁化电流 I'。同理，对于抗磁质来说，磁化电流是与分子附加磁矩相应的等效圆电流所形成的。

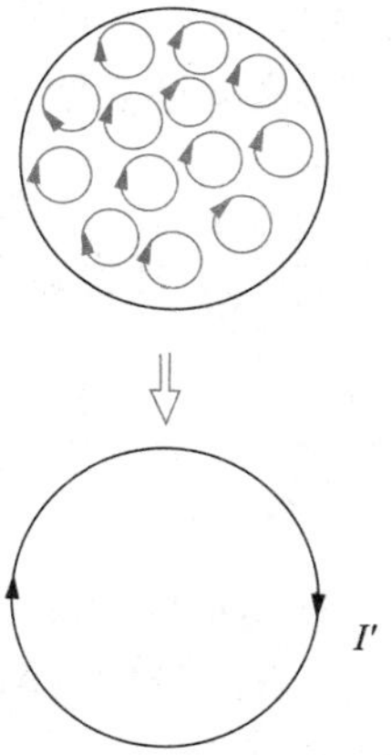

图 10-28 有介质时的安培环路定理

磁化电流的产生是与介质的磁化紧密相关的。所以磁化电流必然与磁化强度有关系。理论上可以证明，磁介质的磁化强度矢量 **M** 沿任意闭合环路的线积分等于穿过以此积分环路为周界的任意曲面磁化电流强度的代数和 $\sum\limits_{L} I$，用公式表示为

$$\oint_L \boldsymbol{M}\cdot \mathrm{d}\boldsymbol{l}=\sum_L I' \tag{10.30}$$

在有磁介质存在时，除传导电流外，还有磁化电流。若将真空中的安培环路定理 $\oint_L \boldsymbol{B}\cdot \mathrm{d}\boldsymbol{l}=\mu_0\sum\limits_{L_{内}} I$ 应用于有磁介质存在的情况，则 $\sum\limits_{L_{内}} I$ 中应包括传导电流 I_0 和磁化电流 I'，此时安培环路定理的表达式为

$$\oint_L \boldsymbol{B}\cdot \mathrm{d}\boldsymbol{l}=\mu_0\sum_L I_0+\mu_0\sum_L I' \tag{10.31}$$

因为磁化电流 I' 通常是未知的，且大小与 **B** 有关，所以上式使用起来很不方便，为此作如下变换。将式(10.29)代入式(10.30)，并消去 $\sum\limits_{L} I'$ 后得

$$\oint_L \boldsymbol{B}\cdot \mathrm{d}\boldsymbol{l}=\mu_0\sum_L I_0+\mu_0\oint_L \boldsymbol{M}\cdot \mathrm{d}\boldsymbol{l}$$

将上式除以 μ_0，再移项有

$$\oint_L \left(\frac{\boldsymbol{B}}{\mu_0}-\boldsymbol{M}\right)\cdot \mathrm{d}\boldsymbol{l}=\sum_L I_0$$

令 $\boldsymbol{H}=\dfrac{\boldsymbol{B}}{\mu_0}-\boldsymbol{M}$，则上式可写为

$$\oint_L \boldsymbol{H}\cdot \mathrm{d}\boldsymbol{l}=\sum_L I_0 \tag{10.32}$$

这就是有磁介质存在时安培环路定理的数学表达式，其中 **H** 称为磁场强度矢量。式(10.31)说明，磁场强度 **H** 沿任意闭合环路的线积分等于穿过以闭合环路为周界的任意曲面的传导电流强度的代数和，即只决定于传导电流的分布，而与磁化电流无关。因此，引入磁场强度 **H** 为研究有磁介质存在时的情况提供了方便。但是真正具有物理意义的、确定磁场中运动电荷或电流受力的是 **B**，而不是 **H**。**H** 与电介质中的电位移矢量 **D** 的地位相当，只是由于历史的原因才把它称为磁场强度。

在国际单位制中，磁场强度 **H** 的单位是安/米(A/m)。

实验表明，在各向同性均匀磁介质中，**B** 和 **H** 成正比，即

$$\boldsymbol{B}=\mu\boldsymbol{H} \tag{10.33}$$

式中，μ 为磁介质的磁导率。

实验还表明，各向同性磁介质的磁化强度 $\boldsymbol{M}$ 与磁场强度 $\boldsymbol{H}$ 成正比，即

$$\boldsymbol{M}=\chi_m \boldsymbol{H} \tag{10.34}$$

式中，χ_m 称为磁介质的磁化率。由式 $\boldsymbol{H}=\frac{\boldsymbol{B}}{\mu_0}-\boldsymbol{M}$ 和式(10.33)，可导出

$$\boldsymbol{B}=\mu_0(1+\chi_m)\boldsymbol{H}$$

与式(10.32)相比较，可得

$$\mu_r=1+\chi_m \text{ 和 } \mu=\mu_0\mu_r \tag{10.35}$$

式中，μ_r 称为磁介质的相对磁导率。

在真空中，$\boldsymbol{M}=0$，所以 $\chi_m=0$，$\mu_r=1$，即真空相当于磁化率为零，相对磁导率为 1 的磁介质。

磁介质的磁化率 χ_m、磁导率 μ 和相对磁导率 μ_r 都是描述介质磁化特性的物理量，只要知道这三个量中的一个就能求出另两个，也就是说只要知道三个量中的一个，介质的磁化特性就清楚了。

顺磁质的磁化率 $\chi_m>0$，相对磁导率 $\mu_r>1$，磁导率 $\mu>\mu_0$；而抗磁质的 $\chi_m<0$，$\mu_r<1$，$\mu<\mu_0$。这两类磁介质的 χ_m 的绝对值都是很小的值($10^{-4}\sim10^{-6}$)，这说明它们的磁性都很弱，它们对电流的外磁场只产生微弱的影响。

例 10.4　无限长圆柱形铜线，外面包一层相对磁导率为 μ_r 的圆筒形磁介质。导线半径为 R_1，磁介质的外半径为 R_2，铜线内通有均匀分布的电流 I，如图 10-29 所示。铜的相对磁导率可取为 1，试求无限长圆柱形铜线和介质内外的磁场强度 $\boldsymbol{H}$ 与磁感应强度 $\boldsymbol{B}$。

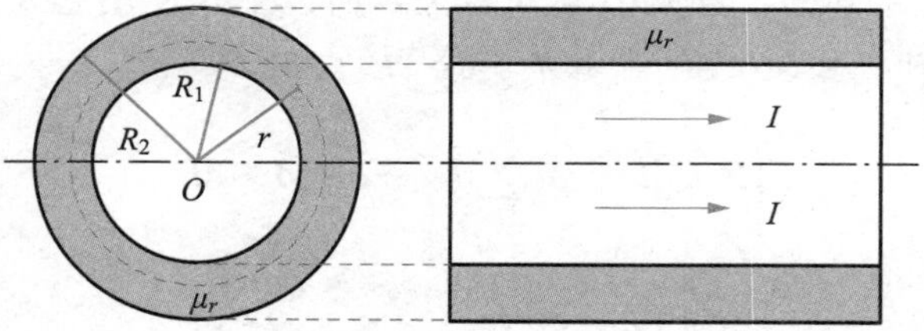

图 10-29　载流圆柱体内外的磁场

解　当无限长圆柱形铜线中通有电流时，根据铜线的轴对称性，可将轴线上任一点为圆心，在垂直于轴线平面内以任意半径作圆周。在该圆周上，磁场强度 $\boldsymbol{H}$ 和磁感应强度 $\boldsymbol{B}$ 的大小分别为常量，方向都沿圆周切线方向，因此，可用安培环路定理求解。

选取铜线轴线上一点为圆心，半径为 r 的圆周为积分路径 L，则

(1)当 $0\leqslant r\leqslant R_1$ 时，根据安培环路定理

$$\oint_L \boldsymbol{H}\cdot \mathrm{d}\boldsymbol{l}=\sum_L I_i$$

可得

$$H_1 2\pi r=\frac{I}{\pi R^2}\pi r^2$$

$$H_1=\frac{Ir}{2\pi R_1^2}$$

由于铜线的 μ_r 取为 1，得

$$B_1=\mu_0 H_1=\frac{\mu_0 I r}{2\pi R_1^2}$$

(2)当 $R_1\leqslant r\leqslant R_2$ 时，有

$$H_2 2\pi r=I,\quad H_2=\frac{I}{2\pi r}$$

由于磁介质的 $\mu=\mu_0\mu_r$，可得

$$B_2=\mu H_2=\frac{\mu_0\mu_r I}{2\pi r}$$

(3)当 $r>R_2$ 时，有

$$H_3=\frac{I}{2\pi r}$$

在磁介质外，$\mu=\mu_0$，可得

$$B_3=\mu H_3=\frac{\mu_0 I}{2\pi r}$$

用有磁介质时的安培环路定理求磁感应强度 $\boldsymbol{B}$ 分布时，其步骤与用真空中的安培环路定理求 $\boldsymbol{B}$ 分布的解法相类似。首先需要分析磁场分布的对称性，然后选取合适的闭合路径，由式(10.31)求出磁场中磁场强度 $\boldsymbol{H}$ 的分布。值得注意的是，在这一求解过程中，磁化电流是不出现的，只考虑闭合路径所包围的传导电流。最后，由式(10.32)可求出磁场中磁感应强度 $\boldsymbol{B}$ 的分布。在磁场无对称性时，一般不能用安培环路定理求解 $\boldsymbol{H}$ 和 $\boldsymbol{B}$。

10.7.4　铁磁质

铁磁质最突出的特点是在居里温度以下，经磁化后产生的附加磁场特别强。铁磁质的相对磁导率 μ_r 不仅很大(其数量级为 $10^2\sim10^3$，有些甚至达到 10^6 以上)，而且与外加磁场、磁化历史等因素有关。因此，铁磁质的磁化规律用一般磁介质的磁化理论是无法解释的。

1. 铁磁质的磁化规律　磁滞回线

铁磁质的磁化规律指的是 $\boldsymbol{M}$ 与 $\boldsymbol{B}$ 之间的关系。由于 $\boldsymbol{H}=\dfrac{\boldsymbol{B}}{\mu_0}-\boldsymbol{M}$，也可以说磁化规律指的是 $\boldsymbol{M}$ 与 $\boldsymbol{H}$ 的关系或 $\boldsymbol{B}$ 与 $\boldsymbol{H}$ 的关系。在实验上易于测量的是 $\boldsymbol{B}$ 和 $\boldsymbol{H}$，所以常用实验方法来研究 $\boldsymbol{B}$ 与 $\boldsymbol{H}$ 的关系。图 10-30 代表实验测得的磁化曲线，它有如下特点：$\boldsymbol{H}=0$ 时，$\boldsymbol{B}=0$(说明处于未磁化状态)；当 $\boldsymbol{H}$ 逐渐增加时，$\boldsymbol{B}$ 先是缓慢增加(OA 段)，后来急剧增加(AM 段)，过了 M 点后 $\boldsymbol{B}$ 的增加变得缓慢(MN 段)，最后当 $\boldsymbol{H}$ 很大时，$\boldsymbol{B}$ 趋于饱和。饱和时的

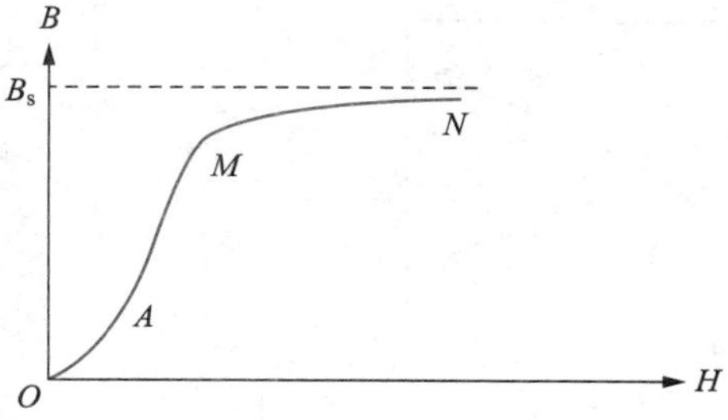

图 10-30　铁磁质的起始磁化曲线

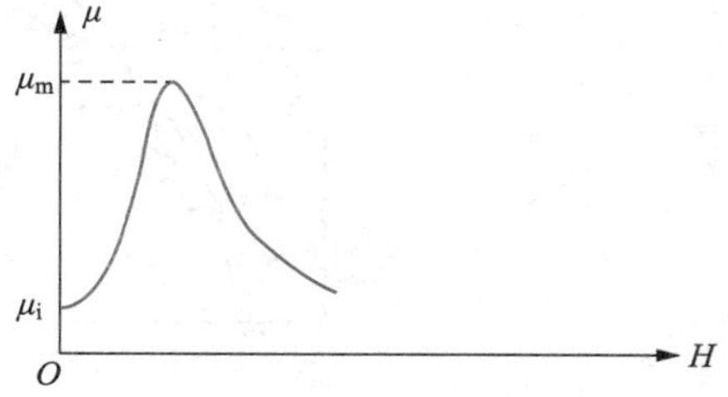

图 10-31　铁磁质的 μ—H 曲线

B_s 称为饱和磁感应强度。铁磁质的磁化曲线的特点是非线性。

由 $\boldsymbol{B}-\boldsymbol{H}$ 曲线上的每一点的 $\boldsymbol{B}$ 和 $\boldsymbol{H}$ 的值可求得磁导率 μ。图 10－31 绘出了 $\mu-H$ 曲线，$\boldsymbol{H}=0$ 时的磁导率 μ_i 称为起始磁导率，曲线的峰值 μ_m 称为最大磁导率。铁磁质的 $\mu\gg\mu_0$，即 $\mu_r\gg1$ 或 $\chi_m\gg1$。

当 $\boldsymbol{B}$ 达到饱和值后，使 $\boldsymbol{H}$ 减小，则 $\boldsymbol{B}$ 不沿原磁化曲线下降，而是沿 SR 曲线下降(见图 10－32)。当 $\boldsymbol{H}$ 下降到零时，$\boldsymbol{B}$ 并不减至零，而有一定的值 $\boldsymbol{B}_r$，$\boldsymbol{B}_r$ 称为剩余磁感应强度。为了使 $\boldsymbol{B}$ 减小到零，必须加反向磁场。当 $\boldsymbol{B}=0$ 时的 $\boldsymbol{H}$ 值称为矫顽力，用 $\boldsymbol{H}_c$ 表示。当反向的 $\boldsymbol{H}$ 继续加大，则 $\boldsymbol{B}$ 将达到反向的饱和值。$\boldsymbol{H}$ 再减小至零，然后再改变磁场方向为正方向，再逐渐增大，最后又回到 S，构成一闭合曲线。在上述变化过程中 $\boldsymbol{B}$ 的变化总是落后于 $\boldsymbol{H}$ 的变化，这一现象称为磁滞现象，上述闭合曲线称为磁滞回线。磁滞的成因是由于磁畴周界(称为畴壁)的移动和磁畴磁矩的转动是不可逆的，当外磁场减弱或消失时磁畴不按原来变化的规律逆着退回原状。磁滞回线表明，对铁磁质来说，B 与 H 的值不具有一一对应的关系。它们的比值不仅随 H 的变化而异，而且对同一个 H 值而言，比值一般不是唯一的，B 的数值等于多少不仅决定于外磁场和铁磁质本身，而且与铁磁质达到这个状态所经历的磁化过程有关。当铁磁质在交变磁场作用下反复磁化时，由于磁滞效应，磁体要发热而散失能量，这种能量损失称为磁滞损耗，磁滞回线所包围的面积越大，磁滞损耗也越大。

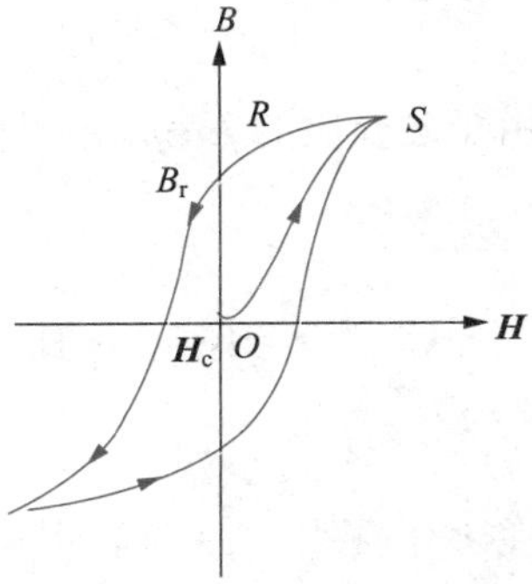

图 10－32 磁滞回线

2. 铁磁质的磁化机制 磁畴

铁磁性的起源可以用“磁畴”理论来解释。在铁磁体内存在着无数个自发磁化的小区域，称为磁畴，其横向宽度约为 0.01～0.1 cm。在每个磁畴中，所有原子的磁矩都向着同一方向整齐排列。在未被磁化的铁磁质中，各磁畴磁矩的取向是无规则的，如图 10－33(a)所示，因而整块铁磁质在宏观上不显示磁性。

在外磁场作用下，磁畴将发生变化，磁矩与外磁场方向一致或接近的磁畴这时处在有利地位，于是这种磁畴向外扩展，磁畴的畴壁发生位移，如图 10－33(b)所示。当外磁场较强时，还会发生磁畴的转向，外场越强，转向作用亦越强，从而产生很强的附加磁场。当所有磁畴都转到其磁矩与外磁场相同的方向时，介质的磁化就达到了饱和。

由于磁畴的转向需要克服阻力(来自磁畴间的“摩擦”)，因此当外磁场减弱或消失时磁畴并不按原来的变化规律退回原状，因而表现出磁滞现象。外磁场的作用停止后，磁畴的某种

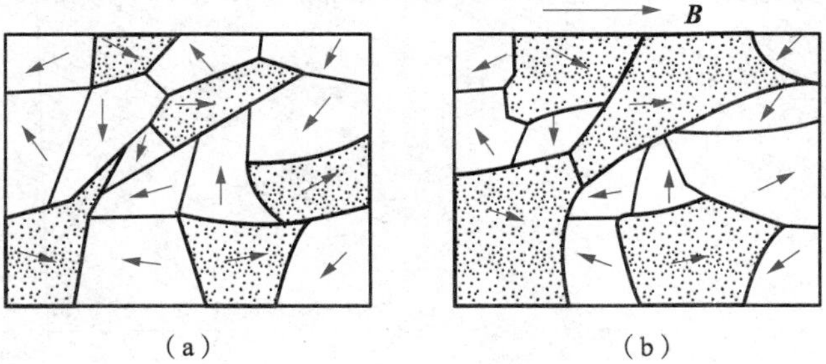

(a) (b)

图 10－33 用磁畴的观点说明铁磁质的磁化过程

排列被保留下来，使得铁磁质仍然具有磁性。温度升高时，分子热运动加剧，破坏了磁畴的整齐排列，因此铁磁质具有居里温度。高于此温度，磁畴即被瓦解，从而使铁磁质的特性消失，成为非铁磁性物质。

10.8 小 结

1. 基本定律

(1)毕奥-萨伐尔定律 $\mathrm{d}\boldsymbol{B}=\frac{\mu_0}{4\pi}\frac{I\mathrm{d}\boldsymbol{l}\times\boldsymbol{e}_r}{r^2}$

(2)安培定律 $\mathrm{d}\boldsymbol{F}=I\mathrm{d}\boldsymbol{l}\times\boldsymbol{B}$

2. 基本场方程

(1)高斯定理

$$\oint_S \boldsymbol{B}\cdot\mathrm{d}\boldsymbol{S}=0 \quad \text{(表明磁场是无源场)}$$

(2)安培环路定理

真空中的安培环路定理$\oint_L \boldsymbol{B}\cdot\mathrm{d}\boldsymbol{l}=\mu_0\sum_{L内} I_i$(表明磁场是涡旋场)；介质中的安培环路定理 $\oint_L \boldsymbol{H}\cdot\mathrm{d}\boldsymbol{l}=\sum_{L内} I_i$(表明磁场是涡旋场)，其中，$\boldsymbol{B}=\mu\boldsymbol{H}$。

3. 几种典型的磁场

(1)直导线的磁场 $B=\frac{\mu_0 I}{4\pi a}(\cos\theta_1-\cos\theta_2)$

无限长直电流的磁场 $B=\frac{\mu_0 I}{2\pi a}$

(2)圆电流轴线上的磁场 $B=\frac{\mu_0 IR^2}{2(R^2+x^2)^{\frac{3}{2}}}$

圆电流圆心处 $\boldsymbol{B}$ 的大小为 $B=\frac{\mu_0 I}{2R}$

张角为 θ 的圆弧圆心处产生 $\boldsymbol{B}$ 的大小为 $B=\frac{\mu_0 I}{2R}\frac{\theta}{2\pi}$

(3)均匀密绕长直螺线管内部的磁场 $B=\mu_0 nI$

(4)运动电荷的磁场 $\boldsymbol{B}=\frac{\mu_0}{4\pi}\frac{q\boldsymbol{v}\times\boldsymbol{e}_r}{r^2}$

4. 磁场对电流的作用

(1)载流导线在磁场中受安培力 $\boldsymbol{F}=\int I\mathrm{d}\boldsymbol{l}\times\boldsymbol{B}$

(2)载流平面线圈在均匀磁场中受磁力矩 $\boldsymbol{M}=\boldsymbol{p}_\mathrm{m}\times\boldsymbol{B}=IS\boldsymbol{n}\times\boldsymbol{B}$

5. 磁场对运动电荷的作用

(1)洛伦兹力 $\boldsymbol{F}_\mathrm{m}=q\boldsymbol{v}\times\boldsymbol{B}$

回旋半径、回旋周期、螺距：

$$R=\frac{mv_{\perp}}{qB},\ T=\frac{2\pi R}{v}=\frac{2\pi m}{qB},\ h=v_{//}T=v_{//}\frac{2\pi m}{qB}$$

(2)霍尔效应　$U_H=\dfrac{IB}{nqd}$

6. 磁介质的种类

(1)顺磁质：$\mu_r>1$，增强原磁场

(2)抗磁质：$\mu_r<1$，削弱原磁场

(3)铁磁质：$\mu_r\gg 1$，大大增强原磁场

10.9 习　　题

10.1 是否可以像定义场强 $\boldsymbol{E}$ 的方向那样，用作用于运动电荷上磁力的方向，来定义磁感应强度 $\boldsymbol{B}$ 的方向?

10.2 在一条给定的磁感线上，各点 $\boldsymbol{B}$ 的量值是否总是相等的?

10.3 无限长直电流磁场的磁感应强度公式是 $B=\dfrac{\mu_0 I}{2\pi a}$，当场点无限接近导线，即 $a\to 0$ 时，$\boldsymbol{B}\to\infty$，应当如何理解?

10.4 在静止的电子附近放一根载流金属导线，问：(1)此时电子是否发生运动?(2)如果以一束电子射线代替载流导线，结果又如何?

10.5 在无限长的载流直导线附近的两点 A 和 B，依次放入同样大小的电流元，如果两点到导线的距离相等，问电流元所受到的磁力大小是否一定相等?

10.6 四条互相平行的长直载流导线的电流强度均为 I，如习题 10.6 图放置。正方形的边长为 $2l$，求正方形中心 O 的磁感应强度 $\boldsymbol{B}$。

10.7 载有电流 I 的导线如习题 10.7 图放置，求圆心 O 处的磁感应强度 $\boldsymbol{B}$。

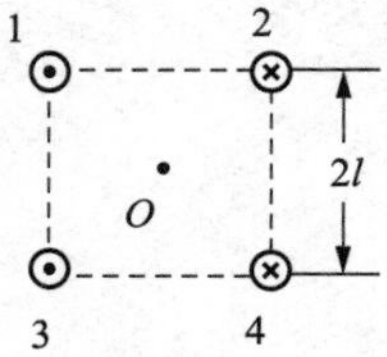

习题 10.6 图

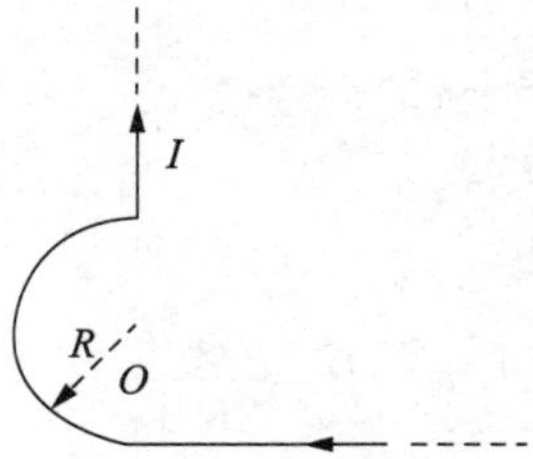

习题 10.7 图

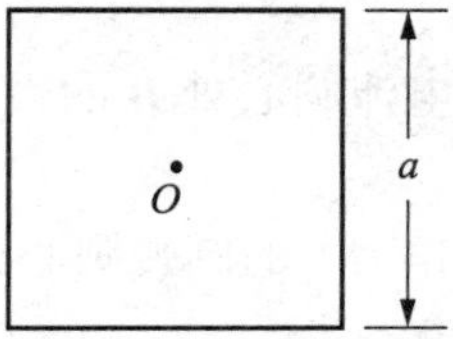

习题 10.8 图

10.8 如习题 10.8 图所示，边长为 a 的方形载流线圈，通有相同的电流 I，求中心 O 处的磁感应强度 $\boldsymbol{B}$ 大小。

10.9 氢原子处在基态(正常状态)时，它的电子可看作是沿半径为 0.53×10^{-8} cm 的轨道作匀速圆周运动，速率为 2.2×10^{8} cm/s，求轨道中心 B 的大小。

10.10 一个半径为 r 的半球面如习题 10.10 图放在均匀磁场中，求通过半球面的磁通量。

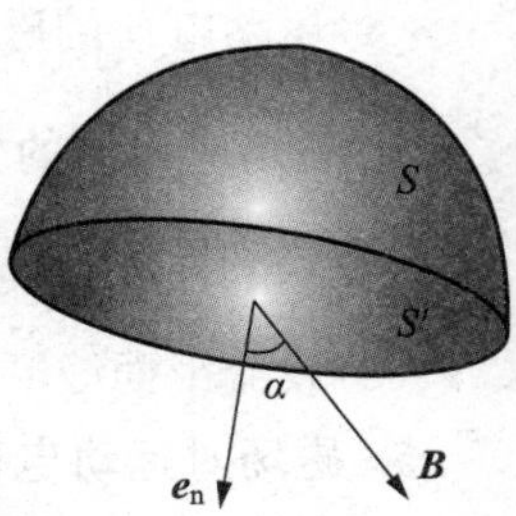

习题 10.10 图

10.11 如习题 10.11 图所示，几种载流导线在平面内分布，电流均为 I，它们在点 O 的磁感应强度各为多少？

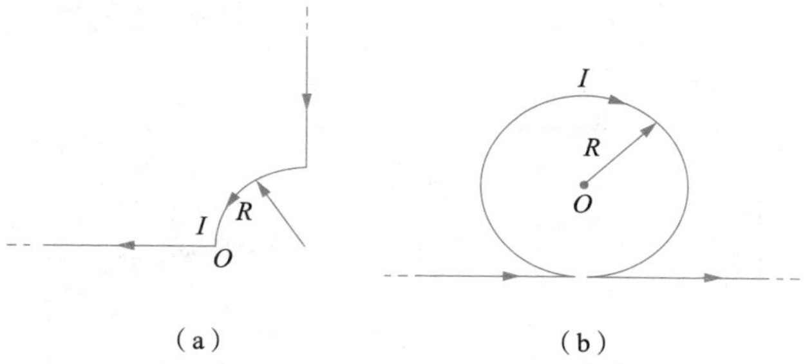

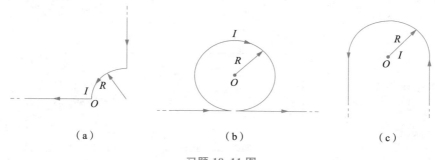

习题 10.11 图

10.12 如习题 10.12 图所示，一个半径为 R 的无限长半圆柱面导体，沿长度方向的电流 I 在柱面上均匀分布。求半圆柱面轴线 OO' 上的磁感应强度。

10.13 如习题 10.13 图所示，载流长直导线的电流为 I，试求通过矩形面积的磁通量。

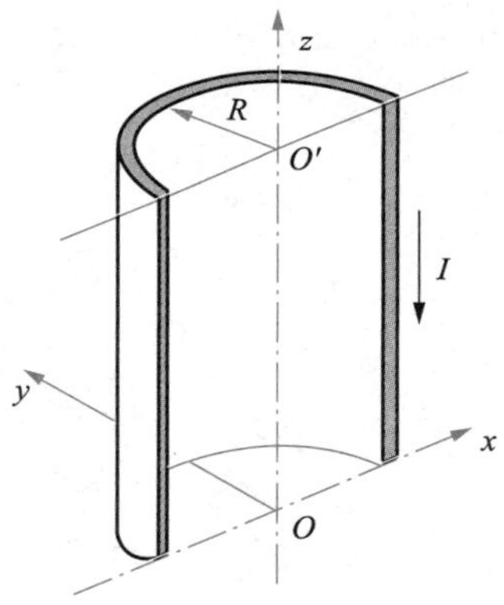

习题 10.12 图

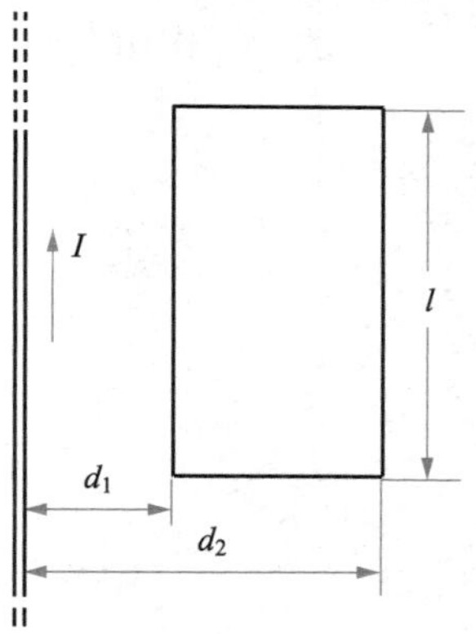

习题 10.13 图

10.14 有一同轴电缆，其尺寸如习题 10.14 图所示。两导体中的电流均为 I，但电流的流向相反，导体的磁性可不考虑。试计算以下各处的磁感应强度：(1) $r<R_1$；(2) $R_1<r<R_2$；(3) $R_2<r<R_3$；(4) $r>R_3$。

10.15 如习题 10.15 图所示，N 匝线圈均匀密绕在截面为长方形的中空骨架上。求通入电流 I 后，环内外磁场的分布。

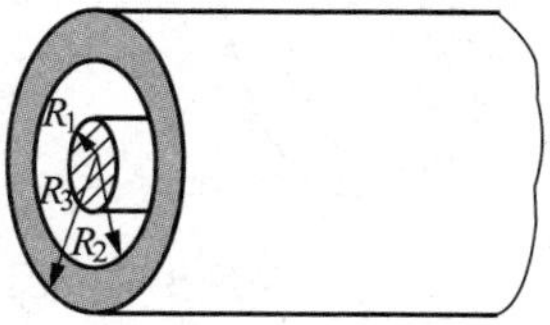

习题 10.14 图

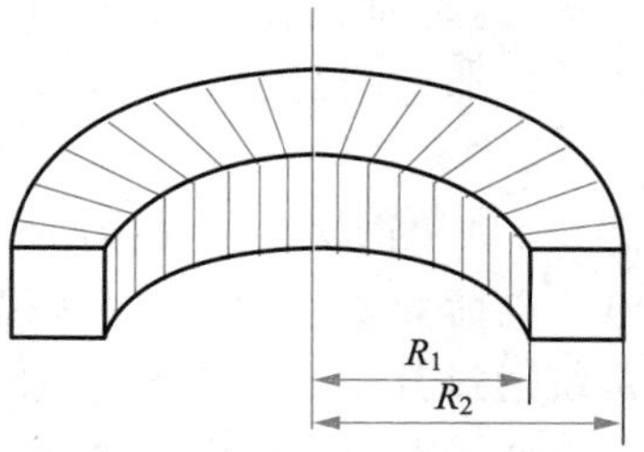

习题 10.15 图

10.16 如习题 10.16 图所示，已知地面上空某处地磁场的磁感强度 $B=0.4\times10^{-4}$ T，方向向北。若宇宙射线中有一速率 $v=5.0\times10^7\,\mathrm{m/s}$ 的质子，垂直地通过该处。求：(1)洛伦兹力的方向；(2)洛伦兹力的大小，并与该质子受到的万有引力相比较。

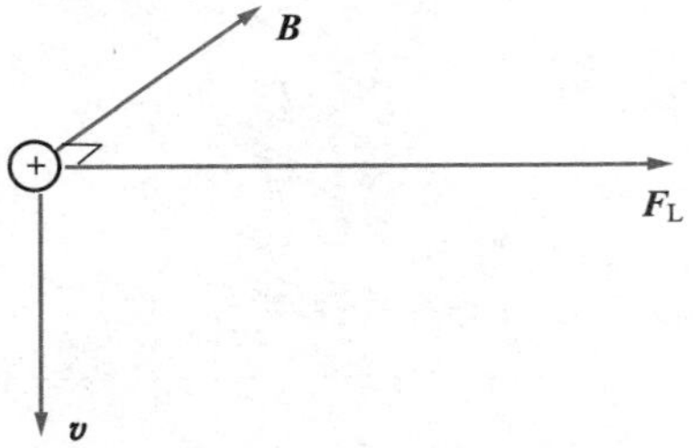

习题 10.16 图

10.17 带电粒子在过饱和液体中运动，会留下一串气泡显示出粒子运动的径迹。设在气泡室有一质子垂直于磁场飞过，留下一个半径为 3.5 cm 的圆弧径迹，测得磁感应强度为 0.20 T，求此质子的动量和动能。

10.18 如习题 10.18 图所示，一根长直导线载有电流 $I_1=30$ A，矩形回路载有电流 $I_2=20$ A。试计算作用在回路上的合力。已知 $d=1.0$ cm，$b=8.0$ cm，$l=0.12$ cm。

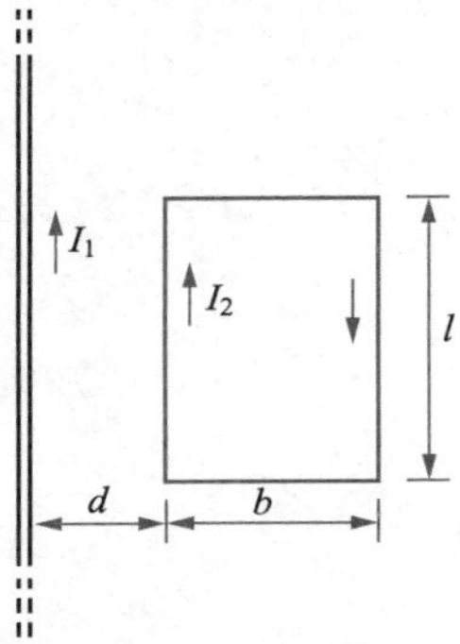

习题 10.18 图

10.19 在直径为 1.0 cm 的铜棒上，切割下一个圆盘，设想这个圆盘的厚度只有一个原子线度那么大，这样在圆盘上约有 6.2×10^{14} 个铜原子。每个铜原子有 27 个电子，每个电子的自旋磁矩为 $\mu_e=9.3\times10^{-24}\ \mathrm{A\cdot m^2}$。我们假设所有电子的自旋磁矩方向都相同，且平行于铜棒的轴线。求：(1)圆盘的磁矩；(2)如这磁矩是由圆盘上的电流产生的，那么圆盘边缘上需要有多大的电流。

10.20 如习题 10.20 图所示，半径为 R 的圆片均匀带电，电荷面密度为 σ，令该圆片以角速度 ω 绕通过其中心且垂直于圆平面的轴旋转。求轴线上距圆片中心为 x 处的 P 点的磁感应强度和旋转圆片的磁矩。

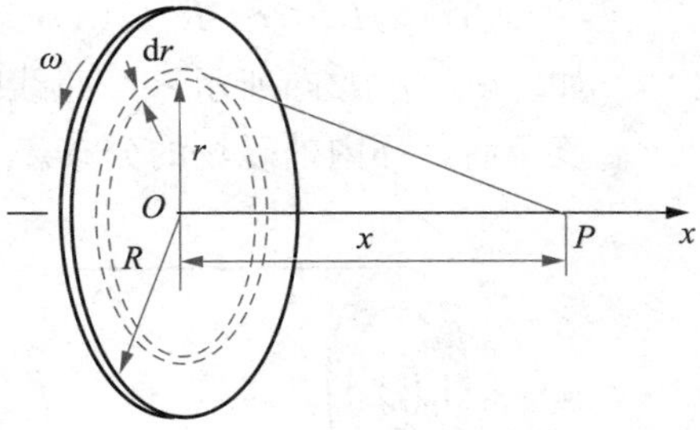

习题 10.20 图

第 11 章　电磁感应　电磁场

【学习目标】 理解法拉第电磁感应定律及其物理意义；能够应用楞次定律准确判断感应电动势的方向，能应用法拉第电磁感应定律计算感应电动势；理解动生电动势；能够用动生电动势的公式计算简单几何形状的导体在匀强磁场或对称分布的非匀强磁场中运动时的动生电动势；了解动生电动势中的非静电力是洛伦兹力；理解感生电动势和感生电场概念，了解感生电场的两条基本性质以及它与静电场的区别；能够计算简单的感生电场强度及感应电动势，并会判断感生电场的方向；了解磁场能量及能量密度的概念；理解位移电流，麦克斯韦方程组。

【实践活动】 麦克斯韦(J. C. Maxwell)根据电磁场理论预言了电磁波的存在，并计算出其真空传播速度等于光速。20 年后，赫兹(G. L. Hertz)首次用实验证实了电磁波的存在，你知道电磁波在人类生活中都有哪些应用吗？

11.1 电磁感应

11.1.1 电磁感应现象

图 11-1 表示几个典型的电磁感应实验。图 11-1(a)表示闭合导体回路附近有磁铁与它发生相对运动；图 11-1(b)表示闭合导体回路附近有变化的电流；图 11-1(c)表示闭合回路中的导体在磁场中运动和导体回路在磁场中转动。结果发现这几个闭合回路中都有电流产生。

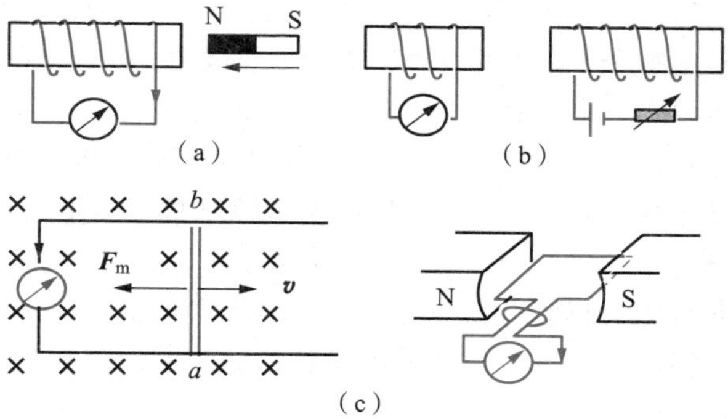

图 11-1　电磁感应现象

在上述实验中，回路中产生电流的原因似乎不同，然而，仔细分析可以发现它们有一个共同的特点，就是穿过闭合导体回路的磁通量都发生了变化，而且磁通量变化越快，回路中的电流就越大；磁通量变化越慢，回路中的电流就越小。分析实验规律，可得出如下结论：当穿过闭合导体回路的磁通量发生变化时(不管这种变化是由什么原因引起的)，回路中就有电流产生。这种现象称为电磁感应现象。回路中产生的电流称为感应电流，相应的电动势则称为感应电动势。

11.1.2 电动势

1. 电源

一般说来，一旦把两个电势不等的导体用导线连接起来，导线中就会有电流产生。电容器的放电过程就是这样。但在静电力作用下，正电荷从电势高的一端经导线向电势低的一端移动，随着时间的推移，正、负电荷逐渐中和，导体两端的电势差逐渐减小，从而破坏恒定条件。假如我们能够沿另一途径把正电荷送回电势高的一端，以维持导体两端电势差不变，这样就可以在导体中维持恒定电流。显然靠静电力是不可能完成上述过程的，必须有非静电性的力使正电荷逆着静电场方向，从低电势处返回高电势处，使导体两端的电势差保持恒定，从而形成恒定电流。

提供非静电力的装置称为电源。图 11－2 所示是电源装置的原理图。电源有两个电极，电势高的为正极，电势低的为负极。在电路中，电源以外的部分叫外电路，电源以内的部分叫内电路。当电源与外电路断开时，在电源内部作用于正电荷的非静电力 $\boldsymbol{F}_k$ 由负极板 b 指向正极板 a，因此正电荷由 b 向 a 运动，于是 a 板上就有正电荷的累积，而 b 板则带有等量负电荷。a、b 两极板上积累的正负电荷在电源内部产生静电场，其方向由 a 指向 b。因此，电源内部的每一个正电荷除受到非静电力 $\boldsymbol{F}_k$ 作用外，同时还受到静电力 $\boldsymbol{F}_e$ 的作用，方向与 $\boldsymbol{F}_k$ 相反，由 a 指向 b。开始时，a、b 两板上积累的正负电荷不多，电源内部的静电场比较弱，因此 $\boldsymbol{F}_k > \boldsymbol{F}_e$，正电荷继续由 b 向 a 迁移。随着 a、b 上电荷的增加，$\boldsymbol{F}_e$ 逐渐增大。当 $\boldsymbol{F}_k = \boldsymbol{F}_e$ 时，电源内部不再有电荷的迁移，a、b 上正负电荷不再变化，两极板间的电势差亦保持恒定。

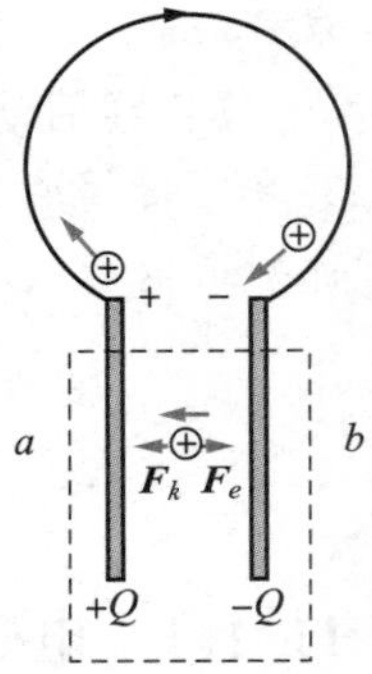

图 11－2 电源装置原理图

如果将电源与外电路接通，形成闭合电路，则在两极板电荷产生的电场的作用下，导线中形成了从 a 到 b 的电流。随着电荷在外电路中的定向移动，a、b 板上积累的正负电荷减少，使得电源内部的正电荷受到的静电力 $\boldsymbol{F}_e$ 又小于非静电力 $\boldsymbol{F}_k$，于是电源内部又出现由 b 向 a 运动的正电荷。可见，外电路接通后，在电源内部也出现电流，方向是从低电势处流向高电势处。综上所述，在内电路，正电荷受非静电力作用从负极 b 移向正极 a；在外电路，正电荷受静电力作用从正极 a 移向负极 b，从而使电源正负极板上的电荷分布维持稳定，形成恒定电流。显然，电源中非静电力的存在是形成恒定电流的根本原因。

从能量观点看，非静电力移动电荷时必须反抗电场力做功。在这一过程中，被移动电荷的电势能增大，是由电能以外的其他形式的能量转换而来的。因此，电源是一种能够不断地把其他形式的能量转换为电能的装置。

电源的类型很多。不同类型电源中形成非静电力的过程不同，所以能量转换形式也不同。如在发电机中，非静电力是一种电磁作用，是将机械能转化为电能；在化学电源中，非静电力是一种化学作用，是将化学能转化为电能；在温差电源中，非静电力是与温差和浓度差相联系的扩散作用，是将热能转化为电能；太阳能电池则是直接把光能转变成电能的一种装置，等等。

2. 电源的电动势

从上面的讨论可知，电源在电路中的作用是把其他形式的能量转换为电能。衡量电源转换能量能力大小的物理量称为电源的电动势，它反映了电源中非静电力移动电荷做功的本领大小。

在电源内部，单位正电荷从负极移到正极的过程中，非静电力所做的功叫做电源的电动势，用 ε 表示。若 W_k 表示在电源内部将电量为 q 的正电荷从负极移到正极时非静电力所做的功，以 $\boldsymbol{E}_k$ 表示非静电电场强度，则电源的电动势定义为

$$\varepsilon=\frac{W_k}{q}=\oint \boldsymbol{E}_k \cdot \mathrm{d}\boldsymbol{l} \tag{11.1}$$

考虑到外电路的导线只存在静电场，没有非静电场；非静电电场强度 $\boldsymbol{E}_k$ 只存在于电源内部，故在外电路上有

$$\int_{外} \boldsymbol{E}_k \cdot \mathrm{d}\boldsymbol{l}=0$$

这样，式(11.1)可改写为

$$\varepsilon=\oint \boldsymbol{E}_k \cdot \mathrm{d}\boldsymbol{l}=\int_{内} \boldsymbol{E}_k \cdot \mathrm{d}\boldsymbol{l} \tag{11.2}$$

电动势是标量，但它和电流强度一样规定有方向。通常规定从负极经电源内部指向正极的方向为电动势的方向。沿电动势方向，非静电力做正功，使正电荷的电势能增加。

电动势的单位名称是伏特，符号为 V。

11.1.3 电磁感应定律

法拉第(M. Faraday)对电磁感应现象作了定量的研究。他分析了大量实验，得出如下结论：当穿过闭合导体回路的磁通量发生变化时，回路中产生的感应电动势的大小与磁通量对时间的变化率成正比。在 SI 中，这一规律可表示为

$$\varepsilon_i=\left|\frac{\mathrm{d}\Phi}{\mathrm{d}t}\right|$$

感应电流或感应电动势的方向可以用楞次(Lenz)定律来确定，这个定律是俄国物理学家楞次在 1843 年通过实验总结出来的，表述如下：闭合回路中的感应电流的方向，总是使它所激发的磁场阻止引起感应电流的磁通量的变化。或者，也可以表述为：闭合回路中感应电流的磁场总是要反抗引起感应电流的磁通量的变化。

将上述结论和楞次定律结合起来，得到既反映电动势大小又反映电动势方向的电磁感应定律。为此，可以先规定回路的绕行正方向，并根据这个方向按右手螺旋定则确定回路所围曲面的法线 $\boldsymbol{n}$ 的正方向。若磁感线沿 $\boldsymbol{n}$ 方向穿过曲面，则磁通量 Φ 为正。这时，若回路中磁通量增加，即 $\mathrm{d}\Phi>0$，如图 11-3(a)所示，则由楞次定律，感应电流的磁通量应为负值，以阻碍原磁通量的增加，其磁感线只能逆 $\boldsymbol{n}$ 方向穿过曲面。按右手螺旋定则，感应电流应沿回路的负方向流动，即与规定的回路正方向相反，所以感应电动势 $\varepsilon_i<0$。若回路中磁通量减

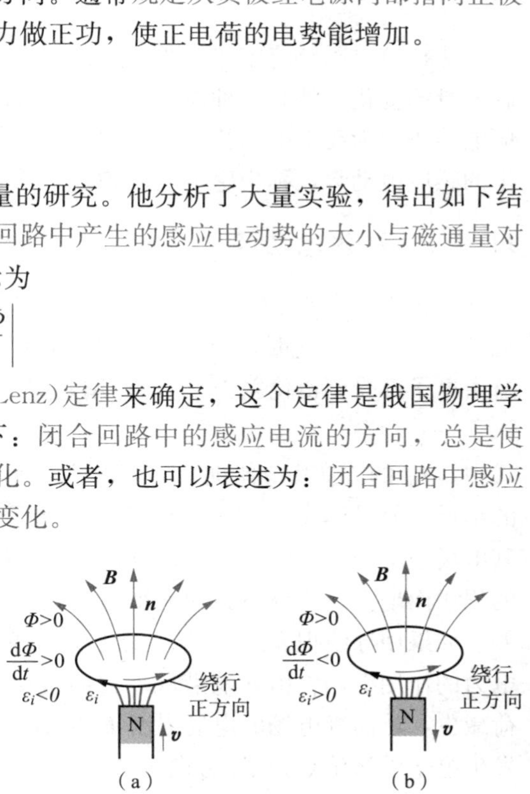

图 11-3 感应电流的方向

少，即 $d\Phi<0$，如图 11-3(b)所示，则由楞次定律，感应电流的磁通量应为正值，以阻碍原磁通量的减少，其磁感线沿 $\boldsymbol{n}$ 方向穿过曲面。按右手螺旋定则，感应电流应沿回路正方向流动，所以感应电动势 $\varepsilon_i>0$。如果在规定了回路的正方向以后，磁感线逆 $\boldsymbol{n}$ 方向穿过曲面，则 Φ 为负。这种情况的讨论留给读者，结论是相同的。即不论回路的磁通量如何变化，感应电动势的符号与 $d\Phi$ 的符号相反。因此，电磁感应的规律可写成

$$\varepsilon_i=-\frac{d\Phi}{dt} \tag{11.3}$$

上式称为法拉第电磁感应定律。式中负号反映感应电动势的方向，是楞次定律的数学表示。

若闭合回路是 N 匝密绕线圈，则当磁通量发生变化时，其总电动势为

$$\varepsilon_i=-N\frac{d\Phi}{dt}=-\frac{d\Psi}{dt} \tag{11.4}$$

式中，$\Psi=N\Phi$ 称为线圈的磁通链数(简称磁链)或全磁通，表示通过 N 匝密绕线圈的总磁通量。

11.2 感应电动势

法拉第电磁感应定律表明，闭合回路的磁通量发生变化就有感应电动势产生。实际上，磁通量的变化不外有两种原因：一种是回路或其一部分在磁场中有相对运动，这样产生的感应电动势称为动生电动势；另一种是回路在磁场中没有相对运动，这种仅由磁场的变化而产生的感应电动势，称为感生电动势。

11.2.1 动生电动势

若长为 l 的导体棒 a、b，在恒定的均匀磁场中以匀速度 $\boldsymbol{v}$ 沿垂直于磁场 $\boldsymbol{B}$ 的方向运动，见图 11-4(a)。这时，导体棒中的自由电子将随棒一起以速度 $\boldsymbol{v}$ 在磁场 $\boldsymbol{B}$ 中运动，因而每个自由电子都受到洛伦兹力 $\boldsymbol{f}_m$ 的作用，即

$$\boldsymbol{f}_m=-e(\boldsymbol{v}\times\boldsymbol{B})$$

式中，$\boldsymbol{f}_m$ 的方向由 b 指向 a。在力 $\boldsymbol{f}_m$ 的作用下，自由电子沿棒向 a 端运动。自由电子运动的结果，使导体棒 a、b 两端出现了上正下负的电荷累积，从而产生自 b 指向 a 的静电场，其电场强度为 $\boldsymbol{E}$，于是电子又受到一个与洛伦兹力方向相反的静电力 $\boldsymbol{F}_e$。此静电力随电荷的累积而增大。当静电力的大小增大到等于洛伦兹力的大小时，a、b 两端形成一定的电势差。如果用导线把 a、b 两端联结起来，见图 11-4(b)，则在外电路 aGb 上，自由电子在静电力的作用下，将由 a 端沿 aGb 方向运动到 b 端。由于电荷的移动，使 a、b 两端累积的电荷减少，从而静电场的电场强度 $\boldsymbol{E}$ 变小。于是运动棒内原来两力平衡的状态被破坏，又会发生电子沿洛伦兹力 $\boldsymbol{f}_m$ 方向运动补充 a、b 两端减少的电荷，使匀速运动棒的两端维持一定的电势差，这时导体棒 a、b 相当于一个具有一定电动势的电源。显然，洛伦兹力是此"电源"的非静电力，它不断地在此"电源"内部把电子从高电势处搬到低电势处，使运动导体棒内形成动生电动势，产生闭合回路中的电流。

运动导体棒内与洛伦兹力相对应的非静电性场强 $\boldsymbol{E}_k$ 为

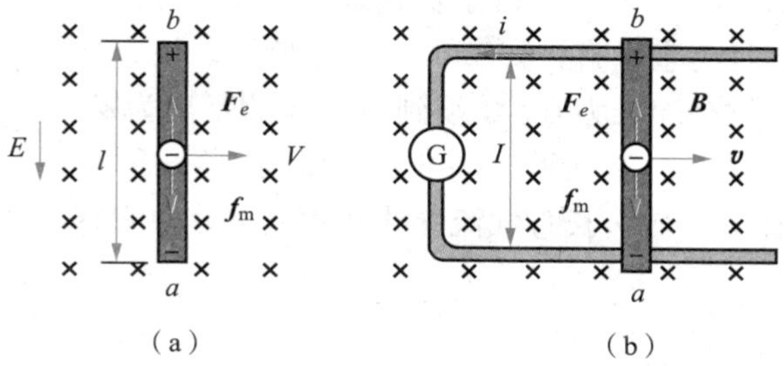

图 11-4　动生电动势

$$\boldsymbol{E}_k=-\frac{\boldsymbol{f}_m}{e}=(\boldsymbol{v}\times\boldsymbol{B})$$

由电动势的定义，导体棒 ab 上的动生电动势为

$$\varepsilon_i=\int_a^b \boldsymbol{E}_k\cdot \mathrm{d}\boldsymbol{l}=\int_a^b(\boldsymbol{v}\times\boldsymbol{B})\cdot \mathrm{d}\boldsymbol{l} \tag{11.5}$$

对于任意形状的一段导线 ab，在恒定的非均匀磁场中运动时，如图 11-5 所示，导线中的自由电子在随导线一起运动时，同样会受到洛伦兹力 $\boldsymbol{f}_m$ 的作用，一般情况下，导线内会出现 $\boldsymbol{E}_k$ 并产生动生电动势。此时导线 ab 上动生电动势应为

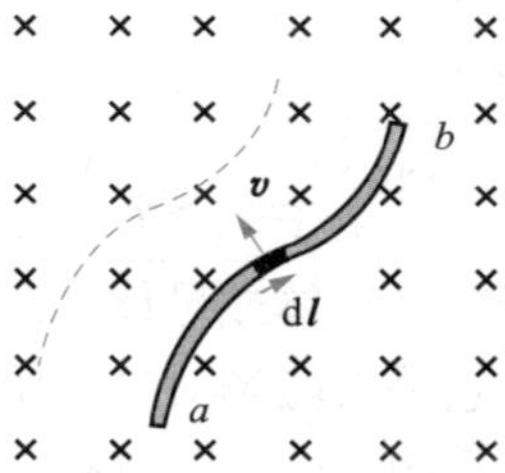

图 11-5　动生电动势

$$\varepsilon_i=\int_a^b \boldsymbol{E}_k\cdot \mathrm{d}\boldsymbol{l}=\int_a^b(\boldsymbol{v}\times\boldsymbol{B})\cdot \mathrm{d}\boldsymbol{l} \tag{11.6}$$

此式可作为动生电动势的一般表达式。

在图 11-4 中，$\boldsymbol{v}$，$\boldsymbol{B}$，$\mathrm{d}\boldsymbol{l}$ 三者互相垂直，当积分路径由 a 到 b，则 $\boldsymbol{v}$ 和 $\boldsymbol{B}$ 的夹角 $\theta=\pi/2$，$\boldsymbol{v}\times\boldsymbol{B}$ 与 $\mathrm{d}\boldsymbol{l}$ 的夹角 $\varphi=0$，由式(11.6)得到 ab 棒上的动生电动势为

$$\varepsilon_i=\int_a^b(\boldsymbol{v}\times\boldsymbol{B})\cdot \mathrm{d}\boldsymbol{l}=\int_a^b Blv=Blv$$

$\varepsilon_i>0$，说明 a 点电势比 b 点的电势低。

例 11.1　长为 L 的铜棒在磁感强度为 $\boldsymbol{B}$ 的均匀磁场中，以角速度 ω 在与磁场方向垂直的平面内绕棒的一端 O 匀速转动，如图 11-6 所示。求棒中的动生电动势。

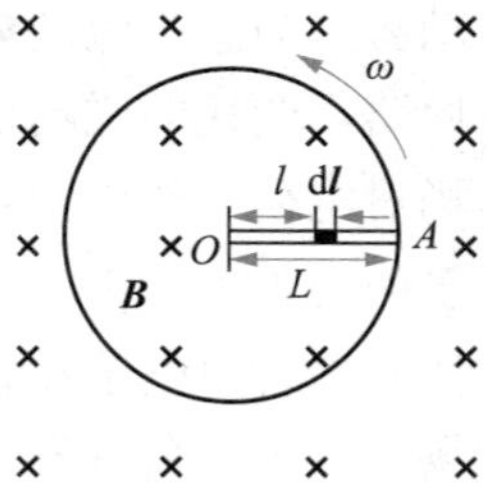

图 11-6　铜棒中动生电动势的计算

解　在铜棒上距 O 点为 l 处取线元 $\mathrm{d}\boldsymbol{l}$，其方向沿 O 指向 A，其运动速度的大小为 $v=\omega l$。显然 $\boldsymbol{v}$、$\boldsymbol{B}$、$\mathrm{d}\boldsymbol{l}$ 相互垂直，所以 $\mathrm{d}\boldsymbol{l}$ 上的动生电动势为

$$\mathrm{d}\varepsilon_i=(\boldsymbol{v}\times\boldsymbol{B})\cdot \mathrm{d}\boldsymbol{l}=-vB\mathrm{d}l$$

由此可得金属棒上总电动势为

$$\varepsilon_i=\int_L \mathrm{d}\varepsilon_i=-\int_0^L vB\,\mathrm{d}l=-\int_0^L \omega lB\,\mathrm{d}l=-\frac{1}{2}B\omega L^2$$

因为 $\varepsilon_i<0$，所以 ε_i 的方向为 $A\to 0$，即 O 点电势较高。事实上由 $\boldsymbol{v}\times\boldsymbol{B}$ 的指向即可判断 O 点电势较高。

如果这个问题中的铜棒换成半径为 L 的铜圆盘，结果如何，请读者思考。

例 11.2 直导线 ab 以速率 $\boldsymbol{v}$ 沿平行于长直载流导线的方向运动，ab 与直导线共面，且与它垂直，如图 11－7(a)所示。设直导线中的电流强度为 I，导线 ab 长为 L，a 端到直导线的距离为 d，求导线 ab 中的动生电动势，并判断哪一端电势较高。

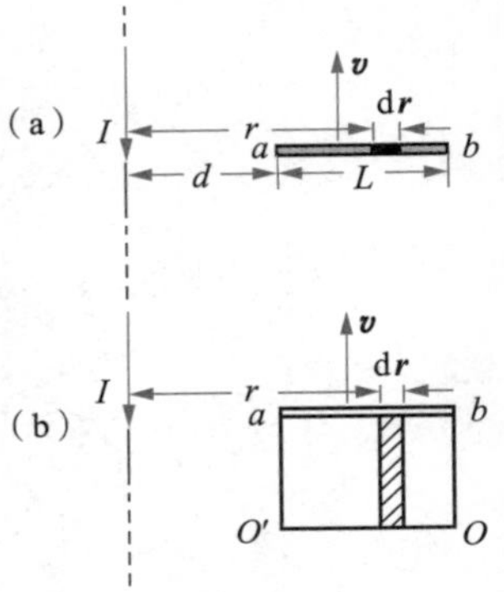

图 11－7 在长直线电流磁场中运动金属棒中电动势的计算

解 在导线 ab 所在的区域，长直载流导线在距其 r 处的磁感强度 $\boldsymbol{B}$ 的大小为

$$B=\frac{\mu_0 I}{2\pi r}$$

$\boldsymbol{B}$ 的方向垂直纸面向外。

在导线 ab 上距载流导线 r 处取一线元 $\mathrm{d}\boldsymbol{r}$，方向向右。因 $\boldsymbol{v}\times\boldsymbol{B}$ 方向也向右，所以该线元中产生的电动势为

$$\mathrm{d}\varepsilon_i=(\boldsymbol{v}\times\boldsymbol{B})\cdot\mathrm{d}\boldsymbol{r}=vB\mathrm{d}r=\frac{\mu_0 I}{2\pi r}v\mathrm{d}r$$

故导线 ab 中的总电动势为

$$\varepsilon_{ab}=\int_a^b\mathrm{d}\varepsilon_i=\int_d^{d+L}\frac{\mu_0 Iv}{2\pi r}\mathrm{d}r=\frac{\mu_0 Iv}{2\pi}\ln\frac{d+L}{d}$$

由于 $\varepsilon_{ab}>0$，表明电动势的方向由 a 指向 b，b 端电势较高。

导体或导体回路(整体或部分)在恒定磁场中运动时产生的感应电动势称为动生电动势，它是由磁场对导体中载流子作用的洛伦兹力引起的，有关动生电动势的计算方法有两种：一是用式(11.6)进行计算，这时先要在运动导体上选定 $\mathrm{d}\boldsymbol{l}$，弄清 $\mathrm{d}\boldsymbol{l}$ 的速度 $\boldsymbol{v}$ 和 $\mathrm{d}\boldsymbol{l}$ 所在处的 $\boldsymbol{B}$。一般情况下，在积分路径上不同 $\mathrm{d}\boldsymbol{l}$ 处的 $\boldsymbol{v}$ 和 $\boldsymbol{B}$ 是各不相同的，特别要注意正确地确定各量及它们之间的夹角关系。正确地写出 $\mathrm{d}\varepsilon_i=(\boldsymbol{v}\times\boldsymbol{B})\cdot\mathrm{d}\boldsymbol{l}$。这是正确应用式(11.6)进行计算的前提。二是根据导体在单位时间内切割磁场线数的式(11.3)进行计算。

11.2.2 感生电动势 感生电场

静止闭合回路中的任一部分处于随时间变化的磁场中时，也会产生感应电动势。这种电动势称为感生电动势。麦克斯韦对此作了深入的分析后，于 1861 年指出：即使不存在导体回路，变化的磁场也会在空间激发出一种场，麦克斯韦称它为感生电场或有旋电场。感生电场对电荷的作用力规律与静电场相同。设感生电场的场强为 $\boldsymbol{E}_k$，则处于感生电场中的电荷 q 受的力为 $\boldsymbol{F}=q\boldsymbol{E}_k$。当导体回路所围面积内的磁场变化时，在导体回路上就有感生电场，导体中的自由电子在感生电场作用下形成了感应电流。感生电场与静电场的区别在于，感生电场不是由电荷激发的，而是由变化的磁场激发的，描述感生电场的电场线是闭合的，即

$$\oint\boldsymbol{E}_k\cdot\mathrm{d}\boldsymbol{l}\neq 0$$

所以感生电场不是保守场。产生感生电动势的非静电力 $\boldsymbol{F}_k$ 正是这一感生电场，即

$$\varepsilon_i=\oint_L\boldsymbol{E}_k\cdot\mathrm{d}\boldsymbol{l}=-\frac{\mathrm{d}\Phi}{\mathrm{d}t}=-\frac{\mathrm{d}}{\mathrm{d}t}\int_S\boldsymbol{B}\cdot\mathrm{d}\boldsymbol{S}$$

式中积分的面积 S 是以闭合回路为界的任意曲面。在这里闭合回路是固定的，因而可将上式改写为

$$\oint_L \boldsymbol{E}_k \cdot \mathrm{d}\boldsymbol{l} = -\frac{\mathrm{d}}{\mathrm{d}t}\int_S \boldsymbol{B} \cdot \mathrm{d}\boldsymbol{S} \tag{11.7}$$

式(11.7)反映了变化磁场与感生电场(有旋电场)之间的联系。

有旋电场有许多重要的应用。例如，电子感应加速器就是利用有旋电场不断对电子加速获得高能量的电子束，轰击不同的靶来获得 X 射线和 γ 射线。如在工业上，金属导体处于交变磁场中，使导体内产生有旋电场，导体的自由电子受有旋电场作用产生闭合感应电流(俗称涡电流，也称傅科电流)。由于大块导体一般电阻很小，涡电流强度很大，产生大量的焦耳热，高频感应冶金炉就是应用这个原理。有时候也要限制涡电流，如变压器内的铁芯，需要用很薄的硅钢片，表面并涂以绝缘漆就是这个缘故。

例 11.3　如图 11-8(a)所示，在半径为 R 的圆柱形区域内存在着垂直于纸面向里的均匀磁场 $\boldsymbol{B}$，当 $\boldsymbol{B}$ 以 $\mathrm{d}\boldsymbol{B}/\mathrm{d}t$ 的恒定速率增强时，求空间各处感生电场的场强 $\boldsymbol{E}_k$ 和同心圆回路的感生电动势。

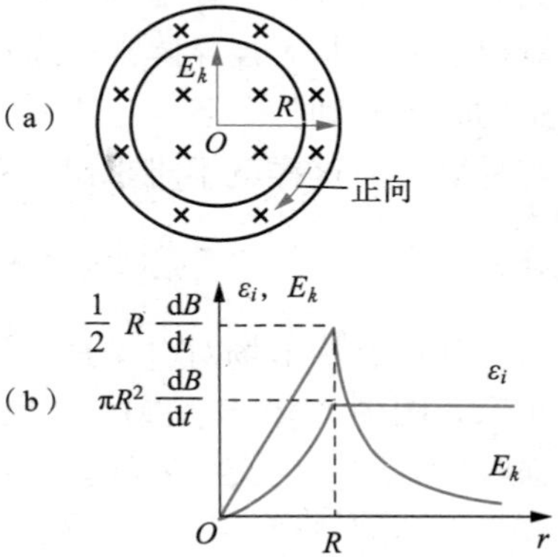

图 11-8　螺线管内外的感生电场

解　由磁场变化的对称性和感生电场线的闭合性可知，电场线是一些以圆柱轴线为轴的同心圆，圆上各点场强的大小相等。

取顺时针方向为上述圆形回路的正方向，如图 11-8(a)所示。依题意 $\mathrm{d}\boldsymbol{B}/\mathrm{d}t$ 的方向与 $\boldsymbol{B}$ 的方向相同，因此与回路所围平面的正法线方向相同。设感生电场的场强 $\boldsymbol{E}_k$ 的方向和回路的正向相同，于是由式(11.7)有

$$\oint_L \boldsymbol{E}_k \cdot \mathrm{d}\boldsymbol{l} = 2\pi r E_k = -\frac{\mathrm{d}}{\mathrm{d}t}\int_S B\,\mathrm{d}S$$

因为圆柱形区域内的磁场是均匀的，所以有

$$\oint_L \boldsymbol{E}_k \cdot \mathrm{d}\boldsymbol{l} = 2\pi r E_k = -\frac{\mathrm{d}B}{\mathrm{d}t}\int_S \mathrm{d}S$$

当圆形回路半径 $r<R$ 时，上式变为

$$2\pi r E_k = -\frac{\mathrm{d}B}{\mathrm{d}t}\pi r^2$$

得

$$E_k = -\frac{1}{2}r\frac{\mathrm{d}B}{\mathrm{d}t}$$

式中，负号表示感生电场的方向与所设方向相反，即为逆时针方向。回路的感生电动势为

$$\varepsilon_i = \oint_L \boldsymbol{E}_k \cdot \mathrm{d}\boldsymbol{l} = 2\pi r E_k = -\pi r^2\frac{\mathrm{d}B}{\mathrm{d}t}$$

回路的感生电动势亦可由电磁感应定律算出，即

$$\varepsilon_i = -\frac{\mathrm{d}\Phi}{\mathrm{d}t} = -\frac{\mathrm{d}}{\mathrm{d}t}(BS)$$

$$= -\pi r^2\frac{\mathrm{d}B}{\mathrm{d}t}$$

当 $r>R$ 时，同理可得

$$2\pi r E_k = -\frac{dB}{dt}\pi R^2, \quad E_k = -\frac{1}{2}\frac{R^2}{r}\frac{dB}{dt}$$

相应地感生电动势为

$$\varepsilon_i = \oint_L \boldsymbol{E}_k \cdot d\boldsymbol{l} = 2\pi r E_k = -\pi R^2 \frac{dB}{dt}$$

可见，圆柱形区域外 ε_i 为一常量，与 r 无关。$\boldsymbol{E}_k$、ε_i 的方向也都沿圆形回路逆时针方向。

$\boldsymbol{E}_k(r)$ 和 $\varepsilon_i(r)$ 的关系曲线，如图 11-8(b)所示。因此计算感生电动势有两种方法，一是先计算出 $\boldsymbol{E}_k$，再根据 $\boldsymbol{E}_k$ 的线积分计算 ε_i，一般情况下，计算 $\boldsymbol{E}_k$ 是困难的，只是在某些具有对称性情况，才能求出 $\boldsymbol{E}_k$；二是先找出穿过闭合回路的磁通量，再根据电磁感应定律算出 ε_i。对非闭合导体常可通过做辅助线构成闭合回路再计算出 ε_i，只是要注意所作辅助线中的感生电动势一般并不为零。但选择恰当时，辅助线中的感生电动势也可以为零或者比较容易算出，这样就不难求出所要求的感生电动势。

11.2.3　电子感应加速器

利用有旋电场对电子进行加速的装备称为电子感应加速器，其构造原理如图 11-9(a)所示，图中 N 和 S 是圆柱形电磁铁的两个磁极，两磁极间隙中安放一个环形真空室。交变强电流激励产生交变磁场。工作时，由电子枪射入真空室中的电子被磁场中洛伦兹力控制在真空室圆周轨道上运行。变化磁场产生的有旋电场使电子加速。设交变磁场按正弦规律变化，见图 11-9(b)，图中 $\boldsymbol{B}$ 为正，表示 $\boldsymbol{B}$ 的方向垂直纸面向外，用左手螺旋法则确定的有旋电场方向也标注在图上。如果在真空室中的电子沿逆时针方向运动，见图 11-9(c)，则电子只在第一和第四个 1/4 周期内可以被加速。另一方面要使电子沿圆周轨道运动，则磁场对电子的洛伦兹力必须指向圆心，这只有在第一和第二个 1/4 周期内才能实现。因此，只有在第一个 1/4 周期内才能使电子沿圆轨道运动并被不断加速。实际上，是在第一个 1/4 周期末，利用偏转系统把高速电子引出，射到靶上。由于电子质量很小，即使在极短的 1/4 周期内，例如 10^{-4} s 内，已在真空室内回转数十万，甚至数百万次，并获得很高的能量。目前采用的电子感应加速器，可把电子加速到最高能量约为 300 MeV 左右。

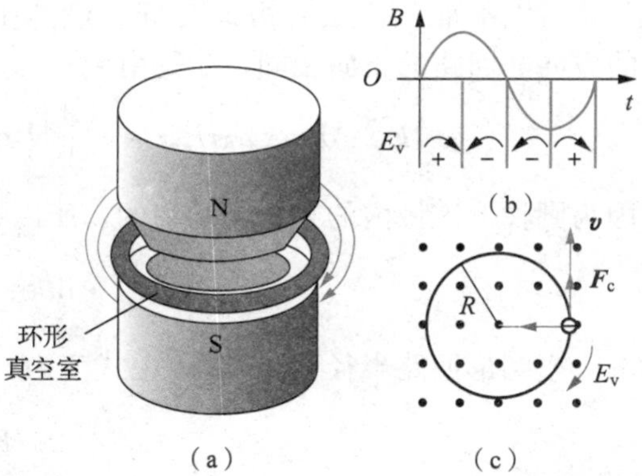

图 11-9　电子感应加速器结构原理图

电子感应加速器中有一个基本问题，就是如何使电子稳定在圆形轨道上加速，这对磁场的径向分布，有较严格的要求。设电子圆形轨道处的磁感应强度大小为 B_R，某时刻的速率为 v，由于电子作半径为 R 的圆周运动的向心力是洛伦兹力，故有

$$evB_R = m\frac{v^2}{R} \quad 或 \quad mv = eB_R R$$

因此，只要磁感应强度随电子的动量成正比地增加，R 就将保持不变。也就是说电子稳定在半径不变的圆形轨道上运动。怎样才能实现这一条件呢？我们知道，穿过电子轨道包围面积

S 的磁通量 $\Phi=\pi R^2\overline{B}$，此处 $\overline{B}$ 为面积 S 内磁感应强度的平均值，由于它是随时间变化的，从而产生有旋电场。根据例 11.3 的结果知，电子圆轨道上，有旋电场强度 $\boldsymbol{E}_k$ 的大小为

$$E_k=-\frac{1}{2}R\frac{\mathrm{d}\overline{B}}{\mathrm{d}t}$$

电子沿圆轨道切向运动微分方程应为

$$\frac{\mathrm{d}(mv)}{\mathrm{d}t}=eE_k=\frac{eR}{2}\frac{\mathrm{d}\overline{B}}{\mathrm{d}t}$$

将前式代入，简化后得

$$B_R=\frac{1}{2}\overline{B}$$

这就是使电子保持在稳定圆轨道上运动的条件。

电子感应加速器原来主要用于核物理研究，由于低能电子感应加速器结构简单、造价低廉，目前在国民经济的许多部门也广泛被采用。如用于工业上的 γ 探伤，医疗上用于诊治癌症等。

11.3 自感和互感

11.3.1 自感

当一线圈中的电流变化时，它所激发的磁场通过线圈自身的磁通量也在变化，由此在线圈自身产生的感应电动势称为自感电动势，这种现象称为自感现象。

由于线圈中的电流激发的磁感应强度 $\boldsymbol{B}$ 与电流强度 I 成正比，因此通过线圈的磁通量 Φ 也正比于 I，即

$$\Phi=LI \tag{11.8}$$

式中，比例系数 L 称为自感系数，它与线圈中的电流无关，取决于线圈的大小、几何形状和匝数。若存在磁介质，L 还与磁介质的性质有关(若磁介质是铁磁质，则 L 与线圈中的电流有关)。在 SI 制中，自感系数的单位为亨利(H)。

将式(11.8)代入式(11.3)，得线圈中的自感电动势为

$$\varepsilon_i=-\frac{\mathrm{d}\Phi}{\mathrm{d}t}=-L\frac{\mathrm{d}I}{\mathrm{d}t} \tag{11.9}$$

由式(11.9)可以看出，对于相同的电流变化率，自感系数 L 越大的线圈所产生的自感电动势越大，即自感作用越强，式(11.9)中负号说明自感电动势将反抗回路中电流的变化。

自感系数的计算方法一般比较复杂，实际上常采用实验方法测量。对于简单的对称线路可根据毕奥-萨伐尔定律(或安培环路定理)和 $\Phi=LI$ 计算。

自感现象在电工和无线电技术中应用广泛。自感线圈是交流电路或无线电设备中的基本元件，它和电容器的组合可以构成谐振电路或滤波器，利用线圈具有阻碍电流变化的特性，可以恒定电路的电流。自感现象有时也会带来害处。在供电系统中切断载有强大电流的电路时，由于电路中自感元件的作用，开关处会出现强烈的电弧，足以烧毁开关，造成火灾，为了避免事故，必须使用带有灭弧结构的开关。

11.3.2 互感

图 11-10 中的两个线圈 1 和 2 靠得较近。当线圈 1 中的电流变化时，它所激发的变化磁场会在线圈 2 中产生感应电动势；同样，线圈 2 中的电流变化时也会在线圈 1 中产生感应电动势。这种感应电动势称为互感电动势，这种现象称为互感现象。

设线圈 1 中的电流 I_1 在线圈 2 产生的磁通量为 Φ_{21}，线圈 2 中的电流在线圈 1 中产生的磁通量为 Φ_{12}。在无铁磁介质存在情况下，$\Phi_{21} \propto I_1$，$\Phi_{12} \propto I_2$，写成等式有

$$\Phi_{21}=M_{21}I_1 \tag{11.10}$$

$$\Phi_{12}=M_{12}I_2 \tag{11.11}$$

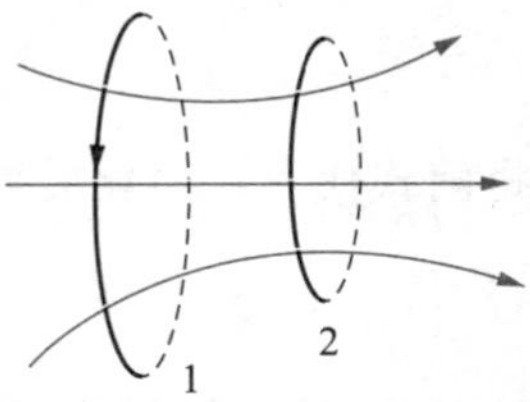

图 11-10 两个回路的互感

式中，比例系数 M_{21} 称为线圈 1 对线圈 2 的互感系数，M_{12} 称为线圈 2 对线圈 1 的互感系数，它们的数值决定于线圈的大小、几何形状、匝数及两线圈的相对位置。互感系数单位和自感系数的单位相同。

可以证明，M_{12} 和 M_{21} 是相等的，统一用 M 表示，即

$$M_{12}=M_{21}=M$$

于是式(11.10)和式(11.11)两式可写为

$$\Phi_{21}=MI_1 \tag{11.12}$$

$$\Phi_{12}=MI_2 \tag{11.13}$$

根据电磁感应定律，线圈 1 中的电流 I_1 变化时，在线圈 2 中产生的互感电动势为

$$\varepsilon_{21}=-\frac{\mathrm{d}\Phi_{21}}{\mathrm{d}t}=-M\frac{\mathrm{d}I_1}{\mathrm{d}t} \tag{11.14}$$

同理，线圈 2 中的电流 I_2 变化时，在线圈 1 中产生的互感电动势为

$$\varepsilon_{12}=-\frac{\mathrm{d}\Phi_{12}}{\mathrm{d}t}=-M\frac{\mathrm{d}I_2}{\mathrm{d}t} \tag{11.15}$$

式(11.14)和式(11.15)表明，对于具有互感的两个线圈中的任何一个，只要线圈中的电流变化相同，就会在另一线圈中产生大小相同的互感电动势。

互感在电工和无线电技术中应用广泛。通过互感线圈能使能量或信号由一个线圈方便地传递到另一个线圈。电工和无线电技术中使用的各种变压器(电力变压器，中周变压器，输入和输出变压器等)都是互感器件。但有时互感现象也有害，例如，有线电话的串音就是两路电话之间的互感引起的。可采用磁屏蔽方法来减小电路之间由于互感引起的互相干扰。例如，常温下可采用起始磁导率很高的坡莫合金，低温下可采用超导体做成的磁屏蔽装置。

例 11.4 半径分别为 R 和 r 的两个同轴圆形线圈，相距为 d，且 $d \gg R$、$R \gg r$，见图 11-11，若大线圈中通有电流 $I=I_0\sin\omega t$。试求：(1)两线圈的互感系数；(2)小线圈中的互感电动势。

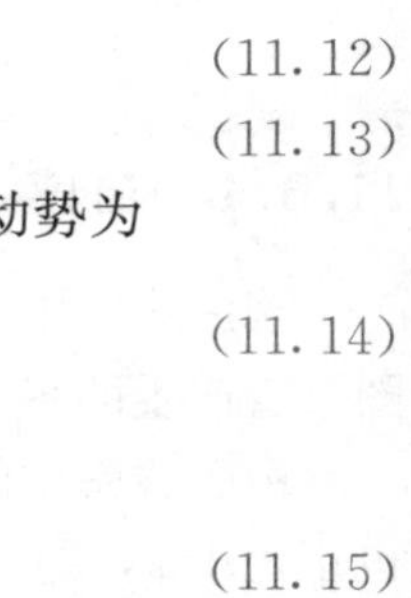

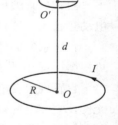

图 11-11 互感系数和互感电动势的计算

解 (1)大线圈中的电流在小线圈中心 O' 处产生的磁感应强度的大小为

$$B=\frac{\mu_0 IR^2}{2(R^2+d^2)^{3/2}}$$

由于两线圈相距很远，又小线圈半径甚小，故可以认为小线圈中的磁场

是均匀分布的。因此，通过小线圈的磁通量为

$$\Phi_{小}=\boldsymbol{B}\cdot\boldsymbol{S}=\frac{\mu_0 IR^2}{2(R^2+d^2)^{3/2}}\pi r^2$$

根据互感的定义，有

$$M=\frac{\Phi_{小}}{I}=\frac{\pi\mu_0 R^2 r^2}{2(R^2+d^2)^{3/2}}\approx\frac{\pi\mu_0 R^2 r^2}{2d^3}$$

(2)小线圈中的互感电动势为

$$\varepsilon=-M\frac{dI}{dt}=-\frac{\pi\mu_0 R^2 r^2 I_0\omega}{2d^3}\cos\omega t$$

一般说来，自感系数和互感系数是不容易通过计算求出的。问题的关键在于能否找出磁通量的表达式。在自感情况下，能否找出回路中电流产生的磁场，穿过自身回路的磁通量。在互感情况下，则是指能否找出回路 1 中电流产生的磁场穿过回路 2 中的磁通量。或者找出回路 2 中的电流产生的磁场穿过回路 1 中的磁通量。然后再根据自感系数和互感系数的定义，求出自感系数和互感系数。正如前面讲过的，要计算任意形状回路中的电流产生的磁场的磁感应强度，即使是可能的话，也是十分复杂的。何况算出了磁感应强度的分布，计算穿过任意形状回路的磁通量也是非常困难的。对于规则形状的回路，如圆线圈、长直密绕螺线管、螺绕环、长直导线等中通以电流，产生的磁场分布比较容易求出，若要计算磁通量的回路几何形状也是规则的，这时才有可能根据定义计算出自感系数和互感系数。

11.4　磁场能量

与电场类似，磁场中也贮有能量。现研究如图 11－12 所示的实验电路。电路接通后，灯泡 S 发光发热的能量是由电源提供的，当迅速断开电路中的电源，灯泡 S 并不立即熄灭。为使实验效果明显，可使线圈 L 的电阻比灯泡电阻小得多，这样在断开电路中的电源前，线圈 L 支路中的电流比灯泡支路中的电流大很多。这时断开电路中电源会看到灯泡 S 猛然一亮后才熄灭。断开电路中电源，灯泡 S 所消耗的能量是“谁”提供的呢？要回答这个问题就要想想灯泡熄灭过程中，有什么伴随电流一起消失了。显然，伴随电流一起消失的是它所激发的磁场，消失的磁场将其所具有的能量转化为灯泡的光能和热能了，这就是我们看到的在电路中电源断开后，灯泡会猛然一亮的原因。

现仍以图 11－12 所示电路为例来推导磁场能量公式。当电路接通时，在 L 支路中，由于自感电动势作用，电流有一自零上升到恒定值的短暂过程，随着电流上升，电流激发的磁场也由零逐渐增强，在此过程中，电源做了两部分功：一是为电路中出现的焦耳过程中出现的自感电动势而做功。后一部分功所消耗的能量，就转化为磁场的能量，即磁能。

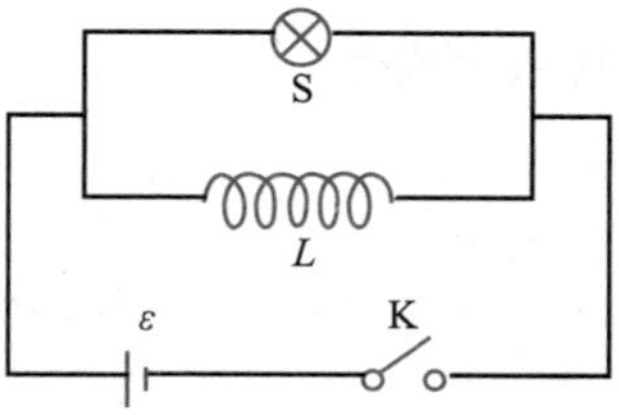

图 11－12　*RL* 回路

电路中电源接通后，在 dt 时间内，电源克服自感电动势 ε_i 所做的元功为

$$dA=-\varepsilon_i i\,dt$$

式中，i 为 t 时刻线圈中的电流，而 ε_i 为

$$\varepsilon_i = -\frac{\mathrm{d}\Phi}{\mathrm{d}t} = -L\frac{\mathrm{d}i}{\mathrm{d}t}$$

所以

$$\mathrm{d}A = Li\mathrm{d}i$$

线圈中电流由零增大到 I 的过程中，电源克服自感电动势所做功为

$$A = \int_0^I Li\,\mathrm{d}i = \frac{1}{2}LI^2$$

这部分功就等于线圈中储存的磁能。

当切断电源后，经过一段时间，线圈中的电流才由 I 减小到零。这时线圈中的自感电动势会阻碍电流的减小，也就是说，自感电动势的方向与电流的方向相同。在 $\mathrm{d}t$ 时间内，自感电动势所做的功为

$$\mathrm{d}A' = \varepsilon_i i\,\mathrm{d}t = -Li\mathrm{d}i$$

在这过程中自感电动势所做的总功为

$$A = \int_I^0 -Li\,\mathrm{d}i = \frac{1}{2}LI^2$$

这表明自感电动势所做的功，恰好等于自感中形成恒定电流时线圈中储藏的磁能。同时也说明，在断开电源时，储藏在线圈中的磁能通过自感电动势对外做功又释放出来了。由此可见，一个自感为 L 通过电流为 I 的线圈，其中所储存的磁能 W_m 为

$$W_\mathrm{m} = \frac{1}{2}LI^2 \tag{11.16}$$

W_m 称为自感磁能。与电容 C 储能作用一样，自感线圈 L 也是一个储能元件。例如一个自感 $L=10\mathrm{H}$ 的长直螺线管，当通有 2A 的恒定电流时，线圈中储存的磁能 $W_\mathrm{m}=LI^2/2=20$ J。

储藏在线圈中的磁能可以用描述磁场的物理量 $\boldsymbol{B}$ 或 $\boldsymbol{H}$ 来表示。下面，用长直螺线管这个特例来导出此表达式。长直螺线管的自感为 $L=\mu n^2 V$，当螺线管中的电流为 I 时，其磁能为

$$W_\mathrm{m} = \frac{1}{2}LI^2 = \frac{1}{2}\mu n^2 I^2 V$$

对于长直螺线管，有

$$H = nI, \quad B = \mu nI$$

代入上式得

$$W_\mathrm{m} = \frac{1}{2}BHV$$

在螺线管内，磁场均匀分布在体积 V 中，因此单位体积中的磁场能量，即磁能密度为

$$w_\mathrm{m} = \frac{1}{2}\boldsymbol{B}\cdot\boldsymbol{H} \tag{11.17}$$

式(11.17)虽是由螺线管中均匀磁场特例导出的，但进一步研究表明，它适用于一切磁场。式(11.17)表明，某点磁场的能量密度只与该点的磁感应强度 $\boldsymbol{B}$ 和介质的性质有关。一般情况下，磁能密度是空间位置和时间的函数。对于不均匀磁场，可把磁场存在的空间划分为体积元 $\mathrm{d}V$，体积元 $\mathrm{d}V$ 内的磁能为

$$dW_m = w_m dV = \frac{1}{2}\boldsymbol{B}\cdot\boldsymbol{H}dV$$

有限体积 V 内的磁能则为

$$W_m = \int_V dW_m = W_m dV = \frac{1}{2}\int_V \boldsymbol{B}\cdot\boldsymbol{H}dV \tag{11.18}$$

磁场能量一般是采用磁能密度对空间积分计算，对载流线圈在已知线圈自感的情况下，则用式(11.16)计算较为方便。

11.5　麦克斯韦电磁场理论简介

到现在为止，我们已经学习了静电场、恒定磁场以及电磁感应的一系列重要规律。本节是电磁理论的总结，介绍麦克斯韦方程组。

麦克斯韦电磁场理论是物理学中最伟大的成就之一，它奠定了经典电动力学的基础，也为无线电技术的进一步发展开辟了广阔前景。

11.5.1　位移电流

前面介绍了变化的磁场能产生涡旋电场，那么，变化的电场能否产生磁场呢？

我们知道，恒定电流的磁场遵从安培环路定理，即

$$\oint_L \boldsymbol{H}\cdot d\boldsymbol{l} = \sum_{L内} I_i$$

式中的电流是穿过以闭合曲线 L 为边界的任意曲面 S 的传导电流(电荷定向运动形成的电流)。对于非恒定电流产生的磁场，安培环路定理是否还适用呢？例如电容器充、放电过程中，在电容器的一个极板附近，任取一包围载流导线的闭合曲线 L，以 L 为边界作 S_1 和 S_2 两个曲面，见图 11 - 13，当把安培环路定理应用于曲面 S_1 和曲面 S_2 上时，对于 S_1 曲面，因有传导电流 I 穿过该面，故有

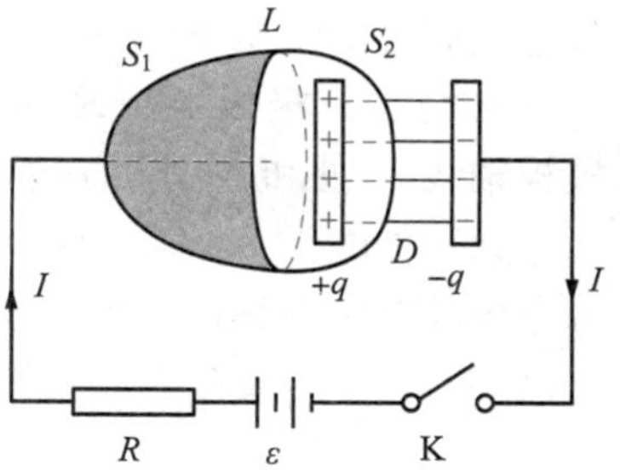

图 11 - 13　非稳恒电流情况

$$\oint_L \boldsymbol{H}\cdot d\boldsymbol{l} = I$$

对于曲面 S_2，它伸展到电容器两极板之间，不与载流导线相交，则穿过该曲面的传导电流为零，因此有

$$\oint_L \boldsymbol{H}\cdot d\boldsymbol{l} = 0$$

于是在非恒定电流产生的磁场中，把安培环路定理应用到以同一闭合曲线 L 为边界的不同曲面时，得到完全不同的结果。

麦克斯韦认为上述矛盾的出现，是由于把 H 的环流认为唯一的由传导电流决定，而传导电流在电容器两极板间却中断不连续了。他注意到，在电容器充、放电过程中，电容器极板间虽无传导电流，却存在着电场，电容器极板上自由电荷 q 随时间变化形成传导电流的同时，极板间的电场、电位移也在随时间变化着。设极板的面积为 S，某时刻极板上自由电荷面密度为 σ，则电位移 $D=\sigma$，于是极板间的电位移通量 $\Phi_D = DS = \sigma S$。电位移通量 Φ_D 的时

间变化率为

$$\frac{\mathrm{d}\Phi_D}{\mathrm{d}t}=\frac{\mathrm{d}}{\mathrm{d}t}(\sigma S)=\frac{\mathrm{d}q}{\mathrm{d}t}$$

式中，$\mathrm{d}q/\mathrm{d}t$ 为导线中的传导电流。由上式可知，穿过 S_2 曲面有与穿过 S_1 曲面的传导电流 $\mathrm{d}q/\mathrm{d}t$ 相等的电位移通量变化率 $\mathrm{d}\Phi_D/\mathrm{d}t$。麦克斯韦把 $\mathrm{d}\Phi_D/\mathrm{d}t$ 称为位移电流 I_D，即

$$I_D=\frac{\mathrm{d}\Phi_D}{\mathrm{d}t} \tag{11.19}$$

引入位移电流概念以后，在电容器极板处中断的传导电流 I 被位移电流 $\mathrm{d}\Phi_D/\mathrm{d}t$ 接替，使电路中电流保持连续不断。传导电流和位移电流之和称为全电流。在上述非闭合、电流不恒定的电路中，全电流 $I+I_D$ 是保持连续的。上面所讲，应用安培环路定理出现的问题就在于电流不连续。现在有了位移电流，这就使得全电流在电流非恒定情况下也保持连续。很自然地想到，在电流非恒定情况下安培环路定理应推广为

$$\oint_L \boldsymbol{H}\cdot\mathrm{d}\boldsymbol{l}=I+I_D \tag{11.20}$$

上式称为全电流安培环路定理。它表明不仅传导电流 I 能产生有旋磁场，位移电流也能产生有旋磁场。应该注意的是，位移电流只表示电位移通量的变化率，不是有真实的电荷在空间运动。我们之所以把电位移通量的变化率称为电流，仅仅是因为它在产生磁场这一点上和传导电流一样。显然，形成位移电流不需要导体，它不会产生热效应，即使在真空中仍可以有位移电流存在。如上所述，位移电流产生的磁场也是有旋场，根据式(11.20)，I_D 的方向与 $\boldsymbol{H}$ 方向之间的关系，与 I 和 $\boldsymbol{H}$ 方向之间的关系相同，即满足右手螺旋法则。麦克斯韦的位移电流假设的实质是“变化的电场能产生磁场”。

例 11.5 极板半径 R 的圆形平行板电容器，某一时刻正以 I 的电流充电。求此时在距极板轴线 r_1 处和 r_2 处的磁感强度(忽略边缘效应)。

解 如图 11-14(a)所示。由于两极板间的电场对圆形平板具有轴对称性，因此磁场的分布也具有轴对称性，磁感线都是垂直于电场而圆心在圆板中心轴线上的同心圆，其绕向与 $\partial D/\partial t$ 的方向成右手螺旋关系；同一圆周上磁场强度 $\boldsymbol{H}$ 的大小处处相等。

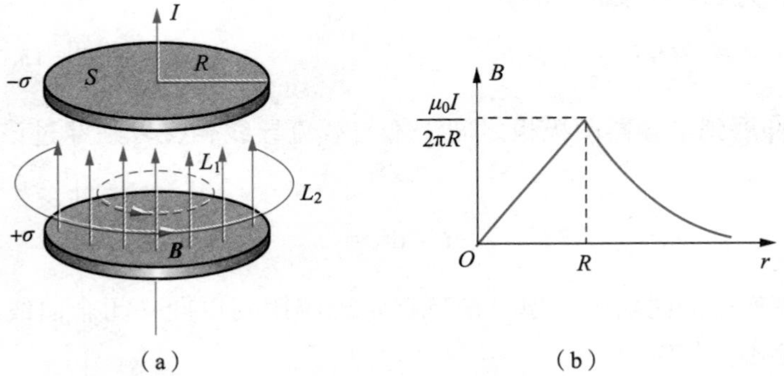

图 11-14 平行板电容器充电过程两极板间的磁场

在和极板间电场垂直的平面上取半径为 $r_1(<R)$ 的圆周作为积分回路 L_1，$\boldsymbol{H}$ 的环流为

$$\oint_{L_1}\boldsymbol{H}_1\cdot\mathrm{d}\boldsymbol{l}=H_1\cdot 2\pi r_1=I_D$$

式中，I_D 为回路 L_1 所包围的位移电流。因极板间电场均匀，并且 $D=\sigma=q/\pi R^2$，故有

$$I_D=\frac{\mathrm{d}\Phi_D}{\mathrm{d}t}=\frac{\mathrm{d}D}{\mathrm{d}t}S_1=\frac{1}{\pi R^2}\frac{\mathrm{d}q}{\mathrm{d}t}\pi r_1^2$$

所以，

$$H_1=\frac{I_D}{2\pi r_1}=\frac{Ir_1}{2\pi R^2}$$

由此可得，

$$B_1=\mu_0 H_1=\frac{\mu_0 I r_1}{2\pi R^2}$$

再取半径为 $r_2(>R)$ 的圆周作为积分回路 L_2，注意到极板外 $D=0$，则回路 L_2 所包围的位移电流 I'_D 为

$$I'_D=I$$

$$B_2=\mu_0 H_2=\frac{\mu_0 I'_D}{2\pi r_2}=\frac{\mu_0 I}{2\pi r_2}$$

磁场方向如图 11－14(a)中所示。图 11－14(b)画出了极板间磁感强度的大小随 r(场点到中心轴距离)变化的关系。

11.5.2　麦克斯韦方程组的积分形式

回顾前面所讲过的静电场和恒定磁场的基本性质和规律，可以归纳出如下四个方程，即

(1)静电场的高斯定理

$$\oint_S \boldsymbol{D}^{(1)}\cdot \mathrm{d}\boldsymbol{S}=\sum_i q_i$$

它表明静电场是有源场，电荷是产生电场的源。

(2)静电场的环路定理

$$\oint_L \boldsymbol{E}^{(1)}\cdot \mathrm{d}\boldsymbol{l}=0$$

它表明静电场是保守(无旋、有势)场。上两式中 $\boldsymbol{D}^{(1)}$ 和 $\boldsymbol{E}^{(1)}$ 表示的是静止电荷所产生的电场的电位移和电场强度。对各向同性介质，$\boldsymbol{D}^{(1)}$ 和 $\boldsymbol{E}^{(1)}$ 的关系是

$$\boldsymbol{D}^{(1)}=\varepsilon \boldsymbol{E}^{(1)}$$

式中，ε 是电介质的介电常数。

(3)恒定磁场的高斯定理

$$\oint_s \boldsymbol{B}^{(1)}\cdot \mathrm{d}\boldsymbol{S}=0$$

它表明恒定磁场是无源场。

(4)安培环路定理

$$\oint_L \boldsymbol{H}^{(1)}\cdot \mathrm{d}\boldsymbol{l}=\sum_{(L_{内})} I$$

它表明恒定磁场是有旋(非保守)场。$\boldsymbol{B}^{(1)}$ 和 $\boldsymbol{H}^{(1)}$ 是恒定电流所产生的磁场的磁感应强度和磁场强度。对于各向同性介质，$\boldsymbol{B}^{(1)}$ 和 $\boldsymbol{H}^{(1)}$ 的关系是

$$\boldsymbol{B}^{(1)}=\mu \boldsymbol{H}^{(1)}$$

式中，μ 为磁介质的磁导率。

麦克斯韦提出“有旋电场”和“位移电流”的假设，并总结了电场和磁场之间相互激发的规律之后，对描述静电场和恒定磁场的方程进行了修正，归纳出一组描述统一电磁场的方程组。

麦克斯韦认为：在一般情况下，电场既包括自由电荷产生的静电场 $\boldsymbol{D}^{(1)}$、$\boldsymbol{E}^{(1)}$，也包括变化磁场产生的有旋电场 $\boldsymbol{D}^{(2)}$、$\boldsymbol{E}^{(2)}$，电场强度 $\boldsymbol{E}$ 和电位移 $\boldsymbol{D}$ 是两种电场的矢量和。即

$$\boldsymbol{E}=\boldsymbol{E}^{(1)}+\boldsymbol{E}^{(2)}$$

$$\boldsymbol{D}=\boldsymbol{D}^{(1)}+\boldsymbol{D}^{(2)}$$

同时，磁场既包括传导电流产生的磁场 $\boldsymbol{B}^{(1)}$、$\boldsymbol{H}^{(1)}$，也包括位移电流(变化电场)产生的磁场 $\boldsymbol{B}^{(2)}$、$\boldsymbol{H}^{(2)}$，磁感应强度 $\boldsymbol{B}$ 和磁场强度 $\boldsymbol{H}$ 是两种磁场的矢量和。即

$$\boldsymbol{B}=\boldsymbol{B}^{(1)}+\boldsymbol{B}^{(2)}$$

$$\boldsymbol{H}=\boldsymbol{H}^{(1)}+\boldsymbol{H}^{(2)}$$

这样就得到在一般情况下电磁场所满足的方程组为：

(1)电场的高斯定理

$$\oint_S \boldsymbol{D}\cdot \mathrm{d}\boldsymbol{S}=\sum_i q_i$$

(2)法拉第电磁感应定律

$$\oint_L \boldsymbol{E}\cdot \mathrm{d}\boldsymbol{l}=-\int_S \frac{\partial \boldsymbol{B}}{\partial t}\cdot \mathrm{d}\boldsymbol{S}$$

(3)磁场的高斯定理

$$\oint_S \boldsymbol{B}\cdot \mathrm{d}\boldsymbol{S}=0$$

(4)全电流的安培环路定理

$$\oint_S \boldsymbol{H}\cdot \mathrm{d}\boldsymbol{l}=\sum_{(L_{内})}(I_D+I)$$

这四个方程就称为麦克斯韦方程组的积分形式。

根据麦克斯韦的“变化电场能产生磁场”和“变化磁场能产生电场”的假设，如果在空间某一区域内，有变化的电场(如电荷作加速运动)，那么在邻近区域内就会产生变化的有旋磁场。这变化的磁场又会在较远处产生变化的有旋电场。这样产生出的电场也是随时间变化的场，它必定要产生新的有旋磁场。如果介质不吸收电磁场能量，则电场与磁场之间的相互激发过程就会永远循环下去，形成相互联系在一起的、不可分割的统一电磁场，并由近及远的传播出去形成电磁波。大量的实验和事实证实电磁场具有能量、动量和质量，它和实物一样是客观存在的物质形式。但它与实物有区别，例如同一空间不能被几个实物所占据，而几个电磁场可以叠加在同一空间里。

麦克斯韦电磁理论是从宏观电磁现象总结出来的，可以应用在各种宏观电磁现象中，如用它可以研究高速运动电荷所产生的电磁场及一般辐射问题。然而，在分子原子等微观过程中的电磁现象，需由更普遍的量子电动力学来解决。麦克斯韦电磁理论可以被看作量子电动力学在某些特殊情况下的近似。

11.6 电磁波谱及其应用

麦克斯韦在 1864 年预言了电磁波的存在，1888 年赫兹利用振荡器和谐振器在试验中证

实了电磁波的存在，并证明了电磁波和光波一样，具有反射、折射、干涉和衍射特征，确定了电磁波以光速传播，从此，电磁理论成为波动光学和无线电通信的基础。

我们将电磁波按波长或频率的顺序排列成谱，称为电磁波谱，如图 11－15 所示是频率和波长两种标度绘制的电磁波谱。

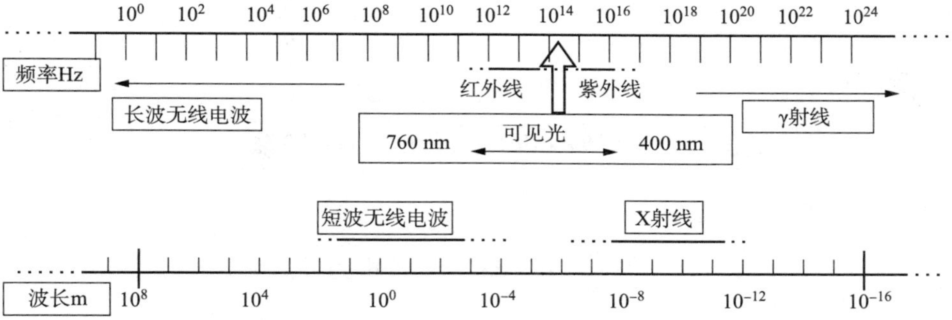

图 11－15　电磁波谱

电磁波在本质上相同，但不同波长范围的电磁波的产生方法和用途各不相同，表 11－1 给出了各种电磁波的波段划分、产生方式及主要用途。

表 11－1　各种电磁波的波长范围、主要用途及其产生方式

名　称		波长范围	主 要 用 途	主要产生方式
无线电波	长波	10～100 km	电报通信	由电子线路中电磁振荡所激发的电磁辐射
	中波	0.1～1 km	无线电广播	
	短波	10～100 m	电报通信、无线电广播	
	超短波	1m～10 m	无线电广播电视、导航	
	微波	1mm～1 m	电视、雷达、导航	
红外线		0.76～100 μm	红外线成像仪、红外线加热器	由炽热物体所产生的电磁辐射
可见光		390～770 nm	照明灯具、信号灯、防伪标志、摄像机等镜头增透膜、海上和机场的导航系统	由气体放电或其他光源激发分子或原子等微观物体所产生的电磁辐射
紫外线		400～10 nm	杀菌消毒	
X 射线		10～0.01 nm	金属探伤、晶体结构分析、医疗透视、拍片	用高速电子流轰击原子中的内层电子而产生的电磁辐射
射线		0.01～0.000 01 nm	金属探伤、原子结构分析	放射性原子衰变时发出的电磁辐射，或高能粒子与原子核碰撞所产生的电磁辐射

11.7 小　结

1. 法拉第电磁感应定律

$$\varepsilon_i=-\frac{\mathrm{d}\Phi}{\mathrm{d}t},\quad \varepsilon_i=-N\frac{\mathrm{d}\Phi}{\mathrm{d}t}=-\frac{\mathrm{d}\Psi}{\mathrm{d}t}$$

2. 动生电动势

$$\varepsilon_{ab}=\int_a^b(\boldsymbol{v}\times\boldsymbol{B})\cdot\mathrm{d}\boldsymbol{l}\quad\text{（非静电力是洛伦兹力）}$$

3. 感生电动势和感生电场

$$\varepsilon=\oint_L\boldsymbol{E}\cdot\mathrm{d}\boldsymbol{l}=-\frac{\mathrm{d}}{\mathrm{d}t}\int_S\boldsymbol{B}\cdot\mathrm{d}\boldsymbol{S}\quad\text{（非静电力是涡旋电场力）}$$

4. 自感和互感

$$L=\frac{\Phi}{I},\quad \varepsilon_L=-L\frac{\mathrm{d}I}{\mathrm{d}t}$$

$$M=\frac{\Psi_{21}}{I_1}=\frac{\Psi_{12}}{I_2},\ \varepsilon_{12}=-M\frac{\mathrm{d}I_2}{\mathrm{d}t},\ \varepsilon_{21}=-M\frac{\mathrm{d}I_1}{\mathrm{d}t}$$

5. 磁场能量

(1)磁场能量密度　$w_\mathrm{m}=\dfrac{B^2}{2\mu}=\dfrac{1}{2}BH$

(2)磁场能量　$W_\mathrm{m}=\displaystyle\int_V w_\mathrm{m}\mathrm{d}V=\int_V\frac{1}{2}BH\mathrm{d}V$

(3)自感磁能　$W_\mathrm{m}=\dfrac{1}{2}LI^2$

6. 位移电流密度和位移电流

$$\boldsymbol{j}_d=\frac{\partial\boldsymbol{D}}{\partial t}\qquad I_d=\frac{\mathrm{d}\varphi_D}{\mathrm{d}t}=\int_s\frac{\partial\boldsymbol{D}}{\partial t}\cdot\mathrm{d}\boldsymbol{S}$$

7. 麦克斯韦方程组的积分形式为

(1)电场的高斯定理：$\displaystyle\oint_S\boldsymbol{D}\cdot\mathrm{d}\boldsymbol{S}=\sum_i q_i$

(2)法拉第电磁感应定律：$\displaystyle\oint_L\boldsymbol{E}\cdot\mathrm{d}\boldsymbol{l}=-\int_S\frac{\partial\boldsymbol{B}}{\partial t}\cdot\mathrm{d}\boldsymbol{S}$

(3)磁场的高斯定理：$\displaystyle\oint_S\boldsymbol{B}\cdot\mathrm{d}\boldsymbol{S}=0$

(4)全电流的安培环路定理：$\displaystyle\oint_L\boldsymbol{H}\cdot\mathrm{d}\boldsymbol{l}=\sum_{(L内)}(I_D+I)$

11.8 习　题

11.1　电磁感应定律指出：穿过回路的磁通量发生变化时，回路中就会产生感应电动势。试问有哪些方法能使穿过回路的磁通量发生变化？

11.2　如果电路中通有强电流，当你突然打开闸刀断电时，就有电火花跳过闸刀。试解释这一现象。

11.3　在环式螺线管中，磁能密度较大的地方是在内半径附近，还是在外半径附近？

11.4　什么叫位移电流？它和传导电流有什么异同？

11.5　电容器的极板上有电荷时，极板间一定有位移电流；无电荷时，极板间一定没有位移电流。这种说法对吗？

11.6　利用公式 $\varepsilon_i = BLv$ 计算动生电动势的条件什么？

11.7　金属杆 AOC 以恒定速率 v 在匀强磁场 B 中垂直于磁场方向运动(如习题 11.7 图所示)，已知 $AO=AC=L$，求杆中的感应电动势。

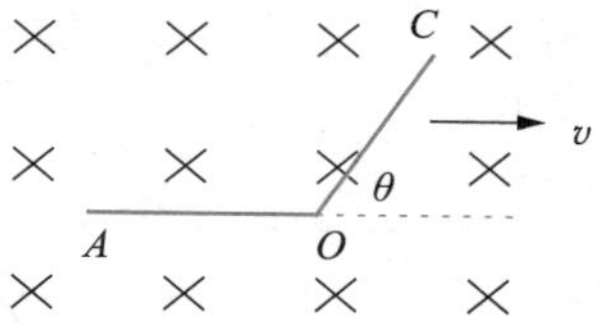

习题 11.7 图

11.8　平行板电容器的电容 $C=10\times10^{-6}$ F，两板的电压变化率 $\mathrm{d}U/\mathrm{d}t=1.5\times10^{5}$ V/s，平行板电容器的位移电流为多少？

11.9　一半径为 10 cm 的圆形回路放在磁感强度为 0.8T 的匀强磁场中，回路平面与磁场垂直，当回路半径以恒定速率 $\dfrac{\mathrm{d}r}{\mathrm{d}t}=80$ cm/s 收缩时，回路中的感应电动势的大小是多少？

11.10　半径 $r=0.1$ cm 的圆线圈，均匀变化的磁场垂直于线圈，若使线圈中有感应电动势 0.1 V，磁感强度随时间的变化率 $\dfrac{\mathrm{d}B}{\mathrm{d}t}$ 为多少？

11.11　半径为 a 的平面圆线圈置于均匀磁场 $\boldsymbol{B}$ 中，线圈平面与 $\boldsymbol{B}$ 方向垂直，磁场大小按 $B=B_0e^{-at}$ 关系变化，求线圈中的感应电动势大小。

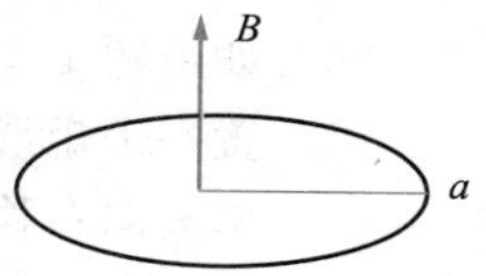

习题 11.11 图

11.12　一铁心上绕有线圈 100 匝，已知铁心中磁通量与时间的关系为 $\Phi=8.0\times10^{-5}\sin100\pi t$ (Wb)，求在 $t=1.0\times10^{-2}$ s 时，线圈中的感应电动势。

11.13　有两根相距为 d 的无限长平行直导线，它们通以大小相等流向相反的电流，且电流均以 $\mathrm{d}I/\mathrm{d}t$ 的变化率增长。若有一边长为 d 的正方形线圈与两导线处于同一平面内，如习题 11.13 图所示。求线圈中的感应电动势。

11.14　如习题 11.14 图所示，把一半径为 R 的半圆形导线 OP 置于磁感强度为 $\boldsymbol{B}$ 的均匀磁场

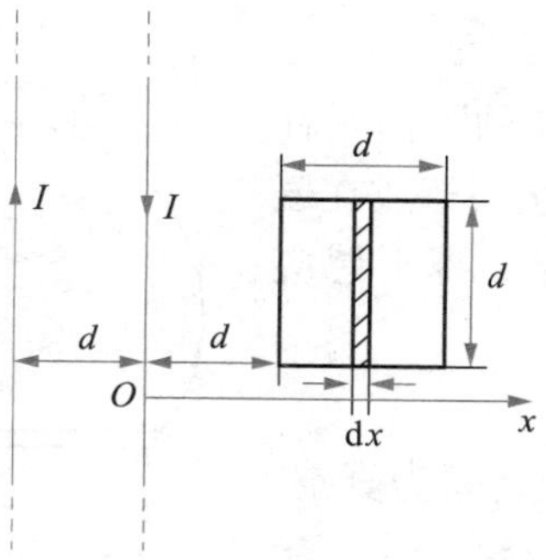

习题 11.13 图

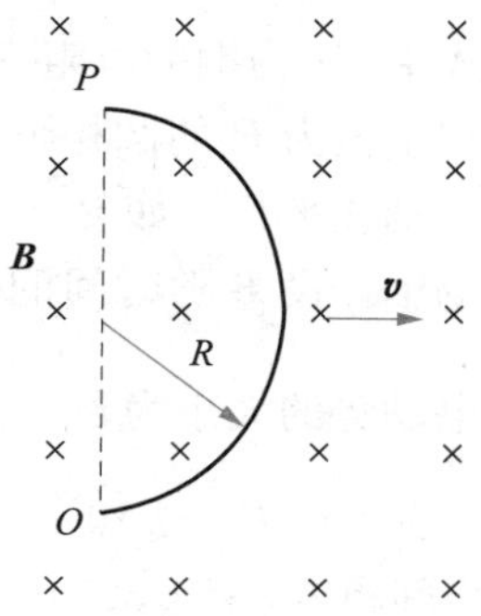

习题 11.14 图

中，当导线以速率 v 水平向右平动时，求导线中感应电动势 ε 的大小，哪一端电势较高？

11.15 长为 L 的铜棒，以距端点 r 处为支点，以角速率 ω 绕通过支点且垂直于铜棒的轴转动。设磁感强度为 $\boldsymbol{B}$ 的均匀磁场与轴平行，求棒两端的电势差。

11.16 如习题 11.16 图所示，长为 L 的导体棒 OP，处于均匀磁场中，并绕 OO' 轴以角速度 ω 旋转，棒与转轴间夹角恒为 θ，磁感强度 $\boldsymbol{B}$ 与转轴平行。求 OP 棒在图示位置处的电动势。

11.17 如习题 11.17 图所示，金属杆 AB 以匀速 $v=2.0$ m/s 平行于一长直导线移动，此导线通有电流 $I=40$ A。求杆中的感应电动势，杆的哪一端电势较高？

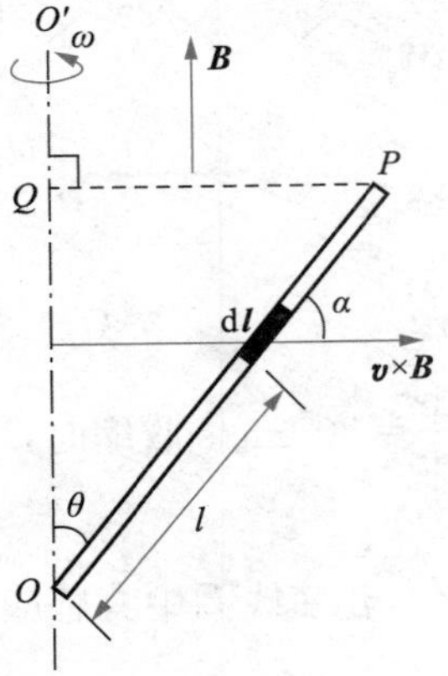

习题 11.16 图

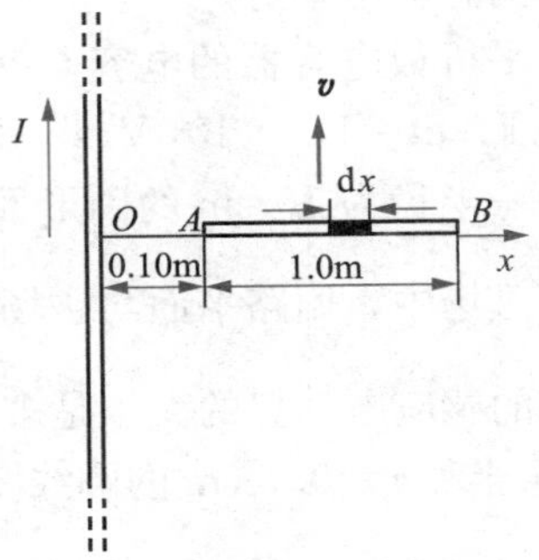

习题 11.17 图

11.18 如习题 11.18 图所示，在“无限长”直载流导线的近旁，放置一个矩形导体线框，该线框在垂直于导线方向上以匀速率 v 向右移动，求在图示位置处，线框中感应电动势的大小和方向。

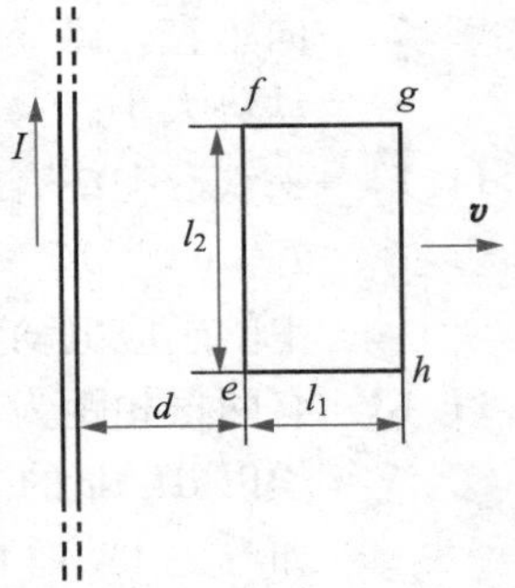

习题 11.18 图

11.19 有一磁感强度为 B 的均匀磁场，以恒定的变化率 $\mathrm{d}B/\mathrm{d}t$ 在变化。把一块质量为 m 的铜，拉成截面半径为 r 的导线，并用它做成一个半径为 R 的圆形回路。圆形回路的平面与磁感强度 $\boldsymbol{B}$ 垂直。试证：这回路中的感应电流为

$$I=\frac{m}{4\pi\rho d}\frac{\mathrm{d}B}{\mathrm{d}t}$$

式中，ρ 为铜的电阻率，d 为铜的密度。

11.20 在半径为 R 的圆柱形空间中存在着均匀磁场，$\boldsymbol{B}$ 的方向与柱的轴线平行。如习题 11.20 所示，有一长为 l 的金属棒放在磁场中，设 $\boldsymbol{B}$ 随时间的变化率 $\mathrm{d}B/\mathrm{d}t$ 为常量。试证：棒上感应电动势的大小为 $\varepsilon=\frac{\mathrm{d}B}{\mathrm{d}t}\frac{l}{2}\sqrt{R^2-\left(\frac{l}{2}\right)^2}$。

11.21 设有半径 $R=0.20$ m 的圆形平行板电容器，两板之间为真空，板间距离 $d=0.50$ cm，以恒定电流 $I=2.0$ A 对电容器充电。求位移电流密度(忽略平板电容器的边缘效应，设电场是均匀的)。

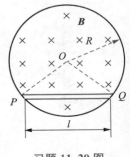

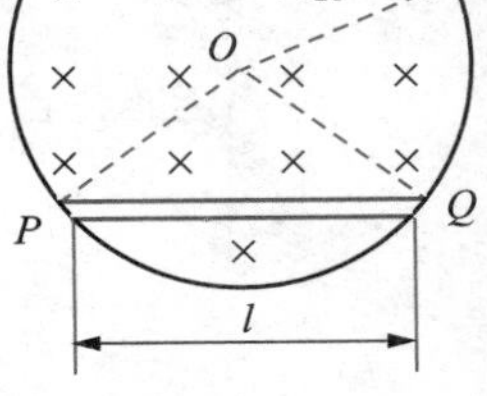

习题 11.20 图

第 12 章　光 的 干 涉

【学习目标】 理解光的相干性，掌握获得相干光的方法；理解光程的概念，掌握光程差与相位差的关系；熟练掌握杨氏双缝干涉和薄膜干涉条纹的形成、分布规律及其应用；了解迈克尔孙干涉仪的结构和工作原理。

【实践活动】 仔细观察照相机或望远镜的镜头会发现其表面呈现蓝紫色，你知道为什么吗？蜻蜓的翅膀在没有阳光直射的条件下几乎是无色透明的，但是在阳光的照耀下却表现出绚烂的色彩，你能够科学地解释吗？

12.1　相　干　光

12.1.1　普通光源的发光特点

众所周知，对机械波而言，如果两列波满足振动方向相同、频率相同、相位差恒定的条件，当两列波相遇时可以产生干涉现象。例如，两个频率完全相同的音叉在空气中同时振动时，可以测量到空间某些点声音始终比较强，另一些点声音始终比较弱。这就是声波干涉现象。然而两个完全相同的光源发出的光却不能产生干涉现象，人们用两个钠光灯(光的频率相同)做实验，不能观察到干涉现象；使同一个钠光灯的两个发光点发出的光叠加，也不能观察到干涉现象。这是为什么呢？这完全是由普通光源的发光特点决定的。

机械波来自机械波源的机械振动，无线电波来自无线电波源的电磁振荡。它们都可以发出连续不断的波。只要两个机械波源(或两个无线电波源)的频率相同，则其他两个相干条件就容易满足，干涉现象也容易被观测。而光源发出的光波(通常是指可见光)是光源中所有激发到高能级的原子或分子跃迁到低能级时，辐射出的波长在 400～760 nm 范围内的电磁波的总和。一个原子或分子每一次发射出的光波，是一个有一定长度的波列，它有确定的频率、振动方向和初相位，图 12-1 是一个波列的示意图。构成普通光源的大量分子或原子是自发地、各自独立地发光，彼此之间没有联系。而且，原子或分子发光都是间歇的，它们发出一个波列之后要停留若干时间再发出第二个波列，停留时间的长短也是不确定的。所以光源中各个分子或原子发出的波列之间，同一原子或分子在不同时刻发出的波列之间，都不满足相干条件，即它们的频率、振动方向、振动初相位没有确定的关系。这样，来自两个独立光源的光，或来自同一光源不同部分的光，都是不相干的。即使用两个发射同频率光的单色光源，用某种方法使光波的振动方向也一致，也不会产生干涉现象。这是因为这两部分光的相位差不会保持恒定。

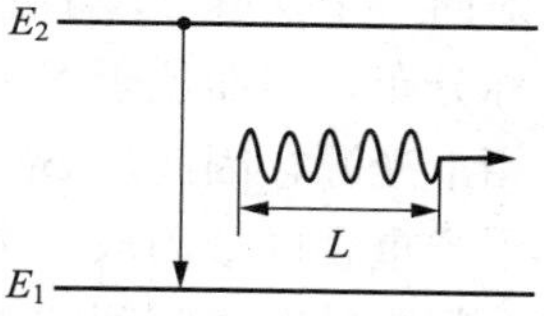

图 12-1　一个波列示意图

12.1.2 获得相干光的方法

那么，如何能够获得满足相干条件的光呢？就是设法把同一光源同一部分发出的一束光分为两束，这实际上是把这一束光中的每一波列分成两个分波列，分别包含在两个分光束中。当两个分光束在空间经过不同的路径后再次会聚在一起时，只要其中对应的各个分波列能相遇，它们肯定可以一一对应地相干。因为各对分波列都是原来的同一个波列分开而形成的，它们的频率相同、振动方向一致，在空间各自通过确定的路径后，它们的相位差也确定。这样，在相遇处会出现稳定的干涉现象。把满足相干条件的两束光称为相干光，把产生相干光的光源称为相干光源。

在实际中把同一光源发出的光分成两束相干光的方法有两种，一种叫分波阵面法，即从一个点(或者线)光源发出的光波的波阵面上分离出两个部分作为一对相干光源。从这对相干光源再向外发出的光就是相干光。下面将要介绍的杨氏双缝干涉就是利用这种方法获得相干光的。另一种方法叫分振幅法，是把同一光源同一部分发出的光入射到一个透明薄膜上，通过薄膜两个表面的反射和折射从而产生两束相干光。因为反射光和折射光的振幅都小于入射光的振幅，因此可以形象地说“振幅被分割了”。12.3 节中将要介绍的薄膜干涉就是用这种方法获得相干光的。

12.2 杨氏双缝干涉 光程

12.2.1 杨氏双缝实验

历史上获得相干光的著名方法首推杨氏双缝实验。1801 年，英国物理学家托马斯·杨(T. Young)首先做了杨氏双缝实验。其实验装置如图 12-2 所示。让一束单色平行光垂直地射向一个狭缝 S，S 处于垂直纸面的方向上，长度比宽度大得多。双缝 S_1 和 S_2 相对于 S 对称分布，因而位于 S 所发出光的同一个波阵面上，S_1 和 S_2 就是从同一波阵面分割出的两个相干光源，因此从 S_1 和 S_2 发出的光是相干光，这就是获得相干光的分波阵面法。如果在相干光重叠区域内放一个光屏 EE'，如图 12-2 所示，则在屏上可以观察到一组与双缝平行的等间距的明暗相间的干涉条纹。

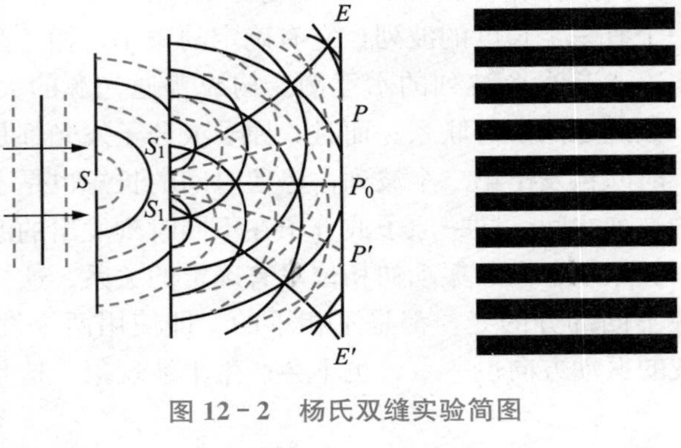

图 12-2 杨氏双缝实验简图

12.2.2 杨氏双缝干涉条纹的特点

在图 12-3 中，设相干光源 S_1 和 S_2 之间的距离为 d，相干光源到屏 E 的距离为 D，且 $D \gg d$。设两束相干光在屏上 P 点相遇，P 到 O 点的距离为 x，S_1 与 S_2 到 P 点的距离分别用 r_1 和 r_2 表示。则 S_1 和 S_2 到 P 点的波程之差为 $\delta = r_2 - r_1$。由波动学可知，两个相干波在相遇点产生合振幅的大小，与这二个波在该点的相位差 $\Delta\varphi$ 有关，且当 $\Delta\varphi = \pm 2k\pi$ 时干涉加强，$\Delta\varphi = \pm(2k+1)\pi$ 时干涉减弱。若初相位相同，则它们的相位差与其波程差的关系为

$$\Delta\varphi = \frac{\delta}{\lambda} 2\pi \tag{12.1}$$

这样，两束相干光在相遇点互相加强或者互相减弱的干涉条件可表示为

$$\delta = \pm k\lambda \qquad k = 0, 1, 2\cdots \quad \text{加强} \tag{12.2a}$$

$$\delta = \pm(2k+1)\frac{\lambda}{2} \qquad k = 0, 1, 2\cdots \quad \text{减弱} \tag{12.2b}$$

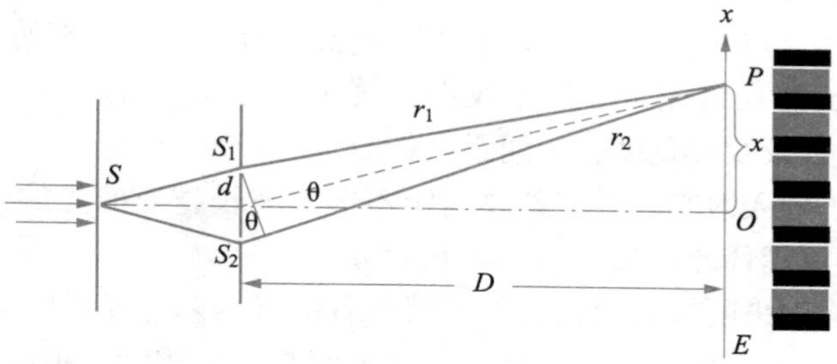

图 12-3 干涉条纹计算用图

在图 12-3 中，两个同相位光源 S_1 和 S_2 发出的相干光到相遇点 P 的波程差可以表示为

$$\delta = (r_2 - r_1) \approx d\sin\theta$$

在通常的实验中这一夹角很小，$\sin\theta \approx \tan\theta = \frac{x}{D}$。于是波程差可写为

$$\delta = \frac{xd}{D}$$

根据式(12.2a)和式(12.2b)，可得干涉条纹的位置。

如果 P 点是明纹，则

$$\delta = \frac{xd}{D} = \pm k\lambda \qquad k = 0, 1, 2, \cdots \tag{12.3}$$

从而得到明纹中心位置为

$$x = \pm k\frac{D\lambda}{d} \qquad k = 0, 1, 2, \cdots \tag{12.4}$$

式中 x 取正、负值，表示干涉条纹在 O 点两侧对称分布。对于 O 点，$x=0$，相应 $k=0$，是零级明纹(也叫中央明纹)中心。O 点两侧，与 $k=1, 2, \cdots$ 相应的 x 分别为 $\pm\frac{D}{d}\lambda$、$\pm\frac{D}{d}2\lambda\cdots$各

处，其光程差分别为$\pm\lambda$、$\pm 2\lambda$…也都是明纹中心。这些明纹分别叫第一级、第二级……明条纹，它们对称地分布在中央明纹的两侧。

如果 P 点是暗纹，则

$$\delta=\frac{xd}{D}=\pm(2k+1)\frac{\lambda}{2} \qquad k=0，1，2，\cdots$$

从而得到暗纹中心位置为

$$x=\pm(2k+1)\frac{D\lambda}{2d} \qquad k=0，1，2，\cdots \tag{12.5}$$

这样，与 $k=0，1，\cdots$相对应的 x 为$\pm\frac{D}{2d}\lambda$、$\pm\frac{3D}{2d}\lambda\cdots$处，均为暗纹的中心，也就是说相邻两条明纹之间为暗纹。若两束相干光在 P 点的光程差不满足式(12.2a)或式(12.2b)，则在 P 点既不形成明纹也不形成暗纹，是介于明纹和暗纹中心之间的位置。

由式(12.4)或式(12.5)，可以得到两个相邻明纹(或者相邻暗纹)中心之间的距离

$$\Delta x=x_{k+1}-x_k=\frac{D\lambda}{d} \tag{12.6}$$

分析式(12.4)、式(12.5)和式(12.6)可以看出，杨氏双缝干涉条纹有如下特点：

(1)对于确定波长的入射光，干涉条纹在光屏上以 O 点处的中央明纹为中心，明暗相间、两侧对称排列，且条纹等宽度、等间距，如图 12－4(a)所示。

(2)对于不同波长的入射光，干涉条纹间距不等。波长越短的光的干涉条纹越密集，波长越长的光的干涉条纹越稀疏，如图 12－4(b)所示。

(3)对于白光，除中央明纹是白色之外，其余各级皆为彩色条纹。条纹中紫光距中央最近，红色距中央最远，如图 12－4(c)所示，且随着级次 k 的增大，不同级的条纹逐渐重叠。

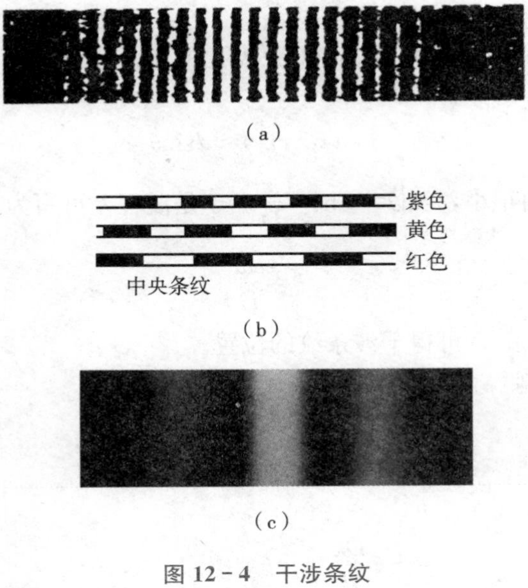

图 12－4　干涉条纹

(a)单色光；(b)几种不同的单色光；(c)白光(注：具体色彩效果可通过课堂演示或实验观察)

杨氏干涉实验的成功，为光的波动理论确立了实验基础，这是人类历史上第一次用实验测出了光的波长。

真空中各种不同波长的光所对应的颜色见表12-1。

表12-1　光的颜色与波长

颜色	中心波长/nm	Δλ范围/nm	颜色	中心波长/nm	Δλ范围/nm
红	660	760～622	青	480	492～470
橙	610	622～597	蓝	460	470～455
黄	590	597～577	紫	410	455～400
绿	540	577—492			

12.2.3　光程　光程差

如果在杨氏双缝实验的一个光路中放入一个透明的介质片，干涉的条纹会发生怎样的变化？实际上我们在研究光的干涉问题时，常常遇到光在不同媒质中传播的情况，为了能够利用式(12.1)计算两束光的相位差，须引入一个非常重要的物理量——光程。

光在不同媒质中传播时其频率ν是恒定不变的。而在折射率为n的媒质中，光速v变成真空中光速c的$1/n$，所以光在这种媒质中传播时，其波长λ'为真空中波长λ的$1/n$。这样，两束相干光在折射率不同的两种媒质中传播时，其相位差就不能再用式(12.1)来计算。光程的物理意义在于把光在不同媒质中传播的几何路程，按着相位改变的大小，折算成光在真空中通过的几何路程，然后再用它们在真空中几何路程之差计算它们原来的相位差。

设波长为λ'的一束光在折射率为n的媒质中传播了几何路程x时相位的改变为$\Delta\varphi$，若以改变相同的相位为条件，折算到真空中传播多远的距离呢？设光在真空中的波长为λ，在真空中应传播的路程为L，显然应有

$$\Delta\varphi=\frac{x}{\lambda'}2\pi=\frac{L}{\lambda}2\pi$$

即

$$L=\frac{\lambda}{\lambda'}x=nx$$

由此可见，光在折射率为n的媒质中通过路程为x，相当于在真空中通过路程nx。某种媒质的折射率n与光在该媒质中通过的几何路程x的乘积nx，称为光在该媒质中的光程。两束光的光程之差称为光程差，常用δ表示。

真空中光程差与波程差没有区别，而在媒质中二者就不同了。例如，有两个同相位的相干光源S_1、S_2，发出的相干光束在与S_1、S_2等距的P点相遇(如图12-5所示)，设S_1、S_2都在真空中，在S_2到P点的连线上插入一个折射率为n，厚度为x的透明媒质块。虽然这两束光线的几何路程都是d，但光程却不同，光线S_1P的光程就是几何路程d，而光线S_2P的光程却是$[(d-x)+nx]$。两者的光程差为$\delta=[(d-x)+nx]-d=(n-1)x$。所以在研究光的干涉时，确立两束相干光在相遇点的光程差表达式是解决问题的关键。

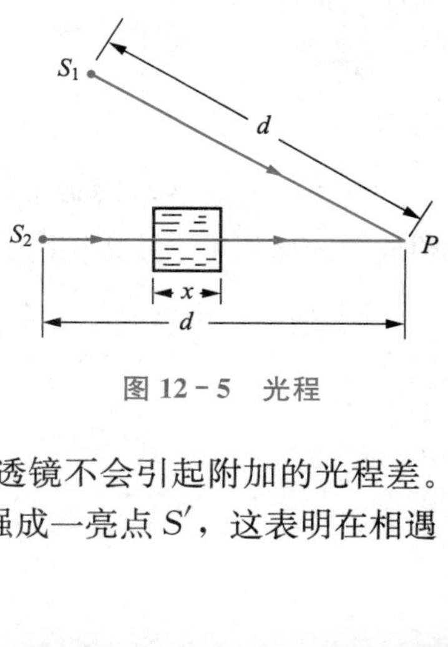

图12-5　光程

在光的干涉和衍射装置中经常要用到透镜，需要注意的是透镜不会引起附加的光程差。如图12-6所示，平行光通过透镜后会聚焦于平面上，相互加强成一亮点S'，这表明在相遇

点各光线的相位相同。而在垂直于平行光传播方向的同一波阵面 A 上，各点(如图 12－6 的 A_1、A_2、A_3 等)是同相位的，这表明通过透镜的各光线之间没有产生相位差。因此，在图 12－6 中光线 A_1S'，A_2S'，A_3S'，…都是等光程的。透镜可以改变光的传播方向，但对各光线不造成附加的光程差。此结论可作为一个实验结果。

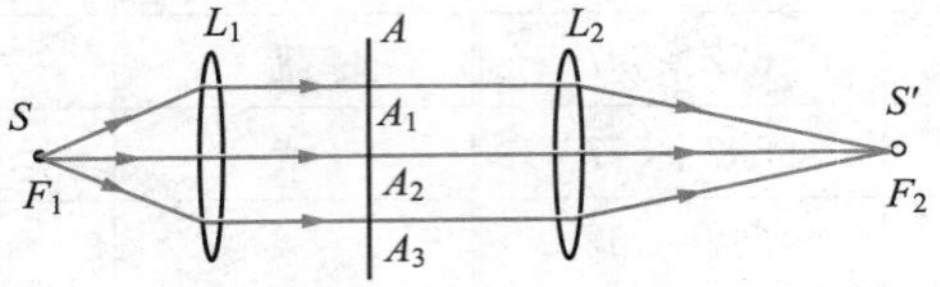

图 12－6　平行光经透镜会聚时的光程

例 12.1　在杨氏双缝实验中测得：双缝间距 $d=0.2$ mm，双缝到观察屏的距离 $D=2$ m，测得中央明纹两侧的第 5 级明纹中心的距离 $l=5.5$ cm。(1)应用杨氏双缝实验确立实验所用光的波长。(2)如图 12－7 所示，在双缝实验中在下面的缝后放一个折射率 $n=1.58$，厚度 $t=6.6\times10^{-6}$ m 的云母片后，干涉条纹将如何移动？(3)若将原装置放入液体中，观察到空气中的第 3 条明纹正好是液体中的第 4 条明纹位置，你能否确定液体的折射率？

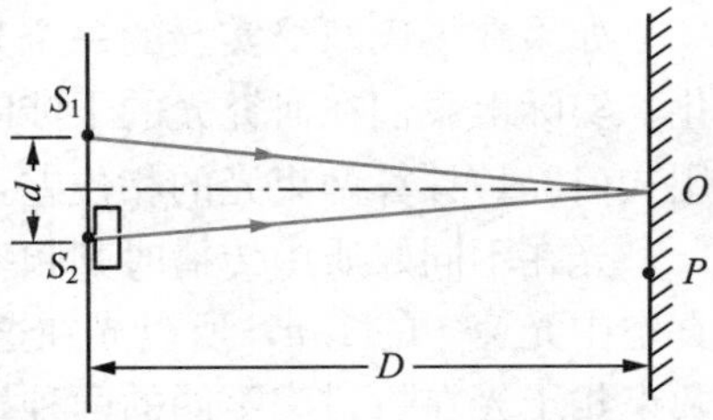

图 12－7　例 12.1 图

解

(1)依据杨氏双缝干涉条纹的宽度公式有：$\Delta x=\dfrac{l}{10}=\dfrac{D\lambda}{d}$

可得

$$\lambda=\frac{ld}{10D}=\frac{5.5\times10^{-2}\times2\times10^{-4}}{10\times2}=5.5\times10^{-7}(\text{m})$$

(2)由于 $D\gg d$，可以认为光线垂直通过云母片。从 S_1 与 S_2 射出的两束相干光在 O 点处的光程差为

$$\delta=(n-1)t$$

由明纹条件

$$\delta=(n-1)t=k\lambda$$

有

$$k=\frac{(n-1)t}{\lambda}=\frac{(1.58-1)\times6.6\times10^{-6}}{5.5\times10^{-7}}=7$$

这说明原来分布 O 点上侧的第 7 级明纹，由于放了云母片而移到中央 O 点位置上，表明放置云母片后干涉条纹向下移动。

(3)液体中的波长 $\lambda'=\dfrac{\lambda}{n}$，依据题意 $3\Delta x=4\Delta x'$，

即

$$3\,\frac{D\lambda}{d}=4\,\frac{D}{d}\,\frac{\lambda}{n}$$

可得：

$$n=\frac{4}{3}=1.33$$

12.2.4　洛埃镜实验

如果将杨氏双缝实验中位于下方的狭缝遮住，并在两狭缝的垂直平分线上水平放置一平面反射镜 KL，这就构成了可以获得相干光的另一个实验装置——洛埃镜实验，如图 12-8 所示。实验中我们可以观察到与杨氏双缝实验相似的干涉条纹。但是有两点明显的区别：首先是洛埃镜的干涉条纹与杨氏双缝的干涉条纹明暗位置刚好是互换的；另外干涉条纹只出现在阴影区域。

事实上，光源 S_1 发出的光一部分直接射到光屏 E 上，另一部分以很大的入射角投射到平面镜 KL 上，再经平面镜反射到光屏 E 上，两部分光在叠加区产生干涉现象，所以干涉条纹只出现在两部分光的叠加区域(阴影部分)。在计算时，可把反射光看成是从虚光源 S_2 发出的，从而 S_1 和 S_2 构成一对相干光源。

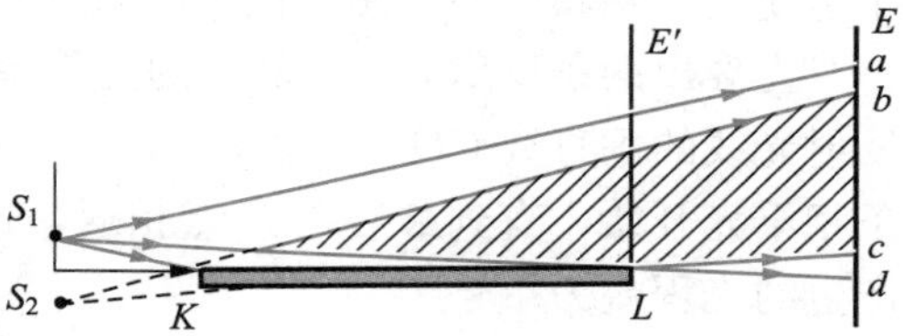

图 12-8　洛埃镜实验简图

在实验中，如果把光屏 E 平移到 E' 位置上，则光屏与平面镜 LK 相接触，从 S_1、S_2 发出的光传到接触处经过相同的光程，似乎在接触处应出现明纹。但是实际上在屏与平面镜接触处却是暗纹，表明这两束光线在该处相位相反。从 S_1 直接发出的光是在均匀媒质中传播，不可能有相位的突变，所以只能是在平面镜反射的光产生了相位 π 的突变。光波传播半个波长的距离相位改变为 π，所以在平面镜上反射时产生量值为 π 的相位突变又叫半波损失。这一现象可以用光的电磁理论证明，在这里可作为一个实验结果。

在图 12-8 中，设 S_1 与 S_2 相距为 d，光源到屏的距离为 D，则在重叠区 bc 之间任一点处的光程差仍可根据式(12.3)计算。只是由于在平面镜 KL 上反射的光线产生了半波损失，所以两束相干光在 P 点的光程差在式(12.3)的基础上变为 $\delta=\frac{d}{D}x+\frac{\lambda}{2}$，使得光屏上原来光程差是波长整数倍的位置变为光程差是半波长奇数倍的位置。因此在相干光的重叠区，洛埃镜实验的干涉条纹与杨氏双缝的干涉条纹明暗位置互换。

洛埃镜实验不仅显示出光的干涉现象，还显示出光由光疏媒质(折射率较小的媒质)射向光密媒质(折射率较大的媒质)而反射回来时相位突变，这种相位的突变在下一节的薄膜干涉中会经常出现。

12.3　薄膜干涉

12.3.1　薄膜干涉

上一节我们讨论了点光源或狭缝光源发出的相干光在屏幕上叠加产生的干涉现象。实际上，最常见的光的干涉现象是在透明薄膜上产生的。例如，当阳光照射在肥皂膜、薄油膜和昆虫的翅膀上时，常常出现美丽的彩色条纹和绚烂色彩，这些都是薄膜干涉的现象。

由前面杨氏双缝干涉的分析可知，研究光的干涉问题，首先要给出两束相干光在相遇点的光程差表达式，之后再由干涉加强和减弱关系式导出干涉结果。

如图 12-9 所示，将折射率为 n_2，厚度为 e 的透明薄膜置于折射率为 n_1 的均匀媒质中。

由面光源(或者称为扩展光源)上 S 点发出的光线 1，以入射角 i 射到薄膜的上表面 A 点之后分为两部分。一部分由 A 点反射(图中的光线 2)，另一部分折射进入薄膜并在膜的下表面 B 点反射，最后又在膜的上表面 C 点折射出来(图中的光线 3)。显然，光线 2 和 3 是两条相干光线并且互相平行，经过透镜会聚将相交于焦平面上一点 P 而发生干涉。这种干涉现象也可以用眼睛直接观察。此时眼中的晶状体相当于透镜，视网膜相当于焦平面上的光屏。

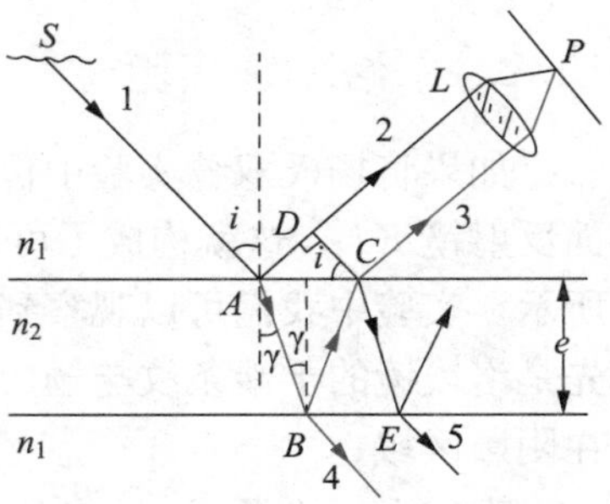

图 12-9　薄膜干涉

先导出两条反射光线 2 和 3 的光程差表达式。从 C 点做反射光线的垂直线 CD，显然 C、D 两点以后不产生光程差。这样，从入射光在 A 点分出两条相干光开始，直到最后在 P 点相遇，这两条相干光由于在不同媒质中传播的路径不同而产生的光程差为

$$\delta_1 = n_2(AB+BC) - n_1 AD$$

从图 12-9 中看出

$$AB = BC = \frac{e}{\cos\gamma}$$

$$AD = AC\sin i = 2e\tan\gamma\sin i$$

因此

$$\delta_1 = 2\,\frac{e}{\cos\gamma}(n_2 - n_1\sin\gamma\sin i)$$

利用折射定律

$$n_1\sin i = n_2\sin\gamma$$

可把上式写成

$$\delta_1 = \frac{2en_2}{\cos\gamma}(1-\sin^2\gamma) = 2en_2\sqrt{1-\sin^2\gamma}$$
$$= 2e\sqrt{n_2^2 - n_1^2\sin^2 i}$$

除此之外，还要考虑这两条光线分别在薄膜上、下表面反射时可能产生的半波损失。假设 $n_2 > n_1$，则光线 2 在 A 点处从光疏媒质到光密媒质面上的反射有半波损失；而光线 3 在 B 点处是从光密媒质到光疏媒质面上反射后在 C 点透射的，没有半波损失。所以在两相干光之间还存在附加光程差 $\delta_2 = \frac{\lambda}{2}$。因此在图 12-9 的情况下，两反射光的总光程差为 δ_1 与 δ_2 之和，表示为

$$\delta_{反} = 2e\sqrt{n_2^2 - n_1^2\sin^2 i} + \frac{\lambda}{2} \tag{12.7}$$

同样，也可以写出透射光的光程差表达式。在图 12-9 中，进入薄膜中的光线 AB 在 B 点分为两部分。一部分为直接从 B 点透射出的光线 4，另一部分为从 B 点反射到 C 点再反射到 E 点后透射出的光线 5。由于两次反射都是从光密媒质到光疏媒质的反射，不存在半波损失，因此这两条透射光线不产生附加光程差，其总光程差为

$$\delta_{透} = 2e\sqrt{n_2^2 - n_1^2\sin^2 i} \tag{12.8}$$

从这里可以看出，在薄膜干涉光程差表达式中，附加光程差 $\frac{\lambda}{2}$ 需要根据具体情况决定取舍。当两相干光都没有半波损失或都产生一次半波损失，或者其中的一条没有半波损失而另一条产生两次半波损失时，两相干光没有附加光程差；当只有其中之一产生一次半波损失

时，两者之间存在$\frac{\lambda}{2}$附加光程差。

有了光程差表达式，薄膜干涉的加强和减弱条件就可以直接由式(12.2a)和式(12.2b)得到。例如，对于反射光程差和透射光程差分别由式(12.7)和式(12.8)给出的情况，有

$$\delta_{反}=2e\sqrt{n_2^2-n_1^2\sin^2 i}+\frac{\lambda}{2}$$

$$=\begin{cases}k\lambda & k=1,2,\cdots \quad 反射光加强 \quad (12.9a)\\ (2k+1)\frac{\lambda}{2} & k=0,1,2,\cdots \quad 反射光减弱 \quad (12.9b)\end{cases}$$

$$\delta_{透}=2e\sqrt{n_2^2-n_1^2\sin^2 i}$$

$$=\begin{cases}k\lambda & k=0,1,2,\cdots \quad 透射光加强 \quad (12.10a)\\ (2k+1)\frac{\lambda}{2} & k=0,1,2,\cdots \quad 透射光减弱 \quad (12.10b)\end{cases}$$

由此看到，一束单色光射到薄膜上，如果反射光互相加强则透射光就互相减弱，如果反射光互相减弱则透射光就互相加强。如果用自然光照射，薄膜上将会出现彩色条纹。

例 **12.2** 自然光照射在空气中折射率为1.33的肥皂膜上，若沿与膜的法向成30°角的方向观察，反射光呈现紫色(430 nm)。(1)薄膜的最小厚度为多少？(2)若沿薄膜的法线方向观察，反射光是何颜色？

解

(1)由于肥皂膜置于空气中，所以反射光程差表达式中有附加光程差$\frac{\lambda}{2}$，由干涉加强条件

$$2e\sqrt{n_2^2-n_1^2\sin^2 i}+\frac{\lambda}{2}=k\lambda \qquad k=1,2,\cdots$$

有

$$e=\frac{\left(k-\frac{1}{2}\right)\lambda}{2\sqrt{n_2^2-n_1^2\sin^2 i}}$$

将肥皂膜的折射率$n_2=1.33$，空气的折射率$n_1=1$，$\lambda=430$ nm，$i=30°$及$k=1$代入上式，得到肥皂膜的最小厚度为

$$e_{\min}=\frac{430}{4\sqrt{1.33^2-0.5^2}}=87.2\ (\mathrm{nm})$$

(2)当沿着膜的法线方向观察时，$i=0$，相互加强的相干光满足关系

$$2en_2+\frac{\lambda}{2}=k\lambda \qquad k=1,2,\cdots$$

对于最小厚度的肥皂膜，反射加强的光的波长为

$$\lambda=\frac{2n_2e_{\min}}{k-\frac{1}{2}}=\frac{2\times1.33\times87.2}{k-\frac{1}{2}} \qquad k=1,2,\cdots$$

取

$$k=1, \qquad \lambda_1=463.9\ \mathrm{nm} \qquad 蓝光$$

$$k=2,\quad \lambda_1=154.6\ \text{nm}\qquad \text{不可见光}$$

此时反射光为蓝光。蜻蜓或昆虫的翅膀在阳光的照耀下会表现出绚烂的色彩，而且从不同的角度去观察时，其色彩会发生奇妙的变化，就是薄膜干涉的结果。

一束光入射到薄膜表面，一部分被反射，一部分折射到薄膜内。反射光和折射光的振幅都小于入射光的振幅，因此常说振幅被"分割"了。进入薄膜内部的折射光又在膜的下表面分成反射光和折射光，因此振幅又被"分割"了。这正是前面曾提到的产生相干光的分振幅法。

12.3.2 等倾干涉条纹

由薄膜干涉的光程差表达式(12.8)可知，对于波长确定的入射光，如果薄膜的厚度 e 一定，它所产生的两条相干光的光程差是入射角 i 的函数。对应同一个入射角的入射光可产生同一级干涉条纹，这种干涉条纹称为等倾条纹。

下面介绍一种观察等倾条纹的方法。如图 12－10(a)所示，S 为一扩展光源，M 为半反射半透射平面镜，L 为透镜，E 为置于透镜焦平面上的屏幕。光源上任一发光点向各方向发出的光，经 M 反射后以相同入射角射到薄膜表面上的那一部分应处在同一个圆锥面上。因此，这些光线在薄膜上、下表面的反射光线，经透镜会聚到平面 E 的同一个圆周上。而这些反射光线中的每一对(其中一条在薄膜上表面反射，另一条进入薄膜后在膜的下表面反射)都具有相同的光程差(由入射角 i 决定)，所以它们形成同一级圆环干涉条纹。扩展光源上每一个发光点发出的光都会产生一组相应的圆形干涉条纹。而由凸透镜的性质可知，一组平行光线可以被凸透镜会聚到其焦平面的同一点上，所以由扩展光源上所有发光点发出的光线，只要对薄膜有相同的入射角，它们干涉的圆形条纹都会重叠在一起。同一发光点发出的光，经薄膜上、下表面反射后在屏幕上相干叠加，而不同发光点在屏幕上非相干叠加，其总的效果是使干涉条纹更清晰。

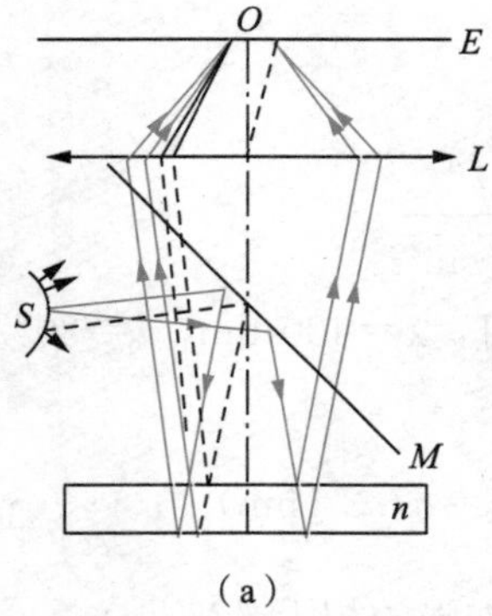

(a)

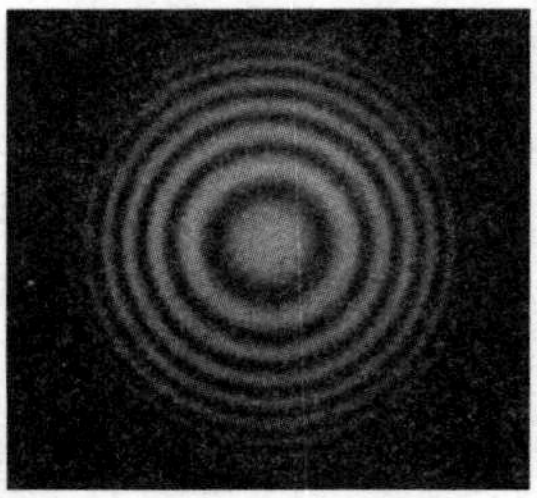

(b)

图 12－10 观察等倾条纹

(a)装置和光路；(b)等倾条纹图片

图 12－10(b)是等倾干涉条纹，这是一组明、暗相间，内疏外密的圆环。由式(12.9a)或式(12.9b)可知，靠近中心的环，由于入射角 i 较小，所以条纹级次 k 较大；靠近边缘的环，由于入射角 i 较大，所以条纹级次较小。

12.3.3 等厚干涉条纹

波长确定的入射光以相同的入射角入射到厚度不均匀的薄膜上，则反射光或者透射光的光程差就是膜的厚度 e 的函数。因此在薄膜表面的同一条等厚线上可形成同一级干涉条纹。这种条纹称为等厚干涉条纹。等厚干涉条纹的两个重要例子是劈尖干涉和牛顿环。

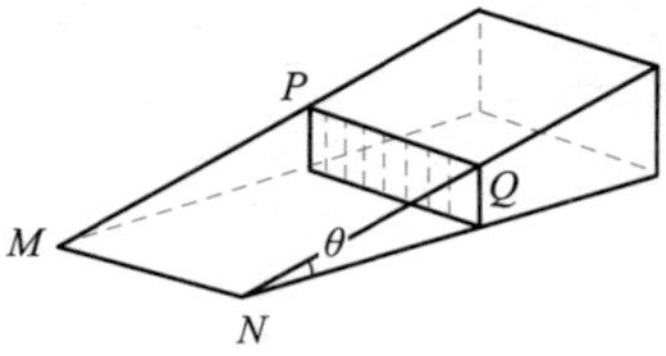

图 12－11　楔形膜

1. 劈尖干涉

劈尖指的是如图 12－11 所示的楔形薄膜。楔形膜的上、下表面都是平面，二者的夹角 θ 称为劈尖夹角，交线 MN 称为棱边。在平行于棱的直线 PQ 上，薄膜的厚度是相等的。

常用的空气劈尖是由两块玻璃板一端叠合另一端夹一薄纸片（或头发丝）形成的，如图 12－12 所示。两块玻璃中间的一层薄薄的楔形空气即为空气劈尖。这实际上是把空气劈尖放在玻璃媒质中。也可以把一块玻璃磨成楔形的玻璃薄膜构成玻璃劈尖，放在空气中。在第一种情况下，楔形膜（空气）的折射率小于周围媒质（玻璃）的折射率，即 $n_2<n_1$；在第二种情况下，楔形膜（玻璃）的折射率大于周围媒质（空气）的折射率，即 $n_2>n_1$。当波长为 λ 的单色光以入射角 i 射向薄膜后，如果从膜的上表面反射的光与进入膜中又从膜的下表面反射的光满足相干条件，由于劈尖角 θ 很小，两条相干光的光程差仍可以由式(12.7)表示为

$$\delta=2e\sqrt{n_2^2-n_1^2\sin^2 i}+\frac{\lambda}{2}$$

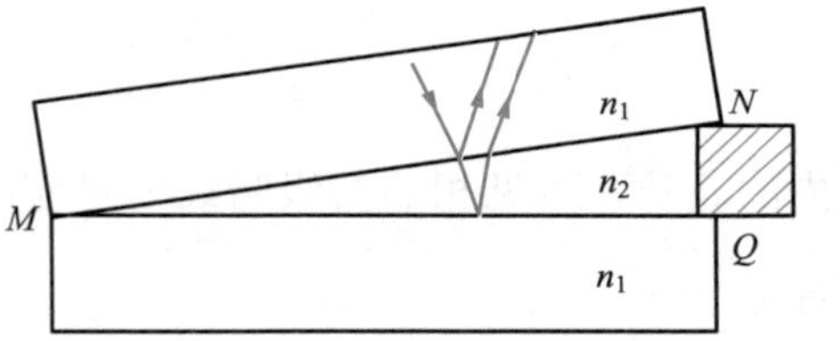

图 12－12　空气劈尖

式中，e 是光线入射点处劈尖的厚度。最常见的情况是光线垂直入射到劈尖上，即 $i=0$，这时

$$\delta=2en+\frac{\lambda}{2}$$

式中，已把劈尖的折射率 n_2 用 n 表示。

下面讨论劈尖干涉条纹。由式(12.9a)、(12.9b)可知，反射光互相加强形成明纹的条件为

$$\delta=2en+\frac{\lambda}{2}=k\lambda \qquad k=1,\ 2,\ \cdots \tag{12.11a}$$

$$\delta=2en+\frac{\lambda}{2}=(2k+1)\frac{\lambda}{2} \qquad k=0,\ 1,\ 2,\ \cdots \tag{12.11b}$$

这里 k 是干涉条纹的级次。上面两式表明，每级明纹或暗纹都与一定的膜厚 e 对应，因此在薄膜表面的同一等厚线上可形成同一级干涉条纹。由于劈尖的等厚线是一些平行于棱边的直线（如图 12－11 所示），所以劈尖干涉条纹是一些与棱边平行的明暗相间的直线条纹，如图 12－13 所示。

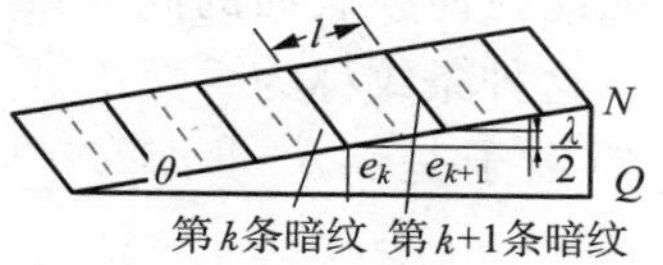

图 12-13　劈尖干涉

在棱边处：$e=0$，$\delta=\dfrac{\lambda}{2}$，所以反射光形成暗纹。

若以 l 表示相邻两条明纹或暗纹在表面上的距离，则由图 12-13 可求得

$$l=\frac{\Delta e}{\sin\theta} \tag{12.12}$$

式中，θ 为劈尖夹角，Δe 为与相邻两条明纹或暗纹对应的膜厚之差。对相邻两条暗纹，由式(12.11b)有

$$2e_{k+1}n+\frac{\lambda}{2}=[2(k+1)+1]\frac{\lambda}{2}$$

$$2e_kn+\frac{\lambda}{2}=(2k+1)\frac{\lambda}{2}$$

两式相减得

$$\Delta e=e_{k+1}-e_k=\frac{\lambda}{2n}=\frac{\lambda_n}{2}$$

式中 $\lambda_n=\dfrac{\lambda}{n}$，为光在薄膜内的波长。可见相邻两级暗纹处对应的膜的厚度差等于光在该膜内波长的一半。这一结论对明纹也成立。

把 Δe 的表达式代入式(12.12)中，有

$$l=\frac{\lambda}{2n\sin\theta} \tag{12.13a}$$

通常 θ 角很小，所以上式可改写为

$$l=\frac{\lambda}{2n\theta} \tag{12.13b}$$

上式表明，在入射光波长 λ 和膜的折射率 n 一定的条件下，劈尖夹角 θ 越小，l 越大，干涉条纹越疏；反之，θ 越大，l 越小，条纹越密。θ 太大时，干涉条纹都密集在棱边附近不易分清，以至于观察不到干涉现象。当劈尖夹角 θ 和折射率 n 一定时，用不同波长的光照射产生的干涉条纹间距也不同。波长越长，l 越大，条纹越疏；波长越短，l 越小，条纹越密。用白光照射时，由于不同波长的光干涉条纹间距不同，所以在劈尖表面可出现彩色条纹。

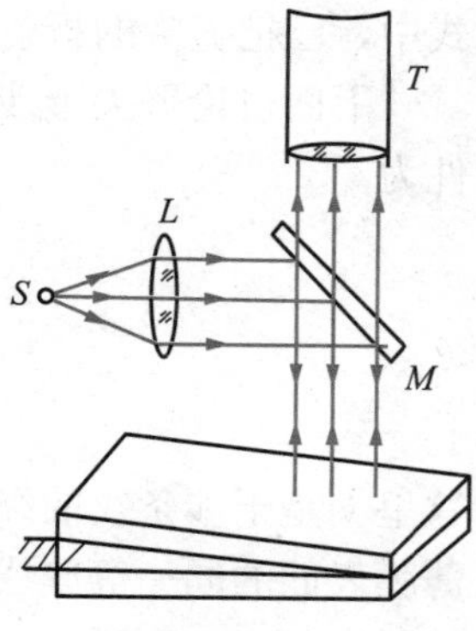

图 12-14　观察劈尖干涉的实验装置

实验室中观察劈尖干涉条纹的装置如图 12-14 所示。钠光灯 S 发出的光经透镜 L 后成为一束平行光，投射到倾角为 45°的半透明玻璃镜 M 上，经 M 反射后再射到空气劈尖上。从空气劈尖的上、下面表面反射的两相干光束，再透过玻璃镜 M，进入读数显

微镜 T，在 T 中即可观察到劈尖干涉条纹。

在两块玻璃片相接触处，空气膜的厚度 $e=0$，反射光的光程差 $\delta=\frac{\lambda}{2}$，所以看到暗纹。这是“半波损失”的又一个例证。

利用劈尖可以测定细丝直径、薄片厚度，也可以测定待检平面的平整度，其测量的精度很高。

例 12.3　应用劈尖干涉实验测量金属细丝的直径 d。把待测的金属细丝夹在两块玻璃之间，形成空气劈尖如图 12－15 所示。并测量出金属细丝到棱边的距离 D 为 28.880 mm。实验时用波长 $\lambda=589.3$ nm 的钠黄光垂直照射，测得 30 条明纹之间的总距离为 4.295 mm。

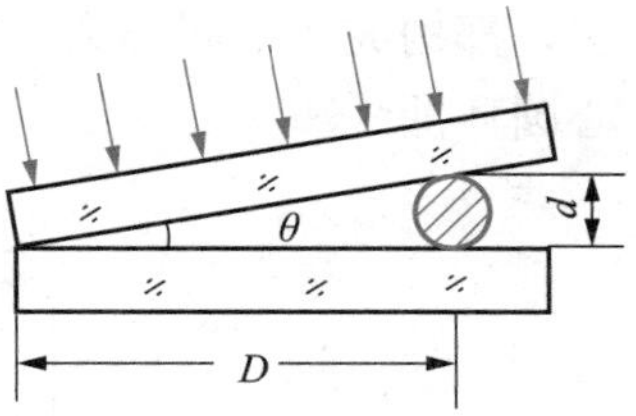

图 12－15　例 12.3 图

解

由图示的几何关系可得

$$d=D\tan\theta$$

式中 θ 为劈尖角，两相邻明条纹间距，由式(12.13b)得

$$l=\frac{\lambda}{2\theta}$$

因为 θ 角很小．$\tan\theta\approx\theta$，于是有

$$d=D\theta=D\frac{\lambda}{2l}=28.88\times\frac{5.893\times10^{-7}}{2\times\frac{4.295}{30-1}}\times10^{3}$$

$$=5.746\times10^{-5}\times10^{3}=0.057\,46\ (\text{mm})$$

因此，所测量的金属细丝的直径 0.05746 mm。

例 12.4　在生产半导体元件时，经常要在硅(Si)片上生成一层很薄的二氧化硅(SiO_2)薄膜，为了测定这层薄膜的厚度，可将二氧化硅薄膜除去一部分，使它成为楔形膜，如图 12－16 所示。测量时入射光波长为 546.1 nm，已知 SiO_2 的折射率 $n_2=1.46$，Si 的折射率 $n_3=3.42$，实验时观察到在楔形膜上共出现 7 条暗纹，第 7 条暗纹出现在斜面的最高点，应用劈尖干涉计算出 SiO_2 薄膜的厚度。

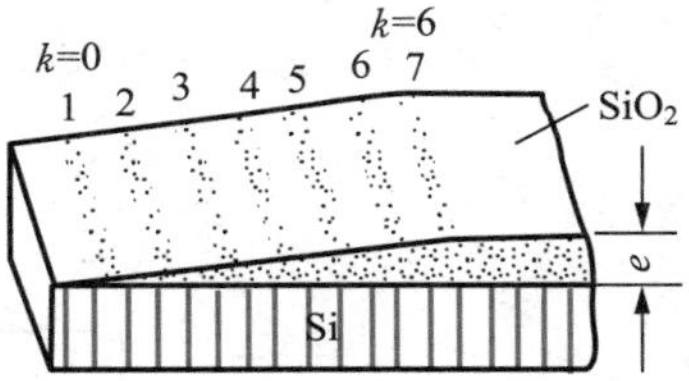

图 12－16　例 12.4 图

解

空气折射率为 $n_1=1$，由于 $n_1<n_2<n_3$，所以当入射光垂直射到 SiO_2 面时，反射光程差为 $\delta=2n_2e$。由暗纹条件得

$$2en_2=(2k+1)\frac{\lambda}{2}\qquad k=0,\ 1,\ 2,\ \cdots$$

则

$$e=\frac{(2k+1)\lambda}{4n_2}$$

在棱边处膜厚 $e=0$，反射光程差 $\delta=0$，形成明纹，所以第 7 条暗纹的级次为 $k=6$，有

$$e=\frac{(2\times6+1)\times546.1}{4\times1.46}=1.22\times10^{-6}(\text{m})$$

因此，SiO_2 薄膜的厚度为 1.22×10^{-6} m。

2. 牛顿环

等厚干涉条纹的另一个特例是牛顿环。观察牛顿环的装置如图 12－17(a)所示，将一个曲率半径很大的平凸透镜 A 放在一块平板玻璃 B 上，二者的接触点为 O 点。在平凸透镜与玻璃板之间形成了一个上表面为球面，下表面为平面的空气薄膜。在接触点 O，薄膜厚度为零，距离 O 点越远，薄膜厚度的增加率越大。显然，在这样的空气薄层上，凡厚度相同的点，都构成一个同心圆。所以当单色光垂直入射时，形成的干涉条纹应是一组明暗相间的同心圆环即牛顿环。

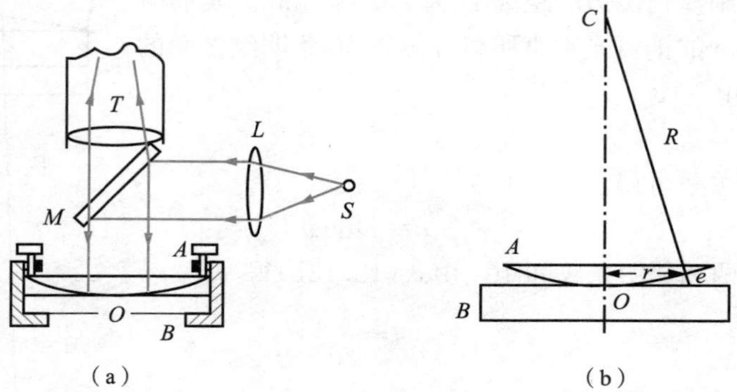

图 12－17　牛顿环

(a)观察牛顿环的仪器简图；(b)牛顿环的半径计算用图

图 12－18 给出反射和透射时的牛顿环的干涉条纹。下面我们来求各明暗条纹的半径 r 与入射光波长 λ 及平凸透镜的曲率半径 R 之间的关系。由于光线垂直入射($i=0$)，空气薄膜折射率 $n_2=1$，所以薄膜干涉反射光加强和减弱的条件由式(12.9a)、(12.9b)变为

$$2e+\frac{\lambda}{2}=k\lambda \qquad k=1,\ 2,\ \cdots \qquad \text{明条纹},$$

$$2e+\frac{\lambda}{2}=(2k+1)\frac{\lambda}{2} \qquad k=0,\ 1,\ 2,\ \cdots \qquad \text{暗条纹}.$$

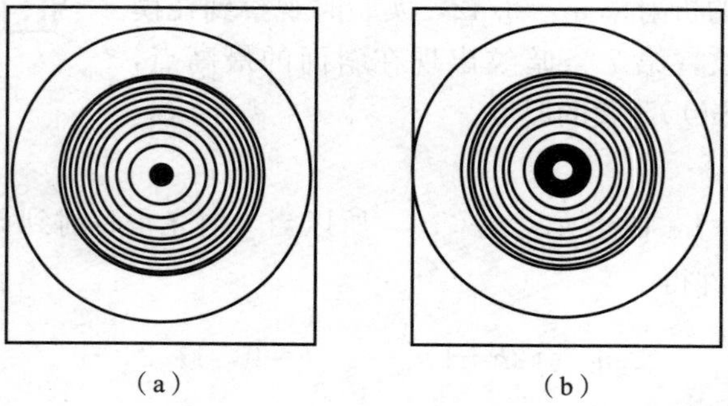

图 12－18　牛顿环的干涉条纹

(a)反射时；(b)透射时

令 r 为条纹的半径，由图 12－17(b)可知

$$R^2=r^2+(R-e)^2$$

即
$$r^2=2Re-e^2$$
因为 $R \gg e$，所以 $2Re \gg e^2$，略去 e^2 得
$$e=\frac{r^2}{2R}$$
将 e 的表达式代入上述的明条纹及暗条纹关系式中，得到反射光中明环和暗环的半径分别为
$$r=\sqrt{\frac{(2k-1)R\lambda}{2}} \quad k=1, 2\cdots \quad \text{明环} \tag{12.14a}$$
$$r=\sqrt{kR\lambda} \quad k=0, 1, 2, \cdots \quad \text{暗环} \tag{12.14b}$$
式中，k 为条纹的级次。

由上式可知，随着 k 值的增大，相邻两环(相邻两明环或相邻两暗环)的半径之差变小，即牛顿环离中心越远越密集。

此外，在接触点 O，膜厚 $e=0$，由于半波损失的存在，两束反射光的光程差 $\delta=\frac{\lambda}{2}$，形成反射暗纹，如图 12－18(a)。透射光与反射光相反，在接触点 O 形成明纹，如图 12－18(b)所示。

牛顿环实验可以用来测定透镜的曲率半径，测定光的波长，检查精密加工后工件的表面质量等。

例 12.5 应用牛顿环实验测量平凸透镜的曲率半径 R。实验时应用氦氖激光器(波长为 632.8 nm)，测得第 k 级暗环半径为 5.62 mm，第($k+5$)级暗环半径为 7.96 mm。

解

暗环半径表达式为
$$r_k=\sqrt{kR\lambda}$$
$$r_{k+5}=\sqrt{(k+5)R\lambda}$$
由以上两式解得
$$R=\frac{r_{k+5}^2-r_k^2}{5\lambda}$$
将 $r_{k+5}=7.96$ mm，$r_k=5.62$ mm，$\lambda=632.8$ nm 代入上式，解得
$$R=10 \text{ m}$$

12.4 干涉现象在工程技术中的应用

12.4.1 镀膜光学元件

仔细观察照相机或望远镜的镜头会发现其表面呈现蓝紫色，为什么？这是因为在照相机或望远镜的镜头表面镀了一层称为增透膜的薄膜，是用以增加某种波长的光的透射率的。增透膜的原理是利用薄膜的干涉相消来减少光的反射，从而达到增加透光强度的目的。

例如，在折射率为 n_3 的玻璃片上均匀镀上一层折射率为 n_2 的透明介质膜，使波长为 λ 的单色光由折射率为 n_1 的空气垂直入射到介质膜表面上(设 $n_1<n_2<n_3$)。要想此单色光在膜的上、下表面反射后产生干涉相消，介质膜的最小厚度应取为

$$e=\frac{\lambda}{4n_2}$$

一般所镀的介质是折射率为 1.38 的氟化镁(MgF_2)，而人眼或照相底片最敏感的光是波长约 550 nm 的黄绿光，因此可求得增透膜的最小厚度为 100 nm 左右。虽然波长在 550 nm 左右的黄绿光的反射光相消或减弱，但是与此波长差距较大的红光和紫光具有反射光，所以镜头表面呈现蓝紫加红的颜色。

有些情况下需要加强对某一波长的光的反射。这与上面提到的情况相反，可选择镀膜厚度使反射光相干加强。这种镀膜叫增反膜。

除了镀制增透膜和增反膜外，还可以镀制各种性能的多层高反射膜、冷光膜以及干涉滤光膜等。例如，氦—氖激光器谐振腔的全反射镜镀硫化锌(ZnS)—氟化镁(MgF_2)膜 15－19 层，可使波长为 632.8 nm 的红光反射率高达 99.6%。冷光膜是一种高效能地反射可见光又高效能地透射红外光的多层膜系，这种膜系通常镀在电影放映机的反光镜上，用以增强银幕的亮度和减少电影胶片的受热。

12.4.2　光学元件表面质量检查

光学元件的表面形状及尺寸要求很高，需采取精密的检测方法。在光的干涉现象中，相干光光程差的微小改变都会引起干涉图像的明显变化，而光程差是以光的波长为度量单位的，所以在检验光学元件的加工质量方面，其检测精度是任何机械检测方法无法比拟的。

通常是把被检测的表面与一个标准的表面接触，然后在单色光照射下观察两个表面的空气薄膜所形成的干涉条纹，进而判断其表面是否符合标准。

如果待测表面是一个平面，可在被测表面与一标准样板的一端垫一薄片，使得两板间形成一个劈尖形空气薄膜。利用单色光垂直照射，如果干涉条纹是一组互相平行的直线，表明被测表面是平整的，如图 12－19(a)所示；如果干涉条纹发生弯曲和畸变，如图 12－19(b)、(c)所示，则表明被测表面有缺陷。可根据条纹的弯曲、畸变的形状和不规则程度，确定缺陷的位置和不规则程度，以及它与标准平面相差的程度，从而为进一步加工提供依据。

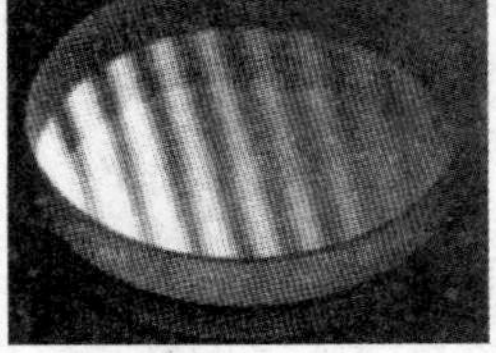

(a)

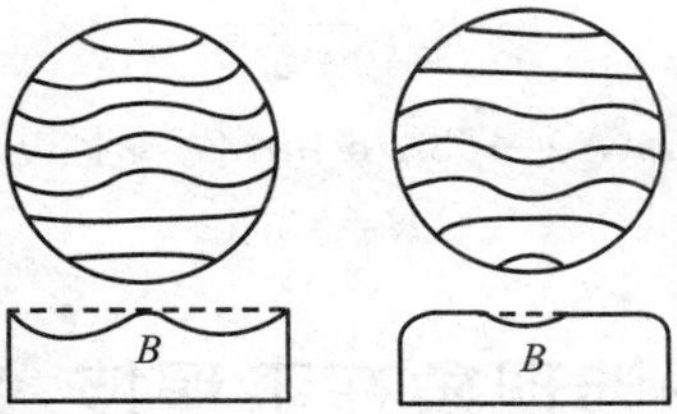

(b)

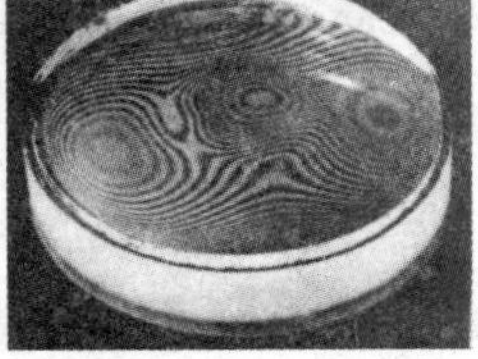

(c)

图 12－19　平面检测时的干涉条纹

(a)平行的直条纹；(b)弯曲的条纹；(c)畸变的条纹

如果被测表面是一个球面，可把一个具有标准曲率的透镜验规与之紧密接触。若被测表面的曲率与标准透镜的曲率完全一致，则在单色光照射下不会产生干涉条纹；若被测曲面与验规曲率不一致，则两球面间的空气薄膜在单色光的垂直照射下可产生牛顿环，如图12－20(a)所示。同样，如果牛顿环产生畸变(如图 12－20(b)所示)，表明被测球面有缺陷，可根据畸变的形状、程度确定缺陷的位置和程度。

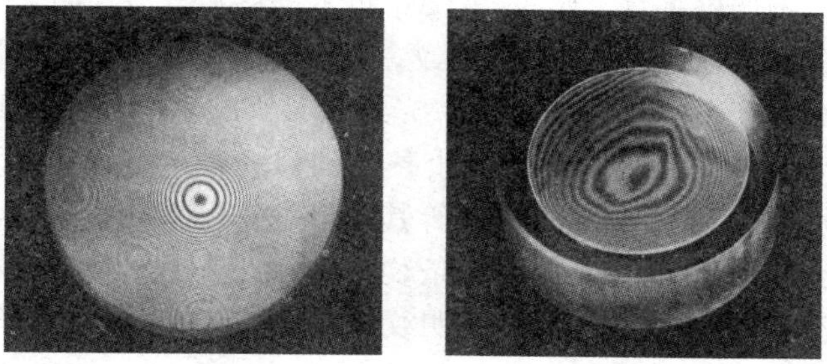

(a)　　(b)

图 12-20　球面检测时的干涉条纹

(a)产生的牛顿环；(b)牛顿环畸变

12.4.3　迈克尔孙干涉仪

迈克尔孙干涉仪是 100 多年前迈克尔孙利用光的干涉现象设计的一种精密的光学仪器。图 12-21 是它的结构示意图。图中 M_1 和 M_2 是两个精密磨光的平面反射镜，分别安装在互相垂直的两臂上。其中 M_2 固定，M_1 通过精密丝杠的带动，可以沿臂轴方向移动。在两臂相交处有一个与两臂成 45°角的平面半透镜 G_1，这是一个在一面镀有薄银层的玻璃板，使射向 G_1 的光一半反射一半透射，因此 G_1 也被称为分光板。

来自光源 S 的光，经过透镜 L 后变成平行光射向分光板 G_1，之后被分成两束。反射光束(1)向 M_1 传播，经 M_1 反射后再穿过 G_1 向 E 处传播。透射光束(2)通过另一个与 G_1 完全相同，且平行于 G_1 放置但没有镀银膜的玻璃板 G_2 射向 M_2，经 M_2 反射后又经过 G_2 到达 G_1 再反射到 E 处。显然，到达 E 处的光线(1)和(2)是相干光，可观察到干涉条纹。G_2 的作用是使光线(1)和(2)都能三次穿过厚度相同的平玻璃板，避免两者之间出现太大的光程差，所以 G_2 叫补偿板。

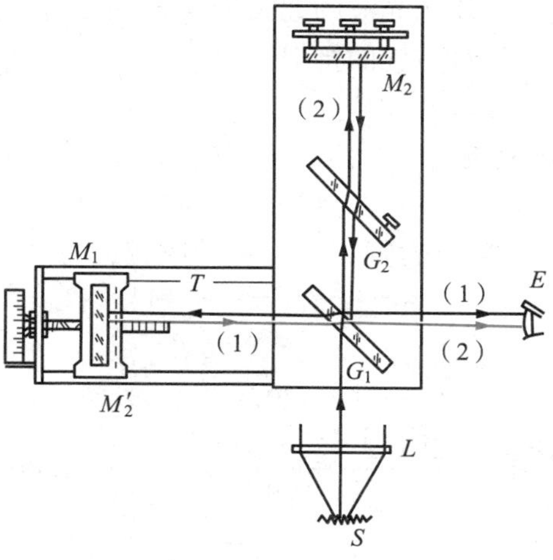

图 12-21　迈克尔孙干涉仪结构示意图

在图 12-21 中，M_2' 是 M_2 在 G_1 中的虚像，所以 M_2 反射的光可以看成是从虚像处反射的。这样，从 E 处观察，两束相干光(1)、(2)与从一个薄膜的上、下表面反射的光有相同之处。如果M_2与M_1不严格垂直，则M_2'与M_1也不严格平行，它们之间的空气薄层就相当一个劈尖，从而在E处可观察到等厚干涉条纹。当调节平面镜M_1使其前后移动时，相当于M'_2与M_1之间的空气薄膜的厚度发生变化，光线(1)、(2)之间的光程差也发生变化，从而在E处可观察到干涉条纹的移动。只要测出条纹的移动距离就可以确定光程差的改变量，从而计算出长度的微小变化或者介质折射率等其他量的变化。

设两相干光的光程差为δ时，对应干涉条纹的第k级明纹，即$\delta=k\lambda$；当移动N个明纹光程差变为$(\delta+\Delta\delta)$时，则对应第$(k+N)$级明纹，即$\delta+\Delta\delta=(k+N)\lambda$，由此可得

$$\Delta\delta=N\lambda \tag{12.15}$$

即相干光光程差的改变量等于干涉条纹移动的个数与该光波长的乘积。

迈克尔孙干涉仪可以将两束相干光完全分开，它们之间的光程差可以根据要求作各种改变，而测量结果可以精确到与光的波长相比拟，所以其应用是很广的。历史上有名的测定"以大风"的实验就是1887年迈克尔孙和莫雷利用此干涉仪合作完成的。迈克尔孙还用他的干涉仪测定了镉红线的波长，从而给出国际通用的基本长度单位——米的一种定义。

例 12.6 应用迈克尔孙干涉仪测量入射光的波长。实验中观察到当可动平面镜移动0.273 mm时，有1000个干涉条纹移过。

解

迈克尔孙干涉仪的可动平面镜移动Δd距离时，引起两臂间光程差的改变量为

$$\Delta\delta=2\Delta d$$

将其代入式(12.15)中，有

$$2\Delta d=N\lambda$$

于是

$$\lambda=\frac{2\Delta d}{N}=2\times\frac{0.273}{1000}=5.46\times10^{-4}\,(\text{mm})=546\ (\text{nm})$$

例 12.7 在迈克尔孙干涉仪的两臂中分别插入10 cm长的玻璃管，其中一个抽成真空，另一个充以一个大气压的空气，应用光波的波长为546 nm，当充气管中的空气逐渐抽出时，观察到有107.2个条纹移过，计算空气的折射率n。

解

设玻璃管的长度为l，则充气玻璃管内的空气被抽出之前，两臂间的光程差

$$\delta_1=2(n-1)l$$

空气被抽出以后，光程差变为$\delta_2=0$。所以光程差的改变量为

$$\Delta\delta=\delta_1-\delta_2=2(n-1)l$$

由式(12.15)，有

$$2(n-1)l=N\lambda$$

$$n=\frac{N\lambda}{2l}+1=\frac{107.2\times5.46\times10^{-7}}{2\times0.10}+1=1.0002927$$

12.5 相干长度 相干时间

在观察薄膜干涉时会发现，自然光照射下的肥皂泡只有在吹得比较薄的时候才会出现色彩；水面上的油滴也只有扩展成薄薄一层油膜的时候才可能呈现出光的干涉现象。这是因为

光源中各个发光原子或分子发出的一列列光波，被薄膜分成两部分之后，还存在着它们能否再相遇的问题。下面以迈克尔孙干涉仪为例来说明。

如图 12－22 所示，从光源发出的两列光波 a 和 b，其波列的长度都为 L。在分光板上每个波列又被分成 1、2 两个分波列，变成 a_1、a_2 和 b_1、b_2。如果 M'_2 与 M_1 相距不太远，两个分波列之间的光程差不太大，如图 12－22(a)，则 a_1 与 a_2、b_1 与 b_2 还可以重叠产生干涉。如果 M'_2 与 M_1 相距太远，产生的光程差太大，如图 12－22(b)，则由同一波列分出的两个分波列将不能重叠，或者是波列 a 分出的 a_2 与波列 b 分出的 b_1 重叠，它们不具有相干性，不会产生干涉现象。这就是说，两光路之间的光程差超过了波列长度，就不能产生干涉。两个分光束产生干涉效应的最大光程差 δ_m，亦即波列长度 L，称为该单色光波的相干长度，长度为 L 的波列通过空间某点所需的时间称为相干时间。当同一波列分解出来的 1、2 两分波列到达观察点的时间间隔小于相干时间时，这两分波列叠加后将发生干涉现象，否则就不发生。用相干长度或相干时间可以衡量一单色光源相干性的好坏，这里所指的相干性通常称为时间相干性。普通单色光源的相干长度很小，一般在 1～100 mm 的范围，而激光的相干长度可以达到 180 km，所以激光是一种理想的相干光。

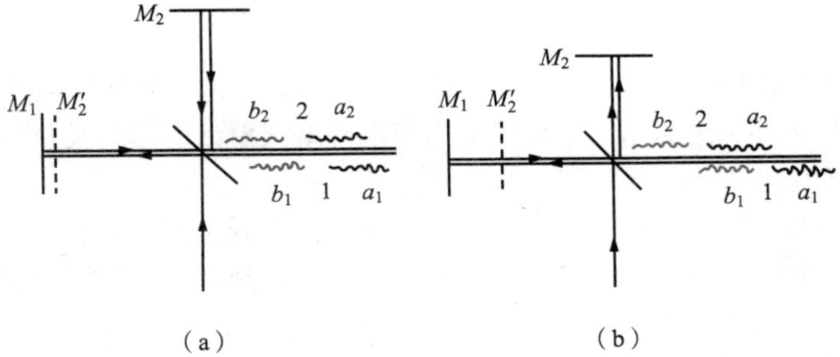

图 12－22　说明相干长度用图

(a)产生干涉；(b)不产生干涉

12.6　小　　结

1. 相干光

相干条件：振动方向相同，频率相同，相位差恒定。

获得相干光的方法：分波阵面法，分振幅法。

2. 杨氏双缝干涉(分波阵面法)

干涉条纹特点：与双缝平行、等间距的明暗相间的条纹

条纹间距：$\Delta x=\dfrac{D\lambda}{d}$。

3. 光程　光程差

光程：媒质的折射率 n 与光在该媒质中通过的几何路程 x 的乘积。

光程差：两束光光程之差，用 δ 表示。

光程差与相位差之间的关系：$\Delta\varphi=\dfrac{\delta}{\lambda}2\pi$。

4. 薄膜干涉(分振幅法)

$$\delta_{反}=2e\sqrt{n_2^2-n_1^2\sin^2 i}\left(+\frac{\lambda}{2}\right)$$
$$=\begin{cases}k\lambda & k=1,2,\cdots \quad 反射光加强\\(2k+1)\dfrac{\lambda}{2} & k=0,1,2,\cdots \quad 反射光减弱\end{cases}$$

$$\delta_{透}=2e\sqrt{n_2^2-n_1^2\sin^2 i}$$
$$=\begin{cases}k\lambda & k=1,2,\cdots \quad 透射光加强\\(2k+1)\dfrac{\lambda}{2} & k=0,1,2,\cdots \quad 反透光减弱\end{cases}$$

5. 迈克尔孙干涉仪

利用光的干涉现象设计的一种精密的光学仪器，相干光光程差的改变量等于干涉条纹移动的个数与该光波长的乘积：$\Delta\delta=N\lambda$。

12.7 习　　题

12.1 在劈尖干涉实验中，如果将上面玻璃片向上平移，干涉条纹如何变化？如果向右平移，干涉条纹又如何变化？如果将上面玻璃片绕接触线转动，使劈尖角增大，干涉条纹又将怎样变化？

12.2 为什么在日光的照射下我们从窗子的玻璃上观察不到干涉条纹？

12.3 杨氏双缝实验，已知 $d=0.3$ mm，$D=1.2$ m，测得两个第 5 级暗条纹的间隔为 22.78 mm，求入射单色光的波长，并说明其颜色。

12.4 在双缝装置中，用一个很薄的云母片($n=1.58$)覆盖其中的一条狭缝，这时屏幕上的第七级明条纹恰好移到屏幕中央(原零级明条纹)的位置。如果入射光的波长为 550 nm，则云母片的厚度应为多少？

12.5 洛埃镜实验中，如习题 12.5 图所示狭缝光源 S_1 和它的虚像 S_2 在离镜左边 0.20 m 的平面内，镜长 0.30 m，在镜的右边缘处放置一毛玻璃光屏 E，如 S_1 到镜面的垂直距离为2.0 mm，使用波长 720 nm 的红光，试计算镜面右边缘到第一条明纹的距离。

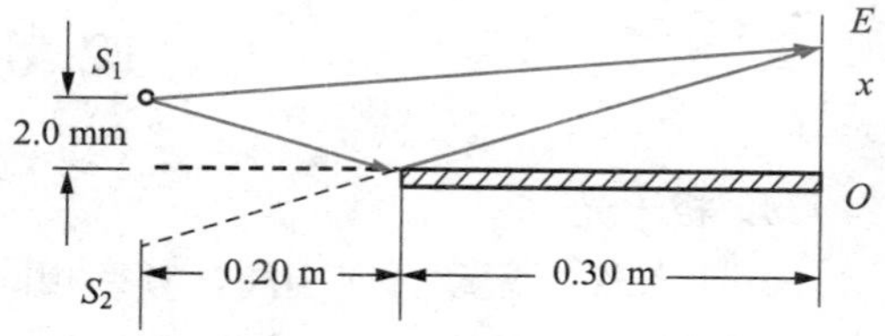

习题 12.5 图

12.6 在双缝实验中，入射光是由波长 $\lambda_1=550$ nm 和另一束未知波长 λ_2 两种成分合成的复色光。已知双缝间距为 0.6 mm，屏和缝的距离为 1.2 m，求屏上 λ_1 的第三级明纹中心的位置。若屏上 λ_1 的第六级明纹中心和未知的 λ_2 的第五级明纹中心重合，求未知波长 λ_2。

12.7 白色平行光垂直入射到相距为 0.25 mm 的双缝上，在距缝 50 cm 处放置屏幕。分别求出第一级和第五级明纹彩色带的宽度(设白光的波长范围是 400～760 nm，“彩色带宽度”是指两个极端波长的同级明纹中心之间的距离)。

12.8 用白光垂直照射空气中一个厚度为 400 nm，折射率为 1.33 薄膜，膜的正面将呈现什么颜色？膜的背面呈现什么颜色？

12.9 一单色光垂直照射在厚度均匀的薄油膜上，油膜覆盖在玻璃板上。油的折射率为 1.3，玻璃的折射率为 1.5，若单色光的波长连续可调，并观察到 500 nm 与 700 nm 这两个波长的单色光在反射中消失，求油膜的厚度。

12.10 在一块玻璃板上滴一滴油，油滴逐渐展开成为油膜，如习题 12.10 图所示。应用波长为 600 nm 单色光垂直照射油膜，已知油膜的折射率为 1.20，玻璃的折射率为 1.50，从反射光中观察油膜所形成的干涉条纹，则：

(1)油滴外围(最薄的)区域对应于亮区还是暗区?

(2)如果可以观察到 5 个明纹，且中心为明纹，中心点油膜的厚度 h 为多少?

(3)油膜继续展开，条纹将如何变化?

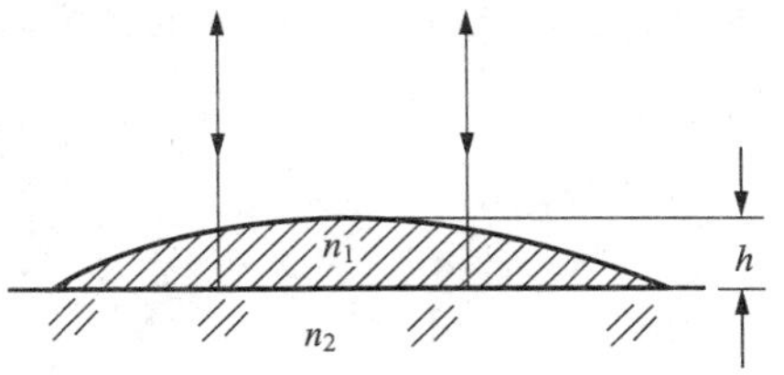

习题 **12.10** 图

12.11 一玻璃劈尖的末端的厚为 0.005 cm，折射率为 1.5。今用波长为 700 nm 的平行单色光，以入射光为 30°角的方向射到劈尖的上表面。试求：

(1)在玻璃劈尖的上表面所形成的干涉条纹数目；

(2)若以尺寸完全相同的由玻璃片形成的空气劈尖来代替上述的玻璃劈尖，则所产生的条纹数目又为多少。

12.12 如习题 12.12 图所示，将符合标准的轴承钢珠 a、b 和待测钢珠 c 一起放在两块平板玻璃之间，若垂直入射光波长 $\lambda=0.58\ \mu$m，问钢珠 c 的直径比标准小多少? 如果距离 D 不同，检测结果有何变化?

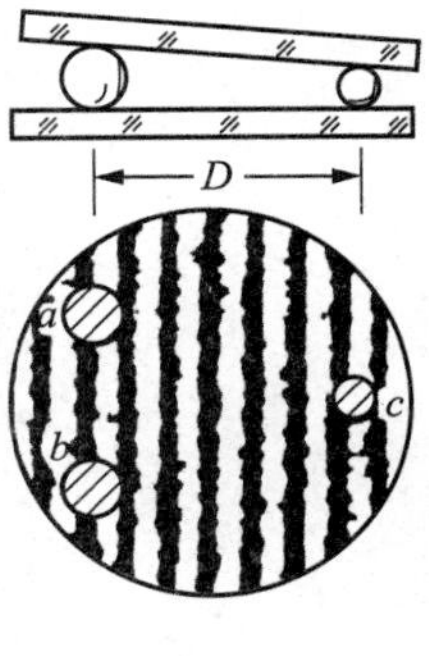

习题 **12.12** 图

12.13 自然光照射到折射率为 1.33，厚度为 0.12 μm 的肥皂膜上，当观察方向与膜面的法线方向分别成 45°角、30°角和沿着法线方向观察时，肥皂膜正面各呈现什么颜色?

12.14 在折射率 $n_1=1.52$ 的照相机镜头表面镀有一层折射率 $n_2=1.38$ 的 MgF_2 增透膜，如果此膜适用于波长 $\lambda=550$ nm 的光，膜的最小厚度应是多少?

12.15 用波长为 632.8 nm 的平行光照射到 $L=12$ cm 长的两块玻璃片上，两玻璃片的一边相互接触，另一边被厚度 $D=0.046$ mm 的纸片隔开，试问在这 12 cm 长度内会呈现多少条暗条纹?

12.16 在牛顿环实验装置中，如果平板玻璃由折射率 $n_1=1.50$ 和折射率 $n_2=1.75$ 的玻璃组成，透镜由折射率 $n_1=1.50$ 的玻璃制成，且在透镜与平板玻璃之间充满折射率 $n_2=1.62$ 的液体，如习题 12.16 图所示，试描述在单色光垂直照射下反射光的干涉图样，并大致画出。

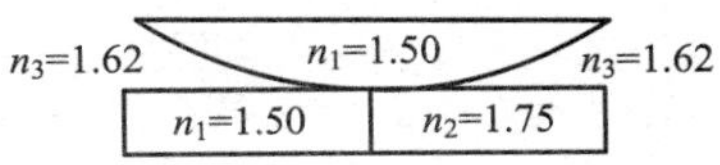

习题 **12.16** 图

12.17 (1)若用波长不同的光观察牛顿环，$\lambda_1=600$ nm，$\lambda_2=450$ nm，观察利用 λ_1 时的第 k 个暗环与用 λ_2 时的第$(k+1)$个暗环重合，已知透镜的曲率半径是 190 cm。求用 λ_1 时第 k 个暗环的半径。

(2)又如在牛顿环中用波长为 500 nm 的第 5 个明环与用波长为 λ_3 时的第 6 个明环重合，求波长 λ_3。

12.18 当观察牛顿环装置中的透镜与玻璃板之间的空间充以某种液体时，第 10 个明环的直径由 1.40×10^{-2} m 变为 1.27×10^{-2} m，试求这种液体的折射率。

12.19 如果迈克尔孙干涉仪中的 M_1 反射镜移动距离 0.233 mm，数得的条纹移动数为 792，求所用光波的波长。

12.20 把折射率 $n=1.40$ 的透明薄膜放入迈克尔孙干涉仪的一臂时，如果由此产生了 7.0 条条纹移动，求薄膜的厚度。

第13章　光的衍射

【学习目标】 理解惠更斯-菲涅尔原理及其对光的衍射现象的定性解释；掌握半波带法分析夫琅和费单缝衍射光强分布规律的方法，理解夫琅和费单缝衍射现象的特点和光强分布规律；理解光栅衍射条纹的特点，掌握光栅衍射方程和多缝衍射光强分布曲线的规律，了解光栅光谱在科学技术和工程实践中的应用；了解衍射对光学仪器分辨本领的影响；了解X射线衍射现象。

【实践活动】 把五指并拢，透过指缝看发光的日光灯时，在指缝间及指缝外的阴影区可以看到明暗相间的条纹。当人们眯起眼睛看远处的灯光时，能够看到向上向下扩展很长的光芒；物质的结构与其发射或吸收的特征光谱有一一对应的关系，好比物质的“指纹”，因此光谱分析方法在环境监控、食品安全监测等领域有着广泛的应用，你知道获得光谱的重要光学元件是什么吗？

13.1　光的衍射现象　惠更斯-菲涅尔原理

13.1.1　光的衍射现象

光的衍射现象指的是光在传播过程中绕过障碍物偏离直线方向而进入几何阴影区，形成光强的重新分布，在屏幕上出现明暗条纹的现象。在实验中观察光的衍射如图 13－1 所示。一束平行光通过一个宽度可以调节的狭缝 K 以后，在屏幕 E 上呈现光斑 A。若缝 K 的宽度比波长大得多，光斑的宽度与缝宽一致。当狭缝的宽度缩小时，光斑的宽度也随之变小，这时光可以看成是沿直线传播的，如图 13－1(a)。但是，当狭缝 K 的宽度缩小到某一范围(约 10^{-4} m)时，若再继续缩小，屏幕 E 上的光斑不但不缩小，反而增大了，并且形成了如图 13－1(b)所示的一系列的明暗相间的条纹。不仅狭缝是这样，如果把单色光照射在一个大小可以调节的小圆孔上，当圆孔的直径缩小到某一范围时，在屏幕上也可观察到一组明暗相间的环形条纹，这就是光的衍射现象。

光衍射现象可以直接用肉眼来观察。我们透过五指并拢手指缝看到的在指缝间及指缝外

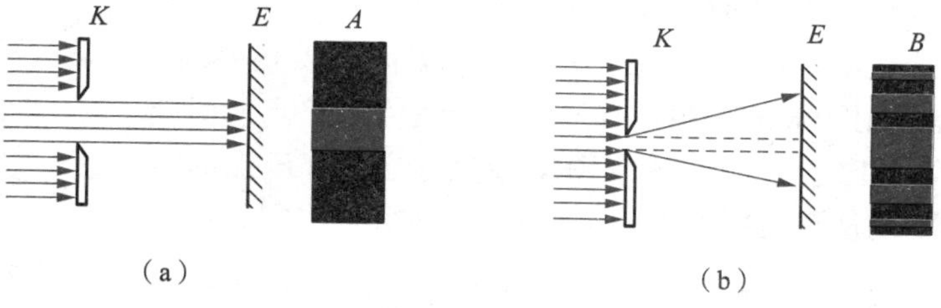

图 13－1　光的衍射现象

(a)缝宽≫波长时，光可沿直线传播；(b)缝宽与波长可相比较时，出现衍射条纹

的阴影区明暗相间的条纹以及眯起眼睛看远处的灯光时所看到的向上、向下扩展很长的光芒，就是光在视网膜上形成的衍射图像产生的感觉。

光的衍射现象与光的直线传播并不矛盾。当仔细观察图 13－1(a)所示的光的直线传播的实验时，会发现光斑的边缘界线并非十分清晰，光斑与阴影交界附近仍存在一个过渡带，这正是由于光的衍射造成的。由于光的波长很短，一般的障碍的线度比波长大很多，衍射现象不明显；只有当障碍物的线度与光的波长可以相比拟时，衍射现象才会变得明显。

根据观察方式的不同，通常把衍射现象分为两种。一种如图 13－2(a)所示，光源和观察屏离衍射孔(或缝)的距离有限，这种衍射称为近场衍射或菲涅尔衍射。另一种是光源和观察屏都离衍射孔(或缝)无限远，这种衍射称为远场衍射或夫琅和费衍射，如图 13－2(b)所示。在实验中常把光源放在透镜 L_1 的焦点上，把屏 E 放在透镜 L_2 的焦平面上，用以观察夫琅和费衍射，如图 13－2(c)所示。这种情况下，由于两个透镜的应用，对衍射缝来说，入射光和衍射光都是来自无限远和射向无限远的平行光。夫琅和费衍射在理论分析上较为简单，所以我们主要讨论夫琅和费衍射。

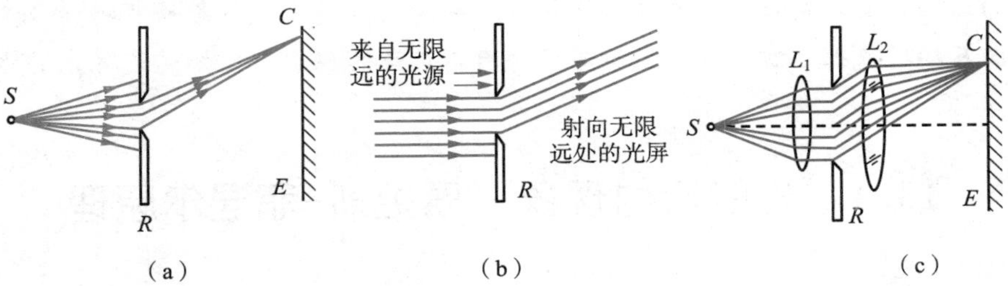

图 13－2　两种衍射

(a)菲涅尔衍射；(b)夫琅和费衍射；(c)在实验室中产生的夫琅和费衍射

13.1.2　惠更斯-菲涅尔原理

惠更斯原理是研究波的衍射现象的基础。根据惠更斯原理(波在介质中传播时，任一波阵面上的各个点都可以看作是发射子波的波源，其后任一时刻，这些子波的包迹就是该时刻的新的波面)可以说明波在障碍物后面拐弯的现象，但是却不能解释衍射条纹的存在。菲涅尔在杨氏双缝干涉实验的启发下，引入了“子波干涉”的思想，充实了惠更斯原理。他假设：从同一波阵面上各点发出的子波，在传播到空间某一点相遇时，也可以相互叠加而产生干涉现象。这就是惠更斯-菲涅尔原理，它是光的衍射理论的基础。

根据惠更斯-菲涅尔原理，已知某时刻的波阵面 S，可以计算波动传到 S 面前方任一点 P 时的振幅和位相。如图 13－3 所示，为了计算 P 点的合振动，设想波阵面 S 是由无数个面元 dS 构成。每个 dS 面元都是发射子波的波源，其发射的子波传到 P 点所引起 P 点振动的振幅，正比于面元 dS 的面积，反比于 dS 到 P 点的距离 r，并与 r 和 dS 的法线之间的夹角 α 有关，α 越大，引起的振幅越小，当 $\alpha \geqslant \frac{\pi}{2}$ 时，振幅为零。子波传到 P 点的位相，由光程 nr 决定。这样 P 点的合振动就是这些子波在该点所产生的振动的合

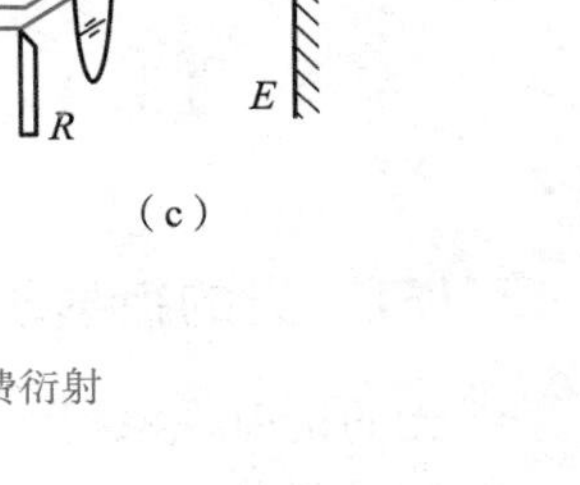

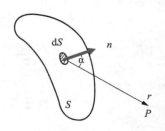

图 13－3　惠更斯-菲涅尔原理说明用图

成，它决定了 P 点处衍射光的强弱。

如上所述，用惠更斯-菲涅尔原理计算衍射问题，实际是一个积分学问题。一般情况下，计算是很复杂的。为了避免复杂的计算，在单缝衍射中，将介绍菲涅尔半波带法，并用它来解决一些衍射问题。

13.2 单缝的夫琅和费衍射

13.2.1 单缝衍射实验

宽度远远小于其长度的狭缝叫单缝。单缝夫琅和费衍射实验的装置如图 13－4(a)所示。单色光源 S 放在透镜 L_1 的主焦面上，因此从透镜 L_1 穿出的光线形成一平行光束。这束平行光照射在单缝 K 上，一部分穿过单缝，再经过透镜 L_2 聚焦，在屏幕 E 上产生衍射图样，如图 13－4(b)所示。由图中看出，单缝衍射图样是由一系列的条纹组成，其中中央明条纹宽而亮，称为中央极大。在中央明条纹两侧对称地排列着一些亮度小得多的明纹，两相邻明纹之间为一暗纹。下面我们根据惠更斯-菲涅尔原理来解释上述实验结果。

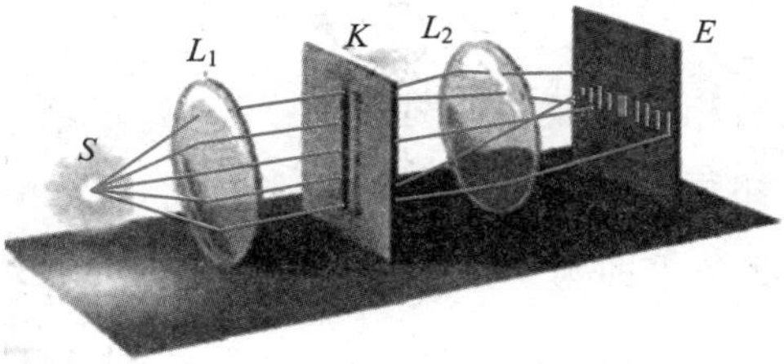

(a)

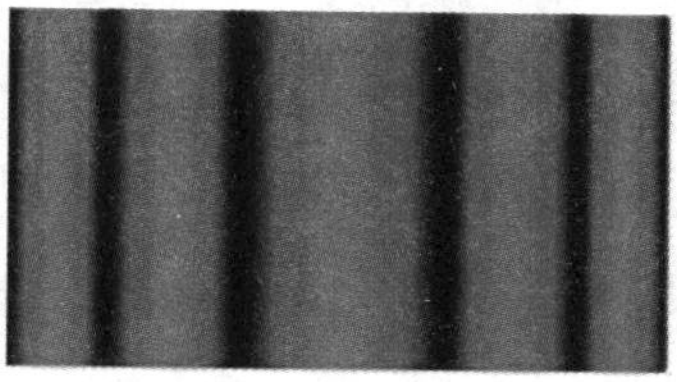

(b)

图 13－4 单缝夫琅和费衍射衍射

(a)实验装置示意图；(b)衍射条纹

13.2.2 菲涅尔半波带法

图 13－5 为单缝衍射实验的截面图。波长为 λ 的平行单色光垂直地入射到宽度为 a 的单缝上，缝面 AB 处于入射光的同一个波阵面上。按惠更斯-菲涅尔原理，缝面上每一点都是一个子波源，发出射向各个方向的光线，这些光线称为衍射光线，衍射光线和波阵面法线的夹角 φ 称为衍射角。这些衍射线经透镜 L 后会聚到置于透镜焦平面的屏幕 E 上。具有相同衍射角的衍射线会聚于 E 上的同一点，具有不同衍射角的衍射线会聚于不同的点。所以在图 13－5 中屏 E 上的点和衍射角有一一对应的关系。

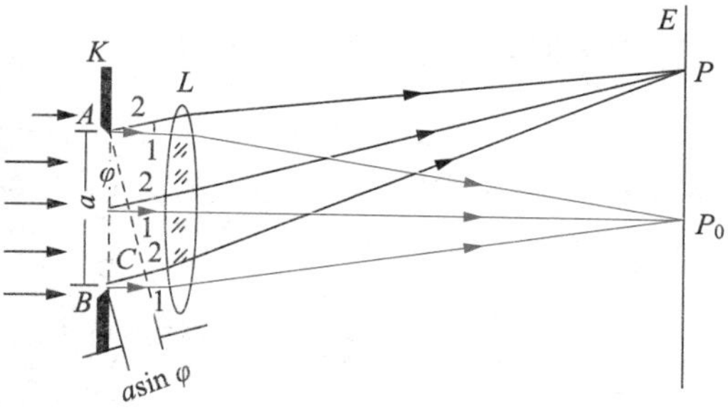

图 13－5 单缝衍射截面图

首先研究衍射角 $\varphi=0$ 的那束光线 1，它们经透镜 L 后会聚在屏中央 P_0 处。因为缝面上各点都处于同一波阵面上，相位相同，由于透镜不产生附加光程差，所以它们到 P_0 点的光程相同，故在 P_0 点会聚时各衍射线的相位仍相同。它们在 P_0 处互相加强产生亮纹，P_0 点为亮纹中心。

再研究衍射角都为 φ 的另一束衍射线 2，它们会聚于 E 上的另外一点 P，这些衍射线到达会聚点 P 的光程是各不不同的，因此它们在 P 点的相位不再相等。为了确定 P 点的明暗，我们将应用菲涅尔半波带法进行分析。这种方法是把一束确定方向的衍射光所暴露的波阵面分成一些面积相等的条带，使相邻两带中的对应点发出的光到会聚点的光程差为半个波长，这样的条带称为半波带。半波带的数目可决定会聚点 P 的明暗。

对于单缝衍射，整个暴露波阵面 AB 所分出的半波带的个数与衍射角 φ 有关。如图13-6 所示，AC 是垂直于 BC 方向的一个平面，因此 AB 面上各点发出的光，到达会聚点 P 的光程差就等于它们到达 AC 面上的光程差。显然各点之间的光程差是不同的。其中单缝上、下边缘上的两点 A、B 所发出的两条光线之间的光程差最大，为

$$BC = a\sin\varphi$$

其中，a 为单缝宽度，φ 为衍射角。作一些平行于 AC 的平面，使两相邻平面之间的距离等于入射光的半波长 $\frac{\lambda}{2}$。这些平面把 BC 线段分割的份数与把暴露波阵面 AB 分割的条数相同，而相邻两个条带对应点(如图 13-6 中 A_1A_2 条带和 A_2B 条带上 A_1、A_2 点，G、G' 点)对会聚点的光程差都等于 $\frac{\lambda}{2}$，因此这些条带即为半波带。由线段 BC 的表达式可知，半波带的个数与衍射角 φ 有关。这样分出的半波带由于面积都相等，每个半波带上发出的子波数目也相同，而相邻两带的对应点发出的子波到会聚点的光程差都为 $\frac{\lambda}{2}$，即相位差都是 π，因此相邻两半波带发出的光在会聚点将互相抵消。这样，对于某个衍射角，若 $BC = a\sin\varphi$ 等于半波长的偶数倍，则单缝处暴露波阵面将被分成偶数个半波带，所有半波带的作用都成对地相抵消，在会聚点 P(图 13-5)将出现暗纹；如果对于另外的衍射角 φ，$BC = a\sin\varphi$ 等于半波长的奇数倍，则单缝处暴露波阵面将被分成奇数个半波带。这些半波带的作用成对抵消后还剩一个半波带的光束没有被抵消，这些光在 P 点将形成明纹。对于一般的衍射角 φ，BC 不等于半波长的整数倍，AB 也就不能分成整数个半波带，则衍射光在会聚点的亮度介于邻近最亮和最暗之间。

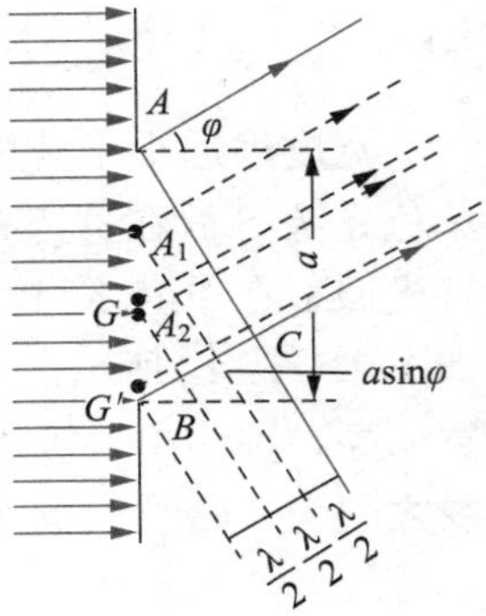

图 13-6　单缝衍射条纹的计算用图

综上所述，波长为 λ 的平行光垂直入射到缝宽为 a 单缝时，单缝衍射明、暗条纹中心所对应的衍射角 φ 可由下面的式子决定。当 φ 满足

$$a\sin\varphi = \pm 2k\frac{\lambda}{2} = \pm k\lambda \quad k=1，2，\cdots \tag{13.1}$$

时，对应暗纹中心；而当 φ 满足

$$a\sin\varphi = \pm(2k+1)\frac{\lambda}{2} \quad k=1，2，\cdots \tag{13.2}$$

时，对应明纹中心，中央明纹中心对应的衍射角 $\varphi=0$。式中，k 称为衍射条纹的级次。正、负号表示每一级明纹或暗纹都有两条，它们对称地分布在中央明纹的两侧，明条纹的宽度被

规定为两条相邻暗条纹中心之间的距离。中央明纹的宽度为两侧一级暗纹中心之间的距离。中央明纹对应的衍射角 φ 的变化范围由下式给出

$$-\frac{\lambda}{a}<\sin\varphi<\frac{\lambda}{a} \tag{13.3}$$

13.2.3　单缝衍射条纹的特点

图 13-7 是从实验中得到的单缝衍射的亮度分布曲线，从图中可以明显地看出单缝衍射条纹具有如下的特点：

1. 中央明纹的亮度最大，其他明纹的亮度随着条纹级数 k 的增大而迅速变小，明暗条纹的分界越来越不明显。其原因在于中央明纹区所有子波都有贡献，而其他各级明纹都是相邻半波带抵消后剩下的一个半波带的子波产生的。显然，衍射角 φ 越大、单缝暴露波阵面被分成的半波带个数就越多，未被抵消的一个半波带的面积与单缝面积的比例越小，它所产生的明纹亮度也越小。

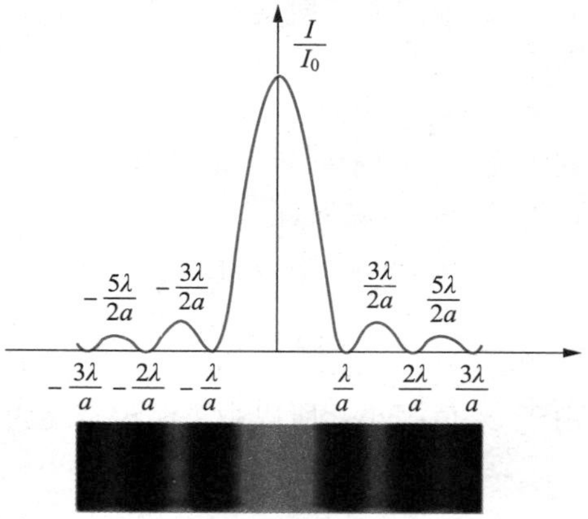

图 13-7　单缝衍射的亮度分布

2. 中央明纹的宽度最大，是其他各级明纹宽度的二倍。考虑到实际能观察到的衍射条纹所对应的衍射角都比较小，有 $\sin\varphi\approx\tan\varphi\approx\varphi$，所以中央明纹对应的角宽度，由式(13.3)得

$$\Delta\varphi_0=2\varphi_1=2\frac{\lambda}{a} \tag{13.4a}$$

式中，φ_1 为第一级暗纹对应的衍射角。若设透镜的焦距为 f，则中央明纹的线宽度为

$$\Delta x_0=f\Delta\varphi_0=2f\frac{\lambda}{a} \tag{13.4b}$$

同样，第 k 级明纹的角宽度由第$(k+1)$级暗纹和第 k 级暗纹对应的衍射角之差得到，考虑到式(13.1)有

$$\Delta\varphi_k=\varphi_{k+1}-\varphi_k=(k+1)\frac{\lambda}{a}-k\frac{\lambda}{a}=\frac{\lambda}{a} \tag{13.5a}$$

第 k 级明纹的线宽度为

$$\Delta x_k=f\Delta\varphi_k=f\frac{\lambda}{a} \tag{13.5b}$$

可见

$$\Delta\varphi_0=2\varphi_k$$

$$\Delta x_0=2\Delta x_k$$

即中央明纹的宽度是任一级其他明纹宽度的二倍。

3. 在入射光波长确定的条件下，随着缝宽 a 的减小，各级衍射条纹对应的衍射角 φ 增大，衍射效应增强；反之，随着缝宽 a 增大，各级条纹的衍射角 φ 减小，衍射效应减弱。当狭缝的宽度 $a\gg\lambda$ 时，光可视为直线传播。由此也可以看出光的衍射现象与光的直线传播并不矛盾。

4. 在缝宽 a 确定的条件下，随着入射光波长的增大，各级衍射条纹对应的衍射角都变

大。如果入射光是白光，则除中央明纹外，其他各级明纹形成由紫到红的彩色条纹，靠近中央明纹一侧为紫色，远离中央明纹一侧为红色。这种由光的衍射产生的彩色条纹叫做衍射光谱。

例 13.1　(1)如果单缝夫琅和费衍射的第一级暗条纹出现在衍射角 $\varphi=30^\circ$ 的方位上，若所用单色光的波长 $\lambda=500$ nm，求狭缝的宽度。

(2)如果所用单缝的缝宽 $a=0.5$ mm，在焦距 $f=1$ m 的透镜的焦平面上观测衍射条纹，问中央明条纹多宽？其他各级明条纹多宽？

解

(1)对单缝衍射第一级暗纹，有 $a\sin\varphi=\lambda$，由 $\varphi=30^\circ$ 求得缝宽

$$a=\frac{\lambda}{\sin\varphi_1}=\frac{500\times10^{-9}}{\sin30^\circ}=1.0\times10^{-6}(\mathrm{m})$$

这种宽度为微米数量级的狭缝实际上是难以制造的。而且，由于通过狭缝的光太弱，形成的衍射条纹也很难观测。

(2)由 $a\sin\varphi_1=\lambda$，有

$$\sin\varphi_1=\frac{\lambda}{a}=\frac{500\times10^{-9}}{0.5\times10^{-3}}=1.0\times10^{-3}$$

由于 φ_1 值很小，所以中央明纹宽度为

$$\Delta x_0=2f\tan\varphi_1=2f\sin\varphi_1=2f\frac{\lambda}{a}=2\times1\times1.0\times10^{-3}=2.0\times10^{-3}(\mathrm{m})$$

其他各级明纹的宽度相等，等于中央明纹宽度的一半，即

$$\Delta x_k=\frac{1}{2}\Delta x_0=1.0\times10^{-3}(\mathrm{m})$$

例 13.2　已知单缝的宽度 $a=0.6$ mm，会聚透镜的焦距 $f=40$ cm，让光线垂直入射缝面，在屏上距中心 $x=1.4$ mm 处看到某一级明纹。求：(1)入射光的波长及此衍射明纹的级数；(2)对此明纹来说，缝面所分成的半波带个数。

解

单缝衍射的明纹公式为

$$a\sin\varphi=(2k+1)\frac{\lambda}{2}\qquad k=1,2,\cdots$$

而

$$\tan\varphi=\frac{x}{f}=\frac{1.4}{400}=3.5\times10^{-3}$$

可见 φ 角很小，$\sin\varphi=\tan\varphi$

所以

$$\lambda=\frac{2a\sin\varphi}{2k+1}=\frac{2a\tan\varphi}{2k+1}=\frac{2ax}{(2k+1)f}=\frac{2\times0.6\times0.14}{(2k+1)\times40}$$

$$=\frac{4.2\times10^{-3}}{2k+1}(\mathrm{mm})=\frac{4.2\times10^{3}}{2k+1}(\mathrm{nm})$$

由于波长必须在可见光的范围内，令：

$$400\ \mathrm{nm}\leqslant\lambda\leqslant760\ \mathrm{nm}$$

解出

$$2.3\leqslant k\leqslant4.7$$

k 只能取整数，所以有 $k=3$ 和 $k=4$。

当 $k=3$ 时，解出 $\lambda_3=600$ nm，对应的半波带个数为 7 个；
当 $k=4$ 时，解出 $\lambda_4=466.7$ nm，对应的半波带个数为 9 个。

13.3　光栅衍射

13.3.1　光栅衍射现象

由大量等宽等间距的平行狭缝组成的光学元件叫光栅。光栅一般分两类，一类是反射光栅，另一类是透射光栅。在一块透明的薄板上刻有一系列等宽等距的平行刻痕，这样一块薄板就是一种透射光栅，如图 13-8(a)所示，其中刻痕处因漫反射相当于不透光部分，没有刻痕处为透光部分。在一块粗糙度很低的金属平面上刻出一系列等间距的平行刻痕，其剖面具有一定形状(锯齿形)，如图 13-8(b)所示，这就形成一种反射光栅。当光波在光栅上透射或反射时，由于衍射效应，可通过透镜在屏幕上形成一定的衍射图样。在入射光是复色光的情况下，也可通过光栅产生光栅光谱，用于精密测量或光谱分析。因此光栅是一种极具实用价值的重要光学元件。

如图 13-9 所示，设光栅的每条透光部分宽度为 a，不透光部分宽度为 b，二者之和 $(a+b)$ 称为光栅常数，它是光栅的一个重要参数。一般来说，1 cm 内可以刻几千条甚至上万条刻痕，光栅常数的大小约在 $10^{-6}\sim10^{-5}$ m。

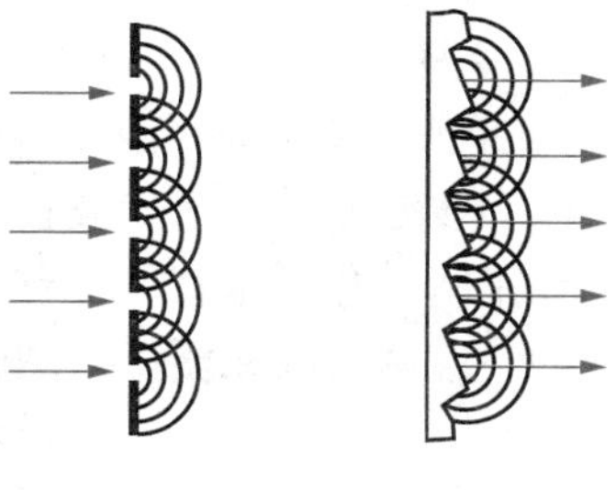

图 13-8　衍射光栅
(a)透射光栅；(b)反射光栅

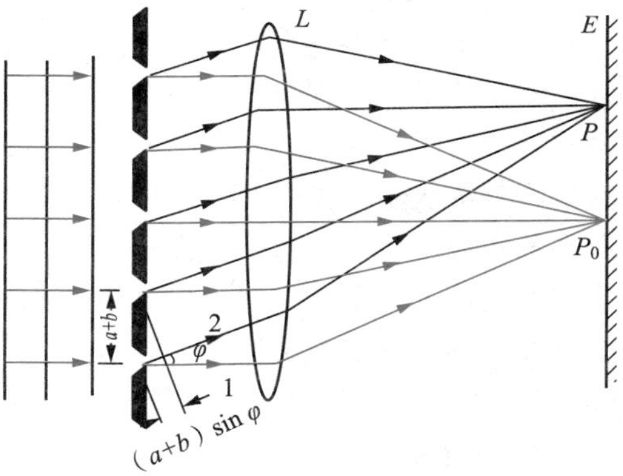

图 13-9　推导衍射光栅公式用图

13.3.2　光栅衍射规律

当一束平行单色光垂直入射到光栅上，位于透镜焦平面的屏幕 E 上会呈现出一些互相平行的直线条纹，这就是光栅衍射条纹。衍射条纹的特点与光栅上狭缝的数目有关。图 13-10 给出从一条狭缝增加到五条狭缝时，衍射条纹的变化情况。由图可以看出：随着狭缝数目的增加，衍射条纹变细，条纹间距变大，衍射条纹的亮度增加，条纹变得更清晰、更容易分辨。

根据惠更斯-菲涅尔原理，光栅衍射条纹是光栅各狭缝的所有子波源发出的子光波在屏幕上叠加的结果。为了研究方便，这种叠加的结果也可视为每个单缝的衍射与各缝之间多束

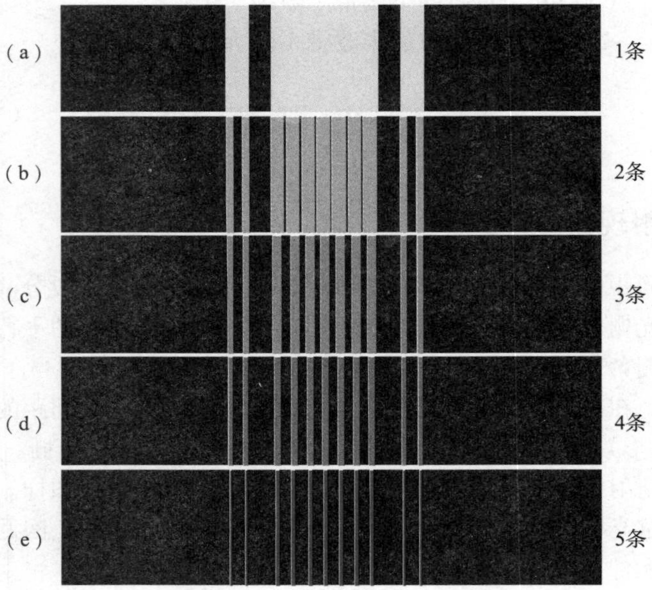

图 13-10　不同狭缝数的“光栅”($a:b=3:1$)的衍射条纹

光干涉的综合效果。

1. 单缝衍射对光强分布的影响

把一束单色平行光垂直入射到一个单缝上时，其衍射中央明纹中心(又称中央极大)处于透镜的主光轴上，其余各级明纹排在中央明纹两侧。当单缝在原平面内沿着与缝长垂直的方向平行移动时，其衍射条纹的分布并不随着狭缝的平移而发生改变。这样，在光栅衍射中，如果能够依次留出光栅中的一条狭缝而挡住其他狭缝，让平行单色光垂直入射，将会发现，所有的狭缝产生的衍射条纹都完全相同，而且位置完全重合。这是因为在缝宽及入射光波长确定的条件下，单缝衍射光强分布只由衍射角 φ 决定。所以，如果让平行单色光垂直照射整个光栅，则光栅中各个狭缝在屏幕上所产生的光强分布是完全一样的。屏幕上的光栅衍射图样，就是这些分布相同的所有狭缝衍射光相干叠加的结果。

2. 多光束干涉

由于各个狭缝的衍射图样都完全相同，位置完全一致，因此，在每一个单缝暗纹的位置(光强为零处)，叠加之后仍为暗纹(合光强仍为零)。即单缝的暗纹位置不因为狭缝数目增多而改变。但是，各狭缝的明纹位置叠加后是否还会出现光栅衍射的明纹，就不那么容易回答了。由于各缝发出的光都是相干的，这些相干光相遇后是加强还是减弱，是由它们在相遇点的相位差或光程差决定的。我们在这里只讨论多光束互相加强形成明纹的条件。

如图 13-9 所示，各狭缝发出的衍射角为 φ 的光经透镜会聚于 E 上的 P 点，由于各狭缝都等宽等间距，所以每两个相邻狭缝的对应点所发光之间的光程差都是$(a+b)\sin\varphi$(其中$(a+b)$为光栅常数)。当它等于入射光波长的整数倍时，两个相邻狭缝的光在 P 点处互相加强。此时，任意两个狭缝对应点之间的光程差是$(a+b)\sin\varphi$ 的整数倍，也是波长的整数倍，从而也都是互相加强的。

3. 光栅方程

由前面分析可知，波长为 λ 的平行单色光垂直入射到光栅常数为$(a+b)$的光栅上，各狭

缝在衍射角 φ 方向的衍射光会聚后互相加强形成明纹(也称主极大)的条件是

$$(a+b)\sin\varphi=\pm k\lambda \qquad k=0,\ 1,\ 2,\ \cdots \tag{13.6}$$

上式即为光栅方程或者光栅公式，k 为明纹的级次，$k=0,\ 1,\ 2,\ \cdots$对应的条纹分别为零级，第一级，第二级，…明纹。

如果平行光束倾斜地入射到光栅上，入射方向与光栅平面法线之间的夹角 θ，则光栅方程将采用下面的形式：

$$(a+b)(\sin\varphi+\sin\theta)=\pm k\lambda \qquad k=0,\ 1,\ 2,\ \cdots \tag{13.7}$$

式中，θ 为入射角，φ 为衍射角，如图 13-11 所示。当入射光线和衍射光线在光栅法线同侧时，衍射角 φ 取正值；当入射光线与衍射光线处于光栅法线两侧时 φ 取负值。

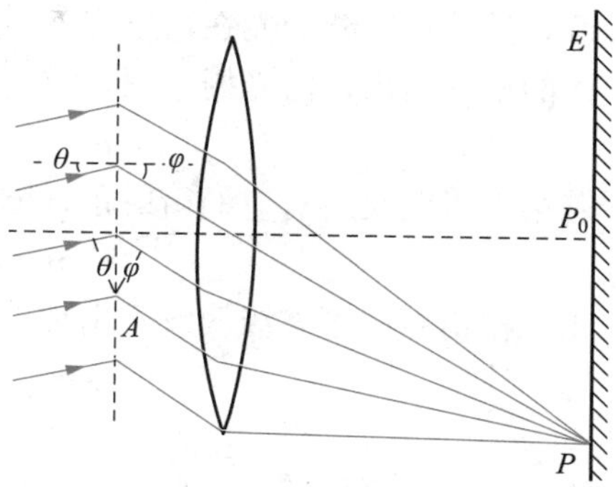

图 13-11　入射光线与光栅的法线成 θ 角时光程差的计算用图

13.3.3　光栅衍射条纹的特征

(1)光栅衍射可视为在单缝衍射的基础上，缝与缝之间干涉的结果。在图 13-12 中，(a)为单缝衍射强度曲线；(b)为多缝干涉强度曲线；(c)为光栅衍射强度曲线。理论分析表明，光栅中 N 个狭缝的光相互干涉的结果，使光强曲线中两个相邻主极大之间有$(N-1)$个极小和$(N-2)$个次极大。当 N 很大时，次极大的光强度最大不超过主极大的 1/23。例如，图 13-12(c)是 5 缝“光栅”的衍射光强曲线，两个相邻主极大之间有 4 个极小和 3 个次极大。当光栅狭缝数 N 很大时，次极大和极小的数目都很大，实际上它们在相邻两个主极大之间形成一个暗区。N 越大，暗区越宽，明纹(主极大)越窄。光能集中在窄小区域里，使主极大变得又亮又细，显示出光栅衍射条纹具有“细”、“亮”、“疏”的特点。

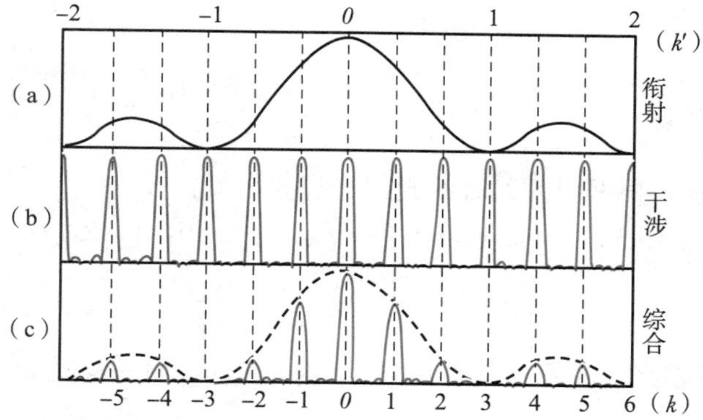

图 13-12　光栅衍射条纹特点

(2)由光栅方程式(13.6)可知，对于已知波长的入射光，当光栅常数给定之后，衍射主极大的位置就确定了。单缝衍射并不改变主极大的位置，只是改变各级主极大的强度。借助通信理论中的术语，可以说单缝衍射对多缝干涉主极大起调制作用，使其强度曲线的包迹与单缝衍射强度曲线形状一样。

(3)由图13-12(c)看到，衍射条纹中的第三级主极大消失了，它应该出现的位置在单缝衍射第一级极小处，这叫缺级现象，即对每一个单缝都是暗纹的位置，多缝干涉后仍为暗纹，虽然各狭缝的光在这里应该互相加强形成明纹。光栅衍射条纹中所缺的明纹级次可由下面的推导给出。由光栅方程，第 k 级明纹应满足

$$(a+b)\sin\varphi=\pm k\lambda \qquad k=0,\ 1,\ 2,\ \cdots$$

若第 k 级明纹所对应的衍射角 φ 同时满足单缝衍射暗纹条件

$$a\sin\varphi=\pm k'\lambda \qquad k'=1,\ 2,\ \cdots$$

则光栅衍射的第 k 级明纹不出现。将上面两式联立，有

$$k=\pm\frac{a+b}{a}k' \qquad k'=1,\ 2,\ \cdots \tag{13.8}$$

由式(13.8)确定的 k，即为所缺的级次。例如，某一光栅的光栅常数是其狭缝宽度的两倍，即 $a+b=2a$，则

$$k=\frac{a+b}{a}k'=\pm 2k' \qquad k'=1,\ 2,\ \cdots$$

即光栅衍射的±2，±4，±6，…级明纹不能出现。在图13-10中，由于 $(a+b)/a=4$，所以(b)、(c)、(d)、(e)各分图中的±4级明纹都没有出现，它们都处在单缝衍射条纹(a)中的第一级暗纹处。

例13.3 应用钠光($\lambda=590$ nm)垂直入射到每厘米有5000条的衍射光栅上，能够观察到谱线的最高级次是多少？当光线以入射角 $\theta=30°$ 斜入射光栅时，能够观察到谱线的最高级次是多少？

解

在垂直入射时，由光栅方程

$$(a+b)\sin\varphi=\pm k\lambda$$

可得观察到谱线最高级次为

$$k_m=\frac{(a+b)\sin\frac{\pi}{2}}{\lambda}=\frac{1}{5000\times 590\times 10^{-7}}=3.4$$

所以最高级次为3。

如图13-11所示，根据斜入射时的光栅光程式(13.7)

$$(a+b)(\sin\varphi+\sin\theta)=\pm k\lambda \qquad k=0,\ 1,\ 2,\ \cdots$$

$$k=\pm\frac{(a+b)(\sin\varphi+\sin\theta)}{\lambda}$$

此式表明，斜入射时零级谱线不在衍射角 $\varphi=0$ 的 P_0 点，而是移动 $\varphi=-\theta$ 的角位置处。谱线的最高级次相应在 $\varphi=+\frac{\pi}{2}$，即

$$k_m=\frac{(a+b)\left(\sin\theta+\sin\frac{\pi}{2}\right)}{\lambda}=\frac{0.5+1}{5000\times 590\times 10^{-7}}=5.1$$

级次取整数，所以最高级为5。可见，斜入射比垂直入射可以观察到更高级次的谱线。

例13.4 有一四缝"光栅"如图13-13所示，设狭缝与不透光部分宽度相等，即 $a=b$。

其中缝 1 总是开的，而 2、3、4 缝可以开也可以关闭。波长为 λ 的单色平行光垂直入射“光栅”，试画出下列条件下夫琅和费衍射的相对光强分布曲线 $\frac{I}{I_0}\sim\sin\varphi$。(1)关闭 3、4 缝；(2)关闭 2、4 缝；(3)4 条缝全开。

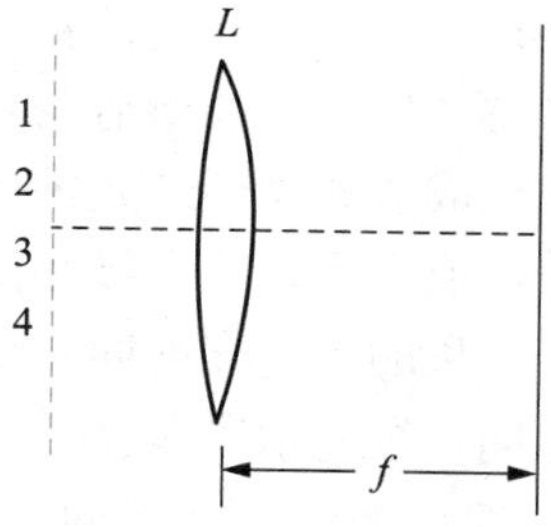

图 13 - 13　例 13.4 图(a)

解

令光栅常数 $a+b=d$

(1)关闭 3、4 缝时，四缝变为双缝，且 $\frac{d}{a}=2$。由式(13.8)知，双缝衍射第二级衍射明纹不出现，它处在单缝包迹线的第一级极小位置。所以在单缝中央极大包迹线区共有 0 级、±1 级三条衍射明纹。

(2)关闭 2、4 缝时仍为双缝，但光栅常数变为 $d'=4a$，即 $\frac{d'}{a}=4$，第四级缺级。在单缝中央极大包迹线内共有 0 级、±1 级、±2 级、±3 级七条衍射明纹。

(3)对于四缝“光栅”，$\frac{d}{a}=2$，第二级衍射明纹不出现，中央级大包迹线内共有三条衍射明纹，与(1)相同。与(1)不同的是这种情况下狭缝个数 $N=4$，所以在两个相邻衍射明纹之间有 $N-1=3$ 个暗纹(极小)和 $N-2=2$ 个次极大。

上面三种情况下的光栅衍射相对光强分布曲线分别如图 13 - 14 中的(a)、(b)、(c)所示。

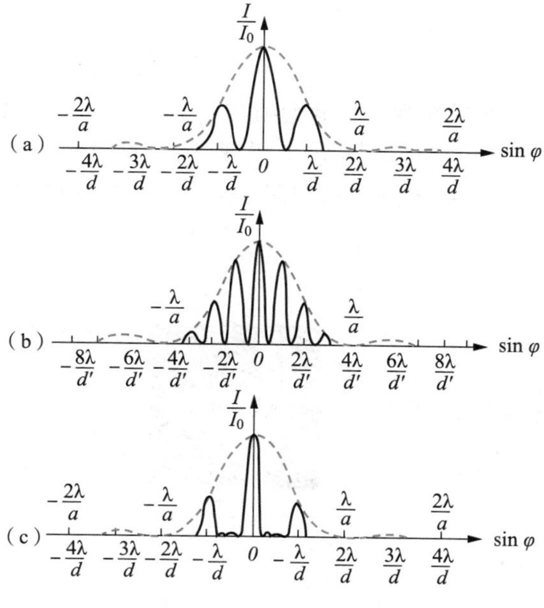

图 13 - 14　例 13 - 4 图(b)

13.3.4　光栅光谱

由光栅方程可知，对于一个确定的光栅，某一级衍射条纹(零级明纹除外)所对应的衍射

角 φ 与入射光的波长 λ 有关。如果用含有各种波长的白光照射，则其中的各个波长的单色光将产生各自的衍射条纹。这样，除中央明纹由各种波长光混合仍为白光外，其他各级明纹都形成从紫光到红光排列起来的彩色光带。这些彩色光带叫做光栅光谱。光谱的级次仍以 k 的数值表示。某一级光谱中的一条彩线，称为该级光谱的一条谱线，实际就是白光中一个确定波长的单色光的同一级衍射明纹。由于波长短的光衍射角小，波长长的光衍射角大，所以在同一级光谱中紫光谱线(以 V 表示)靠近中央明纹，红光谱线(以 R 表示)远离中央明纹，如图 13-15 所示。同一级光谱中各谱线间的距离随光谱的级次增加而增大，所以高级次的光谱彼此将有重叠。

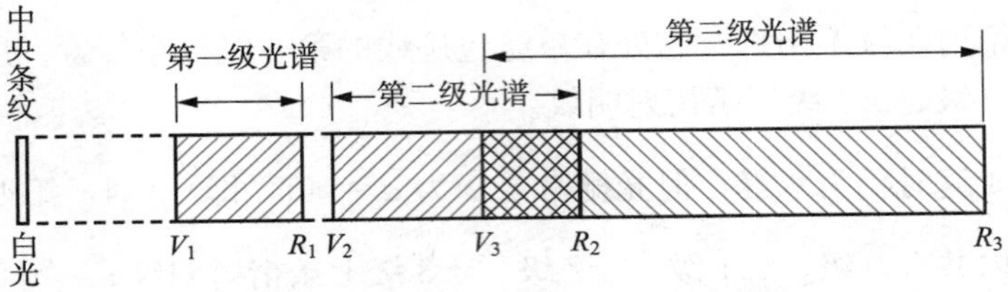

图 13-15 各级衍射光谱

由于各种元素都有其特征光谱，因此光谱分析成为人们研究物质结构的重要方法之一。这种方法也广泛应用于其他科学研究和工业技术上。

13.4 光学仪器的分辨本领

13.4.1 圆孔的夫琅和费衍射

如图 13-16(a)所示，如果在观察单缝衍射的装置中，用一小圆孔代替狭缝，仍以平行单色光垂直照射，则在透镜焦平面的屏 E 上出现的衍射图样是一系列明暗相间的同心环，称为圆孔衍射。中心位置处是一个亮斑，其光强占入射光强的 80%，称为爱里斑，如图 13-16(b)所示。圆孔的直径越小，爱里斑的半径越大，其他各个环形条纹也越向外扩展，衍射现象也越明显。

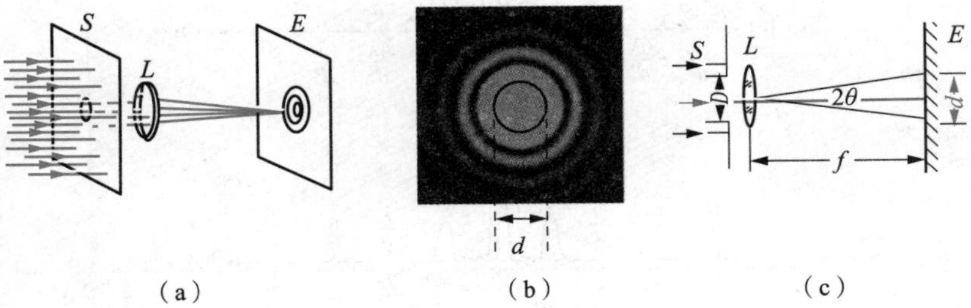

图 13-16 圆孔衍射和爱里斑

(a)圆孔衍射；(b)爱里斑；(c)爱里斑对透镜光心的张角

如果圆孔的直径为 D，入射单色光的波长为 λ，透镜的焦距为 f，爱里斑的直径为 d，则由衍射理论可以算出，爱里斑对透镜光心所张开的半角宽度 θ(如图 13-16(c))为

$$\theta=\frac{d}{2f}=1.22\,\frac{\lambda}{D} \tag{13.9}$$

爱里斑的直径

$$d=2.44\,\frac{\lambda}{D}f \tag{13.10}$$

将式(13.10)与单缝衍射中央明纹线宽度表达式(13.5b)比较，除了一个反映几何形状不同的因子 2.44 外，在形式上是一致的。

13.4.2　光学仪器的分辨率本领

按照几何光学的观点，物体通过透镜成像时，每一个物点对应一个像点，任何两个有一定距离的物点所形成的两个像点都是可以分辨出来的。但是实际上由于光衍射现象的存在，使得物点的像成为一个圆孔衍射图像，中央是一个有一定大小的爱里亮斑。因此，对于相距很近的两个点，其对应的两个爱里斑就会互相重叠，甚至可能无法分辨出两个物点来，这就是光的衍射对光学仪器分辨能力的限制。

那么光学仪器的分辨能力与哪些因素有关呢？为了简单起见，设光学仪器的物镜是由单透镜组成，设两个点光源 a、b 离透镜足够远，它们射入透镜的光可看成平行光，所形成的两组衍射图样如图 13－17 所示。

在图 13－17(a)中，两个点光源产生的两个斑距离很近，大部分互相重叠，这两个点光源分辨不清。在图 13－17(c)中，两个爱里斑距离足够远，就能够分辨这两个点光源。这样，在不能分辨与能够分辨之间，可以规定两个点光源所产生的爱里斑之间的一个临界位置，这位置对两个点光源来说是刚刚能分辨或恰好能分辨。临界位置是由瑞利规定的，并为人们所接受，称之为瑞利判据。其内容是：如果一个点光源的衍射图样的中央最亮处(爱里斑的中心)与另一个点光源衍射图样的第一个最暗处(爱里斑的边缘)相重合(图 13－17(b))，则说这两个点光源恰好能够被该光学仪器所分辨。

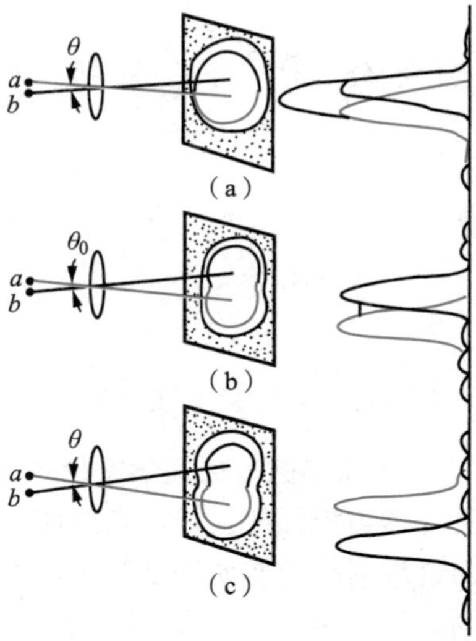

图 13－17　分辨两个衍射图像的条件

显然，对于透镜来说，恰能分辨的两个点光源的衍射图样中心之间的距离，正好等于一个爱里斑的半径。此时，两个点光源对透镜光心所张的角叫最小分辨角，用 $\delta\varphi$ 表示(图13－18)。因此，$\delta\varphi$ 就是爱里斑半径对透镜光心的张角 θ(图 13－16(c))。由式(13.9)，有

$$\delta\varphi=\theta=1.22\,\frac{\lambda}{D} \tag{13.11}$$

最小分辨角的倒数称为光学仪器的分辨本领，用 R 表示，则

$$R=\frac{1}{\delta\varphi}=\frac{D}{1.22\lambda} \tag{13.12}$$

可见，光学仪器的分辨本领与仪器的孔径 D 成正比，与入射光的波长 λ 成反比。要提高仪器的分辨本领，可以通过增大透镜的直径或采用较短波长的波来实现。例如，在天文观

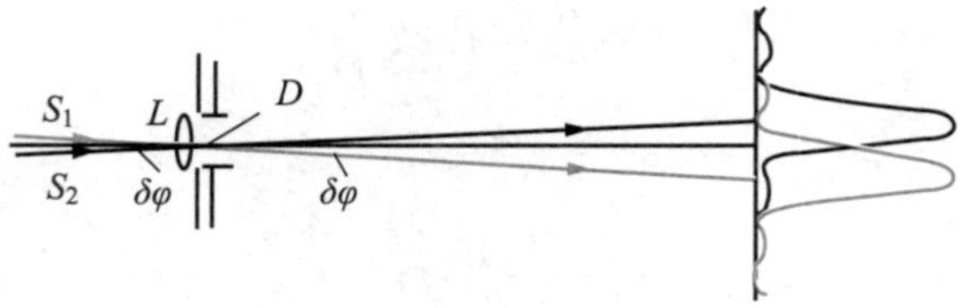

图 13－18　最小分辨角

测上，常采用直径很大的透镜；研究物质结构的电子显微镜，使用波长很短的高速电子束(关于电子的波动性将在第 15 章中介绍)。这些都是为了提高仪器的分辨本领。

例 11.14　在通常亮度下，人眼瞳孔直径约为 3 mm，问人眼的最小分辨角是多大？如果在黑板上画两条相距 2 mm 的平行线，距黑板多远的同学恰能分辨？

解

以视觉最灵敏的黄绿光来讨论，波长 $\lambda=550$ nm。由式(13.11)可得人眼的最小分辨角为

$$\delta\varphi=1.22\frac{\lambda}{D}=1.22\frac{550\times10^{-9}}{3\times10^{-3}}=2.24\times10^{-4}(\text{rad})=0.8'$$

设人离开黑板的距离为 s，平行线间距为 l，对人眼来说，其张角 θ 为

$$\theta=\frac{l}{s}$$

当恰能分辨时，有 $\theta=\delta\varphi$ 则

$$s=\frac{l}{\theta}=\frac{l}{\delta\varphi}=\frac{2\times10^{-3}}{2.24\times10^{-4}}=8.93\ (\text{m})$$

13.5　X 射线的衍射

13.5.1　X 射线的衍射

1895 年德国物理学家伦琴(W. K. Roentgen)发现，当高速电子撞击金属板时，会产生一种穿透力极强的射线，它能使包装完好的照相底片感光，能使许多物质产生荧光。由于当时对这种射线的本质知之甚少，伦琴在论文中称之为 X 射线，多年后才以伦琴的名字正式命名。1901 年伦琴因发现 X 射线而获得首届诺贝尔物理学奖。图 13－19 是产生 X 射线的真空管的示意图。图中 K 与 A 是两个电极，K 为发射电子的热阴极，A 是阳极。在两极间加数万伏的高电压，阴极发射的电子在强电场作用下加速，高速电子撞击阳极时，可从阳极发出 X 射线。

图 13－19　X 射线

X 射线贯穿能力很强，可透过许多可见光不透明的物质使照相底片感光。它还可以使空气电离，使一些固体物质发出荧光，而射线本身不受电场或磁场的影响。

后来人们认识到，X 射线在本质上和可见光一样，是一种波长很短的电磁波，也可以用衍射光栅的方法测出其波长。但是由于它的波长太短，用普通的光栅观察不到 X

射线的衍射现象。

1912 年德国物理学家劳厄利用天然晶体作为空间光栅(图 13－20(a))，首次观察到 X 射线的衍射图样(图 13－20(b))，证实了 X 射线的波动性质，并测出其波长在 0.01～10 nm 之间。由于空间光栅的衍射理论比较复杂，这里不做进一步讨论。

劳厄的发现传到英国后，引起物理学家布喇格的注意。1913 年布喇格父子提出研究 X 射线衍射的另一种方法，并导出了著名的 X 射线晶体衍射的布喇格公式。

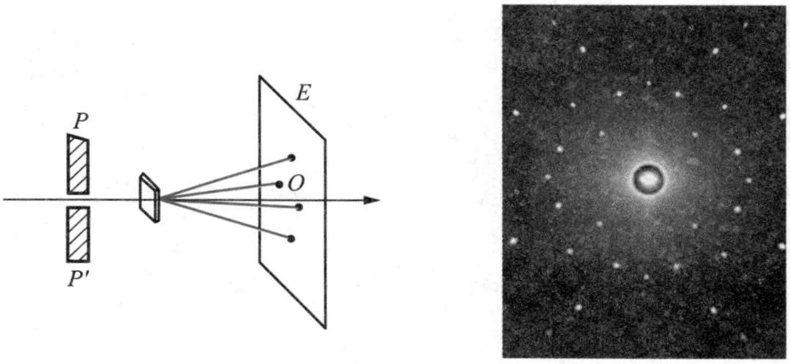

(a)　　(b)

图 13－20　劳厄实验

(a)天然晶体 X 射线衍射示意图；(b)天然晶体 X 射线的衍射图样

13.5.2　布喇格公式

布喇格父子从反射的角度研究 X 射线射向晶体后产生的衍射现象，他们认为晶体是由一系列平行的原子层构成的，这些原子层称为晶面。当一束 X 射线射到晶体上时，晶体表面及内层各晶面中的原子都可以成为发射子波的中心，向各个方向发出子波，这些子波叫做散射波。散射波的相干叠加，就产生了 X 射线的衍射现象。

如图 13－21 所示，设相邻二晶面(或原子层)间的距离为 d，称 d 为晶格常数。当一束 X 射线以掠射角 φ 入射到晶体上时，一部分被晶体表面原子所散射，另一部分被内层原子所散射。在同一晶面上，各原子散射线只有在反射定律所确定的方向上强度最大，而不同晶面所散射的 X 射线彼此也发生相干叠加，其强度的大小由相邻两束反射线的光程差决定。由图 13－21 可知，此光程差为

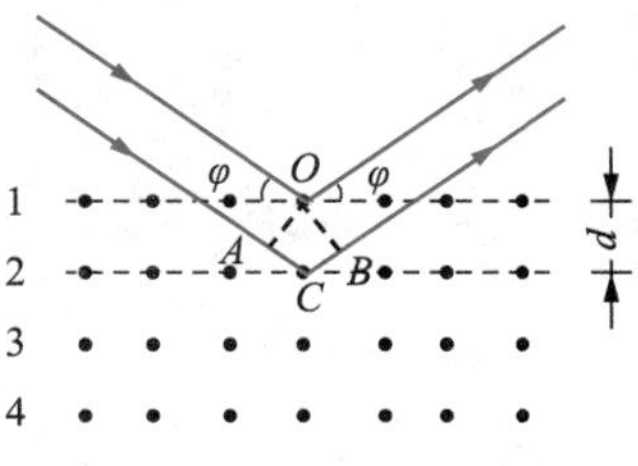

图 13－21　布喇格公式推导

$$AC+CB=2d\sin\varphi$$

显然，当 φ 满足下列条件

$$2d\sin\varphi=k\lambda \qquad k=1,\ 2,\ \cdots \tag{13.13}$$

时，各层晶面的反射线都将相互加强而形成亮点，上式就是著名的布喇格公式，又称为布喇格方程。

由式(13.13)可以看出，如果已知晶体的晶格常数 d，只需测出 φ 角就可以算 X 射线的波长；反之，已知 X 射线的波长 λ，调出 φ 角即可算出晶格常数，从而确定晶体结构。X 射线的晶体结构分析，已成为应用物理学的一个重要分支，在化学、生物学、矿物学及工程技术等领域都有广泛的应用。著名的脱氧核糖核酸(DNA)的双螺旋结构，就是在 1953 年根据

对样品的X射线衍射图样分析而首次提出的。为此，威尔金斯、沃森和克里克荣获了1962年度诺贝尔生理学和医学奖。

13.6 小　　结

1. 单缝的夫琅和费衍射

明纹条件：$a\sin\varphi=\pm(2k+1)\dfrac{\lambda}{2}$　$k=1, 2, \cdots$

暗纹条件：$a\sin\varphi=\pm 2k\dfrac{\lambda}{2}=\pm k\lambda$　$k=1, 2, \cdots$

中央明纹对应的角宽度与线宽度：$\Delta\varphi_0=2\dfrac{\lambda}{a}$；$\Delta x_0=f\Delta\varphi_0=2f\dfrac{\lambda}{a}$

第 k 级明纹的角宽度与线宽度为：$\Delta\varphi_k=\dfrac{\lambda}{a}$；$\Delta x_k=f\Delta\varphi_k=f\dfrac{\lambda}{a}$

2. 光栅衍射

光栅方程：$(a+b)\sin\varphi=\pm k\lambda$　　$k=0, 1, 2, \cdots$

光栅衍射条纹的特征：

(1)条纹的“细”“亮”“疏”；

(2)单缝衍射对多缝干涉主极大起调制作用，使其强度曲线的包迹与单缝衍射强度曲线形状一样。

(3)缺级现象：$k=\pm\dfrac{a+b}{a}k'$　$k'=1, 2, \cdots$

3. 圆孔的夫琅和费衍射

爱里斑对透镜光心所张开的半角宽度：$\theta=\dfrac{d}{2f}=1.22\dfrac{\lambda}{D}$

爱里斑的直径：$d=2.44\dfrac{\lambda}{D}f$

光学仪器的分辨率本领：$R=\dfrac{1}{\delta\varphi}=\dfrac{D}{1.22\lambda}$

4. 布喇格公式

$$2d\sin\varphi=k\lambda \quad k=1, 2, \cdots$$

13.7 习　　题

13.1　我们在实验中观察到，以单色光入射，干涉和衍射都产生明暗相间的条纹，那么他们的区别在哪里呢？

13.2　用波长 $\lambda=632.8$ nm 的红光垂直照射一条单缝，测得第一级暗纹对应的衍射角为 $5°$，求单缝的缝宽。

13.3　用波长为 λ 的单色光垂直照射缝宽为 $a=15\lambda$ 的夫琅和费单缝衍射装置，试求：

(1)当 $\sin\varphi$ 分别为 $\dfrac{1}{15}$，$\dfrac{1}{10}$，$\dfrac{1}{6}$，$\dfrac{1}{5}$ 时，单缝所能分成的半波带数，以及屏上相应位置

的明暗情况及条纹级次；

(2)最多能出现几级条纹？

13.4 波长$\lambda=500$ nm的平行单色光垂直入射到单缝上，紧靠单缝后放一凸透镜，其焦距为$f=25$ cm，测量到置于焦平面处的屏上中央明纹两侧的第三级暗纹之间的距离是3 mm，则单缝的宽度a为多少？

13.5 平行一单色光垂直入射一单缝，其衍射第三级明纹位置恰与波长为600 nm的单色光垂直入射该缝时的第二级明纹位置重合，试求该单色光波长。

13.6 光栅衍射和单缝衍射有何区别？说明光栅衍射的明纹特别明亮的原因。

13.7 用$\lambda=589$ nm的单色光垂直照射宽度$a=0.40$ mm的单缝，透镜的焦距$f=1.0$ m，则：

(1)第一级暗纹距中心的距离为多少？

(2)第二级明纹距中心的距离是多少？

(3)如果单色光以入射角$i=30°$斜入射到单缝上，则上述结果又如何？

13.8 波长为600 nm的单色光垂直入射在一光栅上，第二级明纹出现在$\sin\varphi=0.2$处，第四级缺级。试求：

(1)光栅常数$(a+b)$的值；

(2)光栅上狭缝的最小宽度a的值；

(3)按上述选的$(a+b)$和a，求出在屏幕上实际呈现的全部衍射明纹的级次。

13.9 用一束具有两种波长的平行光垂直入射在光栅上，$\lambda_1=600$ nm，$\lambda_2=400$ nm，发现距中央明纹5 cm处λ_1光的k级明纹和λ_2光的第$(k+1)$级明纹相重合，若所用透镜的焦距$f=50$ cm，试求：

(1)上述的k的值；

(2)光栅常数$(a+b)$的值。

13.10 如图13－11所示，以波长$\lambda=500$ nm的平行单色光斜入射在光栅常数为$a+b=2.1\ \mu$m，缝宽$a=0.7\ \mu$m的光栅上，入射角$\theta=30°$，试写出可能呈现的全部衍射明纹的级次。

13.11 已知天空中两颗星相对于一望远镜的角距离为4.84×10^{-6} rad，它们发出的光波波长$\lambda=5.5\times10^{-5}$ cm，问望远镜物镜的口径至少要多大才能分辨出这两颗星。

13.12 在理想情况下，试估计在火星上两物体的线距离为多大时，刚好能被地球上的观察者用5.08 m孔径的望远镜所分辨。已知地球至火星的距离为8.0×10^7 km，光的波长为550 nm。

13.13 当一束$\lambda=0.048$ nm单色X射线，以入射角$i=20°$投射到晶体上，观察到了第一级强反射，求此晶体的晶格常数d。

13.14 波长$\lambda=0.147$ nm的平行X射线射在晶体界面上，晶体的晶格常数$d=0.28$ nm。问：当光线与界面分别成多大角时，可观察到第一、第二级强反射？

13.15 已知双缝中心间距$d=0.10$ mm，缝宽$a=0.02$ mm，入射单色光$\lambda=480$ nm，缝后透镜的焦距$f=50$ cm，观测屏放在透镜的焦平面处，求(1)双缝干涉条纹宽度；(2)单缝衍射中央明纹宽度；(3)实际可测得单缝衍射中央明纹包络区内谱线的条数。

13.16 一星体发出$\lambda=550$ nm的单色光，人眼的瞳孔直径约7.0 mm，夜间人看到星体是一个小亮斑，设瞳孔到视网膜的距离为23 mm，问(1)视网膜上的像斑直径是多少？(2)一般视网膜上的感光柱状细胞为1.5×10^5个/mm^2，问像斑能覆盖多少个细胞？

第 14 章　光的偏振

【学习目标】　了解自然光和偏振光的区别；理解偏振片的起偏和检偏，掌握马吕斯定律及其应用；了解用反射和折射获得偏振光的方法，掌握布儒斯特定律；了解双折射现象。

【实践活动】　走进 3D 影院可以享受丰盛的视觉盛宴，3D 电影效果逼真，能够给人身临其境的感觉，但是你知道其拍摄以及观看时所戴眼镜的原理吗？当你希望清晰地拍摄到水下的物体时，就要设法减少水面的反射光线，你知道如何去做吗？

14.1　光的偏振性

14.1.1　偏振现象与横波

在机械波中，按着波的传播方向和振动方向的关系，把波分为横波和纵波两种基本类型。横波和纵波在某些方面的表现是不同的。如图 14－1 所示，在波的传播方向放置一个狭缝 AB，对横波来说，若波的振动方向与狭缝方向一致，则波动可以通过狭缝向前传播，如图 14－1(a)所示；若波的振动方向与狭缝方向垂直，波动则不能通过狭缝向前传播，如图 14－1(b)所示。但是对纵波来说，不管狭缝的方向如何，总能通过它继续向前传播，如图 14－1(c、d)所示。

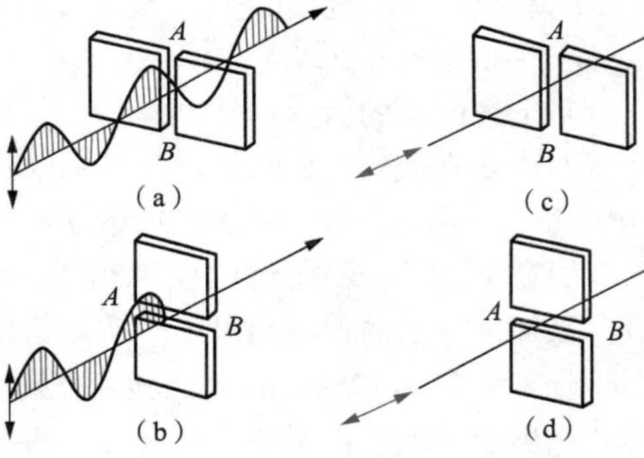

图 14－1　机械横波与纵波的区别

横波在这里表现出来的性质叫偏振性，纵波则不具有这种性质，不会产生偏振现象。所以说偏振是横波所特有的性质。

14.1.2　自然光　偏振光

光是一种电磁波。在这种电磁波中，能够产生感光作用和视觉作用的是电场强度 E。因此称 E 的周期变化为光振动，称 E 矢量为光矢量。光矢量与光的传播方向相垂直。一个原子或分子在某一时刻发出的光是偏振的，初相位也是确定的。但是，由于光源是由数目极多的原子、分子组成，感受到的光是大量彼此无关的原子或分子辐射电磁波的总和。这些大量分子或原子所发生的光波，不仅相位彼此无关，它们的振动方向也是杂乱无序、瞬息万变的。从宏观来看，入射光中包含了所有方向的振动，也就是说，实际光源所发出的光振动必然是在垂直于光速方向的平面内取各种可能的方向，没有一个方向比其他方向更占优势。并且，各方向光振动的振幅的平均值完全相等。具有这些特点的光叫自然光，如图 14－2 所示，自然光是非偏振的。

任一方向的光矢量 E 都可以分解为在相互垂直的两个方向上的分矢量。由于自然光的对称性，各种取向的光矢量在这两个方向上分解的结果，可简便地把自然光用两个独立的、互相垂直而振幅相等的光振动来表示，如图 14－3(a)所示。组成自然光的各光矢量之间没有固定的相位关系，任意两个取向不同的光矢量不能合成为一个光矢量，表示自然光的两个互相垂直的振动之间也没有固定的相位关系，因而也不能合成为一个光矢量。这种图示只是一种表示方法。由于对称性，这两个振动的平均能量相等，各具有自然光总能量的一半。图 14－3(b)中用短线和点分别表示两个相互垂直的光振动，画成均等分布表示两者振幅和能量均相等。

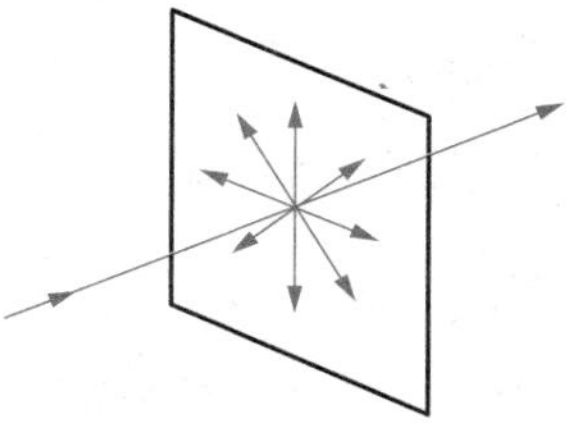

图 14－2　自然光中 E 振动的对称分布

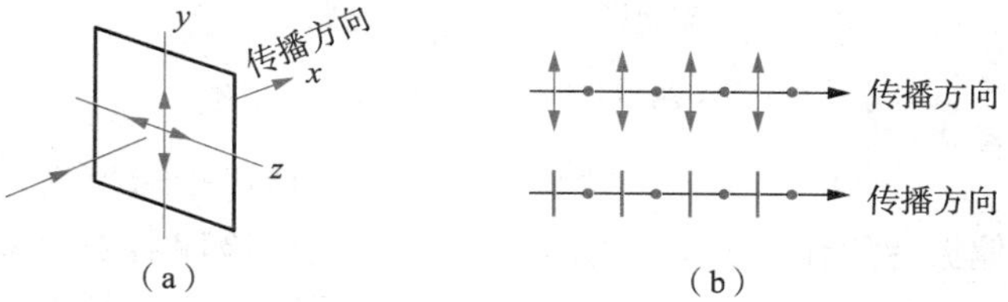

图 14－3　自然光的表示法

如果一束光中只含有一个具有确定方向的振动，这种光称为线偏振光，简称偏振光，如图 14－4(a)所示。偏振光的振动方向与传播方向组成的平面称为振动面。若光线中某一方向的光振动比与之相垂直方向的光振动占优势，这种光称为部分偏振光，如图 14－4(b)所示。如果能用某种装置除掉自然光中某一方向的光振动，则可得到线偏振光；如果能减弱某一方向的光振动，则可得到部分偏振光。

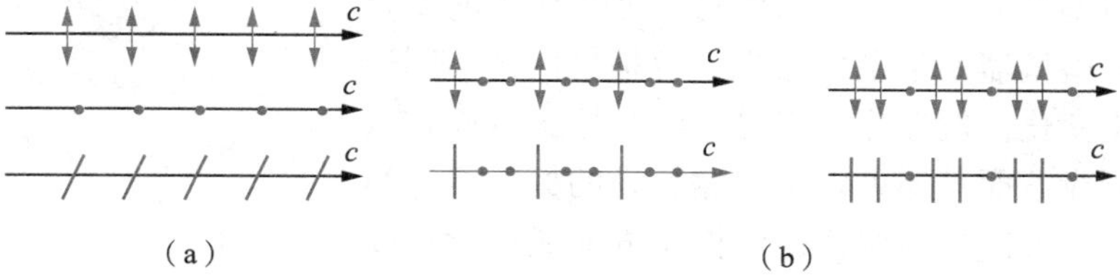

图 14－4　偏振光示意图

把自然光变为偏振光的装置称为起偏器，后面将要介绍的偏振片、玻璃片堆等都是起偏器。起偏器不但可以使自然光成为偏振光，而且也可以用来检查某一光是否为偏振光。用来检查偏振光的装置叫检偏器，所以起偏器也可以用作检偏器。

14.2　马吕斯定律

14.2.1　偏振片的起偏和检偏

在实验室中产生和检查偏振光最常用的起偏器和检偏器都是偏振片。偏振片是通过在透明薄片上涂一层特殊物质(如硫酸金鸡纳碱)晶粒制成的。这种晶粒对某一方向的光矢量有强烈的吸收能力，而对相垂直方向的光矢量吸收很少。当自然光照射到偏振片上时，它只允许某一特定方向的光振动通过，这个方向叫偏振片的偏振化方向。为了便于说明和使用，我们所用的偏振片上用记号↕来表示它的偏振化方向，如图 14－5 所示。

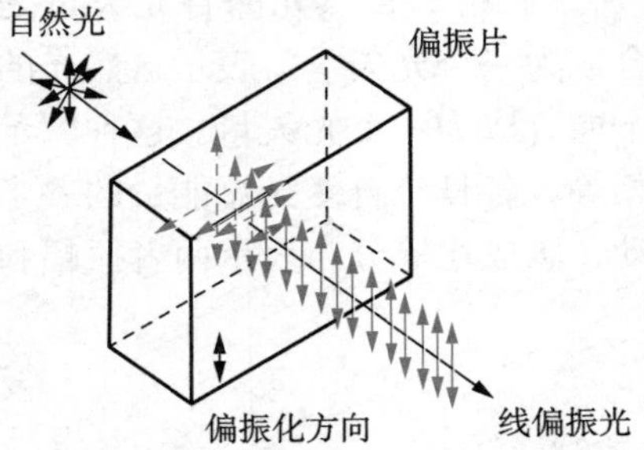

图 14－5　偏振片及其偏振化方向

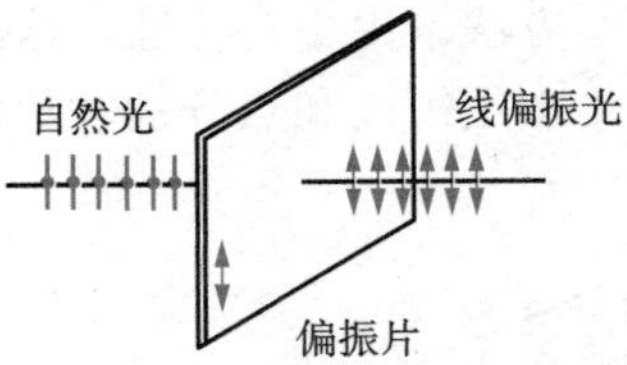

图 14－6　偏振片用作起偏器

图 14－6 表示自然光通过偏振片后成为偏振光，这时偏振片用作起偏器。偏振片也可以用作检偏器来检验某一光束是否是偏振光，如图 14－7 所示，α 是入射线偏振光的光振动方向与检偏器的偏振化方向之间的夹角，让一束偏振光入射到检偏器上，当偏振光的偏振动方向与检偏器的偏振化方向相同时，该偏振光可完全透过检偏器，透射光最亮，如图 14－7(a)所示；如果把偏振片转过 90°角，当偏振光的振动方向与检偏器的偏振化方向垂直时，则该偏振光就不能透过检偏器，透射光最暗(光强为零)，如图 14－7(c)所示。以光的传播方向为轴，连续地旋转偏振片，会发现透射偏振光经历着由明变暗再由暗变明的变化过程。如果射向检偏器的不是偏振光，而是自然光，则透光强度不会发生变化。偏振片不仅可以作为检偏器检查入射光是否为偏振光，而且还可以确定偏振光的振动面。当入射偏振光的振动方向与检偏器的偏振化方向成任意角度 α 时(图 14－7(b))，透光强度由马吕斯定律给出。

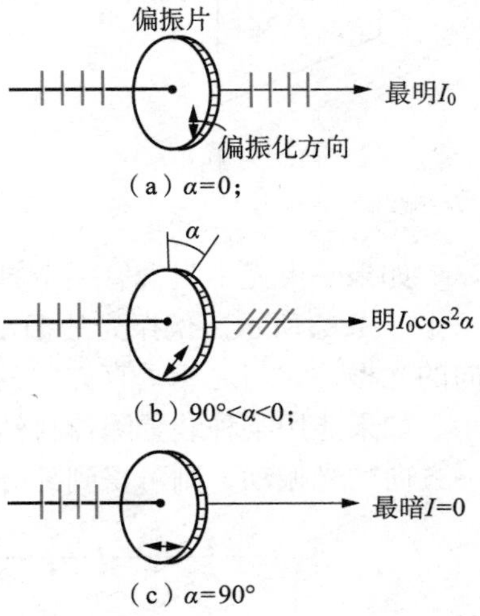

图 14－7　线偏振光透过检偏器后光强的变化

14.2.2　马吕斯定律

1809 年，马吕斯由实验总结出通过检偏器后偏振光强度的变化关系，称为马吕斯定律。其内容为：强度为 I_0 的线偏振光，透过检偏器后，如果不考虑吸收，透光强度为

$$I=I_0\cos^2\alpha \tag{14.1}$$

式中，α 是线偏振光的光振动方向和检偏器偏振化方向之间的夹角。

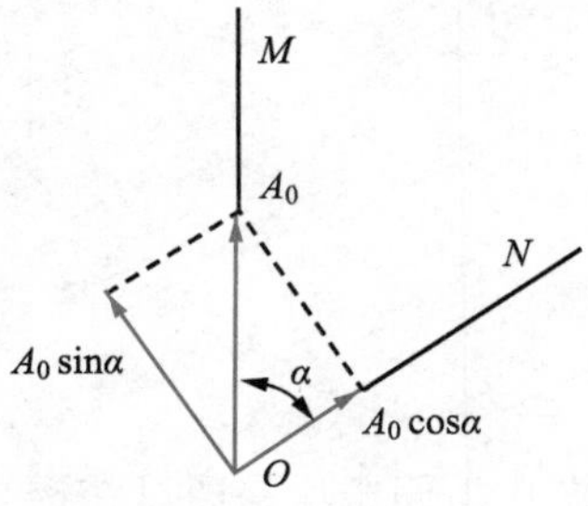

图 14－8　马吕斯定律的证明图

马吕斯定律的证明很简单，如图 14－8 所示，设 OM 为入射到检偏器中的线偏振光的光振动方向，ON 为检偏器的偏振化方向，两者的夹角为 α。令 A_0 为入射线偏振光的振幅，将 A_0 分解为 $A_0\cos\alpha$ 和 $A_0\sin\alpha$，其中只有平行检偏器的偏振化方向

ON 的分量 $A_0\cos\alpha$ 才能通过检偏器，所以透光振幅为 $A=A_0\cos\alpha$。由于透射光强 I 与入射光强 I_0 之比等于各自振幅的平方之比，即

$$\frac{I}{I_0}=\frac{A^2}{A_0^2}$$

所以有

$$I=I_0\frac{A^2}{A_0^2}=I_0\cos^2\alpha$$

由上式可知，当 $\alpha=0°$ 或 $180°$ 时(即入射线偏振光的光振动方向与检偏器的偏振化方向平行时)，$I=I_0$，透光强度最大；当 $\alpha=90°$ 或 $270°$ 时(即两者正交时)，$I=0$，透光强度最小，没有光从检偏器透出。

例 14.1　如图 14-9 所示，P_1、P_2、P_3 是 3 片平行放置的偏振片，已知：P_1 与 P_3 透光方向相互垂直，P_1 与 P_2 的透光方向夹角为 60°，求：光强为 I_0 的自然光通过偏振片组后的出射光强 I。

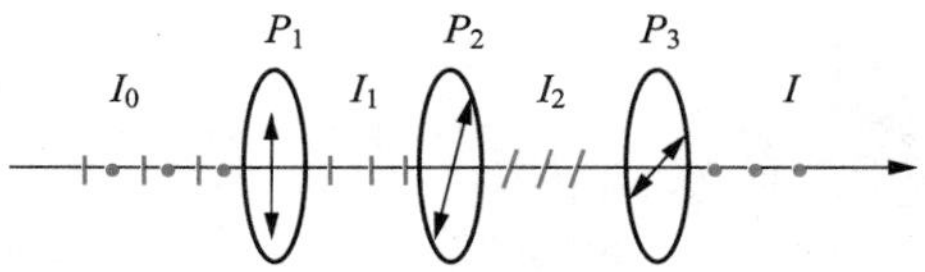

图 14-9　例 14.1 题图

解

自然光通过 P_1 光强减半，振动方向沿着 P_1 的透光方向

$$I_1=\frac{1}{2}I_0$$

通过 P_2 后振动方向沿着 P_2 的透光方向，其光强根据马吕斯定律计算，有

$$I_2=I_1\cos^2 60°=\frac{1}{8}I_0$$

同理，通过 P_3 后振动方向沿着 P_3 的透光方向，光强根据马吕斯定律计算，有

$$I_3=I_2\cos^2 30°=\frac{3}{32}I_0$$

14.3　反射光和折射光的偏振　布儒斯特定律

14.3.1　反射光和折射光的偏振

实验发现，在一般情况下，当自然光入射到折射率分别为 n_1 和 n_2 的两种各向同性媒质的分界面上时，反射光和折射光都是部分偏振光。在反射光中，垂直入射面的光振动多于平行入射面的光振动；在折射光中，平行入射面的光振动多于垂直入射面的光振动，如图14-10 所示。

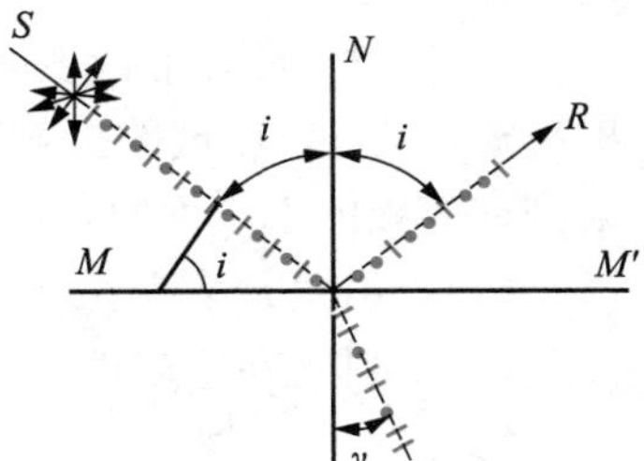

图 14-10　自然光反射和折射后产生的部分偏振光

14.3.2　布儒斯特定律

实验还表明，当入射角 i 改变时，反射光的偏振化程度也随之改变。当入射角 i 等于某一特定值 i_0，即满足下式时

$$\tan i_0=\frac{n_2}{n_1}=n_{21} \tag{14.2}$$

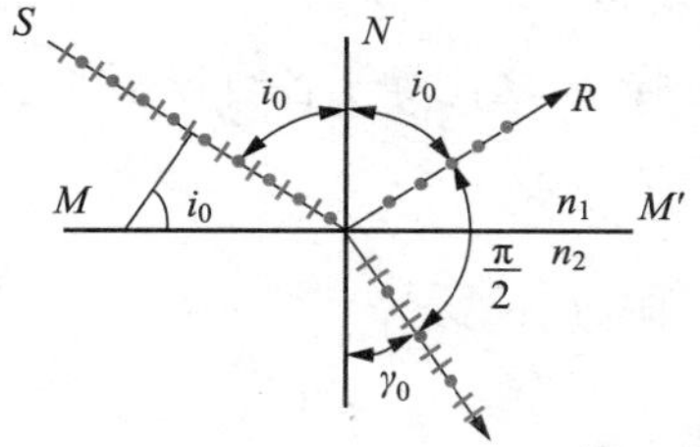

图 14-11 产生反射完全偏振光的条件

反射光成为偏振光，振动面与入射面垂直，折射光仍为部分偏振光，如图 14-11 所示。这时平行振动，即以入射面为振动面的分振动已完全不能反射。式(14.2)是 1812 年由布儒斯特从实验中总结出来的，所以称作布儒斯特定律。式中，i_0 叫做起偏角或布儒斯特角。例如光线从空气射向玻璃并反射时，$n_{21}=1.50$，则布儒斯特角为 $i_0\approx 56°$。

由折射定律，$n_1\sin i_0=n_2\sin\gamma_0$，而当入射角为布儒斯特角时，又有

$$\tan i_0=\frac{n_2}{n_1}$$

于是有

$$\sin i_0=\tan i_0\sin\gamma_0$$

$$\cos i_0=\sin\gamma_0$$

即

$$i_0+\gamma_0=\frac{\pi}{2}$$

这个结果表明，当入射角为布儒斯特角时，反射光线与折射光线互相垂直。

需要指出的是，自然光以布儒斯特角入射时，反射光虽然是线偏振光，但光强很弱，大约只占入射光中垂直于入射面的光振动能量的 15%，而占垂直振动能量的 85%的能量和全部平行于入射面光振动的能量都折射了。为了能获得实用的偏振光，人们把足够多的薄玻璃片叠在一起，组成玻璃片堆。当自然光连续通过多层互相平行的薄玻璃片时，在每层界面上垂直振动都要被反射掉一些，折射光的偏振程度就越来越高。只要薄玻璃片足够多，最后透射出来的光就非常接近于完全偏振光(如图 14-12 所示)。因振动面在入射面内，即光振动为平行振动，同时，由于玻璃片堆的各层反射光的累加，反射光的强度也增加，振动面与入射面垂直，这样就可以获得两束偏振光。

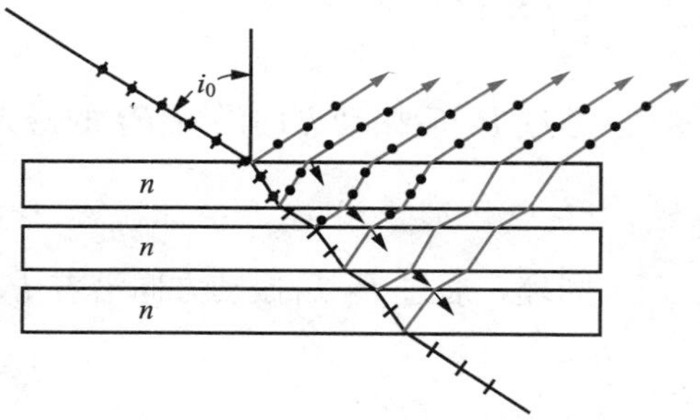

图 14-12 利用玻璃片堆产生偏振光

例 14.2 具有平行表面的玻璃板放置在空气中，空气的折射率近似为 1，玻璃的折射率为 1.50，入射光以布儒斯特角入射到玻璃板的上表面时，问：

(1)折射角是多少？

(2)折射光在下表面反射时，其反射光是否为线偏振光？

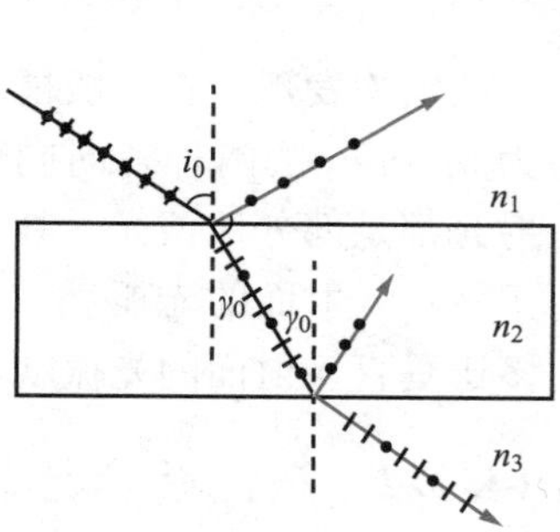

图 14-13 例 14.2 图

解

(1)由布儒斯特定律得(如图 14-13)

$$i_0=\arctan\frac{n_2}{n_1}=\arctan 1.5=56°18'$$

又因入射光以布儒斯特角入射时，反射光线和折射光线互相垂直，从而 $i_0+\gamma_0=\dfrac{\pi}{2}$。则

$$\gamma_0=\frac{\pi}{2}-i_0=90°-56°18'=33°42'$$

(2)折射光在下表面反射时，布儒斯特角为

$$i_0'=\arctan\frac{n_3}{n_2}=\arctan\frac{1}{1.5}=33°42'$$

可见，玻璃板内的折射光也是以布儒斯特角入射到下表面，反射光也为线偏振光，见图14－13。

例 14.3　已知不透明釉质材料片在空气中的布儒斯特角为 $i_0=58°$，问：(1)它的折射率是多少？(2)如果将它放在水中(水的折射率为 1.33)，它的布儒斯特角是多少？它对水的相对折射率为多少？

解

(1)由布儒斯特定律，釉片在空气中

$$n=n_{21}=\tan i_0=\tan 58°=1.60$$

(2)釉片在水中

$$\frac{n}{n_{水}}=\frac{1.60}{1.33}=1.20=\tan i_0'$$

有

$$i_0'=50°16'$$

这种材料对于水的相对折射率为 1.20，在水中的布儒斯特角为 50°16′。

偏振滤片可以滤掉大部分反射光，摄影时应用偏振镜拍摄，可以消除反光，从而使人们可以看到清澈的水底和碧蓝的天空。

14.4　光的双折射

14.4.1　双折射现象

一束光在两种各向同性媒质的分界面上发生折射时，只能产生一束折射光。并且，折射线在入射面内，遵从折射定律，当入射角 i 发生变化时，折射角 γ 也跟着变化，但 $\sin i/\sin\gamma$ 是个常数。

可是 1669 年巴托里斯发现了一种特殊的折射现象，一束光入射到各向异性媒质(例如方解石晶体)中时，折射光能分成两束，它们沿着不同的方向传播。如果通过这种晶体用眼睛观察一个发光点，可以同时看到两个像点。例如，在白纸上画一个黑点，通过方解石晶体来观察，可以看到两个黑点。同一束入射光折射后分成两束的现象称为光的双折射，如图 14－14 所示。

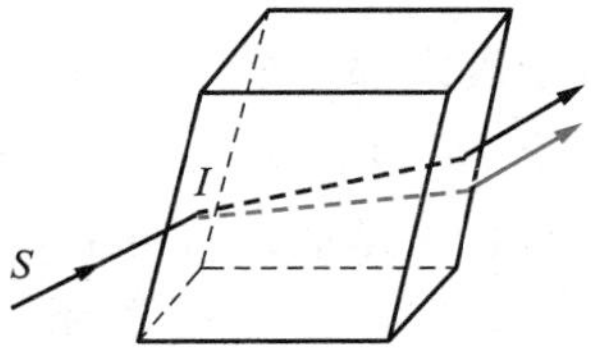

图 14－14　方解石的双折射

14.4.2　寻常光　非常光

实验表明，当改变入射角 i 时，两束折射线之一遵从通常的折射定律，这束光线称为寻常光线，一般用 o 表示并简称 o 光。另一束光线不遵从折射定律，通常也不在入射面内，而

且对于不同的入射角 i，$\sin i/\sin\gamma$ 的量值也不是恒量，这束光线称为非常光线，一般用 e 表示并简称 e 光。在入射角 $i=0$ 时，寻常光沿原方向前进，而非常光线一般不沿原方向前进。当以入射光为轴转动晶体时，o 光不动而 e 光绕轴旋转。用检偏器检验表明，o 光和 e 光都是线偏振光，振动方向一般互相垂直，如图 14－15 所示。

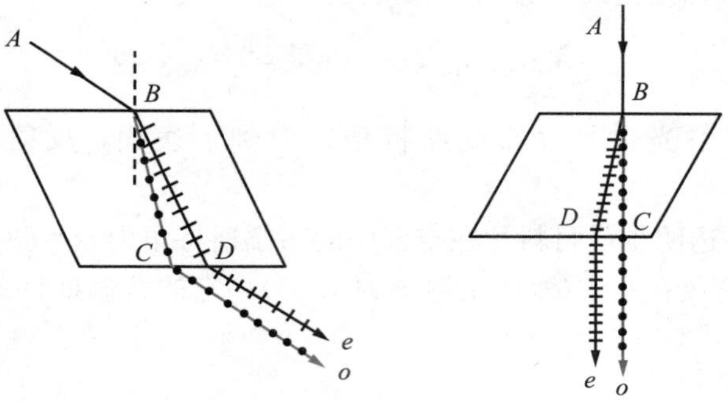

图 14－15　寻常光线和非常光线

产生双折射现象的原因是由于振动方向互不相同的寻常光线和非常光线在各向异性的晶体中有不同的传播速度。

寻常光线遵从折射定律，$\sin i/\sin\gamma$ 的比值为恒量，表明晶体对寻常光线有确定的折射率，即寻常光线在晶体中沿各个方向的传播速度都相同；非常光线的 $\sin i/\sin\gamma$ 的比值与其在晶体中的传播方向有关，表明非常光线在晶体中的传播速度是随方向的不同而改变的。

14.4.3　晶体光学的几个概念

1. 光轴

当入射光以不同角度入射晶体时，可发现晶体内存在一些特殊方向，沿这些方向 o 光、e 光的传播速度相同，即不发生双折射。这样的方向称为晶体的光轴。

只有一个光轴的晶体叫做单轴晶体；有两个光轴的晶体叫做双轴晶体。单轴晶体常见的有方解石和石英，双轴晶体常见的有云母、硫磺和蓝宝石等。我们只讨论单轴晶体的光学现象。

方解石是一种典型的单轴晶体，是碳酸钙的一种单晶体。它的外形为平行六面体，每一个表面都是平行四边形。两个钝角各等于 $101°52'$，两个锐角各等于 $78°08'$。如果把方解石晶体分解成各边长相等的平行六面体，那么它的光轴方向将平行于由三个面角为钝角的那两个顶角的对角线，如图 14－16 所示。必须注意，光轴不是经过晶体的某一特定直线，而是一个方向。在晶体内的每一点，都可做出一个光轴来，在图 14－16 中虚线表示光轴方向。

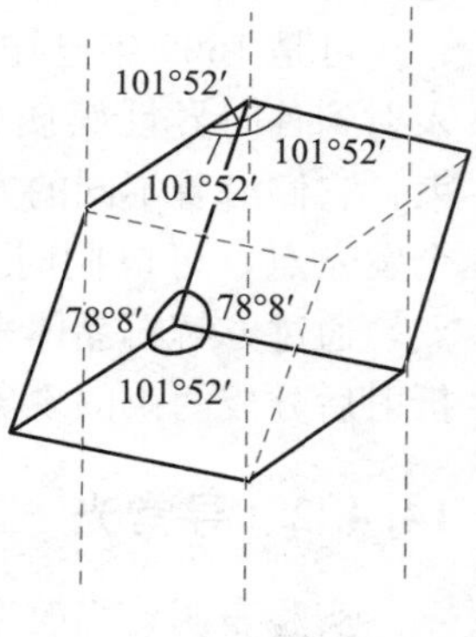

图 14－16　方解石晶体

2. 主平面

在晶体中，任一已知光线和光轴所组成的平面叫做此光线的主平面。由 o 光线和光轴组成的平面叫 o 主平面；由 e 光线和光轴组成的平面叫 e 主平面。前面已指出 o 光和 e 光都是线偏振光，o

光的振动方向垂直于 o 主平面，e 光的振动方向在 e 主平面内。一般情况下，这两个主平面不一定重合，但在多数情况下其夹角很小，所以可以认为 o 光和 e 光的振动方向是近似垂直的。

3. 主截面

晶体中通过光轴并与任一天然晶面(即晶体的解理面)相正交的面，即由光轴与该晶面的法线组成的平面，叫做这晶体的主截面。晶体中与某一主截面平行的平面也都是晶体的主截面。例如，方解石天然晶体有三对不同方向的晶面，通过光轴可以做出三个主截面，分别与三对晶面垂直，如图 14－17 中斜线所示的平面。与画斜线的面平行的所有平面都是主截面。方解石天然晶体的主截面总是与天然晶面交成角度分别为 70°53′及 109°07′的平行四边形。

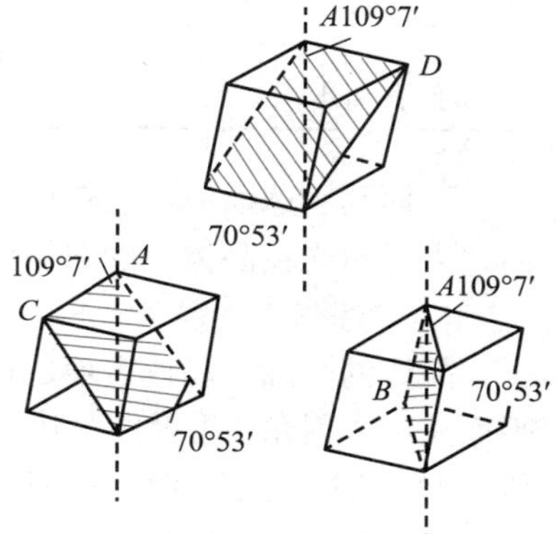

图 14－17　方解石晶体的主截面

当入射光线在主截面内，即入射面是晶体主截面时，o 光和 e 光的主平面重合，并且与晶体的主截面也重合。此时 o 光的振动垂直于主截面，e 光的振动平行于主截面，两者的振动方向是互相垂直的。本章所讨论的问题都是针对这种情况。

14.4.3　用惠更斯原理解释双折射现象

光在晶体中的双折射现象可以用惠更斯原理来解释。由于晶体的各向异性，光在晶体内传播时被分解成振动方向互相垂直的两种分振动(o 光和 e 光)，它们的传播方式是不相同的。o 光的速度在各个方向上都一样。所以在晶体中任一点所引起的子波波阵面是球面；e 光的速度在各个方向上是不同的，惠更斯假设它在晶体中同一点所引起的子波波阵面是旋转椭球面，此假设被后来的研究所证实。o 光和 e 光只有在光轴方向上速度是相等的，因此上述两子波波阵面在光轴方向上是相切的。在垂直于光轴的方向上，两光的速度相差最大。用 v_o 表示 o 光的速度，用 v_e 表示 e 光沿垂直于光轴方向上的速度。对于有些晶体，$v_o>v_e$，则球面包围椭球面，如图 14－18(a)所示，这样的晶体称为正晶体(如石英)；另外有些晶体，$v_o<v_e$，则椭球面包围球面，如图 14－18(b)所示，这样的晶体称为负晶体(如方解石)。

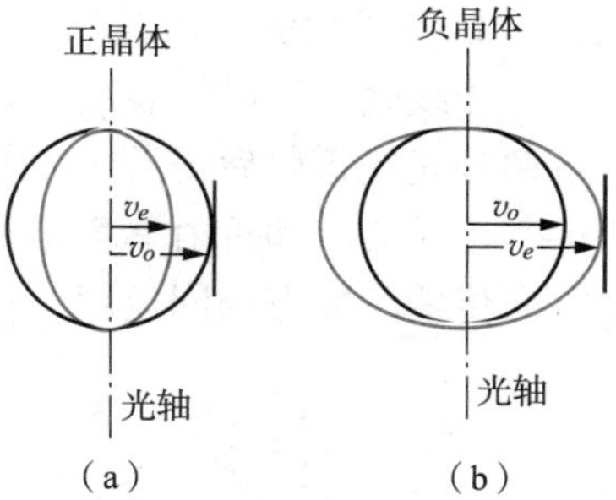

图 14－18　正晶体和负晶体的子波波阵面

(a)正晶体；(b)负晶体

如果真空中光速以 c 表示，则 o 光折射率及 e 光在垂直于光轴方向上的折射率分别为 $n_o=\dfrac{c}{v_o}$，$n_e=\dfrac{c}{v_e}$，n_o 和 n_e 称为晶体的主折射率，它们是晶体的两个重要光学参量。显然，对于正晶体，$n_o<n_e$；对于负晶体 $n_o>n_e$。我们知道，e 光在晶体内沿不同方向的传播速度不同，情况比较复杂；但是在垂直于光轴方向传播时，e 光的速度是确定的，它所对应的折射率即为 n_e。在这种特殊情况下，折射定律对 e 光也是适用的。表 14－1 中列出几种单轴晶体的主折射率。

表 14-1　几种单轴晶体的主折射率(对波长为 589.3 nm 的钠光)

晶体	n_o	n_e	晶体	n_o	n_e
石英	1.5443	1.5534	方解石	1.6584	1.4864
冰	1.309	1.313	电气石	1.669	1.638
金红石	2.616	2.903	白云石	1.6811	1.500

下面利用球面波和旋转椭球面波的概念和惠更斯作图法来求晶体中 o 光和 e 光的传播方向，来说明光在晶体中的双折射现象。

1. 光线斜入射晶体

晶体的光轴与晶体表面成任意角度，这是一般情况下的双折射，如图 14-19(a)所示。平面波以入射角 i 投射在晶体表面上，AC 为某一时刻的波阵面。当 C 点的光沿着直线 CD 传到 D 点时，波源 A 已向晶体内发出球面和椭球面子波，二者的波面在光轴方向相切。作平面 DE 和 DF 分别与球面和椭球面相切，其切点分别为 E、F，连 AE 和 AF，则 DE 和 DF 分别是下一时刻 o 光和 e 光的波阵面，AE 和 AF 分别是它们的传播方向。注意：e 光的传播方向并不与它的波阵面垂直。

2. 光线垂直入射晶体

晶体的光轴方向不变，光线垂直于晶体表面入射，如图 14-19(b)所示。设 AC 为某时刻入射光的波阵面，它与晶体的表面平行。入射光射到晶面后，从波阵面上任意两点 B 与 D 向晶体内发出球面和旋转椭球面子波，二者的波面在光轴方向相切。EE' 和 FF' 面分别与上述两子波波面相切，即得 o 光与 e 光在晶体中的波阵面，引 BE 及 BF 两线，就得到两条光线在晶体中传播的方向。

3. 晶体的光轴与晶面平行

光线垂直于晶体表面入射，如图 14-19(c)所示。用类似上述作图法可得出，这种情况下两种光线折射后仍沿原入射方向传播。但应该注意，虽然两光都沿垂直于光轴方向传播，但其传播速度和折射率都是不同的，所以仍是双折射现象的一种。这跟光线在晶体内沿光轴方向传播时具有相同速度、相同折射率、无双折射现象的情况是不同的。

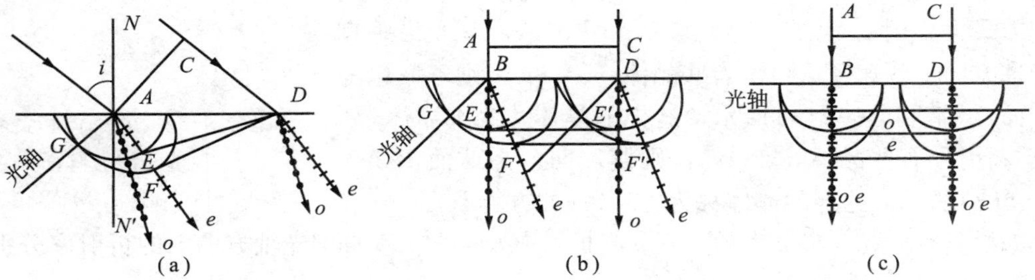

图 14-19　光在单轴晶体中的传播

(a)平面波倾斜地射入方解石的双折射现象；(b)平面波垂直射入方解石的双折射；(c)平面波垂直射入方解石(光轴在折射面内)

最后还应指出，o 光和 e 光都是相对晶体而言的。它们从晶体射出后，在各向同性的媒质内传播时，就成为传播速度相等的两束偏振光，区别只是光振动方向不同。

14.5 小　　结

1. 自然光　线偏振光　部分偏振光

自然光：光中包含了所有方向的光振动，即光振动在垂直于光速方向的平面内取各种可能的方向，没有一个方向比其他方向更占优势，且各方向光振动的振幅的平均值完全相等。

线偏振光：光中只含有一个确定方向的光振动。

部分偏振光：光中某一方向的光振动比与之相垂直方向的光振动占优势。

2. 马吕斯定律：$I=I_0\cos^2\alpha$

3. 布儒斯特定律：$\tan i_0=\dfrac{n_2}{n_1}=n_{21}$

4. 光的双折射：一束入射光在经过晶体折射后分成两束的现象。

5. 产生偏振光的方法：(1)利用某些晶体的二向色性(偏振片)；
(2)利用光的反射和折射；
(3)利用各向异性晶体的双折射。

14.6 习　　题

14.1 如何获得偏振光？什么是起偏角？

14.2 两偏振片的偏振化方向成 30°夹角时，透射光的强度为 I_1，若入射光不变而使两偏振片的偏振化方向之间的夹角变为 45°，则透光强度将如何变化？

14.3 在杨氏双缝干涉实验的双缝后面放置两个偏振片，如果两个偏振片的偏振化方向相互平行，屏上干涉条纹的极大值有何变化？若两个偏振片的偏振化方向相互垂直，干涉条纹又发生什么变化？

14.4 一束光由自然光和线偏振光混合而成，使其通过一偏振片，发现透射光的光强取决于偏振片的取向，其透射光强可以变化 5 倍，求入射光中自然光和线偏振光的光强之比。

14.5 一束自然光入射到一组偏振片上，该偏振片组共由四块偏振片组成，每块偏振片的偏振化方向均相对于前一块偏振片顺时针转过 30°角，问该组偏振片的透射光强占入射光强的百分之几？

14.6 如习题 14.6 图所示，偏振片 M 作为起偏器，N 作为检偏器，使 M 和 N 的偏振化方向互相垂直。今以自然单色光垂直入射于 M，并在 M、N 中间平行地插入另一偏振片 C，C 的偏振化方向与 M、N 均不相同。求：

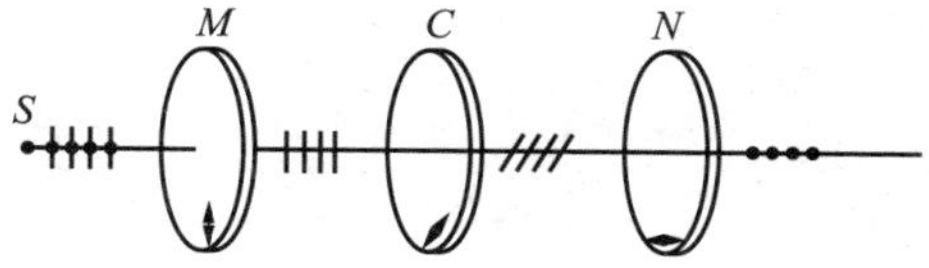

习题 14.6 图

(1)透过 N 后的透射光强度；

(2)若偏振片 C 以入射光线为轴转动一周，试定性画出透射光强随转角变化的函数曲线(自然光强用 I_0 表示)。

14.7 平行放置两偏振片，使它们的偏振化方向成 60°夹角。

(1)如果两偏振片对光振动平行于其偏振化方向的光线均无吸收，让自然光垂直入射，其透射光强与入射光强之比是多少？

(2)如果两偏振片对光振动平行于其偏振化方向的光线分别吸收 10％的能量，则透射光强与入射光强之比是多少？

(3)今在两偏振片之间再插入另一偏振片，使其偏振化方向与前两个的偏振化方向均成 30°角，则透射光强与入射光强之比是多少？(不考虑吸收)

14.8 水的折射率为 1.33，玻璃的折射率为 1.50。当光从水中射向玻璃而反射时，布儒斯特角为多少？当光由玻璃射向水中而反射时，布儒斯特角又为多少？

14.9 一束太阳光，以某一入射角入射到平面玻璃上，这时反射光为完全偏振光，透射光的折射角为 32°。问：

(1)太阳光的入射角是多少？

(2)玻璃的折射率是多少？

14.10 光在某两种媒质界面上的临界角是 45°，它在界面同一侧的布儒斯特角是多少？

14.11 若从一池静水的表面上反射出来的太阳光是线偏振光，那么太阳在地平线上的仰角是多少？此时反射光的振动方向如何？

14.12 在拍摄玻璃窗内的物体时，如何去掉反射光的干扰？

第 15 章　波粒二象性

【学习目标】 理解黑体辐射、光电效应、康普顿效应的实验规律、经典理论面临的困难以及普朗克量子假设的内容与意义；理解爱因斯坦的光子假说以及对光电效应实验规律的解释，理解光的波粒二象性；理解德布罗意的物质波假设和实物粒子的波粒二象性；理解不确定关系的物理意义。

【实践活动】 夜视技术在军事领域可谓“劳苦功高”，陆军、特种部队和海军陆战队装备夜视设备，使军队夜战优势更加突出；电动门、黄昏时路灯会自动打开；复印机中碳粉的浓度能够调控；照相机的曝光时间能够控制，你知道这些仪器和设备的工作原理吗？电子显微镜能把微小物体放大 12000 倍以上，应用电子显微镜分析物质的微观结构，已经成为现代材料研究的一种主要手段，它是基于电子的什么性质？

15.1　光 的 本 性

15.1.1　光本性的争论

关于光的本性的争论由来已久，在 17 世纪就存在着两种对立的观点：一种是微粒说；另一种是波动说。以牛顿为代表的微粒说认为，光是按惯性定律沿直线飞行的微粒流；以惠更斯为代表的波动说认为，光是一种在特殊媒质(称为以太)中传播的机械波。两种学说都能够解释一些实验现象，但两种学说都存在着缺点和不完善性。在解释光从空气进入水中的折射现象时，微粒说的结论是光在水中的传播速度大于在空气中的传播速度，而波动说的结论是光在水中的速度小于空气中的速度。由于当时还不能准确地用实验测定光速，因而无法判断哪一种观点是正确的。当时，由于牛顿的威望和地位，光的微粒理论差不多统治了两个世纪。

19 世纪以后，光的波动说逐渐发展起来。1801 年，托马斯・杨最先用干涉原理解释了白光照射下薄膜颜色的由来，并用双缝显示了光的干涉现象。1815 年菲涅尔利用光的波动说和干涉原理成功地解释了光通过障碍物时发生的衍射现象，这是光的波动说的巨大胜利。后来，马吕斯、托马斯・杨和菲涅尔等人对光的偏振现象做了进一步研究，确认光是一种横波。对于光在水和空气中的速度问题，在 1850 年傅科利用旋转镜法，测出光在水中的速度小于在空气中的速度。至此，光的波动说取得了决定性的胜利。19 世纪 60 年代，麦克斯韦建立了光的电磁理论，证明光是一种电磁波，为光的波动说奠定了坚实的物理基础。

15.1.2　光的本性

19 世纪末到 20 世纪初，人们开始研究光的产生、光和物质相互作用的机理，发现了一系列新的效应，例如 1887 年赫兹发现的光电效应现象。这些新效应是用波动光学理论无法解释的，光的电磁理论遇到了难以克服的困难。1900 年为了解决黑体辐射问题，普朗克提出了能量子假说。1905 年爱因斯坦在普朗克量子假设的基础上提出了光量子(光子)理论，认为光是具有一定能量和动量并以光速运动的粒子流，这种粒子称为光子。光子的能量与光的频率有关，光子的动量与光的波长有关。爱因斯坦的光子理论圆满地解释了光电效应，并为后来的许多实验(例如康普顿效应实验)所证实。那么光究竟是粒子还是波动呢？近代科学实践证明光的本性问题只能用它的性质和规律来回答：光的某些方面的行为像经典的“波动”，另一些方面的行为却像经典的“粒子”，也就是说光具有波粒二象性。接下来我们将从普朗克提出的能量子假说出发，讨论光与物质相互作用时所表现出的“粒子性”。

15.2　热辐射　普朗克量子假设

15.2.1　热辐射

在任何温度下，一切宏观物体都向外发射各种波长的电磁波，所辐射的能量称为辐射能。实验发现：这种辐射的电磁波谱是连续的，且辐射谱的性质与温度有关。在常温下，大多数物体向外辐射不可见的红外光。随着对物体的不断加热，物体所辐射的波长向较短的方向扩展。当温度上升到 700 ℃～800 ℃时辐射体本身发热并变成暗红色，在更高的温度下，物体变得鲜红，甚至可以发出明亮的白炽光。实验还发现，在同样的温度条件下，不同物体所辐射的光谱成分有显著不同。例如，将钢加热到约 800℃时，就可以观察到明亮的红色光；但在同一温度下，水晶却不辐射可见光。我们把这种由于物体中的分子、原子受到热激发而发射电磁波的现象称为热辐射。

一般来说，一个物体在不断向外辐射能量的同时，也在不断地吸收周围的其他物体所辐射的能量。如果在相同的时间内，物体所吸收的辐射能多于向外发射的辐射能，则其总能量会增加，其温度会升高；反之，总能量会减小，温度会降低。如果物体向外辐射的能量恰好等于从外界吸收的能量，则该物体的温度保持不变。这种热辐射称为平衡热辐射。我们只讨论平衡热辐射。

为了定量地描述热辐射的基本规律，我们引入以下物理量：

1. 单色辐出度

在单位时间内从物体单位表面积上所发射的单位波长间隔内的辐射能，称为单色辐射出射度，简称单色辐出度。实验表明，单色辐出度与物体的温度和发射波长有关。设单位时间内从物体单位表面积上所发射的波长在 $\lambda\sim(\lambda+d\lambda)$ 间隔内的辐射能为 $\mathrm{d}M(\lambda, T)$，则单色辐出度为

$$M_\lambda(T)=\frac{\mathrm{d}M(\lambda, T)}{\mathrm{d}\lambda} \tag{15.1}$$

单色辐出度单位为 $\mathrm{W/m^3}$。$M_\lambda(T)$反映了不同温度下辐射能按波长的分布情况。

2. 辐出度

在单位时间内从单位表面积上所辐射出的各种波长总辐射能，称为辐射出射度，简称辐出度。它是温度 T 的函数，用 $M(T)$表示。则有

$$M(T)=\int_0^\infty M_\lambda(T)\mathrm{d}\lambda \tag{15.2}$$

单位为 W/m^2。在相同的温度下，不同的物体或物体的表面状况不同(如粗糙程度)，则物体的辐出度不同。

3. 吸收比与反射比

在一般情况下，入射到物体上的电磁辐射只有一部分被物体所吸收，另一部分则被物体所反射。物体所吸收的辐射能与入射总能量之比，称为物体的吸收比，用 α 表示。反射的能量与入射总能量之比，称为反射比，用 ρ 表示。物体的吸收比和反射比与波长、温度有关，即 α、ρ 为 λ、T 的函数。根据能量守恒定律，不透明物体的吸收比与反射比之和等于 1，即

$$\alpha(\lambda, T)+\rho(\lambda, T)=1 \tag{15.3}$$

15.2.2　黑体

不同的物体对电磁辐射的吸收能力是不同的。如果一个物体在任何温度下对任何波长的电磁辐射都全部吸收而无反射，则称这个物体为黑体，即 $\alpha_B=1$，$\rho_B=0$。注意，黑体是个理想化的模型，真正的黑体是不存在的，实际问题中物体对电磁辐射最大的吸收比也只能在95%左右。早在 1895 年，卢梅尔(O. Lummer)和维恩(W. Wien)创造了一个带有小孔的空腔(图 15－1)，这小孔不影响空腔内部的辐射，若外界的辐射从小孔进入空腔，每入射到腔壁一次，一部分能量被吸收，另一部分被腔壁反射，经过多次反射，最后被腔壁完全吸收。腔壁的面积要比小孔的截面积大得多，所以从小孔反射出来的光极少，可以忽略。故这个小孔表面可以看作是黑体。例如，在金属冶炼技术中，常在冶炼炉上开一个小孔以便观察炉内的情况，这个小孔可以近似地看作黑体。又如白天在远处看大楼的窗口时，窗口显得特别黑，这是由于从窗口射入的光，经屋内墙壁多次反射而被吸收，几乎没有光再从窗口射出的缘故，这时的窗口可以近似看作黑体。

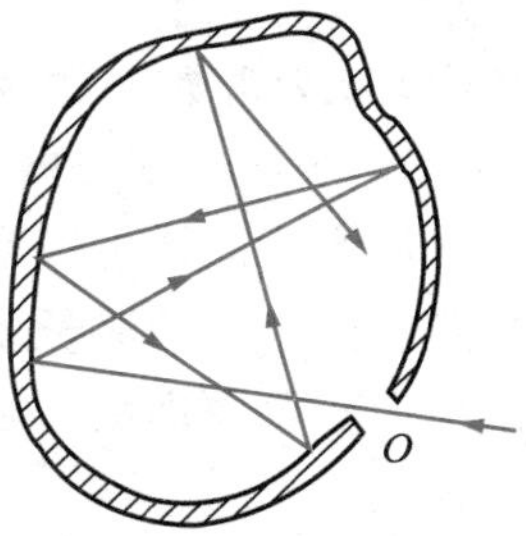

图 15－1
绝对黑体模型

15.2.3　黑体辐射规律

1859 年基尔霍夫(G. R. Kirchhoff)通过实验得出如下结论：不管物体的种类如何，它的辐射能和吸收能之比都是相同的，即 $\dfrac{M_\lambda(T)}{\alpha(\lambda, T)}=$恒量。又因为黑体的吸收比 $\alpha_B(\lambda, T)=1$，其单色辐出度记为 $M_{B\lambda}(T)$，则有

$$\frac{M_\lambda(T)}{\alpha(\lambda, T)}=M_{B\lambda}(T) \tag{15.4}$$

即任何物体的单色辐出度和单色吸收比之比，等于同一温度黑体的单色辐出度，这一结论称为基尔霍夫定律。由此可见，如果我们已知黑体辐射的规律，就可以知道一般物体的辐射性质。所以，研究黑体辐射是核心问题。

通过实验测得在不同温度下，黑体单色辐出度 $M_\lambda(T)$ 与波长 λ 的关系曲线如图 15－2 所示。根据实验曲线，总结出如下两条黑体辐射规律：

1. 斯特藩-玻尔兹曼定律

1879 年斯特藩(J. Stefan)在比较了大量实验结果后首先发现：某一曲线下的面积，即辐出度 $M(T)$ 与温度的四次方成正比。玻尔兹曼(L. E. Boltzamann)在五年后从热力学理论出

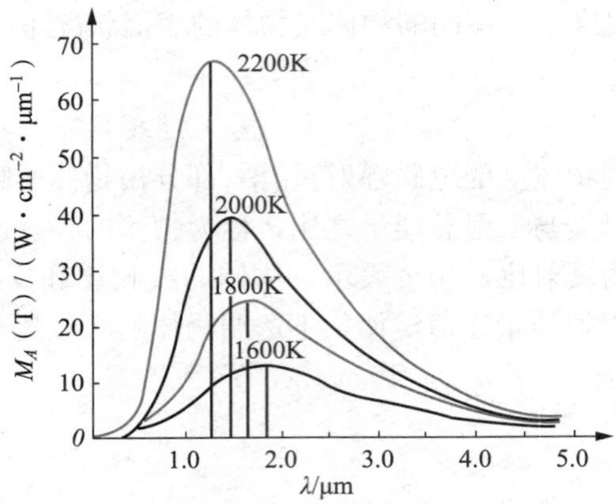

图 15-2　黑体单色辐出度 $M_\lambda(T)$ 的实验曲线

发，对此作了严格证明。这就是斯特藩-玻尔兹曼定律，即

$$M(T)=\sigma T^4 \tag{15.5}$$

式中，σ 为常数，称为斯特藩常数，其值 $\sigma=5.670\times10^{-8}\,\mathrm{W/(m^2\cdot K^4)}$。

2. 维恩位移定律

从实验曲线可以看出，对应于每一温度下的曲线都有一个极大值，即最大单色辐出度，与此极值对应的波长用 λ_m 表示，且温度越高，其 λ_m 越小。1893 年维恩(Wien)把热力学考察与多普勒原理结合起来得到维恩位移定律

$$\lambda_m T=b \tag{15.6}$$

式中，$b=2.897756\times10^{-3}\ \mathrm{m\cdot K}$，称为维恩常数。

斯特藩-玻尔兹曼定律和维恩位移定律是黑体辐射的基本定律，它们在现代科学技术中具有广泛的应用，是测量高温以及遥感和红外追踪等技术的物理基础，恒星的有效温度常常也是利用这种办法测量的。

15.2.4　普朗克量子假设

19 世纪末，物理学中最引人注目的课题之一，就是如何从理论上导出黑体单色辐出度 $M_\lambda(T)$ 的数学表达式，使之能与实验曲线相符。1896 年，维恩从热力学理论以及对实验数据的分析出发，假定谐振子的能量按频率的分布类似于麦克斯韦速率分布，根据经典统计物理导出了下面的半经验公式

$$M_\lambda(T)=C_1\lambda^{-5}e^{-\frac{C_2}{\lambda T}}$$

称为维恩公式，式中，C_1 和 C_2 是两个需要用实验数据来确定的经验参量。维恩公式仅在短波波段与实验曲线符合，而在长波波段则与实验曲线有明显的偏离(如图 15-3 所示)。

1900 年，瑞利(L. Rayleigh)根据经典电动力学和统计物理学理论，得出了一个黑体辐射公式。1905 年，金斯(J. H. Jeans)修正了一个数值因子，给出了现在的瑞利—金斯公式

$$M_\lambda(T)=2\pi ckT\lambda^{-4}$$

式中，k 为玻尔兹曼常数，c 为真空中的光速。此式只适用于长波波段，而在紫外区与实验曲线明显不符，其短波极限 $M_\lambda(T)\to\infty$(如图 15-3 所示)，历史上称它为“紫外灾难”。1900 年，普朗克(M. Planck)在深入研究前人成果的基础上，把代表短波波段的维恩公式与

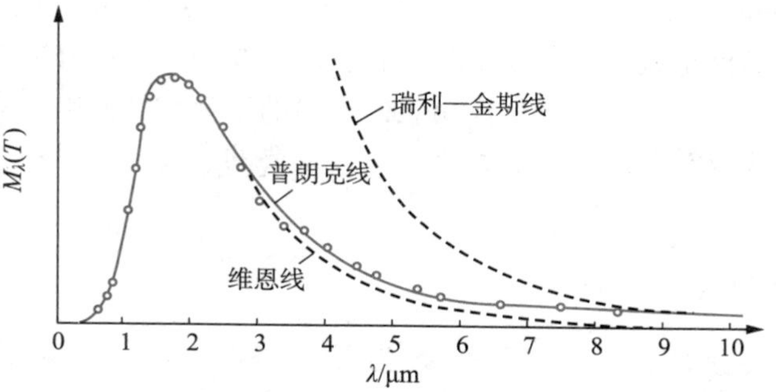

图 15-3　黑体辐射公式与实验曲线

代表长波波段的实验结果综合在一起，凑出了一个新的分布公式

$$M_\lambda(T)=C_1\lambda^{-5}\frac{1}{e^{C_2/\lambda T}-1}$$

普朗克不满足于自己凑出来的公式，他试图从理论上推导出这个公式。经过两个月紧张的工作，普朗克终于提出了具有深远历史意义的伟大发现，把一个崭新的概念——能量子引入了物理学，提出了具有划时代意义的普朗克量子假说。其基本观点如下：

(1)辐射体是由许多带电的线性谐振子组成(如分子、原子的振动可视为线性谐振子)，这些谐振子能够辐射或吸收电磁波，与周围的电磁场交换能量。

(2)这些线性谐振子所处的能量状态不是连续的，每个谐振子只能处于某些特殊的、分立的状态。在这些状态中，相应的能量只能取某一最小能量 ε(称为能量子)的整数倍，即 ε，2ε，3ε，…，$n\varepsilon$(n 为正整数，称为量子数)等分立的数值。在辐射或吸收能量时，谐振子只能从这些状态中的一个状态跃迁到另一个状态，辐射或吸收的能量也只能是 ε 的整数倍。

(3)能量子 ε 与线性谐振子的频率 ν 成正比，即

$$\varepsilon=h\nu$$

式中，h 称为普朗克常数，其量值 $h=6.63\times10^{-34}$ J·s。

根据能量量子化假设及玻尔兹曼分布律，普朗克从理论上推导出一个与实验曲线完全符合的黑体辐射公式，称为普朗克公式。

$$M_\lambda(T)=2\pi hc^2\lambda^{-5}\frac{1}{e^{hc/k\lambda T}-1} \tag{15.7}$$

当 $hc/\lambda\ll kT$ 时，此式归结为瑞利—金斯公式；当 $hc/\lambda\gg kT$ 时，此式归结为维恩公式。

根据经典力学，对一个振子所具有的能量不应当有什么限制，我们关于各种振子的实验似乎也证明了这一点。这是不是与能量子假设相矛盾呢？绝对不是的。我们之所以观察不到宏观谐振子能量的量子化，是因为 h 是一个很微小的量。即使对于频率高达 10^{10} Hz 的微波，其能量子也只有 6.63×10^{-24} J，这是一般灵敏度的仪器无法测量的。

15.3 光电效应

15.3.1 光电效应

1887 年赫兹(H. R. Hertz)在证实电磁波存在的实验中，意外地发现：光能导致金属放

电而产生电火花。1899 年发现电子的 J · J · 汤姆孙发现光致金属所发射微粒的荷质比与电子的值相同，首次明确提出这种现象是由于金属表面被光照射后向外释放电子的缘故。我们把这种当光照射在金属表面时有电子从金属表面逸出的现象称为光电效应，所释放出来的电子称为光电子。光电效应对于认识光的本质有极其重要的意义，而且在生产、科研和国防中有广泛的应用。

15.3.2　光电效应的实验规律

光电效应的实验装置如图 15－4 所示。S 为真空的玻璃容器，容器内装有金属材料制成的阳极 A 和阴极 K，窗口 m 由石英玻璃制成(石英对紫外光吸收很小，可以使紫外光和可见光都能穿入容器，内射到阴极表面，以便在更大的波长范围内研究光电效应的规律)，阳极 A 和阴极 K 分别与电流计 G、伏特计 V 以及电池组 B 相连接。通过调节变阻器 R 可以改变阴极和阳极之间的电压 U。

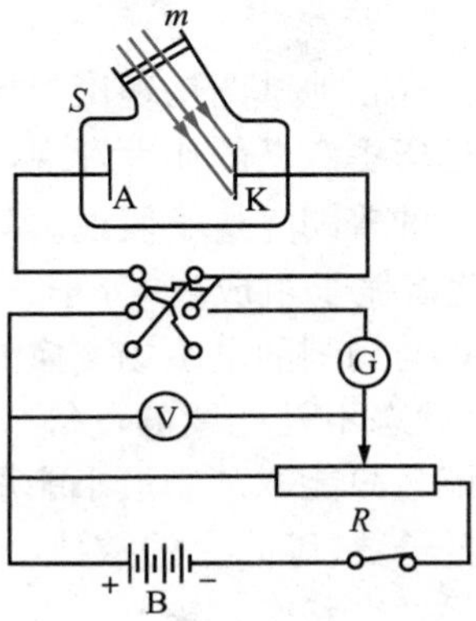

图 15－4　真空中光电效应实验简图

当单色光照射阴极 K 时，阴极上就会有光电子逸出，光电子在正向加速电场的作用下飞向阳极 A 而形成电流 I，称为光电流，其值由电流计 G 读出，此时 A、K 两极的电压值由伏特计 V 读出。改变加速电压 U，测出相应的光电流，就可以画出伏安曲线。

光电效应的实验结果可归纳如下：

1. 饱和光电流强度 *I* 与入射光强成正比

实验发现：以一定强度的单色光照射时，加速电压愈高，光电流愈大。当电压增加到一定值后，光电流不再增大。此时的光电流值称为饱和光电流强度。当增大入射单色光强度时，其饱和光电流也随之增加，如图 15－5 所示。实验结果表明，饱和光电流与入射光强成正比。

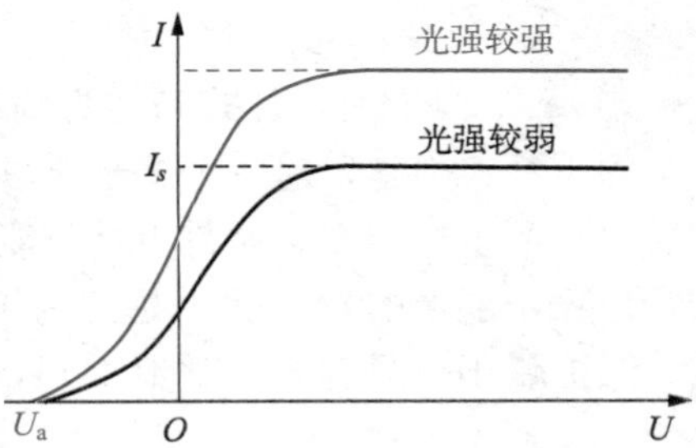

图 15－5　光电效应的伏安特性曲线

光电流的大小反映从阴极飞到阳极上的光电子数目的多少，而达到饱和光电流时，就意味着阴极 K 上所逸出的光电子全部都飞到了阳极 A 上，所以饱和光电流强度 I_s 等于单位时间内阴极所释放的电子数目 N 与电子电量 e 的乘积。可见上述规律的实质是：单位时间内从金属表面逸出的光电子数目与入射光强度成正比。

2. 光电子的最大初动能与入射光强无关，却随入射光频率的增加而线性增加

由图 15－5 可以看出：当减小加速电压 U 时，光电流也随之减小。但当 $U=0$ 时，光电流并不为零，只有当两极间加一反向电压 U_a 时，光电流 I 才为零，U_a 称为截止电压。这表明从阴极逸出的光电子所具有的初动能已全部消耗于克服反向电场力做功，使电子恰好不能到达阳极。所以有

$$\frac{1}{2}mv^2=e|U_a| \tag{15.8}$$

实验结果表明：截止电压 U_a 随入射光频率 ν 的增加而线性增加，与入射光强无关，如图 15－6 所示。$|U_a|$ 与 ν 的关系可由下式表示

$$|U_a|=K\nu-U_0 \tag{15.9}$$

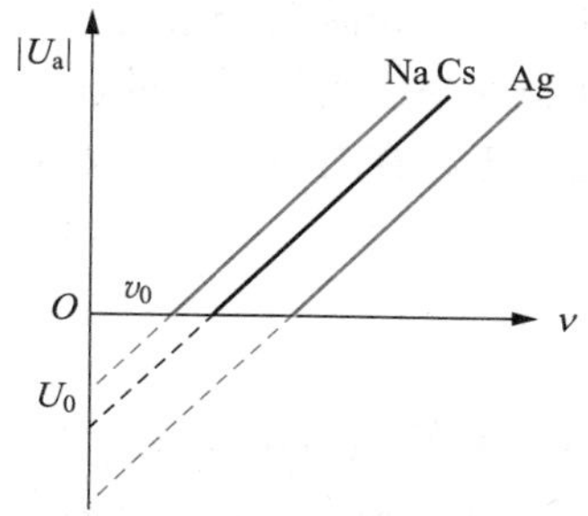

图 15－6　截止电压与入射光频率间的关系

将式(15.9)代入式(15.8)，得

$$\frac{1}{2}mv^2=eK\nu-eU_0 \tag{15.10}$$

式中，K 是一个与金属材料性质无关的常量，U_0 是由金属材料性质决定的恒量。则由式(15.10)可得出：光电子的初动能随入射光频率的增加而线性增加，与入射光强度无关。

3. 每一种金属都有一个红限频率

实验表明：当光照射某一金属时，如果光的频率 ν 小于某一频率 ν_0，无论光的强度如何，都不会产生光电效应现象。我们把 ν_0 称为红限频率。不同物质具有不同的红限频率，对应着一定的红限波长，见表 15－1。

表 15－1　几种金属的红限频率和逸出功

金属	红限频率 ν_0/Hz	红限波长 λ_0/nm	逸出功 A/eV
钠 Na	4.39×10^{14}	684	1.82
铯 Cs	4.60×10^{14}	652	1.90
钾 K	5.45×10^{14}	550	2.30
钙 Ca	6.53×10^{14}	459	2.71
铍 Be	9.40×10^{14}	319	3.90
钛 Ti	9.9×10^{14}	303	4.10
钨 W	1.08×10^{15}	278	4.50
汞 Hg	1.09×10^{15}	275	4.50
金 Au	1.16×10^{15}	258	4.8
钯 Pd	1.21×10^{15}	248	5.0

4. 光电效应是瞬时发生的

实验发现：只要入射光频率 $\nu>\nu_0$，无论光的强度多么微弱，从光照射阴极到光电子逸出，所需时间不超过 10^{-9} s。

15.3.3 经典电磁理论的困难

从经典电磁理论的观点，光电子的逸出是由于照射到金属上的光波迫使金属中的电子振动，把光波的能量变成电子的能量，使电子有足够的能量挣脱金属的束缚而逸出。电子所获得的能量与光的强度有关，而光的强度与光矢量的振幅的平方成正比，与频率无关。但实验结果表明：光电子的逸出只与入射光的频率有关。只要入射光的频率 ν 大于红限频率 ν_0，不论光强多么微弱，都有光电子产生；如果 $\nu<\nu_0$，则不论光强多么强烈，也无论照射时间多长，都没有光电子产生。按照经典理论，光能量分布在波面上，金属中的电子吸收能量的范围是有限的，电子要吸收到使其从金属中逸出的足够的能量，需要一段积累能量的时间。但实验表明：光电子的逸出是瞬时的，不存在滞后时间。光电效应使经典理论陷入了困境。

15.3.4 光子假说 爱因斯坦方程

1. 爱因斯坦的光子假说

为了解释光电效应的实验事实，1905 年爱因斯坦提出了关于光的本性的光量子假说。爱因斯坦认为：光不仅像普朗克已指出过的，在发射或吸收时具有粒子性，而且光在空间传播时也具有粒子性，即一束光是一粒一粒以光速 c 运动的粒子流。这些光粒子称为光量子，1926 年美国化学家刘易斯(G. H. Lewis)把它叫做光子。每一光子的能量为 $\varepsilon=h\nu$(h 为普朗克常数，ν 为光的频率)，不同频率的光子具有不同的能量。光的能流密度 S(即单位时间内通过单位面积的光能)取决于单位时间内通过单位面积的光子数 N，故频率为 ν 的单色光的能流密度为

$$S=Nh\nu$$

另外，光子作为一个粒子，具有质量和动量，频率为 ν 的光子的质量和动量分别为

$$m=\frac{\varepsilon}{c^2}=\frac{h\nu}{c^2}$$

$$p=mc=\frac{h\nu}{c}=\frac{h}{\lambda}$$

式中，λ 为光的波长。

2. 爱因斯坦方程

按照光子假说，光电效应可以解释如下：光子照射到金属表面时，被金属中的自由电子一次吸收。“一个光子的能量 $h\nu$ 一部分消耗于电子从金属表面逸出时所需的逸出功 W，另一部分转化为光电子的动能。即有

$$h\nu=\frac{1}{2}mv^2+W \tag{15.11}$$

这个方程称为爱因斯坦光电效应方程。由方程可直接得到光电子的初动能与频率之间的线性关系，而与光强无关。由于光电子的初动能最小为零，不可能为负值，即 $\frac{1}{2}mv^2\geqslant 0$，所以红限频率对应于电子所吸收的能量全部消耗于逸出功，即 $h\nu_0=W$。故要求 $h\nu\geqslant W$，即

$\nu > \nu_0$。当入射光的强度增加时，光子数也增多，因而单位时间内光电子的数目增多，所以饱和光电流与光强成正比。当光照射到金属表面时，一个光子的能量将一次性地被电子所吸收，不需要时间去积累能量，因此光电效应是瞬时发生的。

爱因斯坦的光子假说成功地解释了多年悬而未决的光电效应实验规律。可是在当时，几乎所有老一辈物理学家都反对光量子论，甚至提出能量子假设的普朗克对此也难以认可。美国物理学家密立根(R. A. Millikan)起初不相信光量子论，他花费十年的时间去检验爱因斯坦的光电效应公式，希望能够证实公式是错误的。但实验结果使他不得不断言这个理论的正确性，并由该公式精确地测定了 h 的值。密立根因证实了这个方程而获得诺贝尔奖。爱因斯坦也因对理论物理学所做的贡献，特别是因发现了光电效应方程而获得诺贝尔奖。

现代科学技术中常用到光电转换技术，其中，光电效应是重要的技术手段之一。例如，微光夜视仪和一些光放大器就是根据光电效应的物理学原理制作而成的。光子进入夜视仪后打在金属板上，产生光电子，这些电子又通过一个安放在光屏前的薄盘片，盘片上有数百万个微通道(即数百万个像素)，电子进入微通道后实现电子倍增，最后投射到荧光屏上成像，成像的亮度可以达到肉眼直接观察亮度的数千倍。最常见的电动门，当光电池电子眼探测到人到来之后，门就旋转着打开了。这种传感器由两个电极夹着一块半导体制成，可以对光做出响应。当光强变化时，例如光束被截断或总体亮度减小，传感器产生的电流大小会发生改变，从而与相应的电路耦合，就可以触发开关将门打开。

15.4　康普顿效应

15.4.1　康普顿效应的实验规律

可见光在物质中前进时，会因媒质中其他微粒的存在，或因媒质的不均匀而使部分光线偏离原来方向而分散开传播，这种现象称为散射。光在微粒的大小比光波波长小的浑浊介质中的散射称为瑞利散射，散射光的光强与波长的四次方成反比。由此可以解释无云的天空为什么呈蓝色。由于 X 射线的波长与原子大小同数量级，所以其散射的规律有所不同。

在 1922—1923 期间，美国科学家康普顿(A. H. Compton)在研究 X 射线经金属、石墨等物质散射后的光谱成分时发现：散射光中除了与 X 射线波长相同的谱线外，还有波长变长的谱线存在。这种改变波长的散射称为康普顿效应。其实早在 1904 年伊夫(A. S. Eve)就发现 γ 射线被物质散射后波长有变长的现象，只是当时没能引起重视。1923 年康普顿发表了他所发现的效应，并利用光量子假设对此做出了解释，为此，康普顿获得了诺贝尔奖。

康普顿效应的实验装置简图如图 15-7 所示。由 X 射线源发出的一束波长为 λ 的 X 光通过光栅后投射到散射物质(如石墨)上，再由摄谱仪测量不同方向上散射的 X 光的波长和强度。

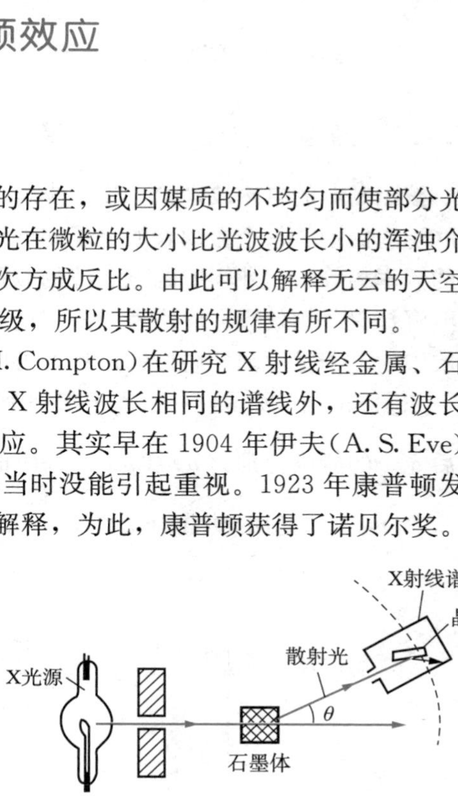

图 15-7　康普顿效应实验装置图

康普顿本人以及我国物理学家吴有训所做实验的结果可概括如下：

(1)在原子量较小的物质中，康普顿散射较强；在原子量较大的物质中，康普顿散射较弱，如图 15－8 所示。

(2)波长的改变量 $\Delta\lambda$ 随散射角 φ 的增大而增大，如图 15－9 所示。

(3)在同一散射角下，$\Delta\lambda$ 的大小与散射物质种类无关。

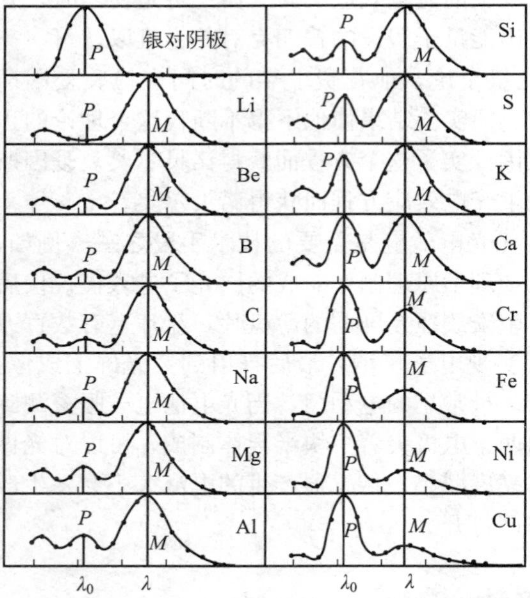

图 15－8　康普顿和吴有训 1924 年发表的曲线

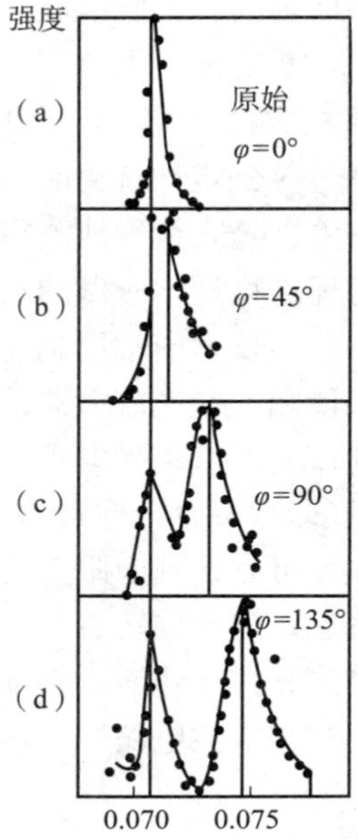

图 15－9　石墨的康普顿散射实验结果

15.4.2　康普顿效应的理论解释

按照经典的电磁波理论，X 射线是一种电磁波。当电磁波通过物质时，它引起物质中电子的受迫振动。每个振动着的电子向四周辐射电磁波。由于电子受迫振动频率与入射 X 射线的频率相等，向外辐射的电磁波的频率也与入射 X 射线的频率相同，所以经典电磁理论不能解释康普顿效应。应用爱因斯坦的光量子理论，并把康普顿效应看作是 X 射线光子与物质中的电子发生弹性碰撞的过程，可以使康普顿效应的实验规律得到圆满的解释。

如图 15－10 所示，一个光子与一个原来静止的自由电子发生弹性碰撞，入射光子和散射后光子的能量分别为 $h\nu$ 和 $h\nu'$，相应的动量分别为 $\frac{h\nu}{c}$ 和 $\frac{h\nu'}{c}$，电子碰撞前后的能量分别为 m_0c^2 和 mc^2，对应的动量为 0 和 mv。则根据动量、能量守恒定律有

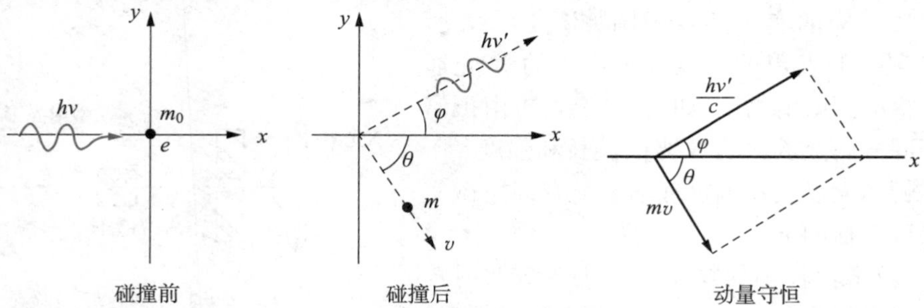

图 15－10　康普顿效应的推导

$$h\nu+m_0c^2=h\nu'+mc^2$$

$$\frac{h\nu}{c}=\frac{h\nu'}{c}\cos\varphi+mv\cos\theta$$

$$0=\frac{h\nu'}{c}\sin\varphi-mv\sin\theta$$

将上面三式整理为

$$h(\nu-\nu')+m_0c^2=mc^2 \tag{15.12}$$

$$\frac{h\nu}{c}-\frac{h\nu'}{c}\cos\varphi=mv\cos\theta \tag{15.13}$$

$$\frac{h\nu'}{c}\sin\varphi=mv\sin\theta \tag{15.14}$$

式(15.13)的平方加上式(15.14)的平方，再减去式(15.12)的平方得

$$m_0^2c^4-2h^2\nu\nu'(1-\cos\varphi)+2m_0c^2h(\nu-\nu')=m^2c^4\left(1-\frac{v^2}{c^2}\right)$$

将 $m=m_0/\sqrt{1-v^2/c^2}$ 代入上式并整理得：

$$\frac{c}{\nu'}-\frac{c}{\nu}=\frac{h}{m_0c}(1-\cos\varphi)$$

即

$$\lambda'-\lambda=\frac{2h}{m_0c}\sin^2\frac{\varphi}{2} \tag{15.15}$$

令 $\lambda_C=\frac{h}{m_0c}=0.002\ 426\ \text{nm}$，称为电子的康普顿波长，则

$$\Delta\lambda=2\lambda_C\sin^2\frac{\varphi}{2} \tag{15.16}$$

上式为康普顿公式。

在康普顿效应中，一个光子与散射物质中一个自由电子或束缚较弱的电子的相互作用就可以视为一个光子与一个电子发生弹性碰撞。由于碰撞后电子获得了光子的一部分能量，所以光子的能量要减少，故频率变小(波长变长)。从(15.16)式可以看出：波长的改变量 $\Delta\lambda$ 随散射角 φ 的增大而增大，且与散射物质无关。需要注意：当 $\lambda\gg\lambda_C$ 时，$(\lambda'-\lambda)/\lambda\to0$，即观察不到康普顿效应。这就是我们做康普顿散射实验时，不能用可见光而用 X 射线的原因。

轻原子中电子受原子核束缚较弱，可近似看作自由电子，因此在原子量较小的物质中，康普顿效应较明显。重原子中只有外层电子因受原子核束缚较弱而可以看成自由电子，其内层的电子被原子核紧紧地束缚着。当光子与束缚很紧的电子发生碰撞时，就相当于光子与整个原子发生碰撞。由于原子的质量远远大于电子的质量，依据碰撞理论，碰撞前后光子的能量几乎保持不变。故散射光的频率(或波长)基本保持不变。因此原子量较大的物质康普顿效应较弱。这也正是散射光中仍然存在与入射光波长相同谱线的原因。

康普顿效应在理论分析上和实验结果上的高度一致，不仅有力地证实了光子理论，而且说明了光子确实与实物粒子一样具有一定的质量、能量和动量。特别是个别光子和个别电子间的相互作用同样遵守能量守恒和动量守恒定律。也就是说，在微观领域中，个别微观粒子间的相互作用，也严格遵守能量守恒定律和动量守恒定律。

例 15.1 康普顿散射实验，入射光为 $\lambda_0=0.0712\ \text{nm}$ 的 X 射线，散射物为石墨，问：(1)入射光子的能量有多大？(2)在与入射方向成 180°角的方向上观察时，与散射光相应的波长以及光子的能量有多大？(3)此时电子的反冲能量有多大？

解

(1)入射光光子的能量为

$$E_0=\frac{hc}{\lambda_0}=\frac{6.63\times10^{-34}\times3\times10^8}{7.12\times10^{-11}}=2.79\times10^{-15}(\text{J})=1.75\times10^4(\text{eV})$$

(2)由康普顿公式

$$\Delta\lambda=\frac{2h}{m_0c}\sin^2\frac{\varphi}{2}=\frac{2\times6.63\times10^{-34}}{9.1\times10^{-31}\times3\times10^8}=4.86\times10^{-3}(\text{nm})$$

散射光的波长为

$$\lambda=\lambda_0+\Delta\lambda=0.0761\ \text{nm}$$

散射光子的能量为

$$E=\frac{hc}{\lambda}=\frac{6.63\times10^{-34}\times3\times10^8}{7.61\times10^{-11}}=2.61\times10^{-15}(\text{J})=1.63\times10^4(\text{eV})$$

(3)反冲电子的能量为

$$E_e=E_0-E=1.2\times10^3\ \text{eV}$$

15.5 实物粒子的波粒二象性

15.5.1 德布罗意物质波假设

光的干涉和衍射现象证明了光的波动性，黑体辐射、光电效应和康普顿效应等新的实验事实又证明了光的粒子性。在 1923—1924 年期间，光的波粒二象性作为一个普通概念，已经为人们所理解和接受。1924 年法国青年物理学家德布罗意(L. de Broglie)在光的波粒二象性的启发下提出了假设：不只是辐射具有波粒二象性，一切实物粒子也具有波粒二象性。这种与实物粒子相联系的波，就叫物质波，常称为德布罗意波。

德布罗意把对光的波粒二象性的描述直接运用到实物粒子上，得到了一个描述实物粒子粒子性的物理量(能量 E 和动量 p)与描述实物粒子波动性的物理量(频率 ν 和波长 λ)之间的关系式

$$E=mc^2=h\nu \tag{15.17}$$

$$p=mv=\frac{h}{\lambda} \tag{15.18}$$

式中，h 为普朗克常数。以上两式称为德布罗意公式。式(15.18)可以表示为

$$\lambda=\frac{h}{mv} \tag{15.19}$$

λ 表示实物粒子的物质波的波长，称为德布罗意波长。如果粒子的静止质量用 m_0 表示，则上式变为

$$\lambda=\frac{h}{m_0v}\sqrt{1-\frac{v^2}{c^2}} \tag{15.20}$$

当 $v \ll c$ 时，忽略相对论效应，粒子的动量 $p=m_0 v$，动能 $E_k=\frac{1}{2}m_0 v^2$，故

$$\lambda=\frac{h}{m_0 v}=\frac{h}{\sqrt{2m_0 E_k}} \tag{15.21}$$

例 15.2　求一个速率为 2×10^6 m/s 的电子和一个速率为 10^{-3} m/s，质量为 10^{-8} kg 的尘埃粒子的德布罗意波长。

解

由于两个实物粒子的速率与光速相比都小得多，可忽略相对论效应。电子和尘埃的波长分别为

$$\lambda_{电}=\frac{h}{m_0 v}=\frac{6.63\times10^{-34}}{9.11\times10^{-31}\times2\times10^6}=0.4\ (\text{nm})=4\times10^{-10}\,(\text{m})$$

$$\lambda_{尘}=\frac{h}{m_0' v'}=\frac{6.63\times10^{-34}}{10^{-8}\times10^{-3}}=7\times10^{-23}\,(\text{m})$$

电子的波长可以与原子的大小相比并可能被观察到。尘埃粒子虽然很小，但仍属于宏观物体，其德布罗意波长太小(比原子核 $10^{-15}\sim10^{-14}$ m 还小得多)，所以不能被观察到。故宏观物体通常无明显的波动效应。

15.5.2　德布罗意波的实验验证

德布罗意是采用类比法提出他的假设，当时并没有任何直接的证据。德布罗意预见到可以用电子在晶体上作衍射实验来进行验证，很快人们通过电子在晶体上的衍射实验证实了德布罗意物质波理论的正确性。

1. 戴维森—革末实验

1927 年戴维森与革末在精密的实验条件下，做了电子束在镍晶体表面反射时产生散射现象的实验。实验装置原理图如图 15－11(a)所示。由电子枪发出的热电子经一定电势差 U 加速后，通过狭缝形成一束很细的平行电子射线，垂直入射到镍单晶晶体的表面，经晶面反射后用探测器收集，进入探测器中的电子流强度 I 可用电流计 G 来测量。在研究散射电流 I(电子流强度)与加速电压 U 和散射角关系时发现，对某个固定的入射角和反散角 φ，当加速电压 U 单调增加时，电子流强度 I 并不是单调增加，而是明显地表现出有规律的选择性，只有当加速电压为某一些特定值时，电子流强度才有极大值(如图 15－11(b)所示)。这与经典概念中加速电压越大，电子速度越大，则电子流强度也应随之单调增加的规律相矛盾，而与 X 射线晶体衍射规律十分相似。

当 X 射线投射到晶体表面时，只有入射波长符合布喇格公式的那些射线才能从 φ 角反射，即满足关系式：$2d\sin\varphi=k\lambda(k=0,1,2,\cdots)$，式中的 d 表示晶格常数。

如果我们承认德布罗意物质波假设的正确性，并认为电子波在晶体表面上的反射也遵从布喇格衍射公式，由图 15－11(c)可知

$$d\sin\varphi=k\lambda \tag{15.22}$$

式中，λ 为电子的德布罗意波长。电子经加速后获得动量 p，当电子速度 $v\ll c$ 时，有 $\frac{p^2}{2m_0}=eU$，代入式(15.21)得

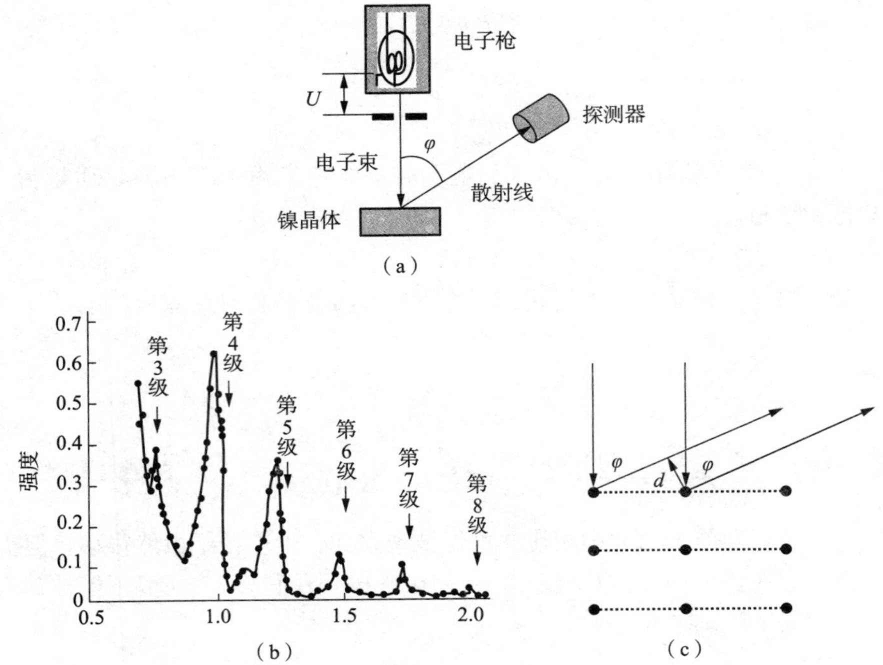

图 15－11　戴维森—革末实验

(a) 装置原理图；(b) 戴维森(1928)发表的曲线；(c) 衍射分析

$$\lambda=\frac{h}{\sqrt{2em_0}}\frac{1}{\sqrt{U}} \tag{15.23}$$

将式(15.23)代入式(15.22)，得到：

$$d\sin\varphi=\frac{h}{\sqrt{2em_0}}\frac{1}{\sqrt{U}}k$$

由此可见：当 φ 为确定值时，只有满足上式的加速电压 U，才能使探测器所收集的电流达到极大值。这与实验结果极为符合(图 15－11(b))，肯定了电子在晶体内的衍射现象。实验中取 $\varphi=50°$，测得加速电压 $U=54$ V 时，电子流强度出现峰值，已知镍的晶格常数 $d=2.15\times10^{-10}$ m，取 $k=1$，由布喇格公式，得

$$\lambda=\frac{d\sin\theta}{k}=\frac{2.15\times10^{-10}\times\sin50°}{1}=1.65\times10^{-10}\,(\text{m})=0.165\ (\text{nm})$$

由式(15.23)计算的电子德布罗意波长，得

$$\lambda=\frac{h}{\sqrt{2em_0}}\frac{1}{\sqrt{U}}=\frac{6.63\times10^{-34}}{\sqrt{2\times1.6\times10^{-19}\times9.1\times10^{-31}\times54}}=0.167\ (\text{nm})$$

与实验值 0.165 nm 很接近，很好地证实了德布罗意物质波的假设。

2. 汤姆孙实验

1928 年，G·P·汤姆孙用另外一种方法证实了电子的波动性。他用上万伏的电压将电子束加速，使电子能够穿透固体薄箔，直接产生衍射图样。实验原理图如图 15－12 所示。衍射物质也不必用单晶材料，可以用多晶体代替。因为多晶体是由大量随机取向的微小晶体组成，沿各种方向的平面都有可能满足布喇格条件(即衍射加强条件)，所以可以从各个方向

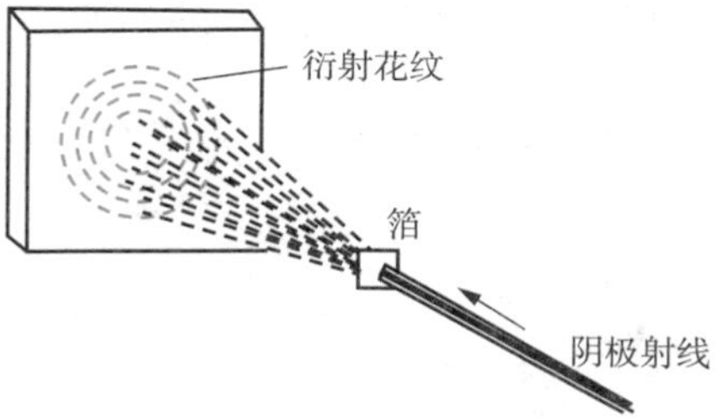

图 15－12　G·P·汤姆孙的实验原理图

同时观察到衍射，其衍射图样必将是一组同心圆环，和 X 射线所得衍射图样类似（如图 15－13 所示）。在实验中相继观测到原子、分子、中子和质子等实物粒子的衍射现象，它们的波长都可以用德布罗意公式确定。1937 年，人们应用电子的波动性制成了第一台电子显微镜，它能把微小物体放大 12 000 倍以上。现在应用电子显微镜分析物质的微观结构，已经成为材料研究的一种主要手段。

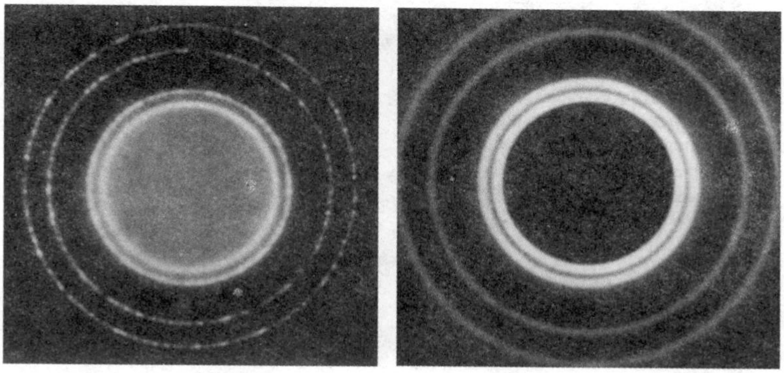

（a）　　（b）

图 15－13　衍射图样

（a）电子；（b）X 射线

例 15.3　试计算电子经过 $U=100$ V 的电压加速后的德布罗意波长，并与质量 $m=0.01$ kg 的子弹，以速度 $v=600$ m/s 运动时的德布罗意波长进行比较。

解

通过测算可知：电子被加速后的速度 $v \ll c$，所以可忽略相对论效应。即

$$\frac{1}{2}mv^2=eU$$

由此得

$$v=\sqrt{\frac{2eU}{m}}$$

根据德布罗意公式，电子波动波长为

$$\lambda=\frac{h}{mv}=\frac{h}{\sqrt{2em}}\frac{1}{\sqrt{U}}=0.122\ (\text{nm})$$

子弹波动波长为

$$\lambda=\frac{h}{mv}=\frac{6.63\times10^{-34}}{0.01\times600}=1.105\times10^{-34}\ (\text{m})$$

由此可见：宏观物体的物质波波长小到实验难以测量的程度，所以宏观物体通常无明显的波动效应，仅表现出粒子性。

例 15.4　某电子枪的加速电压 $U=5\times10^4$ V，求：(1)电子的速度；(2)电子的运动质量；(3)电子的德布罗意波长。

解

(1)因加速电压 U 很大，电子的速度已经接近光速，所以必须考虑相对论效应。

电子动能
$$E_k=mc^2-m_0c^2=eU$$

即
$$eU=m_0c^2\left(\frac{1}{\sqrt{1-\frac{v^2}{c^2}}}-1\right)$$

故
$$\begin{aligned}v&=c\sqrt{1-\left(\frac{m_0c^2}{m_0c^2+eU}\right)^2}\\&=3\times10^8\sqrt{1-\left[\frac{9.11\times10^{-31}\times(3\times10^8)^2}{9.11\times10^{-31}\times(3\times10^8)^2+1.6\times10^{-19}\times5\times10^4}\right]^2}\\&=1.24\times10^8(\text{m/s})\end{aligned}$$

(2)电子的质量
$$m=\frac{m_0}{\sqrt{1-\frac{v^2}{c^2}}}=\frac{9.11\times10^{-31}}{\sqrt{1-\left(\frac{1.24\times10^8}{3\times10^8}\right)^2}}=10.0\times10^{-31}(\text{kg})$$

(3)电子的德布罗意波长
$$\lambda=\frac{h}{mv}=\frac{6.63\times10^{-34}}{10.0\times10^{-31}\times1.24\times10^8}=5.35\times10^{-12}(\text{m})$$

15.5.3　德布罗意波的统计解释

在经典物理学中，粒子和波是截然不同的两个概念。粒子是分立的，有确定的运动轨道，在任意时刻都有确定的位置和速度；波是连续的，可以叠加，能产生干涉和衍射现象。两个如此完全不能相容的对立概念怎样统一？波动性和粒子性怎样联系起来？1926 年玻恩(M. Born)对实物粒子的波动性做出了令人信服的解释，同时把实物粒子的波动性和粒子性统一起来。

对于光的衍射现象中的光强问题，爱因斯坦从光子论出发应用统计学的观点提出：光强大小与单位时间内落到屏幕上光子数目成正比。光强大的地方，光子到达的概率大；而光弱的地方，光子到达的概率小。对于电子衍射现象，玻恩用同样的观点来分析，认为电子流出现峰值(或衍射图样出现亮条纹)处电子出现的概率大，非峰值(或衍射图样的暗纹)处电子出现的概率小。在电子的双缝衍射实验中，如果电子流很弱，使电子几乎一个一个地通过双缝，开始时电子在荧光屏上出现的亮点是没有任何规律的。随着入射电子数目的增多，就逐渐地显示出一定的规律性。当入射电子的数目相当大时，其规律性就明显地显示出来，图 15-14 是电子双缝衍射的实验照片，与杨氏双缝干涉实验的结果相同，都出现明暗相间的条纹。这表明个别粒子的行为有一定的偶然性，大量粒子则遵从一个确定的统计规律，粒子在空间的分布就表现为具有连续特征的波动性。德布罗意物质波本质上是一种统计意义下的概率波，与经典物理中的波有本质的区别。

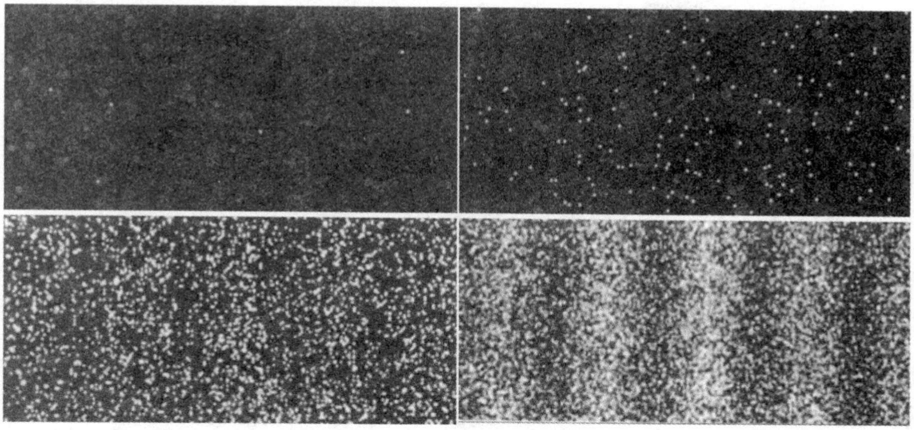

图 15-14　电子通过双缝衍射照片

15.6　不确定关系

在经典力学中，一个物体的位置和动量是可以同时确定的。如果已知物体在某一时刻的位置和动量及其受力情况，通过求解运动方程，可以精确地确定在此之后任意时刻物体的位置和动量，并且可以求得物体运动的轨道。对于微观粒子而言，由于它的粒子性，可以谈论它的动量和位置；但由于它的波动性，任一时刻粒子并不具有确定的位置。故由于波粒二象性的缘故，任意时刻微观粒子的位置和动量都有一个不确定量，即不能同时用位置和动量来准确地描述微观粒子的运动。

1927 年德国物理学家海森伯(W. K. Heisenbery)在分析了若干理想实验之后，把这种不确定关系定量地表示出来，这就是著名的不确定原理，又称为不确定关系。海森伯在 1932 年获得诺贝尔物理学奖。现以电子单缝衍射实验为例来说明。

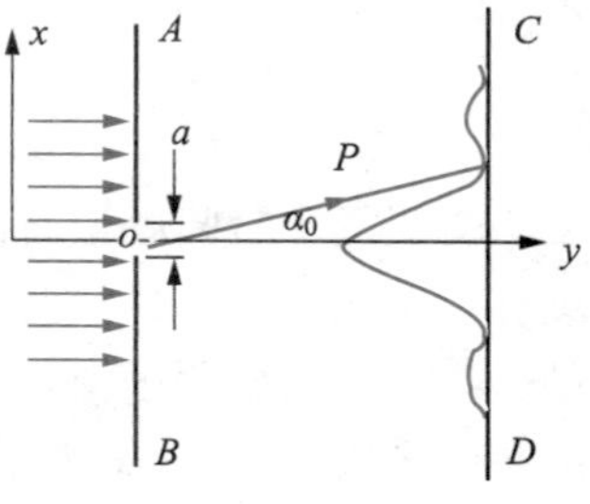

图 15-15
电子束衍射实验

如图 15-15 所示，一束动量为 P 的电子沿 y 轴方向运动，通过缝宽为 $a(a=\Delta x)$ 的单缝后发生衍射现象，在屏上形成衍射条纹。对于一个电子而言，我们无法确切说出它通过狭缝的哪一点，但可以说出电子在 x 方向上的不确定范围是 Δx。同时电子在通过狭缝的瞬时产生了衍射，电子的动量方向也发生了改变，即 $\Delta p_x \neq 0$。如果忽略衍射的次极大，认为所有电子都落在中央极大内，则电子在通过狭缝时，运动方向可以产生的最大偏角为 α_0。设电子束中的任意电子经过狭缝后，其衍射角为 α，x 方向的动量为 $p_x = p\sin\alpha$，则有

$$0 \leqslant p_x \leqslant p\sin\alpha_0$$

即电子通过狭缝时在 x 方向上的动量不确定量为

$$\Delta p_x = p\sin\alpha_0$$

依据单缝衍射公式，有

$$\Delta x\sin\alpha_0=\lambda$$

式中，λ 为德布罗意物质波的波长，将上式代入德布罗意公式得

$$\Delta x p\sin\alpha_0=h$$

即

$$\Delta x\Delta p_x=h$$

如果把衍射的次极大也考虑在内，则 Δp_x 将比上式所给出的更大，于是有

$$\Delta x p_x\geqslant h \tag{15.24}$$

运用更严格的理论，可以推出

$$\Delta x\Delta p_x\geqslant\frac{\hbar}{2} \tag{15.25}$$

式中，$\hbar=\dfrac{h}{2\pi}$，此式称为海森伯不确定关系。由于此公式实际上常用于数量级的估计，所以又简写为

$$\Delta x\Delta p_x\geqslant\hbar \tag{15.26}$$

可以将此不确定关系推广到其他坐标，同样可有

$$\Delta y\Delta p_y\geqslant\hbar \tag{15.27}$$

$$\Delta z\Delta p_z\geqslant\hbar \tag{15.28}$$

不确定关系不仅适用于电子，也适用于其他微观粒子。此关系表明：不能同时用确定的位置和确定的动量来描述微观粒子。具体地说：位置不确定量越小，则动量不确定量就越大；反之亦然。如果粒子的位置完全确定($\Delta x=0$)，则粒子的动量值就完全不确定($\Delta p_x\to\infty$)；反之亦然。微观粒子的这个特性直接来源于其波粒二象性，它表示了同时测量一个粒子的位置和动量的精确度的极限。不确定关系是物质的客观规律，不是测量技术和主观能力的问题。

不确定关系是普遍原理，在微观世界中广泛存在，而且有许多种表现形式，时间和能量、角位置和角动量之间也存在这种关系，即

$$\Delta E\Delta t\geqslant\hbar \tag{15.29}$$

$$\Delta\theta\Delta L\geqslant\hbar \tag{15.30}$$

与能量和时间联系着的不确定性存在于原子的能级中，实际上能级都不是单一值，而是具有一定宽度 ΔE 的，也就是说，电子处在某能级时，实际的能量有一个不确定的范围 ΔE 量。在同类大量原子中，停留在相同能级上的电子有的停留时间长，有的停留时间短，可以用一个平均寿命 Δt 来表示。能级宽度可以通过谱线宽度测出，从而可以推知能级的平均寿命。由于原子的基态能级是稳定的，所以对于基态有 $\Delta E=0$，$\Delta t\to\infty$。这个原理不但适用于原子中核外电子的能级，也适用于原子核及基本粒子问题。

例 15.5　一质量为 0.01 kg 的子弹，具有 400 m/s 的速率，动量的不确定量为 0.01%，确定该子弹的位置时，其不确定量为多少？

解

子弹的动量为

$$p=mv=0.01\times400=4\ (\text{kg}\cdot\text{m/s})$$

动量不确定量为

$$\Delta p=0.01\%p=4\times10^{-4}(\text{kg}\cdot\text{m/s})$$

由不确定关系可得子弹位置的不确定范围为

$$\Delta x=\frac{\hbar}{\Delta p}=\frac{6.63\times 10^{-34}}{2\times 3.14\times 4\times 10^{-4}}=2.7\times 10^{-31}(\mathrm{m})$$

例 15.7　质量为 0.01 kg 的子弹，从直径为 5 mm 的枪口射出，试用不确定关系计算子弹射出枪口时的横向速度。

解

枪口的直径为子弹射出枪口时的位置不确定量 Δx，因为 $\Delta p_x=m\Delta v_x$，由不确定关系得

$$\Delta v_x=\frac{\hbar}{m\Delta x}=\frac{6.63\times 10^{-34}}{2\times 3.14\times 0.01\times 5\times 10^{-3}}=2.1\times 10^{-30}(\mathrm{m/s})$$

由以上两例可以看出，像子弹这样的宏观粒子的位置及速度的不确定量实在是微不足道。所以对于子弹这种宏观物体，不确定关系实际上是不起作用的，它的波动性不会对它的“经典式”运动以及射击时的瞄准带来任何实际的影响。

例 15.8　在电视显像管中电子的加速电压为 9 kV，电子枪枪口直径取 0.1 mm，求电子射出电子枪时产生的横向速度。

解

因为 $\Delta x=1\times 10^{-4}$ m 和 $m=9.11\times 10^{-31}$ kg，所以由不确定关系得电子出枪口时的速度为

$$v_x=\Delta v_x=\frac{\hbar}{m\Delta x}=\frac{6.63\times 10^{-34}}{2\times 3.14\times 9.11\times 10^{-31}\times 10^{-4}}=1.2\ (\mathrm{m/s})$$

由电子的加速电压 $U=9$ kV 可以计算出电子的速度 $v\approx 6\times 10^{7}$ m/s。由于 $v_x\ll v$，所以在这种情况下，电子的波动性仍然没有实际的影响。电子的行为表现得跟经典粒子一样，这就是我们能够从电视机上看到清晰图像的原因。

例 15.9　求原子中电子速度的不确定量。

解

原子的线度一般为 10^{-10} m，由于电子在原子中运动，这意味着电子的位置不确定量为 $\Delta x=10^{-10}$ m，则由不确定关系可得电子速度的不确定量为

$$\Delta v=\frac{\hbar}{m\Delta x}=\frac{6.63\times 10^{-34}}{2\times 3.14\times 9.11\times 10^{-31}\times 10^{-10}}=1.2\times 10^{6}(\mathrm{m/s})$$

这个速度不确定量的数量级与按照牛顿力学计算的氢原子中电子的轨道运动速度量级相同。由此可见，对于原子中的电子，谈论其速度是没有什么实际意义的。电子的波动性十分显著地被表现出来，对于电子运动的描述必须彻底抛弃轨道的概念，只能用电子在空间的概率分布的情况——电子云图像来描述(在 16 章中讲述)。

15.7　小　结

1. 描述辐射的物理量

单色辐出度：在单位时间内从物体单位表面积上所发射的单位波长间隔内的辐射能。

$$M_\lambda(T)=\frac{\mathrm{d}M(\lambda,T)}{\mathrm{d}\lambda}$$

辐出度：在单位时间内从单位表面积上所辐射出的各种波长的总辐射能。

$$M(T)=\int_0^{\infty} M_\lambda(T)\mathrm{d}\lambda$$

2. 黑体辐射规律

斯特藩-玻尔兹曼定律：$M(T)=\sigma T^4 \quad \sigma=5.670\times10^{-8}\,\mathrm{W/(m^2\cdot K^4)}$

维恩位移定律：$\lambda_m T=b \quad b=2.897756\times10^{-3}\ \mathrm{m\cdot K}$

普朗克黑体辐射公式：$M_\lambda(T)=2\pi hc^2\lambda^{-5}\dfrac{1}{e^{hc/k\lambda T}-1}$

3. 爱因斯坦光电效应方程 $h\nu=\dfrac{1}{2}mv^2+W$

4. 光的波粒二象性 $\varepsilon=h\nu \quad p=\dfrac{h}{\lambda}$

5. 康普顿效应 $\Delta\lambda=\lambda'-\lambda=\dfrac{2h}{m_0c}\sin^2\dfrac{\varphi}{2}$

6. 德布罗意物质波假设 $E=mc^2=h\nu \quad p=mv=\dfrac{h}{\lambda}$

7. 不确定关系 $\Delta x\Delta p_x\geqslant\hbar$

15.8 习　　题

15.1 什么是黑体？为什么从远处看山洞口总是黑的？

15.2 应用维恩位移定律估算人体辐射的电磁波中，单色辐出度最大的波长是多少？

15.3 如果把白炽灯中的钨丝看做黑体，其点亮时的温度为 2 900 K，求：

(1)电磁辐射中单色辐出度的极大值对应的波长；

(2)据此分析白炽灯发光效率低的原因。

15.4 假设太阳表面可视为黑体，现测得太阳光谱的 $\lambda_m=510$ nm，求太阳表面的温度和单位面积上的辐射功率。

15.5 加热黑体，其最大单色辐射出射度所对应的波长由 0.69 μm 变化到 0.50 μm，求总辐射出射度增加了的倍数。

15.6 从铝中移出一个电子需要 4.2 eV 的能量，今有波长为 200 nm 的光入射到铝表面，试问：

(1)由此发射出来的光电子的最大动能是多少？

(2)截止电势差为多大？

(3)铝的红限波长有多大？

15.7 在一定条件下，人眼视网膜能够对 5 个蓝绿光子($\lambda=5.0\times10^{-7}$ m)产生光的感觉。则

(1)此时视网膜上接收的光能量为多少？

(2)如果每秒钟都能吸收 5 个这样的光子，则到达眼睛的功率为多少？

15.8 若一个光子的能量等于一个电子的静能量，试求：

(1)该光子的频率；

(2)该光子的波长；

(3)该光子的动量。

15.9 试求下列光子的能量、动量和质量。

(1)红光：$\lambda=7.0\times10^{-7}$ m；

(2)X 射线：$\lambda=0.025$ nm；

(3)γ 射线：$\lambda=1.24\times10^{-3}$ nm。

15.10 设康普顿效应中入射的 X 射线的波长为 $\lambda=0.07$ nm，散射的 X 射线与入射的 X 射线垂直，求：

(1)反冲电子的动能 E_k；

(2)反冲电子运动的方向与入射的 X 射线之间的夹角 θ。

15.11 在康普顿散射中，入射光子的波长为 0.003 nm，反冲电子的速度为光速的 0.6 倍，求散射光子的波长及散射角。

15.12 波长为 $\lambda_0=0.01$ nm 的 X 射线与静止的自由电子碰撞，在与入射方向成 90°角的方向上观察时，散射 X 射线的波长是多少？反冲电子的动能和动量各为多少？

15.13 为什么我们在日常生活中察觉不到粒子的波动性和电磁辐射的粒子性？

15.14 一束带电粒子经 206 V 的电势差加速后，测得其德布罗意波长为 2.0×10^{-3} nm，已知该带电粒子所带电量与电子电量相等，求该粒子的质量。

15.15 质量为 4.0×10^{-2} kg 的子弹，以 1 000 m/s 的速度飞行，它的德布罗意波长是多少？为什么子弹不通过衍射效应显示其波动性？

15.16 测得质量为 50 g 的子弹速度的大小为 300 m/s，不确定量为 0.01%，试问子弹位置的不确定量为多少？

15.17 如果粒子的动量不确定量等于它的动量，试求这个粒子的位置最小不确定量与它的德布罗意波长的关系。

15.18 如果一个电子处于原子某能态的时间为 10^{-8} s，则这个原子的这个能量的最小不确定量是多少？

15.19 卢瑟福的 α 散射实验所用的 α 粒子的能量为 7.7 Me V，α 粒子的质量为 6.7×10^{-17} kg，所用 α 粒子的波长是多少？对原子的线度 10^{-10} m 来说，这种 α 粒子能像卢瑟福做的实验那样按经典力学处理吗？

15.20 氦氖激光器发出红光的波长为 $\lambda=632.8$ nm，谱线的宽度 $\Delta\lambda=10^{-9}$ nm，求：这个光子沿 x 轴方向传播时，它的 x 坐标的不确定量有多大？

第 16 章　量子力学基础

【学习目标】 理解微观物质的描述方式和波函数的统计意义，了解定态薛定谔方程及其应用，理解波函数和薛定谔方程是量子力学状态描述的手段；掌握玻尔氢原子理论，理解氢原子光谱的形成和理论解释；了解氢原子的量子力学处理方法，了解描述原子中电子运动的四个量子数和原子的电子壳层结构。

【实践活动】 扫描隧道显微镜广泛地应用于表面科学、材料科学和生命科学等领域的研究，它能够实时地观察单个原子在物质表面的排列状态和与表面电子行为有关的物化性质，能够提供材料表面结构的清晰照片，其分辨本领可以达到单个原子的尺寸。这么神奇的扫描隧道显微镜是根据什么原理制作而成的？

16.1　波函数　薛定谔方程

16.1.1　波函数

由于微观粒子具有波粒二象性，其运动不能用经典的坐标、动量、轨道等概念来精确描述。经典力学中用来描述宏观物体运动的基本方程 $F=ma$ 也不适用于微观粒子。因此必须建立能够正确反映微观世界客观规律的理论。在一系列实验的基础上，德布罗意、薛定谔(E. Schrödinger)、玻恩、狄拉克(P. A. M. Dirac)等人通过大量的工作，建立了反映微观粒子属性和规律的新的理论体系——量子力学。量子力学中，反映微观粒子运动的基本方程为薛定谔方程，微观粒子的运动状态用波函数来描述。

在波动学中，我们用表达式

$$y(x,\ t)=A\cos\omega\left(t-\frac{x}{u}\right)=A\cos2\pi\left(\nu t-\frac{x}{\lambda}\right) \tag{16.1}$$

来表示一个频率为 ν，波长为 λ，沿 x 方向传播的平面简谐波的波动方程。可以将其写为复数形式

$$y(x,\ t)=A\mathrm{e}^{-\mathrm{i}2\pi\left(\nu t-\frac{x}{\lambda}\right)} \tag{16.2}$$

实际上式(16.1)为式(16.2)的实数部分。

讨论一个不受外力作用，且沿 x 方向运动的自由粒子的德布罗意波的波函数形式。根据德布罗意公式及频率与能量的关系，可得其波长和频率分别为

$$\lambda=\frac{h}{p}$$

$$\nu=\frac{E}{h}$$

对于自由粒子，其能量 E 和动量 p 在运动中保持不变，则相应的波长 λ 和频率 ν 为恒量，这样与自由粒子相联系的物质波就是一种单色平面波。参考经典平面波的表达式(式 16.2)，

自由粒子波函数可以表示为

$$\Psi(x,\ t)=\Psi_0 \mathrm{e}^{-\mathrm{i}2\pi\left(\nu t-\frac{x}{\lambda}\right)}$$

将 $\nu=\frac{E}{h}$、$\lambda=\frac{h}{p}$ 代入上式，得

$$\Psi(x,\ t)=\Psi_0 \mathrm{e}^{-\frac{\mathrm{i}}{\hbar}(Et-px)} \tag{16.3}$$

式(16.3)为一维自由粒子的波函数。式中，Ψ_0 称为波函数的振幅。对于沿任意方向运动的自由粒子，其波函数可以表示为

$$\Psi(\boldsymbol{r},\ t)=\Psi_0 \mathrm{e}^{-\frac{\mathrm{i}}{\hbar}(Et-\boldsymbol{p}\cdot\boldsymbol{r})} \tag{16.4a}$$

或

$$\Psi(x,\ y,\ z,\ t)=\Psi_0 \mathrm{e}^{-\frac{\mathrm{i}}{\hbar}[Et-(p_x x+p_y y+p_z z)]} \tag{16.4b}$$

根据玻恩对物质波的统计解释，德布罗意波是概率波，粒子分布多的地方，粒子的德布罗意波的强度大，而粒子在空间分布数目的多少，与粒子在该处出现的概率成正比。根据波的强度与振幅的平方成正比的关系可知：某一时刻，出现在某点$(x,\ y,\ z)$附近体积元 $\mathrm{d}V$ 中的概率与体积元中波函数振幅的平方和体积元体积的乘积 $\Psi_0^2\mathrm{d}V$ 成正比。因为波函数 $\Psi(x,\ y,\ z,\ t)$为复指数函数，利用复指数函数的运算法则可得

$$\Psi_0^2=|\Psi(x,\ y,\ z,\ t)|^2=\Psi(x,\ y,\ z,\ t)\Psi^*(x,\ y,\ z,\ t) \tag{16.5}$$

式中，$\Psi^*(x,\ y,\ z,\ t)$是 $\Psi(x,\ y,\ z,\ t)$的共轭复数。所以有：

$$\Psi_0^2\mathrm{d}V=|\Psi(x,\ y,\ z,\ t)|^2\mathrm{d}x\mathrm{d}y\mathrm{d}z=\Psi(x,\ y,\ z,\ t)\Psi^*(x,\ y,\ z,\ t)\mathrm{d}x\mathrm{d}y\mathrm{d}z \tag{16.6}$$

$|\Psi(x,\ y,\ z,\ t)|^2$ 表示粒子 t 时刻在空间$(x,\ y,\ z)$的单位体积内出现的概率，称为概率密度，这就是波函数的物理意义。

必须注意：物质波与经典的机械波和电磁波有着本质的区别。机械波是机械振动在空间的传播，电磁波是电磁场在空间的传播，其波函数表示机械波和电磁波的规律，本身有确切的物理意义，而物质波是一种概率波，波函数是复数，本身无具体的物理意义，它的物理意义只能通过波函数绝对值的平方体现出来。

实物粒子波动性的统计解释对波函数提出以下几点要求：

(1)要求在空间任何有限体积元中找到粒子的概率为有限值。一般来说，这就意味着要求$|\Psi(x,\ y,\ z,\ t)|$为有限值。

(2)要求该粒子在空间各点的概率总和为 1。这意味着波函数应满足归一化条件

$$\iiint|\Psi(x,y,z,t)|^2\mathrm{d}x\mathrm{d}y\mathrm{d}z=1$$

此条件要求波函数的平方可积。

(3)要求$|\Psi(x,\ y,\ z,\ t)|^2$ 是单值。一定时刻在空间给定点粒子出现的概率应该是唯一的，不可能既是这个值，又是那个值。

(4)要求波函数 $\Psi(x,\ y,\ z,\ t)$是连续函数。这是由于不同点的概率分布应该是连续变化的，而不应该出现跃变。

综上所述：波函数必须具备单值、有限、连续的性质，即 $\Psi(x,\ y,\ z,\ t)$必须是时间 t 和空间坐标的单值、有限、连续函数。波函数的这种基本特征称为波函数满足的条件。

16.1.2　薛定谔方程

在经典力学中，质点的运动规律遵循牛顿运动定律，如果已知质点的受力情况及初始条

件，就可以知道任意时刻质点的运动状态。在量子力学中，由于微观粒子具有波粒二象性，其状态不能由位置和速度（动量）来确定，必须由波函数来描述。但是，如何由已知时刻 t_0 的波函数求得此后各时刻的波函数呢？1926 年薛定谔提出的方程解决了这个问题，这个方程称为薛定谔方程。

1. 自由粒子的薛定谔方程

一维自由粒子的波函数为

$$\Psi(x,\ t)=\Psi_0 e^{-\frac{i}{\hbar}(Et-px)}$$

将上式对时间 t 取一阶偏导数并对 x 取二阶偏导数得

$$i\hbar\frac{\partial}{\partial t}\Psi=E\Psi$$

$$-i\hbar\frac{\partial}{\partial x}\Psi=p_x\Psi,\quad -\hbar^2\frac{\partial^2}{\partial x^2}\Psi=p_x^2\Psi$$

这相当于在形式上作如下替换

$$E\rightarrow i\hbar\frac{\partial}{\partial t} \tag{16.7}$$

$$p_x\rightarrow -i\hbar\frac{\partial}{\partial x} \tag{16.8}$$

根据非相对论情形中自由粒子能量与动量的关系式

$$E=\frac{p_x^2}{2m}$$

将上述替换代入此式，然后作用于波函数上，可得

$$i\hbar\frac{\partial}{\partial t}\Psi(x,\ t)=-\frac{\hbar^2}{2m}\frac{\partial^2}{\partial x^2}\Psi(x,\ t) \tag{16.9}$$

对于三维运动的自由粒子，作如下替换

$$\boldsymbol{p}\rightarrow -i\hbar\nabla$$

$$p^2\rightarrow -\hbar^2\nabla^2=-\hbar^2\left(\frac{\partial^2}{\partial x^2}+\frac{\partial^2}{\partial y^2}+\frac{\partial^2}{\partial z^2}\right)$$

可得三维运动的自由粒子的薛定谔方程如下：

$$i\hbar\frac{\partial}{\partial t}\Psi(\boldsymbol{r},\ t)=-\frac{\hbar^2}{2m}\nabla^2\Psi(\boldsymbol{r},\ t) \tag{16.10}$$

应当指出：在相对论条件下，由于能量很高，会出现粒子的产生和湮灭，$\Psi(x,\ y,\ z,\ t)$的统计解释已不再适用，这时薛定谔方程已失效，而被狄拉克方程所取代。

2. 薛定谔方程的普遍形式

若粒子不是自由的，而是在某种势场中运动，则粒子的总能量 E 应等于动能 E_k 和势能 U 之和，即

$$E=\frac{p^2}{2m}+U(\boldsymbol{r},\ t) \tag{16.11}$$

对于任意的一个平面单色波

$$\Psi(\boldsymbol{r},\ t)=\Psi_0 e^{-\frac{i}{\hbar}(Et-\boldsymbol{p}\boldsymbol{r})}$$

将式(16.11)用相应的算符代替，再作用于上述波函数，得

$$-\frac{\hbar^2}{2m}\nabla^2\Psi(\boldsymbol{r},\ t)+U(\boldsymbol{r},\ t)\Psi(\boldsymbol{r},\ t)=\mathrm{i}\hbar\frac{\partial}{\partial t}\Psi(\boldsymbol{r},\ t) \tag{16.12}$$

令

$$\hat{H}\equiv-\frac{\hbar^2}{2m}\nabla^2+U(\boldsymbol{r},\ t) \tag{16.13}$$

该式称为哈密顿算符，则式(16.12)可以表示为：

$$\mathrm{i}\hbar\frac{\partial}{\partial t}\Psi=\hat{H}\Psi \tag{16.14}$$

该式称为含时间的薛定谔方程——薛定谔方程的普遍形式。

薛定谔方程的普遍形式表明，哈密顿算符决定了微观粒子体系的状态随时间的变化规律，在量子力学中占有特别重要的地位。当我们探索用新的理论模型来解释物理现象时，核心问题之一就是要找到该体系哈密顿算符的合理表达式。按照对应原理，哈密顿算符 $\hat{H}$ 作为算符 $\boldsymbol{r}$ 与 $\boldsymbol{p}$ 的函数，与经典分析力学中哈密顿量 H 作为 $\boldsymbol{r}$ 与 $\boldsymbol{p}$ 的函数在形式上是相同的。

要特别注意：式(16.14)中的 $\hat{H}$ 与 $\mathrm{i}\hbar\frac{\partial}{\partial t}$ 不是同一个算符。因为所谓两个算符相等，指的是这两个算符对于任意波函数 Ψ 的运算所得到的结果相同。然而，在自然界中真正能够实现的波函数 Ψ 必须满足薛定谔方程式(16.14)，但绝不是说式(16.14)对任意波函数 Ψ 都成立，即不能简单地在 $\hat{H}$ 与 $\mathrm{i}\hbar\frac{\partial}{\partial t}$ 之间划等号。

3. 定态薛定谔方程

一般情况下，势能 U 可以是时间的函数，从初态 $\Psi(\boldsymbol{r},\ 0)$ 通过薛定谔方程去求解末态 $\Psi(\boldsymbol{r},\ t)$ 是不容易的。然而，如果势能 U 不显含时间 t，在经典力学中这相当于粒子在不随时间改变的势场中运动，因而机械能守恒。这时的薛定谔方程(16.14)可以用分离变量法求解。为了与经典问题中的势能一致，$U(\boldsymbol{r})$ 应是实函数。

如果 $U(\boldsymbol{r})$ 不显含 t，设式(16.14)的一个特解为

$$\Psi(\boldsymbol{r},\ t)=\Psi(\boldsymbol{r})f(t) \tag{16.15}$$

则方程(16.14)的解可以表示为许多这种特解之和。将上式代入式(16.14)

$$\mathrm{i}\hbar\frac{\partial}{\partial t}\Psi(\boldsymbol{r},\ t)=\left[-\frac{\hbar^2}{2m}\nabla^2+U(r)\right]\Psi(\boldsymbol{r},\ t)$$

可得

$$\Psi(\boldsymbol{r})\left[\mathrm{i}\hbar\frac{\partial}{\partial t}f(t)\right]=f(t)\left[-\frac{\hbar^2}{2m}\nabla^2+U(\boldsymbol{r})\right]\Psi(\boldsymbol{r})$$

上式两端同除以 $\Psi(\boldsymbol{r})f(t)$ 得

$$\frac{\mathrm{i}\hbar}{f(t)}\frac{\mathrm{d}f(t)}{\mathrm{d}t}f(t)=\frac{1}{\Psi(\boldsymbol{r})}\left[-\frac{\hbar^2}{2m}\nabla^2+U(\boldsymbol{r})\right]\Psi(\boldsymbol{r}) \tag{16.16}$$

因为这个等式的左端只是时间 t 的函数，右边只是 $\boldsymbol{r}$ 的函数，而 t 与 $\boldsymbol{r}$ 是相互独立的变量，所以只有当两边都等于同一常量时，该等式才能成立。以 E 表示这个常数，则由式(16.16)的左边等于 E 可得

$$\mathrm{i}\hbar\frac{\mathrm{d}f(t)}{\mathrm{d}t}=Ef(t)$$

其解为

$$f(t)=C\mathrm{e}^{-\mathrm{i}Et/\hbar}$$

因此特解式(16.15)可以表示为

$$\Psi(\boldsymbol{r},\ t)=\Psi_E(\boldsymbol{r})\mathrm{e}^{-\mathrm{i}Et/\hbar}$$

其中，$\Psi_E(\boldsymbol{r})$是满足下列方程的解

$$\left[-\frac{\hbar^2}{2m}\nabla^2+U(\boldsymbol{r})\right]\Psi(\boldsymbol{r})=E\Psi(\boldsymbol{r}) \tag{16.17}$$

上式是由式(16.16)右边等于常量 E 而得到的。式(16.17)称为不含时间的薛定谔方程或定态薛定谔方程。通过求解定态薛定谔方程，可以求得体系各种可能的定态。

16.2　薛定谔方程的应用

16.2.1　一维无限深方势阱

通常把在无限远处为零的波函数所描述的状态称为束缚态。一般来说，束缚态的能级是分立的，形成离散谱。讨论一种最简单的理想化模型——一维无限深方势阱，如图 16-1 所示。假设一个粒子处于无限深方势阱中，即

$$U(x)=\begin{cases}0 & 0<x<a\\ \infty & x\leqslant 0,\ x\geqslant a\end{cases} \tag{16.18}$$

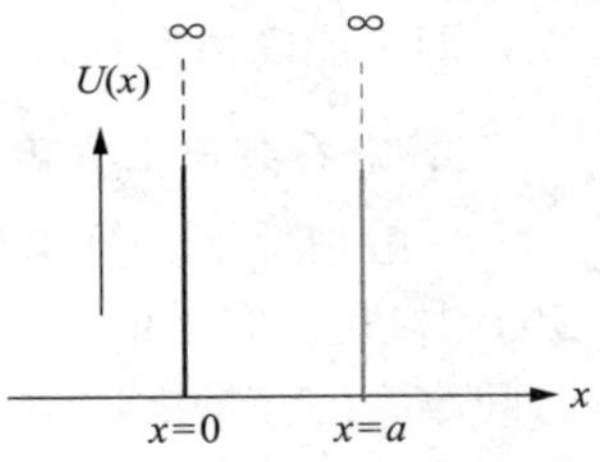

图 16-1　一维无限深方势阱

势能的无限大突变的存在意味着粒子绝不能透过 $x=0$ 和 $x=a$ 两点，因此有

$$\Psi(x,\ t)=0 \qquad x\leqslant 0 \text{ 或 } x\geqslant a \text{ 时}$$

由于 $U(x)$ 与时间无关，所以由定态薛定谔方程得

$$-\frac{\hbar^2}{2m}\frac{\mathrm{d}^2\Psi(x)}{\mathrm{d}x^2}+U(x)\Psi(x)=E\Psi(x)$$

在势阱内 $U(x)=0$，定态薛定谔方程为

$$-\frac{\hbar^2}{2m}\frac{\mathrm{d}^2\Psi(x)}{\mathrm{d}x^2}=E\Psi(x) \tag{16.19}$$

且有边界条件：$\Psi(0)=\Psi(a)=0$

令

$$k^2=\frac{2mE}{\hbar^2} \tag{16.20}$$

可将式(16.19)变为

$$\frac{\mathrm{d}^2\Psi(x)}{\mathrm{d}x^2}+k^2\Psi(x)=0 \qquad 0<x<a$$

这是一个二阶齐次线性常微分方程，其通解为

$$\Psi(x)=A\sin(kx+\varphi) \tag{16.21}$$

将边值条件 $\Psi(0)=0$ 代入式(16.21)，得

$$\sin\varphi=0$$

即 $\varphi=0$，将 $\Psi(a)=0$ 代入式(16.21)，得

$$\sin(ka)=0$$

即 $ka=n\pi$，$n=1$，2，3，…，将 $k=\dfrac{n\pi}{a}$代入式(16.20)，得粒子的能量

$$E_n=n^2\frac{\pi^2\hbar^2}{2ma^2}\qquad n=1,\ 2,\ 3,\ \cdots \tag{16.22}$$

必须注意：

(1)$n=0$ 给出的波函数 $\Psi\equiv 0$ 无物理意义，n 取负整数与取正整数所对应能量相同，而且波函数的统计解释给不出有物理意义的新解。

(2)在这里，束缚态下的分立能谱是作为运动特征的推论而自然出现的。

再根据归一化条件确定常数 A，即

$$\int_{-\infty}^{\infty}|\Psi|^2\mathrm{d}x=\int_0^a|\Psi|^2\mathrm{d}x=\int_0^a A^2\sin^2\left(\frac{n\pi}{a}x\right)\mathrm{d}x=1$$

其中积分：$\int_0^a A^2\sin^2\left(\dfrac{n\pi}{a}x\right)\mathrm{d}x=\dfrac{a}{2}$

故
$$A=\sqrt{\frac{2}{a}}$$

所以一维无限深方势阱中粒子的定态波函数为

$$\Psi(x)=\begin{cases}\sqrt{\dfrac{2}{a}}\sin\dfrac{n\pi}{a}x & 0<x<a\\ 0\quad x\leqslant 0, & x\geqslant a\end{cases} \tag{16.23}$$

再考虑到随时间变化的部分，得一维无限深方势阱的波函数为

$$\Psi(x,\ t)=\sqrt{\frac{2}{a}}\sin\frac{n\pi}{a}x\cdot \mathrm{e}^{-\mathrm{i}Et/\hbar} \tag{16.24}$$

式中，$E=n^2\dfrac{\pi^2\hbar^2}{2ma^2}=\dfrac{n^2h^2}{8ma^2}\quad n=1,\ 2,\ 3,\ \cdots$

显然，这是驻波形式的解，其空间部分函数 $\Psi(x)$表示驻波的振幅，而粒子的概率密度为

$$|\Psi(x,\ t)|^2=\frac{2}{a}\sin^2\frac{n\pi}{a}x$$

一维无限深方势阱中粒子的能量、粒子的波函数和粒子的概率密度的分布如图 16－2 所示(其中直线表示 n 所对应的能级)。

从以上结果中可以看出：

(1)粒子的最低能级 $E_1=\dfrac{h^2}{8ma^2}\neq 0$，这与经典粒子不同。这是微观粒子波动性的表现，“静止的波”是没有意义的。由不确定关系估算的结果与此数量级相同。

(2)E_n 与 n^2 成正比，能级分布是不均匀的。能级愈高，能级密度愈大。但 $n\to\infty$时，$\Delta E_n=\dfrac{h^2}{8ma^2}[(n+1)^2-n^2]\approx\dfrac{h^2}{8ma^2}2n$，$\Delta E_n/E_n=2/n\to 0$，即当 n 很大时，能级可视为是连续的。

(3)从图 16－2 可以看出，除端点($x=0$，a)之外，波节数为($n-1$)。节点越多，波长越

短，动量也就越大，因而能量越高。

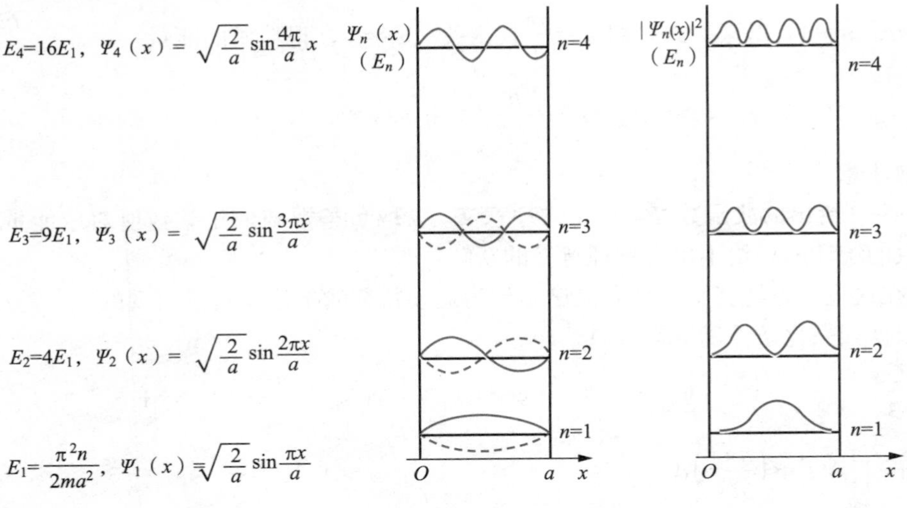

图 16－2　一维无限深方势阱中的粒子

*16.2.2　隧道效应

一些重要的电子器件的工作特性是电子的波函数延伸到经典禁区的结果。例如，半导体隧道二级管和超导约瑟夫森结的原理是能量为 E 的粒子穿过势垒 $U_0(E<U_0)$，如图16－3 所示。波函数可进入势垒并延伸到了势垒以外的区域，因此可以在势垒的右侧发现粒子，即在势垒右侧发现粒子的概率不为 0，这称为隧道效应或势垒贯穿。这是经典理论无法解释的，按经典力学的观点，如果粒子的总能量 E 小于势垒 U_0，则 $x>0$ 的区域是粒子的禁区，即粒子将会在 $x=0$ 处被势垒反射回去，不可能进入 $x>0$ 的域内。在量子力学中，通过求解定态薛定谔方程可以使这个问题得到满意的解释。

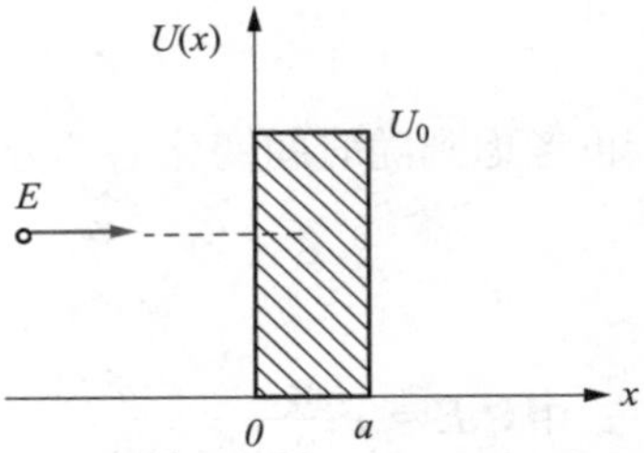

图 16－3　一维势垒

设粒子的质量为 M，能量为 $E(<U_0)$，势能函数的表达式为

$$U(x)=\begin{cases}0 & x<0 \quad \text{I} \\ U_0 & 0\leqslant x\leqslant a \quad \text{II} \\ 0 & x>a \quad \text{III}\end{cases} \tag{16.25}$$

在以上三个区域的波函数分别记为 Ψ_1、Ψ_2、Ψ_3，则在Ⅱ、Ⅲ区域中的定态薛定谔方程分别为

$$-\frac{\hbar^2}{2m}\frac{\mathrm{d}^2\Psi_2}{\mathrm{d}x^2}+U_0\Psi_2=E\Psi_2 \tag{16.26}$$

$$-\frac{\hbar^2}{2m}\frac{\mathrm{d}^2\Psi_3}{\mathrm{d}x^2}=E\Psi_3 \tag{16.27}$$

令

$$k^2=\frac{2m(U_0-E)}{\hbar^2}$$

$$k'^2=\frac{2mE}{\hbar^2}$$

则方程(16.26)、方程(16.27)变为

$$\frac{d^2\Psi_2}{dx^2}-k^2\Psi_2=0$$

$$\frac{d^2\Psi_3}{dx^2}+k'^2\Psi_3=0$$

以上两方程解的形式分别为

$$\Psi_2(x)=A\mathrm{e}^{-kx}$$

$$\Psi_3(x)=B\sin(k'x+\varphi)$$

式中，A、B、φ 均为待定系数，由波函数的标准条件和边界条件来确定。$\Psi_2(x)$为衰减解，即在势垒内波函数不振荡，但随 x 的增大而减小。穿过势垒后，其波函数 $\Psi_3(x)$为振荡解，只是振荡幅度小于垒势左侧，如图 16-4 所示。势垒右侧的振动幅度依赖于势垒的高度 U_0 和宽度 a，对于高或宽的势垒，$\Psi_3(x)$的振幅变得很小。如果 $U_0\to\infty$，则 $\Psi_3(x)=0$，即不会产生隧道效应。

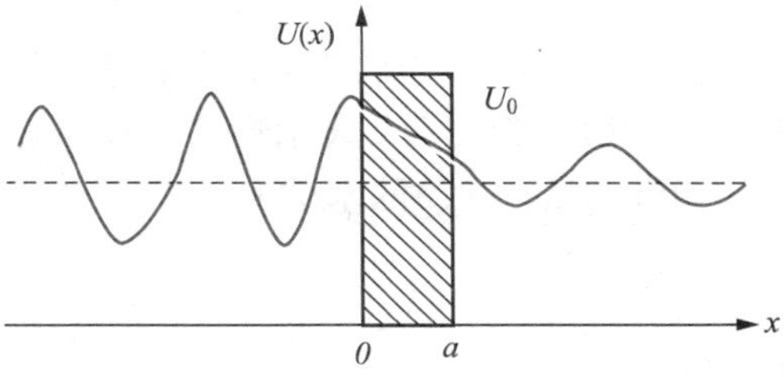

图 16-4　势垒贯穿过程中的波函数

电子这样的微观粒子的隧道效应是一个量子力学现象，是微观粒子波动性的体现。宏观粒子不会出现隧道效应。根据量子隧道效应产生隧道电流的原理制作的扫描隧道显微镜的分辨率可达原子水平，即可以观察到原子级的图像。它广泛地应用于表面科学、材料科学、生命科学等领域的研究，被国际科学界公认为是 20 世纪 80 年代世界十大科技成就之一。

16.3　氢　原　子

16.3.1　氢原子光谱的实验规律

原子发光是一种重要的原子现象。19 世纪末期，由于科学技术的发展，对光谱的测量可以达到相当精确的程度。许多科学家从事原子光谱的研究，通过长期的研究积累了原子光谱的丰富实验资料。人们发现：不同元素的原子所发射出的光谱具有自己特定的规律，即不管这种元素的原子在单质、混合物或化合物中，不管它处于什么样的物理状态下，也不管其发光机制如何，所发出的光谱谱线的分布规律都是不变的，就像人的指纹一样，因此称为特征光谱。一种元素的原子对应着自己的特征光谱，故原子光谱一定反映原子内部的结构及其变化规律。因此，研究原子光谱的规律性就成为探索原子结构的重要手段。

1. 巴耳末、里德伯公式

氢原子是最轻的原子，也被认为是结构最简单的原子，所以对氢原子光谱的研究非常深入。从氢气放电管可以获得氢原子光谱，人们很早就发现氢原子光谱在可见光区域有 4 条谱线(如图 16-5 所示)，它们的波长分别为

谱线	波长/nm	颜色
H_α	656.281	红
H_β	486.133	深绿
H_γ	434.047	青
H_δ	410.174	紫

图 16-5 氢原子可见光谱

巴耳末(J. J. Balmer)在 1885 年找到了这几个数值之间的关系式

$$\lambda=B\frac{n^2}{n^2-4} \qquad n=3,4,5,\cdots$$

式中，$B=364.57$ nm。上式称为巴耳末公式，它对于几条近紫外光也适用。瑞典物理学家里德伯(J. R. Rydberg)用波长的倒数称为波数 $\tilde{\nu}$ 表示谱线，在研究了大量光谱资料(包括锂、钠、钾、镁、锌、镉、汞、铝等元素的谱线)的基础上，于 1890 年独立地提出了光谱公式

$$\tilde{\nu}=R_H\left(\frac{1}{k^2}-\frac{1}{n^2}\right) \tag{16.28}$$

式中，$k=1,2,3\cdots$；对于每一个 k，$n=k+1,k+2,k+3,\cdots$；$R_H=1.096\ 775\ 8\times10^7\,\mathrm{m^{-1}}$，称为里德伯常数。

如果把巴耳末公式用波数表示，可变为

$$\tilde{\nu}=R_H\left(\frac{1}{2^2}-\frac{1}{n^2}\right) \qquad n=3,4,5,\cdots$$

这是里德伯公式在 $k=2$ 时的一个特例。

2. 谱线系与线系限

对于里德伯公式中 k 的每一个确定值，令 n 取大于 k 的一系列整数，就得到个谱线系。

$k=1$　$n=2,3,4,\cdots$　赖曼(T. Lyman)系　紫外区

$k=2$　$n=3,4,5,\cdots$　巴耳末(J. J. Balmer)系　可见区

$k=3$　$n=4,5,6,\cdots$　帕邢(F. Paschen)系　近红外

$k=4$　$n=5,6,7,\cdots$　布喇开(F. Brackett)系　红外区

$k=5$　$n=6,7,8,\cdots$　普方德(H. Pfund)系　远红外

在各光谱系中，当 $n\to\infty$，式(16.28)可化为

$$\tilde{\nu}=\frac{R_H}{k^2} \tag{16.29}$$

所对应的谱线称为该线系的线系限。对于巴耳末系，$k=2$，线系限的波长为 $\lambda=364.6$ nm。从理论上看：在靠近线系限处有无穷多的谱线。由于当时对原子的内在结构一无所知，这些实验规律在很长一段时间内没有得到满意的解释。

16.3.2　玻尔的氢原子理论

1. 汤姆孙原子模型

为了解释原子光谱实验规律等原子现象，必须去探索原子的内在结构。J·J·汤姆孙早就认为原子理论中的关键问题是对门捷列夫元素周期律的解释，他提出了著名的“葡萄干-面包”原子模型。他设想原子中的正电荷以均匀的密度连续地分布在整个原子球中，许多细小的电子均匀地分布(嵌)在其内。这个模型可以解释原子的稳定性及线状光谱的存在，汤姆孙所提出的模型的缺点是无法解释 α 粒子的大角度散射现象。

2. 卢瑟福原子有核模型

1911 年 5 月，卢瑟福提出了新的原子模型——有核模型或者星系模型。他认为原子的绝大部分质量集中在一个体积很小的带正电荷的核上(称为原子核)，而电子则像行星一样围绕着这个正核运动。这个模型可以解释 α 粒子的大角度散射现象，大多数 α 粒子都能顺利通过原子，只产生很小的偏转，但极少数靠近原子核的 α 粒子则要受到原子核的强大斥力的作用，这使较轻的 α 粒子发生了大角度的偏转。根据这样一个模型进行的理论计算所得到的结果，在后来的盖革和马斯登的实验中得到了全面的验证。

然而，卢瑟福原子模型仍有难以解决的困难，主要表现在以下三个方面：

(1)原子的特定大小。行星依据万有引力定律绕太阳旋转，其轨道半径可以不受任何限制。但原子的大小却不然，无论通过什么方法获得的氢原子，其直径大小基本上都是 0.1 nm。

(2)原子的稳定性。根据麦克斯韦电磁理论，围绕原子核运转的电子因为受到向心力的作用而做加速运动，带电粒子要不断失去能量而发射电磁波，同时电子将由于很快失去能量而沿螺旋线趋于原子核，使得原子在 10^{-12} s 内崩塌，而原子实际上是具有稳定性的。

(3)线状光谱的存在。按上述原子崩塌理论，电子沿螺旋线旋向原子核的过程中，所发射电磁波的频率应当等于旋转频率。这样，原子将发出连续光谱，这与实际上观察到的线状光谱相矛盾。

3. 玻尔的氢原子理论

(1)玻尔的三条基本假设

玻尔(N. Bohr)是丹麦杰出的物理学家，近代物理学的奠基者之一。玻尔认为要解决卢瑟福原子模型中的稳定问题，必须应用量子假设，他提出了三条基本假设：

定态假设：原子只能处于一系列不连续的稳定能量状态中，在这种状态中电子围绕原子核在固定的圆周轨道上运动，但并不向外辐射电磁波，这种稳定状态称为定态。相应的能量分别为 E_1，E_2，E_3，…($E_1<E_2<E_3<\cdots$)。

频率条件假设：原子中在某一轨道上运动的电子，由于某种原因从高能态向低能态跃迁时，向外辐射电磁波。电磁波的频率由下式决定

$$h\nu=|E_n-E_k| \tag{16.30}$$

反之，用这种频率的电磁波照射原子时，原子吸收能量，由低能态跃迁到高能态。

量子化条件假设：在电子绕原子核做圆周运动的过程中，只有电子的角动量 L 等于 $\frac{h}{2\pi}$ 整数倍的那些轨道才是可能的，即

$$L=mvr=n\hbar \tag{16.31}$$

式中，$\hbar=\frac{h}{2\pi}$，n 称为主量子数。

(2)玻尔理论对氢原子光谱的解释

玻尔将上述假设运用于氢原子模型，计算出了氢原子各个稳定态的电子轨道半径和能量，并用电子跃迁理论解释了氢原子光谱，并且从理论上精确推出了里德伯常数，取得了很大成功。

1)定态轨道半径

设原子核不动，原子核对电子的库仑力充当电子绕核旋转的向心力，再考虑量子化条件，可得方程组

$$\begin{cases} \frac{1}{4\pi\varepsilon_0}\frac{e^2}{r^2}=\frac{mv^2}{r} \\ mvr=n\frac{h}{2\pi} \end{cases}$$

将上两式中的 v 消去，用 r_n 代表 n 值对应的轨道半径，得

$$r_n=\frac{\varepsilon_0 h^2 n^2}{\pi m e^2} \qquad n=1,2,3,\cdots. \tag{16.32}$$

由上式可见，氢原子中电子轨道半径与主量子数 n 的平方成正比。将 $n=1$ 代入式(16.32)，可得氢原子最小轨道半径 $r_1=5.29\times10^{-11}\,\mathrm{m}$，称为玻尔半径，与实验测量结果非常符合。式(16.32)可以表示为

$$r_n=n^2 r_1$$

2)定态能量

以电子与原子核之间相距无限远时为电势能的零点，则氢原子系统的能量等于原子核与轨道电子这一带电系统的静电势能和电子运动的动能之和

$$E_n=-\frac{1}{4\pi\varepsilon_0}\frac{e^2}{r_n}+\frac{1}{2}mv_n^2$$

又因为

$$\frac{mv_n^2}{r_n}=\frac{e^2}{4\pi\varepsilon_0 r_n^2},\qquad r_n=\frac{\varepsilon_0 h^2 n^2}{\pi m e^2}$$

所以得

$$E_n=-\frac{me^4}{8\varepsilon_0^2 h^2 n^2} \quad n=1,2,3,\cdots \tag{16.33}$$

式(16.33)中 E_n 表示当原子处于第 n 稳定态，即其电子在第 n 轨道上运动时氢原子系统的能量。主量子数 n 只能取 1，2，3，…，等正整数，所以氢原子系统的能量是量子化的。这种量子化的能量值称为能级。将 $n=1$ 代入式(16.33)可得氢原子的最低能级，$E_1=-13.58\mathrm{eV}$，它所对应的状态称为基态。其余各能级对应的状态称为激发态，其能量可以表示为

$$E_n=\frac{E_1}{n^2}=-\frac{13.58}{n^2}\ \mathrm{eV} \tag{16.34}$$

量子数 n 愈大，则所对应的能级愈高。当 $n\to\infty$ 时，$E_\infty=0$，它表示电子已脱离了原子核的束缚成为自由电子。

3)电离能

电子从某一能级(E_n)脱离原子核的束缚成为自由电子所需要的能量称为电离能。

$$E_{电离}=E_{\infty}-E_n=-E_n$$

当 $n=1$ 时，得氢原子的基态电离能为 13.58eV。

4)玻尔理论对氢原子光谱规律的解释

按照玻尔的假设，氢原子从高能态 n 向低能态 k 跃迁时($n>k$)，辐射电磁波的频率可由式(16.30)计算

$$\nu=\frac{1}{h}(E_n-E_{\rm k})$$

考虑到式(16.33)及 $\tilde{\nu}=\dfrac{1}{\lambda}=\dfrac{\nu}{c}$，得

$$\tilde{\nu}=\frac{me^4}{8\varepsilon_0^2h^3c}\left(\frac{1}{k^2}-\frac{1}{n^2}\right) \tag{16.35}$$

令

$$R=\frac{me^4}{8\varepsilon_0^2h^3c} \tag{16.36}$$

所以有 $\tilde{\nu}=R\left(\dfrac{1}{k^2}-\dfrac{1}{n^2}\right)$，将其与式(16.28)比较，$R$ 为氢原子里德伯常数 R_H 的理论值。将具体数值代入，得

$$R=1.097\ 373\ 2\times10^7\ \mathrm{m^{-1}}$$

与实验值 $R_{\rm H}=1.096\ 775\ 8\times10^7\ \mathrm{m^{-1}}$已经非常符合了。若考虑到原子核的质量 M 并不是无限大，原子核与电子是绕公共质心旋转，则应当用折合质量 μ 代替式中 m

$$\mu=\frac{Mm}{M+m}=\frac{1\ 836}{1\ 837}m$$

代入式(16.36)得

$$R'=\frac{1\ 836}{1\ 837}R=1.096\ 775\ 7\times10^7\ \mathrm{m^{-1}}$$

里德伯常数的理论值与实验结果符合程度之好在科学史上是空前的。

应用玻尔理论可以成功地说明氢原子光谱中各线系及线系中的每条谱线形成的原因。一般情况下氢原子中的电子总是处于能量的最低状态(基态)，由于光照、粒子碰撞、热激发等外界因素的影响，电子获得能量而跃迁到较高的能级(激发态)上，处于激发态上的电子是不稳定的，它们会自动地跃迁回较低的能级上，同时按式(16.30)发射一定频率的光。电子从 $n>2$ 的各能级向 $n=2$ 能级跃迁所发射的光谱，就是巴耳末线系的光谱，即在式(16.35)中当 $k=2$，$n=3$，4，5，…，时所得的谱线。同理，赖曼线系是电子自 $n>1$ 的各能级向 $n=1$(基态)能级跃迁时所产生的。其他的线系也可以作类似的解释。氢原子各能级之间跃迁所发出的谱线构成各线系，可以用所谓的能级跃迁图表示，如图 16-6 所示。

应当指出：我们在实验中所观测到的谱线，是大量处于不同激发态的原子所共同发出的光谱。而一个原子在某一瞬时只能发射与某一谱线相对应的一定频率的光子。

4. 玻尔理论的历史地位

1913 年玻尔对氢原子光谱的实验规律和类氢离子(如 He^+，Li^{2+}，Be^{+3}，…，等)光谱的波长分布规律做出了成功、完满的解释，从而解决了 30 年悬而未决的理论难题。随

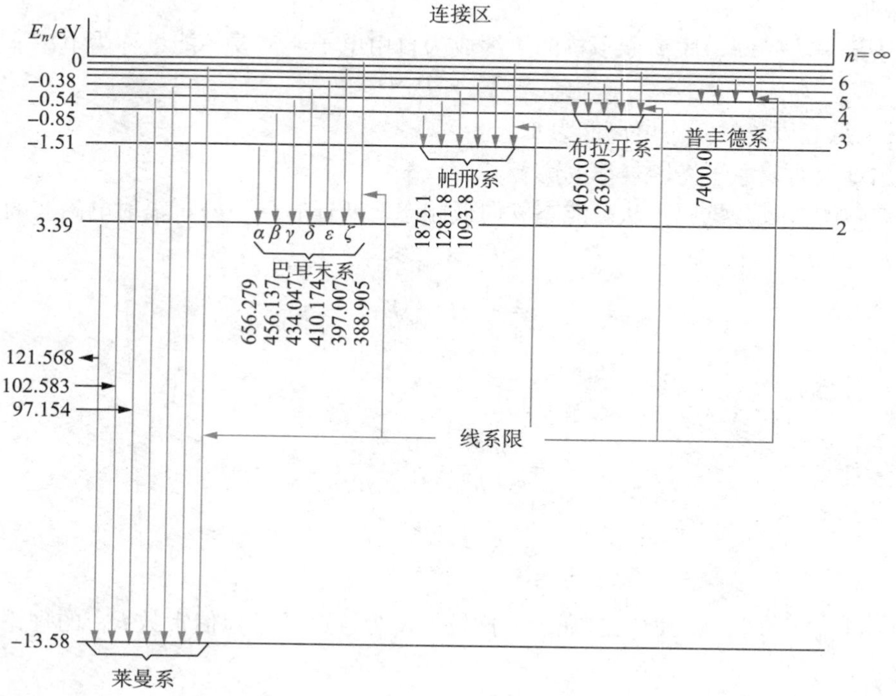

图 16-6　氢原于光谱中不同线系的产生

后又得到了多种渠道的实验验证，使卢瑟福-玻尔原子模型以及能级、定态跃迁等概念得到广泛的承认。然而玻尔理论也存在着缺陷：无法计算光谱的强度；对于其他多电子原子系统复杂的光谱(包括氦原子的光谱在内)，理论与实验的分歧往往很大；至于塞曼效应、光谱的精细结构等实验现象，玻尔理论更是无能为力。另外关于量子化条件的导出缺乏足够的说服力，这表明玻尔理论并不是一个完善的理论。氢原子的玻尔理论代表了原子结构的量子理论发展的开始，它是经典理论与量子概念杂交的产物，不是一个内部自洽的彻底革命的理论。

玻尔理论为对微观世界的进一步探索开辟了道路，为更彻底的理论——量子力学奠定了一定的基础，能级、跃迁等概念在量子力学中仍适用。而玻尔本人作为量子力学的精神领袖将永垂史册。

*16.3.3　氢原子的量子力学处理方法

1. 氢原子的薛定谔方程

在氢原子中，电子在原子核的库仑场中运动，这个体系的势能为 $U=-\dfrac{e^2}{4\pi\varepsilon_0 r}$(取无限远处为势能零点)，与时间无关，因此是定态问题。其中 r 表示电子离原子核的距离，e 为电子电量的绝对值。则电子的薛定谔方程为

$$\left[-\frac{\hbar^2}{2m}\nabla^2-\frac{1}{4\pi\varepsilon_0}\frac{e^2}{r}\right]\Psi(\boldsymbol{r})=E\Psi(\boldsymbol{r}) \tag{16.37}$$

考虑到势能 U 是 r 的函数，具有球对称性，采用球坐标(r，θ，φ)比较方便，坐标原点取在

原子核上，将拉普拉斯算符写成球坐标形式

$$\nabla^2=\frac{1}{r^2}\frac{\partial}{\partial r}\left(r^2\frac{\partial}{\partial r}\right)+\frac{1}{r^2\sin\theta}\frac{\partial}{\partial\theta}\left(\sin\theta\frac{\partial}{\partial\theta}\right)+\frac{1}{r^2\sin^2\theta}\frac{\partial^2}{\partial\varphi^2}$$

则定态薛定谔方程可以写为

$$\left[-\frac{\hbar^2}{2m}\nabla^2-\frac{1}{4\pi\varepsilon_0}\frac{e^2}{r}\right]\Psi(r,\ \theta,\ \varphi)=E\Psi(r,\ \theta,\ \varphi) \tag{16.38}$$

这个方程的解可以表示为三个函数的乘积，即

$$\Psi(r,\ \theta,\ \varphi)=R(r)\Theta(\theta)\Phi(\varphi) \tag{16.39}$$

将式(16.39)代入式(16.38)，经换算、整理后，可依次得出分别含 $R(r)$、$\Theta(\theta)$、$\Phi(\varphi)$的三个常微分方程

$$\frac{\mathrm{d}^2\Phi}{\mathrm{d}\varphi^2}+m_l^2\Phi=0, \tag{16.40}$$

$$\frac{1}{\sin\theta}\frac{\mathrm{d}}{\mathrm{d}\theta}\left(\sin\theta\frac{\mathrm{d}\Theta}{\mathrm{d}\theta}\right)+\left[l(l+1)-\frac{m_l^2}{\sin^2\theta}\right]\Theta=0, \tag{16.41}$$

$$\frac{1}{r^2}\frac{\mathrm{d}}{\mathrm{d}r}\left(r^2\frac{\mathrm{d}R}{\mathrm{d}r}\right)+\frac{2m}{\hbar^2}\left[E+\frac{e^2}{4\pi\varepsilon_0 r}-\frac{\hbar^2}{2m}\frac{l(l+1)}{r^2}\right]R=0. \tag{16.42}$$

式中，m_l 和 l 都是常数，可分别取不同整数值。这样，对氢原子定态薛定谔方程的求解就转化为求解以上三个常微分方程。分别求出 $R(r)$、$\Theta(\theta)$、$\Phi(\varphi)$，就得到了氢原子中电子运动的波函数 $\Psi(r,\ \theta,\ \varphi)$。为了避免繁琐的数学计算过程，此处不作具体推导，只对一些重要结果进行讨论。

2. 能量量子化

可以证明，对方程(16.40)求解时，为了使 $\Phi(\varphi)$能满足标准条件，常数 m_l 只能取 0，±1，±2 等正负整数值。把一定的 m_l 值代入方程(16.41)，为了使 $\Theta(\theta)$满足标准条件，l 只能取 0，1，2，…，等正整数，并且对于一定的 m_l 必定有 $l\geqslant|m_l|$。或者反过来说，对于一定的 l 值，m_l 可取 0，±1，±2，…，$\pm l$ 共$(2l+1)$个值。再将一定的 l 值代入方程(16.42)并对 $R(r)$求解，可得下面两种情况：

(1)当 $E>0$ 时，E 可取任意值。实际上，由 $E=E_k+U>0$，可得 $E_k>|U|$。这时电子已不再受氢原子核的束缚。氢原子已处于电离状态，可以把电子近似地视为自由电子，E 可取连续的任意值。

(2)当 $E<0$ 时，为了使 $R(r)$满足标准条件，求得 E 必须等于

$$E_n=-\frac{1}{n^2}\left(\frac{me^4}{8\varepsilon_0^2h^2}\right)\quad n=1,\ 2,\ 3,\ \cdots \tag{16.43}$$

而且对于每个特定的 n 值，l 只能取 0，1，2，…，$(n-1)$，共有 n 个不同的整数值。可见能量只能取一系列不连续的值，即能量是量子化的。式中 n 称为主量子数，E_n 值由 n 唯一确定。这个量子力学的结果与玻尔理论的结果完全一致。这个结论是量子力学在求解薛定谔方程中自然而然地形成的量子化条件，而玻尔理论则是人为加上的量子化条件。$n=1$，2，3，4，5，…，可分别用 K，L，M，N，O，…表示。

3. 角动量量子化

可以证明，只有当电子的角动量取下列值时，即

$$L=\sqrt{l(l+1)}\cdot\hbar\qquad(l=0,\ 1,\ 2,\ \cdots,\ n-1) \tag{16.44}$$

方程(16.41)和(16.42)才有解，这说明电子的角动量也只能取由 l 决定的一系列分立的值，即角动量也是量子化的。式中的 l 称为角量子数或轨道量子数。对于一个主量子数 n，角量子数可以取 n 个可能的值，即对应于同一个确定的能量状态(能量)，可有 n 个不同的量子状态，这种情况称为能级的简并。与玻尔理论明显不同的是电子角动量的最小值 $L=0$，若按经典概念，这意味着电子在做穿过原子核的往复运动，这是绝对不可能的。这再一次表明"轨道"概念已不适用。通常用 s，p，d，f，…表示 $l=0$，1，2，3，…状态(见表 16－1)，例如 $n=3$，l 可取 0，1，2，则电子相应量子态可以分别表示为 $3s$，$3p$，$3d$，表 16－1 列出了氢原子中电子的一些量子态的表示符号。

表 16－1　氢原子中电子状态表示符号

	$l=0(s)$	$l=1(p)$	$l=2(d)$	$l=3(f)$	$l=4(g)$	$l=5(h)$
$n=1$	$1s$					
$n=2$	$2s$	$2p$				
$n=3$	$3s$	$3p$	$3d$			
$n=4$	$4s$	$4p$	$4d$	$4f$		
$n=5$	$5s$	$5p$	$5d$	$5f$	$5g$	
$n=6$	$6s$	$6p$	$6d$	$6f$	$6g$	$6h$

4. 空间量子化

由式(16.44)可知：角量子数只决定了电子角动量的大小。但角动量是一个矢量，它在空间还有一定的取向，角动量空间取向量子化是索末菲(A. J. W. Sommerfeld)在 1915 年提出来的。根据电磁理论，绕核作轨道运动的电子相当于一个圆形电流，其磁矩 μ 与轨道角动量 L 之间有如下关系

$$\boldsymbol{\mu}=-\frac{e}{2m}\boldsymbol{L} \tag{16.45}$$

式中，e 和 m 分别为电子的电量与质量，负号表示电子带负电，磁矩 $\boldsymbol{\mu}$ 与角动量 $\boldsymbol{L}$ 方向相反。在外磁场中，若 $\boldsymbol{L}$ 与磁场的磁感应强度 $\boldsymbol{B}$ 之间有一定的夹角 θ，由于外磁场对磁矩的作用，使电子的角动量 $\boldsymbol{L}$ 以 $\boldsymbol{B}$ 的方向为轴线作进动，如图 16－7 所示。在进动中这个夹角 θ 保持不变，因而角动量在外磁场方向上的分量 $L_z=L\cos\theta$ 也保持不变。为了用玻尔轨道模型说明谱线在匀强磁场中发生分裂的塞曼效应，索末菲提出：L_z 与 θ 角都只能取量子化的某些值，或者说电子运动的轨道平面只能取某些特定的方位，因而称为空间量子化条件。在量子力学中，虽然不用轨道概念，但不同状态的电子仍有一定的角动量，该角动量的空间取向仍然是量子化的。具体体现在方程(16.40)的求解过程中，为使 $\Phi(\varphi)$)满足标准条件，要求 $|m_l|$ 取不大于 l 的整数值，即 $|m_l|$ 的取值决定着电子角动量 L 在外磁场方向上的投影值 L_z 的大小，且投影可正可负，但总小于 L，故有

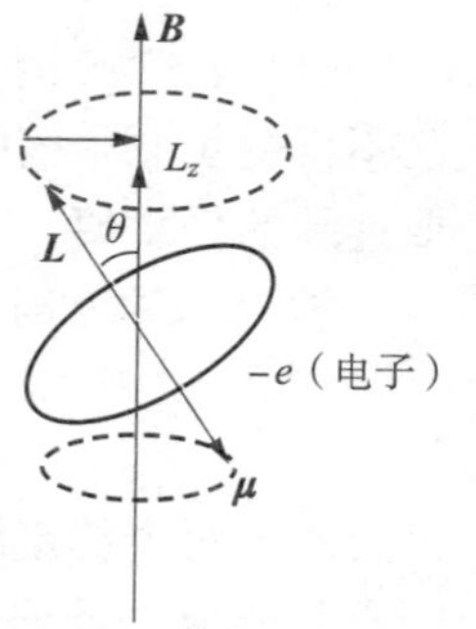

图 16－7　电子轨道在磁场中的进动

$$L_z=m_l\hbar \qquad m_l=0，\pm1，\pm2，\cdots，\pm l \tag{16.46}$$

式中，m_l 称为磁量子数。几种电子空间量子化的情形($l=0$，1，2)如图 16－8 所示。

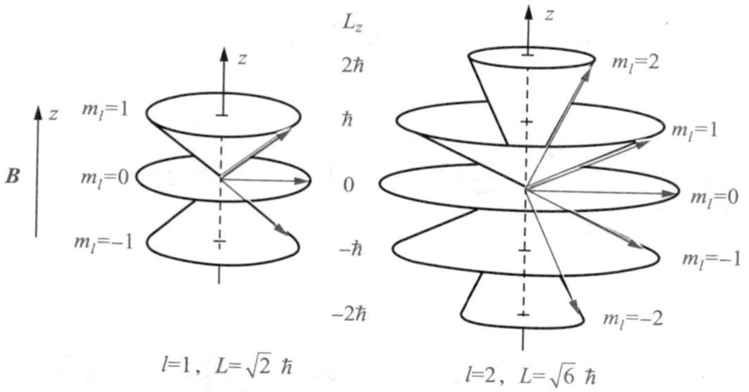

图 16－8　空间量子化示意图

5. 电子云

对方程(16.40)、(16.41)、(16.42)分别求解，再将其相乘，就得到氢原子核外电子的定态波函数

$$\Psi_{nlm_l}(r,\ \theta,\ \varphi)=R_{nl}(r)\Theta_{lm_l}(\theta)\Phi_{m_l}(\varphi)$$

其模方给出电子处于由(n，l，m_l)决定的定态时，在空间(r，θ，φ)各处出现的概率密度。由于

$$|\Psi_{nlm_l}(r,\ \theta,\ \varphi)|^2=|R_{nl}(r)|^2\cdot|\Theta_{lm_l}(\theta)|^2\cdot|\Phi_{m_l}(\varphi)|^2$$

式中，$|R_{nl}(r)|^2$ 表示径向概率分布，即电子在不同 r 处的概率密度；$|\Theta_{lm_l}(\theta)|^2$ 表示不同 θ(对轴成不同角度)处的概率密度；$|\Phi_{m_l}(\varphi)|^2$ 表示不同 φ(在 x，y 平面内与 x 轴成不同的角度处)值的时候电子出现的概率密度。概率密度的不同，只能说明电子在某处出现的机会多些，在另外某处出现的机会少些，而不能断言电子一定会在某处出现。为了形象地描述这种分布情况，引入电子云的概念。这仅仅是形象化的比喻，而并不表示一个电子真的弥散成云雾状包在核的周围。

可以证明 $\Phi^*\Phi$ 与 φ 无关，所以概率密度的角分布是以 Z 轴为对称轴的。图 16－9 表示 $\Theta^*\Theta$ 随 θ 的分布，从原点到曲线的距离代表 $\Theta^*\Theta$ 的大小。将此图以 Z 轴为轴旋转，就构成立体的概率角分布。同样，可证同一 l 的所有 $\Theta^*\Theta$ 相加都等于一个与 θ 无关的常数，可见对同一个 l，发现电子的总概率密度是球对称的。图 16－9 给出电子在 s、p、d 态时的角向概率密度分布。

再考虑 R^*R，由于表达式较复杂，这里就不列出，而只是画出 $4\pi r^2R^*R$ 随 r 变化的图像(如图 16－10 所示)，这代表不同 r 处发现电子的概率。当 $n=1$ 时，l 值只有一个：$l=0$，这相当于玻尔理论中最小圆形轨道。$n=2$ 有两种状态，相当于轨道理论中两种形状的轨道，其中 $l=1$ 的状态相当于玻尔第二圆形轨道。$n=3$ 的三种形状的轨道，其中 $l=2$ 的状态相当于玻尔第三圆形轨道。显然，相当于圆形轨道那三种状态的概率变化较简单，都只有一个极大值，分别落在 $r=a_1$，$4a_1$，$9a_1$，这同玻尔理论中轨道理论的轨道半径的数值符合。但是还有本质区别：按玻尔圆形轨道的描述，电子的出现地点只能在那个圆周上，其他地点不会出现电子。而量子力学的结论是在圆形轨道那些地点发现电子的概率最大，在其他地点也有发现电子的可能性。

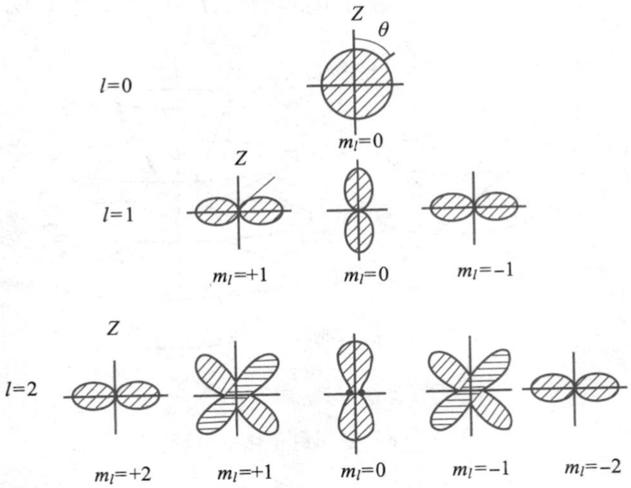

图 16－9　电子角向概率密度分布与对应轨道

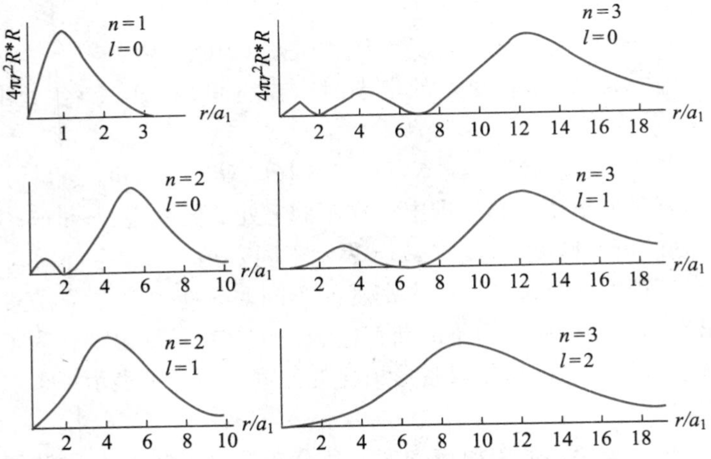

图 16－10　$4\pi r^2 R^* R$ 作为 r 的函数

6. 电子自旋

历史上，电子自旋的概念是在原子光谱的研究中提出来的，利用分辨率很高的光谱仪观测发现，在碱金属原子的谱线中，原来所观测到的一条谱线，实际上是由两条或更多条谱线组成的，通常称为光谱的精细结构。例如钠原子光谱的黄色谱线(D 线)，就是由波长分别为 589. 0 nm(D_1)和 589. 6 nm(D_2)的两条线组成的。人们还发现，在弱磁场中，原子光谱线具有比在强磁场中发生的正常塞曼效应更为复杂的分裂现象，即谱线分裂成偶数条，这称为反常塞曼效应。D_1 线分裂成 4 条，D_2 线分裂成 6 条，都是分裂成偶数条。

由于谱线的波长是由电子的始态和终态的能级决定的，因此光谱的精细结构和反常塞曼效应都说明，电子的始末态能级有极小的分裂。例如：钠原子最外层只有一个电子，D 线是电子从 $3p$ 态向 $3s$ 基态跃迁产生的。对于整数 l 值，因 m_l 不同而导致的分裂只能是$(2l+1)$条，而不能是偶数条。由此可见，这种能级分裂不可能是由于轨道运动状态不同(或者说由于角动量的空间量子化)而引起的。

1921 年朗德(A. Lande)提出，由反常塞曼效应的实验结果可以看出，磁量子数应取

$$m_l=\left(l-\frac{1}{2}\right),\ \left(l-\frac{3}{2}\right),\ \cdots,\ \frac{1}{2},\ -\frac{1}{2},\ \cdots,\ -\left(l-\frac{3}{2}\right),\ -\left(l-\frac{1}{2}\right)$$

共计 $2l$ 个值。为了解释这种半量子数的存在，人们提出了种种假说。1924 年，泡利(W. Pauli)提出，对于 n 的确定值，其满壳层(由 $\sum_{l=0}^{n-1}(2l+1)=n^2$ 个本征函数表征)的角动量应为零，反常塞曼效应中的谱线分裂与原子核无关，而只是由价电子引起的。1925 年泡利还在此基础上提出了著名的不相容原理。泡利原理是一个极为重要的自然规律，是原子结构理论的基础。这个原理是在量子力学产生之前，在旧量子论的框架中发展并提出的。泡利发现，在原子中要完全确定一个电子的能态需要四个量子数，原来已知的三个量子数(n，l，m_l)只与电子绕原子核旋转有关，而第四个量子数表示电子本身还有某种新的性质。这个问题在同年(1925 年)被荷兰青年乌伦贝克(G. Uhlenbeck)和高斯密特(S. A. Goudsmit)所解决。他们提出：每个电子都有自旋角动量 $\boldsymbol{S}$(简称自旋 spin)，它在空间任一方向上的投影 S_Z 只能取两个值

$$S_Z=\pm\frac{1}{2}\hbar \tag{16.47}$$

同时每个电子也具有自旋磁矩 $\boldsymbol{\mu}_s$，它与自旋角动量 $\boldsymbol{S}$ 之间的关系为

$$\boldsymbol{\mu}_s=-\frac{e}{m}\boldsymbol{S} \tag{16.48}$$

仿照轨道角动量的情形，自旋量子数 $s=\frac{1}{2}$，则自旋角动量的大小为

$$S=\sqrt{s(s+1)}\cdot\hbar=\frac{\sqrt{3}}{2}\hbar \tag{16.49}$$

自旋角动量沿 Z 方向的分量由自旋磁量子数 m_s 表示

$$S_Z=m_s\hbar \qquad m_s=\pm\frac{1}{2} \tag{16.50}$$

乌伦贝克和高斯密特最初把电子自旋看成机械地自旋，但他们很快发现，这是不正确的。若把电子看成是电荷均匀分布的小球，要使电子自旋达到上述值，则当电子绕其自身轴旋转时，其表面的速度要达到光速的 10 倍，这是相对论所不能容许的。尽管对自旋的本质尚未弄清楚，但自旋概念很快得到普遍承认，因为它成功地解释了复杂的光谱结构。斯特恩(O. Stem)和盖拉赫(W. Gerlach)于 1927 年使基态氢原子通过非匀强磁场，发现氢原子束分成了两束，从而直接证实了电子自旋假说。

1927 年泡利引进了能够描述自旋性质的泡利矩阵，把电子自旋概念纳入量子力学体系。1928 年狄拉克(P. A. M. Dirac)创立了相对论量子力学，证明电子自旋本质上是一种相对论效应。

这样，描述原子内电子的状态，需要以下四个量子数：

主量子数 $n=1，2，3，\cdots$，电子能量主要由 n 决定。

角量子数 $l=0，1，2，\cdots，n-1$，决定电子绕核运动的角动量 $L=\sqrt{l(l+1)}\cdot\hbar$。

磁量子数 $m_l=0，\pm1，\pm2，\cdots，\pm l$，决定电子绕核运动角动量的空间取向上 $L_z=m_l\hbar$。

自旋磁量子数 $m_s=\pm\frac{1}{2}$，决定电子自旋角动量的空间取向 $S_Z=m_s\hbar$。

*16.3.4 多电子原子中电子分布

除了氢原子或类氢离子以外，其他元素的原子核外都有两个或两个以上的电子。这时电子之间的相互作用也会互相影响着它们的运动状态。多电子原子的薛定谔方程在数学上的求解是相当困难的。但应用量子力学中的近似计算方法可以证明，其各个核外电子的状态仍由四个量子数来确定。

与氢原子不同的只有以下两点：

(1)电子的能量由主量子数 n 和角量子数 l 共同决定。主量子数相同而角量子数不同的电子，其能量略有差异，所以对于多电子系统主量子数 n 只是大体上决定着电子的能量。

(2)不同的电子在核外有一定的分布。1916 年柯塞尔(W. Kossel)提出了多电子原子核外电子按一定壳层分布的假说，称为电子的壳层结构模型。他认为，主量子数不相同的电子分布在不同壳层上，每个壳层称主壳层，把 $n=1$，2，3，…，各壳层依次用 K，L，M，…表示。主量子数相同而角量子数不同的电子，分布在不同的次壳层上，与 $l=0$，1，2，3，…对应的次壳层分别称为 s，p，d，f，…。一般来说，壳层主量子数 n 越小，其能级越低，在同一主壳层中，角量子数 l 较小的，其能级较低。核外电子在各壳层的具体分布情况，还应遵从以下两条原理。

1. 泡利不相容原理

泡利不相容原理指出：在一个原子中不可能有两个或两个以上的电子具有完全相同的量子状态。即一个原子内的任何两个电子不可能有完全相同的一组量子数(n，l，m_l，m_s)。

这个结论已被大量实验事实所证实。按此原理，各壳层中最多可容纳的电子数目是有确定限额的。当 n 给定时，l 的可能取值为 0，1，2，…，$(n-1)$，共 n 个，对给定的 l，m_l 的可能取值为 0，±1，±2，…，$\pm l$，共$(2l+1)$个，当(n, l, m_l)都给定时，m_s 的可能取值只有两个：$+\frac{1}{2}$和$-\frac{1}{2}$。所以在一个主量子数为 n 的壳层中，最多能够容纳的电子数为

$$Z_n=\sum_{l=0}^{n-1}2(2l+1)=2n^2 \tag{16.51}$$

由此式可以推算，在 $n=1$，2，3，4，…的 K，L，M，N，…的壳层上，最多可分别容纳 2，8，18，32，…个电子，而在 $l=0$，1，2，3，…的各次壳层上，最多可分别容纳 2，6，10，14，…个电子。原子内各主壳层和次壳次可能容纳的最多电子数如表 16-2 所示。

表 16-2 原子中各主壳层和次壳层可容纳的最多电子数

n \ l	0 s	1 p	2 d	3 f	4 g	5 h	6 i	Z_n
1，K	2							2
2，L	2	6						8
3，M	2	6	10					18
4，N	2	6	10	14				32
5，O	2	6	10	14	18			50
6，P	2	6	10	14	18	22		72
7，Q	2	6	10	14	18	22	26	98

2. 能量最小原理

原子系统处于正常状态时，每个原子都趋向于占取能量较低的能级。当原子中电子处于最低能级时整个原子的能量最低，原子处于稳定状态，这就是能量最小原理。因此，能级越低，越被电子填满，其余电子依次向未被占满的较低能级填充，直到所有的核外电子分别填入可能占据的最低能级为止。

下面应用几个典型例子说明电子排布的规律性：

(1)氢(H，$Z=1$)只有一个电子排布在 K 壳层内($1s^1$)，自旋磁量子数 m_s 为$+\frac{1}{2}$或$-\frac{1}{2}$均可。

(2)氦(He，$Z=2$)它的两个电子都排布在 K 壳层内($1s^2$)，K 壳层已被填满，自旋磁量子数 m_s 分别为$+\frac{1}{2}$和$-\frac{1}{2}$。

(3)钠(Na，$Z=11$)的 11 个电子的排布为 $1s^2 2s^2 2p^6 3s^1$，由于 3 个内壳层都是闭合的，而最外层的价电子离原子核较远，所受束缚力较弱，很容易失去，所以钠原子化学活性很强。

(4)铁(Fe，$Z=26$)电子的排布是 $1s^2 2s^2 2p^6 3s^2 3p^6 3d^6 4s^2$，前 18 个电子的排布($1s^2 2s^2 2p^6 3s^2 3p^6$)都是“正常”的，$d$ 次壳层可容纳 10 个电子，但是排到 6 个电子就有 2 个电子进入了 $4s$ 次壳层，在 M 壳层还未填满的情况下，就有电子向 N 壳层填充，这是由于 M 壳层中 d 次壳层的能级 $3d$ 比 N 壳层中 s 次壳层 $4s$ 的能级稍高的缘故，所以 $4s$ 态比 $3d$ 态优先被电子占取(^{19}K 到^{28}Ni 都是这种情况)。

根据电子排布的规律，可对门捷列夫元素周期表进行圆满的解释。

自旋为半整数的任何粒子(如中子、质子等)都遵从泡利不相容原理，这些粒子称为费米子。它们还可能具有许多其他量子数，但泡利不相容原理仍成立：在一个给定系统中，不能有两个波函数重叠的费米子具有相同的能量；所有的量子数不可能都完全相同。

另一类粒子自旋量子数为整数(如光子，π 介子等)，不遵守泡利不相容原理，称为玻色子。在给定系统中的两个粒子量子数，可以完全相同。

16.4 小　　结

1. 波函数的统计解释及满足的条件

概率密度($|\Psi(x, y, z, t)|^2$)：表示粒子 t 时刻在空间(x，y，z)的单位体积内出现的概率。波函数必须具备单值、有限、连续和归一的条件

$$\iiint |\Psi(x,y,z,t)|^2 \mathrm{d}x\mathrm{d}y\mathrm{d}z = 1$$

2. 薛定谔方程

$$i\hbar\frac{\partial}{\partial t}\Psi=\hat{H}\Psi \quad \hat{H}\equiv-\frac{\hbar^2}{2m}\nabla^2+U(\boldsymbol{r},\ t)$$

3. 定态薛定谔方程

$$\left[-\frac{\hbar^2}{2m}\nabla^2+U(\boldsymbol{r})\right]\Psi(\boldsymbol{r})=E\Psi(\boldsymbol{r})$$

4. 玻尔的氢原子理论

(1)定态假设：原子只能处于一系列不连续的稳定能量状态中，在这种状态中电子围绕

原子核在固定的圆周轨道上运动，相应的能量分别为 E_1，E_2，E_3，…。

(2)频率条件假设：原子从能量为 E_k 的定态跃迁到能量为 E_n 的定态，向外辐射(或吸收)电磁波。其频率由下式决定

$$h\nu=|E_n-E_k|$$

(3)量子化条件假设：电子的角动量 L 等于$\frac{h}{2\pi}$整数倍

$$L=mvr=n\hbar$$

5. 玻尔理论对氢原子光谱规律的解释

$$\tilde{\nu}=\frac{me^4}{8\varepsilon_0^2h^3c}\left(\frac{1}{k^2}-\frac{1}{n^2}\right)$$

$$R=\frac{me^4}{8\varepsilon_0^2h^3c}=1.0973732\times10^7\ \mathrm{m}^{-1}$$

6. 四个量子数

主量子数 $n(1,2,3,\cdots)$：主要决定电子能量

角量子数 $l(0,1,2,\cdots,n-1)$：决定电子绕核运动的角动量 $L=\sqrt{l(l+1)}\cdot\hbar$

磁量子数 $m_l(0,\pm1,\pm2,\cdots,\pm l)$：决定电子绕核运动角动量的空间取向上 $L_z=m_l\hbar$

自旋磁量子数 $m_s\left(\pm\frac{1}{2}\right)$：决定电子自旋角动量的空间取向 $S_Z=m_s\hbar$

7. 泡利不相容原理

在一个原子中不可能有两个或两个以上的电子具有完全相同的量子状态，即一个原子内的任何两个电子不可能有完全相同的一组量子数(n,l,m_l,m_s)。

8. 能量最小原理

原子系统处于正常状态时，每个原子都趋向于占取能量较低的能级，当原子中电子处于最低能级时，整个原子的能量最低，原子处于稳定状态。

16.5 习 题

16.1 比较玻尔氢原子基态图像和由薛定谔方程得出的基态图像，它们之间有哪些相似之处？哪些不同之处？

16.2 在一维无限深方势阱中，当粒子处于 Ψ_1 和 Ψ_2 时，求发现粒子概率最大的位置。

16.3 具有能量 15 eV 的光子被氢原子中处于第一玻尔轨道的电子所吸收而形成一个光电子，试问：

(1)光电子远离质子时的速度为多大？

(2)光电子的德布罗意波长为多少？

16.4 (1)试计算宽度为 0.1 nm 的无限深方势阱中，$n=1,2,3,10,100,101$ 的各能态电子的能量。

(2)如果势阱宽度为 1 cm，则又如何？

16.5 (1)用可见光照射能否使基态氢原子受到激发？

(2)如果改用加热方法，至少需加热到多高温度才能使之激发？

(3)要使氢原子电离，至少要加热到多高温度？(提示：温度为 T 时原子平均平动动能为 $\overline{W}=\frac{3}{2}kT$，并假定在碰撞过程中原子可交出其动能的一半。)

16.6　试计算氢原子的赖曼系的最短波长与最长波长。

16.7　设一个氢原子处于第二激发态，试根据玻尔理论计算：

(1)电子的轨道半径；(2)电子的角动量；(3)电子的总能量。

16.8　根据玻尔的氢原子理论，求：

(1)电子在基态轨道运动时，其德布罗意波长；

(2)电子在第一激发态时，其德布罗意波长。

16.9　一束单色光被一批处于基态的氢原子吸收，在这些氢原子重新回到基态时，观察到具有六种不同波长谱线的光谱，求入射单色光的波长。

16.10　求赖曼系、巴耳末系和帕邢系的线系限($n\to\infty$)的波数。

16.11　有两种原子，在基态时其电子壳层是这样填充的：

(1)$n=1$ 壳层，$n=2$ 壳层和 $3s$ 支壳层均填满，$3p$ 支壳层填满一半；

(2)$n=1$ 壳层，$n=2$ 壳层，$n=3$ 壳层和 $4s$、$4p$、$4d$ 支壳层均填满；

试问这是哪两种原子？

16.12　写出原子中 $l=4$ 时的电子轨道角动量 L 在磁场方向上的投影 L_Z 的可能值，并描绘出 L 在磁场中空间量子化的示意图。

16.13　一个粒子沿 x 轴的正方向运动，其波函数为 $\psi(x)=\frac{C}{1+\mathrm{i}x}$，求：

(1)归一化常数 C；

(2)粒子出现概率最大的位置和最大概率。

习题答案

第 1 章　质点运动学

1.1　略

1.2　略

1.3　路程 170 km，位移 $60\sqrt{2}+50$ km，方向从 A 指向 D

1.4　略

1.5　(1)8 m/s；(2)−18 m/s，−48 m/s；(3)$-24\ \mathrm{m/s^2}$，$-36\ \mathrm{m/s^2}$

1.6　略

1.7　(1)当 $t=1$ s 时，$v=2$ m/s，$a=6\ \mathrm{m/s^2}$

　　当 $t=2$ s 时，$v=5$ m/s，$a=12\ \mathrm{m/s^2}$

(2)当 $v=0$ 时，$t=\sqrt{3}/3$；$s=\left(\frac{\sqrt{3}}{3}-1\right)^2\left(\frac{\sqrt{3}}{3}-2\right)$

(3)当 $a=0$ 时，$t=0$，$s=-2$ m

(4)当 $v=12$ m/s 时，$t=\sqrt{13}/6$，$a=\sqrt{78}\ \mathrm{m/s^2}$

1.8　$v=v_0/(v_0+ct)$，$s=s_0+\frac{1}{c}\ln(1+cv_0t)$

1.9　$a=\frac{b}{\tau}t$，$v=\frac{b}{2\tau}t^2$

1.10　$\Delta\bar{r}=1.64\bar{i}+3.28\bar{j}$，$\bar{\bar{v}}=\frac{\Delta\bar{r}}{\Delta t}=\frac{1.64\bar{i}+3.28\bar{j}}{1.2}$

1.11　$\bar{v}=4\bar{\boldsymbol{i}}-3\bar{\boldsymbol{j}}+8\bar{\boldsymbol{k}}$，$\bar{a}=4\bar{\boldsymbol{i}}-4\bar{\boldsymbol{j}}+4\bar{\boldsymbol{k}}$

1.12　略

1.13　0.86 s

1.14　(1)0.7 s　(2)螺帽相对升降机外固定柱子的下降距离为 0.69 m。

1.15　83 m/s

1.16　(1)2.37 s　(2)13.39 m/s

1.17　$t=\frac{b\pm\sqrt{Rc}}{c}$

1.18　(1)$s=19.6$ m　(2)$\tan\theta=-1.16$，$a_\tau=g\sin\theta$，$a_n=g\cos\theta$

1.19　略

第 2 章　质点动力学

2.1　略

2.2 略

2.3 $\cos\varphi = g/l\omega^2$

2.4 (1)$a=1\ \mathrm{m/s^2}$； (2)3 N； (3)−3 N

2.5 (1)B 向下，A 向上 (2)$a=0.12\ \mathrm{m/s^2}$ (3)62 N

2.6 $T=m_A F/(m_A+m_B)$

2.7 $t=\sqrt{\dfrac{2h}{g(\sin\beta\cos\beta-\tan\alpha\cos^2\beta)}}$

2.8 (1)$F\geqslant\dfrac{\mu mg}{\cos\alpha-\mu\sin\alpha}$ (3)$\mu=\cot\alpha$

2.9 $\tan\theta=1/2$

2.10 $R=v^2/g\theta=35.8\ \mathrm{m}$

2.11 $g=G\dfrac{M}{R}-R\omega^2\cos^2\varphi$

2.12 $I=4\ \mathrm{kg\cdot m/s}$，$\overline{F}=2\times10^3\ \mathrm{N}$

2.13 $\overline{F}=1\times10^5\ \mathrm{N}$

2.14 略

2.15 $N=mg+\dfrac{2mv\sin\alpha}{\Delta t}$

2.16 略

2.17 略

2.18 $y_c=\dfrac{R}{3\pi}$

2.19 $\dfrac{2R}{3}$

2.20 $\alpha=135^\circ$，$v=30\sqrt{2}$

2.21 100 m/s

2.22 0.125

2.23 28.4%

2.24 略

2.25 略

2.26 100 N 的力，不可能使物体沿斜面向上滑动。

2.27 略

2.28 0.49

2.29 20196 N，35980 J

2.30 $A=\dfrac{m}{1-\alpha}\left(\dfrac{1}{r_P^{\alpha+1}}-\dfrac{1}{r_Q^{\alpha+1}}\right)$

2.31 300 W

2.32 (1)1×10^6；(2)$v=\sqrt{\dfrac{2Pt}{m}}$；(3)$F=\dfrac{P}{v}$；(4)$s=119.3\ \mathrm{m}$

2.33 (1)$v=v_0 e^{-\frac{\beta}{m}t}$； (2)$A=\frac{1}{2}mv_0^2(1-e^{-\frac{2\beta}{m}t})$

2.34 18750 N

2.35 $v=\sqrt{10}$ m/s

2.36 $v=3$ m/s， $T=2.6$ N

2.37 2.08×10^6 J

2.38 (1)3.6×10^4 W；(2)102 780 W；(3)0

2.39 $\mu=\frac{\sin15^0}{1+\cos15^0}$

2.40 $h=0.45$ m

2.41 $k=66$ N/m

2.42 $v=\sqrt{\frac{k}{m}}\Delta x$

2.43 $R/3$

第 3 章　狭义相对论

3.1 略

3.2 略

3.3 $x=1.33$ km， $t=-1.83\times10^{-5}$ s

3.4 $\Delta x=27.75$ m，$\Delta t=0.52\times10^{-7}$ s

$\Delta x'=12.8$ m，$\Delta t'=1.02\times10^{-7}$ s

3.5 照经典理论 1.8c，狭义相对论 c

3.6 (1)$\frac{11}{13}c$； (2)$\frac{16}{65}c$

3.7 (1)$8c/9$；(2)c；(3)$7c/18$；(4)$7c/9$；(5)c

3.8 0.78c

3.9 17.1 m

3.10 $l_0\sqrt{1-\frac{u^2}{c^2}}\sqrt{1-\frac{v^2}{c^2}}$

3.11 3.2 年

3.12 妻子 40、儿子 10、丈夫 35.1

3.13 2.19×10^{-6} s

3.14 1.01，19

第 4 章　刚体的运动

4.1 略

4.2 略

4.3 (1)422 转；(2)100 rad/s；(3)5 m/s，0.25 m/s^2，500 m/s^2

4.4 212 rad/s

4.5　0.87588 $kg\cdot m^2$，0.43794 $kg\cdot m^2$，4 828 J，2 414 J

4.6　(1)100 N·m；(2)176 转，21 s；(3)1.1025×10^5

4.7　$T=mg+\dfrac{mFR^2-m^2R^2g}{J+mR^2}$，$a=\dfrac{FR^2-mR^2g}{J+mR^2}$

4.8　(1)$\dfrac{1}{2}mgl$；(2)$\sqrt{\dfrac{3g}{l}}$

4.9　略

4.10　(1)$\omega=\dfrac{J_1\omega_1+J_2\omega_2}{J_1+J_2}$；(2)$\dfrac{J_1J_2(\omega_1-\omega_2)^2}{2(J_1+J_2)}$

4.11　14.6 rad/s

4.12　(1)$\dfrac{R\omega}{\sqrt{2g}}$　(2)$\dfrac{1}{2}(J-mr^2)\omega^2$

第 5 章　机械振动

5.1　(1)略　(2)$T=\dfrac{2\pi}{\omega}=2\pi\sqrt{\dfrac{m(k_1+k_2)}{k_1k_2}}$

5.2　(1)$\nu=\dfrac{\omega}{2\pi}=2$ Hz　$T=\dfrac{1}{v}=0.5$ s

$A=0.2$ (m)　$\varphi=\dfrac{2}{3}\pi$

$v_m=\omega A=2.5$ m/s

$a_m=\omega^2A=31.4$ m/s

(2)$\varphi(t)=\omega t+\varphi=4\pi t+\dfrac{2\pi}{3}$

当 $t_1=\dfrac{1}{12}s$ 时，$\omega t_1+\varphi=\pi$

当 $t_2=\dfrac{1}{6}s$ 时，$\omega t_2+\varphi=\dfrac{4\pi}{3}$

当 $t_3=\dfrac{1}{3}s$ 时，$\omega t_3+\varphi=2\pi$

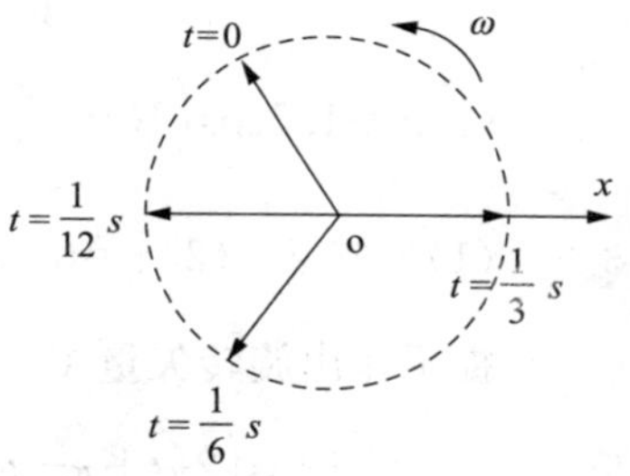

解答 5.2 题旋转矢量图

5.3　(1)$x=0.1\cos10t$　　(SI 制)

(2)$F=-kx'=10$ N

$E=\dfrac{1}{2}kA^2=1$ J

$E_p=\dfrac{1}{2}kx'^2=0.25$ J

$E_k=E-E_p=\dfrac{1}{2}kA^2-\dfrac{1}{2}kx'^2=0.75$ J

(3)$\Delta\varphi=\omega\Delta t\Rightarrow\Delta t=\dfrac{\Delta\varphi}{\omega}=\dfrac{\pi}{60}$s

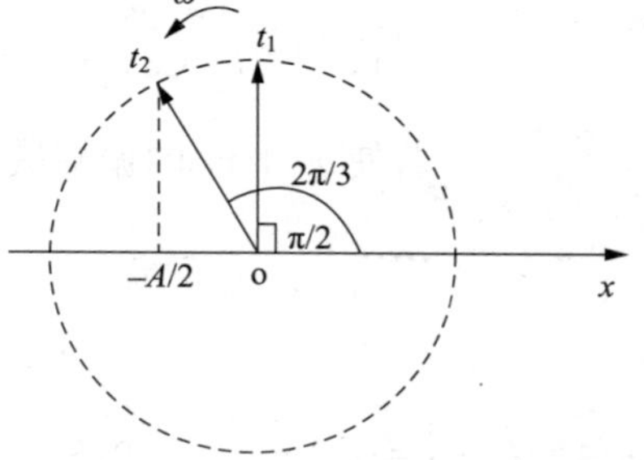

解答 5.3 题旋转矢量图

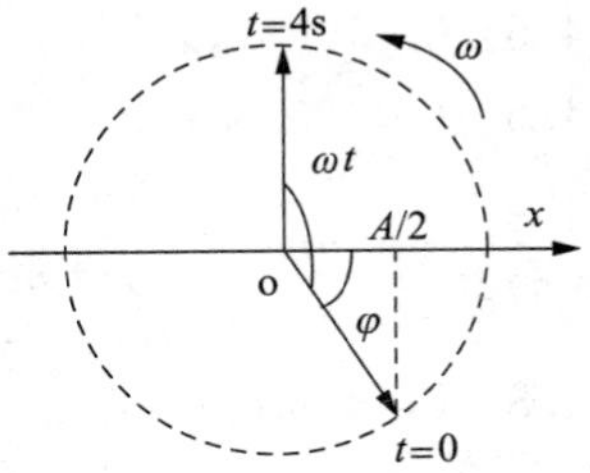

解答 5.4 题(1)旋转矢量图

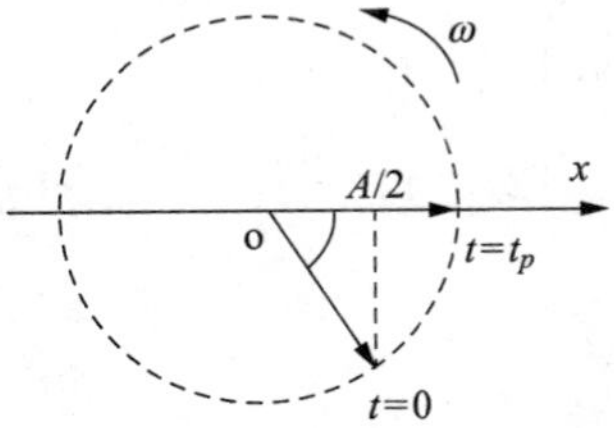

解答 5.4 题(2)(3)旋转矢量图

5.4　(1)$\omega=\frac{\Delta\varphi}{\Delta t}=\frac{5\pi}{24}\text{rad/s}$

$x=0.10\cos\left(\frac{5\pi}{24}t-\frac{\pi}{3}\right)$

(2)当取 $\varphi=-\frac{\pi}{3}$时，点 p 的相位为：

$(\omega t_p+\varphi)=0$

当取 $\varphi=\frac{5\pi}{3}$时点 p 的相位为：

$(\omega t_p+\varphi)=2\pi$

(3)$\Delta t_p=\frac{\Delta\varphi_p}{\omega}=1.6\ \text{s}$

5.5　$x=0.1\cos\left(\frac{5}{12}\pi t+\frac{2}{3}\pi\right)$(SI 制)

5.6　(1)$\frac{\pi}{5}$(s)；10 rad/s

(2)$-7.5\sqrt{3}$ m/s；$\frac{\pi}{3}$

(3)$x=1.5\cos\left(10t+\frac{\pi}{3}\right)$(SI 制)

5.7　(1)0.25 J　(2)$x=0.5\cos\left(2\pi t+\frac{\pi}{3}\right)$(SI 制)

5.8　提示作出旋转矢量图，答案略。

5.9　$x=0.05\cos\left(2\pi t+\pi-\arctan\frac{4}{3}\right)$(SI 制)

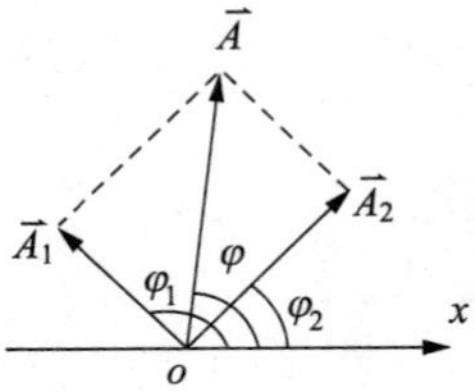

解答 5.10 题(1)旋转矢量图

5.10　(1)$A=\sqrt{A_1^2+A_2^2+2A_1A_2\cos\left(-\frac{\pi}{2}\right)}$

$=7.8\times10^{-2}$ m

$\varphi=\arctan\frac{A_1\sin\varphi_1+A_2\sin\varphi_2}{A_1\cos\varphi_1+A_2\cos\varphi_2}=\arctan11=1.48$ rad

(2)若使 x_1+x_3 的振幅最大 $\varphi_3=\varphi_1+2k\pi=2k\pi+\frac{3\pi}{4}$　($k=0$, ±1, ±2, ±3, …)

若使 x_1+x_2 的振幅最小，$\varphi_3=\varphi_2+(2k+1)\pi=2k\pi+\frac{5\pi}{4}$　($k=0$, ±1, ±2, ±3, ……)

第 6 章　机械波

6.1　(1)$A=0.2$ m，$T=0.8$ s，$\nu=1.25$ Hz，$\lambda=2$ m，$u=2.5$ m/s

(2)$v_m=1.57$ m/s

(3)$t=1$ s，$x=5$ m

(4)$\Delta\varphi=3\pi$

(5)

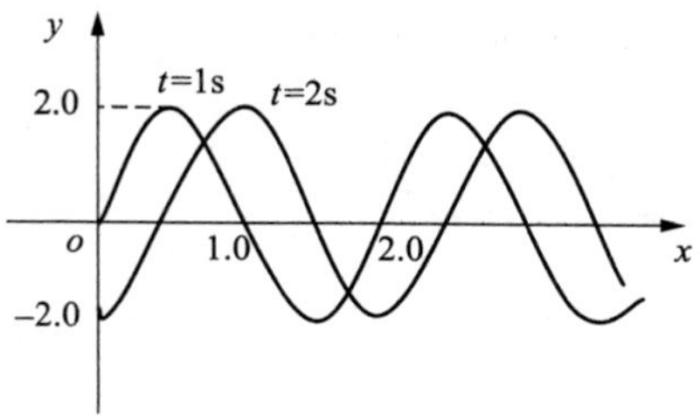

(6)

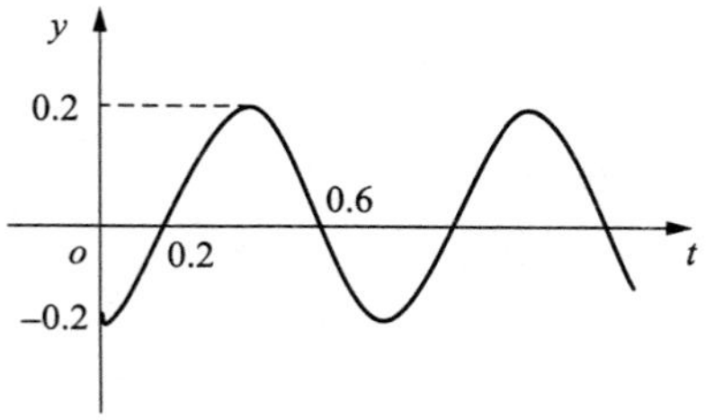

6.2 (1)$y=0.3\cos\left[2\pi\left(t-\frac{x}{100}\right)\right]$(SI 制)

(2)$y=0.3\cos\left[2\pi\left(t+\frac{x}{100}\right)-\pi\right]$(SI 制)

6.3 (1)$y=0.1\cos\left(20\pi t-\frac{\pi}{3}\right)$(SI 制)

(2)$y=0.1\cos\left[20\pi\left(t-\frac{x}{10}\right)-\frac{\pi}{3}\right]$(SI 制)

(3)$y=0.1\cos\left(20\pi t-\frac{4\pi}{3}\right)$(SI)

6.4 (1)$y=0.04\cos\left[\frac{2}{5}\pi\left(t-\frac{x}{0.08}\right)-\frac{\pi}{2}\right]$(SI 制)

(2)$y_p=0.04\cos\left(\frac{2}{5}\pi t-\frac{3\pi}{2}\right)$(SI 制)

6.5 (1)$y=A\cos\left(500\pi t+0.01\pi x+\frac{\pi}{4}\right)$(SI 制)

(2)$y_{100}=A\cos\left(500\pi t+\frac{5\pi}{4}\right)$(SI 制)

(3)$v_{100}=-500\pi A\sin\left(500\pi t+\frac{5\pi}{4}\right)$(SI 制)

6.6 (1)$y=A\cos\left[2\pi\nu(t-t')+\frac{1}{2}\pi\right]$(SI 制)

(2)$y=A\cos\left[2\pi\nu\left(t-t'-\frac{x}{u}\right)+\frac{1}{2}\pi\right]$(SI 制)

6.7 (1) $y_P=A\cos\left(\frac{3}{2}\pi t+\pi\right)$(SI 制)

(2) $y=A\cos\left[\frac{3}{2}\pi t+\frac{2\pi}{\lambda}(x-d)+\pi\right]$(SI 制)

(3) $y_0=A\cos\left(\frac{3}{2}\pi t-\frac{2\pi}{\lambda}d+\pi\right)$(SI 制)

6.8

$$x=k+10 \qquad (k=0,\ \pm1,\ \pm2,\ \cdots,\ \pm9)$$

6.9

$$A=0.464\ \text{m}$$

6.10

$$I=4I_0 \qquad I=0$$

6.11 (1) $y_{入}=A\cos\left(10\pi t-\frac{\pi}{4}x+\frac{\pi}{2}\right)$

$y_{反}=A\cos\left(10\pi t+\frac{\pi}{4}x+\frac{\pi}{2}\right)$

(2) $y=y_{入}+y_{反}=2A\cos\frac{\pi}{4}x\cos\left(10\pi t+\frac{\pi}{2}\right)$

(3)波腹位置 $x=4k$ m $\quad (k=0,\ 1,\ 2,\ \cdots)$

波节位置 $x=4k+2$ m $\quad (k=0,\ 1,\ 2,\ \cdots)$

第 7 章 气体动理论

7.1 9.6 小时

7.2 (1) $C=\frac{p_1^2}{RT_1}$；(2) 800 K

7.3 $6.76\times10^{22}/\text{m}^3$；$9.66\times10^{21}/\text{m}^3$

7.4 2330 Pa

7.5 $\Delta T=1.28\times10^{-7}$ K

7.6 (1) $2.44\times10^{25}/\text{m}^3$；(2) $1.30\ \text{kg}\cdot\text{m}^{-3}$；(3) 6.21×10^{-21} J；(4) 3.45×10^{-9} m

7.7 $\bar{\varepsilon}_{kt}=3.74\times10^3$ J，$\bar{\varepsilon}_{kr}=2.49\times10^3$ J

7.8 (1) $\bar{\varepsilon}_{kt}=8.27\times10^{-21}$ J；(2) $T=400$ K

7.9 (1) $\bar{\varepsilon}_{kt}=5.65\times10^{-21}$ J，$\bar{\varepsilon}_{kr}=3.77\times10^{-21}$ J；(2) $E=7.09\times10^2$ J

7.10 $\frac{5}{6}$

7.11 7.7 K

7.12 $\frac{\bar{v}_1}{\bar{v}_2}=\sqrt{\frac{m_2}{m_1}}$

7.13 (1) $C=\frac{1}{v_0}$；(2) $\bar{v}=\frac{1}{2}v_0$，$\sqrt{\overline{v^2}}=\frac{\sqrt{3}}{3}v_0$

7.14 (1) $Nf(v)\mathrm{d}v$ 表示分布在 dv 范围内的分子数；

(2) $f(v)\mathrm{d}v$ 表示 dv 范围内的分子数占总分之数的百分比；

(3) $\int_{v_1}^{v_2} Nf(v)\mathrm{d}v$ 表示速率在 $v_1 \sim v_2$ 之间的分子数；

(4) $\int_{v_1}^{v_2} f(v)\mathrm{d}v$ 表示速率在 $v_1 \sim v_2$ 区间内的分子数占总分之数的百分比；

(5) $\int_{v_1}^{v_2} vf(v)\mathrm{d}v$ 表示速率在 $v_1 \sim v_2$ 之间的分子平均速率；

(6) $\int_{v_1}^{v_2} v^2 f(v)\mathrm{d}v$ 表示 $v_1 \sim v_2$ 之间的分子速率平方的平均值；

(7) $\int_0^{\infty} \frac{1}{2}mv^2 f(v)\mathrm{d}v$ 表示分子平动动能的平均值

7.15 (1)B 图是氦气；(2)$\frac{\sqrt{2}}{4}$；(3)v_0 的意义：在这速率附近、速率区间 dv 内的氦气和氧气的分子数相同；(4) $\int_{v_0}^{\infty} N[f_{\mathrm{B}}(v) - f_{\mathrm{A}}(v)]\mathrm{d}v$ 为在 v_0 右边的两曲线的面积差乘以 N；对应的物理意义是 $v_0 \sim \infty$ 的速率区间内氦气分子比氧气分子多多少个。

7.16 (1)$\frac{2N}{3v_0}$；(2)$\frac{N}{3}$；(3)$\frac{11}{9}v_0$

7.17 2.3×10^3 m

7.18 $\overline{Z}=2.38\times10^6$/s

7.19 当温度不变而压强增大一倍时，氢气分子的平均碰撞频率 $\overline{Z}$ 也将增大一倍。平均自由程将减小 1/2

7.20 $p=4.71\times10^{-2}$ Pa

7.21 $n=3.22\times10^{17}/\mathrm{m}^3$，$\overline{\lambda}=7.8$ m，此结果无意义，因为它已超过真空管的长度限度，实际平均自由程是真空管的长度。

第 8 章　热力学基础

8.1 (a)$W=a^2\left(\frac{1}{V_1}-\frac{1}{V_2}\right)$；(b)降低

8.2 (1)$Q_{adb}=252$ J；(2)$Q_{ad}=210$ J，$Q_{db}=42$ J；(3)$Q_{bea}=-294$ J，系统放热.

8.3 (1)$Q_V=623.25$ J，$Q_p=1038.75$ J；(2)$\Delta E_V=623.25$ J，$\Delta E_p=623.25$ J；(3)$W_V=0$；$W_p=415.5$ J

8.4 $Q=7$ J

8.5 (1)$W=\frac{1}{2}(P_A+P_B)(V_B-V_A)$；(2)$\Delta E=\frac{3}{2}(P_BV_B-P_AV_A)$；

(3)$Q=\frac{1}{2}(P_A+P_B)(V_B-V_A)+\frac{3}{2}(P_BV_B-P_AV_A)$

8.6 $\Delta E=124.65$ J　$Q=-75.35$ J，$C=-7.535$ J/(mol · K)

8.7 $Q=1.5\times10^6$ J

8.8 (1)$W=405.2$ J；(2)$\Delta E=0$；(3)$Q=405.2$ J

8.9 $p=0.92$ atm

8.10 (1)$Q_T=7.02\times10^2$ J；(2)$Q_{ACB}=5.07\times10^2$ J

8.11 $\Delta E=3246$ J

8.12 (1)$\Delta E=0$，$Q=-7.86\times10^2$ J，$W=-7.86\times10^2$ J；
(2)$\Delta E=-1.42\times10^3$ J，$Q=-1.99\times10^3$ J，$W=-5.7\times10^2$ J；
(3)$\Delta E=906.10$ J，$Q=0$，$W=-906.10$ J

8.13 $Q=140$ J

8.14

过程	Q	A	ΔE
a—b 等压	250 焦耳	100	150
b—c 绝热	0	75 焦耳	−75
c—d 等容	−75	0	−75
d—a 等温	−125	−125 焦耳	0
循环效率 $\eta=20\%$			

8.15 (1)$T_c=250$ K，$T_b=750$ K；(2)$Q_{ca}=1.5\times10^4$ J，$Q_{bc}=-1.4\times10^4$ J，$Q_{ab}=5\times10^3$ J，$W_{ca}=0$，$W_{bc}=-4.0\times10^3$ J，$W_{ab}=1.0\times10^4$ J，$\Delta E_{ca}=1.5\times10^4$J，$\Delta E_{bc}=-1.0\times10^4$J，$\Delta E_{ab}=-5\times10^3$ J；(3)$\eta=30\%$

8.16 $\eta=18\%$

8.17 (略)

8.18 (1)$\frac{\eta_1-\eta_0}{\eta_0}=3.85\%$；(2)$\frac{\eta_2-\eta_0}{\eta_0}=14.3\%$
提高高温热源的温度来获得更高的热机效率是更为有效的途径。

8.19 $\eta=13.4\%$

8.20 (1)$Q_1=7\times10^2$J；(2)$W=2.1\times10^2$J

8.21 (1)473K；(2)$\eta=42.3\%$

8.22 $\Delta E_{ca}=2.09\times10^3$J，$\Delta S=6.06$ J/K

8.23 $\Delta S=2.1$ J/K

第 9 章 真空中的静电场

9.1 (1)不一定.
(2)当 $r\to0$ 时，带电体本身的线度不能忽略，点电荷公式已失效，不能推论 $E\to\infty$.

9.2 这两种说法都不对．$+q$ 和 $-q$ 间作用力大小为 $f=\int_0^q E\mathrm{d}q=\frac{q^2}{2\varepsilon_0 S}$.

9.3 略

9.4 $x=4.14\times10^{-2}$m

9.5 $\Phi=\pi R^2 E$

9.6 $E(r)=\dfrac{kR^4}{4\varepsilon_0 r^2}e_r$

9.7 $E_1=0(r<R_1)$

$E_2=\dfrac{Q_1(r^3-R_1^3)}{4\pi\varepsilon_0(R_2^3-R_1^3)r^2}(R_1<r<R_2)$;

$E_3=\dfrac{Q_1}{4\pi\varepsilon_0 r^2}(R_2<r<R_3)$

$E_4=\dfrac{Q_1+Q_2}{4\pi\varepsilon_0 r^2}(r>R_3)$

9.8 (1)$E_1=0$

(2)$E_2=\dfrac{\lambda}{2\pi\varepsilon_0 r}$

(3)$E_3=0$

9.9 $\dfrac{Q^2}{8\pi\varepsilon_0 d}$

9.10 $U=\int_x^0 \boldsymbol{E}\cdot \mathrm{d}\boldsymbol{l}=-\dfrac{\sigma}{\varepsilon_0}x \quad (-a<x<a)$

$U=\int_x^{-a}\boldsymbol{E}\cdot \mathrm{d}\boldsymbol{l}+\int_{-a}^0 E\cdot \mathrm{d}\boldsymbol{l}=\dfrac{\sigma}{\varepsilon_0}a \quad (x<-a)$

$U=\int_x^{a}\boldsymbol{E}\cdot \mathrm{d}\boldsymbol{l}+\int_{-a}^0 E\cdot \mathrm{d}\boldsymbol{l}=-\dfrac{\sigma}{\varepsilon_0}a \quad (x>a)$

电势变化曲线略

9.11 (1)$r\leqslant R_1$ 时，$U_1=\dfrac{Q_1}{4\pi\varepsilon_0 R_1}+\dfrac{Q_2}{4\pi\varepsilon_0 R_2}$

$R_1\leqslant r\leqslant R_2$ 时，$U_2=\dfrac{Q_1}{4\pi\varepsilon_0 r}+\dfrac{Q_2}{4\pi\varepsilon_0 R_2}$

$r\geqslant R_2$ 时，$U_3=\dfrac{Q_1+Q_2}{4\pi\varepsilon_0 r}$

(2)$U_{12}=\dfrac{Q_1}{4\pi\varepsilon_0}\left(\dfrac{1}{R_1}-\dfrac{1}{R_2}\right)$

9.12 当 $r\leqslant R$ 时，$U(r)=\dfrac{\rho}{4\varepsilon_0}(R^2-r^2)$

当 $r\geqslant R$ 时，$U(r)=\dfrac{\rho R^2}{2\varepsilon_0}\ln\dfrac{R}{r}$

9.13 (1)$W_{OD}=\dfrac{q}{6\pi\varepsilon_0 l}$

(2)$W_{D\infty}=\dfrac{q}{6\pi\varepsilon_0 l}$

9.14 $E=\dfrac{R_1R_2U}{(R_2-R_1)r^2}$

9.15 F/q_0 比 P 点的场强小

9.16 (1)对

(2)不对

(3)不对

(4)不一定正确

9.17 略

9.18 略

9.19 极板上所带电荷 Q 增大，电场强度 $\boldsymbol{E}$ 增大，电容器的电容 C 增大，电场能量增加

9.20 $r<R_1$ 时， $E_1=0$；$U_1=U_0$

$R_1<r<R_2$ 时，$E_2=\dfrac{R_1U_0}{r^2}-\dfrac{R_1Q}{4\pi\varepsilon_0R_2r^2}$；$U_2=\dfrac{R_1U_0}{r}-\dfrac{(r-R_1)Q}{4\pi\varepsilon_0R_2r}$

$r>R_2$ 时，$E_3=\dfrac{R_1U_0}{r^2}-\dfrac{(R_2-R_1)Q}{4\pi\varepsilon_0R_2r^2}$；$U_3=\dfrac{R_1U_0}{r}-\dfrac{(R_2-R_1)Q}{4\pi\varepsilon_0R_2r}$

9.21 略

9.22 $U=\dfrac{q}{4\pi\varepsilon_0r}-\dfrac{q}{4\pi\varepsilon_0a}+\dfrac{q+Q}{4\pi\varepsilon_0b}$

9.23 $q'=-\dfrac{R}{r}q$

9.24 $W=\dfrac{3Q^2}{20\pi\varepsilon_0R}$

9.25 (1)$\Delta W_e=\dfrac{Q^2d}{2\varepsilon_0S}$

(2)$W=\dfrac{Q^2d}{2\varepsilon_0S}$

第 10 章 恒定磁场

10.1 不能，因为作用于运动电荷上磁力的方向随运动电荷速度方向不同而不同。

10.2 不一定．因为在同一根磁感线附近各点的磁感线密度是可以各不相同的，即 B 可以不同

10.3 长直电流线也是一个理想模型，当 a 与载流导线的直径相比拟时，此载流导线就不能再看成线电流了，原公式也就不适用了。

10.4 (1)电子不发生运动。

(2)电子同时受电场力和磁场力作用。

10.5 不一定

10.6 $B_o=\mu_0I/\pi l$，方向竖直向上。

10.7 $B_o=\mu_0I/4R+\mu_0I/4\pi R$，方向垂直纸面向里。

10.8 $B_o=\dfrac{\sqrt{2}\mu_0I}{\pi a}$

10.9 $B=12.5\text{T}$

10.10 $\varphi_m=\pi r^2B\cos\alpha$

10.11 (a)$B_0=\frac{\mu_0 I}{8R}$，B_0 的方向垂直纸面向外

(b)$B_0=\frac{\mu_0 I}{2R}-\frac{\mu_0 I}{2\pi R}$，$B_0$ 的方向垂直纸面向里

(c)$B_0=\frac{\mu_0 I}{2\pi R}+\frac{\mu_0 I}{4R}$，$B_0$ 的方向垂直纸面向外

10.12 $B=B_x=\frac{\mu_0 I}{\pi^2 R}$，$B$ 的方向指向 Ox 轴负向

10.13 $\Phi=\frac{\mu_0 Il}{2\pi}\ln\frac{d_2}{d_1}$

10.14 (1)$B_1=\frac{\mu_0 Ir}{2\pi R_1^2}$

(2)$B_2=\frac{\mu_0 I}{2\pi r}$

(3)$B_3=\frac{\mu_0 I}{2\pi r}\frac{R_3^2-r^2}{R_3^2-R_2^2}$

(4)$B_4=0$

10.15 $r<R_1$，$B_1=0$

$R_2>r>R_1$，$B_2=\frac{\mu_0 NI}{2\pi r}$

$r>R_2$，$B_3=0$

10.16 (1)略

(2)$F_L=3.2\times10^{-16}$ N，洛伦兹力远大于重力

10.17 $p=1.12\times10^{-21}$ kg · m/s，$E_k=2.35$ keV

10.18 $F=1.28\times10^{-3}$ N，合力的方向朝左，指向直导线

10.19 (1)$P_m=1.56\times10^{-7}$ A · m^2

(2)$I=2.0\times10^{-3}$ A

10.20 $B=\frac{\mu_0\sigma\omega}{2}\left(\frac{R^2+2x^2}{\sqrt{x^2+R^2}}-2x\right)$，$P_m=\frac{1}{4}\sigma\omega\pi R^4$，$\boldsymbol{B}$ 和 $\boldsymbol{m}$ 的方向都沿 Ox 轴正向

第 11 章 电磁感应 电磁场

11.1 $\boldsymbol{B}$ 大小变、S 大小变或者 $\boldsymbol{B}$ 与 d$\boldsymbol{S}$ 之间的夹角变都能使穿过回路的磁通量发生变化

11.2 突然断电时，电路中会产生很强的感应电动势，在闸刀两端形成很高的电压，以致击穿空气，出现火花放电现象。

11.3 在内半径附近。

11.4 略。

11.5 不对。

11.6 直导线 L 上的各点 $\boldsymbol{B}$ 和 $\boldsymbol{v}$ 相等，且 $\boldsymbol{B}$、L 和 $\boldsymbol{v}$ 三者必须互为垂直。

11.7 $\varepsilon=BLv=2BRv$

11.8 $I_d=C\frac{\mathrm{d}U}{\mathrm{d}t}=1.5$ A

11.9　$\varepsilon=\frac{d\varphi}{dt}=2\pi Br\frac{dr}{dt}=0.4V$

11.10　$\frac{dB}{dt}=3.18\times10^4 T/s.$

11.11　$\varepsilon=\pi a^2 B_0\alpha e^{-\alpha t}$

11.12　$\varepsilon=2.51$ V

11.13　$\varepsilon=-\left(\frac{\mu_0 d}{2\pi}\ln\frac{3}{4}\right)\frac{dI}{dt}$

11.14　$\varepsilon=2RvB$，端点 P 的电势较高。

11.15　$\varepsilon_{AB}=-\frac{1}{2}\omega BL(L-2r)$

11.16　$\varepsilon_{OP}=\frac{1}{2}\omega B(L\sin\theta)^2$

11.17　$\varepsilon_{AB}=-3.84\times10^{-5}$V，点 A 电势较高。

11.18　$\varepsilon=\frac{\mu_0 Ivl_2 l_1}{2\pi d(d+l_1)}$，线框中电动势方向为顺时针方向。

11.19　略。

11.20　略。

11.21　$j_d=15.9$ A/m

第12章　光的干涉

12.1　略

12.2　略

12.3　632.8 nm

12.4　$e=6.6\times10^{-3}$mm

12.5　4.5×10^{-5}m

12.6　$\Delta x_3=3.3$ mm；$\lambda_2=660$ nm

12.7　$\Delta x_1=0.72$ mm；$\Delta x_1=3.6$ mm

12.8　$\lambda_1=709.3$ nm；$\lambda_2=425.6$ nm；$\lambda_3=532$ nm

12.9　$e=6.73\times10^{-4}$ mm

12.10　(1)略(2)$e=1.00\times10^{-6}$m(3)略

12.11　(1)$N=202$ 条；(2)$N=99$ 条

12.12　(1)$\Delta d=1.81\times10^{-6}$m；(2)略

12.13　$\lambda_1=540.7$ nm(绿光)；$\lambda_2=591.6$ nm(黄光)；$\lambda_3=638.4$ nm(红光)

12.14　$e_{min}=99.6$ nm

12.15　146 条

12.16

12.17 (1)$r_k=1.85\times10^{-3}$m；(2)$\lambda_2=409.1$ nm

12.18 $n=1.21$

12.19 $\lambda=588.4$ nm

12.20 $t=5.154\times10^{-3}$mm

第 13 章 光的衍射

13.1 略

13.2 $a=7.26\times10^{-6}$m

13.3 (1)2，3，5，6；第一级暗纹，第一级明纹，第二级明纹，第三级暗纹；(2)14 级明纹

13.4 $a=0.25$ mm

13.5 $\lambda=428.6$ nm

13.6 略

13.7 (1)$x_1=1.47\times10^{-3}$ m；(2)$x_2=3.68\times10^{-3}$ m；(3)$x_1'=0.580$ m；$x_2'=0.583$ m；$x_1''=0.575$ m；$x_2''=0.572$ m

13.8 (1)$a+b=6.0\times10^{-6}$m； (2)$a=1.5\times10^{-6}$m；(3)$k=0$，±1，±2，±3，±5，±6，±7，±9

13.9 (1)$k=2$； (2)$a+b=12$ μm

13.10 $k=-5$，-4，-2，-1，0，1，2

13.11 $d=13.9$ cm

13.12 $l=1.1\times10^{4}$ m

13.13 $d=0.0255$ nm

13.14 $\varphi_1=15°12'$；$\varphi_2=32°20'$

13.15 (1)$\Delta x_{双}=0.24$ cm (2)$\Delta x_0=2.4$ cm (3)$k=0$，±1，±2，±3，±4 共 9 条谱线

13.16 (1)$D_0=4.4\times10^{-3}$mm； (2)$N=2.3$ 个

第 14 章 光的偏振

14.1 略

14.2 $I_2=\frac{2}{3}I_1$

14.3 略

14.4 2∶1

14.5 $\frac{I_{透}}{I_{入}}=21\%$

14.6 (1)$I_\alpha=\frac{1}{2}I_0\cos^2\alpha\sin^2\alpha$；(2)略

14.7 (1)$\frac{I_{透}}{I_{入}}=0.125$；(2)$\frac{I'_{透}}{I'_{入}}=0.101$；(3)$\frac{I''_{透}}{I''_{入}}=0.281$

14.8 $i_0=48.4°$； $i'_0=41.6°$

14.9 (1)$i_0=58°$；(2)$n=1.60$

14.10 $i_0=35.3°$

14.11 $i_0=36.94°$；垂直入射面

14.12 略

第15章 波粒二象性

15.1 略

15.2 $\lambda_m=9.35\times10^{-6}$ m

15.3 (1)999 nm；(2)略

15.4 $T=5.682\times10^3$ K；单位面积辐射功率 $P_0=5.91\times10^7$ W/m^2

15.5 $\frac{E_{02}}{E_{01}}=3.6$ 倍

15.6 (1)最大动能为 2.0 eV；(2)$|U_a|=2.0$ V；(3)$\lambda=296.0$ nm

15.7 (1)光能量为 1.99×10^{-18} J；(2)功率为 1.99×10^{-18} W

15.8 (1)$\nu=1.24\times10^{20}$ Hz；(2)$\lambda=0.0024$ nm；(3)光子的动量为 2.73×10^{-22} kg · m/s

15.9 (1)$\varepsilon_1=2.84\times10^{-19}$ J；$p_1=9.47\times10^{-28}$ kg · m/s；$m=3.16\times10^{-36}$ kg
(2)$\varepsilon_2=7.96\times10^{-15}$ J；$p_2=2.65\times10^{-23}$ kg · m/s；$m=8.84\times10^{-32}$ kg
(3)$\varepsilon_3=1.60\times10^{-13}$ J；$p_3=5.35\times10^{-22}$ kg · m/s；$m=1.78\times10^{-30}$ kg

15.10 (1)$E_k=9.42\times10^{-17}$ J；(2)$\theta=44.0°$

15.11 $\lambda=0.0043$nm；$\varphi=62.3°$

15.12 0.0124nm；2.4×10^4 eV；8.5×10^{-23} kg · m/s，$\theta=38°44'$

15.13 略

15.14 $m=1.67\times10^{-27}$ kg

15.15 $\lambda=1.67\times10^{-35}$ m

15.16 $\Delta x=7.0\times10^{-32}$ m

15.17 $\Delta x=\lambda$

15.18 $\Delta E=0.329\times10^{-7}$ eV

15.19 $5.2\times10^{-15}m\ll10^{-10}$ m，可以按经典粒子处理

15.20 $\Delta x=4.00\times10^5$ m

第16章 量子力学基础

16.1 略

16.2 $x_1=\frac{1}{4}a$；$x_2=\frac{3}{4}a$

16.3 $v_1=7.0\times10^5$ m/s；$\lambda=1.04$ nm

16.4 (1)$E_n=37.7n^2$ eV，$n=1$，2，3，10，100，101 时各能态电子的能量分别为：37.7 eV；150.8 eV；339.3 eV；37.7×10^2 eV；37.7×10^4 eV；38.5×10^4 eV；
(2)$E_n=3.71\times10^{-15}n^2$ eV；各能级可视为连续。

16.5 (1)不能；(2)$T=1.58\times10^5$ K；(3)$T'=2.10\times10^5$ K

16.6 $\lambda_{max}=121.5$ nm；$\lambda_{min}=91.2$ nm

16.7 (1)4.76×10^{-10} m；(2)3.1610^{-34} kg·m^2·s^{-1}；(3)1.51 eV

16.8 (1)3.33×10^{-10} m；(2)6.65×10^{-10} m

16.9 97.3 nm

16.10 1.09737×10^7/m；2.74343×10^6/m；1.2193×10^6/m

16.11 P 磷原子；Pd 钯原子

16.12 0，$\pm\hbar$，$\pm2\hbar$，$\pm3\hbar$，$\pm4\hbar$；图略

16.13 (1)$C=\sqrt{\frac{1}{\pi}}$；(2)$x=0$；$\frac{1}{\pi}$